普通高等教育"十一五"国家级规划教材

经 | 济 | 管 | 理 | 类

微 积 分

■ 章学诚 刘西垣 编著

WUHAN UNIVERSITY PRESS

武汉大学出版社

图书在版编目(CIP)数据

微积分/章学诚,刘西垣编著.—武汉:武汉大学出版社,2007.7
(2014.7 重印)
普通高等教育"十一五"国家级规划教材
经济管理类
ISBN 978-7-307-05547-6

Ⅰ.微…　Ⅱ.①章…　②刘…　Ⅲ.微积分　Ⅳ.O172

中国版本图书馆 CIP 数据核字(2007)第 055334 号

责任编辑:顾素萍　　　责任校对:程小宜　　　版式设计:詹锦玲

出版发行:**武汉大学出版社**　　(430072　武昌　珞珈山)
　　　　　(电子邮件:cbs22@whu.edu.cn　网址:www.wdp.com.cn)
印刷:荆州市鸿盛印务有限公司
开本:720×1000　　1/16　　印张:27.5　　字数:489 千字　　插页:1
版次:2007 年 7 月第 1 版　　2014 年 7 月第 6 次印刷
ISBN 978-7-307-05547-6/O·360　　　定价:38.00 元

内 容 简 介

本书依据教育部委托北京大学和中国人民大学等有关院校拟定的《经济管理学科数学基础教学大纲》（草案）对一元和多元微积分（包括无穷级数和常微分方程，差分方程）的基本内容作了系统的论述，重点阐述了微积分的概念和方法在经济和管理中的应用，配有较多的例题和不同层次的习题，其中有些是历届经济管理类专业的研究生入学试题。书中概念的引入富有启发性，理论的展开自然而流畅。本书还以很少的篇幅介绍了微积分发展过程中的一些重要史实和有关数学家的生平。

序　言

　　数学，既是一门高度抽象的理论性学科，又是一门应用广泛的工具性学科。伟大的思想家马克思曾指出，一门科学只有在成功地运用数学时，才算真正发展，走向成熟。在其政治经济学研究中，单是他留下的数学手稿就有上千页，他认为数学是进行科学研究的不可缺少的工具。当代经济学和管理科学的发展，充分证明了他的深刻预见，近 20 年来大多数诺贝尔经济学奖获得者的工作都与数学有关，其中有些获奖者就是杰出的数学家。经济学与数学有着天然的紧密关系，将宏观的质的分析与微观的量的分析统一起来，将经济思想与经济运行中存在的各种量与量之间的数量关系的研究结合起来，有助于提高研究成果的精确性、严密性、科学性和预见性。

　　由于计算机科学的飞速发展，当今的科学和技术变得更加数学化，数学能使我们更好地了解我们生活于其中的充满信息的世界。除了定理和理论外，数学提供了许多极具特色的普遍适用的思考方式，例如：运用符号，建立模型，从数据进行推断，以及抽象化、最优化、逻辑分析，等等。应用这些数学思考方式的经验形成了数学能力，这是当今这个时代一种日益重要的智力。

　　数学不仅是各种科学技术的基础，而且也是一种文化。

　　本书是依据 1998 年原国家教委审定的《高等学校财经类专业核心课程教学大纲》（微积分部分）和近年由教育部委托北京大学光华管理学院和中国人民大学信息学院共同拟定的《经济管理学科数学基础教学大纲》（草案）中的微积分部分编写的。

　　300 多年前，主要由于受天文学和力学等科学问题的推动和启发，牛顿和莱布尼茨阐发了微积分的概念和方法，使她成为一门独立于古典几何和代数的数学分支。微积分是继欧几里得几何之后人类智慧在数学领域的一个最伟大的创造。三个多世纪过去了，她愈益欣欣向荣，枝繁叶茂，显示出了强大的生命力，科学的发展表明微积分在处理各类科学和工程技术中的数学问题时具有巨大的威力。与此同时，经过众多杰出数学家的不断努力，微积分早已脱去它初期的"神秘"外衣，成为一门理论严密体系完备的成熟的科学。

　　《微积分》是高等学校众多专业的基础课程。尽管《微积分》比较清晰易学，但在教学中也容易产生将它简单地归结为一些规则和算法的偏向，而忽视了它的思想、方法的深刻内涵和实际价值。学习微积分，不仅要学习它处理问题的思想、方法和技巧，也是锻炼数学能力和增强智力的有效途径。

　　"本能的好奇心是非常好的老师"，对数学尤其是如此，希望读者怀着探索和好奇的心态来学习微积分，它不仅可以起到提高学习效率的作用，而且学习本身也是一种"乐趣"。这是编者对读者的一种期望。

　　本书力求将看似"深奥"的理论写得比较自然顺畅；在概念的阐述上尽力辅以几何的解释，力争"形""意"交融，微积分的发展史就是物理、几何、代数相互配合，"协同作战"的历史。此外，还配有较多类型的例题和习题作为理论的补充（其中包括从历年经济管理类专业硕士研究生试题中选出的一些考题）这些题不一定要在相应的学期内做完，可以在以后有兴趣或进一步提高时再做。教材中注"＊"号的部分可根据要求选学。本书不刻意追求数学理论的严密性（这是数学的另一重要特点），许多需要用到较深数学知识或较难证的命题不予证明，但照顾到不同学校和不同专业的要求，有些基本的较简单的定理和性质给出了证明，这对于加深对概念的理解，提高推理能力和数学素养是十分有益的。

　　本书第一至第七章由章学诚编写，第八至第十章由刘西垣编写。

　　限于编者的水平，书中难免会有不当之处，恳请读者予以批评指正。

编　者

2007 年 1 月

于北京大学数学科学学院

目　　录

常用记号说明

$\exists$ 表示存在. 例如, "对于 P, 存在 Q, 使得 ……" 可表示为"对于 P, $\exists Q$, 使得 ……".

$\in$ 表示属于. 例如, "x 属于集合 S" 可表示为"$x \in S$".

$\forall$ 表示所有. 例如, "对于集合 S 中所有的 x" 可表示为"$\forall x \in S$".

$\sum$ 连加号. 例如, $\displaystyle\sum_{i=1}^{n} a_i$ 表示 $a_1 + a_2 + \cdots + a_n$.

$\prod$ 连乘号, 例如, $\displaystyle\prod_{i=1}^{n} a_i$ 表示 $a_1 a_2 \cdots a_n$.

$U(a,\delta)$ 表示 a 的 δ 邻域.

$\mathring{U}(a,\delta)$ 表示 a 的去心 δ 邻域.

$U(a)$ 表示 a 的邻域.

$\mathring{U}(a)$ 表示 a 的去心邻域.

$\max S$ 表示数集 S 中最大的数.

$\min S$ 表示数集 S 中最小的数.

$\Rightarrow$ 表示"可推出"、"蕴含". 例如, "由 P 可推出 Q" 可表示为 "$P \Rightarrow Q$", 意即 Q 是 P 的必要条件, P 是 Q 的充分条件.

$\Leftrightarrow$ 表示等价. 例如, "P 等价于 Q" 可表示为"$P \Leftrightarrow Q$", 意即 P 与 Q 互为必要(或充分)条件.

$\blacksquare$ 表示定理证明完毕.

数学是这样一种东西：她提醒你有无形的灵魂，她赋予她所发现的真理以生命；她唤起心神，澄净智慧；她给我们的内心思想添辉；她涤尽我们有生以来的蒙昧与无知.

—— 普洛克拉斯(Proclus，410 ～ 485)*

这本庞大的书(我指的是宇宙)中写了(自然)哲学，它一直敞开在我们的眼前，但不首先学会理解它的语言，并识别它书写所用的字符，是不能读懂它的，它是用数学的语言写成的.

—— 伽利略(Galilei, Galileo, 1564 ～ 1642)**

第一章　函数及其图形

由于实践和各门科学自身发展的需要，到了 16 世纪，对物体运动的研究成为自然科学的中心问题. 与之相适应，数学在经历了两千多年的发展之后进入了一个新的时代，即变量数学的时代. 作为在运动中变化的量及它们之间的依赖关系的反映，数学中产生了变量和函数的概念.

例如：伽利略发现自由落体下落的距离 s 与经历的时间 t 的平方成正比，得到著名的公式

$$s = \frac{1}{2}gt^2 \quad (g \approx 9.81 \text{ m/s}^2),$$

它确定了变量 t 与 s 之间的依赖关系，即函数关系，这就是自由落体运动规律的

---

* 普洛克拉斯，古希腊柏拉图派的领头人物，哲学家和大评论家，喜爱数学，并爱写诗.

** 伽利略，伟大的意大利物理学家和天文学家，科学革命的先驱，他开创了以实验事实为依据，并具有严密逻辑体系的近代科学，被称为"近代科学之父". 为证实和坚持传播 N. 哥白尼的"日心说"，他晚年受到教会的迫害，被终身监禁.

数学表述.

数学的一项重要任务，就是要找出反映各种实际问题中变量的变化规律，即其中所蕴含的变量之间的函数关系.

函数是数学中最基本的概念之一，微积分研究函数的一些局部的和整体的性态.

本章介绍函数的一般概念，几种常用的表示方式，最基本的函数类 —— 初等函数，函数的性质，以及经济学中几种常用的函数.

1.1 预 备 知 识

1.1.1 集合及其运算

集合是数学中的一个基本概念，例如：一个班的全体学生是一个集合，一个车间某天生产的全部产品也构成一个集合，全体整数则构成数的一个集合，等等. 由此可见，集合是日常生活中常会遇到的一个概念. 集合论是数学的基础理论.

一般地说，具有某种指定性质的事物的总体称为一个**集合**. 组成这个集合的事物称为这个集合的**元素**.

集合通常用大写的拉丁字母，如 $A, B, S, \cdots$ 表示，其元素则用小写的拉丁字母，如 $a, b, s, \cdots$ 表示.

若 S 是一个集合，s 是 S 中的一个元素，而 t 不在 S 中，则称 s 属于 S，记为 $s \in S$，t **不属于** S，记为 $t \notin S$（或 $t \overline{\in} S$）.

如果集合 S 只包含有限个元素，则称 S 为有限集，否则称为**无限集**. 为方便计，数学中也将不含任何元素的"集合"称为**空集合**，并用专门记号"∅"表示.

说明一个集合通常有两种方法. 一种是**列举法**，即将集合的所有元素列举出来，例如：由元素 $a_1, a_2, \cdots, a_n$ 组成的集合 A 可以表示成

$$A = \{a_1, a_2, \cdots, a_n\}.$$

另一种是**描述法**，即用刻画集合中全体元素的性质来说明. 假设集合 S 是由具有某种性质 P 的元素的全体组成的，我们可以将 S 表示为

$$S = \{s \mid s \text{ 具有性质 } P\}.$$

例如：由所有满足条件 $x < 1$ 的实数 x 组成的集合 B，可以表示为 $B = \{x \mid x < 1\}$. 又如：集合

$$C = \{P(x,y) \mid x^2 + y^2 = 1\}$$

表示坐标平面上由坐标 (x,y) 满足方程 $x^2 + y^2 = 1$ 的点 P 的全体所组成的集合，几何上 C 表示以坐标原点 O 为中心、半径为 1 的圆.

数学中，常用 **N** 表示由全体正整数组成的集合，即

$$\mathbf{N} = \{1, 2, 3, \cdots, n, \cdots\}.$$

由全体整数组成的集合用 **Z** 表示，即

$$\mathbf{Z} = \{0, \pm 1, \pm 2, \pm 3, \cdots, \pm n, \cdots\}.$$

由全体有理数所组成的集合用 **Q** 表示，即

$$\mathbf{Q} = \left\{ \frac{p}{q} \,\middle|\, p \in \mathbf{Z}, q \in \mathbf{N}, \text{且 } p, q \text{ 互质} \right\}.$$

由全体实数组成的集合记为 **R**，由于数轴上的点与实数一一对应，**R** 也可看成数轴(如图 1-1). 在以后，常常将实数看成数轴上的点，或用点表示一个实数.

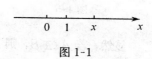

图 1-1

在本书中若无特别说明，所说的数都是实数.

不同集合之间最基本的关系是包含关系. 假设 A, B 是两个集合，如果 A 中的元素都属于 B，即

$$a \in A \Rightarrow a \in B,$$

图 1-2

则称 A 为 B 的**子集**，或称 A **包含于** B 或 B **包含** A，记为 $A \subset B$ 或 $B \supset A$ (如图 1-2). 例如：

$$\mathbf{N} \subset \mathbf{Q} \subset \mathbf{R}.$$

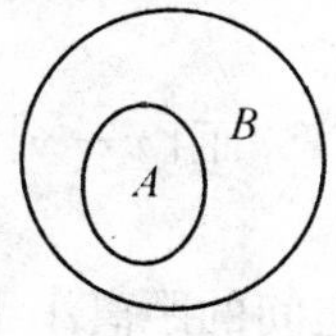

如果 A, B 互相包含，即 $A \subset B$ 且 $B \subset A$，则称 A 与 B **相等**，记为 $A = B$. 所以

$$A = B \Leftrightarrow \text{"} a \in A \Leftrightarrow a \in B \text{"}.$$

可以认为空集 $\varnothing$ 是任意非空集合 A 的子集，即 $\varnothing \subset A$.

集合可以作运算. 设 A, B 是任意两个集合，它们的运算主要有以下几种：

1) **并** 由 A, B 中的所有元素组成的集合称为 A 和 B 的**并集**(简称并)，记为 $A \cup B$ (如图 1-3). 所以

$$A \cup B = \{x \mid x \in A \text{ 或 } x \in B\}.$$

显然，并的运算是可交换的，即

$$A \cup B = B \cup A.$$

又如 $A \subset B$，则

$$A \cup B = B.$$

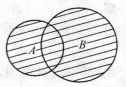

图 1-3

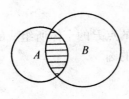

图 1-4

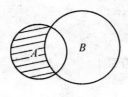

图 1-5

2) **交** 由既属于 A 又属于 B 的元素组成的集合称为 A 和 B 的**交集**（简称交）（如图 1-4）. 所以

$$A \bigcap B = \{x \mid x \in A \text{ 且 } x \in B\}.$$

显然，$A \bigcap B = B \bigcap A$.

又如 $A \subset B$，则 $A \bigcap B = A$.

3) **差** 由 A 中不属于 B 的元素组成的集合称为 A 与 B 的**差集**（简称差），记为 $A - B$（如图 1-5）. 所以

$$A - B = \{x \mid x \in A \text{ 但 } x \notin B\}.$$

例如：$\mathbf{Z} - \mathbf{N} = \{0, -1, -2, \cdots, -n, \cdots\}$.

又如：$\mathbf{R} - \mathbf{Q}$ 就是由所有无理数组成的集合.

显然，若 $A \subset B$，则 $A - B = \varnothing$.

1.1.2 绝对值及其基本性质

设 x 为一实数，则其绝对值定义为

$$|x| = \begin{cases} x, & x \geqslant 0; \\ -x, & x < 0. \end{cases}$$

$|x|$ 的几何意义是表示数轴上从原点 0 到点 x 的距离. 而 $|x - y|$ 则表示数轴上两点 x 和 y 之间的距离.

若设 $a > 0$，则 $|x| < a$ 表示数轴上点 x 与原点 0 之间的距离小于 a，即 $-a < x < a$. 所以

$$|x| < a \Leftrightarrow -a < x < a.$$

同样

$$|x| > a \Leftrightarrow x < -a \text{ 或 } x > a.$$

例 1 解下列绝对值不等式：

1) $|x - 1| < 3$；

2) $|x + 1| \geqslant 2$.

解 1) $|x - 1| < 3$ 即为 $-3 < x - 1 < 3$，因此 $-2 < x < 4$.

2) $|x + 1| \geqslant 2$ 即为 $x + 1 \geqslant 2$ 或 $x + 1 \leqslant -2$，从而

$$x \geqslant 1 \text{ 或 } x \leqslant -3.$$

绝对值有下列性质：设 x, y 是任意两个实数，则

1° $|x| \geqslant 0$；

2° $|-x| = |x|$；

3° $-|x| \leqslant x \leqslant |x|$;

4° $|x \pm y| \leqslant |x| + |y|$;

5° $||x| - |y|| \leqslant |x - y|$;

6° $|xy| = |x||y|$.

性质 1°~3° 和性质 6° 由绝对值的定义不难理解.

性质 4° 是因为: 由性质 3°, 有

$$-|x| \leqslant x \leqslant |x|, \quad -|y| \leqslant y \leqslant |y|.$$

两式相加, 可得

$$-|x| - |y| \leqslant x + y \leqslant |x| + |y|,$$

此即 $|x + y| \leqslant |x| + |y|$.

性质 5° 不难对 x, y 不同的情况直接验证, 其证从略.

1.1.3 区间和邻域

在微积分中, 用得最多的数集是区间和邻域.

设 $a, b \in \mathbf{R}$, $a < b$, 则数集 $\{x \mid a < x < b\}$ 称为以 a, b 为端点的**开区间**, 记为 (a, b), 即

$$(a, b) = \{x \mid a < x < b\},$$

如图 1-6 (a) 中的线段. 注意, $a \notin (a, b)$, $b \notin (a, b)$.

以 a, b 为端点的**闭区间** $[a, b]$ 表示数集 $\{x \mid a \leqslant x \leqslant b\}$, 即

$$[a, b] = \{x \mid a \leqslant x \leqslant b\},$$

如图 1-6 (b) 中的线段.

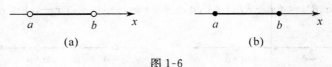

图 1-6

此外, 还有以 a, b 为端点的两个**半开半闭区间**

$$(a, b] = \{x \mid a < x \leqslant b\} \quad \text{和} \quad [a, b) = \{x \mid a \leqslant x < b\}.$$

以上的区间都是**有限区间**, $b - a$ 称为这些区间的**长度**.

除此以外, 还有无限区间. 为了方便起见, 引进两个记号 "$+\infty$"(读做**正无穷大**) 和 "$-\infty$"(读做**负无穷大**), 并记

$$(a, +\infty) = \{x \mid a < x\},$$

$$[a, +\infty) = \{x \mid a \leqslant x\},$$

$$(-\infty, b) = \{x \mid x < b\},$$

$$(-\infty, b] = \{x \mid x \leqslant b\}.$$

$(a, +\infty)$ 和 $(-\infty, b]$ 在数轴上的表示依次为图 1-7 (a) 和 (b) 中的射线.

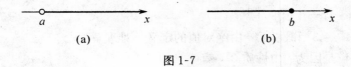

图 1-7

如此,实数集 **R** 也可表示为

$$\mathbf{R} = (-\infty, +\infty) = \{x \mid -\infty < x < +\infty\}.$$

除了区间的概念外,为了阐述函数的局部性态,还常用到邻域的概念,它是由某点附近的所有的点组成的集合.

设 a 是任一实数,即数轴上的一点,包含 a 的任何一个开区间称为点 a 的一个**邻域**,记为 $U(a)$. 将 $U(a)$ 中去掉 a 所得的集合称为 a 的**去心邻域**,记为 $\mathring{U}(a)$,即

$$\mathring{U}(a) = U(a) - \{a\},$$

特别,设 δ 是任一正数,则开区间 $(a-\delta, a+\delta)$ 是 a 的一个邻域(如图 1-8 (a)),称为**点 a 的 δ 邻域**,记为 $U(a, \delta)$,a 称为这个邻域的中心,δ 称为邻域的半径,所以

$$U(a, \delta) = \{x \mid a-\delta < x < a+\delta\} = \{x \mid |x-a| < \delta\}.$$

类似地,将 $U(a, \delta)$ 的中心 a 去掉的点(数)集称为 a 的**去心 δ 邻域**,记为 $\mathring{U}(a, \delta)$(如图 1-8 (b)),所以

$$\mathring{U}(a, \delta) = (a-\delta, a) \bigcup (a, a+\delta) = \{x \mid 0 < |x-a| < \delta\}.$$

图 1-8

为了说明函数在点的一侧附近的情况,还要用到左、右邻域的概念. 开区间 $(a-\delta, a)$ 称为点 a 的**左 δ 邻域**,$(a, a+\delta)$ 称为 a 的**右 δ 邻域**,a 的任意一个左(右)δ 邻域简称为 a 的**左(右)邻域**.

上面讲的都是一个确定的点(即是一个数)a 处的邻域,有时还要用到"无穷远点 ∞"的邻域. 设 M 是任意一个正数,集合 $\{x \mid |x| > M\}$ 称为 ∞ 的 **M 邻域**,记为 $U(\infty, M)$. 所以

$$U(\infty, M) = \left\{ x \mid |x| > M \right\}$$
$$= (-\infty, -M) \bigcup (M, +\infty)$$

（如图1-9（a））. 若不需特别说明 M，$U(\infty, M)$ 也可简单地用 $U(\infty)$ 表示. 同样，开区间 $(-\infty, -M)$ 和 $(M, +\infty)$ 依次称为 $-\infty$ 和 $+\infty$ **的邻域**，可分别简记为 $U(-\infty)$ 和 $U(+\infty)$，如图1-9（b），（c）.

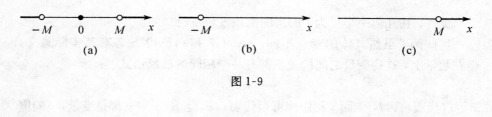

(a)   (b)   (c)

图 1-9

1.2　函　　数

1.2.1　函数的概念

函数，是微积分也是数学中最基本的一个概念.

先看以下各例：

例 1（自由落体）　如图 1-10，在 O 点的一个质点，起始时刻是静止的，在重力的作用下开始下落. 设经过时间 t 后它落到 P 点，下落的距离 $s = |OP|$，显然 s 由 t 唯一确定，且随 t 变而变. 经过两个世纪左右的探索，到 16 世纪，伽利略先是猜测，后通过做小球在斜板上滚动的实验，确认

$$s = ct^2,$$

其中 c 是一个常数，对在同一地点接近地球表面真空中下落的一切物体具有相同的值（在其他星球上 c 的值是不同的）. 经过精确的实验，测得

$$c = \frac{1}{2}g,$$

其中 $g \approx 9.81 \text{ m/s}^2$（称为**重力常数**），$g$ 表示重力作用下自由落体的加速度，所以

$$s = \frac{1}{2}gt^2.$$

它给出了 s 与 t 之间的函数关系.

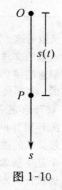

图 1-10

例 2　在力学中，质量为 m、速度为 v 的物体运动时所具有的能量（称为

动能）

$$E = \frac{1}{2}mv^2.$$

在电学中，电流强度为 I 的电流通过电阻为 R 的导线时，在单位时间内所产生的热量

$$Q = \frac{1}{2}RI^2.$$

此外，在几何中半径为 r 的圆的面积 $S = \pi r^2$.

这些例子虽然具体的背景不同，t,v,I,r 和 s,E,Q,S 各有其实际意义，但在数学上，这些变量之间的关系都有一个相同的抽象形式

$$y = kx^2,$$

x 可以代表 t,v,I,r，而 y 相应地可以代表 s,E,Q,S. x 和 y 都是变量，y 的值随 x 的值定而定，随 x 变而变. 上式反映了 y 对于 x 的一种依赖关系，即所谓函数关系. 如果将这个函数关系的性质研究清楚了，那么前面的那些实际变量之间的关系的性质也就清楚了.

数学的一个特点是它的高度抽象性，随之也就具有应用的广泛性.

下面给出函数的一般定义.

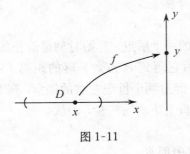

图 1-11

定义 设数集 $D \subset \mathbf{R}$，$D \neq \varnothing$. 若有 D 到 $\mathbf{R}$ 的一个映射（对应规则）f，使得对于每个 $x \in D$，通过 f 可以确定唯一的数 $y \in \mathbf{R}$ 与之对应（如图 1-11），则称 f 为定义在 D 上的一个**函数**，y 称为 f 在 x 点处的**函数值**，记为 $y = f(x)$. [①]

函数 f 可以表示为

———————————

[①] 函数的这个定义是狄利克雷(P. G. L. Dirichlet，$1805 \sim 1859$)于 1837 年在他的一篇讨论函数的文章中引进的.

函数概念的建立经历了一个发展过程，在 17 世纪，绝大部分函数是通过曲线引进和进行研究的. 牛顿自 1665 年开始研究微积分后，一直用"流量"一词表示变量或函数. 莱布尼茨在 1673 年的一篇手稿中用"函数"一词表示任何一个随着曲线上的点变动而变动的量. 他在 1714 年的著作《历史》中用"函数"表示依赖于一个变量的量. 作为变量 y 对变量 x 的依赖关系的抽象模型，记号 $f(x)$ 是欧拉于 1734 年引进的，从此函数概念成为微积分中的一个基本概念. 1748 年欧拉在他的《无穷小分析引论》中将 $f(x)$ 定义为一个变量与一些常量通过任何方式形成的解析表达式. 18 世纪占统治地位的函数概念仍然是：函数是由一个解析表达式(有限的或无限的(如级数))所给出的. 随着分析的发展，函数概念逐渐清晰，准确，概括而形成现在的形式.

$$f: D \to \mathbf{R}, \quad x \mapsto y.$$

通常简单地表示为

$$y = f(x) \quad (x \in D).$$

x 称为**自变量**，y 称为**因变量**. y 与 x 的这种关系称为函数关系. D 称为函数 f 的**定义域**，记为 $D(f)$ 或 D_f. 函数值的全体称为 f 的**值域**，记为 $R(f)$ 或 R_f，也可记为 $f(D)$，有时还用 Z 表示，所以

$$R(f) = f(D) = \{f(x) \mid x \in D\}.$$

需要指出的是，严格地说，f 和 $f(x)$ 的含义是不同的，f 表示从自变量 x 到因变量 y 的映射或对应规则，而 $f(x)$ 则表示与自变量 x 对应的函数值，只是为了叙述的方便，常常用 $f(x)$ $(x \in D)$ 来表示函数. 为了减少记号，也常用 $y = y(x)$ $(x \in D)$ 表示函数，这时右边的 y 表示对应规则，左边的 y 表示与 x 对应的函数值.

在数学中，通常用小写或大写的拉丁字母 $f, g, h, \cdots, F, G, \cdots$ 和小写或大写的希腊字母 $\varphi, \psi, \cdots, \Phi, \Psi, \cdots$ 作为表示函数的记号.

还须注意，在函数的定义中，对于每个 $x \in D(f)$，对应的函数值 $y = f(x)$ 是唯一的（因此，也称为**单值函数**），而对于每个 $y \in R(f)$，以之作为函数值的自变量 x 不一定唯一.

例如：$y = x^2$ 是定义在 $\mathbf{R}$ 上的一个函数，对于每个 $x \in \mathbf{R}$，对应的函数值是 x^2，它的值域是

$$Z = \{y \mid y = x^2, x \in \mathbf{R}\} = \{y \mid y \geqslant 0\}.$$

对于每个函数值 $y \in Z$，对应的自变量有两个，即

$$x = \sqrt{y}, \quad x = -\sqrt{y}.$$

从定义可以看到，确定一个函数有两个要素 —— 定义域和对应规则（即映射）. 如果有两个函数 f 和 g，即

$$y = f(x) \, (x \in D_1) \quad 和 \quad y = g(x) \, (x \in D_2),$$

则 f 和 g 相同的充分必要条件是：它们的定义域 D_1 和 D_2 相同，且对应于同一自变量 x 的函数值 $f(x)$ 和 $g(x)$ 相等，即

$$f = g \Leftrightarrow D(f) = D(g), 且 f(x) = g(x) \, (\forall x \in D(f)).$$

所以，$y = f(x) \, (x \in D)$ 和 $s = f(t) \, (t \in D)$ 是两个相同的函数.

又如：$f(x) = 2\lg x$，$g(x) = \lg x^2$（"$\lg$" 表示以 10 为底的常用对数 "$\log_{10}$"）. $D(f) = (0, +\infty)$，而

$$D(g) = \mathbf{R} - \{0\} = (-\infty, 0) \bigcup (0, +\infty),$$

故 $f \neq g$. 若仅限于在 $(0, +\infty)$ 上讨论，则 $2\lg x = \lg x^2 \, (x > 0)$. 即在 $(0, +\infty)$ 上 $f(x) = g(x)$.

在坐标平面上，函数可以用一个图形来表示.

设有函数 $y=f(x)$, $x\in[a,b]$. 对于每个 $x\in[a,b]$，可以确定 y 的一个值 $f(x)$，从而确定 Oxy 平面上的一个点 $P(x,f(x))$，当 x 遍历 $[a,b]$ 中所有的值时，点 P 的轨迹

$$C=\{P(x,f(x))\,|\,x\in[a,b]\}$$

称为函数 $y=f(x)$, $x\in[a,b]$ 的图形（如图 1-12）.

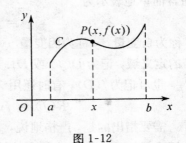

图 1-12

对于一般的函数 $y=f(x)$（$x\in D$, D 不一定是一个区间），其图形为

$$C=\{P(x,f(x))\,|\,x\in D\}.$$

一般地说，一个函数确定一个图形，反之，如果图形上不同的点其横坐标也不同（即任意两点的连线不平行于 y 轴），则这个图形也就确定一个函数.

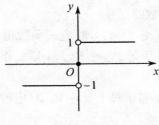

图 1-13

例3 设

$$y=\operatorname{sgn}x=\begin{cases}-1, & x<0;\\0, & x=0;\\1, & x>0.\end{cases}$$

其图形如图 1-13 所示. 它确定了一个函数，称为**符号函数**，其定义域为实数集 **R**，值域为 $\{-1,0,1\}$.

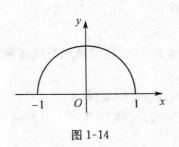

图 1-14

例4 设 $y=\sqrt{1-x^2}$. 对于每个 $x\in[-1,1]$，它确定了一个值 $\sqrt{1-x^2}$ 与之相对应，从而在 $[-1,1]$ 上定义了一个函数，其值域为 $[0,1]$. 它的图形是以原点 O 为中心、半径为 1 的上半圆（如图 1-14）.

函数的定义域是函数概念的一部分，给定了函数，自然也就给定了它的定义域. 但有两种情况需作补充说明. 如在例 1 中，设质点落地的时刻为 T，则 s 与 t 的函数关系是

$$s=\frac{1}{2}gt^2, \quad t\in[0,T],$$

其定义域为 $[0,T]$. 又如：圆面积 S 与其半径 r 的函数关系是

$$S=\pi r^2, \quad r\in(0,+\infty),$$

其定义域为 $(0,+\infty)$. 在实际问题中，有关函数的定义域由其自变量的实际

允许变化范围确定. 另一种情况是, 在数学中常常不考虑函数的实际意义, 而抽象地研究用某个具体算式表示的函数, 这时认为它的定义域就是由所有使得算式有意义的实数组成的集合, 它称为该函数的**自然定义域**. 例如: 函数 $y = \dfrac{1}{x^2 - 1}$ 的自然定义域是 $\mathbf{R} - \{-1, 1\}$; $y = \log_a(2 - x)$ 的自然定义域是 $(-\infty, 2)$; $y = \sqrt{x^2 - 4}$ 的自然定义域是 $\{x \mid |x| \geqslant 2\}$, 即 $(-\infty, -2] \cup [2, +\infty)$.

在给定了一个函数 f 的解析表示式后, 若未说明其定义域 $D(f)$, 则 $D(f)$ 就是 f 的自然定义域.

1.2.2　函数的表示法

表示或确定函数的方法通常有三种.

1. 图像法

例如: 患者的心电图显示与其心脏有关的电流随时间变动的函数, 反映了患者的心率模式, 医生将患者的心电图与健康人的正常心电图作比较, 可以了解其心脏的健康状况. 这比用公式表示这个函数显然方便实用. 在报刊上, 也经常会看到用图形显示某种经济指标随年份变化的情况. 这种表示法的优点是形象、鲜明、具体, 给人以一目了然之感.

2. 表格法

例如: 某国 1980 ～ 1985 年人口估计数字如下表:

年份 / 年	1980	1981	1982	1983	1984	1985
人口 / 百万	37.18	39.03	40.80	42.57	44.36	46.39

它反映了该国人口与年份的函数关系. 这种表示法的优点是与自变量的取值所对应的函数值不需计算, 只要查表即可得到.

3. 解析法

如初等数学中的正弦函数 $y = \sin x\ (x \in \mathbf{R})$, 对数函数 $y = \log_a x\ (x > 0)$ 等, 都是用解析法表示函数的例子.

这种用解析表达式表示函数的方法, 是本课程中用得最多的函数表示形式.

在有些情况下一个函数不能用一个解析式表示. 如例 3 中的符号函数 $\operatorname{sgn} x$, 要对自变量的三个取值范围分别用三个不同的表示式表示. 又如绝对

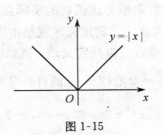

图 1-15

值函数 $y=|x|$，它的定义域是$(-\infty,$ $+\infty)$，但在$(-\infty,0)$ 和$[0,+\infty)$ 上需依次用不同的表示式 $y=-x$ 和 $y=x$ 表示，其图形如图 1-15. 这类函数称为**分段函数**.

例5 稿酬所得税 T 与稿酬收入 x 之间有如下关系：

$$T=T(x)=\begin{cases}(x-800)\cdot 20\%\cdot(1-30\%), & 800\leqslant x\leqslant 4\,000;\\ x(1-20\%)\cdot 20\%\cdot(1-30\%), & x>4\,000.\end{cases}$$

这是一个分段函数，其定义域为$[800,+\infty)$.

又如邮资的计费办法、个人所得税的收取办法等用的都是分段函数.

对于分段函数需要注意：

1) 虽然在自变量的不同变化范围内计算函数值的算式不同，但定义的是一个函数；

2) 它的定义域是各个表示式的定义域的并集；

3) 求自变量，例如说为 x_0 的函数值时，先要看 x_0 属于哪一个表示式的定义域，然后按此表示式计算 x_0 所对应的函数值.

例6 设

$$f(x)=\begin{cases}x+1, & -2\leqslant x<0;\\ 0, & x=0;\\ 3-x, & 0<x<3.\end{cases}$$

其定义域

$$D(f)=[-2,0)\cup\{0\}\cup(0,3)$$
$$=[-2,3).$$

当 $x=-1$ 时，由于 $-1\in[-2,0)$，此时 $f(x)=x+1$，故

$$f(-1)=-1+1=0.$$

当 $x=2$ 时，由于 $2\in(0,3)$，此时 $f(x)=3-x$，故 $f(2)=3-2=1$.

$y=f(x)$ 的图形如图 1-16.

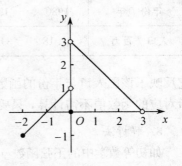

图 1-16

1.2.3 函数的运算

函数可以作四则运算.

设有函数 f,g 如下：

$$y = f(x), \, x \in D_1 \quad \text{和} \quad y = g(x), \, x \in D_2,$$

且 $D = D_1 \bigcap D_2 \neq \varnothing$，则定义函数 f, g 的和 $f + g$、差 $f - g$、积 fg、商 $\dfrac{f}{g}$ 为如下的函数：

$$(f \pm g)(x) = f(x) \pm g(x), \quad x \in D;$$
$$(fg)(x) = f(x)g(x), \quad x \in D;$$
$$\left(\frac{f}{g}\right)(x) = \frac{f(x)}{g(x)}, \quad x \in \{x \mid x \in D, \, g(x) \neq 0\}.$$

在实际应用中，常常不用抽象的函数记号，而直接依次表示为

$$y = f(x) \pm g(x), \quad x \in D;$$
$$y = f(x)g(x), \quad x \in D;$$
$$y = \frac{f(x)}{g(x)}, \quad x \in \{x \mid x \in D, \, g(x) \neq 0\}.$$

例 7 设函数 $y = f(x)$ 的定义域为 $[0, 3a]$ $(a > 0)$，求函数

$$g(x) = f(x + a) + f(2x - 3a)$$

的定义域.

解 设 $u = x + a$，$v = 2x - 3a$，则

$$f(x + a) = f(u), \quad f(2x - 3a) = f(v),$$

因 $D(f) = [0, 3a]$，所以应有

1) $0 \leqslant u \leqslant 3a$，即 $0 \leqslant x + a \leqslant 3a$，从而 $-a \leqslant x \leqslant 2a$；

2) $0 \leqslant v \leqslant 3a$，即 $0 \leqslant 2x - 3a \leqslant 3a$，从而 $\dfrac{3}{2}a \leqslant x \leqslant 3a$.

由此，函数 $f(x + a)$ 的定义域为 $D_1 = [-a, 2a]$，$f(2x - 3a)$ 的定义域为 $D_2 = \left[\dfrac{3}{2}a, 3a\right]$. 因此 $g(x)$ 的定义域为

$$D(g) = D_1 \bigcap D_2 = [-a, 2a] \bigcap \left[\frac{3}{2}a, 3a\right] = \left[\frac{3}{2}a, 2a\right].$$

1.3 函数的几种基本特性

以后经常会用到函数的下列基本性质. 但要注意，并非所有函数都具有这些特性，具有某个特性的函数是一种特殊的函数类.

1. 有界性

给定函数 $y = f(x)$，$x \in D$. 设区间 $I \subset D$. 如果 $\exists$ 常数 $M > 0$ 使得

$$|f(x)| \leqslant M \quad (\forall x \in I),$$

则称函数 $f(x)$ 在区间 I 上**有界**.

显然，如果 $f(x)$ 在 I 上有界，则使上述不等式成立的常数 M 不是唯一的，如 $M+1,2M$ 等均可. 有界性体现在常数 M 的存在性. 如果这样的 M 不存在，则称 $f(x)$ 在 I 上**无界**；换言之，即对于任意一个正数 M（不论多么大），若总有 $x \in I$ 使得 $|f(x)| > M$，则 $f(x)$ 在 I 上无界.

函数的有界性还可以等价地表述为：如果 $\exists$ 常数 M_1, M_2 使得
$$M_1 \leqslant f(x) \leqslant M_2 \quad (\forall x \in I),$$
则 $f(x)$ 在 I 上有界，M_1 称为 $f(x)$ 在 I 上 的**下界**，M_2 称为**上界**. 同上，若 $f(x)$ 在 I 上有界，则其上、下界不是唯一的.

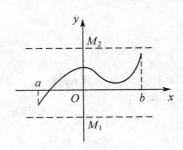

图 1-17

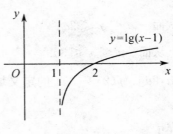

图 1-18

若函数 $y = f(x)$ 在 $[a,b]$ 上有界，则其图形 $C: y = f(x)$ $(x \in [a,b])$ 介于两水平直线 $y = M_1$，$y = M_2$ 之间（如图 1-17）.

无界函数可能有上界而无下界，也可能有下界而无上界，或既无上界又无下界. 函数 $f(x)$ 的有界性与讨论的区间 I 有关.

例 1 函数 $y = \lg(x-1)$ 在其上有界的区间是（　　）.

A. $(1,2)$ 　　　　B. $(2,3)$

C. $(1,+\infty)$ 　　D. $(2,+\infty)$

解 函数 $y = \lg(x-1)$ 的图形如图 1-18 所示.

由于对数 $\lg N$ 当 N 无限增大时，也无限增大，而当 $N > 0$ 且无限趋近于 0 时，$\lg N$ 无限减小，即可以比任何负数都小，故 $\lg(x-1)$ 在 $(1,2),(1,+\infty),(2,+\infty)$ 上都无界. 在 $(2,3)$ 上，因有
$$0 < \lg(x-1) < \lg 2 \quad (\forall x \in (2,3)),$$
故 $\lg(x-1)$ 在 $(2,3)$ 上有界，正确答案是 B.

2. 单调性

给定函数 $y = f(x)$，$x \in D$，设区间 $I \subset D$. 若有
$$f(x_1) < f(x_2), \quad \forall x_1, x_2 \in I, x_1 < x_2,$$
则称 $f(x)$ 在区间 I 上**单调增加**（简称递增），如图 1-19（a）所示. 若有
$$f(x_1) > f(x_2), \quad \forall x_1, x_2 \in I, x_1 < x_2,$$
则称 $f(x)$ 在 I 上**单调减少**（简称递减），如图 1-19（b）所示.

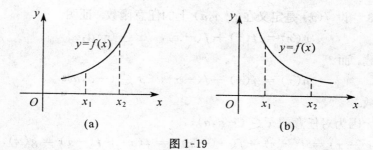

图 1-19

所以，在区间 I 上，若函数值 $f(x)$ 随 x 的增加而增大（减小），则 $f(x)$ 在 I 上是递增（递减）的，有时形象地用 ↗（↘）表示.

单调增加函数和**单调减少函数**总称为**单调函数**，函数的这种性质称为**单调性**.

例如：函数 $y = x^2$ 的图形是抛物线（如图 1-20），它在 $(0, +\infty)$ 上是单调增加的，在 $(-\infty, 0)$ 上是单调减少的，但在其定义域 **R** 上不单调. 又如函数 $y = x^3$，其图形称为立方抛物线（如图 1-21），它在其定义域 **R** 上是单调增加的.

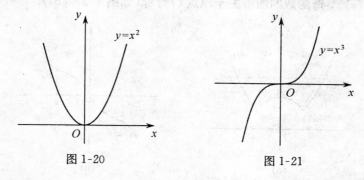

图 1-20　　　　　　　　　图 1-21

例 1 中的函数 $y = \lg(x-1)$，在其定义域 $(1, +\infty)$ 上是单调增加的，由此可知，若 $(a, b) \subset (1, +\infty)$，则有

$$\lg(a-1) < \lg(x-1) < \lg(b-1) \quad (a < x < b).$$

3. 奇偶性

设函数 $f(x)$ 的定义域 D 关于原点 O 对称（即若 $x \in D$，则 $-x \in D$）. 如果
$$f(-x) = f(x) \quad (\forall x \in D),$$
则称 $f(x)$ 为**偶函数**；如果
$$f(-x) = -f(x) \quad (\forall x \in D),$$
则称 $f(x)$ 为**奇函数**.

例 2 $\sin x$ 和 x^3 是奇函数，$\cos x$ 和 x^4 是偶函数，而 $x^2 + x^3$ 则既非偶函数，又非奇函数.

例3 设 $f(x)$ 是定义在 $(-a,a)$ 上的任意函数. 证明:

$$g(x) = f(x) + f(-x), \quad x \in (-a,a)$$

是偶函数, 而

$$h(x) = f(x) - f(-x), \quad x \in (-a,a)$$

是奇函数.

证 因为对任意的 $x \in (-a,a)$,

$$g(-x) = f(-x) + f(-(-x)) = f(x) + f(-x) = g(x),$$
$$h(-x) = f(-x) - f(-(-x)) = f(-x) - f(x) = -h(x),$$

故 $g(x)$ 是偶函数, $h(x)$ 是奇函数.

容易证明, 两个奇(偶) 函数之和仍是奇(偶) 函数, 之积是偶函数, 一个奇函数与一个偶函数之积是奇函数.

奇函数和偶函数的图形有某种对称性.

在坐标平面上, 点 $P(x,y)$ 与点 $Q_1(-x,y)$ 关于 y 轴对称, 点 P 与点 $Q_2(-x,-y)$ 关于原点 O 对称. 由此可知, 偶函数的图形关于 y 轴对称(如图 1-22 (a)), 奇函数的图形关于原点 O 对称(如图 1-22 (b)).

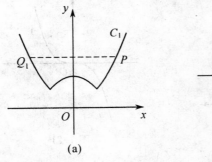

图 1-22

例4 判断函数

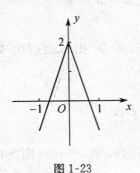

图 1-23

$$f(x) = \begin{cases} 2+3x, & x \leqslant 0; \\ 2-3x & x > 0 \end{cases}$$

的奇偶性(图 1-23).

解 由于

$$f(-x) = \begin{cases} 2+3(-x), & -x \leqslant 0; \\ 2-3(-x), & -x > 0 \end{cases}$$

$$= \begin{cases} 2-3x, & x \geqslant 0; \\ 2+3x, & x < 0 \end{cases}$$

$$= f(x),$$

故 $f(x)$ 是偶函数. 从 $y = f(x)$ 的图形(图 1-23)关于 y 轴对称也可予以判定.

4. 周期性

设 $f(x)$ 是定义在 **R** 上的函数. 如果 $\exists\, t > 0$, 使得
$$f(x+t) = f(x) \quad (\forall\, x \in \mathbf{R}),$$
则称 $f(x)$ 为**周期函数**, t 是它的**周期**. 通常所说周期函数的周期是指它的**最小正周期** T, 即
$$T = \min\{t \mid f(x+t) = f(x)\ (\forall\, x \in \mathbf{R}),\, t > 0\},$$
且 $T > 0$.

如 $\sin x, \cos x$ 都是周期为 2π 的周期函数, $\tan x$ 的周期是 π. 函数 $|\sin x|$ 的周期为 π, 因为
$$|\sin(x+\pi)| = |-\sin x| = |\sin x|.$$
函数 $\cos(3x+5)$ 的周期是 $\dfrac{2\pi}{3}$, 因为若 $t > 0$, 使得
$$\cos(3(x+t)+5) = \cos(3x+5+3t) = \cos(3x+5) \quad (\forall\, x \in \mathbf{R}),$$
则最小的 t 应满足 $3t = 2\pi$, 即 $t = \dfrac{2\pi}{3}$.

周期函数 $f(x)$ 的图形具有周期性, 若其周期为 T, 则 $f(x)$ 在区间 $[a, a+T]$ 上的图形应与在区间 $[a+kT, a+(k+1)T]\ (k \in \mathbf{Z})$ 上的图形相同, 所以只要将 $[a, a+T]$ 上的图形向左、右无限复制, 即可得到 $f(x)$ 的整个图形. 正弦曲线即是其例.

注意, 并非任意周期函数都有最小正周期.

例 5 狄利克雷函数
$$D(x) = \begin{cases} 1, & x \in \mathbf{Q}; \\ 0, & x \in \mathbf{R} - \mathbf{Q}, \end{cases}$$
即当 x 为有理数时 $D(x) = 1$, 当 x 是无理数时 $D(x) = 0$. $D(x)$ 是一个周期函数, 任何正有理数 r 都是它的周期, 但 $\min\{r \mid r \in \mathbf{Q},\, r > 0\}$ 不存在, 故 $D(x)$ 无最小正周期.

1.4 反 函 数

设函数 $y = f(x)$ 的定义域是 D_f, 值域是 R_f, 即
$$f\colon x \mapsto y = f(x) \in R_f \quad (x \in D_f).$$

将 f 的自变量和因变量的"角色"对调，即将 $y \in R_f$ 作为自变量，如果对每个 $y \in R_f$，在 D_f 中只有唯一的 x 使得 $f(x) = y$，则将 y 变成 x 的映射 φ 就确定了一个新的函数 φ，即

$$\varphi: y \mapsto x = \varphi(y) \in D_f \quad (y \in R_f).$$

新函数 $x = \varphi(y)$ $(y \in R_f)$ 称为函数 $y = f(x)$ $(x \in D_f)$ 的**反函数**。这时，原来的函数 $y = f(x)$ $(x \in D_f)$ 称为**直接函数**。函数 φ 由函数 f 完全确定，因此，通常将 φ 写成 f^{-1}。所以

$$x \underset{f^{-1}}{\overset{f}{\rightleftharpoons}} y \quad (x \in D_f, y \in R_f).$$

f 和 f^{-1} 在数集 D_f 和 R_f 之间建立了一一对应关系。

习惯上，总是将自变量用 x，因变量用 y 表示，所以 $y = f(x)$ $(x \in D_f)$ 的反函数通常写成

$$y = f^{-1}(x) \quad (x \in R_f).$$

由反函数的定义可知：反函数 $f^{-1}(x)$ 的定义域 $D_{f^{-1}}$ 是直接函数 $f(x)$ 的值域 R_f，反函数 $f^{-1}(x)$ 的值域 $R_{f^{-1}}$ 是直接函数 $f(x)$ 的定义域 D_f，即

$$D_{f^{-1}} = R_f, \quad R_{f^{-1}} = D_f.$$

这里，自然会提出的一个问题是：在什么条件下 $y = f(x)$ $(x \in D_f)$ 有反函数？

假若 $y = f(x)$ 在其定义域 D_f 上是单调的，则有

$$f(x_1) = f(x_2) \Leftrightarrow x_1 = x_2 \quad (x_1, x_2 \in D_f).$$

所以，对每个 $y \in R_f$，只能有一个 $x \in D_f$ 使得 $y = f(x)$，从而可以如上确定新函数 $x = \varphi(y)$。因此，单调函数必有反函数。但反之不然，即有反函数的函数不一定是单调的。

一般地说，并非每个函数都可以唯一确定一个反函数。

例 1 设 $y = x^2$ $(x \in \mathbf{R})$。它在定义域 $\mathbf{R}$ 上不单调，对于给定的 $y > 0$，有两个 x 与之对应，即 $x = \pm\sqrt{y}$。所以不能确定一个反函数。但在 $(-\infty, 0)$ 上 $y = x^2$ 单调减少，在 $(0, +\infty)$ 上 $y = x^2$ 单调增加，它们分别表示抛物线 $y = x^2$ 的左、右半支，所以

$y = x^2$ $(x \in (-\infty, 0))$ 有反函数 $y = -\sqrt{x}$ $(x \in (0, +\infty))$；

$y = x^2$ $(x \in (0, +\infty))$ 有反函数 $y = \sqrt{x}$ $(x \in (0, +\infty))$。

例 2 求函数 $y = \dfrac{1}{2}(a^x - a^{-x})$ $(x \in \mathbf{R}, a > 0, a \neq 1)$ 的反函数。

解 函数 $y = \dfrac{1}{2}(a^x - a^{-x})$ $(a > 1)$ 的图形如图 1-24 所示。由函数式得

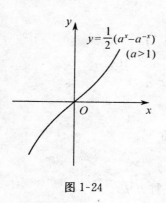

图 1-24

$$a^x - a^{-x} - 2y = 0,$$
即 $(a^x)^2 - 2ya^x - 1 = 0$. 对 a^x 配方, 得
$$(a^x - y)^2 = 1 + y^2,$$
所以 $a^x - y = \pm \sqrt{1 + y^2}$, 即
$$a^x = y \pm \sqrt{1 + y^2}.$$
由于 $a^x > 0$ ($\forall x \in \mathbf{R}$), 而 $y - \sqrt{1 + y^2} < 0$, 故得 $a^x = y + \sqrt{1 + y^2}$, 即
$$x = \log_a(y + \sqrt{1 + y^2}).$$

所以, 所求的反函数为 $y = \log_a(x + \sqrt{1 + x^2})$ ($x \in \mathbf{R}$).

若 $y = f(x)$ ($x \in D$) 的反函数是 $y = f^{-1}(x)$ ($x \in R_f$), 则后者的图形可由前者的图形得到. 事实上, 设

$C: y = f(x)$ $\quad (x \in D),$

$C_1: x = f^{-1}(y)$ $\quad (y \in R_f),$

$C_2: y = f^{-1}(x)$ $\quad (x \in R_f),$

由于 $y = f(x)$, $x = f^{-1}(y)$, 故 $(x, f(x))$ 与 $(f^{-1}(y), y)$ 是同一个点, 所以 C 与 C_1 是同一个图形. 而点 (x, y) 与点 (y, x) 关于直线 $y = x$ 对称, 故 C_2 与 C_1 关于 $y = x$ 对称, 从而 C_2 与 C 关于直线 $y = x$ 对称, 如图 1-25.

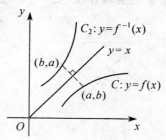

图 1-25

例3 $y = 2^x$ ($x \in \mathbf{R}$) 与 $y = \log_2 x$ ($x > 0$) 互为反函数, 其图形如图 1-26 所示.

例4 求函数

$$f(x) = \begin{cases} x, & x < 1; \\ x^2, & 1 \leqslant x \leqslant 4; \\ 2^x, & 4 < x \end{cases}$$

的反函数.

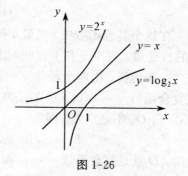

图 1-26

解 求分段函数的反函数, 只要分别求出各区间段上函数的值域及其反函数即可.

由 $y = x$ ($x < 1$) 可知其值域为 $y < 1$, 反函数为 $x = y$;

而 $y = x^2$ ($1 \leqslant x \leqslant 4$) 的值域为 $1 \leqslant y \leqslant 16$, 反函数为 $x = \sqrt{y}$;

又 $y = 2^x$ ($4 < x$) 的值域为 $16 < y$, 反函数为 $x = \log_2 y$.

故所求的反函数为

$$f^{-1}(x) = \begin{cases} x, & x < 1; \\ \sqrt{x}, & 1 \leqslant x \leqslant 16; \\ \log_2 x, & 16 < x. \end{cases}$$

1.5 复 合 函 数

函数的复合是从已知函数产生新函数的一种方法.

设有两个函数

$$y = f(u), u \in D_1 \quad \text{和} \quad u = g(x), x \in D.$$

如果 g 的值域 $R(g) \subset D_1$，则对于每个 $x \in D$，由 g 确定一个 $u \in R(g) \subset$

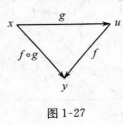

图 1-27

D_1，从而这个 u 经过 f 又唯一地确定一个 y. 这样，对每个 $x \in D$，可以唯一确定一个 y（如图 1-27），从而确定一个新函数，这个函数称为由 $u = g(x)$ 和 $y = f(u)$ 构成的一个 **复合函数**，其函数记号通常用 $f \circ g$ 表示，所以

$$(f \circ g)(x) = f(g(x)), \quad x \in D.$$

也可以不用抽象的复合函数记号 $f \circ g$，而直接将这个复合函数表示为

$$y = f(g(x)), \quad x \in D.$$

在这个复合函数中，变量 u 有双重身份：既是函数 g 的函数值，又是函数 f 的自变量，它在 x 和 y 之间起着桥梁的作用，通常称为 **中间变量**.

一般地说，由两个函数 $y = \varphi(u)$，$u \in D_1$ 和 $u = \psi(x)$，$x \in D_2$ 可以构成复合函数 $y = \varphi(\psi(x))$ 的条件是：ψ 的值域 $R(\psi)$ 与 φ 的定义域 D_1 的交集 $R(\psi) \bigcap D_1$ 不是空集，即

$$D = \{x \mid x \in D_2, \psi(x) \in D_1\} \neq \varnothing.$$

这时，D 就是复合函数 $y = \varphi(\psi(x))$ 的定义域.

例 1 设 $y = f(u) = \sqrt{u-1} \ (u \in [1, +\infty))$，$u = g(x) = \dfrac{1}{x} \ (x \neq 0)$，则它们的复合函数为

$$y = f(g(x)) = \sqrt{\frac{1}{x} - 1},$$

其定义域 $D = (0, 1]$，它是 $D(g) = \mathbf{R} - \{0\}$ 的一个真子集（即 $D \subset D(g)$，且 $D \neq D(g)$）.

例 2 设 $y = \varphi(u) = \lg u \ (u \in (0, +\infty))$，$u = \psi(x) = -x^2 \ (x \in \mathbf{R})$. 由于 $R(\psi) = (-\infty, 0]$，故

$$R(\psi) \bigcap D(\varphi) = (-\infty, 0] \bigcap (0, +\infty) = \varnothing.$$

从而复合函数 $y = \varphi(\psi(x))$ 的定义域是一个空集，函数 $y = \varphi(\psi(x))$ 无意义.

注意，函数的复合一般与复合的次序有关，即 $f(g(x))$ 与 $g(f(x))$ 一般不是同一个函数，甚至可能其中一个有意义而另一个没有意义.

例 3 设函数 φ 与 ψ 如例 2，考虑复合函数 $y = \psi(\varphi(x))$ 时，应为

$$y = \psi(u) = -u^2 \ (u \in \mathbf{R}) \quad \text{和} \quad u = \varphi(x) = \lg x \ (x > 0),$$

此时

$$y = \psi(\varphi(x)) = -(\lg x)^2 \quad (x > 0).$$

可见复合函数 $y = \psi(\varphi(x))$ 有意义.

还可以考虑多个函数的复合.

例 4 设 $y = u^2$，$u = \sin v$，$v = \lg x$，则这三个函数的复合为

$$y = (\sin v)^2 = (\sin \lg x)^2.$$

例 5 函数 $y = \sqrt{\lg \sin x^2}$ 可看成下列函数

$$y = \sqrt{u}, \quad u = \lg v, \quad v = \sin w, \quad w = x^2$$

的复合，其中 u, v, w 是中间变量.

例 5 中将一个复合函数"拆成"（或"分解成"）多个简单函数的复合，在第三章函数的导数计算中是十分重要的.

例 6 设 $f\left(\dfrac{1}{x} - 1\right) = \sin x$，求 $f(x)$.

解 引进中间变量 $t = \dfrac{1}{x} - 1$，则 $x = \dfrac{1}{t+1}$. 函数 $f\left(\dfrac{1}{x} - 1\right)$ 可以看成两个函数 $f(t)$ 和 $t = \dfrac{1}{x} - 1$ 的复合. 将 $x = \dfrac{1}{t+1}$ 代入 $\sin x$，即得

$$f(t) = f\left(\frac{1}{x} - 1\right) = \sin x = \sin \frac{1}{t+1}.$$

再将代表自变量的文字 t 改成 x，即得 $f(x) = \sin \dfrac{1}{x+1}$.

1.6 初 等 函 数

初等数学中已经在不同程度上讲过几种基本的函数 —— 幂函数、指数函数、对数函数、三角函数和反三角函数，它们连同最简单的函数 —— 常

数，总称为**基本初等函数**，微积分中常见的函数都是由这些函数构成的. 为了便于以后运用，下面做简要复习.

1.6.1 基本初等函数

1. 常数函数
$$y = c \ (常数), \quad x \in \mathbf{R},$$
即对任意实数 x，对应的函数值是一个定数 c. $y = c$ 的图形是一条经过点 $(0, c)$ 的水平直线.

2. 幂函数
$$y = x^\mu \quad (\mu \in \mathbf{R}, \text{是一常数}),$$
对于任意的方幂 μ，x^μ 在 $(0, +\infty)$ 上都有定义；对不同的 μ，x^μ 的定义域则有所不同. x^2 的定义域是 $\mathbf{R}$，$\sqrt{x} = x^{\frac{1}{2}}$ 的定义域是 $[0, +\infty)$，而 $\dfrac{1}{\sqrt{x}} = x^{-\frac{1}{2}}$ 的定义域则是 $(0, +\infty)$.

$y = x^3$ 和 $y = \sqrt[3]{x} = x^{\frac{1}{3}}$ 的图形如图 1-28 (a)，$y = \dfrac{1}{x} = x^{-1}$ 的图形如图 1-28 (b)，$y = x^2$ 和 $y = \sqrt[3]{x^2} = x^{\frac{2}{3}}$ 的图形如图 1-28 (c). 在 $(0, +\infty)$ 上，对 μ 的不同情况，$y = x^\mu$ 的图形大致如图 1-28 (d).

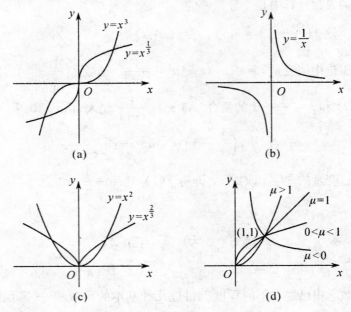

图 1-28

3. **指数函数**

$$y = a^x \ (a > 0, a \neq 1), \quad x \in (-\infty, +\infty),$$

当 $0 < a < 1$ 时，a^x 是单调减少函数；当 $a > 1$ 时，a^x 是单调增加函数，$y = a^x$ 的图形如图 1-29.

4. **对数函数**

$$y = \log_a x \ (a > 0, a \neq 1), \quad x \in (0, +\infty),$$

它是指数函数 $y = a^x$ 的反函数. 当 $0 < a < 1$ 时，$\log_a x$ 是单调减少的；当 $a > 1$ 时，$\log_a x$ 是单调增加的，$y = \log_a x$ 的图形如图 1-30.

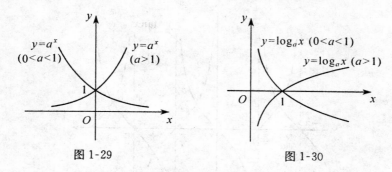

图 1-29　　　　　　　　　图 1-30

以 10 为底的对数 $\log_{10} x$ 称为常用对数，通常记为 $\lg x$，即

$$\log_{10} x = \lg x.$$

5. **三角函数**

三角函数有 6 种，它们是

正弦函数 $y = \sin x$, $x \in \mathbf{R}$;

余弦函数 $y = \cos x$, $x \in \mathbf{R}$;

正切函数 $y = \tan x$, $x \in \mathbf{R} - \left\{ \left(n + \frac{1}{2}\right)\pi \,\middle|\, n \in \mathbf{Z} \right\}$;

余切函数 $y = \cot x$, $x \in \mathbf{R} - \{n\pi \,|\, n \in \mathbf{Z}\}$;

正割函数 $y = \sec x$, $x \in \mathbf{R} - \left\{ \left(n + \frac{1}{2}\right)\pi \,\middle|\, n \in \mathbf{Z} \right\}$;

余割函数 $y = \csc x$, $x \in \mathbf{R} - \{n\pi \,|\, n \in \mathbf{Z}\}$.

$y = \sin x$ 和 $y = \cos x$ 的图形如图 1-31，$y = \tan x$ 和 $y = \cot x$ 的图形如图 1-32.

在微积分中，三角函数的自变量 x 表示弧度而不是度.

$$1° = \frac{\pi}{180} \text{ 弧度} = 0.017\,453\,292 \cdots \text{ 弧度},$$

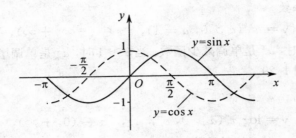

图 1-31

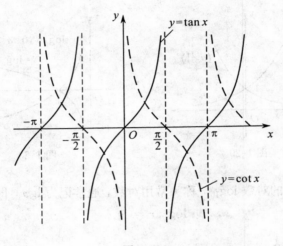

图 1-32

$$1 \text{ 弧度} = \frac{180°}{\pi} = 57.295\ 779\ 5\cdots°.$$

6. 反三角函数

常用的反三角函数有:

反正弦函数 $y = \arcsin x$, $x \in [-1, 1]$;

反余弦函数 $y = \arccos x$, $x \in [-1, 1]$;

反正切函数 $y = \arctan x$, $x \in (-\infty, +\infty)$;

反余切函数 $y = \operatorname{arccot} x$, $x \in (-\infty, +\infty)$.

它们依次是函数 $y = \sin x$, $y = \cos x$, $y = \tan x$, $y = \cot x$ 在某些区间上的反函数. 这些三角函数在它们的定义域上均不单调,为了使它们能够确定反函数,必须考虑它们的单调区间. $y = \sin x$ 在 $\left[-\frac{\pi}{2}, \frac{\pi}{2}\right]$ 上,$y = \cos x$ 在

$[0,\pi]$ 上，$y = \tan x$ 在 $\left(-\dfrac{\pi}{2},\dfrac{\pi}{2}\right)$ 上，$y = \cot x$ 在 $(0,\pi)$ 上都是单调的，在这些区间上，它们的反函数完全确定. 注意反函数的定义域(值域)是直接函数的值域(定义域)，由此得到上述 4 个反三角函数的值域：

$y = \arcsin x$ 的值域是 $\left[-\dfrac{\pi}{2},\dfrac{\pi}{2}\right]$；

$y = \arccos x$ 的值域是 $[0,\pi]$；

$y = \arctan x$ 的值域是 $\left(-\dfrac{\pi}{2},\dfrac{\pi}{2}\right)$；

$y = \operatorname{arccot} x$ 的值域是 $(0,\pi)$.

这些值域通常称为相应反三角函数的**主值范围**. 例如：$\arcsin \dfrac{1}{2} = \dfrac{\pi}{6}$，$\arccos\left(-\dfrac{\sqrt{3}}{2}\right) = \dfrac{5\pi}{6}$，$\arctan 1 = \dfrac{\pi}{4}$，$\operatorname{arccot}(-\sqrt{3}) = \dfrac{5\pi}{6}$.

反三角函数的图形分别如图 1-33 (a)，(b) 所示.

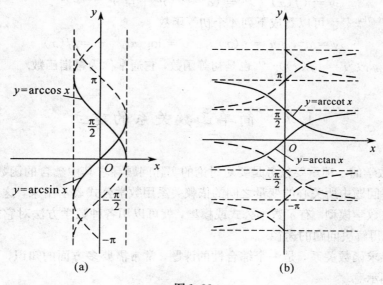

(a)   (b)

图 1-33

对于上述基本初等函数，要熟悉它们的图形，并从图形认知它们的基本特征. 如 $y = x^3$ 是奇函数，在 $[0,1]$ 上有界，在 $[0,+\infty)$ 上无界，在其定义域上是单调增加的；$y = \log_a x$ 当 $a > 1$ 时是单调增加的，当 $0 < a < 1$ 时是单调减少的；$y = \cos x$ 在其定义域上有界，是偶函数、周期函数，但不单调，而在 $[0,\pi]$ 上是单调的，等等.

1.6.2　初等函数

由基本初等函数经过有限多次四则运算和函数的复合运算所得到的函数统称为**初等函数**.

初等函数均可用一个解析式表示，如

$$y = \sqrt{x^2 + 1}, \quad y = \tan^2 x, \quad y = \sin \ln x$$

等都是初等函数. 而分段函数一般不是初等函数，如 1.2 节例 3 中的符号函数 $y = \operatorname{sgn} x$ 不是初等函数. 绝对值函数 $y = |x|$ 虽可分段表示，但由于 $|x| = \sqrt{x^2}$，故仍是初等函数. 以后可知，在微积分中有许多函数不是初等函数，但在本课程中具体讨论的大多是初等函数.

例　设 $f(x), g(x)$ 是两个初等函数，$f(x) > 0$，则函数

$$y = (f(x))^{g(x)}$$

也是一个初等函数. 因为若设 $a \neq 1$ 是任一正数，由于 $f(x) = a^{\log_a f(x)}$，有

$$y = (f(x))^{g(x)} = (a^{\log_a f(x)})^{g(x)} = a^{g(x) \log_a f(x)}.$$

$y = a^{g(x) \log_a f(x)}$ 可以看成下列 4 个初等函数

$$y = a^u, \quad u = g(x) v, \quad v = \log_a w, \quad w = f(x)$$

的复合，故 $y = (f(x))^{g(x)}$ 也是初等函数，它通常称为**幂指函数**.

1.7　简单函数关系的建立

数学的一项重要任务是要对讨论的实际问题寻求其中蕴含的函数关系，亦即将问题中所关心的变量之间的依赖关系用数学公式表示出来，这就是所谓建立数学模型. 有了数学公式或模型，就可以用各种数学方法对它进行研究，获得解决问题的途径.

寻求函数关系，是一个综合性的课题，常常需要多方面的知识，下面略举数例示意.

1.7.1　简单函数关系的建立

例 1　求椭圆 $\dfrac{x^2}{a^2} + \dfrac{y^2}{b^2} = 1$ 的任意内接长方形的面积.

解　如图 1-34，设长方形在第一象限中的顶点为 $P(x, y)$，则长方形的面积为

$$A = (2x)(2y) = 4xy.$$

由于点 P 在椭圆上，其坐标 (x,y) 应满足椭圆的方程

$$\frac{x^2}{a^2} + \frac{y^2}{b^2} = 1,$$

即 $y = \frac{b}{a}\sqrt{a^2 - x^2}$（因 $y > 0$），所以

$$A = 4xy = \frac{4b}{a} x \sqrt{a^2 - x^2}$$

$$(0 < x < a).$$

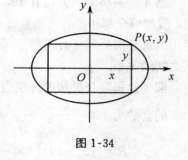

图 1-34

例 2 求球的任意内接圆锥体的体积.

解 这个立体图形经过圆锥体对称轴的一个截面如图 1-35 所示，圆锥体的对称轴经过球心 O，设球的半径为 R，圆锥体的底半径为 r，高为 h，记 $OC = x$，则

$$OA = OB = R,$$
$$AC = h = R + x,$$
$$BC = r,$$

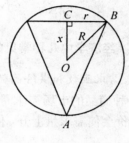

图 1-35

所以 $R^2 = r^2 + x^2$. 从而圆锥体的体积

$$V = \frac{1}{3}\pi r^2 h = \frac{1}{3}\pi (R^2 - x^2)(R + x) \quad (0 < x < R).$$

例 3 一密闭容器，其下部为圆柱形，上部呈半球形，容积 V 是一定数，求容器的表面积与圆柱半径之间的关系.

解 如图 1-36，设圆柱的半径为 r，高为 h，则

$$V = \pi r^2 h + \frac{2}{3}\pi r^3.$$

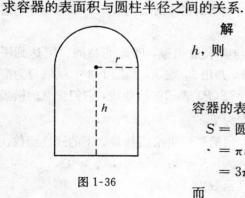

图 1-36

容器的表面积为

$$S = 圆柱底面积 + 圆柱侧面积 + 半球面积$$
$$= \pi r^2 + 2\pi rh + 2\pi r^2$$
$$= 3\pi r^2 + 2\pi rh.$$

而

$$\pi rh = \frac{1}{r}\left(V - \frac{2}{3}\pi r^3\right) = \frac{V}{r} - \frac{2}{3}\pi r^2,$$

所以

$$S = 3\pi r^2 + 2\left(\frac{V}{r} - \frac{2}{3}\pi r^2\right) = 2\frac{V}{r} - \frac{5}{3}\pi r^2 \quad (r > 0).$$

例 4 一房地产公司有 100 套公寓房出租，当租金定为每套每月 800 元时，房屋可全部租出，当租金每套每月每提高 50 元时就有一套租不出去，而租出的每套房公司每月需付 20 元的维修费，试求房租与房地产公司的总收入之间的关系.

解 设每套公寓房的月租金为 x 元，公司的总收入为 R 元，则公司出租公寓的套数为 $100 - \dfrac{x-800}{50}$，从而公司的总收入

$$R = (x-20)\left(100 - \frac{x-800}{50}\right) = (x-20)\frac{5\,800-x}{50}$$

$$= \frac{1}{50}(x-20)(5\,800-x) \quad (20 < x < 5\,800).$$

1.7.2 经济学中几种常见的函数

1. 需求函数和供给函数

一种商品的市场需求量和市场供给量与产品价格有密切关系. 一般地说，降价会使需求量上升，供给量下降；反之，提价会使需求量下降，供给量上升.

设 P 表示商品价格，市场需求量和供给量依次用 D 和 S 表示，若忽略市场其他因素的影响，则 D 和 S 均是 P 的函数，即有

$$D = D(P) \quad 和 \quad S = S(P).$$

$D(P)$ 称为**需求函数**，$S(P)$ 称为**供给函数**. 在一般情况下，$D(P)$ 是单调减少函数，$S(P)$ 是单调增加函数. 有时也将 $D(P)$ 的反函数 $P = P(D)$ 称为需求函数.

假若市场上某种商品的供给量与需求量相等，即该商品的供需达到平衡，则此时的商品价格称为**均衡价格**，并用 P_0 表示，如图 1-37，纵轴 Q 为商品量，$D = D(P)$ 表示需求曲线，$S = S(P)$ 表示供给曲线，它们交点的横坐标即为 P_0.

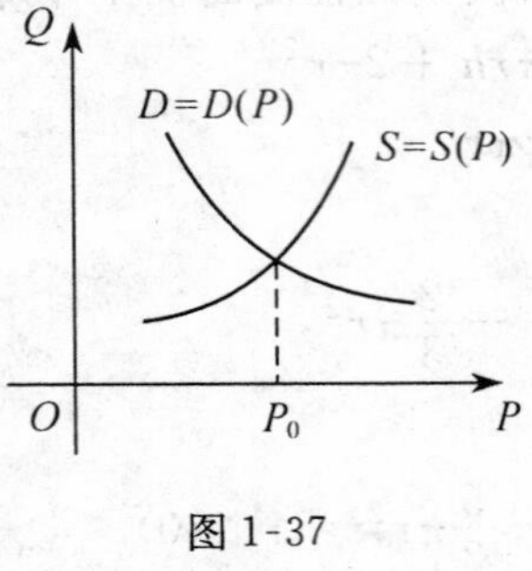

最简单的供给函数是如下的线性函数：

$$S = aP - b \quad (a, b > 0),$$

其反函数为

$$P = \frac{b}{a} + \frac{1}{a}S,$$

由此可见价格的最低限为 $\dfrac{b}{a}$，只有当 $P > \dfrac{b}{a}$ 时生产厂家才会提供该种商品.

图 1-37

常用的另一种供给函数是

$$S = \frac{aP - b}{cP + d} \quad (a, b, c, d > 0).$$

此式表示，当 $S = 0$ 时 $P = \frac{b}{a}$，即该商品的最低价格为 $\frac{b}{a}$，只有当 $P > \frac{b}{a}$ 时厂家才会生产. 当 P 无限上升时，S 接近于 $\frac{a}{c}$，即该商品的饱和供给量为 $\frac{a}{c}$.

常用的需求函数有以下几种形式：

$$D = a - bP \quad (a, b > 0),$$

$$D = \frac{a - P^2}{b} \quad (a, b > 0),$$

$$D = \frac{a - \sqrt{P}}{b} \quad (a, b > 0),$$

$$D = ae^{-bP} \quad (a, b > 0，e 是一常数，见 2.6 节).$$

不难求出它们的反函数作为另一种表示方式的需求函数.

2. 总成本函数、总收益函数和总利润函数

在生产和经营活动中经营者最关心产品的成本、销售收入（或收益）和利润.

产品的**总成本**是指生产和经营产品的总投入，**总收益**是指产品出售后所得到的收入，**总利润**则为总收益减去总成本和上缴税金后的余额.

通常以 C 表示成本，R 表示收益，L 表示利润，它们都称为**经济变量**. 若以 x 表示产量或销售量，在不计市场其他因素影响的情况下，C, R, L 都可简单地看成 x 的函数，$C(x)$ 称**总成本函数**，$R(x)$ 称**总收益函数**，$L(x)$ 称**总利润函数**. 以下总假定产销是平衡的. 为了简单起见，若无特别说明，在计算总利润函数时不计上缴税金.

一般地，总成本 C 由**固定成本** C_0 和**可变成本** C_1 两部分构成，C_0 是一个常数，与 x 无关，C_1 是 x 的函数，所以

$$C(x) = C_0 + C_1(x),$$

它是 x 的单调增加函数. $C_1(0) = 0$，即 $C_0 = C(0)$.

若产品的销售单价为 P，则

$$R(x) = Px,$$

$$L(x) = R(x) - C(x).$$

例 5 某商品的单价为 100 元，单位成本为 60 元，商家为了促销，规定凡是购买超过 200 单位时，对超过部分按单价的九五折出售. 求成本函数、收益函数和利润函数.

解 设购买量为 x 单位，则 $C(x) = 60x$，

$$R(x) = \begin{cases} 100x, & x \leqslant 200; \\ 200 \times 100 + (x - 200) \times 100 \times 0.95, & x > 200 \end{cases}$$

$$= \begin{cases} 100x, & x \leqslant 200; \\ 95x + 1000, & x > 200, \end{cases}$$

$$L(x) = R(x) - C(x) = \begin{cases} 40x, & x \leqslant 200; \\ 35x + 1000, & x > 200. \end{cases}$$

习 题 一

1. 解下列不等式，并用区间表示不等式的解集：

1) $|x - 4| < 7$; 2) $1 \leqslant |x - 2| < 3$;

3) $|x - a| < \varepsilon \ (\varepsilon > 0)$; 4) $|ax - x_0| < \delta \ (a, \delta > 0)$;

5) $x^2 - x - 6 > 0$; 6) $x^2 + x - 2 \leqslant 0$.

2. 判断下列各对函数是否相同，并说明理由：

1) $y = x$ 与 $y = 2^{\log_2 x}$;

2) $y = \sqrt{1 + \cos 2x}$ 与 $y = \sqrt{2} \cos x$;

3) $y = \arcsin(\sin x)$ 与 $y = x$;

4) $y = \tan(\arctan x)$ 与 $y = x$;

5) $y = \lg(x^2 - 1)$ 与 $y = \lg(x + 1) + \lg(x - 1)$;

6) $y = \lg \dfrac{1 - x}{1 + x}$ 与 $y = \lg(1 - x) - \lg(1 + x)$.

3. 求下列函数的定义域(用区间表示)：

1) $y = \dfrac{\lg(4 - x)}{\sqrt{|x| - 1}}$; 2) $y = \sqrt{\lg \dfrac{5x - x^2}{4}}$;

3) $y = \sqrt{\dfrac{1 - x}{1 + x}}$; 4) $y = \sqrt{x - 2} + \dfrac{1}{x - 3} + \lg(5 - x)$;

5) $y = \sqrt{x^2 - 4x + 3}$; 6) $y = 3^{\frac{1}{\sqrt{x}}} - \dfrac{1}{1 - \lg x}$;

7) $y = 2^{\frac{1}{x}} + \arccos \lg \sqrt{1 - x}$; 8) $y = \dfrac{\arccos \dfrac{2x - 1}{7}}{\sqrt{x^2 - x - 6}}$.

4. 求下列分段函数的定义域及指定的函数值，并画出它们的图形：

1) $y = \begin{cases} \sqrt{9 - x^2}, & |x| < 3; \\ x^2 - 1, & 3 \leqslant |x| < 4; \end{cases} \quad y(0), \ y(3)$;

2) $y = \begin{cases} \dfrac{1}{x}, & x < 0; \\ x - 3, & 0 \leqslant x \leqslant 1; \\ -2x + 1, & 1 < x < +\infty; \end{cases}$ $y(-3)$, $y(0)$, $y(5)$.

5. 利用 $y = \sin x$ 的图形,画出下列函数的图形:

1) $y = \sin x + 1$;

2) $y = 2\sin x$;

3) $y = \sin\left(x + \dfrac{\pi}{6}\right)$.

6. 在下列区间内,函数 $f(x) = \dfrac{|x|\sin(x-2)}{x(x-1)(x-2)^2}$ 有界的是( ).

A. $(-1, 0)$ B. $(0, 1)$ C. $(1, 2)$ D. $(2, 3)$

7. 下列区间中,函数 $y = |x^2 - 1|$ 为有界且单调减少的是( ).

A. $(1, +\infty)$ B. $(-1, 1)$ C. $(-2, -1)$ D. $(-3, 0)$

8. 指出下列函数单调增加和单调减少的区间:

1) $y = \sqrt{4x - x^2}$;

2) $y = x^5 + 2$;

3) $y = x + \log_2 x$;

4) $y = 1 - 3x^2$.

9. 设 $\dfrac{f(x)}{x}$ 在 $(0, +\infty)$ 上单调减少,a, b 是任意正数,则有( ).

A. $f(a+b) < f(a) + f(b)$ B. $f(a+b) < \dfrac{f(a) + f(b)}{a+b}$

C. $f(a+b) > f(a) + f(b)$ D. $f(a+b) > \dfrac{f(a) + f(b)}{a+b}$

10. 指出下列函数的奇偶性:

1) $\dfrac{\sin x}{x} + \cos x$;

2) $x\sqrt{x^4 - 1} + \tan x$;

3) $\lg(\sqrt{x^2 + 1} - x)$;

4) $\dfrac{a^x + a^{-x}}{a^x - a^{-x}}$;

5) $\cos \lg x$;

6) $\begin{cases} 1 - x, & x < 0; \\ 1 + x, & x \geqslant 0. \end{cases}$

11. 判别下列函数是否周期函数,若是,则求出其周期:

1) $\sin^2 x$;

2) $3 - |\sin 4x|$;

3) $x\cos x$;

4) $2\cos \dfrac{x}{2} - 3\sin \dfrac{x}{3}$.

12. 证明函数 $f(x) = \dfrac{x}{1+x}$ 在 $(-\infty, -1)$ 和 $(-1, +\infty)$ 上单调增加,并由此证明

$$\frac{|a+b|}{1+|a+b|} \leqslant \frac{|a|}{1+|a|} + \frac{|b|}{1+|b|}.$$

13. 设 $f(x)$ 在 $\mathbf{R}$ 上有定义，$f(x) \not\equiv 0,1$，且对任意实数 x_1,x_2 有 $f(x_1 x_2) = f(x_1)f(x_2)$. 求 $f(1),f(-1),f(0)$，并讨论函数 $f(x)$ 的奇偶性.

14. 设 $f(x)$ 和 $g(x)$ 均为周期函数，$f(x)$ 的周期为 2，$g(x)$ 的周期为 3. 问：$f(x) \pm g(x),f(x)g(x)$ 是否周期函数？若是，求出它们的周期.

15. 求下列函数的反函数及其定义域：

1) $y = \dfrac{x+3}{x-1}, x \neq 1$；　　　　2) $y = x^3 + 7, x \in \mathbf{R}$；

3) $y = \lg(1-2x), x < 0$；　　　　4) $y = \sqrt{25 - x^2}, 0 < x < 5$；

5) $y = \begin{cases} x-1, & x < 0; \\ x^2, & x \geqslant 0; \end{cases}$

6) $y = \begin{cases} 2x-1, & 0 < x \leqslant 1; \\ 2-(x-2)^2, & 1 < x \leqslant 2. \end{cases}$

16. 设函数 $y = \dfrac{1-3x}{x-2}$ 与 $y = g(x)$ 的图形关于直线 $y = x$ 对称. 求 $g(x)$.

17. 设 $y = f(x)$ 是定义在 $(-\infty, +\infty)$ 上的单调奇函数. 问其反函数 $y = f^{-1}(x)$ 是否单调奇函数，何故？

18. 求由下列函数复合而成的复合函数：

1) $y = \lg u, u = v^2 + 1, v = \sec x$；

2) $y = \cos u, u = \sqrt{v}, v = 2x + 1$.

19. 设 $f(x)$ 和 $g(x)$ 如下，求 $f(g(x))$ 和 $g(f(x))$：

1) $f(x) = x^2, g(x) = 2^x$；

2) $f(x) = \lg x + 1, g(x) = \sqrt{x} + 1$.

20. 将下列函数分解成基本初等函数的复合：

1) $y = \lg \tan^2 x$；　　　　2) $y = \arcsin a^{\sqrt{x}}$；

3) $y = 2^{\sqrt{\cos x^2}}$；　　　　4) $y = \lg^2 \arctan x^3$.

21. 在下列函数对 $y = f(u), u = g(x)$ 中，哪些可复合成 $f(g(x))$，其定义域为何？

1) $f(u) = \sqrt{u}, g(x) = \lg \dfrac{1}{2+x^2}$；

2) $f(u) = \lg(1-u), g(x) = \sin x$；

3) $f(u) = \arccos u$, $g(x) = \lg x$;

4) $f(u) = \arcsin u$, $g(x) = \dfrac{x}{1+x^2}$.

22. 设 $f(x) = \dfrac{x}{1-x}$. 求 $f(f(x))$ 和 $f(f(f(x)))$.

23. 设 $g(x+1) = \begin{cases} x^2, & 0 \leqslant x \leqslant 1; \\ 2x, & 1 < x \leqslant 2. \end{cases}$ 求 $g(x)$.

24. 设 $f(x) = \begin{cases} x^2 - 1, & x \geqslant 0; \\ 1 - x^2, & x < 0. \end{cases}$ 求 $f(x) + f(-x)$.

25. 设

$$f(x) = \begin{cases} 0, & -1 \leqslant x \leqslant 1; \\ 1, & 1 < x \leqslant 3; \end{cases} \qquad g(x) = \begin{cases} -1, & -2 \leqslant x < 0; \\ 0, & 0 \leqslant x \leqslant 2. \end{cases}$$

求 $f(x) + g(x)$.

26. 设 $f(x) + f\left(\dfrac{x-1}{x}\right) = 2x$ $(x \neq 0,1)$. 求 $f(x)$.

27. 设 $f(x^2 - 1) = \lg \dfrac{x^2}{x^2 - 2}$, 且 $f(\varphi(x)) = \lg x$. 求 $\varphi(x)$.

28. 设 $\sin\alpha = a$, $\cos\beta = b$, $\alpha, \beta \in (\pi, 2\pi)$. 求 $\arcsin a$ 和 $\arccos b$.

29. 在半径为 R 的球中内接一圆柱, 将圆柱的体积 V 和表面积 S (包括上、下底和侧面积) 表示为

1) 其底半径 x 的函数;

2) 其高 y 的函数.

30. 做一个容积为 V 的长方体的水池, 其底为正方形. 设底的单位面积的造价是侧面造价的两倍, 试将总造价表示为底边长的函数.

31. 某厂生产某产品 2 000 吨, 其销售策略如下: 购买 800 吨以下时按每吨 130 元出售, 超过 800 吨的部分按九折出售. 求销售收入与销量之间的关系.

32. 设某商品的供给函数为 $S(p) = a + bc^p$. 已知 $S(2) = 30$, $S(3) = 50$, $S(4) = 90$. 求 a, b, c.

33. 设一商场某商品售价为 500 元 / 台时每月可销售 1 500 台, 每台降价 50 元时每月可增销 250 台, 该商品的成本为 400 元 / 台. 求商场经营该商品的利润与售价的函数关系.

34. 某商场每月需购进某商品 2 400 件, 进价为 150 元 / 件, 分批进货, 每批进货量相同, 每次进货需 500 元. 设商品的年平均库存量为每批进货量之半, 而每年每台的库存费为进价的 6%. 试将商场每月在该商品上的投资

总额表示为每批进货量的函数.

35. 如图, 设 $|AB| = b$ km, C 是仓库, C 到铁路的距离 $|AC| = a$ km. 现欲在铁路上修一车站 D, 在 C, D 间修一公路, 设公路运费为 m 元 $/(t·km)$, 铁路运费为 n 元 $/(t·km)$. 求每吨货物从 C 运至 B 的总运费与 $|AD| = x$ 的函数关系.

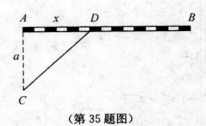

(第 35 题图)

在大多数科学里，一代人要推倒另一代人所修筑的东西，一人所树立的另一人要加以推毁. 只有数学，每一代人 都能在旧建筑上添一层楼.

—— 汉克尔(H. Hankel, 1839～1873)

第二章　极限和连续

在 16,17 世纪,随着生产实践和科学技术的发展,迫切需要解决以下几个问题:寻求曲线的切线,确定物体运动的速度,计算平面曲边图形的面积和空间中表面弯曲的立体的体积等. 在这些问题面前,初等数学的概念和方法已无能为力,急切要求数学突破研究常量的传统,提供能用以描述和处理运动及变化过程的新理论和新方法 —— 变量数学,而微积分作为变量数学的主体,随之而生.

极限的理论和方法是阐述微积分的概念和方法的工具，是整个微积分学的理论基础.

本章介绍极限的概念、性质和运算法则,以及与极限概念密切相关的,并且在微积分运算中起重要作用的无穷小量的概念和性质. 此外还给出了两个极其有用的重要极限. 随后,运用极限引入了函数的连续性概念,它是客观世界中广泛存在的连续变化这一现象的数学描述,微积分学中讨论的函数主要是连续函数.

2.1　数　列　极　限

2.1.1　数列的概念

在讲述一般的极限概念之前，首先介绍刘徽的"割圆术"①. 设有一半径

① 刘徽,我国魏晋时期(公元3世纪)杰出的数学家,中国古典数学理论的奠基者之一,幼年曾学过《九章算术》(中国数学专著,分为九章,共收集 246 个数学问题). 公元263 年注《九章算术》. 全面论述了《九章算术》中所载的方法和公式,纠正了其中的错误,在数学方法和理论上作出了杰出贡献.

为 1 的圆, 在只知道直边形的面积计算方法的情况下, 要计算其面积. 为此,
他先作圆的内接正六边形, 其面积记为 A_1, 再作内接正十二边形, 其面积记
为 A_2, 内接二十四边形的面积记为 A_3, 如此逐次将边数加倍. 他说: "割之
弥细, 所失弥少, 割之又割, 以至于不可割, 则与圆周合体而无所失矣." 用
现在的话说, 即当 n 无限增大时, A_n 无限接近于圆面积. 他计算到 $3\,072 =$
6×2^9 边形, 利用不等式 (如图 2-1)

$$A_{n+1} < A < A_n + 2(A_{n+1} - A_n) \quad (n = 1, 2, \cdots),$$

得到

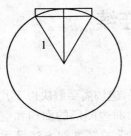

$$\pi \approx \frac{3\,927}{1\,250} = 3.141\,6,$$

比印度数学家得到这个结果早 200 多年.

上面得到的一串数 $A_1, A_2, \cdots, A_n, \cdots$ 就
是一个数列.

一般地说, 按下标从小到大依次排列的
无限数组

$$a_1, a_2, \cdots, a_n, \cdots$$

图 2-1

称为一个**数列**. 记为 $\{a_n\}_1^\infty$ (也可简记为 $\{a_n\}$, 但这不表示无序的数集), 其
中每个数称为一个**项**, a_n 称为**通项**或**一般项**.

数列也可以看成定义在正整数集 $\mathbf{N}$ 上的一个函数

$$a_n = f(n) \quad (n \in \mathbf{N}),$$

它以自变量为自然数由小到大的顺序排列.

数列 $\{a_n\}$ 可以用数轴上的无穷点列表示 (如图 2-2).

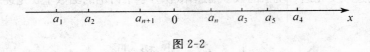

图 2-2

例 1 以下都是数列:

1) $1, \dfrac{1}{2}, \dfrac{1}{4}, \cdots, \dfrac{1}{2^{n-1}}, \cdots$, 一般项 $a_n = \dfrac{1}{2^{n-1}}$;

2) $1, -\dfrac{1}{2}, \dfrac{1}{3}, -\dfrac{1}{4}, \cdots, \dfrac{(-1)^{n+1}}{n}, \cdots$, 一般项 $a_n = \dfrac{(-1)^{n+1}}{n}$;

3) $\dfrac{1}{2}, \dfrac{2}{3}, \dfrac{3}{4}, \cdots, \dfrac{n}{n+1}, \cdots$, 一般项 $a_n = \dfrac{n}{n+1}$;

4) $1, -1, 1, -1, \cdots, (-1)^{n+1}, \cdots$, 一般项 $a_n = (-1)^{n+1}$;

5) $1, \sqrt{2}, \sqrt{3}, \cdots, \sqrt{n}, \cdots$, 一般项 $a_n = \sqrt{n}$.

2.1.2 数列极限的定义

对于数列，我们最关注的是：它在无限变化过程中的发展趋势，即当 n 无限增大时，a_n 是否无限趋于一个常数，若是，这个常数是什么，怎样计算？

例如：对于本节开头的数列 $A_1, A_2, \cdots$，从几何上可以知道，随着 n 无限增大，A_n 的值也逐渐增大，并且无限接近于圆的面积 A.

定义 1 设 $\{a_n\}$ 是一数列. 如果存在常数 a，当 n 无限增大时，a_n 无限接近（或趋近）于 a，则称数列 $\{a_n\}$ **收敛**，a 称为 $\{a_n\}$ 的 **极限**，或称数列 $\{a_n\}$ **收敛于** a，记为

$$\lim_{n \to \infty} a_n = a,$$

或

$$a_n \to a, \quad 当 \ n \to \infty \ 时.$$

若不存在这样的常数 a，则称数列 $\{a_n\}$ **发散** 或 **不收敛**，也可以说极限 $\lim_{n \to \infty} a_n$ 不存在. [①]

例 2 判别例 1 中的数列是否收敛，收敛时求其极限.

解 1）当 n 无限增大时，$\dfrac{1}{2^{n-1}}$ 无限接近于 0，故数列 $\left\{\dfrac{1}{2^{n-1}}\right\}$ 收敛，其极限为 0.

2）数列虽然在 0 点两侧无限次来回变动，但当 n 无限增大时 $\dfrac{(-1)^{n+1}}{n}$ 也无限接近于 0，故数列 $\left\{\dfrac{(-1)^{n+1}}{n}\right\}$ 收敛于 0.

3）在 n 无限增大时，$\dfrac{n}{n+1}$ 无限接近于 1，故数列 $\left\{\dfrac{n}{n+1}\right\}$ 收敛，其极限为 1.

4）数列无限多次地在 1 和 -1 中来回取值，故不可能存在一个常数 a，使得当 n 无限增大时 $(-1)^{n+1}$ 与 a 无限接近，从而数列 $\{(-1)^{n+1}\}$ 发散.

---

① 柯西（A. L. Cauchy, 1789 ~ 1857），法国数学家，高级官员家庭出身，自幼受过良好教育，1816 年取得教授职位，同年任法国科学院院士. 他在微积分的严密化方面作出了巨大贡献，故有人称他为近代意义下严格微积分学的奠基者. 他共有 7 部著作，800 余篇论文.

这个极限定义是他在为巴黎综合工科学校编写的《代数分析教程》中给出的，其原话是："若一个变量逐次所取的值无限趋近一个定值，最终使变量的值与该定值之差要多小就多小，这个定值就叫做所有其他值的极限." 在该书的序言中他还对无穷小量和无穷大量概念作了说明. 他最先使用极限记号，并用极限来阐述微积分中的导数和定积分概念.

5） 随着 n 无限增大 $\sqrt{n}$ 也无限增大，故数列 $\{\sqrt{n}\}$ 不收敛，即发散.

在前面计算面积 A 的例子中，数列 $\{A_n\}$ 收敛，其极限为 $A = \pi \cdot 1^2 = \pi$，可以写成

$$\lim_{n \to \infty} A_n = \pi.$$

注意，在定义中，不能将"无限接近（或趋近）"改成"愈来愈接近"，因为对数列 $\left\{\dfrac{1}{2^{n-1}}\right\}$ 而言，当 n 无限增大时，$\dfrac{1}{2^{n-1}}$ 与 -2 或 -1 也都愈来愈接近，但 $\dfrac{1}{2^{n-1}}$ 不能无限接近 -2 或 -1，故 -2 或 -1 不是 $\left\{\dfrac{1}{2^{n-1}}\right\}$ 的极限. 又如数列

$$1, 0, \frac{1}{2}, 0, \frac{1}{3}, 0, \cdots,$$

其一般项为

$$a_n = \frac{1 - (-1)^n}{n + 1},$$

显然，当 n 无限增大时，a_n 无限接近于 0，故 0 是它的极限，但 a_n 的值是来回跳跃的，不是"愈来愈"接近于 0.

为了方便起见，有时也将当 $n \to \infty$ 时 $|a_n|$ 无限增大的情况说成是 $\{a_n\}$ **趋向于** ∞，或称其极限为 ∞，并记为

$$\lim_{n \to \infty} a_n = \infty.$$

但这不表明 $\{a_n\}$ 是收敛的.

若当 n 足够大时，$a_n > 0$（或 $a_n < 0$），且当 $n \to \infty$ 时，$|a_n|$ 无限增大，则称 $\{a_n\}$ 趋近于 $+\infty$（或 $-\infty$），记为

$$\lim_{n \to \infty} a_n = +\infty \quad (\text{或} \lim_{n \to \infty} a_n = -\infty).$$

例如：对例 1 中 5）的数列 $\{\sqrt{n}\}$，可以说成

$$\lim_{n \to \infty} \sqrt{n} = +\infty.$$

在上面的例子中，说数列 $\{a_n\}$ 的极限是 a，靠的是观察或几何直觉，但仅凭观察或直觉很难做到准确. 例如：对于数列 $\left\{\dfrac{1}{2^n}\right\}$，不能严格说明它为什么是收敛的，其极限为什么是 0 而不是别的数.

为此，需对数列极限的概念作更精确的说明.

由于两个数 a, b 之间接近的程度可以用它们之间的距离 $|a - b|$ 的大小来衡量，所以说："当 n 无限增大时 a_n 无限接近于 a"，等价于说："只要 n 足够大，可以保证 $|a_n - a|$ 小于任何预先给定的小的正数". 由此得到关于数列极限的如下严格的定义：

定义 1′　给定数列 $\{a_n\}$，如果存在常数 a，使得对于预先给定的任意小的 $\varepsilon>0$，总有足够大的自然数 N，使得当 $n>N$ 时有

$$|a_n-a|<\varepsilon,$$

则称数列 $\{a_n\}$ **收敛**，其极限为 a，或 $\{a_n\}$ **收敛于** a. 若不存在具有这种性质的常数 a，则称 $\{a_n\}$ **发散**[①].

由此，$\lim\limits_{n\to\infty}a_n=a$ 的几何意义是：对于任意给定的 $\varepsilon>0$，当 $n>N$ 时，总有

$$a-\varepsilon<a_n<a+\varepsilon,$$

即数集 $\{a_n\,|\,n>N\}$ 包含在 a 的 ε 邻域 $U(a,\varepsilon)$ 中（如图 2-3）.

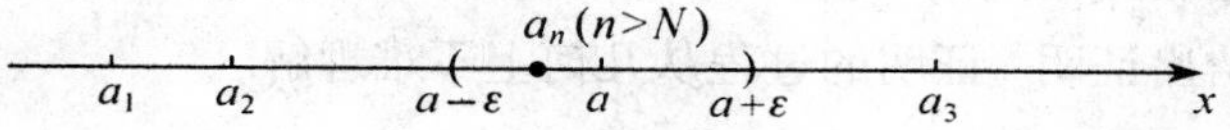

图 2-3

这个定义中的 N 与 ε 有关.

例 3　用 ε-N 方法证明例 2 中 1) 和 3) 的结论.

证　对于数列 $a_n=\dfrac{1}{2^{n-1}}$ $(n=1,2,\cdots)$，要证明其极限是 0. 按上述定义，对任意给定的 $\varepsilon>0$，为使

$$|a_n-0|=\left|\frac{1}{2^{n-1}}-0\right|=\frac{1}{2^{n-1}}<\varepsilon,$$

只需 $2^{n-1}>\dfrac{1}{\varepsilon}$，即 $n>1+\log_2\dfrac{1}{\varepsilon}$. 设 $N(\varepsilon)$ 是大于 $1+\log_2\dfrac{1}{\varepsilon}$ 的任意一个整数，则当 $n>N$ 时上式即成立，从而

$$\lim_{n\to\infty}\frac{1}{2^{n-1}}=0.$$

同样，对于数列 $b_n=\dfrac{n}{n+1}$ $(n=1,2,\cdots)$ 要证明其极限是 1，只需对任给的 $\varepsilon>0$，证明存在 $N(\varepsilon)$，使当 $n>N(\varepsilon)$ 时有

①　微积分或数学分析的教科书中关于极限的这个严格定义是由德国数学家魏尔斯特拉斯（K. Weierstrass, 1815～1897）给出的. 他不满意用"无限趋近"来描述极限概念，力求避免直观而把分析奠基在算术概念的基础上，改进了在分析（包括微积分）的严格化方面柯西等人的工作. 这些工作是他在 1841～1856 年任中学教师（教授写作和体育课）时作出的，但在他于 1856 年到柏林大学任教之前不为人所知，1864 年任柏林大学教授.

$$|b_n - 1| = \left| \frac{n}{n+1} - 1 \right| = \frac{1}{n+1} < \varepsilon.$$

即 $n+1 > \frac{1}{\varepsilon}$，或 $n > \frac{1}{\varepsilon} - 1$. 由此可知只需取大于 $\frac{1}{\varepsilon}$ 的一个整数作为 $N(\varepsilon)$ 即可.

对于给定的数列，要判别它的敛散性（即是否收敛），以及在收敛时求出其极限. 一般说来，并非易事，甚至是一个难题，需要运用很高的技巧. 本章下面几节将仅介绍求极限的基本方法.

2.1.3 收敛数列的基本性质

以下介绍收敛数列的一些性质. 为了较好地掌握极限的上述定义，这些性质我们都给出证明，证明的过程从几何上不难理解.

性质1（极限的唯一性） 收敛数列的极限是唯一的.

即若数列 $\{a_n\}$ 收敛，且 $\lim\limits_{n \to \infty} a_n = a$ 和 $\lim\limits_{n \to \infty} a_n = b$，则 $a = b$.

证 用反证法. 设 $a \neq b$，不妨设 $a < b$. 取 $\varepsilon = \frac{b-a}{2} > 0$，按定义，当有 $N_1(\varepsilon)$ 和 $N_2(\varepsilon)$，使得

$$|a_n - a| < \varepsilon \ (n > N_1(\varepsilon)) \quad \text{和} \quad |a_n - b| < \varepsilon \ (n > N_2(\varepsilon)).$$

取 $N(\varepsilon) = \max\{N_1(\varepsilon), N_2(\varepsilon)\}$，则当 $n > N(\varepsilon)$ 时同时有 $|a_n - a| < \varepsilon$ 和 $|a_n - b| < \varepsilon$，即

$$a - \varepsilon < a_n < a + \varepsilon \quad \text{和} \quad b - \varepsilon < a_n < b + \varepsilon.$$

但 $a + \varepsilon = \frac{a+b}{2} = b - \varepsilon$，这就导致 $a_n < \frac{a+b}{2}$ 和 $a_n > \frac{a+b}{2}$ 需同时成立的矛盾，从而 $a = b$. ∎

性质2（收敛数列的有界性） 假设数列 $\{a_n\}$ 收敛，则数集 $\{a_n\}$ 必有界，即存在常数 $M > 0$，使得 $|a_n| < M \ (\forall n \in \mathbf{N})$.

这个性质中的 M 显然不是唯一的，重要的是它的存在性.

数列 $\{a_n\}$ 有界的几何意义如图 2-4，$a_1, a_2, \cdots, a_n, \cdots$ 都介于 $-M$ 与 M 之间.

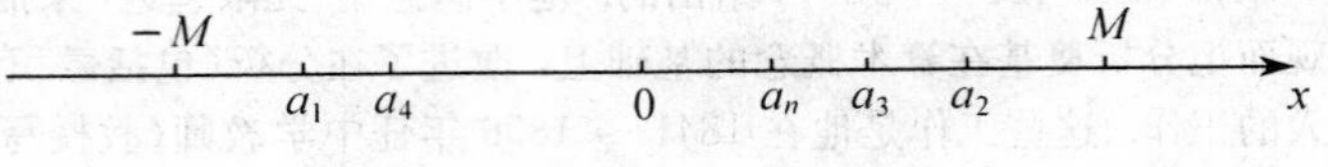

图 2-4

证 因 $\{a_n\}$ 收敛，故有常数 a，使得对任意的 $\varepsilon > 0$，有 $N(\varepsilon)$，使当 $n > N(\varepsilon)$ 时有

$$|a_n - a| < \varepsilon,$$

取 $M = \max\{|a_1|, |a_2|, \cdots, |a_{N(\varepsilon)}|, |a - \varepsilon|, |a + \varepsilon|\} + 1$，则有

$$|a_n| < M \quad (\forall n \in \mathbf{N}). \qquad \blacksquare$$

性质 3（收敛数列的保号性） 假设数列 $\{a_n\}$ 收敛，其极限为 a.

1) 如果存在正整数 N，使得当 $n > N$ 时 $a_n > 0$（或 < 0），则 $a \geqslant 0$（或 $\leqslant 0$）.

2) 如果 $a > 0$（或 < 0），则存在正整数 N 使得当 $n > N$ 时 $a_n > 0$（或 < 0）.

证 1) 用反证法，若 $a < 0$，则可取 $\varepsilon = \dfrac{|a|}{2} > 0$，对此存在正整数 $N(\varepsilon) > N$，使当 $n > N(\varepsilon)$ 时有

$$a - \varepsilon < a_n < a + \varepsilon.$$

由于 $a + \varepsilon = a + \dfrac{|a|}{2} = a + \left(-\dfrac{a}{2}\right) = \dfrac{a}{2} < 0$，故 $a_n < 0 \ (n > N(\varepsilon))$. 这与假设 $n > N$ 时 $a_n > 0$ 相矛盾.

2) 若 $a > 0$，取 $\varepsilon = \dfrac{a}{2} > 0$，则存在 $N(\varepsilon)$ 使当 $n > N(\varepsilon)$ 时有

$$a - \varepsilon < a_n < a + \varepsilon.$$

由于 $a - \varepsilon = a - \dfrac{a}{2} = \dfrac{a}{2} > 0$，故当 $n > N(\varepsilon)$ 时 $a_n > 0$. $\qquad \blacksquare$

2.2 函 数 极 限

数列 $\{a_n\}$ 作为函数 $a_n = f(n) \ (n = 1, 2, \cdots)$，在它的极限问题中所讨论的无限变化过程，是通过变量下标，即函数 $f(n)$ 的自变量按自然数 $1, 2, 3, \cdots$ 顺序变化来描述的，自然数的变化是跳跃式的，或者按现在通用的说法，是"离散型"的，但在研究函数时，常常要涉及"连续型"无限变化过程，这就是函数极限所要讨论的对象.

关于函数 $f(x)$ 的极限所讨论的无限变化过程，有多种情况，主要分成：

1) 自变量 x 无限接近于有限值 x_0（记为 $x \to x_0$）时，函数值 $f(x)$ 的总的变化趋势；

2) 自变量 x 的绝对值 $|x|$ 无限增大（记为 $x \to \infty$）时，函数值 $f(x)$ 的总的变化趋势.

2.2.1 函数在有限点处的极限

定义 1 给定函数 $y = f(x)$ $(x \in D)$，假设点 x_0 的某一去心邻域 $\overset{\circ}{U}(x_0)$ $\subset D$. 如果存在常数 A，使得当 $x \to x_0$ 时，函数值 $f(x)$ 无限接近于 A，则称 A 为函数 $f(x)$ 当 $x \to x_0$ **时的极限**，记为

$$\lim_{x \to x_0} f(x) = A,$$

或

$$f(x) \to A, \quad \text{当 } x \to x_0 \text{ 时.}$$

注意，在上述定义中，并不要求 $x_0 \in D$，即 $f(x)$ 在 x_0 点可以没有定义；其次，$x \to x_0$ 时 $x \neq x_0$.

上述定义也可以解释为："不论你要求 $f(x)$ 与 A 多么接近，即 $|f(x) - A|$ 多么小，只要 x 与 x_0 充分接近，即 $|x - x_0|$ 充分小，就能使 $|f(x) - A|$ 达到那么小."

"$|f(x) - A|$ 要多么小就可以多么小"，可以确切地表述为："对任意给定的正数 ε（它小的程度没有任何限制），$|f(x) - A| < \varepsilon$". 而"$|x - x_0|$ 充分小"可以确切地表述为"$\exists \delta > 0, |x - x_0| < \delta$".

从而上述定义可严格地陈述为

定义 1′ 给定函数 $y = f(x)$ $(x \in D)$，假设点 x_0 的某一去心邻域 $\overset{\circ}{U}(x_0)$ $\subset D$. 如果存在常数 A，使得对于任意给定的 $\varepsilon > 0$，$\exists \delta > 0$，当 $0 < |x - x_0| < \delta$ 时有

$$|f(x) - A| < \varepsilon,$$

则称 $f(x)$ 当 $x \to x_0$ **时的极限为** A.

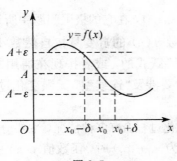

图 2-5

用邻域的概念可解释为：对于任意小的 $\varepsilon > 0$，总有 $\delta > 0$，使得当 $x \in \overset{\circ}{U}(x_0, \delta)$ 时，$f(x) \in U(A, \varepsilon)$. 其几何意义如图 2-5 所示.

定义 1′ 中的 δ 一般与预先任意给定的 ε 有关.

在上述定义中，如果当 $x \to x_0$ 时，$|f(x)|$ 随之无限增大，则 $\lim\limits_{x \to x_0} f(x)$ 不存

在，但为了方便起见，也称 $f(x)$ 的极限是 ∞，并形式地写成

$$\lim_{x \to x_0} f(x) = \infty.$$

如果当 $x \to x_0$ 时，$|f(x)|$ 无限增大，且对于 $x \in \overset{\circ}{U}(x_0)$，$f(x) > 0$（或 < 0），则记

$$\lim_{x \to x_0} f(x) = +\infty \quad (\text{或} \lim_{x \to x_0} f(x) = -\infty).$$

显然，常数的极限即其自身. 即若 $f(x) = c$，则在任何极限过程中

$$\lim f(x) = \lim c = c.$$

例 1 证明：$\lim_{x \to 0} \tan x = 0$.

证 按定义 $1'$，为证 $\lim_{x \to 0} \tan x = 0$，只需对任意小的 $\varepsilon > 0$，证明总能找到 $\delta(\varepsilon) > 0$，使当 $|x - 0| = |x| < \delta(\varepsilon)$ 时有 $|\tan x - 0| < \varepsilon$，即

$$-\varepsilon < \tan x < \varepsilon.$$

要使这个不等式成立，只要

$$-\arctan\varepsilon < x < \arctan\varepsilon.$$

所以，若取 $\delta(\varepsilon) = \arctan\varepsilon$，则当 $0 < |x| < \delta(\varepsilon)$ 时即有

$$|\tan x - 0| < \varepsilon.$$

这就证明了 $\lim_{x \to 0} \tan x = 0$.

在函数极限的定义中，x 既可从 x_0 的左边趋向于 x_0，也可以从 x_0 的右边趋向于 x_0，考虑到 $f(x)$ 的定义域 D 或某些问题的具体情况，有时只需或只能考虑 x 从 x_0 的一侧趋向于 x_0 时 $f(x)$ 的变化趋势. 为此，通常将

$x < x_0$，$x \to x_0$ 的情况记为 $x \to x_0^-$（或 $x_0 - 0$）；

$x > x_0$，$x \to x_0$ 的情况记为 $x \to x_0^+$（或 $x_0 + 0$）.

并给出函数**单侧极限**的定义如下：

定义 2 设 $f(x)$ 在 x_0 的一个左（右）邻域中有定义. 如果存在常数 A，使得当 $x \to x_0^-$（$x \to x_0^+$）时，相应的函数值 $f(x)$ 无限接近于 A，则称 A 为 $f(x)$ 当 $x \to x_0^-$（$x \to x_0^+$）时的**左（右）极限**，并记为 $f(x_0^-)$（$f(x_0^+)$），即

$$f(x_0^-) = \lim_{x \to x_0^-} f(x) = A$$

和

$$f(x_0^+) = \lim_{x \to x_0^+} f(x) = A.$$

有时也将 $f(x_0^-)$ 写成 $f(x_0 - 0)$，将 $f(x_0^+)$ 写成 $f(x_0 + 0)$.

单侧极限也可以如定义 $1'$ 那样用 ε-δ 方法给予严格的描述.

由定义 1 和定义 2，易知有

定理2.1 当 $x \to x_0$ 时函数 $f(x)$ 以 A 为极限的充分必要条件是 $f(x)$ 在 x_0 的左、右极限都存在并均为 A，即

$$\lim_{x \to x_0} f(x) = A \Leftrightarrow f(x_0^-) = A = f(x_0^+).$$

例2 求符号函数 $\operatorname{sgn} x$ 当 $x \to 0$ 时的极限.

解 由于 $x < 0$ 时 $\operatorname{sgn} x = -1$，而 $x > 0$ 时 $\operatorname{sgn} x = 1$，故

$$\lim_{x \to 0^-} \operatorname{sgn} x = -1, \quad \lim_{x \to 0^+} \operatorname{sgn} x = 1.$$

所以 $\lim\limits_{x \to 0} \operatorname{sgn} x$ 不存在.

例3 对于正切函数 $y = \tan x$，由正切曲线的图形（图 1-32）易知

$$\lim_{x \to \left(\frac{\pi}{2}\right)^-} \tan x = +\infty, \quad \lim_{x \to \left(\frac{\pi}{2}\right)^+} \tan x = -\infty.$$

例4 设 $f(x) = \dfrac{x^2 - 1}{x - 1}$，求 $\lim\limits_{x \to 1} f(x)$.

解 $f(x)$ 在 $x = 1$ 点没有定义，但当 $x \to 1$ 时 $x \neq 1$，故

$$\lim_{x \to 1} \frac{x^2 - 1}{x - 1} = \lim_{x \to 1}(x + 1) = 2.$$

2.2.2 自变量趋于无穷大时函数的极限

关于无穷大的邻域 $U(\infty), U(-\infty), U(+\infty)$，如 1.1.3 小节所述.

定义3 设函数 $f(x)$ 在 $U(\infty)$ 中有定义. 如果存在常数 A，当 $|x|$ 无限增大（即 $|x| \to \infty$）时，$f(x)$ 无限接近于 A，则称 A 为**函数 $f(x)$ 当 $x \to \infty$ 时的极限**，或简称为 $f(x)$ **在无穷大处的极限**，记为

$$\lim_{x \to \infty} f(x) = A,$$

或

$$f(x) \to A, \quad \text{当 } x \to \infty \text{ 时.}$$

与函数的单侧极限相类似，设 $f(x)$ 在 $U(-\infty)$（或 $U(+\infty)$）中有定义，如果存在常数 A，使得当 $x \to -\infty$（或 $x \to +\infty$），即 $x < 0$（或 $x > 0$）且 $|x|$ 无限增大时，$f(x)$ 无限接近于 A，则称 A 为**函数 $f(x)$ 当 $x \to -\infty$（或 $x \to +\infty$）时的极限**，记为

$$\lim_{x \to -\infty} f(x) = A \quad (\text{或 } \lim_{x \to +\infty} f(x) = A),$$

或

$$f(x) \to A, \quad \text{当 } x \to -\infty \text{（或 } x \to +\infty \text{）时.}$$

这些极限也可以像 2.1.2 小节中关于数列极限的情形一样，用 $\varepsilon\text{-}N$ 的方法给予严格的表达.

由定义，易见

$$\lim_{x\to\infty}f(x)=A \Leftrightarrow \lim_{x\to-\infty}f(x)=A=\lim_{x\to+\infty}f(x).$$

例 5 对于函数 $f(x)=\arctan x$，由反正切曲线 $y=\arctan x$ 的图形（图 1-33 (b)），易见

$$\lim_{x\to-\infty}\arctan x=-\frac{\pi}{2}, \quad \lim_{x\to+\infty}\arctan x=\frac{\pi}{2},$$

所以，极限 $\lim_{x\to\infty}\arctan x$ 不存在.

例 6 设 $a>0,\neq 1$，分别就 $x\to 0^+$ 和 $x\to+\infty$ 两种情况考虑函数 $\log_a x$ 的极限是否存在.

解 由函数 $y=\log_a x$ 的图形（图 1-30），易见

当 $0<a<1$ 时，$\lim_{x\to 0^+}\log_a x=+\infty$，$\lim_{x\to+\infty}\log_a x=-\infty$；

当 $a>1$ 时，$\lim_{x\to 0^+}\log_a x=-\infty$，$\lim_{x\to+\infty}\log_a x=+\infty$.

所以这些极限都不存在.

2.2.3 有极限的函数的基本性质

函数极限也有与收敛数列类似的一些性质.

由于函数极限按自变量的变化过程共有 6 种不同的情况，而有关的性质是相同的，故统一以 $\lim_{x\to x_0}f(x)$ 为代表，其中 x_0 可以是 $\infty,-\infty$ 或 $+\infty$，当 x_0 有限时也可以是单侧的.

性质 1（函数极限的唯一性） 假设在同一极限过程中有 $\lim_{x\to x_0}f(x)=A$ 和 $\lim_{x\to x_0}f(x)=B$，则 $A=B$.

性质 2（有极限函数的局部有界性） 假设 $\lim_{x\to x_0}f(x)$ 存在，则 $f(x)$ 在 x_0 点的某个邻域中有界，即有常数 $M>0$，使得在 x_0 的某个去心邻域 $\mathring{U}(x_0)$ 中，有 $|f(x)|<M$（$\forall x\in\mathring{U}(x_0)$）.

性质 3（有极限函数的局部保号性） 假设 $\lim_{x\to x_0}f(x)=A$.

1) 若 $A>0$（<0），则对 x_0 的某一去心邻域中的所有 x，有 $f(x)>0$（<0）.

2) 若对 x_0 的某一去心邻域中的所有 x，$f(x)\geqslant 0$（$\leqslant 0$），则 $A\geqslant 0$（$\leqslant 0$）.

这些性质可以像 2.1.3 小节中关于收敛数列的情形那样，给出严格的证明（留作练习）.

2.3　极限的运算法则

为了简单起见，我们将数列极限和函数极限概括地称为"变量的极限"，而变化的过程可以是离散的（数列情况），也可以是连续的（函数情况），既可以是两侧的（$x \to x_0$，$x \to \infty$），也可以是单侧的（$x \to x_0^{\pm}$，$x \to \pm\infty$）.

定理 2.2（极限的运算法则）　设在同一极限过程中，变量 $u \to A$，$v \to B$，即 $\lim u = A$，$\lim v = B$，则

$$\lim(u \pm v) = \lim u \pm \lim v = A \pm B,$$

$$\lim(uv) = (\lim u)(\lim v) = AB,$$

$$\lim \frac{u}{v} = \frac{\lim u}{\lim v} = \frac{A}{B} \quad (B \neq 0).$$

特别，若 $u = C$（常数），则

$$\lim(Cv) = C\lim v = CB.$$

由极限的定义，这个定理不难理解（证明见 2.4 节例 3）.

注　在 $\frac{u}{v}$ 的变化过程中，由于假设 $B \neq 0$，根据有极限变量的保号性，变量 v 在其变化过程中从"某一时刻开始"（即：或 n 充分大，或 x 充分接近于 x_0），总有 $v \neq 0$，故 $\frac{u}{v}$ 是有意义的.

利用极限的运算法则可以求一些极限.

例 1　$\lim\limits_{x \to 3} x^2 = (\lim\limits_{x \to 3} x)(\lim\limits_{x \to 3} x) = 3 \times 3 = 9.$

一般地说，若 $n \in \mathbf{N}$，则 $\lim\limits_{x \to x_0} x^n = x_0^n$.

例 2　$\lim\limits_{x \to -2}(x^2 + 3x + 1) = \lim\limits_{x \to -2} x^2 + \lim\limits_{x \to -2}(3x) + 1$

$$= (-2)^2 + 3 \times (-2) + 1$$

$$= -1.$$

例 3　设 $f(x) = x^3 - 1$，$g(x) = 2x^2 - x + 5$，求 $\lim\limits_{x \to 2} \dfrac{f(x)}{g(x)}$.

解　由于

$$\lim_{x \to 2} f(x) = 2^3 - 1 = 7, \quad \lim_{x \to 2} g(x) = 2 \times 2^2 - 2 + 5 = 11,$$

故 $\lim\limits_{x \to 2} \dfrac{f(x)}{g(x)} = \dfrac{7}{11}$.

例 4 求 $\lim\limits_{x \to 1} \dfrac{x^3 - 1}{x^2 - 4x + 3}$.

解 由于

$$\lim_{x \to 1} (x^3 - 1) = 1^3 - 1 = 0, \quad \lim_{x \to 1} (x^2 - 4x + 3) = 0,$$

故不能直接用极限的运算法则. 但由于

$$x^3 - 1 = (x - 1)(x^2 + x + 1),$$

$$x^2 - 4x + 3 = (x - 1)(x - 3),$$

而当 $x \to 1$ 时 $x \neq 1$, 即 $x - 1 \neq 0$, 故

$$\lim_{x \to 1} \frac{x^3 - 1}{x^2 - 4x + 3} = \lim_{x \to 1} \frac{(x - 1)(x^2 + x + 1)}{(x - 1)(x - 3)}$$

$$= \lim_{x \to 1} \frac{x^2 + x + 1}{x - 3} = \frac{\lim\limits_{x \to 1}(x^2 + x + 1)}{\lim\limits_{x \to 1}(x - 3)}$$

$$= -\frac{3}{2}.$$

例 5 求 $\lim\limits_{x \to +\infty} \dfrac{x^2 \arctan x}{2x^2 + x}$.

解 $\lim\limits_{x \to +\infty} \dfrac{x^2 \arctan x}{2x^2 + x} = \lim\limits_{x \to +\infty} \dfrac{\arctan x}{2 + \dfrac{1}{x}} = \dfrac{\lim\limits_{x \to +\infty} \arctan x}{2 + \lim\limits_{x \to +\infty} \dfrac{1}{x}}$

$$= \frac{\dfrac{\pi}{2}}{2 + 0} = \frac{\pi}{4}.$$

例 6 求 $\lim\limits_{x \to -2} \dfrac{\sqrt{1 - x} - \sqrt{3}}{x^2 - x - 6}$.

解 $\lim\limits_{x \to -2} \dfrac{\sqrt{1 - x} - \sqrt{3}}{x^2 - x - 6} = \lim\limits_{x \to -2} \dfrac{(\sqrt{1 - x} - \sqrt{3})(\sqrt{1 - x} + \sqrt{3})}{(x^2 - x - 6)(\sqrt{1 - x} + \sqrt{3})}$

$$= \lim_{x \to -2} \frac{-x - 2}{(x + 2)(x - 3)(\sqrt{1 - x} + \sqrt{3})}$$

$$= -\lim_{x \to -2} \frac{1}{(x - 3)(\sqrt{1 - x} + \sqrt{3})}$$

$$= \frac{1}{10\sqrt{3}}.$$

2.4 无穷小(量)和无穷大(量)

2.4.1 无穷小(量)

无穷小的概念在微积分的创建过程中起着至关重要的作用,它与极限概念有密切的关系.

定义 1 若变量 u 的极限为 0,则称 u 为**无穷小(量)**.

例如:由于 $\lim\limits_{x \to 1}(x^2 - 1) = 0$,故当 $x \to 1$ 时 $x^2 - 1$ 是无穷小量. 又如:$\lim\limits_{x \to \infty} \dfrac{1}{x} = 0$,故当 $x \to \infty$ 时 $\dfrac{1}{x}$ 为无穷小量.

按极限的严格定义,无穷小的概念可严格陈述如下:

定义 1′ 当 $x \to x_0$ 时变量 $\alpha(x)$ 称为**无穷小(量)**,如果对任意小的 $\varepsilon > 0$,总有 $\delta(\varepsilon) > 0$,使得对于所有的 $x \in \mathring{U}(x_0, \delta)$,都有

$$|\alpha(x) - 0| = |\alpha(x)| < \varepsilon.$$

对于其他极限过程中的无穷小(量),可用 ε-δ 或 ε-N 语言给出类似的陈述.

注意,不要把无穷小量与很小的量混为一谈,例如:10^{-100} 是一个很小很小的数,但这是一个非 0 的常数,它的极限仍是它自己,故不是无穷小量. 能够作为无穷小量的常数只有 0,不恒等于 0 的无穷小量必然是一个无限趋于 0 的变量.

无穷小量与变量极限的密切关系表现在下述定理中.

定理 2.3 在一个极限过程中,变量 u 的极限为 A 的充分必要条件是 $u = A + \alpha$,其中 α 在这个极限过程中是无穷小量.

这个定理也可表述为

$$u \to A \Longleftrightarrow u - A \to 0.$$

证 仅对 $\lim\limits_{x \to x_0} f(x) = A$ 的情形加以证明.

必要性. 对任意给定的 $\varepsilon > 0$,存在 $\delta > 0$,使当 $0 < |x - x_0| < \delta$ 时总有 $|f(x) - A| < \varepsilon$,即

$$|(f(x) - A) - 0| < \varepsilon.$$

这表明 $f(x) - A$ 是无穷小量,记 $f(x) - A = \alpha$,则有 $f(x) = A + \alpha$,其中 α

当 $x \rightarrow x_0$ 时为无穷小量.

充分性. 设 $f(x) = A + \alpha$,其中 α 当 $x \rightarrow x_0$ 时为无穷小量. 由此,对任意的 $\varepsilon > 0$,有 $\delta > 0$,使得 $0 < |x - x_0| < \delta$ 时总有

$$|\alpha| = |f(x) - A| < \varepsilon.$$

所以由定义有 $\lim\limits_{x \rightarrow x_0} f(x) = A$. ■

定理表明:极限概念可以用无穷小量概念来阐述.

由于无穷小量在建立微积分时具有基础性的地位,所以早期的微积分常称为无穷小分析.

在 17 世纪下半叶微积分创立以后,特别是在 18 世纪,微积分在解决过去无法解决的许多实际问题中显示出了巨大的威力,但由于当时还没有建立起严密的理论,在实际应用中常常将无穷小时而变成 0,时而又说不是 0,显得很"神秘",难以捉摸,甚至连微积分的主要创立者牛顿,也难以摆脱由无穷小引起的概念上的混乱. 马克思在评论 17 ~ 18 世纪的微积分时,对于那些数学家曾指出:"他们自己就相信了新发现的算法的神秘性. 这种算法就是通过数学上肯定不正确的途径而得出了正确的(而且在几何应用上简直是惊人的) 结果. 这样一来,他们自己就把自己神秘化了." 唯心主义哲学家贝克莱主教在 1734 年为了维护当时神学的一些反科学的教义,猛烈攻击微积分的"神秘性",把微积分中的推导演算说成是"分明的诡辩",嘲笑无穷小是"逝去的鬼魂". 为了微积分学的健康发展,也为了摆脱这种困境,以及克服由于没有严格的理论而导致的一些混乱,在 1800 年前后,许多数学家在为微积分建立严密的理论基础方面做了很多工作. 上述关于无穷小量的定义就是这种努力的一个成果. 它是柯西在 1821 年给出的.

由无穷小量的定义,不难理解无穷小量的下列性质:

定理 2.4 1° 有限多个无穷小量之和仍是无穷小量;

2° 有界变量与无穷小量之积是无穷小量;

3° 有限多个无穷小量之积仍是无穷小量.

证 1° 只需对两个无穷小量的情形加以证明. 设当 $x \rightarrow x_0$ 时 α 和 β 是两个无穷小量,即对于任意小的 $\varepsilon > 0$,总有 $\delta_1 > 0$ 和 $\delta_2 > 0$,使当 $x \in \mathring{U}(x_0, \delta_1)$ 时 $|\alpha| < \dfrac{\varepsilon}{2}$,当 $x \in \mathring{U}(x_0, \delta_2)$ 时 $|\beta| < \dfrac{\varepsilon}{2}$. 设 $\delta = \min\{\delta_1, \delta_2\}$,则

$$\mathring{U}(x_0, \delta) \subset \mathring{U}(x_0, \delta_1) \bigcap \mathring{U}(x_0, \delta_2),$$

从而 $\forall x \in \mathring{U}(x_0, \delta)$ 有 $|\alpha| < \dfrac{\varepsilon}{2}$,$|\beta| < \dfrac{\varepsilon}{2}$,所以

$$|\alpha + \beta| \leqslant |\alpha| + |\beta| < \frac{\varepsilon}{2} + \frac{\varepsilon}{2} = \varepsilon.$$

这说明当 $x \to x_0$ 时 $\alpha + \beta$ 是一个无穷小量.

2° 设 $u(x)$ 在 $\mathring{U}(x_0, r)$ 中有界，即存在常数 $M > 0$，使当 $x \in \mathring{U}(x_0, r)$ 时

$$|u(x)| < M.$$

又设当 $x \to x_0$ 时 $v(x)$ 是无穷小量，即对任意小的 $\varepsilon > 0$，存在 $\delta_1 > 0$，使 $\forall x \in \mathring{U}(x_0, \delta_1)$ 有

$$|v(x)| < \frac{\varepsilon}{M}.$$

记 $\delta = \min\{r, \delta_1\}$，则 $\mathring{U}(x_0, \delta) \subset \mathring{U}(x_0, r) \bigcap \mathring{U}(x_0, \delta_1)$，从而当 $x \in \mathring{U}(x_0, \delta)$ 时，同时有 $|u(x)| < M$ 和 $|v(x)| < \frac{\varepsilon}{M}$，所以

$$|u(x)v(x)| \leqslant |u(x)| \, |v(x)| < M \cdot \frac{\varepsilon}{M} = \varepsilon,$$

这说明当 $x \to x_0$ 时 $u(x)v(x)$ 是一个无穷小量.

3° 只需对两个无穷小量的情况加以证明. 同 1°，设 α, β 是两个无穷小量，依据有极限变量的性质，α 必是有界或局部有界的，再由 2°，$\alpha\beta$ 是一个无穷小量. ∎

例 1 由指数函数和对数函数的图形(图 1-29 及图 1-30)，易见

当 $x \to -\infty$ 时，$a^x (a > 1)$ 是无穷小量；

当 $x \to +\infty$ 时，$a^x (0 < a < 1)$ 是无穷小量；

当 $x \to 1$ 时，$\log_a x$ 是无穷小量.

例 2 求 $\lim\limits_{x \to 0} x^2 \left(3 - \sin \frac{1}{x}\right)$.

解 由于

$$\left|3 - \sin \frac{1}{x}\right| \leqslant 3 + \left|\sin \frac{1}{x}\right| \leqslant 4,$$

即变量 $3 - \sin \frac{1}{x}$ 有界，而当 $x \to 0$ 时 $x^2 \to 0$，即 x^2 是无穷小量，所以

$$\lim_{x \to 0} x^2 \left(3 - \sin \frac{1}{x}\right) = 0.$$

例 3 证明极限的运算法则.

证 设在同一个极限过程中有 $\lim u = A, \lim v = B$，则由上述定理，有

$$u = A + \alpha, \quad v = B + \beta,$$

其中 α 和 β 是无穷小量, 由此有

$$u \pm v = (A \pm B) + (\alpha \pm \beta),$$
$$uv = AB + (A\beta + B\alpha + \alpha\beta).$$

在 $B \neq 0$ 的情况下,

$$\frac{u}{v} = \frac{A}{B} + \left(\frac{A + \alpha}{B + \beta} - \frac{A}{B}\right) = \frac{A}{B} + \frac{B\alpha - A\beta}{B(B + \alpha)}.$$

由无穷小量的性质, $\alpha \pm \beta, A\beta + B\alpha + \alpha\beta, B\alpha - A\beta$ 均是无穷小量. 对于 $\frac{1}{B(B + \beta)}$, 可证它是有界变量. 事实上, 由于 $\beta \to 0$, 而 $B \neq 0$, 若取 $\varepsilon = \frac{|B|}{2}$ > 0, 则变量 β 在其趋于零的过程中变到某一时刻以后, 有 $|\beta| < \varepsilon = \frac{|B|}{2}$, 故

$$|B + \beta| \geqslant |B| - |\beta| = |B| - \frac{|B|}{2} = \frac{|B|}{2},$$

从而

$$\left|\frac{1}{B(B + \beta)}\right| = \frac{1}{|B|} \frac{1}{|B + \beta|} \leqslant \frac{1}{|B|} \cdot \frac{1}{\dfrac{|B|}{2}} = \frac{2}{|B|^2},$$

即 $\left|\dfrac{1}{B(B + \beta)}\right|$ 是有界的, 所以 $\dfrac{B\alpha + A\beta}{B(B + \beta)}$ 也是无穷小量. 这就证明了

$$\lim(u \pm v) = A \pm B, \quad \lim uv = AB, \quad \lim \frac{u}{v} = \frac{A}{B} \ (B \neq 0).$$

2.4.2　无穷大(量)

定义 2　如果变量 u 在其变化过程中 $|u|$ 无限增大, 则称 u 为**无穷大(量)**, 记为

$$u \to \infty \quad \text{或} \quad \lim u = \infty.$$

确切地说, 如果对于任意大的 $M > 0$, u 在"变到某一时刻以后"恒有

$$|u| > M,$$

则称 u 为无穷大量.

如果将 $|u| > M$ 改成 $u > M$ (或 $u < -M$), 则无穷大量可表示为

$$u \to +\infty \quad (\text{或} \ u \to -\infty),$$

也可写成

$$\lim u = +\infty \quad (\text{或} \ \lim u = -\infty).$$

注意, 无穷大量(∞)不是一个数, 只是说明变量变化趋势的一个记号. 不能把一个很大的数(如 $10^{1\,000}$)与无穷大量混为一谈, 常数不能是无穷大量.

无界变量不一定是无穷大量. 例如：数列

$$\{a_n\}: 2, 0, 6, 0, 10, 0, \cdots, [1+(-1)^{n+1}]n, \cdots,$$

当 $n \to \infty$ 时, $a_n = [1+(-1)^{n+1}]n$ 是无界的, 但 a_n ($n = 1, 2, \cdots$) 不是无穷大量.

例 4 由于

$$\lim_{x \to \frac{\pi}{2}} \tan x = \infty, \quad \lim_{x \to 0^+} \log_a x = \infty,$$

故在相应的极限过程中 $\tan x$ 和 $\log_a x$ 是无穷大量. 同样, 当 $x \to +\infty$ 时 a^x ($a > 1$) 是无穷大量, 当 $x \to -\infty$ 时 a^x ($0 < a < 1$) 是无穷大量.

2.4.3 无穷大量与无穷小量的关系

由无穷小量和无穷大量的定义, 不难推断：在一无限变化过程中, 如果 u 是无穷小量, 则当 $u \neq 0$ (或在其变化过程中至多只能有限多次取到 0) 时, $\frac{1}{u}$ 是无穷大量；而如果 v 是无穷大量, 则 $\frac{1}{v}$ 是无穷小量.

例 5 设 $a_n = \dfrac{1+(-1)^{n+1}}{n}$ ($n = 1, 2, \cdots$), 则数列 $\{a_n\}$ 为无穷小量.

由于 a_n 在其变化过程中有无限多次取 0 值, $\dfrac{1}{a_n}$ ($n = 1, 2, \cdots$) 无意义, 故当 $n \to \infty$ 时 $\dfrac{1}{a_n}$ 不是无穷大量.

利用无穷大量和无穷小量的关系可以计算一些极限.

例 6 求 $\displaystyle\lim_{x \to \infty} \dfrac{8x^2 + 6x - 3}{2x^2 - 4x + 7}$.

解 由于 ∞ 不是数, 不能对它进行运算, 求上述极限时不能运用极限的运算法则, 但如果将无穷大量变成无穷小量, 即可求出上述极限. 为此, 将上式分子、分母同除以 x^2, 得

$$\lim_{x \to \infty} \frac{8x^2 + 6x - 3}{2x^2 - 4x + 7} = \lim_{x \to \infty} \frac{8 + \dfrac{6}{x} - \dfrac{3}{x^2}}{2 - \dfrac{4}{x} + \dfrac{7}{x^2}} = \frac{8 + 0 - 0}{2 - 0 + 0} = 4.$$

一般地说, 当 $a_0 b_0 \neq 0$ 时, 用同样方法可得

$$\lim_{x \to \infty} \frac{a_0 x^n + a_1 x^{n-1} + \cdots + a_n}{b_0 x^m + b_1 x^{m-1} + \cdots + b_m} = \begin{cases} 0, & m > n; \\ \dfrac{a_0}{b_0}, & m = n; \\ \infty, & m < n. \end{cases}$$

例 7 求 $\lim\limits_{n\to\infty}(\sqrt{n+1}-\sqrt{n})$.

解 $\lim\limits_{n\to\infty}(\sqrt{n+1}-\sqrt{n})=\lim\limits_{n\to\infty}\dfrac{(\sqrt{n+1}-\sqrt{n})(\sqrt{n+1}+\sqrt{n})}{\sqrt{n+1}+\sqrt{n}}$

$$=\lim_{n\to\infty}\frac{(n+1)-n}{\sqrt{n+1}+\sqrt{n}}$$

$$=\lim_{n\to\infty}\frac{1}{\sqrt{n+1}+\sqrt{n}}.$$

由于 $\lim\limits_{n\to\infty}(\sqrt{n+1}+\sqrt{n})=+\infty$，故

$$\lim_{n\to\infty}\frac{1}{\sqrt{n+1}+\sqrt{n}}=0.$$

所以，当 $n\to\infty$ 时 $\sqrt{n+1}-\sqrt{n}$ 是无穷小量.

例 8 求 $\lim\limits_{n\to\infty}\dfrac{a^n-a^{-n}}{a^n+a^{-n}}\ (a>0)$.

解 当 $a=1$ 时 $a^n-a^{-n}=0$，故上述极限为 0.

当 $0<a<1$ 时，$\lim\limits_{n\to\infty}a^n=0$，$\lim\limits_{n\to\infty}a^{-n}=+\infty$，将所求极限中的分子、分母同乘以 $a^n(\neq 0)$，得

$$\lim_{n\to\infty}\frac{a^n-a^{-n}}{a^n+a^{-n}}=\lim_{n\to\infty}\frac{a^{2n}-1}{a^{2n}+1}=\frac{0-1}{0+1}=-1.$$

当 $a>1$ 时，$\lim\limits_{n\to\infty}a^n=+\infty$，$\lim\limits_{n\to\infty}a^{-n}=0$，将所求极限中的分子、分母同乘以 $a^{-n}\ (\neq 0)$，得

$$\lim_{n\to\infty}\frac{a^n-a^{-n}}{a^n+a^{-n}}=\lim_{n\to\infty}\frac{1-a^{-2n}}{1+a^{-2n}}=\frac{1-0}{1+0}=1.$$

所以

$$\lim_{n\to\infty}\frac{a^n-a^{-n}}{a^n+a^{-n}}=\begin{cases}-1, & 0<a<1;\\0, & a=1;\\1, & a>1.\end{cases}$$

2.4.4 无穷小量的比较

无穷小量的和、差、积仍是无穷小量，但无穷小量的商就不易确定了.

例如：当 $x\to 0$ 时，$x^2,x^3,\sin x$ 都是无穷小量，而这时

$$\frac{x^3}{x^2}=x\to 0,\quad \frac{x^2}{x^3}=\frac{1}{x}\to\infty,$$

至于当 $x\to 0$ 时 $\dfrac{\sin x}{x}$ 的极限是什么，下节将讨论这个问题.

研究无穷小量的商,在函数的微分学中有重要意义.

定义 3   在同一极限过程中,设 α 和 β 都是无穷小量,且 $\beta \neq 0$.

1)   如果 $\dfrac{\alpha}{\beta} \to 0$,则称 α **是比 β 高阶的无穷小**,记为 $\alpha = o(\beta)$;

2)   如果 $\dfrac{\alpha}{\beta} \to \infty$,则称 α **是比 β 低阶的无穷小**;

3)   如果 $\dfrac{\alpha}{\beta} \to c$($c$ 为常数,不为 0),则称 α 与 β 是**同阶无穷小**. 如果 $c = 1$,则称 α 与 β 是**等价无穷小**,记为 $\alpha \sim \beta$.

如果 α 是比 β 低阶的无穷小,即 $\dfrac{\alpha}{\beta} \to \infty$,则 $\dfrac{\beta}{\alpha} \to 0$,所以 β 是比 α 高阶的无穷小,即有 $\beta = o(\alpha)$.

注意,称一个变量为高阶或低阶无穷小,是没有意义的,只有在同一个极限过程中的两个无穷小比较时,才能说它们阶的高低或是否同阶.

例 9   当 $n \to \infty$ 时,$\dfrac{1}{n^2}, \dfrac{1}{n}, \dfrac{1}{\sqrt{n}}$ 都是无穷小. 由于

$$\frac{\frac{1}{n^2}}{\frac{1}{n}} = \frac{1}{n} \to 0, \quad \frac{\frac{1}{n}}{\frac{1}{\sqrt{n}}} = \frac{1}{\sqrt{n}} \to 0, \quad \frac{\frac{1}{\sqrt{n}}}{\frac{1}{n}} = \sqrt{n} \to \infty,$$

故

$$\frac{1}{n^2} = o\left(\frac{1}{n}\right), \quad \frac{1}{n} = o\left(\frac{1}{\sqrt{n}}\right),$$

即 $\dfrac{1}{n^2}$ 是比 $\dfrac{1}{n}$ 高阶的无穷小,而 $\dfrac{1}{n}$ 是比 $\dfrac{1}{\sqrt{n}}$ 低阶的无穷小.

例 10   证明:当 $n \to \infty$ 时 $\sqrt{n+1} - \sqrt{n}$ 与 $\dfrac{1}{\sqrt{n}}$ 是同阶无穷小.

证   按定义,由于

$$\lim_{n \to \infty} \frac{\sqrt{n+1} - \sqrt{n}}{\frac{1}{\sqrt{n}}} = \lim_{n \to \infty} \frac{\dfrac{(\sqrt{n+1} - \sqrt{n})(\sqrt{n+1} + \sqrt{n})}{\sqrt{n+1} + \sqrt{n}}}{\dfrac{1}{\sqrt{n}}}$$

$$= \lim_{n \to \infty} \frac{1}{\sqrt{1 + \frac{1}{n}} + 1} = \frac{1}{2},$$

故当 $n \to \infty$ 时,无穷小量 $\sqrt{n+1} - \sqrt{n}$ 与 $\dfrac{1}{\sqrt{n}}$ 是同阶的.

注意,在同一极限过程中的两个无穷小量,并不是总能比较阶的高低的.

例 11 当 $x \to 0$ 时，由于 $\sin \dfrac{1}{x}$ 是有界变量，可知 $x\sin \dfrac{1}{x}$ 是无穷小量，而

$$\lim_{x \to 0} \frac{x\sin \dfrac{1}{x}}{x} = \lim_{x \to 0} \sin \frac{1}{x}$$

不存在，故不能比较 $x\sin \dfrac{1}{x}$ 与 x 的阶的高低.

2.5 极限存在的准则和两个重要极限

下面讨论的两个极限是微积分中一些基本的微分公式和积分公式的基础，故称之为**重要极限**. 为此，先要介绍关于极限存在的两个重要准则.

2.5.1 夹逼准则和 $\lim\limits_{x \to 0} \dfrac{\sin x}{x}$

准则 I（极限存在的夹逼准则）   设在 x 的某一极限过程中，对于函数 $f(x)$，$g(x), h(x)$ 有 $g(x) \leqslant f(x) \leqslant h(x)$，且 $\lim g(x) = A = \lim h(x)$，则 $\lim f(x) = A$.

从极限概念的定义，这个准则不难理解和严格证明（作为思考题请读者自己完成）.

利用这个准则，可以证明下列重要极限：

$$\lim_{x \to 0} \frac{\sin x}{x} = 1.$$

事实上，如图 2-6，其中圆的半径为 1，圆心角 $\angle AOB = x$（以弧度为单位），$0 < x$
$< \dfrac{\pi}{2}$，$AD \perp OA$，$BC \perp OA$，则显然有

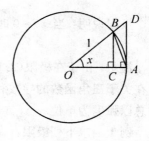

图 2-6

$$\triangle AOB \text{ 的面积} < \text{扇形 } AOB \text{ 的面积} < \triangle AOD \text{ 的面积}.$$
而 $BC = \sin x$，$AD = \tan x$，所以

$$\triangle AOB \text{ 的面积} = \frac{1}{2}OA \cdot BC = \frac{1}{2}\sin x,$$

$$\text{扇形 } AOB \text{ 的面积} = \frac{1}{2}OA^2 \cdot x = \frac{1}{2}x,$$

$$\triangle AOD \text{ 的面积} = \frac{1}{2}OA \cdot AD = \frac{1}{2}\tan x.$$

从而有

$$\frac{1}{2}\sin x < \frac{1}{2}x < \frac{1}{2}\tan x \quad \left(0 < x < \frac{\pi}{2}\right),$$

即

$$\sin x < x < \tan x = \frac{\sin x}{\cos x} \quad \left(0 < x < \frac{\pi}{2}\right).$$

由此可得

$$\cos x < \frac{\sin x}{x} < 1.$$

因为 $\frac{\sin x}{x}$ 和 $\cos x$ 都是偶函数，故上式当 $-\frac{\pi}{2} < x < 0$ 时也成立.

利用上面得到的不等式 $|\sin x| < |x|\ \left(0 < |x| < \frac{\pi}{2}\right)$，有

$$0 < |\cos x - 1| = 1 - \cos x = 2\sin^2\frac{x}{2} < 2\left(\frac{x}{2}\right)^2 = \frac{x^2}{2}.$$

故当 $x \to 0$ 时 $\cos x - 1 \to 0$，即 $\cos x \to 1$，而 $\frac{\sin x}{x}$ 介于 $\cos x$ 和 1 之间，由夹

逼准则，必然有 $\frac{\sin x}{x} \to 1$，由此得到**重要极限**

$$\lim_{x \to 0}\frac{\sin x}{x} = 1. \tag{2.1}$$

这个极限说明：当 $x \to 0$ 时无穷小量 $\sin x$ 与 x 等价，即

$$x \sim \sin x \quad (x \to 0).$$

注意，由于在极限(2.1)的证明过程中用到了 x 以弧度为单位，而(2.1)又在关于三角函数的导数和积分中占有基础的地位，故在微积分中涉及角度时总以弧度为单位.

例 1 求下列极限：

1) $\displaystyle\lim_{x \to 0}\frac{\tan x}{x}$；

2) $\displaystyle\lim_{x \to 0}\frac{\arcsin x}{x}$；

3) $\displaystyle\lim_{x \to 0}\frac{\sin kx}{x}\ (k \neq 0)$；

4) $\displaystyle\lim_{x \to 0}\frac{1 - \cos x}{x^2}$.

解 1) 由于 $\displaystyle\lim_{x \to 0}\cos x = 1$，利用极限的运算法则，有

$$\lim_{x \to 0}\frac{\tan x}{x} = \lim_{x \to 0}\frac{\sin x}{x}\frac{1}{\cos x} = \left(\lim_{x \to 0}\frac{\sin x}{x}\right)\left(\frac{1}{\displaystyle\lim_{x \to 0}\cos x}\right)$$

$$= 1 \times 1 = 1.$$

2) 设 $t = \arcsin x$，则 $x \to 0$ 等价于 $t \to 0$，故

$$\lim_{x \to 0} \frac{\arcsin x}{x} = \lim_{t \to 0} \frac{t}{\sin t} = 1.$$

3) 若设 $u = kx$，则 $x \to 0$ 等价于 $u \to 0$. 而 $\lim\limits_{u \to 0} \dfrac{\sin u}{u} = 1$，故

$$\lim_{x \to 0} \frac{\sin kx}{x} = \lim_{x \to 0} \frac{\sin kx}{kx} \cdot k = k \lim_{u \to 0} \frac{\sin u}{u} = k.$$

4) 由于 $1 - \cos x = 2 \sin^2 \dfrac{x}{2}$，故

$$\lim_{x \to 0} \frac{1 - \cos x}{x^2} = \lim_{x \to 0} \frac{2 \sin^2 \dfrac{x}{2}}{x^2} = \lim_{x \to 0} \frac{\sin^2 \dfrac{x}{2}}{2 \left(\dfrac{x}{2} \right)^2}$$

$$= \frac{1}{2} \lim_{x \to 0} \left(\frac{\sin \dfrac{x}{2}}{\dfrac{x}{2}} \right)^2 = \frac{1}{2} \left(\lim_{x \to 0} \frac{\sin \dfrac{x}{2}}{\dfrac{x}{2}} \right)^2$$

$$= \frac{1}{2} \times 1^2 = \frac{1}{2}.$$

类似于 2)，可以证明

$$\lim_{x \to 0} \frac{\arctan x}{x} = 1.$$

因此可得，当 $x \to 0$ 时，

$$x \sim \tan x \sim \arcsin x \sim \arctan x, \quad 1 - \cos x \sim \frac{x^2}{2}.$$

例 2　求极限 $\lim\limits_{n \to \infty} \sqrt[n]{a^n + b^n}$ （其中 $b > a > 0$）.

解　设 $u_n = \sqrt[n]{a^n + b^n}$，由于 $b > a > 0$，有

$$\sqrt[n]{b^n} < u_n < \sqrt[n]{2b^n}.$$

而 $\lim\limits_{n \to \infty} \sqrt[n]{2} = 1$，故 $\lim\limits_{n \to \infty} \sqrt[n]{2b^n} = b$. 按夹逼准则，可得

$$\lim_{n \to \infty} \sqrt[n]{a^n + b^n} = b.$$

例 3　设 $f(x) \leqslant \varphi(x) \leqslant g(x)$ （$\forall x \in \mathbf{R}$）且 $\lim\limits_{x \to \infty} (g(x) - f(x)) = 0$，则 $\lim\limits_{x \to \infty} \varphi(x)$ （　　）.

A. 存在且等于 0　　　　　　B. 存在但不一定为 0

C. 一定不存在　　　　　　　D. 不一定存在

解　用反例作排除法. 设

$$f(x) = 1 - \frac{1}{x^2}, \quad \varphi(x) = 1, \quad g(x) = 1 + \frac{1}{x^2},$$

或

$$f(x) = \sin x - \frac{1}{x^2}, \quad \varphi(x) = \sin x, \quad g(x) = \sin x + \frac{1}{x^2},$$

易知条件满足，结论 A，B，C 不成立，故应选 D.

2.5.2 单调有界准则和 $\lim\limits_{n \to \infty}\left(1 + \dfrac{1}{n}\right)^n$

对于数列 $\{x_n\}$，如果 $x_1 \leqslant x_2 \leqslant \cdots \leqslant x_n \leqslant \cdots$，则称 $\{x_n\}$ 为单调递增数列. 如果 $x_1 \geqslant x_2 \geqslant \cdots \geqslant x_n \geqslant \cdots$，则称 $\{x_n\}$ 为单调递减数列，它们统称单调数列.

如果存在常数 $M > 0$，使得 $|x_n| < M$（$\forall n$），则称数列 $\{x_n\}$ 有界.

可以证明下列收敛准则（证明从略）：

准则 Ⅱ（单调有界收敛准则） 如数列 $\{x_n\}$ 单调且有界，则 $\{x_n\}$ 必收敛，即 $\lim\limits_{n \to \infty} x_n$ 必存在.

下面讨论 $\lim\limits_{n \to \infty}\left(1 + \dfrac{1}{n}\right)^n$.

设 $x_n = \left(1 + \dfrac{1}{n}\right)^n (n = 1, 2, \cdots)$，可以证明数列 $\{x_n\}$ 是单调增加且有界的，即可证

$$x_n < x_{n+1} \ (n = 1, 2, \cdots) \quad \text{且} \quad 0 < x_n < 3 \ (\forall n).$$

事实上，$x_1 = 2$，$x_2 = \left(\dfrac{3}{2}\right)^2 > x_1$，当 $n \geqslant 2$ 时，由牛顿二项公式，有

$$x_n = \left(1 + \frac{1}{n}\right)^n$$

$$= 1 + \frac{n}{1!} \cdot \frac{1}{n} + \frac{n(n-1)}{2!}\left(\frac{1}{n}\right)^2 + \frac{n(n-1)(n-2)}{3!}\left(\frac{1}{n}\right)^3 + \cdots$$

$$+ \frac{n(n-1)\cdots[n-(n-1)]}{n!}\left(\frac{1}{n}\right)^n$$

$$= 1 + 1 + \frac{1}{2!}\left(1 - \frac{1}{n}\right) + \frac{1}{3!}\left(1 - \frac{1}{n}\right)\left(1 - \frac{2}{n}\right) + \cdots$$

$$+ \frac{1}{n!}\left(1 - \frac{1}{n}\right)\left(1 - \frac{2}{n}\right)\cdots\left(1 - \frac{n-1}{n}\right).$$

同样

$$x_{n+1} = \left(1 + \frac{1}{n+1}\right)^{n+1}$$

$$= 1 + 1 + \frac{1}{2!}\left(1 - \frac{1}{n+1}\right) + \frac{1}{3!}\left(1 - \frac{1}{n+1}\right)\left(1 - \frac{2}{n+1}\right) + \cdots$$

$$+ \frac{1}{n!}\left(1 - \frac{1}{n+1}\right)\left(1 - \frac{2}{n+1}\right)\cdots\left(1 - \frac{n-1}{n+1}\right)$$

$$+ \frac{1}{(n+1)!}\left(1 - \frac{1}{n+1}\right)\left(1 - \frac{2}{n+1}\right)\cdots\left(1 - \frac{n}{n+1}\right).$$

将 x_n 与 x_{n+1} 作比较,等式右边的前两项相同,x_n 从第三项起的每一项都比 x_{n+1} 的对应项小,x_{n+1} 还比 x_n 多了最后一项,故

$$x_n < x_{n+1} \quad (n = 1, 2, \cdots).$$

其次,由 x_n 的上述展开式显然有

$$x_n < 1 + 1 + \frac{1}{2!} + \frac{1}{3!} + \cdots + \frac{1}{n!}$$

$$< 1 + 1 + \frac{1}{2} + \frac{1}{2^2} + \cdots + \frac{1}{2^{n-1}}$$

$$= 1 + \frac{1 - \left(\frac{1}{2}\right)^n}{1 - \frac{1}{2}} = 1 + 2\left[1 - \left(\frac{1}{2}\right)^n\right]$$

$$= 3 - \left(\frac{1}{2}\right)^{n-1} < 3.$$

所以数列 $\{x_n\}$ 是单调递增且有界的. 按收敛准则 Ⅱ,可知数列 $\{x_n\}$ 必定收敛,即 $\lim\limits_{n \to \infty} x_n$ 存在. 设其值为 e,经过计算,e = 2.718 281 828 459 045 ⋯. 所以

$$\lim_{n \to \infty}\left(1 + \frac{1}{n}\right)^n = e = 2.718\,281\cdots. \tag{2.2}$$

数列 $\{x_n\}$ 的图形如图 2-7 所示.

e 称为**自然对数的底**,这是数学中继圆周率 π 之后的另一个重要常数. 已经证明,π 和 e 都不是有理数.

以 e 为底的对数称为**自然对数**,$\log_e x$ 记为 $\ln x$,称为**自然对数函数**,它与 $y = e^x$ 互为反函数. $y = \ln x$ 的图形与 $y = \log_a x\ (a > 1)$ 的图形类似(见图 1-30).

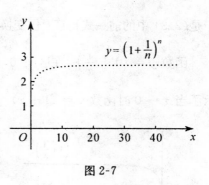

图 2-7

可以证明,相应的函数极限有

$$\lim_{x \to \infty}\left(1 + \frac{1}{x}\right)^x = e \quad \text{和} \quad \lim_{t \to 0}(1 + t)^{\frac{1}{t}} = e. \tag{2.3}$$

事实上,若以 $[x]$ 表示 x 的整数部分(即不大于 x 的最大整数),记 $[x] =$

n, 则 $n \leqslant x < n+1$, 当 $x \to +\infty$ 时 $n \to +\infty$, 且有

$$\left(1+\frac{1}{n+1}\right)^n < \left(1+\frac{1}{x}\right)^x < \left(1+\frac{1}{n}\right)^{n+1}.$$

而

$$\lim_{n\to\infty}\left(1+\frac{1}{n+1}\right)^n = \lim_{n\to\infty}\left[\left(1+\frac{1}{n+1}\right)^{n+1}\Big/\left(1+\frac{1}{n+1}\right)\right]$$

$$= \lim_{n\to\infty}\left(1+\frac{1}{n+1}\right)^{n+1}\Big/\lim_{n\to\infty}\left(1+\frac{1}{n+1}\right)$$

$$= \frac{e}{1} = e,$$

$$\lim_{n\to\infty}\left(1+\frac{1}{n}\right)^{n+1} = \lim_{n\to\infty}\left[\left(1+\frac{1}{n}\right)^n \cdot \left(1+\frac{1}{n}\right)\right]$$

$$= \lim_{n\to\infty}\left(1+\frac{1}{n}\right)^n \cdot \lim_{n\to\infty}\left(1+\frac{1}{n}\right)$$

$$= e \cdot 1 = e,$$

由夹逼准则, 即得

$$\lim_{x\to\infty}\left(1+\frac{1}{x}\right)^x = e.$$

当 $x \to -\infty$ 时, 令 $x = -(u+1)$, 则当 $x \to -\infty$ 时 $u \to +\infty$, 从而

$$\lim_{x\to-\infty}\left(1+\frac{1}{x}\right)^x = \lim_{u\to+\infty}\left(1-\frac{1}{u+1}\right)^{-(u+1)} = \lim_{u\to+\infty}\left(\frac{u}{u+1}\right)^{-(u+1)}$$

$$= \lim_{u\to+\infty}\left(1+\frac{1}{u}\right)^{u+1} = e.$$

于是(2.3)中的前一式得证. 作变换 $x = \frac{1}{t}$, 立即可得后一式.

函数 $y = \left(1+\frac{1}{x}\right)^x$ 在区间 $(0, +\infty)$ 上的图形如图 2-8 所示, 图 2-9 显

示了当 $x \to 0$ 时函数 $y = (1+x)^{\frac{1}{x}}$ 的变化趋势.

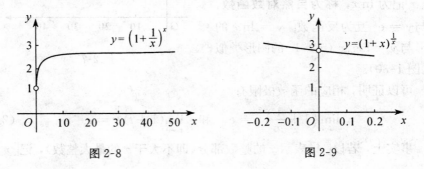

图 2-8   图 2-9

例 4 求下列极限：

1) $\lim\limits_{x\to\infty}\left(1+\dfrac{k}{x}\right)^x$ ($k\ne 0$，为整数)； 2) $\lim\limits_{x\to\infty}\left(1-\dfrac{2}{x}\right)^{x+1}$；

3) $\lim\limits_{x\to 0}\sqrt[x]{1-2x}$；   4) $\lim\limits_{x\to 0}(1+3\tan^2 x)^{\cot^2 x}$.

解 1) 令 $y=\dfrac{k}{x}$，则 $x=\dfrac{k}{y}$，$x\to\infty$ 等价于 $y\to 0$，故

$$\lim_{x\to\infty}\left(1+\frac{k}{x}\right)^x=\lim_{y\to 0}(1+y)^{\frac{k}{y}}=\lim_{y\to 0}[(1+y)^{\frac{1}{y}}]^k$$

$$=[\lim_{y\to 0}(1+y)^{\frac{1}{y}}]^k=e^k.$$

2) $\lim\limits_{x\to\infty}\left(1-\dfrac{2}{x}\right)^{x+1}=\lim\limits_{x\to\infty}\left(1-\dfrac{2}{x}\right)^x\left(1-\dfrac{2}{x}\right)$

$$=\left[\lim_{x\to\infty}\left(1-\frac{2}{x}\right)^x\right]\left[\lim_{x\to\infty}\left(1-\frac{2}{x}\right)\right]$$

$$=e^{-2}\cdot 1=e^{-2}.$$

3) $\lim\limits_{x\to 0}\sqrt[x]{1-2x}=\lim\limits_{x\to 0}(1-2x)^{\frac{1}{x}}=\lim\limits_{x\to 0}[(1-2x)^{-\frac{1}{2x}}]^{-2}$.

令 $-2x=t$，则 $x\to 0$ 等价于 $t\to 0$，故

$$\lim_{x\to 0}\sqrt[x]{1-2x}=\lim_{t\to 0}[(1+t)^{\frac{1}{t}}]^{-2}=[\lim_{t\to 0}(1+t)^{\frac{1}{t}}]^{-2}=e^{-2}.$$

4) 设 $3\tan^2 x=u$，则 $x\to 0$ 等价于 $u\to 0$，所以

$$\lim_{x\to 0}(1+3\tan^2 x)^{\cot^2 x}=\lim_{x\to 0}(1+3\tan^2 x)^{\frac{1}{\tan^2 x}}=\lim_{x\to 0}(1+3\tan^2 x)^{\frac{3}{3\tan^2 x}}$$

$$=\lim_{u\to 0}(1+u)^{\frac{3}{u}}=e^3.$$

例 5 连续复利问题.

将本金 A_0 存入银行，年利率为 r，则一年后本息之和为 $A_0(1+r)$. 如果年利率仍为 r，但半年计一次利息，且利息不取，前期的本息之和作为下期的本金再计算以后的利息，这样利息又生利息. 由于半年的利率为 $\dfrac{r}{2}$，故一年后的本息之和为 $A_0\left(1+\dfrac{r}{2}\right)^2$. 这种计算利息的方法称为**复式计息法**.

如果一年计息 n 次，利息按复式计算，则一年后本息之和为 $A_0\left(1+\dfrac{r}{n}\right)^n$. 如果计算复利的次数无限增大，即 $n\to\infty$，其极限称为**连续复利**，这时一年后的本息之和为

$$A(r)=\lim_{n\to\infty}A_0\left(1+\frac{r}{n}\right)^n=A_0 e^r.$$

假设 $r = 7\%$，而 $n = 12$，即一月计息一次，则一年后本息之和为

$$A_0\left(1 + \frac{0.07}{12}\right)^{12} = A_0(1.005\ 833)^{12} \approx 1.072\ 286\ A_0.$$

若 $n = 1\ 000$，则一年后本息之和为

$$A_0\left(1 + \frac{0.07}{1\ 000}\right)^{1\ 000} \approx 1.072\ 506\ A_0.$$

若 $n = 10\ 000$，则一年后本息之和为

$$A_0\left(1 + \frac{0.07}{10\ 000}\right)^{10\ 000} \approx 1.072\ 508\ A_0.$$

由此可见，随着 n 无限增大，一年后本息之和会不断增大，但不会无限增大，其极限值为

$$\lim_{n \to \infty} A_0\left(1 + \frac{r}{n}\right)^n = A_0 e^r = A_0 e^{0.07}.$$

由于 e 在银行业务中的重要性，故有**银行家常数**之称.

2.6　函数的连续性和连续函数

事物的变化有许多是跳跃式的，用数学的语言来讲，就是"离散的"，数列即是一例. 也有许多变化是连续的，如气温的变化、行星的运动、人体体重的变化等，这种变化的特点是：当时间的变化很小时，气温、行星的位置、人体体重的变化也很微小. 用数学的语言可表述为：对于函数 $y = f(x)$，当自变量 x 的变化很小时，相应的函数值的变化也很小. 从几何上看，表示函数的曲线是一条连续曲线. 连续变化概念的抽象描述就是函数的连续性，微积分中所讨论的主要是连续变化的量.

2.6.1　函数在一点处的连续

为了阐述函数的连续性，先引入增量（或改变量）的概念.

设变量 t 从一个值 t_1 变到另一个值 t_2，说明这个变化的幅度的量 $t_2 - t_1$ 称为 t 的**增量**或**改变量**，记为 Δt，即 $\Delta t = t_2 - t_1$，Δt 可以是正的也可以是负的. 注意 Δt 不是"Δ"与 t 的乘积，它是一个整体，表示变量 t 的增量.

下面讨论函数的连续性[①].

———————————

① 下述定义最早是捷克数学家波尔察诺(B. Bolzano，1781～1848)在 1817 年给出的，其后不久法国数学家柯西在 1821 年也给出了这个定义.

定义 1 设函数 $y = f(x)$ 在点 x_0 的一个邻域 $U(x_0)$ 中有定义. 若 x 从 x_0 变到 $x + \Delta x (\in U(x_0))$，相应地，函数值 y 从 $f(x_0)$ 变到 $f(x_0 + \Delta x)$，即相应于 x 的增量 Δx，y 有增量

$$\Delta y = f(x_0 + \Delta x) - f(x_0)$$

（如图2-10）. 如果当 $\Delta x \to 0$ 时 $\Delta y \to 0$，即

$$\lim_{\Delta x \to 0} \Delta y = 0,$$

则称函数 $f(x)$ **在点 x_0 连续**.

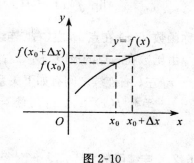

图 2-10

若记 $x = x_0 + \Delta x$，则 $f(x_0 + \Delta x) = f(x)$. 而 $\Delta x \to 0$ 等价于 $x \to x_0$，$\Delta y = f(x) - f(x_0) \to 0$ 等价于 $f(x) \to f(x_0)$，由此得到函数 $f(x)$ 在点 x_0 连续的另一种表述：

定义 1′ 设函数 $y = f(x)$ 在点 x_0 的一个邻域 $U(x_0)$ 中有定义. 如果

$$\lim_{x \to x_0} f(x) = f(x_0),$$

则称函数 $f(x)$ **在点 x_0 连续**.

所以有

$$f(x) \text{ 在点 } x_0 \text{ 连续} \Leftrightarrow \lim_{\Delta x \to 0} \Delta y = 0$$
$$\Leftrightarrow \lim_{x \to x_0} f(x) = f(x_0).$$

由定义可见，函数 $f(x)$ 在点 x_0 有极限是 $f(x)$ 在点 x_0 连续的必要条件，即 $f(x)$ 在 x_0 点连续必须要 $\lim\limits_{x \to x_0} f(x)$ 存在，但反之不然，$\lim\limits_{x \to x_0} f(x)$ 存在，并不意味着此极限值必为 $f(x_0)$，甚至 $f(x_0)$ 可能无意义.

例如：函数

$$f(x) = \begin{cases} |x|, & x \neq 0; \\ 1, & x = 0, \end{cases}$$

$\lim\limits_{x \to 0} f(x) = 0$，但 $f(x)$ 在点 $x = 0$ 不连续，因为

$$\lim_{x \to 0} f(x) \neq f(0) = 1.$$

在讨论 $\lim\limits_{x \to x_0} f(x)$ 是否存在时，只要求 $f(x)$ 在 x_0 的去心邻域 $\mathring{U}(x_0)$ 中有定义，但在讨论 $f(x)$ 在点 x_0 连续时，$f(x)$ 必须在邻域 $U(x_0)$（其中包括 x_0）中有定义.

相应于函数左、右极限的概念，关于连续性有

定义 2 假设函数 $y = f(x)$ 在点 x_0 及其一个左(右)邻域中有定义. 如果

$$\lim_{x \to x_0^-} f(x) = f(x_0) \quad (\lim_{x \to x_0^+} f(x) = f(x_0)),$$

则称函数 $f(x)$ 在点 x_0 **左(右)连续**.

由函数在一点的极限与左、右极限之间的关系,可知函数在点 x_0 连续与在点 x_0 左、右连续之间有如下关系:

函数 $f(x)$ 在点 x_0 连续 $\Leftrightarrow$ $f(x)$ 在点 x_0 左、右都连续,即

$$f(x_0^-) = f(x_0) = f(x_0^+).$$

2.6.2 连续函数

定义 3 如果函数 $f(x)$ 在区间 I 上有定义,且在 I 中的每一点处都连续,则称 $f(x)$ **是 I 上的连续函数**.

在上述定义中,若区间 I 有左(右)端点,则 $f(x)$ 在这个端点处右(左)连续.

一般地说,如果函数 $f(x)$ 在其定义域 D 中的每一点都连续,则称 $f(x)$ **是 D 上的连续函数**.

如果函数 $y = f(x)$ 是区间 I 上的连续函数,则它的图形 $C: y = f(x)$ $(x \in I)$ 是一条连续曲线.

显然,常数函数 $y = C$(常数)是连续函数.

例 1 证明:函数 $y = x^2$ 在每一点都连续.

证 设 x_0 是任意一点. 因为

$$\lim_{x \to x_0} x^2 = (\lim_{x \to x_0} x)(\lim_{x \to x_0} x) = x_0 \cdot x_0 = x_0^2,$$

故由定义 1′ 知,函数 x^2 在 x_0 点连续.

或按定义 1,如果 x 在点 x_0 有增量 Δx,则 y 相应的增量为

$$\Delta y = (x_0 + \Delta x)^2 - x_0^2 = 2x_0 \Delta x + (\Delta x)^2.$$

由此

$$\lim_{\Delta x \to 0} \Delta y = \lim_{\Delta x \to 0} [2x_0 \Delta x + (\Delta x)^2] = 0.$$

从而 x^2 在点 x_0 连续. 由于 x_0 的任意性,这说明函数 $y = x^2$ 在 **R** 上连续.

类似地可以证明:若 $n \in \mathbf{N}$,则幂函数 $y = x^n$ 在每一点连续,即是 **R** 上的连续函数.

例 2 证明:正弦函数 $y = \sin x$ 是 **R** 上的连续函数.

证 对于任意的 $x \in \mathbf{R}$ 和该点处的增量 Δx,函数的增量为

$$\Delta y = \sin(x + \Delta x) - \sin x = 2 \sin \frac{\Delta x}{2} \cos\left(x + \frac{\Delta x}{2}\right).$$

由于 $\left|\sin\dfrac{\Delta x}{2}\right| \leqslant \left|\dfrac{\Delta x}{2}\right|$，故当 $\Delta x \to 0$ 时，$\sin\dfrac{\Delta x}{2} \to 0$. 而 $\left|\cos\left(x+\dfrac{\Delta x}{2}\right)\right| \leqslant$ 1，利用无穷小量的性质，有

$$\lim_{\Delta x \to 0} \Delta y = 0.$$

所以 $\sin x$ 在 x 点连续，即 $\sin x$ 是 **R** 上的连续函数.

例 3　证明：余弦函数 $y = \cos x$ 是 **R** 上的连续函数.

证　设 x_0 是任一实数. 作变换：$u = \dfrac{\pi}{2} - x$，$u_0 = \dfrac{\pi}{2} - x_0$，则 $x \to x_0$ 等价于 $u \to u_0$. 故

$$\lim_{x \to x_0} \cos x = \lim_{x \to x_0} \sin\left(\dfrac{\pi}{2} - x\right) = \lim_{u \to u_0} \sin u = \sin u_0$$
$$= \sin\left(\dfrac{\pi}{2} - x_0\right) = \cos x_0.$$

即 $\cos x$ 在 x_0 点连续. 由于 x_0 是任意点，所以 $\cos x$ 是其定义域 **R** 上的连续函数.

2.6.3　连续函数的运算和初等函数的连续性

从前面的例子已经知道，常数、幂函数 $x^n (n \in \mathbf{N})$ 以及 $\sin x$ 和 $\cos x$ 都是连续函数. 随之自然会问：其他的基本初等函数以及一般的初等函数的连续性如何？

根据连续函数的定义和极限的运算法则，易知

定理 2.5　连续函数的和、差、积、商（分母不为 0）仍是连续函数.

所以，三角函数 $\tan x, \cot x, \sec x, \csc x$ 在它们的定义域内都是连续函数.

定理 2.6　设函数 $y = f(x)$ 在区间 I_1 上是单调的连续函数，则其值域 $I_2 = \{f(x) \,|\, x \in I_1\}$ 是一个区间，且它的反函数 $y = f^{-1}(x)$ 是区间 I_2 上的单调连续函数.

这个定理的证明要用到较多的数学知识，在此从略.

由第一章可知，指数函数 $y = a^x$ 是单调函数，可以证明 a^x 是一个连续函数（证明从略），因此它的反函数 $y = \log_a x$ 是连续函数. 同样，由于函数

$$y = \sin x \;\left(|x| \leqslant \dfrac{\pi}{2}\right), \quad y = \cos x \;(0 \leqslant x \leqslant \pi),$$
$$y = \tan x \;\left(|x| < \dfrac{\pi}{2}\right), \quad y = \cot x \;(0 < x < \pi)$$

是单调的连续函数,故它们的反函数

$$y = \arcsin x \ (|x| \leqslant 1), \quad y = \arccos x \ (|x| \leqslant 1),$$
$$y = \arctan x \ (x \in \mathbf{R}), \quad y = \text{arccot} x \ (x \in \mathbf{R})$$

也都是单调的连续函数. 那么,一般的幂函数 $y = x^\mu$ 的连续性如何?

为此,要用到下述定理:

定理 2.7　设函数 $g(x)$ 在点 x_0 连续,函数 $f(u)$ 在点 $u_0 = g(x_0)$ 连续,则复合函数 $f(g(x))$ 在点 x_0 连续.

　　证　由函数在一点连续的定义 $1'$,设 $u = g(x)$,则有

$$\lim_{x \to x_0} u = \lim_{x \to x_0} g(x) = g(x_0) = u_0,$$
$$\lim_{u \to u_0} f(u) = f(u_0).$$

从而

$$\lim_{x \to x_0} f(g(x)) = \lim_{u \to u_0} f(u) = f(u_0) = f(g(x_0)).$$

所以 $f(g(x))$ 在点 x_0 连续. ∎

　　由定理 2.7,两个连续函数 $y = f(u)$,$u = g(x)$ 的复合函数 $f(g(x))$(若有意义)是连续函数. 或可表述为:连续函数经过函数的复合运算(若有意义)仍是连续函数.

　　由此,对于一般的幂函数 $y = x^\mu \ (x > 0)$,由于

$$x^\mu = (e^{\ln x})^\mu = e^{\mu \ln x},$$

所以,$y = x^\mu$ 可看成两个连续函数 $y = e^t$,$t = \mu \ln x$ 的复合,从而是连续函数.

　　综上所述,基本初等函数是连续函数,连续函数经过有限次的和、差、积、商(分母不为 0)和复合运算仍是连续函数,所以

初等函数在其有定义的区间内都是连续函数.

　　由此可见,连续函数类是一个很大的函数类,初等函数是其中的一部分. 在微积分中所讨论的函数主要是连续函数.

　　利用函数的连续性可以计算一些极限.

　　例 4　求 $\lim\limits_{x \to 0} \sqrt{\dfrac{\lg(100 + x)}{a^x + \arcsin x}}$.

　　解　由于 $\sqrt{\dfrac{\lg(100 + x)}{a^x + \arcsin x}}$ 是一个初等函数,在其定义域内连续,而 $x = 0$ 属于它的定义域,所以

$$\lim_{x \to 0} \sqrt{\frac{\lg(100+x)}{a^x + \arcsin x}} = \sqrt{\frac{\lg(100+0)}{a^0 + \arcsin 0}} = \sqrt{\frac{2}{1+0}} = \sqrt{2}.$$

例 5　求 $\lim\limits_{x \to 0} \dfrac{\ln(1+x)}{x}$.

解　由对数函数的连续性,

$$\lim_{x \to 0} \ln(1+x) = \ln 1 = 0,$$

即当 $x \to 0$ 时 $\ln(1+x) \to 0$, 所以所求极限是两个无穷小量之比.

设

$$u = u(x) = \begin{cases} (1+x)^{\frac{1}{x}}, & x \neq 0,\ x > -1; \\ \mathrm{e}, & x = 0, \end{cases}$$

则 $u(x)$ 当 $x \neq 0$ 且 $x > -1$ 时是连续函数. 在 $x = 0$ 点,因

$$\lim_{x \to 0} u(x) = \lim_{x \to 0} (1+x)^{\frac{1}{x}} = \mathrm{e} = u(0),$$

所以 $u(x)$ 在 $x = 0$ 点也连续. 从而 $u(x)$ 是 $(-1, +\infty)$ 上的连续函数.

又由 $\ln u$ 是 u 的连续函数,故 $\ln u(x)$ 是 $(-1, +\infty)$ 上的连续函数. 所以

$$\lim_{x \to 0} \frac{\ln(1+x)}{x} = \lim_{x \to 0} \ln(1+x)^{\frac{1}{x}} = \lim_{x \to 0} \ln u(x)$$

$$= \ln u(0) = \ln \mathrm{e} = 1.$$

因此,当 $x \to 0$ 时 $\ln(1+x)$ 与 x 是等价无穷小,即 $x \sim \ln(1+x)$.

若记 $t = \ln(1+x)$,则 $x = \mathrm{e}^t - 1$,且 $x \to 0$ 等价于 $t \to 0$,所以当 $t \to 0$ 时 $\mathrm{e}^t - 1$ 与 t 是等价无穷小,即 $\mathrm{e}^t - 1 \sim t$.

例 6　求 $\lim\limits_{x \to 0} \dfrac{(1+x)^a - 1}{x}$ $(a \neq 0)$.

解　令 $(1+x)^a - 1 = u$,则 $x \to 0$ 时 $u \to 0$, $\ln(1+x) = \dfrac{1}{a}\ln(1+u)$. 由于 $x \to 0$ 时 $x \sim \ln(1+x)$,故

$$\lim_{x \to 0} \frac{(1+x)^a - 1}{x} = \lim_{x \to 0} \left[\frac{(1+x)^a - 1}{\ln(1+x)} \cdot \frac{\ln(1+x)}{x} \right]$$

$$= \lim_{x \to 0} \frac{(1+x)^a - 1}{\ln(1+x)} = \lim_{u \to 0} \frac{u}{\dfrac{1}{a}\ln(1+u)}$$

$$= a,$$

即 $\lim\limits_{x \to 0} \dfrac{(1+x)^a - 1}{ax} = 1$. 所以当 $x \to 0$ 时

$$(1+x)^a - 1 \sim ax.$$

结合 2.6.1 小节中关于等价无穷小的结果有：当 $x \to 0$ 时，

$$x \sim \sin x \sim \tan x \sim \arcsin x \sim \arctan x \sim \ln(1+x) \sim e^x - 1,$$

$$1 - \cos x \sim \frac{1}{2}x^2, \quad (1+x)^a - 1 \sim ax \quad (a \neq 0).$$

在求一些极限时，利用等价无穷小的代换，往往可使计算简化，对此有

等价代换原理   在同一极限过程中的三个变量 u, v, w，如果 u, v 是无穷小量，且等价，则有

$$\lim(uw) = \lim(vw), \quad \lim \frac{w}{u} = \lim \frac{w}{v} \quad (uv \neq 0).$$

这是因为由假设 $\lim \dfrac{u}{v} = 1$，有

$$\lim(uw) = \lim\left(vw \cdot \frac{u}{v}\right) = \lim(vw) \cdot \lim \frac{u}{v} = \lim(vw).$$

$$\lim \frac{w}{u} = \lim\left(\frac{w}{v} \cdot \frac{v}{u}\right) = \left(\lim \frac{w}{v}\right) \cdot \left(\lim \frac{v}{u}\right) = \lim \frac{w}{v}.$$

在例 6 中，实际上用了 $\ln(1+x) \sim x$，把分母中的 x 换成了 $\ln(1+x)$.

例 7   求 $\lim\limits_{x \to 0} \dfrac{(x^2+2)\sin x}{\arcsin x}$.

解   当 $x \to 0$ 时 $x \sim \sin x \sim \arcsin x$，故由上述原理，

$$\lim_{x \to 0} \frac{(x^2+2)\sin x}{\arcsin x} = \lim_{x \to 0} \frac{(x^2+2)x}{x} = \lim_{x \to 0}(x^2+2) = 2.$$

注意，在和、差的极限计算中，不能用等价无穷小作代换. 考察下列例子.

例 8   求 $\lim\limits_{x \to 0} \dfrac{\tan x - \sin x}{x^3}$.

解 $\lim\limits_{x \to 0} \dfrac{\tan x - \sin x}{x^3} = \lim\limits_{x \to 0} \dfrac{\dfrac{\sin x}{\cos x} - \sin x}{x^3} = \lim\limits_{x \to 0} \dfrac{\sin x \cdot (1 - \cos x)}{x^3 \cos x}$

$$= \lim_{x \to 0} \frac{1}{\cos x} \cdot \frac{\sin x}{x} \cdot \frac{1 - \cos x}{x^2}$$

$$= \lim_{x \to 0} \frac{1}{\cos x} \cdot \frac{x}{x} \cdot \frac{\frac{1}{2}x^2}{x^2} = \frac{1}{2}.$$

若将分子中的 $\tan x$ 和 $\sin x$ 都代以等价的 x，则有

$$\lim_{x \to 0} \frac{\tan x - \sin x}{x^3} = \lim_{x \to 0} \frac{x - x}{x^3} = 0.$$

这个结果是错误的，实际上

$$\tan x - \sin x \neq 0.$$

对此可仔细考察图 2-11.

上面正确的计算表明，当 $x \to 0$ 时

$$\tan x - \sin x \sim \frac{x^3}{2}.$$

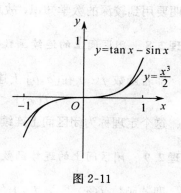

所以如果不计 $\tan x - \sin x$ 的三阶和更高
阶的无穷小，则在 x 的一阶和二阶范围内，
$\tan x - \sin x$ 与 0 无异. 但如果计及 x 的三
阶无穷小，$\tan x - \sin x$ 就异于 0 了.

图 2-11

例 9　设

$$f(x) = \begin{cases} a\mathrm{e}^{-x}, & x \leqslant 0; \\ 2 + \cos x, & x > 0 \end{cases}$$

是连续函数. 求 a.

解　函数 $a\mathrm{e}^{-x}$ 在 $(-\infty, 0)$ 上连续，而 $2 + \cos x$ 在 $(0, +\infty)$ 上连续，故
只需考察 $f(x)$ 在分段点 $x = 0$ 处的连续性. 因

$$f(0^-) = \lim_{x \to 0^-} f(x) = \lim_{x \to 0^-} a\mathrm{e}^{-x} = a = f(0),$$

$$f(0^+) = \lim_{x \to 0^+} f(x) = \lim_{x \to 0^+} (2 + \cos x) = 3,$$

故若 $f(x)$ 在 $x = 0$ 点连续，只需 $f(0^+) = f(0)$，即 $a = 3$.

例 10　求 $\lim\limits_{x \to \infty} \left(\sin \dfrac{1}{x} + \cos \dfrac{1}{x} \right)^x$.

解　设 $y = \left(\sin \dfrac{1}{x} + \cos \dfrac{1}{x} \right)^x$，则 $\ln y = x \ln \left(\sin \dfrac{1}{x} + \cos \dfrac{1}{x} \right)$. 而

$$\lim_{x \to \infty} x \ln \left(\sin \frac{1}{x} + \cos \frac{1}{x} \right) = \lim_{x \to \infty} x \ln \left(1 + \left(\sin \frac{1}{x} + \cos \frac{1}{x} - 1 \right) \right)$$

$$= \lim_{x \to \infty} x \left(\sin \frac{1}{x} + \cos \frac{1}{x} - 1 \right)$$

$$= \lim_{x \to \infty} \left(\frac{\sin \dfrac{1}{x}}{\dfrac{1}{x}} - \frac{1 - \cos \dfrac{1}{x}}{\dfrac{1}{x}} \right) = 1,$$

故 $\lim\limits_{x \to \infty} \ln y = 1$，从而 $\lim\limits_{x \to \infty} y = \mathrm{e}$.

2.6.4　闭区间上的连续函数

闭区间上的连续函数有一些良好的性质，它表现在下列定理中，定理的

证明要用到较深的数学知识,故从略.

定理2.8 闭区间上的连续函数必有界.

即若函数 $f(x)$ 在 $[a,b]$ 上连续,则必有常数 $M > 0$ 使得
$$|f(x)| < M \quad (\forall x \in [a,b]).$$
这个定理称为**闭区间上连续函数的有界性定理**.

定理2.9 闭区间上的连续函数必有最大值和最小值.

即若函数 $f(x)$ 是 $[a,b]$ 上的连续函数,则必有点 $x_1, x_2 \in [a,b]$ 使得
$$f(x_1) \leqslant f(x) \leqslant f(x_2) \quad (\forall x \in [a,b]).$$
$f(x_1)$ 称为 $f(x)$ 在 $[a,b]$ 上的**最小值**,$f(x_2)$ 称为**最大值**.

这个定理称为**闭区间上连续函数的最大值最小值定理**,或简称**最值定理**.

定理2.9也可表述为:闭区间上的连续函数必能在区间上取(或达)到它的最大值和最小值. 即

若 $f(x)$ 是 $[a,b]$ 上的连续函数,则必 $\exists x_1, x_2 \in [a,b]$ 使得
$$f(x_1) = \min\{f(x) \mid x \in [a,b]\} \quad (\text{或记为} \min_{x \in [a,b]}\{f(x)\}),$$
$$f(x_2) = \max\{f(x) \mid x \in [a,b]\} \quad (\text{或记为} \max_{x \in [a,b]}\{f(x)\}).$$

定理2.9中的条件"区间是闭的"和"函数连续"是重要的. 如果这两个条件不满足,函数在区间上可能没有(或取不到)最大值或最小值. 另一方面,这两个条件只是有最值的充分而非必要条件.

例如:函数 $f(x) = \dfrac{1}{x}$ 在区间 $(0,1)$ 上连续,但无界,既无最大值,也无最小值,因为 $x = 1$ 不属于 $(0,1)$.

又如函数
$$g(x) = \begin{cases} \dfrac{1}{x}, & 0 < x \leqslant 1; \\ 0, & x = 0, \end{cases}$$
由于 $g(0^+)$ 不存在,$g(x)$ 在 $[0,1]$ 上不连续,它无最大值,有最小值 $g(0) = 0$.

定理2.10(零点定理) 设 $f(x)$ 是 $[a,b]$ 上的连续函数,且 $f(a)$ 与 $f(b)$ 异号,则函数 $f(x)$ 在 (a,b) 中至少有一个零点.

这个定理也可表述为

若 $f(x)$ 是 $[a,b]$ 上的连续函数，且 $f(a)f(b)<0$，则 $\exists\xi\in(a,b)$ 使得 $f(\xi)=0$.

这个定理从几何上看是显然的. 如图 2-12，由于

$$f(a)f(b)<0,$$

点 $A(a,f(a))$ 和 $B(b,f(b))$ 位于 x 轴的两侧，因此连接点 A,B 的连续曲线 $C:y=f(x)(x\in[a,b])$ 必与 x 轴相交，设交点为 $x=\xi$，则 $f(\xi)=0$.

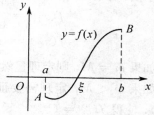

图 2-12

例 11 证明：方程 $f(x)=x^5-7x-29=0$ 在区间 $(2,3)$ 中必有根.[①]

证 函数 $f(x)$ 在 $[2,3]$ 上连续，

$$f(2)=-11<0,\quad f(3)=193>0.$$

由定理 2.10 知必 $\exists\xi\in(2,3)$ 使得 $f(\xi)=0$. ξ 即是函数方程 $f(x)=0$ 的根.

定理 2.10 虽然只是说明函数的零点的存在性，而没有给出寻求零点的方法，但它仍然有重要的理论价值. 在许多实际问题中常常会遇到方程(包括代数方程)的求根问题，如果能预先判定方程在某区间中必有根，就可以用计算机算出根的近似值，否则即使计算很长时间也可能得不到有意义的结果，因为在该计算所设定的区间中可能没有根.

定理 2.11（介值定理） 闭区间上连续函数必能取得它在区间上的最大值和最小值之间的任何值.

————————————————

① 众所周知，二次、三次、四次代数方程的根都可用方程的系数通过四则运算和开方表示出来. 那么五次和高于五次的代数方程如何？在拉格朗日和挪威数学家阿贝尔(N. H. Abel, 1802～1829)的工作的基础上，法国年轻数学家伽罗瓦(E. Galois, 1811～1832)利用置换群的概念指出了通过根式可解的代数方程的表征. 由此完全证明了这个问题的答案一般是否定的，1829 年他的两篇有关文章呈送科学院后被院士柯西"丢失". 1830 年一月另一篇更详细的文章送交院士傅里叶(J-B. J. Fourier, 1768～1830)，不幸不久傅里叶去世. 在泊松 (S-D. Poisson, 1781～1840) 院士的提议下伽罗瓦于 1831 年写出题为《关于用根式解方程的可解性条件》的新文章，却被泊松以难以理解而退回. 直到 1846 年《数学杂志》才发表了他的部分文章，1870 年约当(M. -E. C. Jordan, 1838～1922)在一本关于代数方程的专著中第一次全面而清楚地介绍了伽罗瓦的理论. 伽罗瓦是代数学中群论的奠基人. 1830 年伽罗瓦因支持革命被学校开除，并两次因政治获罪而被捕，1832 年死于决斗.

证 设 $f(x)$ 是 $[a,b]$ 上的连续函数，由定理2.9，在 $[a,b]$ 上必有最大值和最小值，即有 $x_1, x_2 \in [a,b]$ 使得

$$f(x_1) = \min_{x \in [a,b]} \{f(x)\} \quad （记为 m），$$
$$f(x_2) = \max_{x \in [a,b]} \{f(x)\} \quad （记为 M）.$$

如果 $m = M$，则定理显然成立.

如果 $m < M$，定理需要证明：对任一实数 C，$m < C < M$，必 $\exists \xi \in (a,b)$，使得 $f(\xi) = C$.

为此，作辅助函数 $g(x) = f(x) - C$. 易知 $g(x)$ 在 $[x_1, x_2]$（或 $[x_2, x_1]$）上符合定理2.10的条件，所以在 (x_1, x_2)（或 (x_2, x_1)）中至少有一点 ξ，使得

$$g(\xi) = f(\xi) - C = 0,$$

即 $f(\xi) = C$. 由于 $x_1, x_2 \in [a,b]$，故 $\xi \in (a,b)$. ■

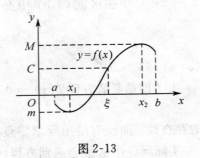

图 2-13

定理2.11的几何意义是：如图2-13，只要 $m < C < M$，连接点 $(a, f(a))$ 和 $(b, f(b))$ 的连续曲线 $\Gamma: y = f(x)$（$x \in [a,b]$）必与水平直线 $y = C$ 相交，所以

如果 $f(x)$ 是 $[a,b]$ 上的连续函数，M 和 m 依次为 $f(x)$ 在 $[a,b]$ 上的最大值和最小值，则对任意的 $C \in [m, M]$，必 $\exists \xi \in [a,b]$，使得

$$f(\xi) = C.$$

由此，可得

推论 若 $f(x)$ 是 $[a,b]$ 上的连续函数，且不是常数，则 $f(x)$ 的值域也是一个闭区间.

介值定理在研究函数的性质和一元函数的微积分理论中有用.

2.7 函数的间断点

虽然初等函数在其定义域上都是连续函数，但也有许多函数不是连续的，例如简单的符号函数 $\operatorname{sgn} x$（1.2节例3），在 $x = 0$ 点不连续. 因为

$$\lim_{x \to 0^-} \operatorname{sgn} x = -1, \quad \lim_{x \to 0^+} \operatorname{sgn} x = 1$$

而 $\operatorname{sgn} 0 = 0$. 又如函数 $f(x) = \dfrac{1}{x}$ 在 $x = 0$ 点不连续，因为 $f(0)$ 没有意义，其实，即使补充规定 $f(0) = 0$，$f(x)$ 在 $x = 0$ 点仍然不连续，因为

$$f(0^-) = -\infty, \quad f(0^+) = +\infty,$$

极限 $\lim\limits_{x \to 0} f(x)$ 不存在. 甚至有些函数的不连续的点可能有无穷多个，有名的例子是 1.3 节例 5 中的狄利克雷函数 $D(x)$，它在任意一点都不连续，因为对任一实数 x_0，在 x_0 点的任意邻域 $U(x_0)$ 中，既有无限多个有理数，又有无限多个无理数，故 $\lim\limits_{x \to x_0} D(x)$ 不存在，从而 $D(x)$ 在任意一点 x_0 都不连续.

定义 函数不连续的点称为函数的**间断点**.

函数 $f(x)$ 在点 x_0 不连续只能是下列三种情况之一：

1) $f(x)$ 在点 x_0 没有定义（但在 x_0 的一侧或两侧邻近有定义）；

2) $f(x)$ 在点 x_0 有定义，且 $\lim\limits_{x \to x_0} f(x)$ 存在，但 $\lim\limits_{x \to x_0} f(x) \neq f(x_0)$；

3) $f(x)$ 在点 x_0 有定义，但 $\lim\limits_{x \to x_0} f(x)$ 不存在.

通常称 $f(x)$ 在点 x_0 的左、右极限 $f(x_0^-), f(x_0^+)$ 都存在的间断点为**第一类间断点**，$f(x_0^-)$ 和 $f(x_0^+)$ 至少有一个不存在的点称为**第二类间断点**.

在第一类间断点中，称 $\lim\limits_{x \to x_0} f(x)$ 存在的间断点为 $f(x)$ 的**可去间断点**. 这种间断点只能有两种情况：或 $f(x)$ 在点 x_0 无定义，或有定义但 $\lim\limits_{x \to x_0} f(x) \neq f(x_0)$，这时只需补充定义 $f(x_0) = \lim\limits_{x \to x_0} f(x)$，或改变 $f(x_0)$ 的值使它等于 $\lim\limits_{x \to x_0} f(x)$，则 $f(x)$ 就在 x_0 点连续，故这类间断点称为可去的. 第一类间断点除可去间断点外，必有 $f(x_0^-) \neq f(x_0^+)$，这种间断点称为**跳跃间断点**.

在第二类间断点中，若 $f(x_0^-)$ 和 $f(x_0^+)$ 中至少有一个是 ∞，则称之为**无穷间断点**.

例 1 $x = 0$ 是 $f(x) = \dfrac{1}{x}$ 的无穷间断点. 同样，$x = \dfrac{\pi}{2}$ 是正切函数 $\tan x$ 的无穷间断点. $x = 0$ 是符号函数 $\operatorname{sgn} x$ 的跳跃间断点.

例 2 函数 $y = \sin\dfrac{\pi}{x}$ 除 $x = 0$ 外有定义，当 $x \to 0$ 时 $\sin\dfrac{\pi}{x}$ 的值在 -1 与 $+1$ 之间无限次地上下变动，故 $\lim\limits_{x \to 0} \sin\dfrac{\pi}{x}$ 不存在. 从而 $x = 0$ 是 $\sin\dfrac{\pi}{x}$ 的第二类间断点，这种间断点称为**振荡间断点**. 它的图形如图 2-14 所示，在 $x = 0$ 的邻近，曲线上的点非常密集，并且当 x 越接近于 0，点越密集，曲线上的点与线外的点几乎无法分辨.

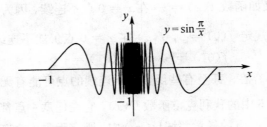

图 2-14

例 3 函数 $g(x) = x\sin\dfrac{1}{x}$ 除 $x = 0$ 外有定义,且由于 $\left|\sin\dfrac{1}{x}\right| \leqslant 1$,故

$$\lim_{x \to 0} x\sin\frac{1}{x} = 0.$$

从而 $x = 0$ 是函数 $g(x)$ 的可去间断点. 若补充定义 $g(0) = 0$,则 $g(x)$ 在点 $x = 0$ 连续. $y = g(x)$ 的图形如图 2-15 所示,曲线 $y = x\sin\dfrac{1}{x}$ 与直线 $y = x$ 和 $y = -x$ 有无穷多个交点,其图形夹在这两条直线之间.

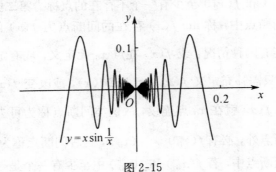

图 2-15

例 4 求函数 $\varphi(x) = \dfrac{1}{1 - \mathrm{e}^{\frac{x}{1-x}}}$ 的间断点.

解 $\varphi(x)$ 是一个初等函数,除 $x = 0$,$x = 1$ 外有定义. 由于

$$\lim_{x \to 0}(1 - \mathrm{e}^{\frac{x}{1-x}}) = 1 - \mathrm{e}^0 = 0,$$

故 $\lim\limits_{x \to 0}\varphi(x) = \infty$,从而 $x = 0$ 是 $\varphi(x)$ 的无穷间断点.

又 $\lim\limits_{x \to 1^-}\dfrac{x}{1-x} = +\infty$, $\lim\limits_{x \to 1^+}\dfrac{x}{1-x} = -\infty$,故

$$\lim_{x \to 1^-}\mathrm{e}^{\frac{x}{1-x}} = \mathrm{e}^{+\infty} = +\infty, \quad \lim_{x \to 1^+}\mathrm{e}^{\frac{x}{1-x}} = \mathrm{e}^{-\infty} = 0.$$

所以 $\varphi(1^-) = 0$，$\varphi(1^+) = 1$，因此 $x = 1$ 是 $\varphi(x)$ 的跳跃间断点.

习 题 二

1. 观察下列数列 $\{x_n\}$ 当 $n \to \infty$ 时的变化趋势，判定它们是否收敛，在收敛时指出它们的极限：

1) $x_n = \dfrac{1}{a^n}$ $(a > 1)$；

2) $x_n = 3^{(-1)^n}$；

3) $x_n = \lg \dfrac{1}{n}$；

4) $x_n = (-1)^n \left(1 + \dfrac{1}{n}\right)$；

5) $x_n = 3 + (-1)^n \dfrac{1}{n}$；

6) $x_n = \sec \dfrac{1}{n}$；

7) $\lim\limits_{n \to \infty} \dfrac{1 + 3 + 5 + \cdots + (2n-1)}{2 + 4 + 6 + \cdots + 2n}$；

8) $\lim\limits_{n \to \infty} \dfrac{1 + \dfrac{1}{2} + \cdots + \dfrac{1}{2^{n-1}}}{1 + \dfrac{1}{2^2} + \cdots + \dfrac{1}{2^{2(n-1)}}}$.

2. 写出下列数列的通项，判别其敛散性，并在收敛时指出其极限：

1) $-\dfrac{1}{3}, \dfrac{3}{5}, -\dfrac{5}{7}, \dfrac{7}{9}, -\dfrac{9}{11}, \cdots$；

2) $0, \dfrac{1}{2}, 0, \dfrac{1}{4}, 0, \dfrac{1}{6}, \cdots$；

3) $1, \dfrac{3}{2}, \dfrac{1}{3}, \dfrac{5}{4}, \dfrac{1}{5}, \dfrac{7}{6}, \cdots$.

3. 据我国古书记载，公元前 3 世纪战国时代的庄子曾提出"一尺之棰，日取其半，万世不竭"的朴素极限思想. 将一尺长的木棒，"日取其半"，每日剩下的部分表示成数列，并考察其极限.

4. 由函数图形判别下列函数极限是否存在，若存在，则求出其值：

1) $\lim\limits_{x \to 0} x^\mu$ $(\mu > 0)$；

2) $\lim\limits_{x \to \infty} x^\mu$ $(\mu < 0)$；

3) $\lim\limits_{x \to 0} a^x$ $(a > 0, a \neq 1)$；

4) $\lim\limits_{x \to \infty} a^x$ $(a > 0, a \neq 1)$；

5) $\lim\limits_{x \to 1} \log_a x$ $(a > 0, a \neq 1)$；

6) $\lim\limits_{x \to -1} \arccos x$；

7) $\lim\limits_{x \to 1} \arctan x$；

8) $\lim\limits_{x \to \infty} \cos x$.

5. 求下列函数在指定点处的左、右极限，并判定函数在该点的极限是否存在：

1) $f(x) = \dfrac{|x|}{x}$，$x = 0$；

2) $f(x) = 3^{\frac{1}{x}}$，$x = 0$；

3) $f(x) = \arctan \dfrac{1}{x}$，$x = 0$；

4) $f(x) = \begin{cases} \dfrac{1}{\lg(1+x)}, & x < 1; \\ & x = 1. \\ \arcsin(x-1), & 1 \leqslant x \leqslant 2, \end{cases}$

6. 用 ε-δ 或 ε-N 的方法陈述下列极限：

1) $\lim\limits_{x \to a^+} f(x) = A$;

2) $\lim\limits_{x \to a^-} f(x) = A$;

3) $\lim\limits_{x \to +\infty} f(x) = A$;

4) $\lim\limits_{x \to -\infty} f(x) = A$.

7. 用极限的严格定义（即 ε-δ 或 ε-N 的方法），证明下列极限：

1) $\lim\limits_{n \to \infty} \dfrac{1}{\sqrt[4]{n}} = 0$;

2) $\lim\limits_{n \to \infty} \dfrac{5 - n^2}{3n^2 + 1} = -\dfrac{1}{3}$;

3) $\lim\limits_{x \to (-1)^+} \sqrt{x+1} = 0$;

4) $\lim\limits_{x \to -\infty} 10^x = 0$.

8. 求下列极限：

1) $\lim\limits_{h \to 0} \dfrac{(x+h)^3 - x^3}{h}$;

2) $\lim\limits_{x \to 1} \dfrac{x^n - 1}{x - 1}$;

3) $\lim\limits_{x \to +\infty} (\arctan x + 2^{\frac{1}{x}})$;

4) $\lim\limits_{x \to 1} \left(\dfrac{x}{x-1} - \dfrac{1}{x^2 - x} \right)$;

5) $\lim\limits_{x \to 0} \dfrac{x^2}{1 - \sqrt{1 + x^2}}$;

6) $\lim\limits_{x \to -8} \dfrac{\sqrt{1-x} - 3}{2 + \sqrt[3]{x}}$;

7) $\lim\limits_{x \to 4} \dfrac{\sqrt{2x+1} - 3}{\sqrt{x-2} - \sqrt{2}}$;

8) $\lim\limits_{x \to \infty} (\sqrt{x^2 + x + 1} - \sqrt{x^2 - x - 3})$.

9. 求 $\lim\limits_{n \to \infty} \dfrac{5^n - 4^{n-1}}{5^{n+1} + 3^{n+2}}$.

10. 下列数列 $\{x_n\}$，当 $n \to \infty$ 时是否无穷小量？

1) $x_n = \dfrac{10^{50}}{3^n}$;

2) $x_n = [1 + (-1)^n] \dfrac{1}{\sqrt{n}}$;

3) $x_n = \sqrt[n]{n}$.

11. 当 $x \to 0$ 时下列变量中哪些是无穷小量？哪些是无穷大量？

1) $y = 100x^3$;

2) $y = \dfrac{1}{10^{100} x^2}$;

3) $y = \log_2(1 + x)$;

4) $y = \cot 4x$;

5) $y = \sec\left(\dfrac{\pi}{2} - x \right)$;

6) $y = \dfrac{1}{x} \sin \dfrac{1}{x}$.

12. 用 ε-δ 方法证明下列结论：设当 $x \to x_0$ 时 $f(x) \to 0$, $g(x) \to B \neq 0$, $h(x) \to \infty$, 则

1) $\dfrac{f(x)}{g(x)}$ 是一无穷小量；　　　　2) $\dfrac{1}{h(x)}$ 是一无穷小量；

3) $\dfrac{1}{f(x)}$（在 x_0 的一个邻域中 $f(x)\neq 0$）是无穷大量.

13. 已知 $\lim\limits_{x\to x_0}\dfrac{f(x)}{g(x)}$ 存在，而 $\lim\limits_{x\to x_0}g(x)=0$，证明：$\lim\limits_{x\to x_0}f(x)=0$.

14. 设 $\lim\limits_{x\to 1}\dfrac{x^2+ax+b}{x-1}=3$. 求 a,b.

15. 设 $\lim\limits_{x\to\infty}\left(\dfrac{x^2+1}{x+1}-ax-b\right)=0$. 求 a,b.

16. 当 $x\to\infty$ 时，a,b,c 应满足什么条件可使下式成立？

1) $\dfrac{1}{ax^2+bx+c}=o\left(\dfrac{1}{x+1}\right)$；　　　2) $\dfrac{1}{ax^2+bx+c}\sim\dfrac{1}{x+1}$.

17. 当 $x\to 0$ 时，下列变量中与 $3x^2+x^4$ 相比为同阶无穷小的是（　　）.

A. x　　　　　B. x^2　　　　　C. x^3　　　　　D. x^4

18. 求 $\lim\limits_{n\to\infty}\dfrac{\sqrt[3]{n}-9n^2}{5n-\sqrt[4]{81n^8+2}}$.

19. 设 $x\to a$ 时 $f(x)\to\infty$，$g(x)\to\infty$，则下列各式中成立的是（　　）.

A. $f(x)+g(x)\to\infty$　　　　　B. $f(x)-g(x)\to 0$

C. $\dfrac{1}{f(x)+g(x)}\to 0$　　　　　D. $\dfrac{1}{f(x)}\to 0$

20. 求下列极限：

1) $\lim\limits_{x\to\infty}\dfrac{(2x+1)^{10}(3x-4)^5}{(2x-7)^{15}}$；　　　2) $\lim\limits_{x\to\infty}\dfrac{x^2+1}{x^3+x}(100+\cos x)$.

21. 求下列极限：

1) $\lim\limits_{x\to 0}\dfrac{\sin 2x}{\sin 3x}$；　　　2) $\lim\limits_{x\to 0}\dfrac{x-\sin x}{x+\sin x}$；

3) $\lim\limits_{x\to 0}\dfrac{2\arctan x}{5x}$；　　　4) $\lim\limits_{n\to\infty}\left(n\sin\dfrac{\pi}{n}\right)$；

5) $\lim\limits_{x\to\pi}\dfrac{\sin x}{\pi-x}$；　　　6) $\lim\limits_{x\to 0^+}\dfrac{x}{\sqrt{1-\cos x}}$；

7) $\lim\limits_{x\to 0}\dfrac{\sqrt{1-\cos x^2}}{1-\cos x}$；　　　8) $\lim\limits_{x\to 0}\dfrac{\tan x-\sin x}{x}$；

9) $\lim\limits_{x\to 0}\dfrac{x-x\cos x}{\tan x-\sin x}$；　　　10) $\lim\limits_{x\to 1}\dfrac{\sin(x-1)}{x^2+5x-6}$.

22. 设 $\lim\limits_{x\to 1}\dfrac{x^2+ax+b}{\sin(x^2-1)}=3$，求 a,b.

23. 设 $x_n = \dfrac{1}{\sqrt{n^2+1}} + \dfrac{1}{\sqrt{n^2+2}} + \cdots + \dfrac{1}{\sqrt{n^2+n}}$. 用极限存在的夹逼准

则求 $\lim\limits_{n\to\infty} x_n$.

24. 求下列极限：

1) $\lim\limits_{x\to\infty}\left(1+\dfrac{3}{x}\right)^{3x}$；

2) $\lim\limits_{x\to\infty}\left(1-\dfrac{2}{x}\right)^{\frac{x}{3}+1}$；

3) $\lim\limits_{x\to 0}\sqrt[3x]{1+2x}$；

4) $\lim\limits_{x\to 0}(1+\tan x)^{1-2\cot x}$；

5) $\lim\limits_{x\to\infty}\left(\dfrac{2x+3}{2x+1}\right)^{x+1}$；

6) $\lim\limits_{x\to 0}\left(\dfrac{2x-1}{3x-1}\right)^{\frac{1}{x}}$.

25. 设 $f(x-2) = \left(1-\dfrac{3}{x}\right)^x$. 求 $\lim\limits_{x\to\infty} f(x)$.

26. 设 $\lim\limits_{x\to\infty}\left(\dfrac{x-k}{x}\right)^{-2x} = \lim\limits_{x\to\infty} x\sin\dfrac{2}{x}$. 求 k.

27. 判定下列函数在定义域上是否连续(说明理由)：

1) $f(x) = \begin{cases} x^2\sin\dfrac{1}{x}, & x\neq 0; \\ 0, & x=0; \end{cases}$

2) $f(x) = \begin{cases} \dfrac{\sin x}{|x|}, & x\neq 0; \\ 1, & x=0. \end{cases}$

28. 求下列极限：

1) $\lim\limits_{x\to 0}\dfrac{\ln(1+3x)}{\sin 4x}$；

2) $\lim\limits_{x\to\pi}\dfrac{\sqrt{1-\tan x}-\sqrt{1+\tan x}}{\sin 2x}$；

3) $\lim\limits_{x\to\infty}\left(\dfrac{x-1}{x}\right)^{\frac{1}{\sin\frac{1}{x}}}$；

4) $\lim\limits_{x\to\infty}\left(\cos\dfrac{a}{x}\right)^{x^2}$ $(a\neq 0)$；

5) $\lim\limits_{x\to 0}(1+\ln(1+x))^{\frac{1}{x}}$；

6) $\lim\limits_{x\to 0}\dfrac{\arctan 2^x}{\tan^2 x + (x+2)^{\cos x}}$；

7) $\lim\limits_{x\to +\infty}\dfrac{\ln(1+2^x)}{\ln(1+4^x)}$；

8) $\lim\limits_{x\to 0}\dfrac{(1+x)^a - (1+x)^b}{x}$ $(a,b\neq 0)$；

9) $\lim\limits_{x\to 1}\dfrac{x^2-1}{\ln x}$；

10) $\lim\limits_{x\to 0}\dfrac{\ln(1+x)+\ln(1-x)}{e^{x^2}-1}$.

29. 设 $\lim\limits_{x\to 0}\left(\dfrac{f(x)-2}{x} - \dfrac{\sin x}{x^2}\right) = 2$. 求 $\lim\limits_{x\to 0} f(x)$.

30. 对数列 $\{x_n\}$, 设 $0 < x_1 < \dfrac{1}{2}$, 且 $x_{n+1} = x_n(1-2x_n)$ $(n=1,2,\cdots)$.

证明：$\{x_n\}$ 单调减少, 且 $0 < x_n < \dfrac{1}{2}$ $(\forall n)$. 并求 $\lim\limits_{n\to\infty} x_n$.

31. 证明：

1) 当 $x \to \dfrac{\pi}{2}$ 时，$\sin(2\cos x)$ 与 $\sin\left(x - \dfrac{\pi}{2}\right)$ 是同阶无穷小；

2) 当 $x \to 0$ 时，$\sqrt{1 + x\sin x} - \sqrt{\cos x} \sim \dfrac{3}{4}x^2$；

3) 当 $x \to 1$ 时，$\ln(2 - 2x + x^2) \sim (\arcsin(x - 1))^2$.

32. 设

$$
f(x) = \begin{cases}
\dfrac{\sin ax}{\sqrt{1 - \cos x}}, & -\pi < x < 0; \\[2mm]
b, & x = 0; \\[2mm]
\dfrac{1}{x}(\ln x - \ln(x^2 + x)), & x > 0
\end{cases}
$$

连续. 求 a, b.

33. 对区间 $(-1, 1)$ 上的函数 $y = \sqrt{1 - x^2}$，下列结论错误的是（　　）.

A. 连续　　　　　　　　　　B. 有界

C. 有最大值和最小值　　　　D. 有最大值无最小值

34. 设 $f(x), g(x)$ 是 $[a, b]$ 上的连续函数，对 $x \in [a, b]$，定义

$$\varphi(x) = \max\{f(x), g(x)\}, \quad \psi(x) = \min\{f(x), g(x)\}.$$

证明：$\varphi(x), \psi(x)$ 也是 $[a, b]$ 上的连续函数.

35. 证明下列方程在指定区间中必有根：

1) $x^3 - x - 1 = 0$，区间 $(1, 2)$；

2) $x \cdot 3^x = 1$，区间 $(0, 1)$.

36. 设 $f(x)$ 是区间 (a, b) 上的连续函数，$a < x_1 < x_2 < x_3 < b$. 证明：至少有一 $\xi \in (a, b)$，使得

$$f(\xi) = \dfrac{1}{3}(f(x_1) + f(x_2) + f(x_3)).$$

37. 设 $f(x)$ 是 $[0, 1]$ 上的连续函数，$f(0) = f(1)$. 证明：$\exists \xi \in \left[0, \dfrac{1}{2}\right]$，使得 $f(\xi) = f\left(\xi + \dfrac{1}{2}\right)$.

38. 求下列函数的间断点，并说明其类型：

1) $f(x) = \dfrac{x^2 - 1}{x^2 - 3x + 2}$；

2) $f(x) = \ln(1 + ax)^{\frac{b}{x}}$　$(a, b \neq 0)$；

3) $f(x) = \dfrac{1}{\ln|x + 1|}$；

4) $y = \dfrac{x^2 \tan 2x}{(e^x - 1)\sin x}$ $(-\pi < x < \pi)$.

39. 设函数 $y = f(x)$ 的图形如图所示，说明 $f(x)$ 有哪些间断点，属何种类型.

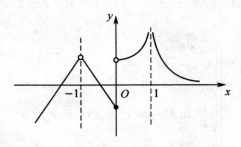

(第 39 题图)

他以几乎神一般的思维力，最先说明了行星的运动和图像，彗星的轨道和大海的潮汐．

—— 牛顿墓志铭

（微积分）是由牛顿和莱布尼茨大体上完成的，但不是由他们发明的．

—— 恩格斯

第三章　导数和微分

微积分学大致产生于 17 世纪下半叶，在整个数学发展史上是自欧几里得几何学(约建立于公元前 3 世纪)之后的一个最大的创造. 虽然它的思想萌芽可追溯到古希腊时期，但它的创立，首先是为了解决 17 世纪所面临的许多科学问题.

一元函数微积分可分成一元函数微分学和一元函数积分学两部分. 微分学是积分学的基础.

导数(或微商)和微分是一元函数微分学中两个密切相关的基本概念.

引发导数概念的问题主要有：

1) 已知直线运动的路程函数 $s(t)$，求物体运动的速度 v；

2) 求曲线的切线；

3) 求函数的最大、最小值.

这些问题最终可归结为求一个函数的因变量相对于自变量变化的快慢，即"变化率"，这就是函数的导数概念.

从局部来看，微分是函数的线性近似，它在一元函数积分学中起重要作用. 导数可以看成是函数的微分与自变量的微分之比，故又称微商.

本章主要阐述函数的导数和微分的概念以及它们之间的关系，并给出它们的运算法则和计算方法，最后介绍导数和微分概念在经济学中的简单应用.

3.1 导数概念

3.1.1 两个经典问题

在阐述函数的导数概念之前，先介绍两个古典的例子.

例1 曲线的切线.

在 17 世纪，为了设计光学透镜和了解行星的运动方向，必须知道曲线的切线.

大家知道，圆的切线是与圆只有一个交点的直线. 但这样认识曲线的切线没有普遍意义.

给定曲线 $C: y = f(x) \ (x \in D)$，假设 $U(x_0)$ 是点 x_0 的一个邻域，$U(x_0) \subset D$，则 $P_0(x_0, f(x_0)) \in C$. 现在的问题是：什么是曲线 C 在点 P_0 处的切线？这切线的斜率如何计算？

设 $x \in U(x_0)$，$x \neq x_0$，且点 $P(x, f(x)) \in C$，则直线 P_0P 称为 C 的**割线**. 当点 P 沿曲线 C 趋于 P_0 时，如果 P_0P 绕点 P_0 旋转而趋于一个极限位置 P_0T，则直线 P_0T 就称为曲线 C 在点 P_0 处的**切线**（如图 3-1），即

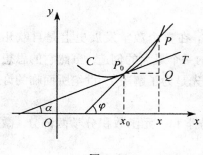

图 3-1

当点 $P \xrightarrow{\text{沿} C} P_0$ 时，直线 $P_0P \to$ 切线 P_0T.

为确定切线 P_0T，关键是要求出它的斜率 $k = \tan\alpha$，其中 α 是 P_0T 的倾角.

为此，设割线 P_0P 的倾角为 φ，记 $\Delta x = x - x_0$，

$$\Delta y = f(x) - f(x_0) = f(x_0 + \Delta x) - f(x_0),$$

则 $\tan\varphi = \dfrac{\Delta y}{\Delta x}$. 而点 $P \to P_0$ 等价于 $x \to x_0$，即 $\Delta x \to 0$. 故若切线 P_0T 存在，则有

$$\tan\alpha = \lim_{\Delta x \to 0} \tan\varphi = \lim_{\Delta x \to 0} \frac{\Delta y}{\Delta x},$$

即切线 P_0T 的斜率

$$k = \lim_{\Delta x \to 0} \frac{\Delta y}{\Delta x} = \lim_{x \to x_0} \frac{f(x) - f(x_0)}{x - x_0}. \tag{3.1}$$

求出了切线 P_0T 的斜率，切线 P_0T 也就确定了.

例 2   直线运动的瞬时速度.

设一物体做直线运动，其运动方程为

$$s = s(t) \quad (0 \leqslant t \leqslant t_1),$$

其中 $s(0) = 0$，它表示物体行走的路程 s
与所经历的时间 t 之间的关系（如图 3-2）.

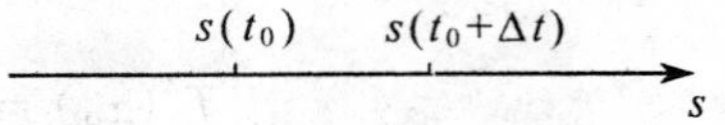

图 3-2

设 $t_0, t_0 + \Delta t \in [0, t_1]$，则在时间段 $[t_0, t_0 + \Delta t]$（设 $\Delta t > 0$）内物体行走
的路程 $\Delta s = s(t_0 + \Delta t) - s(t_0)$. 在这时间段内物体的平均速度

$$v(t_0, t_0 + \Delta t) = \frac{\Delta s}{\Delta t}.$$

如果物体做匀速直线运动，则其平均速度 v 是一个常数，与 t_0 和 Δt 无关，这
是最简单的直线运动. 在自然界和日常生活中人们所遇到的直线运动大多是
非匀速运动，例如自由落体，下落的时间越久，在单位时间内下落的距离越
大，即它是一个变速运动. 在这种情况下，平均速度不能精确地刻画物体的
运动状况. 随之就提出了瞬时速度的概念.

如果极限

$$\lim_{\Delta t \to 0} v(t_0, t_0 + \Delta t) = \lim_{\Delta t \to 0} \frac{\Delta s}{\Delta t}$$

存在，就称此极限值为物体在时刻 t_0 的**瞬时速度**，简称**速度**，记为 $v(t_0)$. 所以

$$v(t_0) = \lim_{\Delta t \to 0} \frac{\Delta s}{\Delta t} = \lim_{\Delta t \to 0} \frac{s(t_0 + \Delta t) - s(t_0)}{\Delta t}. \tag{3.2}$$

对于曲线运动，其速度不仅有大小，还有方向，速度的方向就是曲线的
切线方向. 人类在研究天体的运动时，必须知道天体运动的速度. 速度的概
念对于理解物体的运动具有极其重要的意义.

3.1.2   导数概念和导函数

上面例 1 中的切线问题是一个几何问题，而例 2 中的速度则是一个力学
概念，在计算切线的斜率和运动的速度时都要遇到函数值的增量与自变量的
增量之比的极限，它们的抽象就导致函数的导数概念.

定义 1   设函数 $y = f(x)$ 在点 x_0 的某一邻域 $U(x_0)$ 上有定义. 如果对
于自变量 x 在点 x_0 的增量 Δx（$x_0 + \Delta x \in U(x_0)$）和相应的函数值的增量

$$\Delta y = f(x_0 + \Delta x) - f(x_0),$$

比值 $\dfrac{\Delta y}{\Delta x}$ 当 $\Delta x \to 0$ 时有极限，则称函数 $f(x)$ 在点 x_0 **可导**，并称此极限为函
数 $f(x)$ **在点 x_0 的导数**（或微商），记为 $f'(x_0)$，即

$$f'(x_0) = \lim_{\Delta x \to 0} \frac{\Delta y}{\Delta x} = \lim_{\Delta x \to 0} \frac{f(x_0 + \Delta x) - f(x_0)}{\Delta x}. \tag{3.3}$$

这个定义可以用另一种形式表示：若记 $x = x_0 + \Delta x$，则 $\Delta x \to 0$ 即为 $x \to x_0$，因此

$$f'(x_0) = \lim_{x \to x_0} \frac{f(x) - f(x_0)}{x - x_0}. \tag{3.3}'$$

函数 $y = f(x)$ 在点 x_0 的导数也可用 $y'|_{x=x_0}$ 或 $\dfrac{dy}{dx}\Big|_{x=x_0}$ 或 $\dfrac{df(x)}{dx}\Big|_{x=x_0}$ 表示.

所以，导数 $f'(x_0)$ 表示曲线 $C: y = f(x)$ 在点 $P_0(x_0, f(x_0))$ 的切线 $P_0 T$ 的斜率，从而按直线的点斜式方程知，曲线 $C: y = f(x)$ 在点 $P_0(x_0, f(x_0))$ 处切线 $P_0 T$ 的方程为

$$y - f(x_0) = f'(x_0)(x - x_0). \tag{3.4}$$

在力学中，导数 $s'(t_0)$ 表示直线运动 $s = s(t)$ 在时刻 t_0 的瞬时速度，即

$$v(t_0) = s'(t_0). \tag{3.2}'$$

在实际应用中，通常把导数 $\dfrac{dy}{dx}\Big|_{x=x_0}$ 称为变量 y 对变量 x 在点 x_0 的**变化率**[①]，

──────────────────

[①] 牛顿(I. Newton，1642～1727)，伟大的英国数学家、物理学家、天文学家和自然哲学家. 他给出了求一个变量对另一个变量的变化率的普遍方法，而且证明了求面积的问题可以作为求变化率的反问题而得到解决，这就是现在所称的微积分基本定理. 虽然他的先驱者在特殊的例子中观察到了这一点，但并未认识到它的普遍意义. 可以说正是牛顿在先前许多杰出的数学家作出的贡献的基础上，以他的敏锐和洞察力，完成最后最高的一步，成就了微积分学的创建工作. 在他的著述中，用的是无穷小量的方法，他所说的"瞬"，就是无穷小量，或者微元，或者不可分的量. 他将现在所说的导数称为"流数"，牛顿关于微积分的工作有鲜明的力学和几何色彩.

牛顿生于英格兰的一个小村庄，出生前即丧父，在地方学校接受初等教育，除对机械设计有兴趣外未显示出有特殊的才华. 1661 年他进入剑桥大学三一学院，受教于数学家 I. 巴罗，并做实验，研究笛卡儿的"几何"以及哥白尼、开普勒、伽利略、沃利斯等人的科学著作，1665 年获文学士学位. 此后二年因躲避伦敦的鼠疫回到家乡，开始他在机械、数学和光学方面的伟大工作，其中包括解决微积分问题的一般方法，但他没有及时发表所获得的成果，1667 年回到剑桥，当选为三一学院的研究员，次年获硕士学位. 1669 年被委任接替巴罗任教授直至 1701 年，由于需处理一些技术问题，以及严重的神经衰弱和经济方面的原因，于 1696 年受命任皇家造币厂监督，1703 年任英国皇家学会会长，1705 年受女王封爵，晚年潜心于自然哲学和神学.

他由于 1672 年和 1675 年发表的两篇光学论文曾遭到了不同观点学者的严厉批评，所以直到 1687 年才在天文学家 E. 哈雷的鼓励和资助下发表了他的巨著《自然哲学的数学原理》(三卷)，其中包含它在微积分学方面的工作. 他分别于 1669 年、1671 年和 1676 年完成的三本关于微积分的著作直到 18 世纪才正式出版. 从现在的观点来看，牛顿关于微积分的基本概念的阐述和运算方法的证论是不很清晰和严密的. 18 世纪达朗贝尔(J. L. R. D'Alembert，1717～1783)指出微积分的基础可建立在极限的基础上，导数的这个定义是波尔察诺于 1817 年和柯西于 1823 年给出的.

它表示函数值的变化相对于自变量的变化的快慢. 这样, 曲线的切线的斜率可以说成是曲线上点的纵坐标对该点的横坐标的变化率, 速度可以说成是行走的路程对于时间的变化率. 变化率有广泛的实际意义, 例如: 加速度就是速度对于时间的变化率, 角速度就是旋转的角度对于时间的变化率, 线密度就是物质线段的质量对线段长度的变化率, 功率就是所做的功对于时间的变化率, 等等.

如果函数 $y = f(x)$ 在开区间 I 中的每一点都可导, 则称函数 $f(x)$ **在区间 I 上可导**. 这时, 对每一个 $x \in I$,

$$f'(x) = \lim_{\Delta x \to 0} \frac{f(x + \Delta x) - f(x)}{\Delta x}.$$

$f'(x) \ (x \in I)$ 可以看成是定义在 I 上的一个新的函数, 称它为原来的函数 $f(x)$ 的**导函数**(或简称**导数**), 也可以说成 y 对 x 的导数, 并记为 y' 或 $\dfrac{\mathrm{d}y}{\mathrm{d}x}$, 或

$\dfrac{\mathrm{d}f}{\mathrm{d}x}$, 也可记为 $\dfrac{\mathrm{d}}{\mathrm{d}x}y$ 或 $\dfrac{\mathrm{d}}{\mathrm{d}x}f(x)$.

注意, 在这里 $\dfrac{\mathrm{d}y}{\mathrm{d}x}$ 或 $\dfrac{\mathrm{d}f}{\mathrm{d}x}$ 是一个整体, "$\dfrac{\mathrm{d}}{\mathrm{d}x}$" 表示对 x 求导, $\dfrac{\mathrm{d}}{\mathrm{d}x}y$ 表示 y 作为 x 的函数对 x 求导.

由此可见, $f(x)$ 在点 x_0 的导数 $f'(x_0)$ 就是导函数 $f'(x)$ 在点 x_0 的值, 即

$$f'(x_0) = f'(x)|_{x=x_0} \quad \text{或} \quad y'(x_0) = \frac{\mathrm{d}y}{\mathrm{d}x}\bigg|_{x=x_0}.$$

例 3 求函数 $f(x) = C$ (常数) 的导数.

解 在任意一点 x, 由于

$$\Delta y = f(x + \Delta x) - f(x) = C - C = 0,$$

故 $f'(x) = 0$. 所以常数的导数恒等于零, 即 $(C)' = 0$.

例 4 求幂函数 $f(x) = x^n (n \in \mathbf{N})$ 的导数.

解 对任意一点 x 和它的增量 h, 由于 n 是正整数, 由二项式定理, 有

$$\Delta y = (x + h)^n - x^n$$

$$= \left[x^n + nx^{n-1}h + \frac{n(n-1)}{2!}x^{n-2}h^2 + \cdots + h^n \right] - x^n$$

$$= nx^{n-1}h + \frac{n(n-1)}{2!}x^{n-2}h^2 + \cdots + h^n,$$

所以

$$(x^n)' = \lim_{h \to 0} \frac{\Delta y}{h} = \lim_{h \to 0} \left[nx^{n-1} + \frac{n(n-1)}{2!}x^{n-2}h + \cdots + h^{n-1} \right] = nx^{n-1},$$

即 $(x^n)' = nx^{n-1}$.

例 5 求函数 $y = \dfrac{1}{x}$ 的导数.

解 对任意的 x, $x \neq 0$,

$$y' = \left(\frac{1}{x}\right)' = \lim_{\Delta x \to 0} \frac{\Delta y}{\Delta x} = \lim_{\Delta x \to 0} \frac{\dfrac{1}{x + \Delta x} - \dfrac{1}{x}}{\Delta x}$$

$$= \lim_{\Delta x \to 0} \frac{-1}{x(x + \Delta x)} = -\frac{1}{x^2}.$$

例 6 求指数函数 $y = a^x$ 的导数.

解 $y' = \lim_{\Delta x \to 0} \dfrac{\Delta y}{\Delta x} = \lim_{\Delta x \to 0} \dfrac{a^{x+\Delta x} - a^x}{\Delta x} = a^x \lim_{\Delta x \to 0} \dfrac{a^{\Delta x} - 1}{\Delta x}$

$$= a^x \lim_{\Delta x \to 0} \frac{\mathrm{e}^{(\ln a)\Delta x} - 1}{\Delta x}.$$

由 2.6.3 小节, $\lim_{h \to 0} \dfrac{e^h - 1}{h} = 1$, 故

$$y' = a^x \lim_{\Delta x \to 0} \frac{\mathrm{e}^{(\ln a)\Delta x} - 1}{(\ln a)\Delta x} \ln a = a^x \ln a,$$

即 $(a^x)' = a^x \ln a$.

特别, $(\mathrm{e}^x)' = \mathrm{e}^x$.

例 7 求正弦函数 $y = \sin x$ 的导数.

解 $y' = \lim_{\Delta x \to 0} \dfrac{\sin(x + \Delta x) - \sin x}{\Delta x} = \lim_{\Delta x \to 0} 2\cos\left(x + \dfrac{\Delta x}{2}\right) \dfrac{\sin \dfrac{\Delta x}{2}}{\Delta x}$

$$= \lim_{\Delta x \to 0} \cos\left(x + \frac{\Delta x}{2}\right) \frac{\sin \dfrac{\Delta x}{2}}{\dfrac{\Delta x}{2}} = \cos x.$$

所以 $(\sin x)' = \cos x$.

同理可证, $(\cos x)' = -\sin x$.

例 8 设函数 $f(x)$ 在 $x = a$ 点可导, 且

$$\lim_{h \to 0} \frac{h}{f(a - 2h) - f(a)} = \frac{1}{4}.$$

求 $f'(a)$.

解 设 $\Delta x = -2h$, 则 $h \to 0$ 即 $\Delta x \to 0$, 所以

$$f'(a) = \lim_{\Delta x \to 0} \frac{f(a + \Delta x) - f(a)}{\Delta x} = \lim_{h \to 0} \frac{f(a - 2h) - f(a)}{-2h}$$

$$=-\frac{1}{2}\lim_{h\to 0}\frac{f(a-2h)-f(a)}{h}=-\frac{1}{2}\times 4=-2.$$

例 9 求双曲线 $y=\frac{1}{x}$ 的平行于直线 $L:x+4y+5=0$ 的切线方程.

解 问题的关键是要求出双曲线上的一点,在该点曲线的切线与 L 平行.

设点 $P_0\left(x_0,\frac{1}{x_0}\right)$ 是双曲线上这样的点. 由于

$$y'=\left(\frac{1}{x}\right)'=-\frac{1}{x^2},$$

故双曲线在点 P_0 的切线 P_0T 的斜率为 $k_0=-\frac{1}{x_0^2}$.

由于 $P_0T\mathbin{/\mkern-5mu/}L$,而 L 的斜率为 $-\frac{1}{4}$,故 $k_0=-\frac{1}{4}$,即

$$-\frac{1}{x_0^2}=-\frac{1}{4}.$$

从而 $x_0^2=4$,即 $x_0=\pm 2$.

由此可知双曲线在点 $\left(2,\frac{1}{2}\right)$ 和 $\left(-2,-\frac{1}{2}\right)$ 的切线均与给定的直线 L 平行. 双曲线在这两点的切线方程分别为

$$y-\frac{1}{2}=-\frac{1}{4}(x-2)\quad\text{和}\quad y-\left(-\frac{1}{2}\right)=-\frac{1}{4}[x-(-2)],$$

即 $x+4y-4=0$ 和 $x+4y+4=0$.

3.1.3 单侧导数

函数的导数实际上是一种特殊形式的函数极限. 函数有左、右极限的概念,因此也可以定义函数在一点的左、右导数. 对于分段函数,如何判断它在分段点处的可导性,就要用到在分段点处的左、右导数.

定义 2 设函数 $y=f(x)$ 在 x_0 点及其一个左(右)邻域 $(x_0-\delta,x_0)$ $((x_0,x_0+\delta))$ 有定义. 如果极限

$$\lim_{\Delta x\to 0^-}\frac{f(x_0+\Delta x)-f(x_0)}{\Delta x}\quad\left(\lim_{\Delta x\to 0^+}\frac{f(x_0+\Delta x)-f(x_0)}{\Delta x}\right)$$

存在,则称此极限为函数 $f(x)$ 在点 x_0 的**左(右)导数**,记为 $f'_-(x_0)$ $(f'_+(x_0))$.
因此

$$f'_-(x_0)=\lim_{\Delta x\to 0^-}\frac{f(x_0+\Delta x)-f(x_0)}{\Delta x}=\lim_{x\to x_0^-}\frac{f(x)-f(x_0)}{x-x_0},$$

$$f'_+(x_0) = \lim_{\Delta x \to 0^+} \frac{f(x_0 + \Delta x) - f(x_0)}{\Delta x} = \lim_{x \to x_0^+} \frac{f(x) - f(x_0)}{x - x_0}.$$

左、右导数统称为**单侧导数**.

由函数极限与其左、右极限之间的关系，可知

函数 $f(x_0)$ 在点 x_0 可导 $\Leftrightarrow$ $f(x)$ 在点 x_0 的左、右导数存在且相等.

例 10 求绝对值函数 $y = f(x) = |x|$ 的导数.

解 当 $x > 0$ 时，$f(x) = x$. 故 $f'(x) = 1$.

当 $x < 0$ 时，$f(x) = -x$. 故 $f'(x) = -1$.

当 $x = 0$ 时，$\Delta y = f(0 + \Delta x) - f(0) = |\Delta x|$，

$$\frac{\Delta y}{\Delta x} = \begin{cases} 1, & \Delta x > 0; \\ -1, & \Delta x < 0, \end{cases}$$

由此，知

$$f'_-(0) = \lim_{\Delta x \to 0^-} \frac{\Delta y}{\Delta x} = -1, \quad f'_+(0) = \lim_{\Delta x \to 0^+} \frac{\Delta y}{\Delta x} = 1.$$

可见 $f'_-(0) \neq f'_+(0)$，因此 $f(x) = |x|$ 在点 $x = 0$ 不可导.

所以，

$$(|x|)' = \begin{cases} 1, & x > 0; \\ -1, & x < 0. \end{cases}$$

其实，从函数 $y = |x|$ 的图形(图 1-15)即可得到上述结果. 因为当 $x > 0$ 时直线 $y = x$ 的斜率 $y' = 1$，当 $x < 0$ 时直线 $y = -x$ 的斜率 $y' = -1$，当 $x = 0$ 时图形上原点 O 是一个尖点，没有切线.

例 11 设

$$g(x) = \begin{cases} x^2 + 1, & x < 1; \\ 2x, & x \geqslant 1. \end{cases}$$

求 $g'(x)$.

解 当 $x < 1$ 时，$g(x) = x^2 + 1$. 设 $x + \Delta x < 1$，则

$$g'(x) = \lim_{\Delta x \to 0} \frac{[(x + \Delta x)^2 + 1] - (x^2 + 1)}{\Delta x}$$

$$= \lim_{\Delta x \to 0} \frac{2x\Delta x + (\Delta x)^2}{\Delta x} = 2x.$$

当 $x > 1$ 时，$g(x) = 2x$. 设 $x + \Delta x > 1$，则

$$g'(x) = \lim_{\Delta x \to 0} \frac{2(x + \Delta x) - 2x}{\Delta x} = 2.$$

当 $x = 1$ 时，$g(1) = 2$，

$$g'_-(1) = \lim_{\Delta x \to 0^-} \frac{g(1 + \Delta x) - g(1)}{\Delta x} = \lim_{\Delta x \to 0^-} \frac{[(1 + \Delta x)^2 + 1] - 2}{\Delta x}$$

$$= \lim_{\Delta x \to 0^-} \frac{2\Delta x + (\Delta x)^2}{\Delta x} = 2,$$

$$g'_+(1) = \lim_{\Delta x \to 0^+} \frac{g(1 + \Delta x) - g(1)}{\Delta x} = \lim_{\Delta x \to 0^+} \frac{2(1 + \Delta x) - 2}{\Delta x} = 2.$$

所以, $g'_-(1) = g'_+(1) = 2$, 从而 $g'(1) = 2$.

综上所述, 有

$$g'(x) = \begin{cases} 2x, & x < 1; \\ 2, & x \geqslant 1 \end{cases} \quad \left(\text{或 } g'(x) = \begin{cases} 2x, & x \leqslant 1; \\ 2, & x > 1 \end{cases} \right).$$

从例 11 可见, 对分段函数求在分段点处的导数比较麻烦, 下面的定理给出了较为快捷的方法(参见习题四第 8 题).

定理3.1 设 $\delta > 0$.

1) 如果函数 $f(x)$ 在 $[x_0, x_0 + \delta)$ 上连续, 在 $(x_0, x_0 + \delta)$ 上可导, 且当 $x \to x_0^+$ 时 $f'(x) \to A$, 则 $f'_+(x_0) = A$.

2) 如果函数 $f(x)$ 在 $(x_0 - \delta, x_0]$ 上连续, 在 $(x_0 - \delta, x_0)$ 上可导, 且当 $x \to x_0^-$ 时 $f'(x) \to B$, 则 $f'_-(x_0) = B$.

依此定理, 在例 11 中, $g(x)$ 在 $(-\infty, +\infty)$ 上连续, 在 $(1, +\infty)$ 和 $(-\infty, 1)$ 上可导,

$$g'(x) = \begin{cases} 2x, & x < 1; \\ 2, & x > 1, \end{cases}$$

且

$$\lim_{x \to 1^+} g'(x) = \lim_{x \to 1^+} 2 = 2, \quad \lim_{x \to 1^-} g'(x) = \lim_{x \to 1^-} 2x = 2,$$

故 $g'_+(1) = 2$, $g'_-(1) = 2$, 从而 $g'(1) = 2$.

3.1.4 函数可导与连续的关系

由导数 $f'(x_0)$ 的定义可知, 如果导数 $f'(x_0)$ 存在, 则当 $\Delta x \to 0$ 时必有

$$\Delta y = f(x_0 + \Delta x) - f(x_0) \to 0$$

(见习题二第 13 题), 即函数 $f(x)$ 在点 x_0 连续. 所以, 可导与连续的关系是:

•函数 $f(x)$ 在点 x_0 连续是 $f(x)$ 在点 x_0 可导的必要条件, 但不是充分条件.

从例 10 可见, 虽然函数 $f(x) = |x|$ 在点 $x = 0$ 连续, 但在点 $x = 0$ 不可导.

例 12 判断分段函数

$$\varphi(x) = \begin{cases} x^2 + 1, & x < 0; \\ 3x, & x \geqslant 0 \end{cases}$$

在点 $x = 0$ 是否可导.

解 因为 $\varphi(0^+) = \varphi(0) = 0$, $\varphi(0^-) = 1$, 故 $\varphi(x)$ 在点 $x = 0$ 不连续, 从而在点 $x = 0$ 必不可导.

3.2 求 导 法 则

3.2.1 函数的和、差、积、商的求导法则

定理 3.2 设函数 $u(x)$ 和 $v(x)$ 均在 x 点可导, 则它们的和、差、积、商(分母不等于 0) 也均在 x 点可导, 且

$$(u(x) \pm v(x))' = u'(x) \pm v'(x), \tag{3.5}$$

$$(u(x)v(x))' = u'(x)v(x) + u(x)v'(x), \tag{3.6}$$

$$\left(\frac{u(x)}{v(x)}\right)' = \frac{v(x)u'(x) - u(x)v'(x)}{v^2(x)} \quad (v(x) \neq 0). \tag{3.7}$$

证 只证明(3.7)式, (3.5) 和(3.6) 可同样证明.

由导数的定义, 设 $f(x) = \dfrac{u(x)}{v(x)}$, 则 $f(x + \Delta x) = \dfrac{u(x + \Delta x)}{v(x + \Delta x)}$. 记 $\Delta u = u(x + \Delta x) - u(x)$, $\Delta v = v(x + \Delta x) - v(x)$, 则

$$\begin{aligned}
f'(x) &= \lim_{\Delta x \to 0} \frac{f(x + \Delta x) - f(x)}{\Delta x} = \lim_{\Delta x \to 0} \frac{\dfrac{u(x + \Delta x)}{v(x + \Delta x)} - \dfrac{u(x)}{v(x)}}{\Delta x} \\
&= \lim_{\Delta x \to 0} \frac{u(x + \Delta x)v(x) - u(x)v(x + \Delta x)}{v(x)v(x + \Delta x)\Delta x} \\
&= \lim_{\Delta x \to 0} \frac{(u(x) + \Delta u)v(x) - u(x)(v(x) + \Delta v)}{v(x)v(x + \Delta x)\Delta x} \\
&= \lim_{\Delta x \to 0} \frac{v(x)\Delta u - u(x)\Delta v}{v(x)v(x + \Delta x)\Delta x} \\
&= \lim_{\Delta x \to 0} \left(\frac{\Delta u}{\Delta x}v(x) - u(x)\frac{\Delta v}{\Delta x}\right) \cdot \lim_{\Delta x \to 0} \frac{1}{v(x)v(x + \Delta x)} \\
&= \frac{u'(x)v(x) - u(x)v'(x)}{v^2(x)}.
\end{aligned}$$

这就得到(3.7).

公式(3.5)和(3.6)可推广到多个函数的情况,如

$$(uvw)' = u'vw + uv'w + uvw'.$$

由于$(C)' = 0$,从(3.6)可得

$$(Cu(x))' = Cu'(x).$$

例 1　设$f(x) = 3x^4 + 5x^2 - x + 8$. 求$f'(x)$.

解　由3.1节例3和例4,

$$\begin{aligned}
f'(x) &= (3x^4 + 5x^2 - x + 8)' \\
&= (3x^4)' + (5x^2)' - (x)' + (8)' \\
&= 3(x^4)' + 5(x^2)' - 1 + 0 \\
&= 3 \cdot 4x^3 + 5 \cdot 2x - 1 \\
&= 12x^3 + 10x - 1.
\end{aligned}$$

例 2　设$g(x) = x^2 \cdot 3^x$. 求$g'(x)$和$g'(2)$.

解　由3.1节例4和例6,

$$g'(x) = (x^2)' \cdot 3^x + x^2(3^x)' = 2x \cdot 3^x + x^2 \cdot 3^x \ln 3.$$

所以

$$\begin{aligned}
g'(2) &= (2x \cdot 3^x + x^2 \cdot 3^x \ln 3)|_{x=2} \\
&= 4 \times 3^2 + 4 \times 3^2 \ln 3 \\
&= 36(1 + \ln 3).
\end{aligned}$$

例 3　设$y = \tan x$,求y'.

解　由3.1节例7,

$$y' = \left(\frac{\sin x}{\cos x}\right)' = \frac{(\cos x)(\sin x)' - (\sin x)(\cos x)'}{\cos^2 x}$$

$$= \frac{\cos^2 x + \sin^2 x}{\cos^2 x} = \frac{1}{\cos^2 x} = \sec^2 x.$$

所以$(\tan x)' = \sec^2 x$.

同理可证,$(\cot x)' = -\csc^2 x$.

例 4　设$y = \sec x$,求y'.

解　$y' = \left(\frac{1}{\cos x}\right)' = \frac{(\cos x)(1)' - 1 \cdot (\cos x)'}{\cos^2 x} = \frac{0 + \sin x}{\cos^2 x}$

$$= \tan x \sec x,$$

即$(\sec x)' = \tan x \sec x$.

同理,$(\csc x)' = -\cot x \csc x$.

3.2.2 反函数求导法则

定理 3.3（反函数求导法则） 设函数 $x = f(y)$ 在区间 I_1 上单调，可导，且 $f'(y) \neq 0$，则它的反函数 $y = f^{-1}(x)$ 在区间 $I_2 = R(f) = \{x = f(y) \mid y \in I_1\}$ 上也可导，且

$$(f^{-1}(x))' = \frac{1}{f'(y)}\bigg|_{y = f^{-1}(x)}, \tag{3.8}$$

即

$$\frac{\mathrm{d}y}{\mathrm{d}x} = \frac{1}{\dfrac{\mathrm{d}x}{\mathrm{d}y}}. \tag{3.8}'$$

下面给出证明大意.

证 由于函数 $x = f(y)$ 在 I_1 上单调，可导，从而连续，所以它的反函数 $y = f^{-1}(x)$ 在 I_2 上单调，连续.

对于任意的 $x \in I_2$ 和它的增量 $\Delta x \neq 0$ $(x + \Delta x \in I_2)$，相应地有

$$\Delta y = f^{-1}(x + \Delta x) - f^{-1}(x) \neq 0,$$

且 $\Delta x \to 0$ 等价于 $\Delta y \to 0$，故

$$y' = (f^{-1}(x))' = \lim_{\Delta x \to 0} \frac{\Delta y}{\Delta x} = \frac{1}{\lim\limits_{\Delta y \to 0} \dfrac{\Delta x}{\Delta y}} = \frac{1}{\dfrac{\mathrm{d}x}{\mathrm{d}y}} = \frac{1}{f'(y)}. \qquad \blacksquare$$

反函数求导法则说明：反函数的导数等于直接函数的导数的倒数.

例 5 求 $(\log_a x)'$.

解 设 $y = \log_a x$，即 $x = a^y$，所以

$$\frac{\mathrm{d}y}{\mathrm{d}x} = \frac{1}{\dfrac{\mathrm{d}x}{\mathrm{d}y}} = \frac{1}{a^y \ln a} = \frac{1}{x \ln a},$$

即 $(\log_a x)' = \dfrac{1}{x \ln a}$.

特别，$(\ln x)' = \dfrac{1}{x}$.

例 6 求 $(\arcsin x)'$.

解 $y = \arcsin x$ $(|x| < 1)$ 是 $x = \sin y$ $\left(|y| < \dfrac{\pi}{2}\right)$ 的反函数，$x = \sin y$ 在 $\left(-\dfrac{\pi}{2}, \dfrac{\pi}{2}\right)$ 上单调增加，可导，且 $\dfrac{\mathrm{d}x}{\mathrm{d}y} = \cos y > 0$，故其反函数 $y = \arcsin x$ 在 $(-1, 1)$ 上单调增加，可导，且

$$\frac{\mathrm{d}y}{\mathrm{d}x} = (\arcsin x)' = \frac{1}{\dfrac{\mathrm{d}x}{\mathrm{d}y}} = \frac{1}{\cos y} = \frac{1}{\sqrt{1-\sin^2 y}} = \frac{1}{\sqrt{1-x^2}}.$$

所以

$$(\arcsin x)' = \frac{1}{\sqrt{1-x^2}} \ (|x| < 1).$$

同理可证，

$$(\arccos x)' = -\frac{1}{\sqrt{1-x^2}} \ \ (|x| < 1),$$

$$(\arctan x)' = \frac{1}{1+x^2} \ \ (|x| < \infty).$$

3.2.3　复合函数求导法则

上面已经知道了一些基本初等函数的导数，但是即使像下列比较简单的初等函数

$$\sin\frac{x^2}{1+x}, \ \mathrm{e}^{\sqrt{x}}, \ \ln\cos x,$$

我们仍然不知道它们是否可导，若可导如何计算它们的导数. 下面的重要定理有效地解决了这个问题.

定理 3.4（复合函数求导法则）　设函数 $u = g(x)$ 在点 x 可导，函数 $y = f(u)$ 在 $u = g(x)$ 处可导，则复合函数 $y = f(g(x))$ 在点 x 可导，且其导数

$$(f(g(x)))' = f'(g(x))g'(x), \tag{3.9}$$

或

$$\frac{\mathrm{d}y}{\mathrm{d}x} = \frac{\mathrm{d}y}{\mathrm{d}u}\frac{\mathrm{d}u}{\mathrm{d}x}. \tag{3.9'}$$

下面给出证明大意.

证　设 x 有增量 Δx，则相应地 $u = g(x)$ 有增量 $\Delta u = g(x + \Delta x) - g(x)$，从而 $y = f(u)$ 有增量 $\Delta y = f(u + \Delta u) - f(u)$. 如果 $\Delta x \neq 0$ 时 $\Delta u \neq 0$，则有

$$\frac{\Delta y}{\Delta x} = \frac{\Delta y}{\Delta u}\frac{\Delta u}{\Delta x}.$$

由假设 $u = g(x)$ 在点 x 可导，$y = f(u)$ 在 $u = g(x)$ 点可导，所以，当 $\Delta x \to 0$ 时 $\Delta u \to 0$，且

$$\lim_{\Delta x \to 0}\frac{\Delta u}{\Delta x} = \frac{\mathrm{d}u}{\mathrm{d}x} = g'(x), \quad \lim_{\Delta u \to 0}\frac{\Delta y}{\Delta u} = \frac{\mathrm{d}y}{\mathrm{d}u} = f'(u),$$

从而

$$\frac{\mathrm{d}y}{\mathrm{d}x} = \lim_{\Delta x \to 0} \frac{\Delta y}{\Delta x} = \lim_{\Delta x \to 0} \left(\frac{\Delta y}{\Delta u} \frac{\Delta u}{\Delta x} \right)$$

$$= \left(\lim_{\Delta u \to 0} \frac{\Delta y}{\Delta u} \right) \left(\lim_{\Delta x \to 0} \frac{\Delta u}{\Delta x} \right) = \frac{\mathrm{d}y}{\mathrm{d}u} \frac{\mathrm{d}u}{\mathrm{d}x}.$$

此即 $(3.9)'$. ∎

复合函数求导法则说明：y 对 x 的导数等于 y 对中间变量 u 的导数与中间变量 u 对自变量 x 的导数的乘积. 因此这个法则也称为**链式法则**.

这个法则可推广到多个函数复合的情况.

若 $y = f(u)$，$u = g(v)$，$v = h(x)$，且这三个函数都可导，则它们的复合函数 $y = f(g(h(x)))$ 也可导，且

$$\frac{\mathrm{d}y}{\mathrm{d}x} = \frac{\mathrm{d}y}{\mathrm{d}u} \frac{\mathrm{d}u}{\mathrm{d}v} \frac{\mathrm{d}v}{\mathrm{d}x} = f'(u)g'(v)h'(x).$$

注意 1° 在公式 $(3.9)'$ 中，若 $\frac{\mathrm{d}y}{\mathrm{d}x}$ 和 $\frac{\mathrm{d}y}{\mathrm{d}u}$ 都用 y' 代替，就会引起混淆，因为 y 既是 x 的函数，又是中间变量 u 的函数，这样，y' 究竟是表示 y 对 x 的导数还是表示 y 对 u 的导数，就无法分辨了，由此可见导数记号 $\frac{\mathrm{d}y}{\mathrm{d}x}$ 的优越性.

2° 用链式法则时切记不要丢了中间变量对自变量的导数这一因子. 例如：在求 $y = \arcsin 2x$ 的导数时，可设 $u = 2x$，因此 $y = \arcsin u$，用公式 $(3.9)'$ 有

$$(\arcsin 2x)' = (\arcsin u)'(2x)' = \frac{1}{\sqrt{1-u^2}} \cdot 2 = \frac{2}{\sqrt{1-4x^2}}.$$

如果丢掉因子 $(2x)' = 2$，结果就错了. 这是在求复合函数的导数时最易犯的一种错误.

例 7 求下列函数的导数：

1) $\sin \dfrac{x^2}{1+x}$；

2) e^{x^2}；

3) $\ln \cos x$；

4) $(1+2x)^{10}$；

5) $2^{\tan \frac{1}{x}}$；

6) $\arctan(\tan^2 x)$；

7) $\dfrac{4}{\sqrt{-x}} + 2 \cdot 5^{\frac{x}{2}} + \ln 7$；

8) $\ln(x + \sqrt{x^2 + a^2})$.

解 1) 设 $y = \sin u$，$u = \dfrac{x^2}{1+x}$，则

$$\left(\sin \frac{x^2}{1+x} \right)' = \frac{\mathrm{d}y}{\mathrm{d}x} = \frac{\mathrm{d}y}{\mathrm{d}u} \frac{\mathrm{d}u}{\mathrm{d}x} = (\sin u)' \left(\frac{x^2}{1+x} \right)'$$

$$= \cos u \cdot \frac{(1+x)(2x) - x^2 \cdot 1}{(1+x)^2} = \frac{x^2 + 2x}{(1+x)^2} \cos \frac{x^2}{1+x}.$$

2) 设 $y = \mathrm{e}^u$, $u = x^2$, 则由公式(3.9)′有

$$(\mathrm{e}^{x^2})' = (\mathrm{e}^u)'(x^2)' = \mathrm{e}^u \cdot 2x = 2x\mathrm{e}^{x^2}.$$

3) 设 $y = \ln u$, $u = \cos x$, 则

$$(\ln \cos x)' = (\ln u)'(\cos x)' = \frac{1}{u}(-\sin x)$$

$$= -\frac{\sin x}{\cos x} = -\tan x.$$

4) 设 $y = u^{10}$, $u = 1 + 2x$, 则

$$[(1+2x)^{10}]' = (u^{10})'(1+2x)' = 10u^9 \cdot 2 = 20(1+2x)^9.$$

5) 设 $y = 2^u$, $u = \tan v$, $v = \frac{1}{x}$, 则

$$\left(2^{\tan \frac{1}{x}}\right)' = (2^u)'(\tan v)'\left(\frac{1}{x}\right)' = (2^u \ln 2)(\sec^2 v)\left(-\frac{1}{x^2}\right)$$

$$= -\frac{\ln 2}{x^2} \cdot 2^{\tan \frac{1}{x}} \sec^2 \frac{1}{x}.$$

6) 设 $y = \arctan u$, $u = v^2$, $v = \tan x$, 则

$$(\arctan(\tan^2 x))' = (\arctan u)'(v^2)'(\tan x)' = \frac{1}{1+u^2} \cdot 2v \cdot \sec^2 x$$

$$= \frac{2\tan x \sec^2 x}{1 + \tan^4 x} = \frac{2\sin x \cos x}{\sin^4 x + \cos^4 x}$$

$$= \frac{\sin 2x}{\sin^4 x + \cos^4 x}.$$

7) $\left(\dfrac{4}{\sqrt{-x}} + 2 \cdot 5^{\frac{x}{2}} + \ln 7\right)' = [4(-x)^{-\frac{1}{2}}]' + 2(5^{\frac{x}{2}})' + (\ln 7)'$

$$= 4 \cdot \left(-\frac{1}{2}\right)(-x)^{-\frac{1}{2}-1}(-x)' + 2 \cdot 5^{\frac{x}{2}} \ln 5 \cdot \left(\frac{x}{2}\right)' + 0$$

$$= \frac{2}{\sqrt{-x^3}} + 5^{\frac{x}{2}} \ln 5.$$

8) 设 $u = x + \sqrt{x^2 + a^2}$, 则

$$[\ln(x + \sqrt{x^2 + a^2})]' = (\ln u)'(x + \sqrt{x^2 + a^2})' = \frac{1}{u}\left(1 + \frac{2x}{2\sqrt{x^2 + a^2}}\right)$$

$$= \frac{1}{x + \sqrt{x^2 + a^2}} \frac{\sqrt{x^2 + a^2} + x}{\sqrt{x^2 + a^2}}$$

$$= \frac{1}{\sqrt{x^2 + a^2}}.$$

例 8 求幂函数 $y = x^\mu$ 的导数.

解 由于 $x^\mu = \mathrm{e}^{\ln x^\mu} = \mathrm{e}^{\mu \ln x}$, 设 $t = \mu \ln x$, 则 $y = x^\mu = \mathrm{e}^t$, 故

$$\frac{\mathrm{d}y}{\mathrm{d}x} = \frac{\mathrm{d}y}{\mathrm{d}t} \frac{\mathrm{d}t}{\mathrm{d}x} = (\mathrm{e}^t)'(\mu \ln x)' = \mathrm{e}^t \cdot \frac{\mu}{x}$$

$$= \frac{\mu}{x} \mathrm{e}^{\mu \ln x} = \frac{\mu}{x} x^\mu = \mu x^{\mu-1}.$$

所以 $(x^\mu)' = \mu x^{\mu-1}$.

在复合函数的分解比较熟练以后, 用链式法则对复合函数求导时, 可不写出中间变量, 而直接写出函数对中间变量的求导结果, 重要的是要清楚每一步是哪个函数对哪个变量求导.

例 9 设 $y = \cos \mathrm{e}^{-x}$, 求 $y'(0)$.

解 $y' = -\sin \mathrm{e}^{-x} \cdot (\mathrm{e}^{-x})' = -\sin \mathrm{e}^{-x} \cdot \mathrm{e}^{-x}(-x)' = \mathrm{e}^{-x} \sin \mathrm{e}^{-x}$. 所以

$$y'(0) = \mathrm{e}^{-x} \sin \mathrm{e}^{-x} \big|_{x=0} = \mathrm{e}^0 \sin \mathrm{e}^0 = \sin 1.$$

例 10 设 $f(2x+1) = \mathrm{e}^x$, 求 $f(x)$ 和 $f'(\ln x)$.

解 先要求出函数 $f(x)$. 设 $u = 2x+1$, 则 $x = \dfrac{u-1}{2}$, 故

$$f(2x+1) = f(u) = \mathrm{e}^{\frac{u-1}{2}},$$

所以 $f(x) = \mathrm{e}^{\frac{x-1}{2}}$. 从而

$$f'(x) = (\mathrm{e}^{\frac{x-1}{2}})' = \mathrm{e}^{\frac{x-1}{2}} \cdot \left(\frac{x-1}{2}\right)' = \frac{1}{2} \mathrm{e}^{\frac{x-1}{2}}.$$

由此, 得

$$f'(\ln x) = f'(t) \big|_{t=\ln x} = \frac{1}{2} \mathrm{e}^{\frac{t-1}{2}} \big|_{t=\ln x} = \frac{1}{2} \mathrm{e}^{\frac{\ln x - 1}{2}}$$

$$= \frac{1}{2} \sqrt{\mathrm{e}^{\ln x - 1}} = \frac{1}{2} \sqrt{\frac{\mathrm{e}^{\ln x}}{\mathrm{e}}} = \frac{1}{2} \sqrt{\frac{x}{\mathrm{e}}}.$$

例 11 求下列函数的导数:

1) $y = x^x$;

2) $y = (\cot x)^{\frac{1}{x}}$;

3) $y = \tan x \cdot \sqrt[3]{\dfrac{(x-1)(x-2)}{x-3}}$;

4) $y = (u(x))^{v(x)}$ ($u(x), v(x)$ 可导).

解 1) 两边取对数, 有 $\ln y = x \ln x$. 两边对 x 求导, 注意 $\ln y$ 中的 y 是 x 的函数, 所以是一个复合函数,

$$\frac{\mathrm{d}}{\mathrm{d}x}(\ln y) = \frac{1}{y}\, y' = (x\ln x)' = \ln x + x(\ln x)'$$
$$= \ln x + 1.$$

由此，得

$$y' = (x^x)' = y(\ln x + 1) = x^x(\ln x + 1).$$

2) 两边取对数，得 $\ln y = \frac{1}{x}\ln \cot x$. 两边对 x 求导，得

$$\frac{\mathrm{d}}{\mathrm{d}x}\ln y = \frac{1}{y}\, y' = \left(\frac{1}{x}\ln \cot x\right)'$$
$$= -\frac{1}{x^2}\ln \cot x + \frac{1}{x}\,\frac{(\cot x)'}{\cot x}$$
$$= -\frac{1}{x^2}\ln \cot x + \frac{1}{x\cot x}(-\csc^2 x).$$

所以

$$y' = [(\cot x)^{\frac{1}{x}}]' = -y\left(\frac{\ln \cot x}{x^2} + \frac{1}{x\sin x \cos x}\right)$$
$$= -(\cot x)^{\frac{1}{x}}\left(\frac{\ln \cot x}{x^2} + \frac{1}{x\sin x \cos x}\right).$$

3) 两边取对数，得

$$\ln y = \ln \tan x + \frac{1}{3}(\ln(x-1) + \ln(x-2) - \ln(x-3)).$$

两边对 x 求导，得

$$\frac{1}{y}\, y' = \frac{1}{\tan x}\sec^2 x + \frac{1}{3}\left(\frac{1}{x-1} + \frac{1}{x-2} - \frac{1}{x-3}\right)$$
$$= \frac{2}{\sin 2x} + \frac{1}{3}\left(\frac{1}{x-1} + \frac{1}{x-2} - \frac{1}{x-3}\right).$$

所以

$$y' = y\left[\frac{2}{\sin 2x} + \frac{1}{3}\left(\frac{1}{x-1} + \frac{1}{x-2} - \frac{1}{x-3}\right)\right]$$
$$= (\tan x)\sqrt[3]{\frac{(x-1)(x-2)}{x-3}}\left[\frac{2}{\sin 2x} + \frac{1}{3}\left(\frac{1}{x-1} + \frac{1}{x-2} - \frac{1}{x-3}\right)\right].$$

4) $y' = (u(x)^{v(x)})' = (\mathrm{e}^{\ln u^v})' = (\mathrm{e}^{v\ln u})' = \mathrm{e}^{v\ln u}(v\ln u)'$
$$= u^v\left(v'\ln u + v\frac{u'}{u}\right).$$

这里用的是换底后求导的方法，与 1)～3) 中所用的先取对数再求导数的方法结果相同。

对于由多个函数的积、商、方幂构成的函数求导，都可用 1)～3) 中所用

的方法，这种方法称为**对数求导法**，当然在 1)～3) 中也可用 4) 中采用的换底方法.

3.3　基本导数公式

为了以后便于查找，现将前面所得到的基本初等函数的导数收列如下，它们称为**基本导数公式**：

(1)　$(C)' = 0$.

(2)　$(x^\mu)' = \mu x^{\mu-1}$.

(3)　$(a^x)' = a^x \ln a$. 特别，$(e^x)' = e^x$.

(4)　$(\log_a x)' = \dfrac{1}{x \ln a}$. 特别，$(\ln x)' = \dfrac{1}{x}$.

(5)　$(\sin x)' = \cos x$.

(6)　$(\cos x)' = -\sin x$.

(7)　$(\tan x)' = \sec^2 x$.

(8)　$(\cot x)' = -\csc^2 x$.

(9)　$(\sec x)' = \sec x \tan x$.

(10)　$(\csc x)' = -\csc x \cot x$.

(11)　$(\arcsin x)' = \dfrac{1}{\sqrt{1-x^2}}$.

(12)　$(\arccos x)' = -\dfrac{1}{\sqrt{1-x^2}}$.

(13)　$(\arctan x)' = \dfrac{1}{1+x^2}$.

(14)　$(\operatorname{arccot} x)' = -\dfrac{1}{1+x^2}$.

利用这些基本导数公式和各种求导法则，特别是可导函数的和、差、积、商及复合函数的求导法则，即可求出各种函数的导数.

下面再举一些综合应用基本导数公式和求导法则的例题.

例 1　求下列函数的导数：

1)　$\arcsin \sqrt{1-x^2}$;　　　　　　2)　$\dfrac{3^{\arctan x}}{\sin x}$;

3)　$(\log_a x)^{\sqrt{x}}$;　　　　　　4)　$\sec^2 e^{x^2+1}$.

解 1) $(\arcsin\sqrt{1-x^2})' = \dfrac{1}{\sqrt{1-(\sqrt{1-x^2})^2}}(\sqrt{1-x^2})'$

$$= \dfrac{1}{\sqrt{x^2}} \cdot \dfrac{1}{2\sqrt{1-x^2}}(1-x^2)'$$

$$= \dfrac{1}{|x|} \cdot \dfrac{1}{2\sqrt{1-x^2}}(-2x)$$

$$= -(\mathrm{sgn}\,x)\dfrac{1}{\sqrt{1-x^2}}.$$

2) $\left(\dfrac{3^{\arctan x}}{\sin x}\right)' = \dfrac{(\sin x)(3^{\arctan x})' - 3^{\arctan x}(\sin x)'}{\sin^2 x}$

$$= \dfrac{1}{\sin^2 x}\big[(\sin x) \cdot 3^{\arctan x}\ln 3\,(\arctan x)' - 3^{\arctan x}\cos x\big]$$

$$= \dfrac{1}{\sin^2 x}\left(\dfrac{\sin x}{1+x^2} \cdot 3^{\arctan x}\ln 3 - 3^{\arctan x}\cos x\right)$$

$$= \dfrac{3^{\arctan x}}{(1+x^2)\sin^2 x}\big[(\ln 3)\sin x - (1+x^2)\cos x\big].$$

3) $\big[(\log_a x)^{\sqrt{x}}\big]' = \big[(\mathrm{e}^{\ln\log_a x})^{\sqrt{x}}\big]' = (\mathrm{e}^{\sqrt{x}\ln\log_a x})'$

$$= \mathrm{e}^{\sqrt{x}\ln\log_a x}(\sqrt{x}\ln\log_a x)'$$

$$= (\log_a x)^{\sqrt{x}}\left(\dfrac{1}{2\sqrt{x}}\ln\log_a x + \sqrt{x}\,\dfrac{1}{\log_a x}(\log_a x)'\right)$$

$$= (\log_a x)^{\sqrt{x}}\left(\dfrac{1}{2\sqrt{x}}\ln\log_a x + \dfrac{\sqrt{x}}{x\log_a x \cdot \ln a}\right)$$

$$= \dfrac{1}{\sqrt{x}}(\log_a x)^{\sqrt{x}}\left(\dfrac{1}{2}\ln\log_a x + \dfrac{1}{\ln a\,\log_a x}\right).$$

本题也可以用对数求导法解.

4) $(\sec^2 \mathrm{e}^{x^2+1})' = 2\sec \mathrm{e}^{x^2+1}\,(\sec \mathrm{e}^{x^2+1})'$

$$= 2\sec \mathrm{e}^{x^2+1}\,\sec \mathrm{e}^{x^2+1}\,\tan \mathrm{e}^{x^2+1}\,(\mathrm{e}^{x^2+1})'$$

$$= 2\sec^2 \mathrm{e}^{x^2+1}\,\tan \mathrm{e}^{x^2+1}\,\mathrm{e}^{x^2+1}(x^2+1)'$$

$$= 4x\mathrm{e}^{x^2+1}\sec^2 \mathrm{e}^{x^2+1}\,\tan \mathrm{e}^{x^2+1}.$$

例 2 设 $f(x) = x(x-1)(x-2)\cdots(x-50)$, 求 $f'(0)$.

解 $f'(x) = (x-1)(x-2)\cdots(x-50)$

$$+ x(x-2)(x-3)\cdots(x-50)$$

$$+ \cdots$$

$$+ x(x-1)(x-3)\cdots(x-49)$$

$$= (x-1)(x-2)\cdots(x-50) + 含因子\ x\ 的项,$$

所以

$$f'(0) = (-1)(-2)(-3)\cdots(-50) + 0 = 50!.$$

例 3 设 $f(u)$ 可导,求下列函数的导数:

1) $y = f(\ln x) + \ln f(x)$;

2) $y = f(x^2)f(\arccos x)$.

解 1) $y' = (f(\ln x))' + (\ln f(x))'$

$$= f'(\ln x)(\ln x)' + \frac{1}{f(x)}f'(x)$$

$$= \frac{1}{x}f'(\ln x) + \frac{1}{f(x)}f'(x).$$

2) $y' = (f(x^2))'f(\arccos x) + f(x^2)(f(\arccos x))'$

$$= f'(x^2)(x^2)'f(\arccos x) + f(x^2)f'(\arccos x)(\arccos x)'$$

$$= 2xf'(x^2)f(\arccos x) - \frac{f(x^2)}{\sqrt{1-x^2}}f'(\arccos x).$$

例 4 设 $y = \arctan\dfrac{a-2x}{2\sqrt{ax-x^2}}$,求 y'.

解 $y' = \dfrac{1}{1 + \dfrac{(a-2x)^2}{4(ax-x^2)}}\left(\dfrac{a-2x}{2\sqrt{ax-x^2}}\right)'$

$$= \frac{4(ax-x^2)}{4(ax-x^2)+(a-2x)^2}$$

$$\cdot \frac{\sqrt{ax-x^2}\cdot(-2) - (a-2x)\dfrac{1}{2}\dfrac{a-2x}{\sqrt{ax-x^2}}}{2(ax-x^2)}$$

$$= \frac{2}{a^2}\cdot\frac{-4(ax-x^2)-(a-2x)^2}{2\sqrt{ax-x^2}}$$

$$= \frac{2}{a^2}\cdot\frac{-a^2}{2\sqrt{ax-x^2}} = -\frac{1}{\sqrt{ax-x^2}}.$$

例 5 设可导函数 $f(x)$ 是奇函数,证明: $f'(x)$ 是偶函数.

证 由假设, $f(-x) = -f(x)$. 两边对 x 求导,得

$$f'(-x)(-x)' = -f'(x).$$

所以 $-f'(-x) = -f'(x)$,即

$$f'(-x) = f'(x).$$

从而 $f'(x)$ 是偶函数.

3.4 高 阶 导 数

在研究曲线的弯曲情况和变速直线运动速度的变化时，会遇到函数的导数对自变量的变化率.

设 $s = s(t)$ $(0 \leqslant t \leqslant T)$ 为直线运动的运动方程，则物体运动的速度 $v(t) = s'(t)$. 若要进一步研究速度随时间的变化情况，就要考虑 v 对 t 的变化率，即 v 对 t 的导数，该导数以 a 记之，它称为物体运动的**加速度**，所以

$$a = \frac{\mathrm{d}v}{\mathrm{d}t} = \frac{\mathrm{d}}{\mathrm{d}t}(s'(t)) = \frac{\mathrm{d}}{\mathrm{d}t}\left(\frac{\mathrm{d}s}{\mathrm{d}t}\right),$$

$\frac{\mathrm{d}}{\mathrm{d}t}\left(\frac{\mathrm{d}s}{\mathrm{d}t}\right)$ 可记为 $\frac{\mathrm{d}^2 s}{\mathrm{d}t^2}$ 或 $s''(t)$. 它称为路程函数 $s(t)$ 对 t 的**二阶导数**. 如果运动是匀速的，即 v 是一个常数，则其加速度 $a = 0$. 在自由落体的情况，其加速度 $a = g \backsim 9.81 \text{ cm/s}^2$，$g$ 称为**重力加速度**.

一般地说，函数 $y = f(x)$ 的导数 $y' = f'(x)$ 仍然是 x 的函数，它再对 x 求导，即导数的导数，称为 y 或 $f(x)$ 对 x 的**二阶导数**，记为 y'' 或 $f''(x)$，或 $\frac{\mathrm{d}^2 y}{\mathrm{d}x^2}$，或 $\frac{\mathrm{d}^2 f}{\mathrm{d}x^2}$，所以

$$y'' = (y')' \quad \text{或} \quad \frac{\mathrm{d}^2 y}{\mathrm{d}x^2} = \frac{\mathrm{d}}{\mathrm{d}x}\left(\frac{\mathrm{d}y}{\mathrm{d}x}\right).$$

类似地，二阶导数 y'' 作为 x 的函数，再对 x 求导，即二阶导数 y'' 的导数，称为 y 对 x 的三阶导数，记为 y''' 或 $f'''(x)$. 如此可以定义 y 对 x 的 4 阶导数、5 阶导数 …… y 对 x 的 n **阶导数**记为 $y^{(n)}$，或 $f^{(n)}(x)$，或 $\frac{\mathrm{d}^n y}{\mathrm{d}x^n}$，它表示 y 对 x 的 $n-1$ 阶导数 $y^{(n-1)}$ 的导数，所以

$$y^{(n)} = (y^{(n-1)})' \quad \text{或} \quad \frac{\mathrm{d}^n y}{\mathrm{d}x^n} = \frac{\mathrm{d}}{\mathrm{d}x}\left(\frac{\mathrm{d}^{n-1} y}{\mathrm{d}x^{n-1}}\right).$$

与此相应，导数 y' 或 $f'(x)$ 也可称为 x 的一阶导数. 二阶和二阶以上的导数统称为**高阶导数**.

由此可见，求高阶导数就是对函数多次接连求导. 所以，前面讲述的各种求导方法仍可运用.

例1 求下列函数的二阶导数：

1) $y = ax + b$;　　　　　2) $y = \cos nx$;

3) $y = e^{\sin x}$;　　　　　　　　4) $y = \ln \tan x$.

解 1) $y' = (ax + b)' = a$, $y'' = 0$.

2) $y' = (\cos nx)' = -n\sin nx$, $y'' = -n^2\cos nx$.

3) $y' = (e^{\sin x})' = e^{\sin x}(\sin x)' = e^{\sin x}\cos x$,

$$y'' = (e^{\sin x}\cos x)\cos x - e^{\sin x}\sin x = e^{\sin x}(\cos^2 x - \sin x).$$

4) $y' = (\ln \tan x)' = \dfrac{1}{\tan x}\sec^2 x = \dfrac{1}{\sin x \cos x} = \dfrac{2}{\sin 2x}$,

$$y'' = 2\,\dfrac{-(\sin 2x)'}{\sin^2(2x)} = -\dfrac{4\cos 2x}{\sin^2(2x)}.$$

例 2　设 $y = x^\mu$，求 $y^{(n)}$.

解　$y' = \mu x^{\mu-1}$, $y'' = \mu(\mu-1)x^{\mu-2}$, $\cdots$.

用数学归纳法可以证明，

$$y^{(n)} = \mu(\mu-1)(\mu-2)\cdots(\mu-n+1)x^{\mu-n}.$$

特别，当 $\mu = n$ 时，即 $y = x^n$，其 n 阶导数

$$y^{(n)} = (x^n)^{(n)} = n!.$$

例 3　设 $y = (x^2 + 1)^{10}(x^9 + x^3 + 1)$，求 $y^{(30)}$.

解　y 作为 x 的多项式，其最高次项为 x^{29}，即

$$y = x^{29} + 低于 29 次的各项.$$

故由例 2，$y^{(29)} = 29!$. 所以 $y^{(30)} = 0$.

例 4　设 $y = \sin x$，求 $y^{(n)}$.

解　$y' = \cos x = \sin\left(x + \dfrac{\pi}{2}\right)$,

$$y'' = \cos\left(x + \dfrac{\pi}{2}\right)\left(x + \dfrac{\pi}{2}\right)' = \cos\left(x + \dfrac{\pi}{2}\right) = \sin\left(x + 2 \cdot \dfrac{\pi}{2}\right),$$

$$y''' = \cos\left(x + 2 \cdot \dfrac{\pi}{2}\right) = \sin\left(x + 3 \cdot \dfrac{\pi}{2}\right).$$

如此下去，用数学归纳法可证

$$y^{(n)} = \sin\left(x + n \cdot \dfrac{\pi}{2}\right),$$

即 $(\sin x)^{(n)} = \sin\left(x + n \cdot \dfrac{\pi}{2}\right)$.

同理可证，$(\cos x)^{(n)} = \cos\left(x + n \cdot \dfrac{\pi}{2}\right)$.

例 5　设 $y = \sqrt{2x - x^2}$，证明：$y^3 y'' + 1 = 0$.

证　$y' = \dfrac{2 - 2x}{2\sqrt{2x - x^2}} = \dfrac{1 - x}{\sqrt{2x - x^2}}$,

$$y'' = \frac{-\sqrt{2x-x^2} - (1-x)\dfrac{1-x}{\sqrt{2x-x^2}}}{2x-x^2}$$

$$= \frac{-(2x-x^2) - (1-x)^2}{(2x-x^2)\sqrt{2x-x^2}}$$

$$= -(2x-x^2)^{-\frac{3}{2}} = -y^{-3}.$$

所以 $y^3 y'' = -1$，即 $y^3 y'' + 1 = 0$.

3.5　函数的微分

　　函数的微分是一元函数微分学中另一个基本概念，它与函数的导数概念密切相关，并且在一元函数积分学中有重要应用.

3.5.1　微分概念

　　先看下例. 考虑边长为 x 的正方形，其面积为 y，则
$$y = x^2.$$
设 x 在 x_0 点有一个增量 Δx，这时面积的
相应增量为

$$\Delta y = (x_0 + \Delta x)^2 - x_0^2$$
$$= 2x_0 \Delta x + (\Delta x)^2.$$

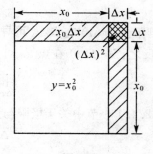

图 3-3

等式右边两项的几何意义如图 3-3 所示.
当 $|\Delta x|$ 很小时，$2x_0\Delta x$ 是 Δy 的主要部
分，$(\Delta x)^2$ 要比 Δx 小很多，而 $2x_0\Delta x$ 是
Δx 的 $2x_0$ 倍，即是 Δx 的线性函数（把 x_0
看成常数），所以称它为 Δy 的线性主部. 当 $\Delta x \to 0$ 时，$(\Delta x)^2 = o(\Delta x)$，即
与 Δx 相比是高阶无穷小. 所以在计算 Δy 时可以把 $(\Delta x)^2$ 忽略不计，即有
$$\Delta y \approx 2x_0 \Delta x,$$
$2x_0\Delta x$ 称为函数 $y = x^2$ 在 x_0 点的微分.

　　一般地说，有下列定义.

　　定义　设函数 $y = f(x)$ 在 x_0 点的一个邻域 $U(x_0)$ 中有定义，Δx 是 x 在
x_0 点的增量，$x_0 + \Delta x \in U(x_0)$，如果相应的函数增量 $\Delta y = f(x_0 + \Delta x) -$
$f(x_0)$ 当 $\Delta x \to 0$ 时可表示为
$$\Delta y = A\Delta x + o(\Delta x), \tag{3.10}$$

其中 A 是仅依赖于 x_0 而与 Δx 无关的常数，$o(\Delta x)$ 是比 Δx 高阶的无穷小量，则称函数 $y = f(x)$ **在点 x_0 可微**，并称 $A\Delta x$ 为 $f(x)$ 在点 x_0 相应于自变量 Δx 的**微分**，记为 $\mathrm{d}y|_{x=x_0}$ 或 $\mathrm{d}f|_{x=x_0}$，即

$$\mathrm{d}y|_{x=x_0} = A\Delta x.$$

所以，函数在一点的微分就是函数在该点的增量的线性主部.

随之自然会问：函数 $y = f(x)$ 在什么条件下在点 x_0 可微，其中的常数 A 是什么？

定理 3.5 函数 $y = f(x)$ 在 x_0 点可微的充分必要条件是 $f(x)$ 在点 x_0 可导，且有

$$\mathrm{d}y|_{x=x_0} = f'(x_0)\Delta x. \tag{3.11}$$

证 若 $f(x)$ 在点 x_0 可微，则由 (3.10) 式，有

$$\frac{\Delta y}{\Delta x} = A + \frac{o(\Delta x)}{\Delta x}.$$

因 $o(\Delta x)$ 与 Δx 相比是高阶无穷小，故当 $\Delta x \to 0$ 时 $\frac{o(\Delta x)}{\Delta x} \to 0$. 从而

$$\lim_{\Delta x \to 0} \frac{\Delta y}{\Delta x} = A.$$

这说明函数 $f(x)$ 在点 x_0 可导，且其导数 $f'(x_0)$ 即为 A.

反之，若 $f(x)$ 在点 x_0 可导，即有极限

$$\lim_{\Delta x \to 0} \frac{\Delta y}{\Delta x} = f'(x_0),$$

则由 2.4.1 小节中关于极限与无穷小量的关系，有

$$\frac{\Delta y}{\Delta x} = f'(x_0) + \alpha,$$

其中当 $\Delta x \to 0$ 时 $\alpha \to 0$，故

$$\Delta y = f'(x_0)\Delta x + \alpha\Delta x,$$

而当 $\Delta x \to 0$ 时 $\frac{\alpha\Delta x}{\Delta x} = \alpha \to 0$，即 $\alpha\Delta x = o(\Delta x)$. 这说明 $f(x)$ 在点 x_0 可微，Δy 的线性主部为 $f'(x_0)\Delta x$，Δx 的系数 $f'(x_0)$ 与 Δx 无关. (3.10) 中的 $A = f'(x_0)$.

这就证明了定理并得到公式 (3.11).

由于当 $f(x) = x$ 时，$f'(x) = 1$，故

$$\mathrm{d}y = \mathrm{d}x = 1 \cdot \Delta x = \Delta x,$$

即自变量 x 的微分 $\mathrm{d}x$ 就是它的增量 Δx. 所以 (3.11) 可写成

$$dy\big|_{x=x_0} = df\big|_{x=x_0} = f'(x_0)dx. \tag{3.12}$$

由 (3.10) 和 (3.11) 式可以得到计算函数增量的近似公式

$$\Delta y = f(x_0 + \Delta x) - f(x_0) \approx f'(x_0)\Delta x, \tag{3.13}$$

或

$$f(x_0 + \Delta x) \approx f(x_0) + f'(x_0)\Delta x. \tag{3.13}'$$

微分的几何意义如图 3-4 所示，其中
直线 P_0T 是曲线 C：$y = f(x)$ 在点
$P_0(x_0, f(x_0))$ 的切线，如果 $\Delta x > 0$，Δy
$= f(x_0 + \Delta x) - f(x_0) > 0$，则

$$P_0Q = \Delta x, \quad PQ = \Delta y,$$
$$RQ = f'(x_0)\Delta x = dy\big|_{x=x_0},$$
$$PR = \Delta y - dy\big|_{x=x_0}$$
$$= o(\Delta x) \quad (\Delta x \to 0).$$

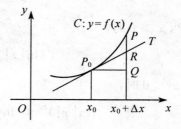

图 3-4

近似计算公式 (3.13)′ 说明：当 Δx 很小时，$PQ \approx RQ$，其差 PR 是 P_0Q 的高
阶无穷小. 所以在点 P_0 的邻近，为了计算 PQ，可由切线 P_0T 代替曲线 C，
此即通常所说的"以直代曲". $\triangle P_0QR$ 在一元微分学中占有重要地位，称为
微分三角形或**特征三角形**，它的两条直角边分别表示自变量的微分和函数的
微分.

在任意一点 x，函数 $y = f(x)$ 的微分

$$dy = y'dx \quad \text{或} \quad df(x) = f'(x)dx. \tag{3.14}$$

由 (3.14)，导数 $y' = \dfrac{dy}{dx}$ 可以看成是函数的微分 dy 与自变量的微分 dx
之比，所以导数也称为"**微商**"（即微分的商）.

例 1 求函数 $y = \sin x$ 在点 $x = 0$ 和 $x = \dfrac{\pi}{2}$ 的微分.

解 $dy = (\sin x)'dx = \cos x\, dx$. 所以

$$dy\big|_{x=0} = (\cos 0)dx = dx,$$
$$dy\big|_{x=\frac{\pi}{2}} = \left(\cos \frac{\pi}{2}\right)dx = 0.$$

例 2 求函数 $y = \sqrt[3]{x}$ 在点 $x = 1$ 的微分当 $\Delta x = 0.003$ 时的值.

解 $dy = (\sqrt[3]{x})'dx = \dfrac{1}{3\sqrt[3]{x^2}}dx$. 所以

$$dy\big|_{x=1,\ \Delta x=0.003} = \frac{1}{3\sqrt[3]{1}} \times 0.003 = 0.001.$$

例 3 求下列函数的微分：

1) $e^{\cos x}$;　　　　　　　2) $\ln|x|$ $(x \neq 0)$.

解 1) 因为 $(e^{\cos x})' = -e^{\cos x}\sin x$, 故
$$d\, e^{\cos x} = -e^{\cos x}\sin x\, dx.$$

2) 因为
$$\ln|x| = \begin{cases} \ln x, & x > 0; \\ \ln(-x), & x < 0, \end{cases}$$

故当 $x > 0$ 时,
$$(\ln|x|)' = (\ln x)' = \frac{1}{x};$$

当 $x < 0$ 时,
$$(\ln|x|)' = (\ln(-x))' = \frac{1}{-x}(-1) = \frac{1}{x}.$$

所以 $(\ln|x|)' = \frac{1}{x}$ $(x \neq 0)$, 从而 $d\ln|x| = \frac{1}{x}dx$.

例 4 求 $\sin 31°$ 的近似值.

解 $30° = \frac{\pi}{6}$, $1° = \frac{\pi}{180}$. 对函数 $y = \sin x$, 点 $x_0 = \frac{\pi}{6}$, $\Delta x = \frac{\pi}{180}$, 应用近似公式(3.13)′, 有

$$\sin 31° \approx \sin\frac{\pi}{6} + (\sin x)'|_{x=\frac{\pi}{6}} \cdot \frac{\pi}{180}$$

$$= \sin\frac{\pi}{6} + \cos\frac{\pi}{6} \cdot \frac{\pi}{180}$$

$$= \frac{1}{2} + \frac{\sqrt{3}}{2}\frac{\pi}{180} \approx 0.515\,1.$$

3.5.2　基本微分公式

由基本导数公式和微分与导数的关系式(3.14), 可得下列**基本微分公式**:

(1) $dC = 0$;

(2) $d\,x^\mu = \mu x^{\mu-1}dx$;

(3) $d\,a^x = (a^x \ln a)dx$, 特别, $d\,e^x = e^x dx$;

(4) $d\log_a x = \frac{1}{x\ln a}dx$, 特别, $d\ln x = \frac{1}{x}dx$;

(5) $d\sin x = \cos x\, dx$;

(6) $d\cos x = -\sin x\, dx$;

(7) $d\tan x = \sec^2 x\, dx$;

(8)　d cot$x$ =$-$ csc$^2 x$ dx;

(9)　d sec$x$ = sec$x$ tan$x$ dx;

(10)　d csc$x$ =$-$ csc$x$ cot$x$ dx;

(11)　d arcsin$x$ = $\dfrac{1}{\sqrt{1-x^2}}$dx;

(12)　d arccos$x$ =$-\dfrac{1}{\sqrt{1-x^2}}$dx;

(13)　d arctan$x$ = $\dfrac{1}{1+x^2}$dx;

(14)　d arccot$x$ =$-\dfrac{1}{1+x^2}$dx.

这些微分公式在积分运算中有重要应用.

3.5.3　微分法则

由函数的求导法则可得到相应的微分法则.

关于函数的和、差、积、商的微分法则，有

$$d(u \pm v) = du \pm dv,$$
$$d(uv) = udv + vdu,$$
$$d\frac{u}{v} = \frac{vdu - udv}{v^2}.$$

例如：从函数的商的求导法则

$$\left(\frac{u}{v}\right)' = \frac{vu' - uv'}{v^2},$$

由公式(3.14)和 d$u = u'$dx, d$v = v'$dx, 即有

$$d\left(\frac{u}{v}\right) = \left(\frac{u}{v}\right)'dx = \frac{vu' - uv'}{v^2}dx$$
$$= \frac{vu'dx - uv'dx}{v^2} = \frac{vdu - udv}{v^2}.$$

类似地，可以证明另外两个微分公式.

复合函数的求导法则在导数计算中有重要作用，从这个求导法则可以得到复合函数的微分法则.

设 $y = f(u)$, $u = g(x)$，则对于复合函数 $y = f(g(x))$ 有

$$\frac{dy}{dx} = \frac{dy}{du}\frac{du}{dx} = f'(u)g'(x),$$

所以

$$dy = y'dx = f'(u)g'(x)dx. \qquad (*)_1$$

而对于函数 $u = g(x)$，其微分

$$du = g'(x)dx,$$

从而由 $(*)_1$，得

$$dy = f'(u)du. \qquad (*)_2$$

这说明，y 作为自变量 x 的函数的微分(即 $(*)_1$)与 y 作为中间变量 u 的函数的微分(即 $(*)_2$)是相等的。这一性质称为**微分形式不变性**，也可称为**复合函数微分法则**。

所以，若 $y = f(x)$，$u = g(x)$，则

$$dy = f'(u)du = f'(u)g'(x)dx.$$

值得注意的是导数没有这种不变性：y 对自变量 x 的导数 $\dfrac{dy}{dx}$ 与 y 对中间变量 u 的导数 $\dfrac{dy}{du}$ 是不相等的，两者差一个因子 $\dfrac{du}{dx}$。这是在计算中微分比导数方便的地方，从理论上看也是其优越之处。所以在计算复合函数的导数时，务必注意是对自变量求导还是对中间变量求导，导数的记号 $\dfrac{dy}{dx}$，$\dfrac{dy}{du}$ 反映了这个差别，而微分则没有这种差别，可以用同一个记号 dy。

例5 求下列函数的微分：

1) $a^{\cos^2 x}$;
2) $\arctan\sqrt{x}$;

3) $\ln\cot 3x$;
4) $\dfrac{\tan x}{1 + e^x}$.

解 1) 设 $y = a^{\cos^2 x}$，$u = \cos^2 x$，则 $y = a^u$，所以

$$dy = d\,a^u = (a^u \ln a)du = (a^{\cos^2 x}\ln a)d\cos^2 x$$

$$= -(\ln a)a^{\cos^2 x}\sin 2x\,dx.$$

2) 设 $y = \arctan\sqrt{x}$，$u = \sqrt{x}$，则 $y = \arctan u$，所以

$$dy = d(\arctan u) = \frac{1}{1 + u^2}du = \frac{1}{1 + x}d\sqrt{x}$$

$$= \frac{1}{1 + x} \cdot \frac{1}{2\sqrt{x}}dx = \frac{1}{2(1 + x)\sqrt{x}}dx.$$

3) $d(\ln\cot 3x) = \dfrac{1}{\cot 3x}d\cot 3x = \dfrac{1}{\cot 3x}(-\csc^2 3x)d(3x)$

$$= -\frac{3}{\cot 3x\,\sin^2 3x}dx = -\frac{6}{\sin 6x}dx.$$

4) $d\left(\dfrac{\tan x}{1+e^x}\right) = \dfrac{(1+e^x)d\tan x - \tan x\, d(1+e^x)}{(1+e^x)^2}$

$\qquad\qquad = \dfrac{(1+e^x)\sec^2 x - e^x\tan x}{(1+e^x)^2}dx.$

例6 设函数 $f(u)$ 可微，求下列函数的微分：

1) $y = f(\ln x)$;   2) $y = e^{f(x)}f(e^x)$.

解 1) 设 $u = \ln x$，则 $y = f(u)$，所以

$$dy = df(u) = f'(u)du = f'(\ln x)d\ln x = \frac{f'(\ln x)}{x}dx.$$

2) $dy = (d\,e^{f(x)})f(e^x) + e^{f(x)}df(e^x)$

$\qquad = (e^{f(x)}df(x))f(e^x) + e^{f(x)}f'(e^x)d\,e^x$

$\qquad = (e^{f(x)}f'(x)dx)f(e^x) + e^{f(x)}f'(e^x)e^x dx$

$\qquad = e^{f(x)}(f(e^x)f'(x) + e^x f'(e^x))dx.$

例7* 求 $\dfrac{d}{d(x^2)}\dfrac{\sin x}{x}$.

解法1 设 $x^2 = t,\ x = \sqrt{t}$，则

$$\frac{d}{d(x^2)}\frac{\sin x}{x} = \frac{d}{dt}\left(\frac{\sin\sqrt{t}}{\sqrt{t}}\right) = \frac{\sqrt{t}\cos\sqrt{t}\cdot\frac{1}{2\sqrt{t}} - \sin\sqrt{t}\cdot\frac{1}{2\sqrt{t}}}{t}$$

$$= \frac{\sqrt{t}\cos\sqrt{t} - \sin\sqrt{t}}{2t\sqrt{t}} = \frac{x\cos x - \sin x}{2x^3}.$$

解法2 这可看成是求两个微分 $d\left(\dfrac{\sin x}{x}\right)$ 与 $d(x^2)$ 之比，而

$$d\left(\frac{\sin x}{x}\right) = \frac{x\cos x - \sin x}{x^2}dx,\quad d(x^2) = 2x dx,$$

所以

$$\frac{d}{d(x^2)}\frac{\sin x}{x} = \frac{\dfrac{x\cos x - \sin x}{x^2}dx}{2x dx} = \frac{x\cos x - \sin x}{2x^3}.$$

例8 设函数 $y = f(x)$ 在 $x = 1$ 点可导，$f'(1) = \dfrac{1}{2}$. 证明：当 $\Delta x \to$ 0 时 $dy|_{x=1}$ 与 Δx 是同阶无穷小量.

证 因为 $dy|_{x=1} = f'(1)\Delta x = \dfrac{1}{2}\Delta x$，所以

$$\lim_{\Delta x \to 0}\frac{dy|_{x=1}}{\Delta x} = \frac{1}{2}.$$

这说明 $dy|_{x=1}$ 与 Δx 是同阶无穷小量.

3.6 导数和微分在经济学中的简单应用

导数和微分在经济学中有许多应用,下面主要介绍经济学中的边际分析和弹性分析.

3.6.1 边际分析

定义 1 设 $y = f(x)$ 是一个经济函数,其导数 $f'(x)$ 称为 $f(x)$ 的边际函数,$f'(x_0)$ 称为 $f(x)$ 在点 x_0 的边际函数值.

对于经济函数 $f(x)$,设经济变量 x 在点 x_0 有一个改变量 Δx,则经济变量 y 在 $y_0 = f(x_0)$ 处有相应的改变量

$$\Delta y = f(x_0 + \Delta x) - f(x_0).$$

若函数 $f(x)$ 在点 x_0 可微,则

$$\Delta y \approx dy|_{x=x_0} = f'(x_0)\Delta x.$$

假如 $\Delta x = 1$,则

$$\Delta y \approx f'(x_0).$$

这说明当 x 在 x_0 点改变"一个单位"时,y 相应地近似改变 $f'(x_0)$ 个单位. 在实际应用中,经济学家常常略去"近似"而直接说 y 改变 $f'(x_0)$ 个单位,这就是边际函数值的含义.

在将成本 C、收益 R、利润 L 仅考虑成产量 q 的函数的情况下,成本函数 $C(q)$ 的导数 $C'(q)$ 称为**边际成本**,记为 MC,即

$$MC = C'(q);$$

收益函数 $R(q)$ 的导数 $R'(q)$ 称为**边际收益**,记为 MR,即

$$MR = R'(q);$$

利润函数 $L(q)$ 的导数 $L'(q)$ 称为**边际利润**,记为 ML,即

$$ML = L'(q).$$

由于 $L(q) = R(q) - C(q)$,所以 $L'(q) = R'(q) - C'(q)$,即

$$ML = MR - MC.$$

一般地说,如果成本 C、收益 R 和利润 L 都是变量 x 的函数,即

$$C = C(x), \quad R = R(x), \quad L = L(x),$$

则它们的导数 $C'(x), R'(x), L'(x)$ 依次称为对变量 x 的边际成本、边际收益和边际利润.

例1　已知某产品的产量为 q 件时总成本为

$$C(q) = 1500 + \frac{1}{1\,200}q^2 \text{（百元）},$$

求 $q = 900$ 件时的边际成本.

解　$C'(q) = \frac{1}{600}q$，故

$$C'(900) = \frac{900}{600} = \frac{3}{2} = 1.5,$$

即 MC $= 1.5$，它说明当 q 从 900 件改变（增加或减少）1 件时，成本要改变 150 元.

例2　设某公司生产某种产品的总成本函数 $C(q)$ 和收益函数 $R(q)$ 如图 3-5 所示. 问公司在 $q = 100$ 时是增加还是减少产量可以获得更大利润？

解　由于图 3-5 中在 $q = 100$ 处曲线 $R = R(q)$ 的斜率比曲线 $C = C(q)$ 的斜率大，即

$$\text{MR}(100) > \text{MC}(100),$$

故

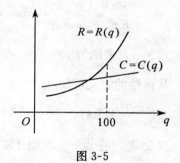

图 3-5

$$\text{ML}(100) = \text{MR}(100) - \text{MC}(100) > 0.$$

所以公司在 $q = 100$ 时增加产量可以获得更大利润.

3.6.2　弹性分析

设 $y = f(x)$ 是一个经济函数，x 在 x_0 点的改变量为 Δx. 相应的 y 在 $y_0 = f(x_0)$ 处的改变量为 $\Delta y = f(x_0 + \Delta x) - f(x_0)$，导数

$$y'|_{x=x_0} = f'(x_0)$$

考虑的是 Δy 与 Δx 之比的极限. 但在经济学中，常常需要知道的是当 x 在 x_0 改变 1 个百分数时，y 在 y_0 处要改变多少个百分数，即要求考虑 $\dfrac{\Delta y}{y_0}$ 与 $\dfrac{\Delta x}{x_0}$ 之比.

定义2　设 $y = f(x)$ 是一个经济函数，当经济变量 x 在点 x_0 改变 Δx 时，经济变量 y 相应地在 $y_0 = f(x_0)$ 处改变

$$\Delta y = f(x_0 + \Delta x) - f(x_0).$$

如果极限

$$\lim_{\Delta x \to 0} \frac{\Delta y / y_0}{\Delta x / x_0}$$

存在，则称此极限值为 $y = f(x)$ **在 x_0 点的弹性**，记为 $\left. \dfrac{Ey}{Ex} \right|_{x=x_0}$. 其中比值

$$\frac{\Delta y / y_0}{\Delta x / x_0} = \frac{f(x_0 + \Delta x) - f(x_0)}{\Delta x} \cdot \frac{x_0}{f(x_0)}$$

称为 $y = f(x)$ 在点 x_0 与点 $x_0 + \Delta x$ 之间的**弧弹性**.

在任意一点 x 的弹性，记为 $\dfrac{Ey}{Ex}$，它作为 x 的函数称为 $y = f(x)$ 的**弹性函数**. 所以

$$\frac{Ey}{Ex} = \lim_{\Delta x \to 0} \frac{\Delta y / y}{\Delta x / x} = \frac{x}{y} \lim_{\Delta x \to 0} \frac{\Delta y}{\Delta x} = \frac{x}{y} \frac{dy}{dx} = \frac{x}{y} f'(x).$$

由此可见，只要函数 $y = f(x)$ 在 x_0 点可导，在 x_0 点的弹性 $\left. \dfrac{Ey}{Ex} \right|_{x=x_0}$ 就存在.

从弹性的定义可知：

当 $\dfrac{\Delta x}{x_0} = 1\%$ 时，$\dfrac{\Delta y}{y_0} \approx \left. \dfrac{Ey}{Ex} \right|_{x=x_0}$ （%）.

即当自变量 x 在点 x_0 增加 1% 时，因变量 y 在 $y_0 = f(x_0)$ 近似地改变 $\left. \dfrac{Ey}{Ex} \right|_{x=x_0}$ 个百分数，或简单地直接说成改变 $\left. \dfrac{Ey}{Ex} \right|_{x=x_0}$ 个百分数，这就是"弹性"概念的实际含义.

由于 $\dfrac{\Delta x}{x}$ 与 $\dfrac{\Delta y}{y}$ 都是相对改变量（$\Delta x, \Delta y$ 是 x 和 y 的绝对改变量），而 $\dfrac{Ey}{Ex}$ 是这种**相对改变量之比的极限**，故它是一种相对变化率，按百分数来衡量（百分数是一种相对的指标，与变量 x 和 y 所用的计量单位无关）y 对于由 x 的变化所产生的反应的灵敏度的量化指标.

例 3 设 $S = S(p)$ 是市场对某一种商品的供给函数，其中 p 是商品价格，S 是市场的供给量，则

$$\frac{ES}{Ep} = \frac{p}{S} S'(p),$$

称为**供给价格弹性**.

由于 S 一般随 p 的上升而增加，$S(p)$ 是单调增加函数，当 $\Delta p > 0$ 时 $\Delta S > 0$，故 $\dfrac{ES}{Ep} \geqslant 0$. 其意义是：当价格从 p 上升 1% 时，市场供给量从 $S(p)$ 增加 $\dfrac{ES}{Ep}$ 个百分数.

例 4 设 $D = D(p)$ 是市场对某一商品的需求函数,其中 p 是商品价格,D 是市场需求量,则

$$\frac{ED}{Ep} = \frac{p}{D}D'(p),$$

称为**需求价格弹性**,可简单地记为 E_p.

由于需求函数 $D(p)$ 一般是 p 的单调减少函数,当 $\Delta p > 0$ 时 $\Delta D < 0$,故 $D'(p) \leqslant 0$. 因此 $\dfrac{ED}{Ep}$ 一般为负数,其意义是:当价格从 p 上升 1% 时,需求量从 $D(p)$ 减少 $\left|\dfrac{ED}{Ep}\right|$ 个百分数;反之,当价格下降 1% 时,需求量增加 $\left|\dfrac{ED}{Ep}\right|$ 个百分数.

如果 $R = R(p)$ 是收益函数,则

$$R = pD(p).$$

所以

$$R'(p) = D(p) + pD'(p) = D(p) + D(p)\frac{ED}{Ep}$$

$$= D(p)\left(1 + \frac{ED}{Ep}\right).$$

可见

当 $\dfrac{ED}{Ep} < -1$ 时,商品需求量变动的百分数高于价格变动的百分数(就绝对值而言,下同),故称为**高弹性**,此时 $R'(p) < 0$,从而随着价格上升收益会减少;

当 $\dfrac{ED}{Ep} > -1$ 时,商品需求量变动的百分数低于价格变动的百分数,故称为**低弹性**,此时 $R'(p) > 0$,从而随着价格上升收益会增加;

当 $\dfrac{ED}{Ep} = -1$ 时,商品需求量变动的百分数等于价格变动的百分数,故称为**单位弹性**,此时 $R'(p) = 0$,收益相对于价格处于临界状态.

例 5 随着人们收入的增加,对某种商品的需求量也将发生变化. 设人均收入为 M,对该种商品的需求量为 Q,则 $Q = Q(M)$ 为单调增加函数,其弹性

$$\frac{EQ}{EM} = \frac{M}{Q}Q'(M),$$

称为**需求收入弹性**.

例 6 设某商品的市场需求函数为 $D = 15 - \dfrac{p}{3}$（p：百元，D：台），求

1）需求价格弹性函数 $\dfrac{ED}{Ep}$；

2）$\dfrac{ED}{Ep}\Big|_{p=9}$，并说明其实际意义；

3）$\dfrac{ED}{Ep} = -1$ 时的价格，并说明这时的收益情况.

解 1）$D'(p) = -\dfrac{1}{3}$，于是

$$\frac{ED}{Ep} = \frac{p}{D}D'(p) = -\frac{1}{3}\frac{p}{15-p/3} = -\frac{p}{45-p}.$$

2）$\dfrac{ED}{Ep}\Big|_{p=9} = -\dfrac{9}{45-9} = -\dfrac{1}{4} = -0.25.$

所以当价格 p 从 9（百元／台）上涨 1％ 时，该商品的需求量在 $D(9) = 12$ 台的基础上下降 0.25％（或价格下降 1％ 时需求量增加 0.25％）. 由于 $\dfrac{ED}{Ep}\Big|_{p=9} > -1$，所以当价格上涨时收益能够增加.

3）若 $\dfrac{ED}{Ep} = -1$，则 $\dfrac{p}{45-p} = 1$，即 $p = 45 - p$，$p = \dfrac{45}{2} = 22.5$（百元）. 这时 $R'(p) = 0$. 由于

$$R(p) = pD(p) = 15p - \frac{p^2}{3} = \frac{1}{3}(45p - p^2)$$

$$= \frac{1}{3}\left[\left(\frac{45}{2}\right)^2 - \left(p - \frac{45}{2}\right)^2\right],$$

故当 $p = \dfrac{45}{2}$ 时，$R(p) = \dfrac{1}{3}\left(\dfrac{45}{2}\right)^2 = \dfrac{675}{4}$（百元）为最大收益.

习 题 三

1. 根据导数定义求下列函数的导数：

1）$f(x) = \sqrt{x}\ (x > 0)$；　　　2）$f(x) = \dfrac{1}{x^2}\ (x \neq 0)$；

3）$f(x) = \sqrt[3]{x^2}\ (x \neq 0)$；　　　4）$f(x) = \log_a x\ (x > 0)$.

2. 求下列曲线在指定条件下的切线方程：

1）与直线 $y = 5x$ 平行的曲线 $y = x^3 + x^2$ 的切线；

2) 余弦曲线 $y = \cos x$ 在点 $x = \dfrac{\pi}{2}$ 处的切线;

3) 经过点 $(2,0)$ 的双曲线 $y = \dfrac{1}{x}$ 的切线.

3. 已知一直线的运动方程为 $s = t^2 + 2t + 1$,求在 $t = 3$ 时运动的瞬时速度.

4. 设 $f(x) = ax^2 + bx + c$ (a, b, c 是常数,$a \neq 0$),按导数定义求 $f'(x)$,$f'(0), f'\left(\dfrac{1}{2}\right), f'\left(-\dfrac{b}{2a}\right)$.

5. 设函数 $f(x)$ 在点 $x = a$ 可导,求

1) $\lim\limits_{\Delta x \to 0} \dfrac{f(a) - f(a - \Delta x)}{\Delta x}$;

2) $\lim\limits_{h \to 0} \dfrac{f(a + 5h) - f(a - 3h)}{2h}$;

3) $f'(a)$,已知 $\lim\limits_{t \to 0} \dfrac{t}{f(a) - f(a + 3t)} = \dfrac{1}{6}$.

6. 设 $f(x)$ 可导,求 $\lim\limits_{\Delta x \to 0} \dfrac{(f(x + \Delta x))^2 - (f(x))^2}{\Delta x}$.

7. 设函数 $f(x)$ 在 $x = 0$ 点连续,且极限 $\lim\limits_{x \to 0} \dfrac{f(x) + 3}{x} = 2$. 问函数 $f(x)$ 在 $x = 0$ 点处是否可导? 若可导,求 $f'(0)$.

8. 求函数 $f(x) = x|x^2 - x|$ 的不可导点.

9. 设

$$f(x) = \begin{cases} x^\alpha \sin \dfrac{1}{x}, & x \neq 0; \\ 0, & x = 0. \end{cases}$$

试确定 α 在什么条件下可使 $f(x)$ 在点 $x = 0$ 处

1) 连续;　　2) 可导;　　3) 导数连续.

10. 设函数 $f(x)$ 在点 $x = a$ 处可导,则函数 $|f(x)|$ 在点 $x = a$ 处不可导的充分条件是(　　).

A. $f(a) = 0$,且 $f'(a) = 0$　　　　B. $f(a) = 0$,且 $f'(a) \neq 0$

C. $f(a) > 0$,且 $f'(a) > 0$　　　　D. $f(a) < 0$,且 $f'(a) < 0$

11. 设

$$f(x) = \begin{cases} \dfrac{e^{x^2} - 1}{x}, & x \neq 0; \\ 0, & x = 0. \end{cases}$$

求 $f'(0)$.

12. 设 $f(x)$ 可导且 $f(0) = 0$. 证明：$F(x) = f(x)(1 + |\sin x|)$ 在 $x = 0$ 点可导，并求 $F'(0)$.

13. 对于函数 $f(x)$，若 $\lim\limits_{\Delta x \to 0} \dfrac{f(x + \Delta x) - f(x - \Delta x)}{\Delta x}$ 存在，是否 $f'(x)$ 必存在？

14. 设 $f(x) = (x - a)g(x)$.

1) 若 $g(x)$ 在点 $x = a$ 连续，求 $f'(a)$.

2) 若点 $x = a$ 是 $g(x)$ 的间断点，$f(x)$ 是否在 $x = a$ 处必不可导，为什么？

15. 设函数

$$f(x) = \begin{cases} \dfrac{x^2}{1 + e^{\frac{1}{x}}}, & x \neq 0; \\ 0, & x = 0. \end{cases}$$

则下列结论正确的是（　　）.

A. $f(x)$ 在 $x = 0$ 点间断

B. $f(x)$ 在 $x = 0$ 点连续，但不可导

C. $f(x)$ 在 $x = 0$ 点可导，但 $f'(x)$ 在 $x = 0$ 点间断

D. $f'(x)$ 在 $x = 0$ 点连续

16. 设 $f(x)$ 为可导函数，且满足

$$\lim_{x \to 0} \frac{4 + f(1 - x)}{2x} = -1,$$

求曲线 $y = f(x)$ 在点 $(1, f(1))$ 处的切线方程.

17. 设 $f(x)$ 在 $[a, b]$ 上连续，$f(a) = f(b) = 0$，且 $f'_+(a) < 0$，$f'_-(b) < 0$. 证明：$\exists \xi \in (a, b)$ 使 $f(\xi) = 0$.

18. 设 $f(x)$ 是偶函数，且在点 $x = 0$ 可导. 证明：$f'(0) = 0$.

19. 求下列函数的导数：

1) $y = 5x^4 - 3x^2 + \dfrac{1}{x}$;　　　　2) $y = (x + 1)\sqrt{x}$;

3) $y = \dfrac{5x}{1 + x^2}$;　　　　　　4) $y = \dfrac{1 - \ln x}{1 + \ln x}$;

5) $y = x^n \log_a x$;　　　　　　6) $y = \dfrac{1 - x^3}{\sqrt[3]{x}}$;

7) $y = 2^x \sin x$;　　　　　　8) $y = 3^{-x} x^2$;

9) $y = \dfrac{x}{1-\cos x}$;

10) $y = \tan x - x\cot x$;

11) $y = x\arctan x$;

12) $y = e^x \arccos x$;

13) $y = \dfrac{\cos 2x}{\sin x + \cos x}$;

14) $y = x^2 \tan x \ln x$;

15) $y = 2^{-x} + x^{-2} + \log_2 5$;

16) $y = \ln \dfrac{\sqrt{1+x} - \sqrt{1-x}}{\sqrt{1+x} + \sqrt{1-x}}$.

20. 应用反函数求导法则证明：

1) $(\arctan x)' = \dfrac{1}{1+x^2}$;

2) $(\arccos x)' = -\dfrac{1}{\sqrt{1-x^2}}$.

21. 设函数 $y = f(x) = ax^3 + bx - 1$ 有反函数 $g(x)$，且曲线 $y = g(x)$ 在点 $(2,1)$ 处的切线方程为 $y = \dfrac{1}{5}x + \dfrac{4}{5}$，求常数 a,b.

22. 求下列分段函数 $f(x)$ 的 $f'(x)$，$f'(0)$，$f'(1)$：

1) $f(x) = \begin{cases} \sin x + 1, & x < 0; \\ e^x, & x \geqslant 0; \end{cases}$

2) $f(x) = \begin{cases} \arctan x, & 0 < x < \dfrac{\pi}{2}; \\ \tan x, & -\dfrac{\pi}{2} < x \leqslant 0. \end{cases}$

23. 求下列函数的导数：

1) $y = (3x+5)^3 (5x+1)^5$;

2) $y = (3+2x^3)\sqrt{1+4x^2}$;

3) $y = \ln \sqrt[3]{x} + \sqrt[3]{\ln x}$;

4) $y = \dfrac{x}{\sqrt{1+x^2}}$;

5) $y = \sin nx \cos^n x$;

6) $y = \ln \dfrac{1+\sqrt{x}}{1-\sqrt{x}}$;

7) $y = \ln \tan \dfrac{x}{2}$;

8) $y = \cos^5 \dfrac{x}{2}$;

9) $y = \sec^2 \dfrac{x}{a} + \csc^2 \dfrac{x}{a}$;

10) $y = x^2 \cot \dfrac{1}{x}$;

11) $y = x\sqrt{1-x^2} + \arcsin x$;

12) $y = x\sqrt{x^2+a^2} + a^2 \ln(x + \sqrt{x^2+a^2})$;

13) $y = \arctan \dfrac{2x}{1-x^2}$;

14) $y = \dfrac{\arccos x}{\sqrt{1-x^2}}$;

15) $y = e^{a^{-x^2}}$;

16) $y = \dfrac{e^x - e^{-x}}{e^x + e^{-x}}$;

17) $y = \arctan\sqrt{\dfrac{1-x}{1+x}}$;

18) $y = \log_a \sin e^{x^2}$;

19) $y = \arctan\sqrt{x^2-1} - \dfrac{\ln x}{\sqrt{x^2-1}}$;

20) $y = (u(x))^b + a^{v(x)}$ (a,b 为常数，$u(x),v(x)$ 可导);

21) $y = \sqrt{x + \sqrt{x + \sqrt{x}}}$;

22) $y = \ln \arcsin\sqrt{x}$;

23) $y = \left(\dfrac{1}{x}\right)^{\cot x}$;

24) $y = (\sin x)^{\cos x}$;

25) $y = x^{\sqrt{x}}$;

26) $y = \dfrac{\sqrt{x^2+4x}}{\sqrt[3]{x^3+2}}$;

27) $y = \dfrac{x^2}{1-x}\sqrt[3]{\dfrac{3-x}{(3+x)^2}}$;

28) $y = \left(1 - \dfrac{1}{2x}\right)^x$.

24. 设 $f(x)$ 可导，求下列函数的导数:

1) $y = f(e^x)e^{f(x)}$;

2) $y = f(\sin^2 x) + \sin f^2(x)$;

3) $y = f\left(\arcsin\dfrac{1}{x}\right)$;

4) $y = \arctan f(x)$.

25. 求 $f'(x)$，已知:

1) $f\left(x - \dfrac{1}{x}\right) = \ln x$;

2) $f(x) = \lim_{t\to\infty} x\left(1 + \dfrac{2x}{t}\right)^t$.

26. 设 $f(x) = \dfrac{x^6 + \sqrt{x} - 1}{2x^2}$，求 $f'(1)$.

27. 设 $f'(x) = \dfrac{2x}{\sqrt{1-x^2}}$，求 $\left(f(\sqrt{1-x^2})\right)'$.

28. 设

$$f(x) = \begin{cases} \ln(x^2 + a^2), & x > 1; \\ \sin b(x-1), & x \leqslant 1 \end{cases}$$

在点 $x = 1$ 可导，求 a,b.

29. 设曲线 $y = x^3 + ax$ 与 $y = bx^2 + c$ 在点 $(-1,0)$ 相切，求 a,b,c.

30. 设曲线 $y = ax^2$ 与 $y = \ln x$ 相切，求 a.

31. 设 $f(x)$ 是可导周期函数，证明: $f'(x)$ 也是周期函数.

32. 证明: 双曲线 $xy = a^2$ 上任意一点的切线与 x,y 轴围成的三角形的面积为一常数.

33. 求下列函数的二阶导数:

1) $y = x\arcsin x$;

2) $y = xe^{x^2}$;

3) $y = \dfrac{1}{1 + \sqrt{x}}$;

4) $y = \arctan \dfrac{1}{x} + x \ln \sqrt{x}$;

5) $y = x^x$;

6) $y = \ln f(x)$ ($f(x)$ 有二阶导数).

34. 求下列函数的 n 阶导数:

1) $\ln(1 + x)$;

2) $\sin^2 x$;

3) $x e^x$;

4) $\dfrac{1}{\sqrt{1 + x}}$.

35. 设 $f(x)$ 的 $n - 2$ 阶导数 $f^{(n-2)}(x) = \dfrac{x}{\ln x}$,求 $f^{(n)}(x)$.

36. 设函数 $f(x)$ 在 $(-\infty, +\infty)$ 上满足 $2f(1 + x) + f(1 - x) = e^x$,求 $f''(x)$.

37. 证明:函数 $y = \arcsin x$ 适合 $(1 - x^2)y'' - xy' = 0$,并求 $y^{(n)}(0)$.

38. 求出函数 $f(x) = x^2 - 3x + 1$ 在 $x = 2$,Δx 依次等于 $0.1, 0.01, 0.001$ 时的改变量与微分的差,并比较所得的结果.

39. 求下列函数的微分:

1) $y = \sqrt{1 + x^2}$;

2) $y = \dfrac{x}{1 - x^2}$;

3) $y = e^x \cos x$;

4) $y = \ln \sqrt{1 + x^3}$;

5) $y = e^{\arcsin \sqrt{x}}$;

6) $y = e^{-x} \sin^2(2x)$;

7) $y = \dfrac{\cos x}{1 - x^2}$;

8) $y = 5^{\ln \tan x}$.

40. 证明当 $|x|$ 很小时,下列近似式成立:(即当 $x \to 0$ 时误差是 x 的高阶无穷小)

1) $e^x \approx 1 + x$;

2) $\sqrt[n]{1 + x} \approx 1 + \dfrac{x}{n}$;

3) $\tan x \approx x$;

4) $\ln(1 + x) \approx x$.

41. 求下列诸数的近似值:

1) $\sqrt[5]{0.95}$;

2) $\arctan 1.02$.

42. 设 $y = f^2 \left(\dfrac{2x - 1}{2x + 1} \right)$,其中 $f(x) = \ln(1 + x^2)$,求 $y'(0)$.

43. 设函数 $f(x)$ 在 $x = 3$ 点处可导,且 $f(3) = 3$,$f'(3) = 5$,求函数 $g(x) = f(x^2 f(3x))$ 在 $x = 1$ 点的导数 $g'(1)$.

44. 一球形薄壳,其外半径为 $2\,\mathrm{m}$,厚度为 $0.1\,\mathrm{cm}$. 已知用材每平方米的重量为 $\rho\,\mathrm{kg}$,求此球壳重的精确值和近似值.

45. 设一圆柱体的高为 $25\,\mathrm{cm}$,底半径为 $20 \pm 0.05\,\mathrm{cm}$,求圆柱体体积和

侧面积的绝对误差和相对误差.

46. 已知某商品的成本函数为

$$C(Q) = 1000 + \frac{Q^2}{8}.$$

求当产量 $Q = 120$ 时的总成本和边际成本.

47. 设某产品的销量 Q 与价格 P 之间的关系为

$$P = 150 - 0.01Q (元),$$

求收益函数及当 $Q = 100$ 件时的总收益与边际收益.

48. 设生产某产品的固定成本为 60 000 元,可变成本为每件 20 元,价格函数为

$$P = 60 - \frac{Q}{1\,000},$$

其中 Q 为销量. 设供销平衡,求

1) 边际利润;

2) 当 $P = 10$ 元时价格上涨 1%,收益增加(或减少)的百分数.

49. 设某商品的需求函数为 $D(P) = 75 - P^2$,求当 $P = 4$ 时的需求价格弹性和收益价格弹性,并说明其实际含义.

50. 设某商品的供给函数为 $S(P) = 2 + 3P$,求供给价格弹性函数及当 $P = 3$ 时的供给价格弹性,并说明其实际含义.

51. 对下列需求函数,当 P 在什么范围变动时需求是高弹性或低弹性?

1) $Q = 100(2 - \sqrt{P})$;   2) $P = \sqrt{a - bQ}$ $(a, b > 0)$.

52. 设某商品的需求函数为 $Q = 100 - 5P$,若需求弹性小于 -1,求商品价格 P 的取值范围.

数学是科学的大门和钥匙.

—— 培根(R. Bacon, 1214 ~ 1294)*

数学是科学和技术的基础；没有强有力的数学就不可
能有强有力的科学.

—— 美国国家研究委员会**

第四章 微分中值定理和导数的应用

导数概念刻画了函数的一种局部特性. 联系导数和函数的纽带是微分中值定理，它是用导数来研究函数性态的理论基础，从而也成为导数应用的理论基础.

本章首先介绍微分中值定理，随后以之为基础介绍了导数的几个重要应用：求未定式的值（洛必达法则），函数的单调性和曲线的上、下凸性（函数的凹凸性）及拐点的判定，函数的极值和最值的求法，以及绘制函数图形的基本方法.

---

* R. 培根，英国方济各会修士，哲学家、科学家和教育改革家，号称"万能博士". 他深知获取可靠知识的方法. 在数学、力学、光学、天文学、地理学、化学、音乐、医学、文法、哲学、伦理学和神学等方面都有不平凡的著作，他强调数学和实验，在他的著作《大作》中曾企图证明所有科学都需要数学. 但他也充分认识到实验对科学发现和验证理论的作用和重要性，并预见科学造福于人类的伟大前景.

** 美国国家研究委员会理事会的成员来自美国科学院、美国工程科学院和美国医学研究院的委员会，该委员会在 20 世纪 80 年代发表了多个关于数学科学发展的研究报告，上述观点摘自 1989 年的报告《人人关心数学教育的未来》（中译本，世界图书出版公司，p. 36）.

4.1 微分中值定理

4.1.1 罗尔定理

首先介绍发现于微积分产生之初的一个著名定理，它具有重要的应用.

费马(Fermat)引理① 设函数 $y = f(x)$ 在点 x_0 的一个邻域 $U(x_0)$ 上有定义，并在 x_0 点可导. 如果

$$f(x) \geqslant f(x_0) \text{（或 } f(x) \leqslant f(x_0)) \quad (\forall x \in U(x_0)),$$

则 $f'(x_0) = 0$.

这个引理的几何含义是：在引理的假设下，点 $P_0(x_0, f(x_0))$ 位于曲线

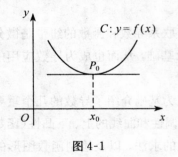

图 4-1

$C: y = f(x) \ (x \in U(x_0))$ 的"谷底"（或"峰顶"）（如图 4-1），这时 C 在点 P_0 的切线必是水平的.

证 设自变量 x 在点 x_0 有改变量 Δx，$x_0 + \Delta x \in U(x_0)$，由假设，

$$f(x_0 + \Delta x) \geqslant f(x_0),$$

从而函数 $f(x)$ 相应的增量

$$\Delta y = f(x_0 + \Delta x) - f(x_0) \geqslant 0,$$

所以，当 $\Delta x > 0$ 时 $\dfrac{\Delta y}{\Delta x} \geqslant 0$，当 $\Delta x < 0$ 时 $\dfrac{\Delta y}{\Delta x} \leqslant 0$. 由极限的保号性质，有

$$f'_+(x_0) = \lim_{\Delta x \to 0^+} \frac{\Delta y}{\Delta x} \geqslant 0, \quad f'_-(x_0) = \lim_{\Delta x \to 0^-} \frac{\Delta y}{\Delta x} \leqslant 0.$$

因为 $f(x)$ 在点 x_0 可导，故在点 x_0 的导数

$$f'(x_0) = f'_+(x_0) = f'_-(x_0),$$

---

① 费马(P. de Fermat, 1601 ~ 1665)，法国数学家. 与笛卡儿(R. Descartes, 1596 ~1650)同时创立了解析几何，也是创立微积分的一位先驱. 1629 年他创造了求切线的方法，但直到 1637 年才在他的手稿《求最大值和最小值的方法》中被发现.

费马初学法律，博览群书，年近 30 岁才利用公务之余钻研数学，在数论、概率论等方面均有重大贡献. 被誉为"业余数学家之王"，他只发表了很少几篇论文，在去世后，其子把他遗留在旧纸堆里、书页空白处和给朋友的书信中的很多论述汇集成书，于 1679 年分两卷出版.

所以必有 $f'(x_0) = 0$.

对于 $f(x) \leqslant f(x_0)$（$\forall x \in U(x_0)$）的情形，可以同样证明. ∎

通常称导数 $f'(x)$ 等于零的点为函数 $f(x)$ 的**驻点**（或**稳定点、临界点**）. 所以费马引理中的点 x_0 是 $f(x)$ 的驻点.

罗尔(Rolle) 定理[①]　设函数 $y = f(x)$ 在 $[a,b]$ 上连续，在 (a,b) 上可导，且 $f(a) = f(b)$，则 $\exists \xi \in (a,b)$，使得 $f'(\xi) = 0$.

这个定理的几何意义是：如果光滑曲线 $\Gamma: y = f(x)$（$x \in [a,b]$）的两个端点 A 和 B 等高，即其连线 AB 是水平的，则在 Γ 上必有一点 $C(\xi, f(\xi))$（$\xi \in (a,b)$），Γ 在 C 点的切线是水平的（如图4-2）.

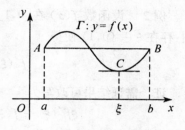

图 4-2

从几何上来看，这时的曲线 Γ 或者就是直线段 AB，此时 AB 上的任意一点的切线都是水平的；若 Γ 不是直线段，则 Γ 必有"谷底"或"峰顶"，设这样的点为 $C(\xi, f(\xi))$，则 $\xi \in (a,b)$，且由费马引理，必有 $f'(\xi) = 0$.

定理的证明就是上述几何事实的解析表述，在此从略.

罗尔定理只是说明在给定的条件下，函数 $f(x)$ 在 (a,b) 中必有驻点，没有说明 ξ 如何确定以及有多少个，但尽管如此，定理还是有其重要的理论价值.

例1　试判定函数

$$f(x) = \ln \sin x \quad \left(x \in \left[\frac{\pi}{6}, \frac{5\pi}{6}\right]\right)$$

是否满足罗尔定理的条件，若满足，求出它的驻点.

解　在 $\left[\frac{\pi}{6}, \frac{5\pi}{6}\right]$ 上 $\sin x > 0$，所以函数 $f(x) = \ln \sin x$ 在 $\left[\frac{\pi}{6}, \frac{5\pi}{6}\right]$ 上有意义，这是一个初等函数，从而是连续函数，它在 $\left(\frac{\pi}{6}, \frac{5\pi}{6}\right)$ 上可导，其导数为

$$f'(x) = (\ln \sin x)' = \frac{1}{\sin x} \cos x = \cot x.$$

又

———————————————

① 罗尔(M. Rolle, 1652～1719)，法国数学家，科学院院士，他在1691年证明了这个定理.

$$f\left(\frac{5\pi}{6}\right) = \ln \sin \frac{5\pi}{6} = \ln \sin\left(\pi - \frac{\pi}{6}\right)$$

$$= \ln \sin \frac{\pi}{6} = f\left(\frac{\pi}{6}\right),$$

故 $f(x)$ 满足罗尔定理的条件,从方程

$$f'(\xi) = \cot \xi = 0 \quad \left(\frac{\pi}{6} < \xi < \frac{5\pi}{6}\right)$$

可解得 $\xi = \frac{\pi}{2}$,它就是函数 $f(x)$ 的驻点.

例 2 设函数 $f(x)$ 在 $[0,1]$ 上连续,在 $(0,1)$ 上可导,且 $f(1) = 0$. 证明:存在 $\xi \in (0,1)$ 使得

$$f'(\xi) + \frac{1}{\xi}f(\xi) = 0.$$

证 需证结果可改写为

$$\xi f'(\xi) + f(\xi) = (xf(x))'|_{x=\xi} = 0.$$

故可考虑函数

$$F(x) = xf(x).$$

它在 $[0,1]$ 上满足罗尔定理的条件,从而存在 $\xi \in (0,1)$ 使得

$$F'(\xi) = \xi f'(\xi) + f(\xi) = 0.$$

例 3 设 $f(x)$ 在 $[a,b]$ 上连续,在 (a,b) 上可导,且 $f(a) = f(b) = 0$. 证明:存在 $\xi \in (a,b)$ 使得

$$f'(\xi) - f(\xi) = 0.$$

证 若拟用罗尔定理证明上述结果,就需将它化成某一函数之导数等于零的形式. 为此引进函数

$$F(x) = e^{-x}f(x).$$

显然,$F(x)$ 在 $[a,b]$ 上满足罗尔定理的条件,故必存在 $\xi \in (a,b)$ 使得

$$F'(\xi) = (e^{-x}f(x))'|_{x=\xi} = e^{-\xi}f'(\xi) - e^{-\xi}f(\xi)$$

$$= e^{-\xi}(f'(\xi) - f(\xi)) = 0.$$

由于 $e^{-\xi} \neq 0$,故得 $f'(\xi) - f(\xi) = 0$.

4.1.2 拉格朗日中值定理

罗尔定理中的条件 $f(a) = f(b)$ 很特殊,一般的函数不满足这个条件,因此在大多数场合罗尔定理不能直接应用. 由此自然会想到要去掉这一条件,从而导致拉格朗日中值定理.

拉格朗日(Lagrange)**中值定理**① 设函数 $f(x)$ 在 $[a,b]$ 上连续，在 (a,b) 上可导，则 $\exists \xi \in (a,b)$，使得

$$\frac{f(b)-f(a)}{b-a} = f'(\xi), \tag{4.1}$$

或

$$f(b)-f(a) = f'(\xi)(b-a) \quad (a < \xi < b). \tag{4.2}$$

这个定理的几何意义是：对于曲线

$$\Gamma: y = f(x) \ (x \in [a,b]),$$

其端点为 $A(a,f(a))$ 和 $B(b,f(b))$，公式 (4.1) 的左边表示弦 AB 的斜率，右边表示 Γ 在点 $C(\xi,f(\xi))$ 的切线的斜率（如图 4-3），(4.1) 式表明这切线与直线 AB 平行．由于 Γ 是光滑的连续曲线，这样的点 C 一定存在．

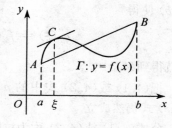

图 4-3

容易看到，罗尔定理是拉格朗日定理的特殊情形．

证 可用罗尔定理来证明这个定理．由于线段 AB 与曲线 Γ 有共同的端点，表示 Γ 和 AB 的两个函数之差定能满足罗尔定理的条件．

从直线 AB 的方程

$$y - f(a) = \frac{f(b)-f(a)}{b-a}(x-a),$$

或

$$y = f(a) + \frac{f(b)-f(a)}{b-a}(x-a),$$

———————————————

① 拉格朗日（J. L. Lagrange, 1736～1813），法国数学家，力学家，天文学家．出生于意大利，在中学时代就对数学和天文学深感兴趣，进入他的故乡都灵的皇家炮兵学校学习后，读了天文学家哈雷介绍牛顿的微积分的一篇短文，开始钻研数学．19 岁任该校数学教授，23 岁被选为柏林科学院院士，30 岁任柏林科学院主席兼物理数学所所长．德皇腓特烈大帝认为在"欧洲最大的王"的宫廷里应当有"欧洲最大的数学家"，于是在 1766 年拉格朗日应邀赴德皇宫任职，长达 20 年，1786 年德皇去世后应法王路易十六的邀请定居巴黎，直至去世．

他的工作涉及许多数学分支（包括数论，代数方程论，微积分，微分方程，变分法等）和物理分支，他的主要兴趣是将引力定律应用于行星运动．他的著作《分析力学》是一部科学经典，但在当时却难以找到一个出版商，他是分析力学的创始人．

他在为微积分奠定基础方面作了独特的尝试，在数学史上被认为是对分析数学的发展产生全面影响的数学家之一．

作新的函数

$$\varphi(x) = f(x) - \left[f(a) + \frac{f(b)-f(a)}{b-a}(x-a) \right].$$

显然 $\varphi(x)$ 在 $[a,b]$ 上连续，在 (a,b) 上可导，其导数为

$$\varphi'(x) = f'(x) - \frac{f(b)-f(a)}{b-a},$$

且 $\varphi(a) = 0$，$\varphi(b) = 0$. $\varphi(x)$ $(x \in [a,b])$ 符合罗尔定理的条件，所以 $\exists \xi \in (a,b)$ 使得

$$\varphi'(\xi) = f'(\xi) - \frac{f(b)-f(a)}{b-a} = 0.$$

这就得到 (4.1) 式.

把 (4.1) 或 (4.2) 式中的 a,b 互换，公式不变，故当 $b < a$ 时 (4.1) 和 (4.2) 式仍然成立.

公式 (4.1) 或 (4.2) 称为**拉格朗日中值公式**. 它也可写成

$$f(x_2) - f(x_1) = f'(\xi)(x_2 - x_1) \quad (\xi \text{ 介于 } x_1, x_2 \text{ 之间}). \qquad (4.3)$$

拉格朗日定理的条件一般函数都能满足，所以应用比较广泛，在微分学中占有重要地位，故有时也称为**微分中值定理**.

与罗尔定理一样，拉格朗日定理只是断定了适合 (4.1) 式的中值 ξ 的存在性，并没有给出确定 ξ 的方法或说明这种 ξ 有多少个，但它仍然具有重要的理论意义.

例 4 试就函数 $f(x) = \ln x$ $(x \in [1,e])$ 验证拉格朗日定理.

解 $f(x) = \ln x$ 是基本初等函数，在 $[1,e]$ 上连续，在 $(1,e)$ 上可导，其导数为

$$f'(x) = \frac{1}{x}.$$

公式 (4.1) 此时为

$$\frac{f(e) - f(1)}{e - 1} = f'(\xi).$$

而 $f(e) = \ln e = 1$，$f(1) = \ln 1 = 0$，$f'(\xi) = \dfrac{1}{\xi}$，故上式即为

$$\frac{1}{e-1} = \frac{1}{\xi}, \quad \text{或 } \xi = e - 1.$$

易知 $1 < \xi < e$，所以拉格朗日定理的结论成立.

从拉格朗日定理可以得到两个重要推论.

推论 1 如果函数 $f(x)$ 在区间 I 上的导数恒等于零，则 $f(x)$ 在 I 上是一个常数.

证 由假设，$f(x)$ 在 I 上满足拉格朗日定理的条件. 任取 $x_1, x_2 \in I$, $x_1 < x_2$, 由公式(4.3), 有

$$f(x_2) - f(x_1) = f'(\xi)(x_2 - x_1) \quad (x_1 < \xi < x_2).$$

根据假设，$f'(x) = 0 \ (\forall x \in I)$, 从而 $f'(\xi) = 0$, 由此

$$f(x_2) - f(x_1) = 0,$$

即 $f(x_2) = f(x_1)$. 这说明 $f(x)$ 在 I 中任意两点的函数值总相等，所以在 I 上 $f(x)$ 是一个常数. ∎

从上述证明可以看到，只要知道满足公式(4.3)的 ξ 存在就足够了，无需知道 ξ 的具体数值是什么.

由第三章可知：常数的导数恒等于零. 这个推论告诉我们反之亦真. 所以

$$f'(x) \equiv 0 \Leftrightarrow f(x) = C \text{ (常数)}.$$

例 5 证明：$\arctan x = \arcsin \dfrac{x}{\sqrt{1+x^2}} \ (x \in \mathbf{R})$.

证 因为 $(\arctan x)' = \dfrac{1}{1+x^2}$,

$$\left(\arcsin \frac{x}{\sqrt{1+x^2}}\right)' = \frac{1}{\sqrt{1 - \dfrac{x^2}{1+x^2}}} \left(\frac{x}{\sqrt{1+x^2}}\right)'$$

$$= \frac{1}{\sqrt{\dfrac{1}{1+x^2}}} \frac{\sqrt{1+x^2} - x \cdot \dfrac{x}{\sqrt{1+x^2}}}{1+x^2}$$

$$= \frac{1}{1+x^2},$$

所以，对任意的 $x \in \mathbf{R}$,

$$\arctan x = \arcsin \frac{x}{\sqrt{1+x^2}} + C.$$

当 $x = 0$ 时 $\arctan x = 0$, $\arcsin \dfrac{x}{\sqrt{1+x^2}} = 0$, 从而 $C = 0$. 这就得到要证的等式.

推论 2 假设在区间 I 上两个函数 $f(x)$ 和 $g(x)$ 的导数处处相等，则 $f(x)$ 与 $g(x)$ 至多相差一个常数.

证 作函数 $\varphi(x) = f(x) - g(x)$. 由于 $f'(x) = g'(x) \ (\forall x \in I)$, 所以

$$\varphi'(x) = f'(x) - g'(x) = 0 \quad (\forall x \in I).$$

由推论 1，$\varphi(x) = C$（常数），即 $f(x) - g(x) = C$.

推论 2 在积分学中有重要应用.

例 6 证明不等式：

$$\frac{x}{1+x} < \ln(1+x) < x \quad (x > 0).$$

证 对于任意的数 $t > 0$，函数 $y = \ln(1+x)$ 在 $[0, t]$ 上满足拉格朗日定理的条件，由此 $\exists \xi \in (0, t)$ 使得

$$\ln(1+t) - \ln 1 = \ln(1+t) = f'(\xi)(t-0) = \frac{1}{1+\xi}t.$$

由于 $0 < \xi < t$，故 $\dfrac{1}{1+t} < \dfrac{1}{1+\xi} < 1$. 所以

$$\frac{t}{1+t} < \ln(1+t) < t,$$

因为 t 是任意正数，不等式得证.

4.1.3 柯西中值定理

拉格朗日中值定理还可以推广到两个函数的情形，即有

柯西(Cauchy) 中值定理 设函数 $f(x)$ 和 $g(x)$ 都在 $[a, b]$ 上连续，在 (a, b) 上可导，且 $g'(x) \neq 0$（$\forall x \in (a, b)$），则 $\exists \xi \in (a, b)$ 使得

$$\frac{f(b) - f(a)}{g(b) - g(a)} = \frac{f'(\xi)}{g'(\xi)}. \tag{4.4}$$

证 由拉格朗日定理，在条件 $g'(x) \neq 0$ 下，

$$g(b) - g(a) = g'(\eta)(b-a) \neq 0 \quad (a < \eta < b).$$

作函数

$$F(x) = f(x) - \frac{f(b) - f(a)}{g(b) - g(a)}(g(x) - g(a)).$$

易验证 $F(x)$ 在 $[a, b]$ 上满足罗尔定理条件，从而存在 $\xi \in (a, b)$ 使得 $F'(\xi) = 0$，即

$$f'(\xi) = \frac{f(b) - f(a)}{g(b) - g(a)}g'(\xi).$$

由于 $g'(\xi) \neq 0$，这就得到(4.4).

当 $g(x) = x$ 时，柯西中值定理就是拉格朗日中值定理.

例 7 设 $b > a > 0$，函数 $f(x)$ 在 $[a, b]$ 上连续，在 (a, b) 上可导，证明：存在 $\xi \in (a, b)$ 使得

$$f(\xi) - \xi f'(\xi) = \frac{bf(a) - af(b)}{b - a}.$$

证 上式可改写为

$$\frac{\dfrac{f(b)}{b} - \dfrac{f(a)}{a}}{\dfrac{1}{b} - \dfrac{1}{a}} = f(\xi) - \xi f'(\xi),$$

故若设 $F(x) = \dfrac{f(x)}{x}$，$G(x) = \dfrac{1}{x}$ $(a \leqslant x \leqslant b)$，则 $F(x)$ 和 $G(x)$ 在 $[a,b]$ 上满足柯西中值定理的条件，所以必存在 $\xi \in (a,b)$ 使得

$$\frac{F(b) - F(a)}{G(b) - G(a)} = \frac{F'(\xi)}{G'(\xi)}.$$

而 $F'(x) = \dfrac{xf'(x) - f(x)}{x^2}$，$G'(x) = -\dfrac{1}{x^2}$，从而

$$\frac{F'(\xi)}{G'(\xi)} = f(\xi) - \xi f'(\xi),$$

又 $\dfrac{F(b) - F(a)}{G(b) - G(a)} = \dfrac{bf(a) - af(b)}{b - a}$，问题得证.

4.1.4 泰勒公式

应用柯西中值定理可以证明下述定理，该定理对于更精细地研究函数具有重要意义.

泰勒(Taylor) 定理[①] 设 $f(x)$ 在区间 (a,b) 上有连续的 $n + 1$ 阶导数，$x_0 \in (a,b)$，则有

$$f(x) = f(x_0) + f'(x_0)(x - x_0) + \frac{f''(x_0)}{2!}(x - x_0)^2 + \cdots$$
$$+ \frac{f^{(n)}(x_0)}{n!}(x - x_0)^n + \frac{f^{(n+1)}(\xi)}{(n+1)!}(x - x_0)^{n+1}$$
$$(x \in (a,b)), \quad (4.5)$$

————————————————

① 泰勒(B. Taylor, 1685 ~ 1731)，英国数学家, 18 世纪早期英国牛顿学派最优秀的代表人物之一, 1714 ~ 1718 年任皇家学会秘书, 是有限差分理论的奠基人. 在 1715 年出版的著作《正的和反的增量方法》中陈述了他在 1712 年得到的, 后又以其名命名的定理. 书中还讨论微积分在一系列物理问题中的应用. 这个定理在 1670 年最早为 J. 格雷戈里(J. Gregory, 1638 ~ 1675)和 1673 年莱布尼茨独立发现, 但他们都未发表. J. 伯努利(John Bernoulli)于 1694 年在一杂志上首先公开发表了这个结果. 泰勒知道, 但没有引证, 两者的"证明"也不同.

其中 ξ 是介于 x_0 和 x 之间的某个值.

证 不妨设 $x_0 < x$（对 $x_0 > x$ 的情况与之完全类似），考虑函数

$$F(t) = f(x) - \left[f(t) + f'(t)(x-t) + \frac{f''(t)}{2!}(x-t)^2 + \cdots \right.$$
$$\left. + \frac{f^{(n)}(t)}{n!}(x-t)^n \right]$$

和 $G(t) = (x-t)^{n+1}$，显然，$F(t)$ 和 $G(t)$ 在 $[x_0, x]$ 上连续，在 (x_0, x) 上可导，且 $F(x) = 0$，

$$F(x_0) = f(x) - \left[f(x_0) + f'(x_0)(x-x_0) + \frac{f''(x_0)}{2!}(x-x_0)^2 \right.$$
$$\left. + \cdots + \frac{f^{(n)}(x_0)}{n!}(x-x_0)^n \right],$$

$$F'(t) = -\frac{f^{(n+1)}(t)}{n!}(x-t)^n,$$

$$G(x) = 0, \quad G(x_0) = (x-x_0)^{n+1},$$

$$G'(t) = -(n+1)(x-t)^n.$$

并在 (x_0, x) 上 $G'(t) \neq 0$. 所以 $F(t)$ 和 $G(t)$ 在 $[x_0, x]$ 上满足柯西中值定理条件，从而存在 $\xi \in (x_0, x)$ 使得

$$\frac{F(x) - F(x_0)}{G(x) - G(x_0)} = \frac{F'(\xi)}{G'(\xi)},$$

即

$$\left\{ f(x) - \left[f(x_0) + f'(x_0)(x-x_0) + \frac{f''(x_0)}{2!}(x-x_0)^2 + \cdots \right.\right.$$
$$\left.\left. + \frac{f^{(n)}(x_0)}{n!}(x-x_0)^n \right] \right\} \Big/ (x-x_0)^{n+1}$$

$$= \frac{-\dfrac{f^{(n+1)}(\xi)}{n!}(x-\xi)^n}{-(n+1)(x-\xi)^n} = \frac{f^{(n+1)}(\xi)}{(n+1)!}.$$

因此

$$f(x) - \left[f(x_0) + f'(x_0)(x-x_0) + \frac{f''(x_0)}{2!}(x-x_0)^2 + \cdots \right.$$
$$\left. + \frac{f^{(n)}(x_0)}{n!}(x-x_0)^n \right] = \frac{f^{(n+1)}(\xi)}{(n+1)!}(x-x_0)^{n+1}.$$

此即公式 (4.5). ∎

(4.5) 常称为 $f(x)$ 在点 x_0 的 n 阶泰勒公式. 当 $n = 0$ 时，(4.5) 就是拉

格朗日中值公式,故泰勒定理是拉格朗日中值定理的推广.

当 $x \to x_0$ 时,

$$\frac{f^{(n+1)}(\xi)}{(n+1)!}(x-x_0)^{n+1} = o((x-x_0)^n),$$

它表明,当用 n 次多项式

$$f(x_0) + f'(x_0)(x-x_0) + \frac{f''(x_0)}{2!}(x-x_0)^2 + \cdots + \frac{f^{(n)}(x_0)}{n!}(x-x_0)^n$$

作为 $f(x)$ 的近似时,其误差将随着 n 的增加而很快减小,当 $n=1$ 时,它就是用微分 $\mathrm{d}f|_{x=x_0}$ 逼近增量 $\Delta y = f(x) - f(x_0)$ 的近似计算公式,所以公式 (4.5) 在函数值的近似计算中有用. 并且在进一步的附加条件下,可以得到函数的另一种表示形式(即用无穷级数表示).

例 8 求下列函数在 $x=0$ 点的 n 阶泰勒公式:

1) e^x;   2) $\ln(1+x)$.

解 1) 由于 $(e^x)^{(k)} = e^x (k \in \mathbf{N})$,函数 e^x 适合泰勒定理的条件,在 $x=0$ 点 $e^x = 1$,故由 (4.5) 得

$$e^x = 1 + x + \frac{x^2}{2!} + \cdots + \frac{x^n}{n!} + \frac{e^\xi}{(n+1)!}x^{n+1} \quad (\xi \text{ 介于 } 0 \text{ 和 } x \text{ 之间})$$

$$= 1 + x + \frac{x^2}{2!} + \cdots + \frac{x^n}{n!} + \frac{e^{\theta x}}{(n+1)!}x^{n+1} \quad (0 < \theta < 1).$$

2) 设 $f(x) = \ln(1+x)$,则

$$f'(x) = \frac{1}{1+x} = (1+x)^{-1},$$

$$f''(x) = (-1)(1+x)^{-2}.$$

用数学归纳法可以证明

$$f^{(k)}(x) = (-1)^{k-1}(k-1)!(1+x)^{-k} \quad (k \in \mathbf{N}).$$

所以

$$f^{(k)}(0) = (-1)^{k-1}(k-1)! \quad (k \in \mathbf{N}).$$

代入 (4.5) 即得

$$\ln(1+x) = x - \frac{x^2}{2} + \cdots + \frac{(-1)^{n-1}}{n}x^n + \frac{(-1)^n}{n+1}\frac{x^{n+1}}{(1+\xi)^{n+1}},$$

其中 ξ 介于 0 和 x 之间,或 $\xi = \theta x \ (0 < \theta < 1)$,故上式即为

$$\ln(1+x) = x - \frac{x^2}{2} + \cdots + \frac{(-1)^{n-1}}{n}x^n$$

$$+ \frac{(-1)^n}{n+1}\frac{x^{n+1}}{(1+\theta x)^{n+1}} \quad (0 < \theta < 1).$$

4.2　洛必达法则

当 $x \to a$（a 可以是 ∞）时，如果 $f(x)$ 和 $g(x)$ 都趋近于 0（或 ∞），则极限 $\lim\limits_{x \to a} \dfrac{f(x)}{g(x)}$ 就不能用极限的运算法则来计算，这个极限可能存在，也可能不存在. 如 $f(x) = \sin x$，$g(x) = x$，

$$\lim_{x \to 0} \frac{\sin x}{x} = 1.$$

而对于函数 $f(x) = x \sin \dfrac{1}{x}$（$x \neq 0$），$g(x) = x$，当 $x \to 0$ 时也有 $f(x) \to 0$，$g(x) \to 0$，但

$$\lim_{x \to 0} \frac{x \sin \dfrac{1}{x}}{x} = \lim_{x \to 0} \sin \frac{1}{x}$$

不存在.

这种极限我们称为**未定式**，并简记为 $\dfrac{0}{0}$ 或 $\dfrac{\infty}{\infty}$，下面介绍计算这两种未定式的一种方法.

4.2.1　$\dfrac{0}{0}$ 型和 $\dfrac{\infty}{\infty}$ 型未定式

定理4.1（洛必达法则）[①]　假设函数 $f(x)$ 和 $g(x)$ 满足下列条件：

1) $f(x)$，$g(x)$ 都在 a 点的某去心邻域 $\mathring{U}(a)$ 上可导，且 $g'(x) \neq 0$
   （$\forall\, x \in \mathring{U}(a)$）；

2) 当 $x \to a$ 时 $f(x) \to 0$，$g(x) \to 0$（或 $f(x) \to \infty$，$g(x) \to \infty$）；

3) $\lim\limits_{x \to a} \dfrac{f'(x)}{g'(x)}$ 存在（也可以是 ∞），

---

① 洛必达（G. F. A. de L'Hospital, 1661～1704），法国数学家，科学院院士，出身贵族，曾为骑兵军官. 因视力不佳，转向学术研究. 早年就显露出数学才华，曾解出了当时数学家提出的两个著名数学难题. 1696 年出版了第一本系统论述微分学的教科书《无穷小分析》，对传播新创立的微积分学起了很大的作用，其中第九章论述了后人所称的"洛必达法则"，其实这是他的老师约翰·伯努利（John Bernoulli, 1667～1748）在 1694 年给他的一封信中告诉他的.

则 $\lim\limits_{x \to a} \dfrac{f(x)}{g(x)} = \lim\limits_{x \to a} \dfrac{f'(x)}{g'(x)}$.

证 由于 $\lim\limits_{x \to a} \dfrac{f(x)}{g(x)}$ 与 $f(x), g(x)$ 在 a 点的值无关，不妨可设 $f(a) = 0$，$g(a) = 0$，则 $f(x), g(x)$ 在 a 的某一邻域内连续. 设 $x \in \overset{\circ}{U}(a)$，由定理的条件 1)，$f(x)$ 和 $g(x)$ 在 $[a, x]$（或 $[x, a]$）上满足柯西中值定理的条件，从而存在 $\xi \in (a, x)$（或 (x, a)），使得

$$\frac{f(x)}{g(x)} = \frac{f(x) - f(a)}{g(x) - g(a)} = \frac{f'(\xi)}{g'(\xi)}.$$

当 $x \to a$ 时 $\xi \to a$，所以

$$\lim_{x \to a} \frac{f(x)}{g(x)} = \lim_{\xi \to a} \frac{f'(\xi)}{g'(\xi)} = \lim_{x \to a} \frac{f'(x)}{g'(x)} = A.$$

对于 $x \to a$ 时 $f(x) \to \infty$，$g(x) \to \infty$ 的情形，由于证明比较复杂，在此从略. ∎

这个定理说明：在条件 1) 和 2) 下，只要 $\lim\limits_{x \to a} \dfrac{f'(x)}{g'(x)} = A$（或 ∞），则 $\lim\limits_{x \to a} \dfrac{f(x)}{g(x)}$ 必存在，且就等于 A（或 ∞）. 所以为了确定未定式 $\lim\limits_{x \to a} \dfrac{f(x)}{g(x)}$ 的值，只要把分子、分母分别求导再取极限，在这个极限存在（或是 ∞）的情况下，就可确定原来未定式的值（或是 ∞）. 这种确定未定式的值的方法称为**洛必达法则**.

用洛必达法则时必须注意：

1° $\lim\limits_{x \to a} \dfrac{f(x)}{g(x)}$ 必须是 $\dfrac{0}{0}$ 型或 $\dfrac{\infty}{\infty}$ 型的；

2° $\lim\limits_{x \to a} \dfrac{f'(x)}{g'(x)}$ 存在（或是 ∞）只是 $\lim\limits_{x \to a} \dfrac{f(x)}{g(x)}$ 存在的充分条件而不是必要条件. 即如果 $\lim\limits_{x \to a} \dfrac{f'(x)}{g'(x)}$ 不存在，不能立即断定 $\lim\limits_{x \to a} \dfrac{f(x)}{g(x)}$ 不存在，这时还得用其他方法来判别这个极限是否存在.

在洛必达法则中 $x \to a$ 可以改成 $x \to a^+$，或 $x \to a^-$，或 $x \to +\infty$ 和 $x \to -\infty$，这时只要把定理中 a 的邻域 $\overset{\circ}{U}(a)$ 作相应的改动即可.

在定理中的条件满足的情况下，洛必达法则可以多次应用.

例 1 求 $\lim\limits_{x \to 0} \dfrac{x}{1 + \sin x}$.

解 当 $x \to 0$ 时,$1 + \sin x \to 1$,故由极限的运算法则,

$$\lim_{x \to 0} \frac{x}{1 + \sin x} = \frac{0}{1} = 0.$$

若套用洛必达法则,就会导致

$$\lim_{x \to 0} \frac{x}{1 + \sin x} = \lim_{x \to 0} \frac{1}{\cos x} = 1$$

的错误结果. 这是因为 $\lim\limits_{x \to 0} \dfrac{x}{1 + \sin x}$ 并不是 $\dfrac{0}{0}$ 型未定式,定理中的条件 2) 不满足. 所以不能用洛必达法则.

例 2 求 $\lim\limits_{x \to 1} \dfrac{x^4 - 2x^3 + 2x^2 - 2x + 1}{x^4 - 3x^2 + 2x}$.

解 设

$$f(x) = x^4 - 2x^3 + 2x^2 - 2x + 1,$$
$$g(x) = x^4 - 3x^2 + 2x.$$

显然,当 $x \to 1$ 时 $f(x) \to f(1) = 0$,$g(x) \to g(1) = 0$,故这是一个 $\dfrac{0}{0}$ 型未定式. 而

$$\lim_{x \to 1} \frac{f'(x)}{g'(x)} = \lim_{x \to 1} \frac{4x^3 - 6x^2 + 4x - 2}{4x^3 - 6x + 2},$$

这还是一个 $\dfrac{0}{0}$ 型未定式. 由于

$$\lim_{x \to 1} \frac{f''(x)}{g''(x)} = \lim_{x \to 1} \frac{12x^2 - 12x + 4}{12x^2 - 6} = \frac{4}{6} = \frac{2}{3},$$

故对 $\lim\limits_{x \to 1} \dfrac{f'(x)}{g'(x)}$ 可应用洛必达法则,得

$$\lim_{x \to 1} \frac{f'(x)}{g'(x)} = \lim_{x \to 1} \frac{f''(x)}{g''(x)} = \frac{2}{3}.$$

从而对 $\lim\limits_{x \to 1} \dfrac{f(x)}{g(x)}$ 定理的条件满足,因此有

$$\lim_{x \to 1} \frac{f(x)}{g(x)} = \lim_{x \to 1} \frac{f'(x)}{g'(x)} = \frac{2}{3}.$$

所以,在定理的条件满足的情况下,对未定式 $\lim\limits_{x \to 1} \dfrac{f(x)}{g(x)}$ 用两次洛必达法则即知它的值为 $\dfrac{2}{3}$.

注意,由于 $\lim\limits_{x \to 1} \dfrac{f''(x)}{g''(x)}$ 不再是 $\dfrac{0}{0}$ 型未定式,对它不能再用洛必达法则,否

则会导致

$$\lim_{x\to 1}\frac{f(x)}{g(x)} = \lim_{x\to 1}\frac{f'(x)}{g'(x)} = \lim_{x\to 1}\frac{f''(x)}{g''(x)} = \lim_{x\to 1}\frac{f'''(x)}{g'''(x)}$$

$$= \lim_{x\to 1}\frac{24x-12}{24x} = \frac{12}{24} = \frac{1}{2}$$

的错误结果.

例 3 求 $\lim\limits_{x\to 0}\dfrac{x-\sin x}{x^3}$.

解 这是 $\dfrac{0}{0}$ 型未定式,用洛必达法则,有

$$\lim_{x\to 0}\frac{x-\sin x}{x^3} = \lim_{x\to 0}\frac{1-\cos x}{3x^2} \quad \left(仍是\frac{0}{0}型\right)$$

$$= \lim_{x\to 0}\frac{\sin x}{6x} = \frac{1}{6}.$$

在求未定式的值时,可以把洛必达法则与第二章中求极限的方法,特别是在乘、除的情况下用等价无穷小替换的方法结合起来,以简化计算.

如在本例中,用一次洛必达法则,再利用当 $x\to 0$ 时 $1-\cos x \sim \dfrac{1}{2}x^2$,即得

$$\lim_{x\to 0}\frac{x-\sin x}{x^3} = \lim_{x\to 0}\frac{1-\cos x}{3x^2} = \lim_{x\to 0}\frac{\frac{1}{2}x^2}{3x^2} = \frac{1}{6}.$$

例 4 求 $\lim\limits_{x\to 0}\dfrac{x-\arcsin x}{\sin^3 x}$ $\left(\dfrac{0}{0}型\right)$.

解 由于 $x\to 0$ 时 $\sin x \sim x$,故

$$\lim_{x\to 0}\frac{x-\arcsin x}{\sin^3 x} = \lim_{x\to 0}\frac{x-\arcsin x}{x^3} = \lim_{x\to 0}\frac{1-\dfrac{1}{\sqrt{1-x^2}}}{3x^2} \quad \left(仍是\frac{0}{0}型\right)$$

$$= \lim_{x\to 0}\frac{-\dfrac{x}{(1-x^2)^{\frac{3}{2}}}}{6x} = -\lim_{x\to 0}\frac{1}{6(1-x^2)^{\frac{3}{2}}} = -\frac{1}{6}.$$

本题若开始时就用洛必达法则,计算就会较费事,大家不妨一试.

例 5 求 $\lim\limits_{x\to\infty}\dfrac{x+\cos x}{x}$ $\left(\dfrac{\infty}{\infty}型\right)$.

解 设 $f(x) = x+\cos x$,$g(x) = x$. 当 $x\to\infty$ 时,$f(x)\to\infty$,$g(x)\to\infty$. 由于

$$\lim_{x\to\infty}\frac{f'(x)}{g'(x)} = \lim_{x\to\infty}(1-\sin x)$$

不存在，定理中的条件不满足，洛必达法则不能用.

事实上，这时

$$\lim_{x \to \infty} \frac{x + \cos x}{x} = \lim_{x \to \infty} \left(1 + \frac{\cos x}{x} \right) = 1.$$

例 6 求 $\lim\limits_{x \to +\infty} \frac{\ln x}{x^{\alpha}}$ $(\alpha > 0)$.

解 当 $x \to +\infty$ 时，$\ln x \to +\infty$，这是 $\frac{\infty}{\infty}$ 型未定式，用洛必达法则，

$$\lim_{x \to +\infty} \frac{\ln x}{x^{\alpha}} = \lim_{x \to +\infty} \frac{\frac{1}{x}}{\alpha x^{\alpha-1}} = \lim_{x \to +\infty} \frac{1}{\alpha x^{\alpha}} = 0.$$

例 7 求 $\lim\limits_{x \to +\infty} \frac{x^n}{e^x}$ $(n$ 是正整数$)$.

解 这是 $\frac{\infty}{\infty}$ 型未定式，接连用洛必达法则 n 次，得

$$\lim_{x \to +\infty} \frac{x^n}{e^x} = \lim_{x \to +\infty} \frac{n x^{n-1}}{e^x} = \cdots = \lim_{x \to +\infty} \frac{n!}{e^x} = 0.$$

对于任意的 μ，$\mu > 0$，同样可以证明

$$\lim_{x \to +\infty} \frac{x^{\mu}}{e^x} = 0.$$

例 6 和例 7 说明，当 $x \to +\infty$ 时，$\ln x, x^{\mu}(\mu > 0)$ 和 e^x 都是无穷大量，但它们增长的速度却有很大的差别：$x^{\mu}(\mu > 0$ 不论多么小$)$ 比 $\ln x$ 快，而 e^x 又比 $x^{\mu}(\mu > 0$ 不论多么大$)$ 更快，所以在描述一个量增长得非常快时，常常说它是"指数型"增长.

4.2.2 其他类型的未定式

除前面讲述的 $\frac{0}{0}$ 型和 $\frac{\infty}{\infty}$ 型未定式外，还有 5 种其他类型的未定式：$0 \cdot \infty, \infty - \infty, 0^0, 1^{\infty}, \infty^0$.

$0 \cdot \infty$ 和 $\infty - \infty$ 型未定式可通过代数恒等式变形转化成 $\frac{0}{0}$ 型或 $\frac{\infty}{\infty}$ 型未定式.

$0^0, 1^{\infty}, \infty^0$ 型未定式可通过取对数转化成 $0 \cdot \infty$ 型未定式.

下面用几个例子来说明这些类型未定式的计算.

例 8 求 $\lim\limits_{x \to \infty} x(e^{\frac{1}{x}} - 1)$.

解 当 $x \to \infty$ 时 $e^{\frac{1}{x}} - 1 \to 0$，所以这是 $0 \cdot \infty$ 型未定式.

$$\lim_{x \to \infty} x(e^{\frac{1}{x}} - 1) = \lim_{x \to \infty} \frac{e^{\frac{1}{x}} - 1}{\frac{1}{x}} \quad \left(\frac{0}{0} \text{ 型}\right) \quad \left(\text{设 } t = \frac{1}{x}\right)$$

$$= \lim_{t \to 0} \frac{e^t - 1}{t} = \lim_{t \to 0} e^t = e^0 = 1.$$

例 9 设 $a > 0$, 求 $\lim\limits_{x \to 0^+} x^a \ln x$.

解 当 $x \to 0^+$ 时 $x^a \to 0$, $\ln x \to -\infty$, 这是 $0 \cdot \infty$ 型未定式.

$$\lim_{x \to 0^+} x^a \ln x = \lim_{x \to 0^+} \frac{\ln x}{x^{-a}} \quad \left(\frac{\infty}{\infty} \text{ 型}\right)$$

$$= \lim_{x \to 0^+} \frac{\frac{1}{x}}{-a x^{-a-1}} = -\lim_{x \to 0^+} \frac{1}{a x^{-a}}$$

$$= -\lim_{x \to 0^+} \frac{1}{a} x^a = 0.$$

这个例子说明, 当 $x \to 0^+$ 时, 尽管 $\ln x$ 是无穷大量, 它与无穷小量 x^a ($a > 0$) 的乘积仍是一个无穷小量.

例 10 求 $\lim\limits_{x \to \frac{\pi}{2}} (\sec x - \tan x)$.

解 这是 $\infty - \infty$ 型未定式.

$$\lim_{x \to \frac{\pi}{2}} (\sec x - \tan x) = \lim_{x \to \frac{\pi}{2}} \frac{1 - \sin x}{\cos x} \quad \left(\frac{0}{0} \text{ 型}\right)$$

$$= \lim_{x \to \frac{\pi}{2}} \frac{-\cos x}{-\sin x} = 0.$$

例 11 求 $\lim\limits_{x \to 0^+} x^x$ (0^0 型).

解 设 $y = x^x$, 则 $\ln y = x \ln x$, 所以

$$\lim_{x \to 0^+} \ln y = \lim_{x \to 0^+} x \ln x = 0 \quad (\text{由例 9}).$$

从而 $\lim\limits_{x \to 0^+} y = \lim\limits_{x \to 0^+} x^x = e^0 = 1$.

例 12 求 $\lim\limits_{x \to +\infty} \left(\frac{2}{\pi} \arctan x\right)^x$.

解 这是 1^∞ 型未定式. 设 $y = \left(\frac{2}{\pi} \arctan x\right)^x$, 则 $\ln y = x \ln\left(\frac{2}{\pi} \arctan x\right)$.

所以

$$\lim_{x \to +\infty} \ln y = \lim_{x \to +\infty} x \ln\left(\frac{2}{\pi} \arctan x\right) \quad (0 \cdot \infty \text{ 型})$$

$$= \lim_{x \to +\infty} \frac{\ln \frac{2}{\pi} + \ln \arctan x}{\frac{1}{x}} \quad \left(\frac{0}{0} \text{ 型} \right)$$

$$= \lim_{x \to +\infty} \frac{\frac{1}{\arctan x} \cdot \frac{1}{1+x^2}}{-\frac{1}{x^2}}$$

$$= - \lim_{x \to +\infty} \frac{x^2}{1+x^2} \cdot \frac{1}{\arctan x} = -\frac{2}{\pi}.$$

从而

$$\lim_{x \to +\infty} y = \lim_{x \to +\infty} \left(\frac{2}{\pi} \arctan x \right)^x = e^{-\frac{2}{\pi}}.$$

4.3 函数的单调性

1.3 节讲述了函数在区间上的单调性概念,对于给定的函数或曲线,常常首先关注的是函数的增减性或曲线的升降走向,这是函数或曲线的一种基本的性质. 如果按定义来判别函数在给定区间上的单调性,一般比较麻烦,但如果用导数和微分中值定理来处理就会容易得多.

设函数 $y = f(x)$ 是 $[a,b]$ 上单调增加(或减少)的连续函数,并且在 (a,b) 上可导,则如图 4-4 (a) (或图 4-4 (b))所示,曲线 $C: y = f(x)$ $(x \in (a,b))$ 在每一点的切线的倾角都是锐角(或钝角),从而 $f'(x) \geqslant 0$ (或 $\leqslant 0$). 事实上,由函数 $f(x)$ 单调增加的定义,对任意一点 $x \in (a,b)$ 和自变量在 x 的增量 Δx $(x + \Delta x \in (a,b))$,对应的函数的增量为 $\Delta y = f(x + \Delta x) - f(x)$,当 $\Delta x > 0$ 时 $\Delta y > 0$,当 $\Delta x < 0$ 时 $\Delta y < 0$,故不论 Δx 是正还是负,总有 $\dfrac{\Delta y}{\Delta x}$

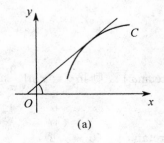

(a)

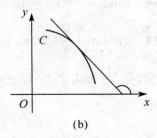

(b)

图 4-4

＞0，由极限的保号性，必有

$$f'(x) = \lim_{\Delta x \to 0} \frac{\Delta y}{\Delta x} \geqslant 0.$$

在 $f(x)$ 单调减少的情况同样可证 $f'(x) \leqslant 0$. 所以有

可导函数 $f(x)$ 在 $[a,b]$ 上单调增加（减少）

$\Rightarrow$ 导数 $f'(x) \geqslant 0 \ (\leqslant 0) \ (\forall x \in (a,b))$.

反之，如果 $f'(x) > 0 \ (\forall x \in (a,b))$，则由拉格朗日中值定理，对任意的 $x_1, x_2 \in [a,b]$，$x_1 < x_2$，有

$$f(x_2) - f(x_1) = f'(\xi)(x_2 - x_1) \quad (x_1 < \xi < x_2).$$

由假设 $f'(\xi) > 0$，故 $f(x_2) - f(x_1) > 0$，即 $f(x_2) > f(x_1)$，所以 $f(x)$ 是单调增加的.

同理，如果 $f'(x) < 0 \ (\forall x \in (a,b))$，则 $f(x)$ 在 $[a,b]$ 上单调减少，这就得到

函数单调性判定法 假设函数 $f(x)$ 在 $[a,b]$ 上连续，在 (a,b) 上可导，则当 $f'(x) > 0 \ (\forall x \in (a,b))$ 时 $f(x)$ 在 $[a,b]$ 上单调增加；当 $f'(x) < 0$ $(\forall x \in (a,b))$ 时 $f(x)$ 在 $[a,b]$ 上单调减少.

注 1 如果把判定法中的 $[a,b]$ 换成其他各种区间（包括无穷区间），结论仍然成立.

注 2 判定法中的条件 $f'(x) > 0 \ (<0)$ 改成 $f'(x) \geqslant 0 \ (\leqslant 0)$，但只在有限个点处等于零，结论依然成立.

例 1 立方抛物线 $y = x^3$ 在 $(-\infty, +\infty)$ 上是单调增加的（如图 1-28 (a)），其导数

$$y' = 3x^2 \geqslant 0 \quad (\forall x \in \mathbf{R}),$$

且仅当 $x = 0$ 时，$y' = 0$.

函数 $y = \sqrt[3]{x}$ 的图形如图 1-28 (a)，它在 $(-\infty, +\infty)$ 上也是单调增加的，其导数

$$y' = \frac{1}{3} \frac{1}{\sqrt[3]{x^2}} > 0 \quad (\forall x \in \mathbf{R} - \{0\}),$$

在 $x = 0$ 处 y' 不存在.

例 2 试判断函数 $y = \sqrt[3]{x^2}$ 的单调性.

解 $y' = \frac{2}{3} x^{-\frac{1}{3}} = \frac{2}{3} \frac{1}{\sqrt[3]{x}}$.

由此可见，在 $(0, +\infty)$ 上 $y' > 0$，在 $(-\infty, 0)$ 上 $y' < 0$. 所以函数 $y =$

$\sqrt[3]{x^2}$ 在 $(0,+\infty)$ 上单调增加，在 $(-\infty,0)$ 上单调减少，其图形如图 1-28 (c)，这个函数在点 $x=0$ 不可导.

例 3 求函数 $f(x)=2x^3-3x^2-12x+13$ 的单调区间.

解 $f'(x)=6x^2-6x-12=6(x+1)(x-2)$. 由此可见，

在 $(-\infty,-1)$ 和 $(2,+\infty)$ 上 $f'(x)>0$；

在 $(-1,2)$ 上 $f'(x)<0$.

所以 $f(x)$ 在区间 $(-\infty,-1]$ 和 $[2,+\infty)$ 上单调增加，在区间 $[-1,2]$ 上单调减少.

从上面的例子可看到：对于定义在区间 I 上的连续函数 $f(x)$，假定它的导数 $f'(x)$ 在 I 上仅有有限个间断点，为了确定 $f(x)$ 的单调区间，只需求出 $f(x)$ 的驻点和不可导点（假设只有有限多个），用这些点把 I 分成若干小区间，则 $f'(x)$ 在每个小区间上都有确定的符号，由此即可判定 $f(x)$ 在这些小区间上的单调性.

利用函数的单调性可以证明一些不等式.

例 4 证明：函数 $f(x)=\left(1+\dfrac{1}{x}\right)^x$ 在 $(0,+\infty)$ 内是单调增加的.

证 在 $(0,+\infty)$ 内 $f(x)>0$，且

$$f'(x)=\left(1+\frac{1}{x}\right)^x\left(\ln\left(1+\frac{1}{x}\right)-\frac{1}{1+x}\right).$$

为证 $f(x)$ 在 $(0,+\infty)$ 内单调增加，只要证 $f'(x)>0$，即证

$$g(x)=\ln\left(1+\frac{1}{x}\right)-\frac{1}{1+x}>0.$$

由于

$$g'(x)=\frac{1}{(1+x)^2}-\frac{1}{x(1+x)}=-\frac{1}{x(1+x)^2},$$

因此在 $(0,+\infty)$ 上 $g'(x)<0$，又当 $x\to+\infty$ 时 $g(x)\to0$，故 $g(x)>0$，问题得证.

例 5 证明：当 $x>0$ 时，$x-\dfrac{x^3}{3}<\arctan x<x$.

证 设 $f(x)=\arctan x-\left(x-\dfrac{x^3}{3}\right)$，则 $f(0)=0$，其导数

$$f'(x)=\frac{1}{1+x^2}-1+x^2=\frac{x^4}{1+x^2}>0 \quad (x>0).$$

所以 $f(x)$ 在 $[0,+\infty)$ 上单调增加，从而 $f(x)>f(0)=0$. 这就证明了左边的不等式成立.

用同样的方法，引进函数 $g(x) = x - \arctan x$，可以证明右边不等式.

4.4　曲线的上、下凸性和拐点

4.4.1　曲线的上、下凸性和拐点

曲线的上、下凸性就是曲线弯曲的方向.

设 $f(x)$ 是定义在区间 I 上的函数，P_1, P_2 是曲线 $C: y = f(x)\ (x \in I)$ 上的任意两点，线段 $\overline{P_1P_2}$ 称为曲线 C 的**弦**，C 上介于 P_1, P_2 之间的曲线段 $\overset{\frown}{P_1P_2}$ 称为 C 的**弧**.

定义　如果曲线 $C: y = f(x)\ (x \in I)$ 上任意两点 P_1, P_2 的弦 P_1P_2 总在弧 $\overset{\frown}{P_1P_2}$ 之上（下），则称曲线 C 是**下凸**（**上凸**）的.

下（上）凸有时也称为上凹或凹（下凹或凸）.

图 4-5（a）中的曲线是下凸（凹）的；图 4-5（b）中的曲线是上凸（凸）的.

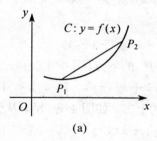

(a)　　　　　　　　　　　(b)

图 4-5

注意，曲线的上、下凸性与区间有关.

如图 4-6，对于曲线 $\Gamma: y = \varphi(x)$ $(x \in [a, b])$，弧 $\overset{\frown}{AD}$ 是上凸（或凸）的，弧 $\overset{\frown}{DB}$ 是下凸（或凹）的.

上、下凸弧的分界点称为曲线的**拐点**（或**反曲点**）. 所以图 4-6 中的点 D 是曲线 Γ 的拐点. 注意，曲线在拐点必是连续的.

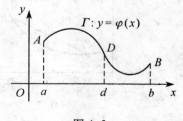

图 4-6

曲线的上、下凸性可用解析的方法加以描述.

为此，先给出线段 $\overline{P_1P_2}$ 的一种解析表示.

如图 4-7，设 $x_1 \neq x_2$，x 介于 x_1, x_2 之间，记

$$\frac{x-x_1}{x_2-x_1}=\lambda,$$

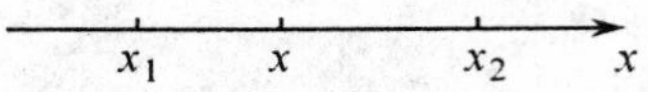

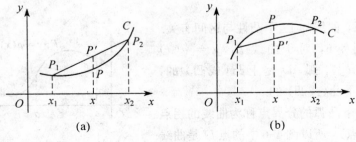

图 4-7

则 $0<\lambda<1$，从而

$$x-x_1=\lambda(x_2-x_1)\ (0<\lambda<1),$$

或

$$x=x_1+\lambda(x_2-x_1)=(1-\lambda)x_1+\lambda x_2 \quad (0<\lambda<1).$$

由此，对于曲线 C：$y=f(x)\ (x\in I)$，设 x_1, x_2 是区间 I 中任意两点，$x_1\neq x_2$，则点 $P_1(x_1, f(x_1)), P_2(x_2, f(x_2))\in C$. 直线 P_1P_2 有方程

$$y-f(x_2)=\frac{f(x_2)-f(x_1)}{x_2-x_1}(x-x_2).$$

以 $x=(1-\lambda)x_1+\lambda x_2\,(0<\lambda<1)$ 代入上式，得

$$\begin{aligned} y &= f(x_2)+\frac{f(x_2)-f(x_1)}{x_2-x_1}[(1-\lambda)x_1+\lambda x_2-x_2] \\ &= f(x_2)+(\lambda-1)(f(x_2)-f(x_1)) \\ &= (1-\lambda)f(x_1)+\lambda f(x_2). \end{aligned}$$

因此，如图 4-8，弦 $\overline{P_1P_2}$ 上的点 P' 有坐标

$$((1-\lambda)x_1+\lambda x_2, (1-\lambda)f(x_1)+\lambda f(x_2)) \quad (0<\lambda<1);$$

对于同一个 x，弧 $\overset{\frown}{P_1P_2}$ 上的点 P 有坐标

$$((1-\lambda)x_1+\lambda x_2, f((1-\lambda)x_1+\lambda x_2)).$$

所以，若曲线 C 是下凸的，则 P 应在 P' 的下方(图 4-8 (a))，从而有

$$f((1-\lambda)x_1+\lambda x_2)<(1-\lambda)f(x_1)+\lambda f(x_2) \quad (0<\lambda<1); \tag{4.6}$$

同理，若曲线 C 是上凸的，则 P 应在 P' 的上方，如图 4-8 (b)，从而有

$$f((1-\lambda)x_1+\lambda x_2)>(1-\lambda)f(x_1)+\lambda f(x_2) \quad (0<\lambda<1). \tag{4.7}$$

(a) (b)

图 4-8

如果函数 $f(x)$ 在区间 I 内可导，即曲线 C 处处有切线，则 C 的上、下凸性可以用另一种方式来描述，并给出用导数 $f'(x)$ 进行判别的方法.

如图 4-9（a），如果曲线 C 是下凸的，则 C 的切线的斜率亦即导数 $f'(x)$ 是单调增加的；同样，如图 4-9（b），如果曲线 C 是上凸的，则 C 的导数 $f'(x)$ 是单调减少的.

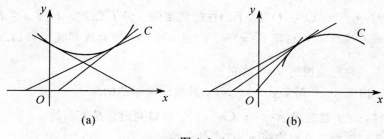

$$(a) \qquad\qquad (b)$$

图 4-9

定理4.2　设 $f(x)$ $(x \in I)$ 在 I 上可导，且 $f'(x)$ 在 I 上单调增加（单调减少），则曲线 C：$y = f(x)$ $(x \in I)$ 在 I 上是下（上）凸的.

证　设 $f'(x)$ 在 I 上单调增加，$x_1, x_2 \in I$，$x_1 \neq x_2$. 为方便计，不妨设 $x_1 < x_2$，及 $\lambda \in (0,1)$. 记 $x_0 = (1-\lambda)x_1 + \lambda x_2$，则 $x_1 < x_0 < x_2$.

由拉格朗日中值公式，有

$$f(x_1) = f(x_0) + f'(\xi_1)(x_1 - x_0) \quad (x_1 < \xi_1 < x_0),$$
$$f(x_2) = f(x_0) + f'(\xi_2)(x_2 - x_0) \quad (x_0 < \xi_2 < x_2).$$

所以

$$(1-\lambda)f(x_1) + \lambda f(x_2) = (1-\lambda)[f(x_0) + f'(\xi_1)(x_1 - x_0)]$$
$$+ \lambda[f(x_0) + f'(\xi_2)(x_2 - x_0)]$$
$$= f(x_0) + f'(\xi_1)(1-\lambda)(x_1 - x_0)$$
$$+ \lambda f'(\xi_2)(x_2 - x_0).$$

而

$$x_1 - x_0 = -\lambda(x_2 - x_1), \quad x_2 - x_0 = (1-\lambda)(x_2 - x_1),$$

代入上式，即得

$$(1-\lambda)f(x_1) + \lambda f(x_2) = f(x_0) + \lambda(1-\lambda)(x_2 - x_1)(f'(\xi_2) - f'(\xi_1)).$$

由于 $\xi_1 < x_0 < \xi_2$ 且 $f'(x)$ 在 I 上单调增加，故 $f'(\xi_2) > f'(\xi_1)$. 而 $\lambda(1-\lambda) > 0$，$x_2 - x_1 > 0$，所以

$$(1-\lambda)f(x_1) + \lambda f(x_2) > f(x_0) = f((1-\lambda)x_1 + \lambda x_2).$$

此即（4.6）式. 从而曲线 C 是下凸的.

同样可证，若 $f'(x)$ 在 I 上单调减少，则 C 是上凸的. ■

利用上节的结果，导数 $f'(x)$ 的单调性，可用它的导数，即 $f(x)$ 的二阶

导数 $f''(x)$ 的符号来判定.

假若函数 $f(x)$ 在区间 I 内二阶可导，则当 $f''(x)>0$ $(x\in I)$ 时，$f'(x)$ 在 I 上单调增加；当 $f''(x)<0$ $(x\in I)$ 时 $f'(x)$ 在 I 上单调减少，从而得到：

曲线 C：$y=f(x)$ $(x\in I)$ 上、下凸性的判定法　若 $f''(x)>0$ $(\forall x\in I)$，则曲线 C 是下凸的；若 $f''(x)<0$ $(\forall x\in I)$，则曲线 C 是上凸的.

例 1　判定抛物线 $y=x^2$ 的凸性.

解　由于 $y'=2x$，$y''=2>0$，故曲线是下凸的.

同样，对于抛物线 $y=\sqrt{x}$ $(x>0)$，可以判定它是上凸的.

例 2　讨论立方抛物线 $y=x^3$ 的凸性.

解　$y'=3x^2$，$y''=6x$. 所以，在 $(0,+\infty)$ 上 $y''>0$，曲线是下凸的；在 $(-\infty,0)$ 上 $y''<0$，曲线是上凸的（如图 1-21）.

求出了曲线的上、下凸区间，也就可以知道曲线的拐点. 例如：在例 2 中坐标原点 O 是立方抛物线上凸和下凸两部分的分界点，故是曲线的拐点.

一般地说，对于曲线 C：$y=f(x)$ $(x\in I)$，假设 $x_0\in I$，则点 $P_0(x_0,$ $f(x_0))\in C$. 如果在 x_0 的两侧 $f''(x)$ 异号，则 P_0 是 C 的拐点.（在这里要注意，不能说 $x=x_0$ 是 C 的拐点，因为拐点必须是曲线上的点.）

反之，如果点 $P_0(x_0,f(x_0))$ 是曲线 C 的拐点，二阶导数 $f''(x)$ 在 $x=x_0$ 有什么特点呢？

假若 $f''(x)$ 在 I 内连续，则因为曲线 C 在点 P_0 的两侧凸性相反，$f''(x)$ 在 $x=x_0$ 的两侧异号，所以必有 $f''(x_0)=0$. 若 $f''(x)$ 在 I 内不连续，则 $f(x)$ 的二阶导数不存在的点也可能是 $f''(x)$ 的符号在其两侧发生变化的点，即 $f''(x_0)$ 可能不存在. 由此得到

曲线 C：$y=f(x)$ $(x\in I)$ 的拐点的求法　计算 $f''(x)$，并求出方程 $f''(x)=0$ 的根和 $f''(x)$ 不存在的点，对于每一个这样的点 x_0，若 $f''(x)$ 在 x_0 的两侧异号，则 $P_0(x_0,f(x_0))$ 是 C 的拐点；否则 P_0 不是 C 的拐点.

例 3　求曲线 $y=\ln(x^2+1)$ 的上、下凸区间和拐点.

解　$y'=\dfrac{2x}{x^2+1}$，

$$y''=\frac{(x^2+1)\cdot 2-2x\cdot 2x}{(x^2+1)^2}=\frac{2(1-x^2)}{(1+x^2)^2}.$$

让 $y''=0$，得 $1-x^2=0$，$x=\pm 1$. 函数无二阶导数不存在的点. 点 $x=1$ 和 $x=-1$ 把 $(-\infty,+\infty)$ 分成三部分，在 $(-\infty,-1)$ 和 $(1,\infty)$ 上 $y''<0$，

曲线是上凸的；在 $(-1,1)$ 上 $y'' > 0$，曲线是下凸的. 当 $x = \pm 1$ 时 $y = \ln 2$. 故 $(-1, \ln 2)$ 和 $(1, \ln 2)$ 是曲线的拐点.

4.4.2　函数的凸性

前面讨论了曲线的上、下凸性，曲线的凸性是函数的凸性的几何表现.

在经济学里对函数的凹凸性有专门的定义，与前面介绍的曲线的凹凸性略有不同，下面给出它的定义.

定义　如果曲线 $C: y = f(x)$ $(x \in I)$ 是下（上）凸的，则称函数 $f(x)$ $(x \in I)$ 是凸（凹）函数.

所以，关于函数 $f(x)$ $(x \in I)$ 和任意的 $x_1, x_2 \in I$，$x_1 \neq x_2$ 及 $0 < \lambda < 1$，如果总有

$$f((1-\lambda)x_1 + \lambda x_2) < (1-\lambda)f(x_1) + \lambda f(x_2), \tag{4.6}$$

则 $f(x)$ 在 I 上是凸的. 如果总有

$$f((1-\lambda)x_1 + \lambda x_2) > (1-\lambda)f(x_1) + \lambda f(x_2), \tag{4.7}$$

则 $f(x)$ 在 I 上是凹的.

若设 $1-\lambda = q_1$，$\lambda = q_2$，则 $0 < \lambda < 1$ 等价于 $q_1 + q_2 = 1$，$0 < q_1, q_2 < 1$. (4.6) 和 (4.7) 依次可以写成下列形式：

$$f(q_1 x_1 + q_2 x_2) < q_1 f(x_1) + q_2 f(x_2) \tag{4.6}'$$

和

$$f(q_1 x_1 + q_2 x_2) > q_1 f(x_1) + q_2 f(x_2). \tag{4.7}'$$

从前面曲线上、下凸性的判别法，立即可以得到函数凹、凸性的下列判别法：

设函数 $f(x)$ 在区间 I 中有二阶导数 $f''(x)$，若 $f''(x) > 0$ $(\forall x \in I)$，则 $f(x)$ 在 I 上是凸的；若 $f''(x) < 0$ $(\forall x \in I)$，则 $f(x)$ 在 I 上是凹的.

若 $f(x)$ 在区间 I 上是凸（凹）函数，则 $-f(x)$ 是 I 上是凹（凸）函数，故通常只讨论函数 $f(x)$ 是否凸函数.

函数的凸性在凸分析和最优化理论中是一个基本的概念，有重要的应用.

例 4　求函数 $f(x) = 3x^{\frac{4}{3}} - \dfrac{2}{3}x^2$ 的凹凸区间.

解　$f'(x) = 4x^{\frac{1}{3}} - \dfrac{4}{3}x$，

$$f''(x) = \frac{4}{3}x^{-\frac{2}{3}} - \frac{4}{3} = \frac{4}{3\sqrt[3]{x^2}}(1 - \sqrt[3]{x^2}).$$

$f''(x) = 0$ 时 $x = \pm 1$，$x = 0$ 时 $f''(x)$ 不存在. 点 $x = -1, 0, 1$ 将 $f(x)$ 的定义域 $(-\infty, +\infty)$ 分成 4 个区间：

$$(-\infty, -1), (-1, 0), (0, 1), (1, +\infty).$$

在 $(-\infty, -1)$ 和 $(1, +\infty)$ 上 $f''(x) < 0$，$f(x)$ 都是凹的；

在 $(-1, 0)$ 和 $(0, 1)$ 上 $f''(x) > 0$，$f(x)$ 都是凸的.

利用函数的凸性可以证明一些不等式.

例 5 证明函数 $f(x) = -\ln x$ 是凸函数，由此证明不等式

$$a^{1-\lambda}b^\lambda \leqslant (1-\lambda)a + \lambda b \quad (a, b > 0, \ 0 < \lambda < 1).$$

并证明等式成立的充分必要条件是 $a = b$.

证 因为 $f'(x) = -\dfrac{1}{x}$，$f''(x) = \dfrac{1}{x^2}$，在 $(0, +\infty)$ 上 $f''(x) > 0$，故 $f(x)$

是凸函数.

由此，对 $a, b > 0$，$a \neq b$，$0 < \lambda < 1$，由凸函数的定义，即 (4.6)，有

$$-\ln((1-\lambda)a + \lambda b) < (1-\lambda)(-\ln a) + \lambda(-\ln b),$$

或

$$\ln((1-\lambda)a + \lambda b) > (1-\lambda)\ln a + \lambda \ln b.$$

当 $a = b$ 时上式两边相等，故 $\forall a, b > 0$，$\lambda \in (0, 1)$，有

$$\ln((1-\lambda)a + \lambda b) \geqslant (1-\lambda)\ln a + \lambda \ln b.$$

从而

$$(1-\lambda)a + \lambda b \geqslant e^{(1-\lambda)\ln a + \lambda b} = a^{1-\lambda}b^\lambda,$$

且 "=" 当且仅当 $a = b$ 时成立.

4.5　函数的极值与最值

引发导数概念的另一类重要的实际问题就是寻求函数的极值和最值.

例如：在一定的发射速度下，对于怎样的射角，大炮的射程达到最大？在 17 世纪初期，伽利略断定在真空中达到最大射程的射角是 $45°$，他还求出了在不同发射角下炮弹所能达到的不同的最大高度. 天文学中研究行星运动也遇到计算函数最大、最小值的问题，例如行星到太阳的最近距离和最远距离.

4.5.1　函数的极值

定义 给定函数 $f(x)$ $(x \in D)$，设点 $x_0 \in D$，如果 x_0 有一个邻域 $U(x_0) \subset D$，使得

$$f(x) < f(x_0) \ (\text{或} \ f(x) > f(x_0)) \quad (\forall x \in \mathring{U}(x_0)),$$

则称 x_0 是函数 $f(x)$ 的**极大(小)值点**，$f(x_0)$ 称为 $f(x)$ 的**极大(小)值**.

　　函数的极大值和极小值统称为函数的**极值**，极大值点和极小值点统称为**极值点**.

　　从定义可知，函数的极值是函数的一种局部性质，即它仅与函数在自变量的某一邻域中变化情况有关，如图4-10，x_1, x_3 是函数 $y = f(x)$ 的极大值点，x_2, x_4 是极小值点，$f(x_1), f(x_3)$ 是 $f(x)$ 的极大值，$f(x_2), f(x_4)$ 是 $f(x)$ 的极小值. 在图中 $f(x_1) < f(x_4)$，这说明极大值可以小于极小值.

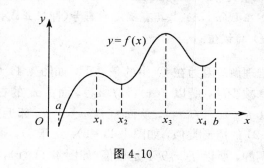

图 4-10

　　由 4.1 节中的费马引理，可得

定理4.3（极值的必要条件）　设函数 $f(x)$ 在点 x_0 可导，且 x_0 是 $f(x)$ 的极值点，则必有 $f'(x_0) = 0$.

　　所以，可导函数的极值点必定是驻点. 但反之不然，驻点不一定是极值点. 例如：函数 $f(x) = x^3$ 在 $(-\infty, +\infty)$ 上是单调增加的，其图形如图1-21，$f'(0) = 0$，即 $x = 0$ 是它的驻点，但不是极值点.

　　此外，函数在不可导点也可能取得极值，例如函数 $g(x) = |x|$，$h(x) = \sqrt[3]{x^2}$，在 $x = 0$ 点都取得极小值 0（后者参见 4.3 节例2），但它们在点 $x = 0$ 均不可导. 然而函数的不可导点也不一定是极值点，如函数 $\varphi(x) = \sqrt[3]{x}$，其图形如图1-28（a），它在 $(-\infty, +\infty)$ 上是单调增加的，因此 $x = 0$ 不是它的极值点，而 $\varphi(x)$ 在点 $x = 0$ 也不可导（参见 4.3 节例1）.

　　从上所述知：

　　连续函数的极值点必是函数的驻点和不可导点，但是这两种点不一定是极值点.

　　这时自然会提出的问题是：驻点和不可导点在何种条件下是极值点？若是，究竟是极大值点还是极小值点？

　　以下的定理利用函数的一阶和二阶导数给出了判定的方法.

定理4.4（极值的第一充分条件） 设函数 $f(x)$ 在点 x_0 的一个邻域 $U(x_0,\delta)$ 上连续，在去心邻域 $\mathring{U}(x_0,\delta)$ 上可导.

1) 若 $x \in (x_0-\delta,x_0)$ 时 $f'(x) < 0$，而 $x \in (x_0,x_0+\delta)$ 时 $f'(x) > 0$，则 $f(x_0)$ 是 $f(x)$ 的极小值.

2) 若 $x \in (x_0-\delta,x_0)$ 时 $f'(x) > 0$，而 $x \in (x_0,x_0+\delta)$ 时 $f'(x) < 0$，则 $f(x_0)$ 是 $f(x)$ 的极大值.

3) 若 $f'(x)$ 在 $U(x_0,\delta)$ 上具有确定的符号（即恒正或恒负），则 $f(x_0)$ 不是 $f(x)$ 的极值.

这个定理不难理解. 因为在 1) 中的条件下，如图 4-11 (a)，$f(x)$ 在 x_0 的左侧邻域为单调减少的，所以 $f(x) > f(x_0)$，而在 x_0 的右侧邻域 $f(x)$ 为单调增加的，所以 $f(x) > f(x_0)$，从而 $f(x_0)$ 小于 x_0 邻近的函数值，因此 $f(x_0)$ 为极小值. 2) 的情形类似，如图 4-11 (b). 至于 3)，条件表明 $f(x)$ 在 $U(x_0,\delta)$ 上是单调的，所以 $f(x_0)$ 不是极值（如图 4-11 (c),(d)）.

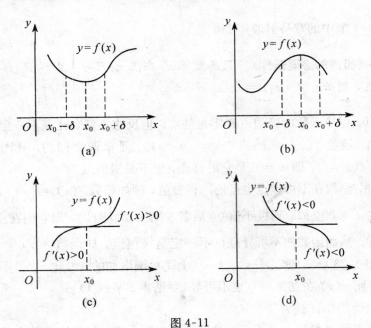

图 4-11

这个判定法可以简述如下：

定理4.4′（极值的第一充分判别法） 设函数在点 x_0 的某邻域 $U(x_0,\delta)$ 中连续，在 $\mathring{U}(x_0,\delta)$ 中可导，则当 x 自 x_0 的左侧变到右侧时，

1) 若 $f'(x)$ 的符号由负变正，则 $f(x_0)$ 是 $f(x)$ 的极小值；

2) 若 $f'(x)$ 的符号由正变负，则 $f(x_0)$ 是极大值；

3) 若 $f'(x)$ 的符号保持不变，则 $f(x_0)$ 不是极值.

导数 $f'(x)$ 的单调性还可用二阶导数 $f''(x)$ 的符号来确定，这就导致极值的另一充分判别法.

定理4.5（极值的第二充分判别法） 设 $f(x)$ 在点 x_0 有二阶导数，且 $f'(x_0) = 0$，则

1) 当 $f''(x_0) > 0$ 时，$f(x_0)$ 是 $f(x)$ 的极小值；

2) 当 $f''(x_0) < 0$ 时，$f(x_0)$ 是 $f(x)$ 的极大值；

3) 当 $f''(x_0) = 0$ 时，不能判定 $f(x_0)$ 是否极值.

这是因为在 $f'(x_0) = 0$ 时，由二阶导数的定义，

$$f''(x_0) = \lim_{\Delta x \to 0} \frac{f'(x_0 + \Delta x) - f'(x_0)}{\Delta x} = \lim_{\Delta x \to 0} \frac{f'(x_0 + \Delta x)}{\Delta x}.$$

所以当 $f''(x_0) > 0$ 时，$f'(x_0 + \Delta x)$ 与 Δx 同号，即 $f'(x)$ 在 x_0 的左侧邻近为负，右侧邻近为正，由定理 $4.4'$，$f(x_0)$ 是极小值；同理，当 $f''(x_0) < 0$ 时，$f'(x_0 + \Delta x)$ 与 Δx 异号，所以 $f'(x)$ 的符号由正变负，$f(x_0)$ 为极大值；若 $f''(x_0) = 0$，则 $f(x_0)$ 可能是 $f(x)$ 的极值，也可能不是极值.

如 $f(x) = x^3$，$f'(x) = 3x^2$，$f''(x) = 6x$，$f'(0) = 0$，$f''(0) = 0$. 由于 $f(x)$ 是单调增加的，$f(0) = 0$ 不是极值. 但对函数 $g(x) = x^4$，$g'(x) = 4x^3$，$g''(x) = 12x^2$，$g'(0) = 0$，$g''(0) = 0$，因 $g'(x)$ 在 $x = 0$ 的两侧异号，且由负变正，所以 $g(0) = 0$ 是 $g(x)$ 的极小值.

在具体判定函数的驻点或不可导点是否极值点时，何时用定理 $4.4'$，何时用定理 4.5，要视具体情况而定. 若 $f'(x)$ 的符号容易判定，可用第一充分判别法，否则可尝试用第二充分判别法（但须注意，这时 x_0 必须是驻点）.

例1 求函数 $f(x) = \sin x + \cos x$ 在 $[0, 2\pi]$ 上的极值.

解 $f(x)$ 无不可导点，其导数为

$$f'(x) = \cos x - \sin x.$$

让 $f'(x) = 0$，得 $\tan x = 1$，所以 $f(x)$ 的驻点为 $x = \dfrac{\pi}{4}, \dfrac{5\pi}{4}$.

又 $f''(x) = -\sin x - \cos x = -f(x)$，而

$$f''\left(\frac{\pi}{4}\right) = -\sqrt{2}, \quad f''\left(\frac{5\pi}{4}\right) = \sqrt{2},$$

故由定理 4.5，$f(x)$ 在 $[0,2\pi]$ 上的极大值为 $f\left(\dfrac{\pi}{4}\right)=\sqrt{2}$，极小值为 $f\left(\dfrac{5\pi}{4}\right)=-\sqrt{2}$.

例 2　求函数 $g(x)=x^2+1-\ln x\ (x>0)$ 的极值.

解　$g(x)$ 在 $(0,\infty)$ 上可导，其导数为

$$g'(x)=2x-\frac{1}{x}=\frac{2x^2-1}{x}=2\,\frac{\left(x-\frac{\sqrt{2}}{2}\right)\left(x+\frac{\sqrt{2}}{2}\right)}{x}.$$

故 $g(x)$ 的驻点为 $x_0=\dfrac{\sqrt{2}}{2}\left(-\dfrac{\sqrt{2}}{2}<0，与题设不合\right)$. 在 x_0 的左侧 $g'(x)<0$，在 x_0 的右侧 $g'(x)>0$. 故由第一判别法，x_0 是 $g(x)$ 的极小值点，$g(x)$ 的极小值为

$$g(x_0)=\frac{1}{2}+1-\ln\frac{\sqrt{2}}{2}=\frac{3}{2}-\ln\sqrt{2}+\ln 2=\frac{3}{2}+\frac{\ln 2}{2}.$$

$g(x)$ 没有极大值.

例 3　求函数 $h(x)=\sqrt[3]{x^7}+\sqrt[3]{x^4}-3\sqrt[3]{x}$ 的极值.

解　$h(x)=x^{\frac{7}{3}}+x^{\frac{4}{3}}-3x^{\frac{1}{3}}$，故

$$h'(x)=\frac{7}{3}x^{\frac{4}{3}}+\frac{4}{3}x^{\frac{1}{3}}-x^{-\frac{2}{3}}=\frac{1}{3x^{\frac{2}{3}}}(7x^2+4x-3)$$

$$=\frac{(7x-3)(x+1)}{3x^{\frac{2}{3}}}.$$

所以 $h(x)$ 有一个不可导点 $x_1=0$，有两个驻点 $x_2=-1$，$x_3=\dfrac{3}{7}$.

由第一充分判别法，因为在 $x_1=0$ 的邻近两侧 $h'(x)<0$，故 $h(0)=0$ 不是 $h(x)$ 的极值. 而在 $x_2=-1$ 的左右邻近，$h'(x)$ 由正变负，故 $h(-1)=3$ 是 $h(x)$ 的极大值. 在 $x_3=\dfrac{3}{7}$ 的左右邻近，$h'(x)$ 由负变正，故

$$h\left(\frac{3}{7}\right)=\left(\frac{9}{49}+\frac{3}{7}-3\right)\sqrt[3]{\frac{3}{7}}=-\frac{117}{49}\sqrt[3]{\frac{3}{7}}$$

是 $h(x)$ 的极小值.

4.5.2　函数的最值

在许多生产活动和科技实践中，常常会遇到这样一类问题：在一定条件下，怎样才能使"产量最高"，"成本最低"，"用料最省"，"利润最大"，"射程最远"，等等. 这类问题在数学上可归结为求某个函数（称为目标函数）的最

大值或最小值问题.

给定函数 $y = f(x)\ (x \in D)$，如果 $\exists\, x_1, x_2 \in D$ 使得

$$f(x_1) \leqslant f(x) \leqslant f(x_2) \quad (\forall x \in D),$$

则 $f(x_1)$ 称为 $f(x)$ 的**最小值**，$f(x_2)$ 称为**最大值**，最小值和最大值统称为**最值**. 函数 $f(x)\ (x \in D)$ 的最大值和最小值通常依次以 $\max\limits_{x \in D} f(x)$ 和 $\min\limits_{x \in D} f(x)$ 表示.

如 2.6.4 小节所述，对于一般的函数，不一定有最大值或最小值，但如果 $f(x)$ 是 $[a, b]$ 上的连续函数，则 $f(x)$ 必有最大值和最小值. 下面给出这类函数的最值的求法.

假设 $f(x)$ 在 (a, b) 中仅有有限多个驻点和不可导点，设为 $x_1, x_2, \cdots, x_k$. 如果 $f(x)$ 的最值在 (a, b) 中取到，则最值必是极值，从而最值在 $f(x_1)$，$f(x_2), \cdots, f(x_k)$ 中取到，当然，如图 4-10 所示，最值也可能在端点 $x = a$，$x = b$ 处取得，这样，就得到：

设 $f(x)$ 是 $[a, b]$ 上的连续函数，$f(x)$ 在 (a, b) 中的全部驻点和不可导点为 $x_1, x_2, \cdots, x_k$，则

$$\max\limits_{x \in [a,b]} f(x) = \max\{f(x_1), f(x_2), \cdots, f(x_k), f(a), f(b)\},$$
$$\min\limits_{x \in [a,b]} f(x) = \min\{f(x_1), f(x_2), \cdots, f(x_k), f(a), f(b)\}.$$

例 4 求函数 $\varphi(x) = 3x^4 - 4x^3 - 12x^2 + 1$ 在区间 $[-3, 3]$ 上的最值.

解 因为 $\varphi(x)$ 在 $[-3, 3]$ 上连续，故在 $[-3, 3]$ 上必有最大、最小值. $\varphi(x)$ 在 $(-3, 3)$ 上可导，其导数为

$$\varphi'(x) = 12x^3 - 12x^2 - 24x = 12x(x^2 - x - 2)$$
$$= 12x(x - 2)(x + 1).$$

所以 $\varphi(x)$ 有三个驻点 $x = 0, -1, 2$，均在 $(-3, 3)$ 中. 又

$$\varphi(0) = 1,\ \varphi(-1) = 4,\ \varphi(2) = -31,\ \varphi(-3) = 244,\ \varphi(3) = 28,$$

因此

$$\max\limits_{x \in [-3,3]} \varphi(x) = \max\{1, 4, -31, 244, 28\} = 244,$$
$$\min\limits_{x \in [-3,3]} \varphi(x) = \min\{1, 4, -31, 244, 28\} = -31.$$

在许多实际问题中，往往用到求函数最值的下述方法：

设函数 $f(x)$ 在区间 I（开或闭，可无限）上连续，且在 I 内部（即去掉端点）只有一个驻点或不可导点 x_0，则

当 $f(x_0)$ 是极小值时，$\min\limits_{x \in I} f(x) = f(x_0)$；

当 $f(x_0)$ 是极大值时，$\max\limits_{x \in I} f(x) = f(x_0)$.

从几何上看就是：如果 $f(x)$ 在 I 上仅有一个"峰"（或"谷"），则这个"峰"（或"谷"）的高度就是 $f(x)$ 在 I 上的最大（小）值，如图 4-12 （a）（或图 4-12 （b））.

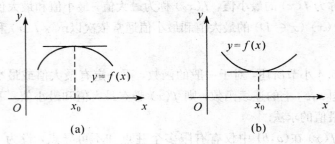

(a)   (b)

图 4-12

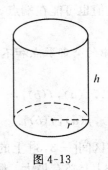

图 4-13

例 5 做一个圆柱形有盖容器，其容积 V 一定，问何时用料最省？

解 如图 4-13，设圆柱的底半径为 r，高为 h，则 $V = \pi r^2 h$，该容器的表面积为

$$S = 2\pi r^2 + 2\pi rh.$$

由于 $\pi rh = \dfrac{V}{r}$，故

$$S = S(r) = 2\pi r^2 + 2\,\frac{V}{r} \quad (r > 0),$$

问题是要求 $S(r)$ 的最小值.

$S(r)$ 在 $(0, +\infty)$ 上可导，其导数为

$$S'(r) = 4\pi r - 2\,\frac{V}{r^2} = \frac{2}{r^2}(2\pi r^3 - V).$$

令 $S'(r) = 0$，得 $2\pi r^3 = V$，故 $r_0 = \sqrt[3]{\dfrac{V}{2\pi}}$ 是 $S(r)$ 的唯一驻点，显然

$$\lim_{r \to 0^+} S(r) = +\infty, \quad \lim_{r \to +\infty} S(r) = +\infty,$$

故 $S(r_0)$ 是 $S(r)$ 的最小值（不难判定 $S(r_0)$ 是 $S(r)$ 的极小值）.

此时容器的高

$$h = \frac{V}{\pi r_0^2} = \frac{V}{\pi}\sqrt[3]{\left(\frac{2\pi}{V}\right)^2} = \sqrt[3]{\frac{V^3}{\pi^3}\frac{4\pi^2}{V^2}} = \sqrt[3]{\frac{4V}{\pi}} = 2r_0.$$

所以当容器的高等于底的直径时用料最省.

例 6 有一个圆形冰场，在其中心的上方高为 h 的地方装一盏灯. 设冰道的半径为 a（是一常数），则在冰道上灯的照度（反映通常的"亮度"）

$$T = k \frac{\sin\alpha}{h^2 + a^2}$$

（如图 4-14），其中 k 是与灯光强度有关的一个
常数. 问：当 h 为何值时 T 最大？

解　如图 4-14，$r^2 = a^2 + h^2$，$\sin\alpha = \dfrac{h}{r}$，

所以

$$T = T(h) = k \frac{h}{r(a^2 + h^2)}$$

$$= k \frac{h}{(a^2 + h^2)^{\frac{3}{2}}} \quad (h > 0).$$

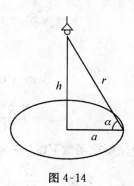

图 4-14

问题是要求出 $T(h)$ 的最大值.

$$T'(h) = k\left[\frac{1}{(a^2 + h^2)^{\frac{3}{2}}} - 3\frac{h^2}{(a^2 + h^2)^{\frac{5}{2}}} \right] = k \frac{a^2 - 2h^2}{(a^2 + h^2)^{\frac{5}{2}}}.$$

因为 $h > 0$，故 $T(h)$ 的唯一驻点为 $h_0 = \dfrac{\sqrt{2}}{2}a$.

由于 $\lim\limits_{h \to 0^+} T(h) = 0$，$\lim\limits_{h \to \infty} T(h) = 0$，故 $T(h_0)$ 是 $T(h)$ 的最大值，此时灯
的高度为 $\dfrac{\sqrt{2}}{2}a$.

例 7　从半径为 R 的圆面上剪下一中心角为 α 的扇形，并把这扇形卷成
一个圆锥面. 设这圆锥的体积为 V，问：当 α 取何值时 V 最大？

解　如图 4-15，设圆锥的底半径为 r，高为 h，则

$$V = \frac{\pi}{3} r^2 h.$$

由扇形与圆锥面的关系 $r^2 + h^2 = R^2$，扇形的弧长 $\overset{\frown}{AB} = R\alpha$ 应等于圆锥面底
圆的周长，故 $R\alpha = 2\pi r$，即 $r = \dfrac{R\alpha}{2\pi}$. 从而

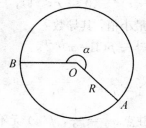

图 4-15

$$h = \sqrt{R^2 - r^2} = \sqrt{R^2 - \frac{R^2 \alpha^2}{4\pi^2}} = \frac{R}{2\pi}\sqrt{4\pi^2 - \alpha^2}.$$

由此

$$V = V(\alpha) = \frac{\pi}{3} \cdot \frac{R^2 \alpha^2}{4\pi^2} \cdot \frac{R}{2\pi}\sqrt{4\pi^2 - \alpha^2}$$

$$= \frac{R^3 \alpha^2}{24\pi^2}\sqrt{4\pi^2 - \alpha^2} \quad (0 < \alpha < 2\pi).$$

问题是要求函数 $V(\alpha)$ $(0 < \alpha < 2\pi)$ 的最大值.

$$V'(\alpha) = \frac{R^3}{24\pi^2}\left[2\alpha\sqrt{4\pi^2 - \alpha^2} + \alpha^2\frac{1}{2\sqrt{4\pi^2 - \alpha^2}}(-2\alpha)\right]$$

$$= \frac{R^3}{24\pi^2}\left(2\alpha\sqrt{4\pi^2 - \alpha^2} - \frac{\alpha^3}{\sqrt{4\pi^2 - \alpha^2}}\right)$$

$$= \frac{R^3 \alpha}{24\pi^2} \cdot \frac{8\pi^2 - 3\alpha^2}{\sqrt{4\pi^2 - \alpha^2}}.$$

在 $(0, 2\pi)$ 上函数 $V(\alpha)$ 没有不可导点, 其唯一的驻点为

$$\alpha_0 = \sqrt{\frac{8\pi^2}{3}} = \frac{2\sqrt{6}}{3}\pi.$$

不难判定 $V(\alpha_0)$ 是 $V(\alpha)$ 的最大值,

$$V(\alpha_0) = \frac{R^3 \alpha_0^2}{24\pi^2}\sqrt{4\pi^2 - \alpha_0^2} = \frac{R^3}{24\pi^2} \cdot \frac{8\pi^2}{3}\sqrt{4\pi^2 - \frac{8}{3}\pi^2}$$

$$= \frac{R^3}{9}\sqrt{\frac{4}{3}}\pi = \frac{2\sqrt{3}}{27}\pi R^3.$$

可以利用函数的最大、最小值证明不等式.

例 8 证明不等式:

$$2^{1-p} \leqslant x^p + (1-x)^p \leqslant 1 \quad (0 \leqslant x \leqslant 1, \ p > 1).$$

证 考虑函数

$$f(x) = x^p + (1-x)^p \quad (0 \leqslant x \leqslant 1),$$

它在 $[0, 1]$ 上连续, 因此必有最大、最小值, 其导数

$$f'(x) = px^{p-1} - p(1-x)^{p-1}.$$

当 $f'(x) = 0$ 时, 有

$$px^{p-1} - p(1-x)^{p-1} = 0,$$

即 $x = 1 - x$. 所以 $f(x)$ 有唯一的驻点 $x_0 = \frac{1}{2}$, $f(x)$ 无不可导点.

又 $f(0) = 1$, $f(1) = 1$, 而

$$f\left(\frac{1}{2}\right) = \left(\frac{1}{2}\right)^p + \left(1 - \frac{1}{2}\right)^p = 2\left(\frac{1}{2}\right)^p = 2^{1-p},$$

由于 $p > 1$,故得

$$\max_{0 \leqslant x \leqslant 1} f(x) = \max\{1, 2^{1-p}\} = 1,$$

$$\min_{0 \leqslant x \leqslant 1} f(x) = \min\{1, 2^{1-p}\} = 2^{1-p}.$$

从而

$$2^{1-p} \leqslant f(x) \leqslant 1 \quad (\forall x \in [0,1]).$$

这就是所要证的不等式.

例 9 设某企业生产的一种产品的市场需求量 D(件)为其价格 p(元)的函数 $D(p) = 12000 - 80p$,在产销平衡的情况下,其总成本函数为 $C(D) = 25000 + 50D$,又每件产品的纳税额为 1 元. 问:当 p 为多少时企业所获的利润最大,最大利润为多少?

解 企业的收益函数为

$$R(p) = pD(p),$$

故其利润函数为

$$\begin{aligned}
L(p) &= R(p) - C(D(p)) - 1 \cdot D(p) \\
&= pD(p) - 25000 - 50D(p) - D(p) \\
&= (p - 51)D(p) - 25000 \\
&= (p - 51)(12000 - 80p) - 25000 \\
&= -80p^2 + 16080p - 637000 \quad (p > 0).
\end{aligned}$$

问题是要求它的最大值.

$$L'(p) = -160p + 16080,$$

所以函数 $L(p)$ 的唯一驻点为

$$p_0 = \frac{16080}{160} = 100.5 \text{ (元)}.$$

由于 $L''(p_0) = -160 < 0$,故 $L(p_0)$ 是函数 $L(p)$ 的极大值,并且就是最大值. 这时

$$D(p_0) = 12000 - 80p_0 = 3960 \text{ (件)},$$

$$L(p_0) = (p_0 - 51)D(p_0) - 25000 = 171020 \text{ (元)}.$$

所以,当每件产品的定价为 100.5 元时企业获得的利润最大,为 171020 元.

例 10 设某商场每月需某种商品 2500 件,每件的成本价为 150 元,每件的库存费用为 $150 \times 16\%$ 元/年,而每次的订货费为 100 元. 问每批进货多少件时这两项费用之和最低?

解 设每批进货量为 x 件,并设每日的销售量变化不大,故

$$每月库存费用 = 平均库存量 \times 每件库存费$$

$$= \frac{x}{2} \cdot \frac{150 \times 0.16}{12} = x,$$

所以每月的库存费和订货费共计

$$y = x + 100 \cdot \frac{2\,500}{x} = x + \frac{250\,000}{x} \quad (0 < x < 2\,500).$$

问题是要求出函数 $y(x)$ 的最小值.

$$y' = 1 - \frac{250\,000}{x^2},$$

$y' = 0$ 时 $x^2 = 250\,000$, 故函数 $y(x)$ 有唯一的驻点 $x_0 = 500$, 它没有不可导点. 由于

$$y'' = \frac{500\,000}{x^3} > 0 \quad (x > 0),$$

所以 $y(x_0) = 1\,000$ 元为函数 $y(x)$ 的极小值, 并且也是最小值, 即当每批的进货量为 500 件时, 这两项费用之和为最低, 共用 1\,000 元.

4.6 渐近线和函数作图

利用函数的一阶和二阶导数, 可以判定函数的单调性和曲线的上、下凸性, 从而对函数所表示的曲线的升降和弯曲情况有定性的认识. 但当函数的定义域为无穷区间或有无穷类型间断点时, 还需了解曲线向无穷远处延伸的趋势, 这就导致曲线的渐近线的概念.

4.6.1 曲线的水平和竖直渐近线

如果曲线 C 上的点 P 沿着曲线趋向无穷远时, P 到某条定直线 L 的距离趋于零, 则称 L 为 C 的**渐近线**.

在平面解析几何中, 我们知道双曲线 $xy = a^2\,(a \neq 0)$ 有两条渐近线 $x = 0$, $y = 0$. $x = 0$ 即 y 轴, 是竖直的, $y = 0$ 即 x 轴是水平的. 一般地说, 曲线也有斜的渐近线(见习题46), 不过较常见并且计算比较简单的是水平和竖直的渐近线.

1. 水平渐近线

假设函数 $y = f(x)$ 的定义域是无穷区间, 曲线 C 是它所表示的几何图形.

如果有 $\lim\limits_{x\to-\infty}f(x)=b$ 或 $\lim\limits_{x\to+\infty}f(x)=b$，则直线 $y=b$ 就是曲线 C：$y=f(x)$ 的水平渐近线.

例 1 求反正切曲线 $y=\arctan x$ 的水平渐近线.

解 因为

$$\lim_{x\to+\infty}\arctan x=\frac{\pi}{2},\qquad \lim_{x\to-\infty}\arctan x=-\frac{\pi}{2}.$$

所以 $y=\pm\dfrac{\pi}{2}$ 是反正切曲线的两条水平渐近线（如图 1-33（b））.

例 2 求指数曲线 $y=a^x$ 的水平渐近线.

解 因为当 $0<a<1$ 时 $\lim\limits_{x\to+\infty}a^x=0$，当 $a>1$ 时 $\lim\limits_{x\to-\infty}a^x=0$，所以 $y=0$，即 x 轴是指数曲线 $y=a^x$ 的水平渐近线（如图 1-29）.

2. 竖直渐近线

设函数 $y=f(x)$ 在 a 的一个空心邻域（或左邻域，或右邻域）中有定义.

如果 $\lim\limits_{x\to a^-}f(x)=\infty$ 或 $\lim\limits_{x\to a^+}f(x)=\infty$，则直线 $x=a$ 是曲线 $y=f(x)$ 的竖直渐近线.

例 3 对于正切函数 $y=\tan x\left(|x|<\dfrac{\pi}{2}\right)$，由于

$$\lim_{x\to\left(\frac{\pi}{2}\right)^-}\tan x=+\infty,\qquad \lim_{x\to\left(-\frac{\pi}{2}\right)^+}\tan x=-\infty,$$

故 $x=\pm\dfrac{\pi}{2}$ 是正切曲线 $y=\tan x$ 的两条竖直渐近线（如图 1-32）.

同样，$x=0$，即 y 轴是对数曲线 $y=\log_a x$ 的竖直渐近线（如图 1-30）.

4.6.2 函数作图

利用数学软件（如 Mathematica）可以在计算机上方便地画出函数的图形，但是利用微分学的知识了解函数作图的一般步骤还是有益的.

函数作图的一般步骤是：

1）确定函数 $y=f(x)$ 的定义域 D 和 $f(x)$ 的某些基本性质，如奇偶性、周期性等.

2）计算函数 $f(x)$ 的一阶导数 $f'(x)$ 和二阶导数 $f''(x)$，求出 $f(x)$ 的间断点、驻点、$f'(x)$ 不存在的点和 $f''(x)$ 等于零的点或不存在的点，算出函数在这些点的值，定出曲线 C：$y=f(x)$ $(x\in D)$ 上相应的点.

3）用 2）中求出的点将 D 分成几个小区间，确定 $f'(x)$ 和 $f''(x)$ 在这些小区间上的符号，由此定出函数的单调区间、极值点以及曲线的上、下凸区

间和拐点. 把这些结果列成表.

 4) 找出曲线 C 的渐近线.

 5) 根据3)中的函数性态表及4)中求出的渐近线,以及曲线与坐标轴的交点,必要时再补充曲线上少数几个点,注意曲线的走向和弯曲方向,用光滑曲线把已知的点连起来,即可得到函数的图形 C.

 用上述方法作出的图形不一定很精确,但正确地反映了曲线的基本性态.

 例 4 作出函数 $y = xe^{-x^2}$ 的图形.

 解 $f(x) = xe^{-x^2}$ 是在 $(-\infty, +\infty)$ 上连续的奇函数,它的图形是关于原点对称的连续曲线,所以只需画出它在 $[0, +\infty)$ 上的部分.

$$y' = e^{-x^2} + xe^{-x^2} \cdot (-2x) = (1 - 2x^2)e^{-x^2}$$
$$= -2e^{-x^2}\left(x - \frac{\sqrt{2}}{2}\right)\left(x + \frac{\sqrt{2}}{2}\right),$$
$$y'' = -4xe^{-x^2} + (1 - 2x^2)e^{-x^2} \cdot (-2x)$$
$$= (4x^3 - 6x)e^{-x^2}$$
$$= 4xe^{-x^2}\left(x - \sqrt{\frac{3}{2}}\right)\left(x + \sqrt{\frac{3}{2}}\right).$$

函数无不可导点,其驻点为

$$x = \pm\frac{\sqrt{2}}{2} \approx \pm 0.71, \quad y\Big|_{x=\frac{\sqrt{2}}{2}} = \frac{\sqrt{2}}{2}e^{-\frac{1}{2}} \approx 0.43;$$

$y'' = 0$ 时 $x = 0$ 或 $x = \pm\sqrt{\frac{3}{2}} = \pm\frac{\sqrt{6}}{2} \approx \pm 1.22$,

$$y\Big|_{x=0} = 0, \quad y\Big|_{x=\frac{\sqrt{6}}{2}} = \frac{\sqrt{6}}{2}e^{-\frac{3}{2}} \approx 0.27.$$

 在区间 $\left(0, \frac{\sqrt{2}}{2}\right)$ 上 $y' > 0$,函数单调增加;在 $\left(\frac{\sqrt{2}}{2}, +\infty\right)$ 上 $y' < 0$,函数单调减少;$y\Big|_{x=\frac{\sqrt{2}}{2}} \approx 0.43$ 为极大值.

 在区间 $\left(0, \frac{\sqrt{6}}{2}\right)$ 上 $y'' < 0$,曲线是上凸的;在 $\left(\frac{\sqrt{6}}{2}, +\infty\right)$ 上 $y'' > 0$,曲线是下凸的. 故点 $\left(\frac{\sqrt{6}}{2}, \frac{\sqrt{6}}{2}e^{-\frac{3}{2}}\right)$ 是曲线的拐点. 由于曲线关于原点 O 对称,所以点 O 也是拐点.

 综上所述,可列出函数在 $[0, +\infty)$ 上的性态表:

x	0	$\left(0,\dfrac{\sqrt{2}}{2}\right)$	$\dfrac{\sqrt{2}}{2}$	$\left(\dfrac{\sqrt{2}}{2},\dfrac{\sqrt{6}}{2}\right)$	$\dfrac{\sqrt{6}}{2}$	$\left(\dfrac{\sqrt{6}}{2},+\infty\right)$
y'	+	+	0	−	−	−
y''	0	−			0	+
y	0	↗	0.43	↘	0.27	↘

因函数在 $(-\infty,+\infty)$ 上定义, 还要考虑曲线的渐近线,

$$\lim_{x\to\infty}x\mathrm{e}^{-x^2}=\lim_{x\to\infty}\frac{x}{\mathrm{e}^{x^2}}=0,\qquad \lim_{x\to\infty}\frac{f(x)}{x}=\lim_{x\to\infty}\mathrm{e}^{-x^2}=0,$$

故 $y=0$, 即 x 轴是曲线的水平渐近线; 曲线无竖直和斜的渐近线.

函数 $y=x\mathrm{e}^{-x^2}$ 的图形如图 4-16 所示.

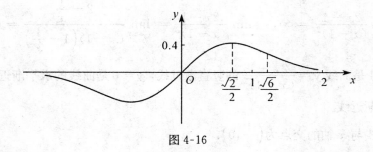

图 4-16

例 5 作函数 $y=\dfrac{2x-1}{(x-1)^2}$ 的图形.

解 函数在 $(-\infty,1)\bigcup(1,+\infty)$ 上有定义, 且连续, $x=1$ 是函数的无穷间断点.

$$y'=-\frac{2x}{(x-1)^3},\qquad y''=2\,\frac{2x+1}{(x-1)^4}.$$

函数在其定义域内无不可导点, 唯一的驻点是 $x=0$, $y|_{x=0}=-1$. 又 $y''=0$ 时, $x=-\dfrac{1}{2}$, $y|_{x=-\frac{1}{2}}=-\dfrac{8}{9}$, 所以曲线经过点 $(0,-1)$, $\left(-\dfrac{1}{2},-\dfrac{8}{9}\right)$.

$x=-\dfrac{1}{2},0,1$ 把函数的定义域分成 4 个小区间.

在 $(-\infty,0)$ 和 $(1,+\infty)$ 上 $y'<0$, 函数单调减少; 在 $(0,1)$ 上 $y'>0$, 函数单调增加.

在 $\left(-\infty,-\dfrac{1}{2}\right)$ 上 $y''<0$, 曲线是上凸的; 在 $\left(-\dfrac{1}{2},1\right)$ 和 $(1,+\infty)$ 上

$y'' > 0$, 曲线是下凸的.

所以函数在 $x = 0$ 取极小值 $y|_{x=0} = -1$, $\left(-\dfrac{1}{2}, -\dfrac{8}{9}\right)$ 是曲线的拐点, 函数的性态表如下：

x	$\left(-\infty, -\dfrac{1}{2}\right)$	$-\dfrac{1}{2}$	$\left(-\dfrac{1}{2}, 0\right)$	0	$(0, 1)$	$(1, +\infty)$
y'	$-$	$-$	$-$	0	$+$	$-$
y''	$-$	0	$+$	$+$	$+$	$+$
y	$\searrow$	$-\dfrac{8}{9}$	$\searrow$	-1	$\nearrow$	$\searrow$

此外，由于

$$\lim_{x \to 1} \frac{2x - 1}{(x - 1)^2} = \infty, \quad \lim_{x \to \infty} \frac{2x - 1}{(x - 1)^2} = \lim_{x \to \infty} \frac{2 - \dfrac{1}{x}}{(x - 1)\left(1 - \dfrac{1}{x}\right)} = 0,$$

故 $x = 1$ 是曲线 $y = \dfrac{2x - 1}{(x - 1)^2}$ 的竖直渐近线，$y = 0$ 是曲线的水平渐近线，曲线无斜渐近线.

曲线与 x 轴的交点为 $\left(\dfrac{1}{2}, 0\right)$.

由此即知函数的图形如图 4-17 所示.

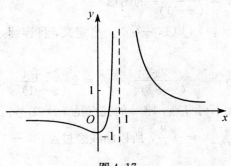

图 4-17

例 6　设方程 $f(x) = 2x^3 - 9x^2 + 12x - a = 0$ 恰有两个不同的根，求 a.

解　考虑函数 $g(x) = f(x) - a$，则

$$g'(x) = 6x^2 - 18x + 12 = 6(x - 1)(x - 2).$$

两个驻点为 $x_1 = 1$, $x_2 = 2$. 在 $(-\infty, 1)$ 和 $(2, +\infty)$ 上 $g'(x) > 0$, 曲线 C: $y = g(x)$ 单调上升; 在 $(1,2)$ 上 $g'(x) < 0$, 曲线 C 单调下降. 从而 $g(1) = 5$ 是函数 $g(x)$ 的极大值, $g(2) = 4$ 是极小值, 此外

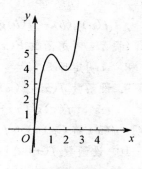

$$\lim_{x \to -\infty} g(x) = -\infty,$$
$$\lim_{x \to +\infty} g(x) = +\infty.$$

画出曲线 C 的草图 4-18, 不难看到当 $a = 4$ 和 5 时, 方程 $f(x) = 0$ 恰有两个不同的根.

图 4-18

习 题 四

1. 判断下列函数在给定区间上是否满足罗尔定理的条件, 若满足条件, 求出相应的 ξ 值:

1) $f(x) = x\sqrt{6-x}$ 在 $[0,6]$ 上;

2) $f(x) = \sqrt[3]{x}$ 在 $[-1,1]$ 上.

2. 下列函数在给定区间上是否满足拉格朗日定理的条件? 若满足, 求出相应的 ξ 值:

1) $f(x) = x^3 + 2x$ 在 $[0,a]$ 上;

2) $f(x) = \sin x$ 在 $\left[0, \dfrac{\pi}{2}\right]$ 上.

3. 证明:

1) $\arcsin x + \arccos x = \dfrac{\pi}{2}$;

2) $\arctan b - \arctan a \leqslant b - a$ $(a < b)$.

4. 对函数 $f(x) = \sin x$ 和 $g(x) = 1 + \cos x$ 在 $\left[0, \dfrac{\pi}{2}\right]$ 上验证柯西中值定理.

5. 设 $f(x)$ 在 (a,b) 上有二阶导数 $f''(x)$, 且 $f''(x) \neq 0$, 证明: $f(x)$ 在 (a,b) 中至多有一个驻点.

6. 设 $f(x)$ 在 $[0,1]$ 上连续, 在 $(0,1)$ 中可导, 且 $f(0) = f(1) = 0$, $f\left(\dfrac{1}{2}\right) = \dfrac{1}{2}$, 证明: 对于任意的 $c \in (0,1)$, $\exists \xi \in (0,1)$ 使得 $f'(\xi) = c$.

7. 设 $f(x)$ 和 $g(x)$ 在 $[a,b]$ 上连续, 在 (a,b) 中可导, 证明: $\exists \xi \in (a,b)$

使得

$$f(a)g(b) - f(b)g(a) = (b-a)(f(a)g'(\xi) - g(a)f'(\xi)).$$

（提示：考虑函数 $F(x) = f(a)g(x) - g(a)f(x)$.）

8. 证明定理 3.1.

9. 设函数 $f(x),g(x)$ 在 (a,b) 上可导，$g(x) \neq 0$，且

$$f(x)g'(x) - f'(x)g(x) \equiv 0 \quad (\forall x \in (a,b)).$$

证明：$f(x) = Cg(x)$ $(\forall x \in (a,b))$（其中 C 是常数）.

10. 设函数 $f(x)$ 在 $[a,b]$ 上连续，在 (a,b) 内有二阶导数，且 $f(a) = f(b) = 0$，$f(c) > 0$ $(a < c < b)$. 证明：在 (a,b) 内至少存在一点 ξ，使 $f''(\xi) < 0$.

（提示：用两次中值定理.）

11. 设函数 $f(x),g(x)$ 在 $[a,+\infty)$ 上连续，在 $(a,+\infty)$ 上可导，且 $f'(x) \leqslant g'(x)$. 证明：当 $x > a$ 时有 $f(x) - f(a) \leqslant g(x) - g(a)$.

12. 设函数 $f(x),g(x)$ 在 $[a,b]$ 上有二阶导数，且 $f(a) = f(b) = g(a) = g(b) = 0$，$g''(x) \neq 0$，证明：

1) $g(x) \neq 0$ $(\forall x \in (a,b))$；

2) $\exists \xi \in (a,b)$ 使 $f(\xi)g''(\xi) - f''(\xi)g(\xi) = 0$.

（提示：考虑函数 $\varphi(x) = f(x)g'(x) - f'(x)g(x)$.）

13. 设函数 $f(x)$ 在 $[0,3]$ 上连续，在 $(0,3)$ 内可导，且 $f(0) + f(1) + f(3) = 3$，$f(3) = 1$. 证明：$\exists \xi \in (0,3)$ 使 $f'(\xi) = 0$.

14. 设 $f(x)$ 在 (a,b) 中有 $n+1$ 阶导数，求 $x - x_0$ 的 n 次多项式

$$P_n(x) = a_0 + a_1(x-x_0) + a_2(x-x_0)^2 + \cdots + a_n(x-x_0)^n,$$

使得 $P_n^{(k)}(x_0) = f^{(k)}(x_0)$ $(k = 0,1,2,\cdots,n)$.

15. 极限 $\lim\limits_{x \to 0} \dfrac{x^2 \sin \dfrac{1}{x}}{\sin x}$ 能否用洛必达法则计算？其值为何？

16. 求下列极限：

1) $\lim\limits_{x \to 2} \dfrac{x^4 - 16}{x - 2}$；

2) $\lim\limits_{x \to 0} \dfrac{(1+x)^\pi - 1}{x}$；

3) $\lim\limits_{x \to 0^+} \dfrac{\ln \cot x}{\ln x}$；

4) $\lim\limits_{x \to 0} \dfrac{e^x - e^{-x} - 2x}{x - \sin x}$；

5) $\lim\limits_{x \to +\infty} \dfrac{\ln(x \ln x)}{x^a}$ $(a > 0)$；

6) $\lim\limits_{x \to 0} \dfrac{e^{\sin^3 x} - 1}{x(1 - \cos x)}$；

7) $\lim\limits_{h \to 0} \dfrac{f(a+h) + f(a-h) - 2f(a)}{h^2}$（设 $f''(x)$ 在 $x = a$ 点邻近连续）.

17. 求下列极限：

1) $\lim\limits_{x\to 1}\left(\dfrac{x}{x-1}-\dfrac{1}{\ln x}\right)$;

2) $\lim\limits_{x\to 0}\left(\dfrac{1}{x}-\dfrac{1}{e^x-1}\right)$;

3) $\lim\limits_{x\to 1}(1-x)\tan\dfrac{\pi x}{2}$;

4) $\lim\limits_{x\to 1}x^{\frac{1}{1-x}}$;

5) $\lim\limits_{x\to 0}\left(1+\dfrac{1}{x^2}\right)^x$;

6) $\lim\limits_{x\to +\infty}\left(\dfrac{\pi}{2}-\arctan x\right)^{\frac{1}{\ln x}}$;

7) $\lim\limits_{x\to 0}\cot x\left(\dfrac{1}{\sin x}-\dfrac{1}{x}\right)$;

8) $\lim\limits_{x\to 0^+}(\cot x)^{\frac{1}{\ln x}}$;

9) $\lim\limits_{x\to 0}(x+e^x)^{\frac{1}{x}}$;

10) $\lim\limits_{x\to 0^+}(\arcsin x)^{\tan x}$.

18. 设 $f(x)=\begin{cases}\dfrac{\sin x}{x}, & x>0;\\ ax+b, & x\leqslant 0\end{cases}$ 在 $x=0$ 点可导，求 a,b.

19. 设当 $x\to 0$ 时 $f(x)=e^x-(ax^2+bx+1)=o(x^2)$，求常数 a,b.

20. 求下列函数的单调区间：

1) $y=x^4-2x^2+2$;

2) $y=x-e^x$;

3) $y=\dfrac{x^2}{1+x}$;

4) $y=2x^2-\ln x$.

21. 证明下列不等式：

1) $e^x>ex$ $(x>1)$;

2) $2\sqrt{x}>3-\dfrac{1}{x}$ $(x>1)$;

3) $x>\sin x>x-\dfrac{x^2}{2}$ $(x>0)$;

4) $\dfrac{\ln x_1}{\ln x_2}<\dfrac{x_2}{x_1}$ $(x_2>x_1>1)$.

22. 设 $p,q>2$, $p,q\in \mathbf{N}$，试比较 p^q 与 q^p 的大小.

（提示：利用函数 $f(x)=\dfrac{\ln x}{x}$ 的单调性.）

23. 设函数 $f(x)$ 在区间 (a,b) 上恒有 $f'(x)>0$, $f''(x)<0$，则曲线 $y=f(x)$ 在 (a,b) 上（　　）.

A. 单调上升，下凸

B. 单调上升，上凸

C. 单调下降，下凸

D. 单调下降，上凸

24. 给定曲线 C: $y=f(x)$ $(x\in \mathbf{R})$，已知 $y'=f'(x)$ 的图形如图所示，则曲线 C 在 $(-\infty,+\infty)$ 上是（　　）.

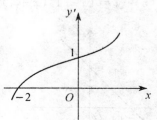

第 24 题图

A. 下凸的   B. 上凸的

C. 单调上升的   D. 单调下降的

25. 确定下列曲线的上、下凸区间和拐点：

1) $y = x^2 - x^3$；

2) $y = \dfrac{1}{4 - 2x + x^2}$；

3) $y = xe^x$；

4) $y = \dfrac{x^2}{x - 1}$.

26. 设 $f(x)$ 在 (a,b) 内有连续的三阶导数. 若有 $c \in (a,b)$ 使得 $f''(c) = 0$，且 $f'''(c) \neq 0$，则点 $P(c, f(c))$ 必是曲线 Γ: $y = f(x)$ $(x \in (a,b))$ 的拐点吗？

27. 设在 $(-\infty, +\infty)$ 上 $f(-x) = f(x)$，且在 $(-\infty, 0)$ 内 $f'(x) > 0$，$f''(x) < 0$. 试判别曲线 $y = f(x)$ 在 $(0, +\infty)$ 上的单调性和上、下凸性.

28. 讨论下列函数的凸性：

1) $y = x^{\frac{4}{3}}$；

2) $y = (2x - 5)\sqrt[3]{x^2}$.

29. 设 $f(x)$ 是 (a,b) 上的凸函数，证明：对任意的 $x_1, x_2 \in (a,b)$，$x_1 < x_2$ 和 $x \in (x_1, x_2)$，有

$$f(x) < \frac{x_2 - x}{x_2 - x_1} f(x_1) + \frac{x - x_1}{x_2 - x_1} f(x_2).$$

30. 用函数的凹凸性证明：

1) $\dfrac{1}{2}(x^n + y^n) > \left(\dfrac{x + y}{2}\right)^n$ $(x, y > 0, x \neq y, n > 1)$；

2) $\dfrac{1}{2}(e^x + e^y) > e^{\frac{x+y}{2}}$ $(x \neq y)$.

31. 求下列函数的极值：

1) $y = x^3 - 3x^2 + 7$；

2) $y = \dfrac{2x}{1 + x^2}$；

3) $y = x^2 e^{-x}$；

4) $y = (x - 2)^2 \sqrt[3]{x^2}$；

5) $y = (x - 1)(x + 1)^3$；

6) $y = 2e^x + e^{-x}$.

32. 求 C，使 $f(x) = x^3 - 3x + C$ 有：1) 1 个；2) 2 个；3) 3 个实根数（重根以一个计）.

33. 设函数 $y = f(x)$ 的导数 $y' = f'(x)$ 的图形如图所示，则（   ）.

A. $x = -1$ 是 $f(x)$ 的驻点，但不是极值点

B. $x = -1$ 不是 $f(x)$ 的驻点

C. $x = -1$ 是 $f(x)$ 的极小值点

第 33 题图

D. $x = -1$ 是 $f(x)$ 的极大值点

34. 设函数 $y = ax^3 + bx + c$ 在点 $x = 1$ 取得极小值 -1,且点 $(0,1)$ 是它所表示的曲线的拐点,求 a,b,c.

35. 求下列函数在指定区间上的最大值和最小值:

1) $y = \sqrt[3]{2x^2(x-6)}$,$[-2,4]$;

2) $y = \dfrac{x^2}{1+x}$,$\left[-\dfrac{1}{2},1\right]$;

3) $y = (x-1)\sqrt[3]{x^2}$,$\left[-1,\dfrac{1}{2}\right]$;

4) $y = 2\tan x - \tan^2 x$,$\left[0,\dfrac{\pi}{3}\right]$.

36. 用截面是直径为 d 的圆形木材加工成截面为矩形的梁.如果矩形的底为 b,高为 h,则梁的强度 $y = kbh^2$(k 为常数).问:b,h 为何值时 y 最大?

37. 将一周长为 $2L$ 的等腰 $\triangle ABC$ 绕它的底边 AB 旋转一周得一旋转体.问:AB 为多少时旋转体的体积最大?

38. 加工一密闭容器,下部为圆柱形,上部为半球形,容积 V 一定.问:圆柱底半径 r 为多少时用料最省?此时圆柱的高 h 为多少?

39. 对两点 A,B 间的距离进行了 n 次测量,得 n 个数据 $x_1,x_2,\cdots,x_n$.问 $|AB| = x$ 确定为何值时可使 $y = \displaystyle\sum_{i=1}^{n}(x-x_i)^2$ 为最小?

40. 一船在航行中的燃料费与其速度 v 的立方成正比,已知 $v = 10$ km/h 时燃料费是 6 元 /h,而其他与 v 无关的费用是 96 元 /h,问 v 为何值时可使航行每公里所需费用的总和最小?

41. 设某厂生产某产品的固定成本为 60 000(元),可变成本为 $20Q$,Q 为产量.假设产销平衡,价格函数为 $P = 60 - \dfrac{Q}{1000}$(元).问:Q 为多少时该厂能获最大利润,其利润是多少?

42. 某厂生产某产品,固定成本为 2(万元),每产 100 件成本增加 1(万元),市场每年可销售此种商品 4(百件),设产量为 x(百件)时总收入为

$$R(x) = \begin{cases} 4x - \dfrac{1}{2}x^2, & 0 \leqslant x \leqslant 4; \\ 8, & x > 4 \end{cases} \qquad (单位:万元).$$

问 x 为多少时总利润最大?

43. 某商店每周购进一批商品,进价为 6 元 / 件.若零售价定为 10 元 / 件,则可售出 120 件;当售价降低 0.5 元 / 件时,销量增加 20 件.问:售价 p 定为多

少和每周进货多少时利润最大，其值为何？

44. 设某商品的需求函数为 $Q = Q(p)$，收益函数为 $R = pQ$，其中 p 为商品价格，若

$$Q(p_0) = Q_0, \quad \frac{\mathrm{d}R}{\mathrm{d}Q}\bigg|_{Q = Q_0} = a > 0, \quad \frac{\mathrm{d}R}{\mathrm{d}p}\bigg|_{p = p_0} = c < 0,$$

需求弹性 $E_p = b < -1$，求 p_0 和 Q_0.

45. 求下列曲线的水平和竖直渐近线：

1) $y = \dfrac{2}{1 + 3\mathrm{e}^{-x}}$;

2) $y = \mathrm{e}^{-\frac{1}{x}}$;

3) $y = \dfrac{\mathrm{e}^x}{1 + x}$;

4) $y = \dfrac{1}{1 - \mathrm{e}^{\frac{x}{1-x}}}$;

5) $y = \dfrac{\sin x}{x(x-1)}$;

6) $y = \mathrm{e}^{\frac{1}{x^2}} \arctan \dfrac{x^2 + x + 3}{(x-1)(x+2)}$.

46. 证明：对于曲线 C：$y = f(x)$ 和直线 l：$y = kx + b$（$k \neq 0$，k 和 b 是常数），若有

$$\lim_{x \to -\infty}(f(x) - kx - b) = 0 \quad \text{或} \quad \lim_{x \to +\infty}(f(x) - kx - b) = 0,$$

则 l 是 C 的斜渐近线. 由此导出求曲线 C 的斜渐近线的方法.

47. 求下列曲线的渐近线：

1) $y = \sqrt{x^2 + 1}$;

2) $y = x \arctan x$.

48. 画出下列曲线的草图：

1) $y = x^3 - x^2 - x + 1$;

2) $y = x - \ln(x+1)$;

3) $y = \dfrac{x^2}{3x+1}$.

这个世界可以由音乐的音符组成，也可以由数学的公式组成．

———— 爱因斯坦(A. Einstein，1879～1955)

数学是人类文化的一个深刻而强有力的部分．

———— 美国国家研究委员会

第五章　不 定 积 分

一元函数积分学分成一元函数的不定积分和定积分两部分．这两种积分密切相关．函数的不定积分运算实质上是函数的微分运算的逆运算．

对于给定的函数 $f(x)$，与求其导数相反的问题是：求可导函数 $F(x)$，使得 $F'(x) = f(x)$．这就导致 $f(x)$ 的原函数和不定积分的概念．

本章先介绍不定积分的概念及其计算方法．

5.1　原函数和不定积分概念

5.1.1　原函数和不定积分

微分学中讨论的一个基本问题是：已知函数 $f(x)$，求它的导数 $f'(x)$ 或微分 $df(x)$．但在一些实际问题中常常会遇到这个问题的反问题，即已知 $f'(x)$ 或 $df(x)$ 求原来的函数 $f(x)$，这就导致原函数和不定积分概念．

定义 1　设 $f(x)$ 是定义在区间 I 上的一个函数，如果存在函数 $F(x)$，它在 I 上连续，在 I 内部可导，使得

$$F'(x) = f(x) \quad \text{或} \quad dF(x) = f(x)dx,$$

则称 $F(x)$ 为 $f(x)$ 在 I 上的一个**原函数**．

定义 1 中的"I 内部"，是指 I 去掉其端点后的开区间．

例如：由于 $(\sin x)' = \cos x$，所以 $\sin x$ 是 $\cos x$ 的一个原函数，又因 $(\ln|x|)' = \dfrac{1}{x}$ $(x \neq 0)$，故 $\ln|x|$ 是 $\dfrac{1}{x}$ 的一个原函数. 再如 $\arcsin x$ 在 $[-1,1]$ 上连续，在 $(-1,1)$ 内可导，其导数为 $\dfrac{1}{\sqrt{1-x^2}}$，故 $\arcsin x$ 是 $\dfrac{1}{\sqrt{1-x^2}}$ 的一个原函数.

由此自然就会提出两个问题：对于给定的函数 $f(x)$，它是否一定有原函数，或者在什么条件下才有原函数？如果它有原函数，原函数有多少个，相互之间有什么关系？

对于前一个问题，将在后面 6.2 节中证明如下的结果：

定理5.1（原函数存在定理） 如果 $f(x)$ 在区间 I 上连续，则 $f(x)$ 在 I 上必有原函数.

简单地说就是：连续函数必有原函数.

关于后一个问题，若设 $F(x)$ 是 $f(x)$ 的一个原函数，C 是一个任意常数，则

$$(F(x) + C)' = F'(x) = f(x),$$

所以 $F(x) + C$ 也是 $f(x)$ 的原函数.

反之如何，即 $f(x)$ 的任意一个原函数是否一定可以表示成 $F(x) + C$ 的形式？由 4.1 节拉格朗日中值定理的推论2，若设 $G(x)$ 是 $f(x)$ 的另一个原函数，即在 I 内部，

$$G'(x) = f(x) = F'(x),$$

则有 $G(x) - F(x) = C$（常数），即

$$G(x) = F(x) + C.$$

由此可见，若 $f(x)$ 有一个原函数，则必有无穷多个原函数，这些原函数之间只能相差一个常数. 所以若设 $F(x)$ 是 $f(x)$ 的一个原函数，则 $f(x)$ 的全部原函数是一个函数族，即

$$\{F(x) + C \mid -\infty < C < +\infty\}.$$

定义2 函数 $f(x)$ 的全体原函数的集合称为 $f(x)$ 的**不定积分**，记为 $\displaystyle\int f(x)\mathrm{d}x$，即，如果 $F(x)$ 是 $f(x)$ 的一个原函数，则

$$\int f(x)\mathrm{d}x = F(x) + C \quad （C \text{ 是任意常数}），$$

其中"$\displaystyle\int$"称为积分号（一种运算符号），$f(x)$ 称为被积函数，$f(x)\mathrm{d}x$ 称为被积

表达式，x 称为积分变量，C 称为积分常数.

注意，在计算不定积分时，切不能忘记加积分常数 C.

例 1 $\displaystyle\int \cos x\, \mathrm{d}x = \sin x + C,\ \int \frac{\mathrm{d}x}{x} = \ln|x| + C.$

例 2 由于 $(x^{\mu+1})' = (\mu+1)x^\mu$，所以

$$\int x^\mu \mathrm{d}x = \frac{1}{\mu+1}x^{\mu+1} + C \quad (\mu+1 \neq 0).$$

5.1.2 斜率函数的积分曲线

下面讨论不定积分的几何意义.

给定曲线 C：$y = F(x)$. 导数 $F'(x)$ 表示曲线 C 在点 $(x, F(x))$ 的切线的斜率. 反过来，已知确定切线斜率的函数（简称**斜率函数**）$y' = f(x)$，如何求曲线 C？

确切地说，给定了斜率函数 $y' = f(x)$，它就在点 (x, y)（y 任意）确定了一条直线的斜率，即这直线与 x 轴交角的正切等于 $f(x)$. 问题是要找具有如下性质的曲线 C：$y = F(x)$，它在点 $(x, F(x))$ 的切线的斜率等于该直线的斜率 $f(x)$，即 $F'(x) = f(x)$，具有这种性质的曲线称为**斜率函数 $y' = f(x)$ 的积分曲线**.

由此可见，确定积分曲线的函数 $F(x)$ 就是斜率函数 $f(x)$ 的原函数. 由于 $f(x)$ 的原函数是一族函数 $\{F(x)+C\}$，所以斜率函数 $y' = f(x)$ 的积分曲线是一族曲线 $y = F(x) + C$（C 是任意常数），不同的积分曲线只是积分常数 C 取值的不同. 因此把一条积分曲线上下平行移动，就可以得到所有其他的积分曲线.

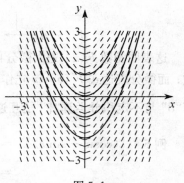

图 5-1

例 3 对于斜率函数 $y' = 2x$，由于 $(x^2)' = 2x$，所以它的所有积分曲线为

$$y = x^2 + C \quad (C \text{ 是任意常数}).$$

图 5-1 表示由斜率函数 $y' = 2x$ 所确定的各点的斜率及其积分曲线.

例 4 求斜率函数 $y' = \dfrac{\ln x}{x}$ 的经过点 $(\mathrm{e}, -1)$ 的积分曲线.

解 因为 $\left(\dfrac{1}{2}\ln^2 x\right)' = \dfrac{\ln x}{x}$，所以 $y' = \dfrac{\ln x}{x}$ 的积分曲线族为

$$y = \frac{1}{2}\ln^2 x + C,$$

其中经过点 $(\mathrm{e}, -1)$ 的积分曲线应满足条件

$$-1 = \frac{1}{2}\ln^2 \mathrm{e} + C,$$

即 $C = -\dfrac{3}{2}$. 因此所求的积分曲线为 $y = \dfrac{1}{2}\ln^2 x - \dfrac{3}{2}$.

5.1.3 不定积分的基本性质

由不定积分的定义和导数或微分的运算法则，不难得到不定积分的下列基本性质（其证明作为练习留给读者）：

1° $\left(\displaystyle\int f(x)\mathrm{d}x\right)' = f(x)$ 或 $\mathrm{d}\displaystyle\int f(x)\mathrm{d}x = f(x)\mathrm{d}x$;

2° $\displaystyle\int F'(x)\mathrm{d}x = F(x) + C$ 或 $\displaystyle\int \mathrm{d}F(x) = F(x) + C$;

3° $\displaystyle\int (f(x) \pm g(x))\mathrm{d}x = \int f(x)\mathrm{d}x \pm \int g(x)\mathrm{d}x$;

4° $\displaystyle\int kf(x)\mathrm{d}x = k\int f(x)\mathrm{d}x$ $(k \neq 0,$ 是常数$)$.

从性质 1° 和 2° 可知

$$F(x) \xrightarrow{\ \mathrm{d}\ } F'(x)\mathrm{d}x \xrightarrow{\ \int\ } F(x) + C;$$

$$F'(x)\mathrm{d}x \xrightarrow{\ \int\ } F(x) + C \xrightarrow{\ \mathrm{d}\ } F'(x)\mathrm{d}x.$$

这表明函数 $F(x)$ 先作微分再作积分，得 $F(x) + C$，即仅差一个任意常数；而微分表达式 $F'(x)\mathrm{d}x$ 先作积分再作微分就还原. 所以可以说，微分运算"d" 与不定积分运算"$\int$" 是互逆的.

例5 $\displaystyle\int (\cos x + \sin x)\mathrm{d}x = \int \cos x\, \mathrm{d}x + \int \sin x\, \mathrm{d}x$

$$= \sin x - \cos x + C.$$

例6 求 $\displaystyle\int \left(3x^2 - \frac{2}{x}\right)\mathrm{d}x$.

解 由例1和例2，

$$\int \left(3x^2 - \frac{2}{x}\right)\mathrm{d}x = 3\int x^2\mathrm{d}x - 2\int \frac{\mathrm{d}x}{x} = 3\left(\frac{1}{3}x^3\right) - 2\ln|x| + C$$

$$= x^3 - 2\ln|x| + C.$$

例 7 已知 $\int f(x)\mathrm{d}x = \mathrm{e}^{x^2} + C$, 求 $f(x)$.

解 由假设, e^{x^2} 是 $f(x)$ 的一个原函数, 所以

$$f(x) = (\mathrm{e}^{x^2})' = 2x\mathrm{e}^{x^2}.$$

例 8 求 $\int \mathrm{d}\int \mathrm{d}f(x)$.

解 由性质 $2°$, $\int \mathrm{d}f(x) = f(x) + C$, 而由性质 $1°$,

$$\mathrm{d}\int \mathrm{d}f(x) = \mathrm{d}f(x),$$

故由性质 $2°$,

$$\int \mathrm{d}\int \mathrm{d}f(x) = \int \mathrm{d}f(x) = f(x) + C.$$

或由性质 $1°$, $\mathrm{d}\int \mathrm{d}f(x) = \mathrm{d}f(x)$, 所以, 由性质 $2°$,

$$\int \mathrm{d}\int \mathrm{d}f(x) = \int \mathrm{d}f(x) = f(x) + C.$$

例 9 检查下列积分计算是否正确:

$$\int \frac{1}{\sqrt{x - x^2}}\mathrm{d}x = \arcsin(2x - 1) + C_1$$

和

$$\int \frac{1}{\sqrt{x - x^2}}\mathrm{d}x = -2\arcsin\sqrt{1 - x} + C_2,$$

其中 C_1, C_2 是任意常数.

解 注意, $x - x^2 > 0$, 即 $0 < x < 1$, 所以

$$(\arcsin(2x - 1))' = \frac{1}{\sqrt{1 - (2x - 1)^2}}(2x - 1)'$$

$$= \frac{2}{\sqrt{4x - 4x^2}} = \frac{1}{\sqrt{x - x^2}},$$

$$(-2\arcsin\sqrt{1 - x})' = -2 \cdot \frac{1}{\sqrt{1 - (\sqrt{1 - x})^2}}(\sqrt{1 - x})'$$

$$= \frac{-2}{\sqrt{x}} \cdot \frac{-1}{2\sqrt{1 - x}} = \frac{1}{\sqrt{x - x^2}}.$$

故上述积分计算都是正确的.

由此可知

$$\arcsin(2x - 1) = -2\arcsin\sqrt{1 - x} + C \quad (0 < x < 1),$$

当 $x = \dfrac{1}{2}$ 时,

$$\arcsin(2x-1) = \arcsin 0 = 0,$$

$$-2\arcsin\sqrt{1-x} = -2\arcsin\frac{\sqrt{2}}{2} = -\frac{\pi}{2}.$$

所以 $0 = -\dfrac{\pi}{2} + C$, 即 $C = \dfrac{\pi}{2}$. 从而得到恒等式

$$\arcsin(2x-1) + 2\arcsin\sqrt{1-x} = \frac{\pi}{2} \quad (0 \leqslant x \leqslant 1).$$

(易见当 $x = 0,1$ 时上式仍然成立.)

一般地说,检查积分计算 $\displaystyle\int g(x)\mathrm{d}x = G(x) + C$ 是否有误,只要计算 $G'(x)$,若 $G'(x) = g(x)$,则积分计算正确,否则积分有误.

5.2 基本积分公式

由 $F'(x) = f(x)$ 或 $\mathrm{d}F(x) = f(x)\mathrm{d}x$,可得

$$\int f(x)\mathrm{d}x = F(x) + C.$$

例如:由 $(C)' = 0$,可得

$$\int 0\mathrm{d}x = C.$$

又由 $(x)' = 1$,可得

$$\int 1\mathrm{d}x = x + C.$$

类似地,从基本导数公式或基本微分公式,可得下列**基本积分公式**:

$1°$ $\displaystyle\int 0\mathrm{d}x = C.$

$2°$ $\displaystyle\int 1\mathrm{d}x = \int \mathrm{d}x = x + C.$

$3°$ $\displaystyle\int \frac{1}{x}\mathrm{d}x = \ln|x| + C.$

$4°$ $\displaystyle\int x^{\mu}\mathrm{d}x = \frac{1}{\mu+1}x^{\mu+1} + C \ (\mu+1 \neq 0).$

$5°$ $\displaystyle\int a^{x}\mathrm{d}x = \frac{a^{x}}{\ln a} + C \ (a > 0, a \neq 1)$,特别,$\displaystyle\int \mathrm{e}^{x}\mathrm{d}x = \mathrm{e}^{x} + C.$

$6°$ $\displaystyle\int \sin x \, \mathrm{d}x = -\cos x + C.$

$7°$ $\displaystyle\int \cos x \, \mathrm{d}x = \sin x + C.$

$8°$ $\displaystyle\int \sec^2 x \, \mathrm{d}x = \int \frac{\mathrm{d}x}{\cos^2 x} = \tan x + C.$

$9°$ $\displaystyle\int \csc^2 x \, \mathrm{d}x = \int \frac{\mathrm{d}x}{\sin^2 x} = -\cot x + C.$

$10°$ $\displaystyle\int \sec x \tan x \, \mathrm{d}x = \sec x + C.$

$11°$ $\displaystyle\int \csc x \cot x \, \mathrm{d}x = -\csc x + C.$

$12°$ $\displaystyle\int \frac{\mathrm{d}x}{1+x^2} = \arctan x + C.$

$13°$ $\displaystyle\int \frac{\mathrm{d}x}{\sqrt{1-x^2}} = \arcsin x + C.$

上述公式是计算不定积分的基础,必须熟记.

在基本导数公式的基础上运用各种求导法则,可以求得各种函数的导数. 但是对于不定积分来说,情况就远不是那么简单. 给定了 $f(x)$,要想知道哪一个函数的导数等于 $f(x)$,是非常困难的问题,有时甚至是不可能的(即不一定能用一个初等函数或分段函数来表示). 例如:e^{x^2} 的原函数就不是一个初等函数.

为了求得更多的函数的不定积分,人们造了许多较常用的不定积分公式,这就是积分表. 上面的基本积分公式也可称为**基本积分表**,它只是积分表中很少的一部分.

例1 求下列不定积分:

1) $\displaystyle\int \frac{\mathrm{d}x}{x^4}$;

2) $\displaystyle\int \mathrm{e}^x 5^{-x} \, \mathrm{d}x$;

3) $\displaystyle\int \tan^2 x \, \mathrm{d}x$;

4) $\displaystyle\int \frac{1+\cos^2 x}{1+\cos 2x} \, \mathrm{d}x$;

5) $\displaystyle\int x^5 \sqrt{x^4 + x^{-4} + 2} \, \mathrm{d}x.$

解 1) $\displaystyle\int \frac{\mathrm{d}x}{x^4} = \int x^{-4} \, \mathrm{d}x = \frac{1}{-4+1} x^{-4+1} + C = -\frac{1}{3x^3} + C.$

2) $\displaystyle\int \mathrm{e}^x 5^{-x} \, \mathrm{d}x = \int \left(\frac{\mathrm{e}}{5}\right)^x \mathrm{d}x = \frac{\left(\dfrac{\mathrm{e}}{5}\right)^x}{\ln \dfrac{\mathrm{e}}{5}} + C = \frac{\mathrm{e}^x \cdot 5^{-x}}{1 - \ln 5} + C.$

3) $\displaystyle\int \tan^2 x\, \mathrm{d}x = \int (\sec^2 x - 1)\mathrm{d}x = \int \sec^2 x\, \mathrm{d}x - \int \mathrm{d}x$

$\qquad\qquad = \tan x - x + C.$

4) $\displaystyle\int \frac{1+\cos^2 x}{1+\cos 2x}\mathrm{d}x = \int \frac{1+\cos^2 x}{2\cos^2 x}\mathrm{d}x = \frac{1}{2}\int (\sec^2 x + 1)\mathrm{d}x$

$\qquad\qquad = \frac{1}{2}\left(\int \sec^2 x\, \mathrm{d}x + \int \mathrm{d}x\right)$

$\qquad\qquad = \frac{1}{2}(\tan x + x) + C.$

5) $\displaystyle\int x^5 \sqrt{x^4 + x^{-4} + 2}\, \mathrm{d}x = \int x^5 (x^2 + x^{-2})\mathrm{d}x$

$\qquad\qquad = \int (x^7 + x^3)\mathrm{d}x = \int x^7 \mathrm{d}x + \int x^3 \mathrm{d}x$

$\qquad\qquad = \frac{1}{8}x^8 + \frac{1}{4}x^4 + C.$

从上例中 2) ～ 5) 可见，对有些被积函数，不能直接套用基本积分公式，但如果利用一些代数恒等式或三角恒等式把它们作适当变形，就可以化成能直接套用基本积分公式的情况，这是一种基本的求不定积分的技巧.

例 2 设 $f'(\mathrm{e}^x) = 1 + \mathrm{e}^{3x}$，且 $f(0) = 1$，求 $f(x)$.

解 因为 $f'(\mathrm{e}^x) = 1 + (\mathrm{e}^x)^3$，若设 $u = \mathrm{e}^x$，则

$$f'(u) = 1 + u^3.$$

把变量 u 改成 x，即得

$$f'(x) = 1 + x^3.$$

所以 $f(x)$ 是 $1 + x^3$ 的一个原函数，而

$$\int (1+x^3)\mathrm{d}x = \int \mathrm{d}x + \int x^3 \mathrm{d}x = x + \frac{x^4}{4} + C,$$

故 $f(x) = x + \dfrac{x^4}{4} + C.$ 又 $f(0) = 1$，从而 $C = 1$. 因此

$$f(x) = \frac{x^4}{4} + x + 1.$$

例 3 设 $f'(x) = 2|x| + 3$，且 $f(2) = 15$，求 $f(x)$.

解 $f'(x) = \begin{cases} 2x + 3, & x \geqslant 0; \\ -2x + 3, & x < 0, \end{cases}$ 而

$$\int (2x+3)\mathrm{d}x = x^2 + 3x + C_1,$$

$$\int (-2x+3)\mathrm{d}x = -x^2 + 3x + C_2,$$

所以

$$f(x) = \begin{cases} x^2 + 3x + C_1, & x \geqslant 0; \\ -x^2 + 3x + C_2, & x < 0. \end{cases}$$

由于 $f(x)$ 作为原函数必可导，从而连续，因此

$$f(0^+) = f(0) = C_1 = f(0^-) = C_2,$$

即

$$f(x) = \begin{cases} x^2 + 3x + C_1, & x \geqslant 0; \\ -x^2 + 3x + C_1, & x < 0. \end{cases}$$

而 $f(2) = 15$，所以

$$f(2) = 2^2 + 3 \times 2 + C_1 = 15,$$

即 $C_1 = 5$. 因此

$$f(x) = \begin{cases} x^2 + 3x + 5, & x \geqslant 0; \\ -x^2 + 3x + 5, & x < 0. \end{cases}$$

5.3 换元积分法

在计算函数的导数时，复合函数求导法则是最常用的法则. 把它反过来用于求不定积分，就是通过引进中间变量作变数代换，把一个被积表达式变成另一个被积表达式，从而把原先的不定积分转化为较易计算的不定积分，这就是**换元积分法**. 换元积分法有两类：第一换元积分法和第二换元积分法.

5.3.1 第一换元积分法(凑微分法)

先看下例.

例 1 求 $\int \cos^3 x \, \mathrm{d}x$.

解 $\displaystyle\int \cos^3 x \, \mathrm{d}x = \int \cos^2 x \cos x \, \mathrm{d}x = \int \cos^2 x \, \mathrm{d} \sin x$

$$= \int (1 - \sin^2 x) \mathrm{d} \sin x.$$

设 $u = \sin x$，则

$$\int (1 - \sin^2 x) \mathrm{d} \sin x = \int (1 - u^2) \mathrm{d}u = u - \frac{1}{3} u^3 + C$$

$$= \sin x - \frac{1}{3} \sin^3 x + C.$$

从上可见，计算 $\displaystyle\int\cos^3 x\,\mathrm{d}x$ 的关键步骤是把它变成 $\displaystyle\int(1-\sin^2 x)\mathrm{d}\sin x$，然后通过代换 $u=\sin x$，就可转化成易计算的积分 $\displaystyle\int(1-u^2)\mathrm{d}u$.

一般地说，设 $f(u)$ 有原函数 $F(u)$，即

$$F'(u)=f(u) \quad \text{或} \quad \int f(u)\mathrm{d}u=F(u)+C,$$

如果 u 是 x 的函数 $u=\varphi(x)$，且 $\varphi(x)$ 可微，$\mathrm{d}u=\varphi'(x)\mathrm{d}x$，则由复合函数微分法则（即微分形式不变性），有

$$\begin{aligned}
\mathrm{d}F(\varphi(x))=\mathrm{d}F(u)&=F'(u)\mathrm{d}u=f(u)\mathrm{d}u\\
&=f(\varphi(x))\varphi'(x)\mathrm{d}x,
\end{aligned}$$

所以

$$\begin{aligned}
\int f(\varphi(x))\varphi'(x)\mathrm{d}x=\int f(u)\mathrm{d}u&=F(u)\,|_{u=\varphi(x)}+C\\
&=F(\varphi(x))+C.
\end{aligned}$$

由此，一般地说，如果 $\displaystyle\int g(x)\mathrm{d}x$ 不能直接利用基本积分公式计算，而其被积表达式 $g(x)\mathrm{d}x$ 又能表示成

$$g(x)\mathrm{d}x=f(\varphi(x))\varphi'(x)\mathrm{d}x=f(\varphi(x))\mathrm{d}\varphi(x),$$

且 $\displaystyle\int f(u)\mathrm{d}u$ 较易计算，则通过代换 $u=\varphi(x)$ 就把计算 $\displaystyle\int g(x)\mathrm{d}x$ 变成计算 $\displaystyle\int f(u)\mathrm{d}u$，即

$$\begin{aligned}
\int g(x)\mathrm{d}x&=\int f(\varphi(x))\varphi'(x)\mathrm{d}x=\int f(\varphi(x))\mathrm{d}\varphi(x)\\
&\xlongequal{u=\varphi(x)}\int f(u)\mathrm{d}u=F(u)+C\\
&=F(\varphi(x))+C.
\end{aligned}$$

这就是**第一换元积分法**.

用第一换元积分法时，首先要熟知基本的微分公式，如在例 1 中知道 $\cos x\,\mathrm{d}x=\mathrm{d}\sin x$；其次是要熟知基本积分公式，即换元的目的是要把 $\displaystyle\int g(x)\mathrm{d}x$ 变成较易计算的 $\displaystyle\int f(u)\mathrm{d}u$. 这就是第一换元积分法的"方向". 基于这两点，第一换元积分法也称为**凑微分法**. 最后，要注意的是，在算得 $\displaystyle\int f(u)\mathrm{d}u=F(u)+C$ 后，一定要用 $u=\varphi(x)$ 代入 $F(u)$，回到原先的积分变量 x.

在用第一换元积分法求不定积分时，下列凑微分的形式是较易遇到的：

1) $\displaystyle\int f(ax+b)\mathrm{d}x = \frac{1}{a}\int f(ax+b)\mathrm{d}(ax+b)$

$$= \frac{1}{a}\int f(u)\mathrm{d}u \quad (a \neq 0,\ u = ax+b);$$

2) $\displaystyle\int f(x^{\mu})x^{\mu-1}\mathrm{d}x = \frac{1}{\mu}\int f(x^{\mu})\mathrm{d}x^{\mu} = \frac{1}{\mu}\int f(t)\mathrm{d}t \quad (\mu \neq 0,\ t = x^{\mu});$

3) $\displaystyle\int f(\mathrm{e}^x)\mathrm{e}^x\,\mathrm{d}x = \int f(\mathrm{e}^x)\mathrm{d}\,\mathrm{e}^x = \int f(u)\mathrm{d}u \quad (u = \mathrm{e}^x);$

4) $\displaystyle\int f(\ln x)\frac{\mathrm{d}x}{x} = \int f(\ln x)\mathrm{d}\ln x = \int f(u)\mathrm{d}u \quad (u = \ln x);$

5) $\displaystyle\int f(\sin x)\cos x\,\mathrm{d}x = \int f(\sin x)\mathrm{d}\sin x = \int f(u)\mathrm{d}u \quad (u = \sin x);$

6) $\displaystyle\int f(\cos x)\sin x\,\mathrm{d}x = -\int f(\cos x)\mathrm{d}\cos x = -\int f(u)\mathrm{d}u \quad (u = \cos x);$

7) $\displaystyle\int f(\tan x)\sec^2 x\,\mathrm{d}x = \int f(\tan x)\mathrm{d}\tan x = \int f(u)\mathrm{d}u \quad (u = \tan x);$

8) $\displaystyle\int f(\cot x)\csc^2 x\,\mathrm{d}x = -\int f(\cot x)\mathrm{d}\cot x = -\int f(u)\mathrm{d}u \quad (u = \cot x);$

9) $\displaystyle\int f(\arcsin x)\frac{\mathrm{d}x}{\sqrt{1-x^2}} = \int f(\arcsin x)\mathrm{d}\arcsin x$

$$= \int f(u)\mathrm{d}u \quad (u = \arcsin x);$$

10) $\displaystyle\int f(\arctan x)\frac{\mathrm{d}x}{1+x^2} = \int f(\arctan x)\mathrm{d}\arctan x$

$$= \int f(u)\mathrm{d}u \quad (u = \arctan x).$$

下面用例子具体地说明第一换元积分法的运用.

例 2 设 $F(x)$ 是 $f(x)$ 的一个原函数，求 $\int \mathrm{e}^{-x}f(\mathrm{e}^{-x})\mathrm{d}x$.

解 由题设，$\int f(x)\mathrm{d}x = F(x)+C$, 故

$$\int \mathrm{e}^{-x}f(\mathrm{e}^{-x})\mathrm{d}x = -\int f(\mathrm{e}^{-x})\mathrm{d}\,\mathrm{e}^{-x} \quad (\diamondsuit\ \mathrm{e}^{-x} = s)$$

$$= -\int f(s)\mathrm{d}s = -F(s)+C$$

$$= -F(\mathrm{e}^{-x})+C.$$

例 3 求下列积分：

1) $\displaystyle\int \frac{\mathrm{d}x}{a^2+x^2} \quad (a \neq 0);$ 2) $\displaystyle\int \frac{\mathrm{d}x}{\sqrt{a^2-x^2}} \quad (a > 0).$

解 1) $\displaystyle\int\frac{\mathrm{d}x}{a^2+x^2}=\int\frac{\mathrm{d}x}{a^2\left(1+\frac{x^2}{a^2}\right)}=\frac{1}{a}\int\frac{\mathrm{d}\frac{x}{a}}{1+\left(\frac{x}{a}\right)^2}\quad\left(\text{令 }u=\frac{x}{a}\right)$

$$=\frac{1}{a}\int\frac{\mathrm{d}u}{1+u^2}=\frac{1}{a}\arctan u+C$$

$$=\frac{1}{a}\arctan\frac{x}{a}+C.$$

2) 同上可得

$$\int\frac{\mathrm{d}x}{\sqrt{a^2-x^2}}=\arcsin\frac{x}{a}+C.$$

例 4 求$\displaystyle\int\frac{\mathrm{d}x}{(ax+b)^n}\ (a\neq0,\ n\neq1).$

解 $\displaystyle\int\frac{\mathrm{d}x}{(ax+b)^n}=\frac{1}{a}\int\frac{\mathrm{d}(ax+b)}{(ax+b)^n}\quad(\text{令 }ax+b=v)$

$$=\frac{1}{a}\int\frac{\mathrm{d}v}{v^n}=\frac{1}{a}\frac{v^{-n+1}}{-n+1}+C$$

$$=\frac{1}{a(1-n)(ax+b)^{n-1}}+C.$$

在对第一换元积分法初步熟悉以后，为了提高计算效率，换元步骤可以不写出来.

例 5 求$\displaystyle\int\frac{\mathrm{d}x}{a^2-x^2}\ (a\neq0).$

解 $a^2-x^2=(a-x)(a+x)$，而

$$\frac{1}{a^2-x^2}=\frac{1}{2a}\frac{(a-x)+(a+x)}{(a-x)(a+x)}=\frac{1}{2a}\left(\frac{1}{a+x}+\frac{1}{a-x}\right),$$

故

$$\int\frac{\mathrm{d}x}{a^2-x^2}=\frac{1}{2a}\int\left(\frac{1}{a+x}+\frac{1}{a-x}\right)\mathrm{d}x$$

$$=\frac{1}{2a}\left[\int\frac{\mathrm{d}(a+x)}{a+x}-\int\frac{\mathrm{d}(a-x)}{a-x}\right]$$

$$=\frac{1}{2a}(\ln|a+x|-\ln|a-x|)+C$$

$$=\frac{1}{2a}\ln\left|\frac{a+x}{a-x}\right|+C.$$

例 6 求下列积分：

1) $\displaystyle\int\frac{x\mathrm{d}x}{x-\sqrt{x^2-1}}$；

2) $\displaystyle\int\sqrt{\frac{a+x}{a-x}}\,\mathrm{d}x\quad(a>0)$；

3) $\displaystyle\int \frac{\mathrm{d}x}{\sqrt{x-x^2}}$; 4) $\displaystyle\int \frac{\mathrm{d}x}{x^2\sqrt{1+x^2}}$.

解 1) $\displaystyle\int \frac{x\mathrm{d}x}{x-\sqrt{x^2-1}} = \int \frac{x(x+\sqrt{x^2-1})}{(x-\sqrt{x^2-1})(x+\sqrt{x^2-1})}\mathrm{d}x$

$$= \int \frac{x^2+x\sqrt{x^2-1}}{x^2-(x^2-1)}\mathrm{d}x$$

$$= \int x^2\mathrm{d}x + \int x\sqrt{x^2-1}\,\mathrm{d}x$$

$$= \frac{x^3}{3} + \frac{1}{2}\int \sqrt{x^2-1}\,\mathrm{d}(x^2-1)$$

$$= \frac{x^3}{3} + \frac{1}{3}(x^2-1)^{\frac{3}{2}} + C.$$

2) $\displaystyle\int \sqrt{\frac{a+x}{a-x}}\,\mathrm{d}x = \int \sqrt{\frac{(a+x)^2}{a^2-x^2}}\,\mathrm{d}x = \int \frac{a+x}{\sqrt{a^2-x^2}}\mathrm{d}x$

$$= a\int \frac{\mathrm{d}x}{\sqrt{a^2-x^2}} + \int \frac{x\mathrm{d}x}{\sqrt{a^2-x^2}}$$

$$= a\arcsin\frac{x}{a} - \frac{1}{2}\int \frac{\mathrm{d}(a^2-x^2)}{\sqrt{a^2-x^2}}$$

$$= a\arcsin\frac{x}{a} - \sqrt{a^2-x^2} + C.$$

3) $\displaystyle\int \frac{\mathrm{d}x}{\sqrt{x-x^2}} = \int \frac{\mathrm{d}x}{\sqrt{\left(\frac{1}{2}\right)^2-\left(x-\frac{1}{2}\right)^2}} = \int \frac{\mathrm{d}\left(x-\frac{1}{2}\right)}{\sqrt{\left(\frac{1}{2}\right)^2-\left(x-\frac{1}{2}\right)^2}}$

$$= \arcsin\frac{x-\frac{1}{2}}{\frac{1}{2}} + C = \arcsin(2x-1) + C,$$

或

$$\int \frac{\mathrm{d}x}{\sqrt{x-x^2}} = \int \frac{\mathrm{d}x}{\sqrt{x}\sqrt{1-x}} = 2\int \frac{\mathrm{d}\sqrt{x}}{\sqrt{1-(\sqrt{x})^2}} = 2\arcsin\sqrt{x} + C.$$

由此可见,同一个不定积分,用不同的方法计算可能会得到看似不同的结果. 其实,上面两个结果是一致的(参见 5.1 节例 9).

4) $\displaystyle\int \frac{\mathrm{d}x}{x^2\sqrt{1+x^2}} = \int \frac{\mathrm{d}x}{x^3\sqrt{1+\frac{1}{x^2}}} = -\frac{1}{2}\int \frac{\mathrm{d}\frac{1}{x^2}}{\sqrt{1+\frac{1}{x^2}}}$

$$=-\frac{1}{2}\int\frac{\mathrm{d}\left(1+\frac{1}{x^2}\right)}{\sqrt{1+\frac{1}{x^2}}}=-\sqrt{1+\frac{1}{x^2}}+C$$

$$=-\frac{\sqrt{1+x^2}}{|x|}+C.$$

例 7 计算下列不定积分：

1) $\displaystyle\int\tan x\ \mathrm{d}x$;

2) $\displaystyle\int\cot x\ \mathrm{d}x$;

3) $\displaystyle\int\sin^4 x\ \mathrm{d}x$;

4) $\displaystyle\int\sin^3 x\cos^2 x\ \mathrm{d}x$;

5) $\displaystyle\int\sin x\sin 3x\ \mathrm{d}x$;

6) $\displaystyle\int\sec x\ \mathrm{d}x$;

7) $\displaystyle\int\csc x\ \mathrm{d}x$;

8) $\displaystyle\int\tan^3 x\sec x\ \mathrm{d}x$.

解 1) $\displaystyle\int\tan x\ \mathrm{d}x=\int\frac{\sin x}{\cos x}\mathrm{d}x=-\int\frac{\mathrm{d}\cos x}{\cos x}=-\ln|\cos x|+C.$

2) 同 1)，可得

$$\int\cot x\ \mathrm{d}x=\ln|\sin x|+C.$$

3) $\displaystyle\int\sin^4 x\ \mathrm{d}x=\int(\sin^2 x)^2\mathrm{d}x=\int\left(\frac{1-\cos 2x}{2}\right)^2\mathrm{d}x$

$$=\frac{1}{4}\int(1-2\cos 2x+\cos^2 2x)\mathrm{d}x$$

$$=\frac{1}{4}\left[x-\int\cos 2x\ \mathrm{d}(2x)+\int\frac{1+\cos 4x}{2}\mathrm{d}x\right]$$

$$=\frac{1}{4}\left[x-\sin 2x+\frac{1}{2}\left(x+\int\cos 4x\ \mathrm{d}x\right)\right]$$

$$=\frac{1}{4}\left(\frac{3}{2}x-\sin 2x+\frac{1}{8}\sin 4x\right)+C$$

$$=\frac{1}{32}(12x-8\sin 2x+\sin 4x)+C.$$

4) $\displaystyle\int\sin^3 x\cos^2 x\ \mathrm{d}x=\int\sin^2 x\cos^2 x\sin x\ \mathrm{d}x$

$$=\int(1-\cos^2 x)\cos^2 x\ (-\mathrm{d}\cos x)$$

$$=-\int(\cos^2 x-\cos^4 x)\mathrm{d}\cos x$$

$$=\frac{1}{5}\cos^5 x-\frac{1}{3}\cos^3 x+C.$$

5) $\int \sin x \, \sin 3x \, dx = \dfrac{1}{2} \int (\cos 2x - \cos 4x) \, dx$

$$= \dfrac{1}{8}(2 \sin 2x - \sin 4x) + C.$$

6) $\int \sec x \, dx = \int \dfrac{dx}{\cos x} = \int \dfrac{\cos x}{\cos^2 x} dx = \int \dfrac{d \sin x}{1 - \sin^2 x}$ （由例 5）

$$= \dfrac{1}{2} \ln \left| \dfrac{1 + \sin x}{1 - \sin x} \right| + C = \dfrac{1}{2} \ln \dfrac{(1 + \sin x)^2}{1 - \sin^2 x} + C$$

$$= \dfrac{1}{2} \ln \left(\dfrac{1 + \sin x}{\cos x} \right)^2 + C = \ln |\sec x + \tan x| + C.$$

7) $\int \csc x \, dx = \int \dfrac{dx}{\sin x} = \int \dfrac{dx}{2 \sin \dfrac{x}{2} \cdot \cos \dfrac{x}{2}} = \int \dfrac{d \left(\dfrac{x}{2} \right)}{\tan \dfrac{x}{2} \cdot \cos^2 \dfrac{x}{2}}$

$$= \int \dfrac{d \tan \dfrac{x}{2}}{\tan \dfrac{x}{2}} = \ln \left| \tan \dfrac{x}{2} \right| + C,$$

或用 6) 中的方法，可得

$$\int \csc x \, dx = \ln |\csc x - \cot x| + C.$$

8) $\int \tan^3 x \, \sec x \, dx = \int \tan^2 x \, (\sec x \, \tan x \, dx)$

$$= \int (\sec^2 x - 1) d \sec x$$

$$= \dfrac{1}{3} \sec^3 x - \sec x + C.$$

例 8 求下列积分：

1) $\int \dfrac{dx}{\sqrt{1 - x^2} \, (\arcsin x)^2}$;

2) $\int \dfrac{dx}{x \, \sqrt{1 - \ln^2 x}}$;

3) $\int \dfrac{dx}{e^x + e^{-x}}$;

4) $\int \dfrac{dx}{1 + e^x}$;

5) $\int \dfrac{\ln^2 x}{x (1 + \ln^2 x)} dx$.

解 1) $\int \dfrac{dx}{\sqrt{1 - x^2} \, (\arcsin x)^2} = \int \dfrac{d \arcsin x}{(\arcsin x)^2} = -\dfrac{1}{\arcsin x} + C.$

2) $\int \dfrac{dx}{x \, \sqrt{1 - \ln^2 x}} = \int \dfrac{d \ln x}{\sqrt{1 - \ln^2 x}} = \arcsin \ln x + C.$

3) $\int \dfrac{dx}{e^x + e^{-x}} = \int \dfrac{e^x dx}{(e^x)^2 + 1} = \int \dfrac{d e^x}{1 + (e^x)^2} = \arctan e^x + C.$

4) $\displaystyle\int\frac{\mathrm{d}x}{1+\mathrm{e}^x}=\int\frac{\mathrm{d}x}{\mathrm{e}^x(1+\mathrm{e}^{-x})}=\int\frac{\mathrm{e}^{-x}\mathrm{d}x}{1+\mathrm{e}^{-x}}=-\int\frac{\mathrm{d}(1+\mathrm{e}^{-x})}{1+\mathrm{e}^{-x}}$

$$=-\ln(1+\mathrm{e}^{-x})+C=-\ln\frac{1+\mathrm{e}^x}{\mathrm{e}^x}+C$$

$$=x-\ln(1+\mathrm{e}^x)+C.$$

5) $\displaystyle\int\frac{\ln^2x\,\mathrm{d}x}{x(1+\ln^2x)}=\int\frac{(\ln^2x+1)-1}{x(1+\ln^2x)}\mathrm{d}x=\int\Big(\frac{1}{x}-\frac{1}{x(1+\ln^2x)}\Big)\mathrm{d}x$

$$=\ln x-\int\frac{\mathrm{d}\ln x}{1+\ln^2x}=\ln x-\arctan(\ln x)+C.$$

例9 求下列积分:

1) $\displaystyle\int xf(x^2)f'(x^2)\mathrm{d}x$;   2) $\displaystyle\int\frac{f'(\ln x)}{x}\mathrm{d}x$.

解 1) 设 $u=x^2$,则

$$xf'(x^2)\mathrm{d}x=\frac{1}{2}f'(x^2)\mathrm{d}x^2=\frac{1}{2}f'(u)\mathrm{d}u=\frac{1}{2}\mathrm{d}f(u),$$

所以

$$\int xf(x^2)f'(x^2)\mathrm{d}x=\frac{1}{2}\int f(u)\mathrm{d}f(u)=\frac{1}{4}(f(u))^2+C$$

$$=\frac{1}{4}(f(x^2))^2+C.$$

2) 设 $v=\ln x$,则

$$\frac{f'(\ln x)}{x}\mathrm{d}x=f'(\ln x)\mathrm{d}\ln x=f'(v)\mathrm{d}v,$$

所以

$$\int\frac{f'(\ln x)}{x}\mathrm{d}x=\int f'(v)\mathrm{d}v=f(v)+C=f(\ln x)+C.$$

从上面的例子可以看到,第一换元积分法是一种很灵活和有效的计算不定积分的方法. 在熟悉基本的微分公式和积分公式,以及基本的代数运算和三角公式的基础上,对于给定的积分采用什么变量代换可以化成容易积分的形式,需要先思考几步,大致有了"眉目"以后再着手计算.

5.3.2 第二换元积分法

第二换元积分法的变化过程与第一换元积分法正好相反,后者用的是代换 $\varphi(x)=u$,而前者用的则是 $x=\psi(t)$,变化的过程是

$$\int f(x)\mathrm{d}x=\int f(\psi(t))\mathrm{d}\psi(t)=\int f(\psi(t))\psi'(t)\mathrm{d}t=\int g(t)\mathrm{d}t,$$

其中 $g(t) = f(\psi(t))\psi'(t)$. 作换元 $x = \psi(t)$ 的目的是把不易计算的不定积分 $\int f(x)\mathrm{d}x$ 变成较易计算的不定积分 $\int g(t)\mathrm{d}t$. 若设

$$\int g(t)\mathrm{d}t = G(t) + C,$$

需将 $x = \psi(t)$ 的反函数 $t = \psi^{-1}(x)$ 代入 $G(t)$，得到

$$\int f(x)\mathrm{d}x = G(\psi^{-1}(x)) + C = F(x) + C.$$

为了保证 $x = \psi(t)$ 的反函数存在且可导，假设函数 $\psi(t)$ 单调、可导，且 $\psi'(t) \neq 0$.

综上所述，**第二换元积分法**就是

$$\int f(x)\mathrm{d}x \xrightarrow{x = \psi(t)} \int f(\psi(t))\psi'(t)\mathrm{d}t = \int g(t)\mathrm{d}t$$

$$= G(t) + C = G(\psi^{-1}(x)) + C.$$

例 10 求下列不定积分：

1) $\displaystyle\int \frac{\mathrm{d}x}{\sqrt{x}(1 + \sqrt[3]{x})}$;　　　　2) $\displaystyle\int \frac{\mathrm{d}x}{1 + \sqrt[3]{x+1}}$.

解 1) 为了除去根号，设 $x = t^6 \ (t > 0)$，则 $t = \sqrt[6]{x}$. 这时

$$\int \frac{\mathrm{d}x}{\sqrt{x}(1 + \sqrt[3]{x})} = \int \frac{\mathrm{d}\, t^6}{t^3(1 + t^2)} = \int \frac{6t^5\,\mathrm{d}t}{t^3(1 + t^2)}$$

$$= 6\int \frac{t^2}{1 + t^2}\mathrm{d}t = 6\int \frac{t^2 + 1 - 1}{t^2 + 1}\mathrm{d}t$$

$$= 6\int \left(1 - \frac{1}{1 + t^2}\right)\mathrm{d}t = 6(t - \arctan t) + C$$

$$= 6(\sqrt[6]{x} - \arctan \sqrt[6]{x}) + C.$$

2) 设 $x + 1 = t^3$，则 $x = t^3 - 1$, $\mathrm{d}x = 3t^2\mathrm{d}t$, 故

$$\int \frac{\mathrm{d}x}{1 + \sqrt[3]{x+1}} = \int \frac{3t^2\mathrm{d}t}{1 + t} = 3\int \frac{t^2 + t - t - 1 + 1}{1 + t}\mathrm{d}t$$

$$= 3\int \left(t - 1 + \frac{1}{1 + t}\right)\mathrm{d}t = 3\left(\frac{t^2}{2} - t + \ln|1 + t|\right) + C$$

$$= \frac{3}{2}\left[\sqrt[3]{(x+1)^2} - 2\sqrt[3]{x+1} + 2\ln|1 + \sqrt[3]{x+1}|\right] + C.$$

例 11 设 $a > 0$，求下列不定积分：

1) $\displaystyle\int \sqrt{a^2 - x^2}\,\mathrm{d}x$;　　　　2) $\displaystyle\int \frac{\mathrm{d}x}{\sqrt{x^2 + a^2}}$;

3) $\displaystyle\int \frac{\mathrm{d}x}{\sqrt{x^2 - a^2}}$;　　　　4) $\displaystyle\int \frac{\mathrm{d}x}{x^2\sqrt{1 + x^2}}$.

解 1) 为去掉根号，令 $x=a\sin t\left(|t|\leqslant\frac{\pi}{2}\right)$，则有

$$\begin{aligned}\int\sqrt{a^2-x^2}\,\mathrm{d}x&=\int\sqrt{a^2-a^2\sin^2 t}\cdot a\cos t\,\mathrm{d}t\\&=a^2\int\cos^2 t\,\mathrm{d}t=\frac{a^2}{2}\int(1+\cos 2t)\mathrm{d}t\\&=\frac{a^2}{2}\left(t+\frac{1}{2}\sin 2t\right)+C\\&=\frac{a^2}{2}(t+\sin t\cos t)+C.\end{aligned}$$

$x=a\sin t$ 的反函数是 $t=\arcsin\frac{x}{a}$，而 $\cos t$ 是否可写成 $\cos\left(\arcsin\frac{x}{a}\right)$ 呢？这种表示并不是最简单的，因为

图 5-2

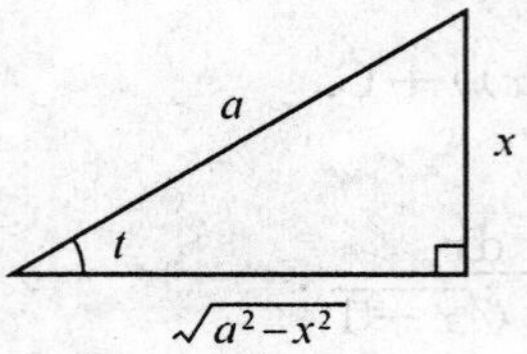

$$\cos t=\sqrt{1-\sin^2 t}=\sqrt{1-\left(\frac{x}{a}\right)^2}=\frac{\sqrt{a^2-x^2}}{a}$$

（或者由图 5-2 中的三角形直接可得）. 所以

$$\begin{aligned}\int\sqrt{a^2-x^2}\,\mathrm{d}x&=\frac{a^2}{2}\left(\arcsin\frac{x}{a}+\frac{x}{a}\cdot\frac{\sqrt{a^2-x^2}}{a}\right)+C\\&=\frac{a^2}{2}\arcsin\frac{x}{a}+\frac{x}{2}\sqrt{a^2-x^2}+C.\end{aligned}$$

2) 令 $x=a\tan t\left(|t|<\frac{\pi}{2}\right)$，则 $\mathrm{d}x=a\sec^2 t\,\mathrm{d}t$，所以

$$\begin{aligned}\int\frac{\mathrm{d}x}{\sqrt{x^2+a^2}}&=\int\frac{a\sec^2 t}{\sqrt{a^2\tan^2 t+a^2}}\mathrm{d}t=\int\frac{a\sec^2 t}{a\sec t}\mathrm{d}t=\int\sec t\,\mathrm{d}t\\&=\ln|\sec t+\tan t|+C_1\quad（由例 7 中 6)).\end{aligned}$$

而

$$\sec t=\sqrt{1+\tan^2 t}=\sqrt{1+\left(\frac{x}{a}\right)^2}=\frac{\sqrt{x^2+a^2}}{a}$$

图 5-3

（或由图 5-3 可得），因此

$$\begin{aligned}\int\frac{\mathrm{d}x}{\sqrt{x^2+a^2}}&=\ln\left|\frac{\sqrt{x^2+a^2}}{a}+\frac{x}{a}\right|+C_1\\&=\ln(x+\sqrt{x^2+a^2})+C,\end{aligned}$$

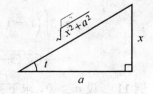

其中 C_1 和 $C = C_1 - \ln a$ 都是任意常数.

3) 设 $x = a\sec t \left(0 < t < \dfrac{\pi}{2}\right)$，则 $\mathrm{d}x = a\sec t \tan t\, \mathrm{d}t$，

$$\int \frac{\mathrm{d}x}{\sqrt{x^2 - a^2}} = \int \frac{a\sec t\, \tan t}{a \tan t}\mathrm{d}t = \int \sec t\, \mathrm{d}t$$
$$= \ln|\sec t + \tan t| + C_1.$$

由于 $\sec t = \dfrac{x}{a}$ 或 $\cos t = \dfrac{a}{x}$，

$$\sin t = \sqrt{1 - \cos^2 t} = \sqrt{1 - \left(\frac{a}{x}\right)^2} = \frac{\sqrt{x^2 - a^2}}{x},$$

所以 $\tan t = \dfrac{\sqrt{x^2 - a^2}}{a}$（或由图 5-4 可得），

从而

$$\int \frac{\mathrm{d}x}{\sqrt{x^2 - a^2}} = \ln\left|\frac{x}{a} + \frac{\sqrt{x^2 - a^2}}{a}\right| + C_1$$
$$= \ln|x + \sqrt{x^2 - a^2}| + C,$$

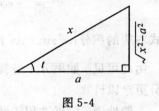

图 5-4

其中 C_1 和 $C = C_1 - \ln a$ 都是任意常数.

4) 设 $x = \tan t \left(|t| < \dfrac{\pi}{2}\right)$，则

$$\int \frac{\mathrm{d}x}{x^2\sqrt{1 + x^2}} = \int \frac{\sec^2 t\, \mathrm{d}t}{\tan^2 t\, \sec t} = \int \frac{\cos t}{\sin^2 t}\mathrm{d}t = \int \frac{\mathrm{d}\sin t}{\sin^2 t}$$

$$= -\frac{1}{\sin t} + C = -\frac{\sqrt{1 + x^2}}{x} + C.$$

5.4 分部积分法

利用两个函数乘积的微分公式
$$\mathrm{d}(uv) = u\mathrm{d}v + v\mathrm{d}u,$$

可得

$$\int u\mathrm{d}v = uv - \int v\mathrm{d}u \quad \text{或} \quad \int uv'\mathrm{d}x = uv - \int vu'\mathrm{d}x.$$

这就是求不定积分的**分部积分公式**. 如果 $u(x), v(x)$ 选得恰当，$\int v\mathrm{d}u$ 比 $\int u\mathrm{d}v$ 容易计算.

例 1 求 $\int x\cos x \, \mathrm{d}x$.

解 若设 $u = x$, $\mathrm{d}v = \cos x \, \mathrm{d}x = \mathrm{d}\sin x$, 则 $v = \sin x$. 用分部积分公式, 得

$$\int x\cos x \, \mathrm{d}x = \int x\mathrm{d}\sin x = x\sin x - \int \sin x \, \mathrm{d}x$$
$$= x\sin x + \cos x + C.$$

但若设 $u = \cos x$, $\mathrm{d}v = x\mathrm{d}x$, 即 $v = \dfrac{1}{2}x^2$, 则

$$\int x\cos x \, \mathrm{d}x = \int \cos x \, \mathrm{d}\left(\frac{x^2}{2}\right) = \cos x \cdot \left(\frac{x^2}{2}\right) - \int \frac{x^2}{2}\mathrm{d}\cos x$$
$$= \frac{x^2}{2}\cos x + \frac{1}{2}\int x^2 \sin x \, \mathrm{d}x.$$

等式右边的积分 $\int x^2 \sin x \, \mathrm{d}x$ 比原先的积分复杂.

由此可见, 如果 u, v 选择不当, 用分部积分法所得的积分可能比原先的积分更难以计算.

一般地说, 如果被积函数是两类基本初等函数的乘积, 在多数情况下, 可按下列顺序: 反三角函数、对数函数、幂函数、三角函数、指数函数, 将排在前面的那类函数选作 u, 后面的那类函数选作 v'.

例 2 求下列不定积分:

1) $\int x\tan^2 x \, \mathrm{d}x$;   2) $\int (4 - 3x)\mathrm{e}^{-3x}\mathrm{d}x$;

3) $\int \cos\sqrt{x+1}\,\mathrm{d}x$;   4) $\int \arctan\sqrt{3x-1}\,\mathrm{d}x$;

5) $\int \dfrac{x\cos x}{\sin^3 x}\mathrm{d}x$;   6) $\int \ln(x + \sqrt{x^2+1})\,\mathrm{d}x$.

解 1) 若选 $u = x$, $v' = \tan^2 x$, 则 v 比较复杂. 为此, 先将原积分变换一下, 即

$$\int x\tan^2 x \, \mathrm{d}x = \int x(\sec^2 x - 1)\mathrm{d}x = \int x\sec^2 x \, \mathrm{d}x - \frac{x^2}{2}.$$

对于 $\int x\sec^2 x \, \mathrm{d}x$, 设 $u = x$, $\mathrm{d}v = \sec^2 x \, \mathrm{d}x = \mathrm{d}\tan x$, 则

$$\int x\sec^2 x \, \mathrm{d}x = \int x\mathrm{d}\tan x = x\tan x - \int \tan x \, \mathrm{d}x$$
$$= x\tan x + \ln|\cos x| + C.$$

从而

$$\int x\tan^2 x \, dx = x\tan x + \ln|\cos x| - \frac{x^2}{2} + C.$$

2) 按上述原则，取 $u = 4 - 3x$, $dv = e^{-3x}dx = d\left(-\frac{1}{3}e^{-3x}\right)$，则

$$\int (4 - 3x)e^{-3x}dx = \int (4 - 3x)d\left(-\frac{1}{3}e^{-3x}\right)$$

$$= -\frac{1}{3}(4 - 3x)e^{-3x} + \int \frac{1}{3}e^{-3x}d(4 - 3x)$$

$$= \left(x - \frac{4}{3}\right)e^{-3x} + \frac{1}{3}\int e^{-3x}d(-3x)$$

$$= \left(x - \frac{4}{3}\right)e^{-3x} + \frac{1}{3}e^{-3x} + C$$

$$= (x - 1)e^{-3x} + C.$$

3) 先去根号，作换元 $x + 1 = t^2$ $(t > 0)$，则 $t = \sqrt{x+1}$, $dx = 2tdt$，因此

$$\int \cos\sqrt{x+1} \, dx = \int \cos t \cdot 2t dt = 2\int t \, d\sin t$$

$$= 2(t\sin t - \int \sin t \, dt) = 2(t\sin t + \cos t) + C$$

$$= 2(\sqrt{x+1}\sin\sqrt{x+1} + \cos\sqrt{x+1}) + C.$$

4) 取 $u = \arctan\sqrt{3x-1}$, $dv = dx$, 即 $v = x$, 则

$$\int \arctan\sqrt{3x-1} \, dx = x\arctan\sqrt{3x-1} - \int x \, d\arctan\sqrt{3x-1}$$

$$= x\arctan\sqrt{3x-1} - \int x \cdot \frac{1}{1+(3x-1)} \cdot \frac{3}{2\sqrt{3x-1}}dx$$

$$= x\arctan\sqrt{3x-1} - \frac{1}{2}\int \frac{dx}{\sqrt{3x-1}}$$

$$= x\arctan\sqrt{3x-1} - \frac{1}{6}\int \frac{d(3x-1)}{\sqrt{3x-1}}$$

$$= x\arctan\sqrt{3x-1} - \frac{1}{3}\sqrt{3x-1} + C.$$

5) $\displaystyle\int \frac{x\cos x}{\sin^3 x}dx = \int \frac{x}{\sin^3 x}d\sin x = \int x d\left(-\frac{1}{2\sin^2 x}\right)$

$$= -\frac{x}{2\sin^2 x} + \int \frac{1}{2\sin^2 x}dx = -\frac{x}{2\sin^2 x} + \frac{1}{2}\int \csc^2 x \, dx$$

$$= -\frac{1}{2}(x\csc^2 x + \cot x) + C.$$

6) $\int \ln(x+\sqrt{x^2+1})\,\mathrm{d}x = x\ln(x+\sqrt{x^2+1}) - \int x\,\mathrm{d}\ln(x+\sqrt{x^2+1})$

$$= x\ln(x+\sqrt{x^2+1}) - \int \frac{x}{\sqrt{x^2+1}}\mathrm{d}x$$

$$= x\ln(x+\sqrt{x^2+1}) - \frac{1}{2}\int \frac{\mathrm{d}(x^2+1)}{\sqrt{x^2+1}}$$

$$= x\ln(x+\sqrt{x^2+1}) - \sqrt{x^2+1} + C.$$

例 3　求下列不定积分：

1) $\int \sqrt{x}\ln x\,\mathrm{d}x$;

2) $\int x^3\ln^2 x\,\mathrm{d}x$;

3) $\int \frac{\ln(\mathrm{e}^x+1)}{\mathrm{e}^x}\mathrm{d}x$;

4) $\int \frac{\ln(\sin x)}{\cos^2 x}\mathrm{d}x$.

解　1) $\int \sqrt{x}\ln x\,\mathrm{d}x = \int \ln x\,\mathrm{d}\left(\frac{2}{3}x^{\frac{3}{2}}\right)$

$$= \frac{2}{3}x^{\frac{3}{2}}\ln x - \int \frac{2}{3}x^{\frac{3}{2}}\mathrm{d}\ln x$$

$$= \frac{2}{3}\left(x^{\frac{3}{2}}\ln x - \int x^{\frac{1}{2}}\mathrm{d}x\right)$$

$$= \frac{2}{3}\left(x^{\frac{3}{2}}\ln x - \frac{2}{3}x^{\frac{3}{2}}\right) + C$$

$$= \frac{2}{9}\sqrt{x^3}\,(3\ln x - 2) + C.$$

2) $\int x^3\ln^2 x\,\mathrm{d}x = \int \ln^2 x\,\mathrm{d}\left(\frac{x^4}{4}\right) = \frac{x^4}{4}\ln^2 x - \frac{1}{4}\int x^4\,\mathrm{d}\ln^2 x$

$$= \frac{x^4}{4}\ln^2 x - \frac{1}{2}\int x^4 \cdot \frac{\ln x}{x}\mathrm{d}x$$

$$= \frac{x^4}{4}\ln^2 x - \frac{1}{2}\int x^3\ln x\,\mathrm{d}x$$

$$= \frac{x^4}{4}\ln^2 x - \frac{1}{2}\int \ln x\,\mathrm{d}\left(\frac{x^4}{4}\right)$$

$$= \frac{x^4}{4}\ln^2 x - \frac{1}{8}\left(x^4\ln x - \int x^4\mathrm{d}\ln x\right)$$

$$= \frac{x^4}{4}\ln^2 x - \frac{x^4}{8}\ln x + \frac{1}{8}\int x^3\mathrm{d}x$$

$$= \frac{x^4}{4}\ln^2 x - \frac{x^4}{8}\ln x + \frac{x^4}{32} + C$$

$$= \frac{x^4}{32}(8\ln^2 x - 4\ln x + 1) + C.$$

3) $\displaystyle\int \frac{\ln(e^x+1)}{e^x}dx =-\int \ln(e^x+1)\ d\,e^{-x}$

$\qquad\qquad\qquad =-e^{-x}\ln(e^x+1)+\int e^{-x}d\,\ln(e^x+1)$

$\qquad\qquad\qquad =-e^{-x}\ln(e^x+1)+\int e^{-x}\cdot\frac{e^x}{e^x+1}dx$

$\qquad\qquad\qquad =-e^{-x}\ln(e^x+1)+\int \frac{dx}{e^x+1}.$

由 5.3 节例 8 中的 4)，有

$$\int \frac{\ln(e^x+1)}{e^x}dx =-e^{-x}\ln(e^x+1)+x-\ln(e^x+1)+C$$

$$=x-(1+e^{-x})\ln(e^x+1)+C.$$

4) $\displaystyle\int \frac{\ln(\sin x)}{\cos^2 x}dx =\int\ln(\sin x)\ \sec^2 x\ dx =\int\ln(\sin x)\ d\tan x$

$\qquad\qquad\qquad =\tan x\ \ln(\sin x)-\int\tan x\ d\,\ln(\sin x)$

$\qquad\qquad\qquad =\tan x\ \ln(\sin x)-\int\tan x\ \frac{\cos x}{\sin x}dx$

$\qquad\qquad\qquad =\tan x\ \ln(\sin x)-\int dx$

$\qquad\qquad\qquad =\tan x\ \ln(\sin x)-x+C.$

例 4 求不定积分 $I_1=\displaystyle\int e^x\sin x\ dx$ 和 $I_2=\displaystyle\int e^x\cos x\ dx.$

解 $I_1=\displaystyle\int\sin x\ d\,e^x =e^x\sin x-\int e^x d\sin x$

$\qquad =e^x\sin x-\displaystyle\int e^x\cos x\ dx =e^x\sin x-I_2,$

而

$$I_2=\int\cos x\ d\,e^x =e^x\cos x-\int e^x d\cos x$$

$$=e^x\cos x+\int e^x\sin x\ dx =e^x\cos x+I_1,$$

由于 I_1, I_2 都是不定积分，含有任意常数，故由上式得

$$I_1+I_2=e^x\sin x+C_1,$$

$$I_1-I_2=-e^x\cos x+C_2.$$

所以

$$I_1=\int e^x\sin x\ dx =\frac{1}{2}e^x(\sin x-\cos x)+C,$$

$$I_2 = \int e^x \cos x \, \mathrm{d}x = \frac{1}{2} e^x (\sin x + \cos x) + C.$$

例 5 求不定积分 $I = \int \sqrt{x^2 + a^2} \, \mathrm{d}x$.

解 设 $u = \sqrt{x^2 + a^2}$, $v = x$, 则

$$I = x \sqrt{x^2 + a^2} - \int x \mathrm{d} \sqrt{x^2 + a^2}$$

$$= x \sqrt{x^2 + a^2} - \int \frac{x^2}{\sqrt{x^2 + a^2}} \mathrm{d}x$$

$$= x \sqrt{x^2 + a^2} - \int \frac{x^2 + a^2 - a^2}{\sqrt{x^2 + a^2}} \mathrm{d}x$$

$$= x \sqrt{x^2 + a^2} - \int \left(\sqrt{x^2 + a^2} - \frac{a^2}{\sqrt{x^2 + a^2}} \right) \mathrm{d}x$$

$$= x \sqrt{x^2 + a^2} - I + \int \frac{a^2}{\sqrt{x^2 + a^2}} \mathrm{d}x.$$

所以

$$2I = x \sqrt{x^2 + a^2} + \int \frac{a^2}{\sqrt{x^2 + a^2}} \mathrm{d}x.$$

由 5.3 节例 11 中 2), 有

$$\int \frac{a^2}{\sqrt{x^2 + a^2}} \mathrm{d}x = a^2 \ln(x + \sqrt{x^2 + a^2}) + C_1.$$

从而

$$I = \int \sqrt{x^2 + a^2} \, \mathrm{d}x = \frac{1}{2} (x \sqrt{x^2 + a^2} + a^2 \ln(x + \sqrt{x^2 + a^2})) + C.$$

例 6 求不定积分 $I = \int \sqrt{x^2 - a^2} \, \mathrm{d}x$.

解 用上例中的方法, 可得

$$\int \sqrt{x^2 - a^2} \, \mathrm{d}x = \frac{1}{2} (x \sqrt{x^2 - a^2} - a^2 \ln | x + \sqrt{x^2 - a^2} |) + C.$$

也可以用换元法, 令 $x = a \sec t \left(0 < t < \frac{\pi}{2} \right)$, 则

$$I = \int a \tan t \, \mathrm{d} \, a \sec t = a^2 \int \tan^2 t \, \sec t \, \mathrm{d}t$$

$$= a^2 \int (\sec^2 t - 1) \sec t \, \mathrm{d}t$$

$$= a^2 \left(\int \sec^3 t \, \mathrm{d}t - \ln | \sec t + \tan t | \right)$$

$$= a^2 \left(\int \sec t \, \mathrm{d} \tan t - \ln | \sec t + \tan t | \right)$$

$$= a^2 \left(\sec t \, \tan t - \int \tan^2 t \, \sec t \, \mathrm{d}t - \ln | \sec t + \tan t | \right)$$

$$= a^2 (\sec t \, \tan t - \ln | \sec t + \tan t |) - I.$$

所以

$$2I = 2 \int \sqrt{x^2 - a^2} \, \mathrm{d}x = a^2 (\sec t \, \tan t - \ln | \sec t + \tan t |) + C_1.$$

因此

$$\int \sqrt{x^2 - a^2} \, \mathrm{d}x = \frac{a^2}{2} (\sec t \, \tan t - \ln | \sec t + \tan t |) + \frac{C_1}{2}$$

$$= \frac{a^2}{2} \left(\frac{x}{a} \cdot \frac{\sqrt{x^2 - a^2}}{a} - \ln \left| \frac{x}{a} + \frac{\sqrt{x^2 - a^2}}{a} \right| \right) + \frac{C_1}{2}$$

$$= \frac{1}{2} (x \sqrt{x^2 - a^2} - a^2 \ln | x + \sqrt{x^2 - a^2} |) + C,$$

其中 C_1 和 $C = \dfrac{C_1}{2} + \dfrac{a^2}{2} \ln a$ 是任意常数.

例 7 设 $f(\sin^2 x) = \dfrac{x}{\sin x}$,求 $I = \displaystyle\int \dfrac{\sqrt{x}}{\sqrt{1-x}} f(x) \mathrm{d}x$.

解 一种方法是先求出 $f(x) = \dfrac{\arcsin \sqrt{x}}{\sqrt{x}}$,代入 I 再计算积分;另一种方法是:在 I 中作换元 $x = \sin^2 t$,则

$$I = \int \frac{\sin t}{\cos t} f(\sin^2 t) \cdot 2 \sin t \, \cos t \, \mathrm{d}t = 2 \int t \sin t \, \mathrm{d}t$$

$$= - 2t \cos t + 2 \int \cos t \, \mathrm{d}t = 2 \sin t - 2t \cos t + C$$

$$= 2 \sqrt{x} - 2 \sqrt{1-x} \arcsin \sqrt{x} + C.$$

最后,把 5.3 节和本节的例子中一些常用的不定积分作为基本积分公式的补充,罗列如下(编号按基本积分公式的顺序接排):

14° $\displaystyle\int \dfrac{\mathrm{d}x}{(ax+b)^n} = \dfrac{1}{a(1-n)} \cdot \dfrac{1}{(ax+b)^{n-1}} + C$ $(a \neq 0, n \neq 1)$.

15° $\displaystyle\int \dfrac{\mathrm{d}x}{a^2 + x^2} = \dfrac{1}{a} \arctan \dfrac{x}{a} + C$ $(a \neq 0)$.

16° $\displaystyle\int \dfrac{\mathrm{d}x}{a^2 - x^2} = \dfrac{1}{2a} \ln \left| \dfrac{a+x}{a-x} \right| + C$ $(a \neq 0)$.

17° $\displaystyle\int \dfrac{\mathrm{d}x}{\sqrt{a^2 - x^2}} = \arcsin \dfrac{x}{a} + C$ $(a > 0)$.

18° $\displaystyle\int \sqrt{\frac{a+x}{a-x}}\,dx = a\arcsin\frac{x}{a} - \sqrt{a^2-x^2} + C$ （$a>0$）.

19° $\displaystyle\int \tan x\,dx = -\ln|\cos x| + C$.

20° $\displaystyle\int \cot x\,dx = \ln|\sin x| + C$.

21° $\displaystyle\int \sec x\,dx = \ln|\sec x + \tan x| + C$.

22° $\displaystyle\int \csc x\,dx = \ln\left|\tan\frac{x}{2}\right| + C = \ln|\csc x - \cot x| + C$.

23° $\displaystyle\int \sqrt{a^2-x^2}\,dx = \frac{1}{2}\left(x\sqrt{a^2-x^2} + a^2\arcsin\frac{x}{a}\right) + C$ （$a>0$）.

24° $\displaystyle\int \sqrt{x^2 \pm a^2}\,dx = \frac{1}{2}(x\sqrt{x^2\pm a^2} \pm a^2\ln|x+\sqrt{x^2\pm a^2}|) + C$
（$a>0$）.

25° $\displaystyle\int \frac{dx}{\sqrt{x^2\pm a^2}} = \ln|x+\sqrt{x^2\pm a^2}| + C$ （$a>0$）.

26° $\displaystyle\int e^x\sin x\,dx = \frac{1}{2}e^x(\sin x - \cos x) + C$.

27° $\displaystyle\int e^x\cos x\,dx = \frac{1}{2}e^x(\sin x + \cos x) + C$.

5.5 有理函数的不定积分

两个多项式的商称为**有理函数**，所以有理函数可表示为
$$R(x) = \frac{P(x)}{Q(x)} = \frac{a_0 x^n + a_1 x^{n-1} + \cdots + a_n}{b_0 x^m + b_1 x^{m-1} + \cdots + b_m},$$
其中 n,m 都是自然数，$a_0,a_1,\cdots,a_n$ 和 $b_0,b_1,\cdots,b_m$ 都是实数，$a_0 b_0 \neq 0$，当 $n < m$ 时 $R(x)$ 称为**真分式**，$n \geqslant m$ 时称为**假分式**，我们总假定多项式 $P(x)$ 和 $Q(x)$ 没有公因式.

有理函数是一类可以"积出"（即其原函数是初等函数）的函数，且由 $\sin x$ 和 $\cos x$ 通过有限次四则运算得到的函数经过换元可以化成有理函数，故 $\int R(x)dx$ 是较易遇到的不定积分.

与假分数经过带余除法可以化成整数与真分数之和一样，假分式经过多项式除法可以化成多项式与真分式之和，而多项式是容易积出的，所以这里

只需给出真分式的积分法.

设 $R(x)$ 是一个真分式，它的不定积分可以经过下列三个步骤求出：

第一步 将 $R(x)$ 的分母 $Q(x)$ 分解成一次和二次质因式的乘积，这种因式只有两种类型：$(x-a)^k$ 和 $(x^2+bx+c)^l$，其中 $k,l \in \mathbf{N}$，$a,b,c \in \mathbf{R}$，$b^2-4c < 0$.

第二步 将 $R(x)$ 作部分分式，即分解成如下简单分式：

$$\frac{A_1}{x-a}, \frac{A_2}{(x-a)^2}, \cdots, \frac{A_k}{(x-a)^k}$$

和

$$\frac{B_1 x+C_1}{x^2+bx+c}, \frac{B_2 x+C_2}{(x^2+bx+c)^2}, \cdots, \frac{B_l x+C_l}{(x^2+bx+c)^l}$$

之和，其中常数 $A_1, A_2, \cdots, A_k$ 和 $B_1, C_1, B_2, C_2, \cdots, B_l, C_l$ 可用待定系数法（在简单的情况下，可通过分子 $P(x)$ 的适当代数变换）求出.

第三步 通过换元积分法和分部积分法求出上列各简单分式的原函数.

例1 求下列积分：

1) $\displaystyle\int \frac{x^3 \,\mathrm{d}x}{1+x^2}$;　　　　　　2) $\displaystyle\int \frac{\mathrm{d}x}{x^2+2x+3}$;

3) $\displaystyle\int \frac{\mathrm{d}x}{x^2+x^4}$;　　　　　　4) $\displaystyle\int \frac{(3x+1)\,\mathrm{d}x}{x^2+2x+17}$.

解 1) $\displaystyle\int \frac{x^3 \,\mathrm{d}x}{1+x^2} = \int \frac{x^3+x-x}{1+x^2}\,\mathrm{d}x = \int \left(x - \frac{x}{1+x^2}\right)\mathrm{d}x$

$$= \int x\,\mathrm{d}x - \frac{1}{2}\int \frac{\mathrm{d}(1+x^2)}{1+x^2}$$

$$= \frac{1}{2}(x^2 - \ln(1+x^2)) + C.$$

2) $\displaystyle\int \frac{\mathrm{d}x}{x^2+2x+3} = \int \frac{\mathrm{d}x}{(x+1)^2+2}$

$$= \int \frac{\mathrm{d}(x+1)}{(x+1)^2+(\sqrt{2}\,)^2} \quad \text{（由 5.3 节例 3 中 1)）}$$

$$= \frac{1}{\sqrt{2}}\arctan \frac{x+1}{\sqrt{2}} + C.$$

3) $x^4+x^2 = x^2(1+x^2)$，而 $1 = 1+x^2-x^2$，故

$$\int \frac{\mathrm{d}x}{x^2+x^4} = \int \frac{1+x^2-x^2}{x^2(1+x^2)}\,\mathrm{d}x = \int \left(\frac{1}{x^2} - \frac{1}{1+x^2}\right)\mathrm{d}x$$

$$= -\frac{1}{x} - \arctan x + C.$$

4) 由于 $d(x^2+2x+17)=2xdx+2dx=2(x+1)dx$, 所以

$$(3x+1)dx=3(x+1)dx-2dx=\frac{3}{2}d(x^2+2x+17)-2dx,$$

因此

$$\int\frac{3x+1}{x^2+2x+17}dx=\int\frac{\frac{3}{2}d(x^2+2x+17)-2dx}{x^2+2x+17}$$

$$=\frac{3}{2}\int\frac{d(x^2+2x+17)}{x^2+2x+17}-2\int\frac{dx}{4^2+(x+1)^2}$$

$$=\frac{3}{2}\ln(x^2+x+17)-\frac{1}{2}\arctan\frac{x+1}{4}+C.$$

例 2 求 $\int\frac{x^5+3x^4-x^2+2x-5}{x^3-1}dx$.

解 由于

$$x^5+3x^4-x^2+2x-5=x^2(x^3-1)+3x(x^3-1)+5x-5,$$

所以

$$\frac{x^5+3x^4-x^2+2x-5}{x^3-1}=x^2+3x+\frac{5x-5}{x^3-1}.$$

而 $x^3-1=(x-1)(x^2+x+1)$, 从而

$$\int\frac{x^5+3x^4-x^2+2x-5}{x^3-1}dx$$

$$=\int(x^2+3x)dx+\int\frac{5}{x^2+x+1}dx$$

$$=\frac{x^3}{3}+\frac{3}{2}x^2+5\int\frac{dx}{\left(x+\frac{1}{2}\right)^2+\frac{3}{4}}$$

$$=\frac{x^3}{3}+\frac{3x^2}{2}+\frac{5}{\frac{\sqrt{3}}{2}}\arctan\frac{x+\frac{1}{2}}{\frac{\sqrt{3}}{2}}+C$$

$$=\frac{x^3}{3}+\frac{3x^2}{2}+\frac{10}{\sqrt{3}}\arctan\frac{2x+1}{\sqrt{3}}+C.$$

例 3 求 $\int\frac{1}{(x-1)^2(x-2)}dx$.

解 设

$$\frac{1}{(x-1)^2(x-2)}=\frac{a}{x-2}+\frac{b}{x-1}+\frac{c}{(x-1)^2}.$$

则

$$1 = a(x-1)^2 + b(x-1)(x-2) + c(x-2).$$

令 $x=2$，得 $a=1$；令 $x=1$，得 $c=-1$；再令 $x=0$，得 $1 = a+2b-2c = 3+2b$，$b=-1$，从而

$$\frac{1}{(x-1)^2(x-2)} = \frac{1}{x-2} - \frac{1}{x-1} - \frac{1}{(x-1)^2}.$$

由此，得

$$\int \frac{1}{(x-1)^2(x-2)} \mathrm{d}x = \int \left(\frac{1}{x-2} - \frac{1}{x-1} - \frac{1}{(x-1)^2} \right) \mathrm{d}x$$

$$= \ln|x-2| - \ln|x-1| + \frac{1}{x-1} + C$$

$$= \ln \left| \frac{x-2}{x-1} \right| + \frac{1}{x-1} + C.$$

例 4 求 $I_n = \int \dfrac{\mathrm{d}x}{(x^2+a^2)^n}$ $(n \geqslant 2,\ a>0)$.

解 用分部积分法. 设 $u = \dfrac{1}{(x^2+a^2)^n}$，$v = x$，则 $\mathrm{d}u = \dfrac{-2nx}{(x^2+a^2)^{n+1}} \mathrm{d}x$，从而

$$I_n = \frac{x}{(x^2+a^2)^n} + 2n \int \frac{x^2}{(x^2+a^2)^{n+1}} \mathrm{d}x$$

$$= \frac{x}{(x^2+a^2)^n} + 2n \int \frac{x^2+a^2-a^2}{(x^2+a^2)^{n+1}} \mathrm{d}x$$

$$= \frac{x}{(x^2+a^2)^n} + 2n(I_n - a^2 I_{n+1}).$$

所以

$$I_{n+1} = \frac{1}{2na^2} \left[\frac{x}{(x^2+a^2)^n} + (2n-1) I_n \right].$$

将 $n+1$ 换成 n，即得

$$I_n = \frac{1}{2(n-1)a^2} \left[\frac{x}{(x^2+a^2)^{n-1}} + (2n-3) I_{n-1} \right].$$

这就是计算 I_n 的递推公式，而 $I_1 = \dfrac{1}{a} \arctan \dfrac{x}{a} + C$，由此即可求出 I_n.

对于三角函数有理式，通过"万能代换" $t = \tan \dfrac{x}{2}$ $(|x| < \pi)$，即 $x = 2\arctan t$，利用三角恒等式，

$$\sin x = \frac{2\tan \dfrac{x}{2}}{1+\tan^2 \dfrac{x}{2}} = \frac{2t}{1+t^2}, \quad \cos x = \frac{1-\tan^2 \dfrac{x}{2}}{1+\tan^2 \dfrac{x}{2}} = \frac{1-t^2}{1+t^2},$$

及 $\mathrm{d}x = \dfrac{2\mathrm{d}t}{1+t^2}$，即可化成 t 的有理函数的积分.

例 5 求 $\displaystyle\int \dfrac{\cos x}{5+4\cos x}\mathrm{d}x$.

解 令 $x = 2\arctan t$，即得

$$\int \frac{\cos x}{5+4\cos x}\mathrm{d}x = \int \frac{\dfrac{1-t^2}{1+t^2}}{5+4\dfrac{1-t^2}{1+t^2}} \cdot \frac{2\mathrm{d}t}{1+t^2} = 2\int \frac{1-t^2}{(9+t^2)(1+t^2)}\mathrm{d}t$$

$$= \frac{1}{2}\int \frac{9+t^2-5(1+t^2)}{(9+t^2)(1+t^2)}\mathrm{d}t = \frac{1}{2}\int \left(\frac{1}{1+t^2} - \frac{5}{9+t^2}\right)\mathrm{d}t$$

$$= \frac{1}{2}\arctan t - \frac{5}{6}\arctan \frac{t}{3} + C$$

$$= \frac{1}{2}\arctan\tan \frac{x}{2} - \frac{5}{6}\arctan \frac{\tan \dfrac{x}{2}}{3} + C.$$

习 题 五

1. 已知 $f(x)$ 之一原函数为 $\sin 3x$，求 $\displaystyle\int f'(x)\mathrm{d}x$.

2. 设 $f(x)$ 的一个原函数为 $\ln|x|$，求 $f'(x)$.

3. 判断函数 $\sin^2 x,\ -\dfrac{1}{2}\cos 2x,\ -\dfrac{1}{2}\cos^2 x$ 是否同一个函数的原函数.

4. 求：

1) $\left(\displaystyle\int \sin x^2\, \mathrm{d}x\right)'$;   　　 2) $\displaystyle\int \mathrm{d}\sqrt{\sin x}$.

5. 设 $(\ln f(x))' = \sec^2 x$，求 $f(x)$.

6. 设 $F'(x) = G'(x)$，则下列结论中正确的是（　　　）.

A. $F(x) = G(x)$ 　　　　　 B. $\displaystyle\int F(x)\mathrm{d}x = \int G(x)\mathrm{d}x$

C. $\left(\displaystyle\int F(x)\mathrm{d}x\right)' = \left(\displaystyle\int G(x)\mathrm{d}x\right)'$ 　　 D. $\displaystyle\int \mathrm{d}F(x) = \int \mathrm{d}G(x)$

7. 一直线运动的瞬时速度 $v = 3t - 2$，且 $s(0) = 5$，求运动方程 $s = s(t)$.

8. 求经过点 $(2,5)$ 的斜率函数 $y' = 3x^2$ 的积分曲线.

9. 求下列不定积分：

1) $\displaystyle\int (2 - 5x^4)\mathrm{d}x$;   　　　　 2) $\displaystyle\int (1 - \sqrt{x})^3\mathrm{d}x$;

3) $\int\left(\sqrt[3]{x}-\dfrac{1}{\sqrt{x}}\right)\mathrm{d}x$;

4) $\int(2\sin x-5\cos x)\mathrm{d}x$;

5) $\int\dfrac{x^2+\sqrt{x^3}+3x}{\sqrt{x}}\mathrm{d}x$;

6) $\int\sin^2\dfrac{x}{2}\,\mathrm{d}x$;

7) $\int\dfrac{\cos 2x}{\cos x+\sin x}\mathrm{d}x$;

8) $\int\dfrac{x^3-27}{x-3}\mathrm{d}x$.

10. 求下列不定积分:

1) $\int 2^x\mathrm{e}^{-x}\mathrm{d}x$;

2) $\int\cot^2 x\,\mathrm{d}x$;

3) $\int\dfrac{\cos 2x}{\sin^2 x\cos^2 x}\mathrm{d}x$;

4) $\int\sqrt{x\sqrt{x\sqrt{x}}}\,\mathrm{d}x$;

5) $\int\dfrac{\mathrm{e}^{2x}-1}{\mathrm{e}^x+1}\mathrm{d}x$;

6) $\int\dfrac{1+x+x^2}{x(1+x^2)}\mathrm{d}x$;

7) $\int\dfrac{\mathrm{d}x}{\sin^2 x\cos^2 x}$;

8) $\int(\tan x+\cot x)^2\mathrm{d}x$;

9) $\int\dfrac{(x^2-1)\sqrt{1-x^2}-3x}{x\sqrt{1-x^2}}\mathrm{d}x$;

10) $\int\sec x\,(\tan x+5\sec x)\mathrm{d}x$.

11. 证明:
$$\left(\dfrac{2}{\sqrt{a^2-b^2}}\arctan\left(\sqrt{\dfrac{a-b}{a+b}}\tan\dfrac{x}{2}\right)\right)'=\dfrac{1}{a+b\cos x}\quad(a^2>b^2),$$

并由此写出一积分公式.

12. 证明:
$$\left(\dfrac{1}{ab}\arctan\left(\dfrac{b}{a}\tan x\right)\right)'=\dfrac{1}{a^2\cos^2 x+b^2\sin^2 x}\quad(a,b\neq 0),$$

并由此求$\int\dfrac{\mathrm{d}x}{a^2\cos^2 x+b^2\sin^2 x}$.

13. 求下列不定积分:

1) $\int(2-x)^{\frac{7}{2}}\mathrm{d}x$;

2) $\int\dfrac{\mathrm{d}y}{(3y-4)^2}$;

3) $\int\dfrac{\mathrm{d}u}{\sqrt{1-2u}}$;

4) $\int a^{2x}\mathrm{d}x$;

5) $\int\cos 5x\,\mathrm{d}x$;

6) $\int\dfrac{\mathrm{d}t}{3+4t^2}$;

7) $\int\dfrac{\mathrm{d}s}{1+3s}$;

8) $\int\dfrac{\mathrm{e}^x}{\mathrm{e}^x+3}\mathrm{d}x$.

14. 求下列不定积分:

1) $\displaystyle\int \frac{6x}{1+x^2}\mathrm{d}x$;

2) $\displaystyle\int v\sqrt{v^2-2}\,\mathrm{d}v$;

3) $\displaystyle\int \mathrm{e}^{\frac{1}{x}}\frac{\mathrm{d}x}{x^2}$;

4) $\displaystyle\int \frac{3x^2\,\mathrm{d}x}{\sqrt[3]{(x^3-2)^2}}$;

5) $\displaystyle\int (\ln x)^3\,\frac{\mathrm{d}x}{x}$;

6) $\displaystyle\int \mathrm{e}^{-3\sqrt{x}}\frac{\mathrm{d}x}{\sqrt{x}}$.

15. 求下列不定积分:

1) $\displaystyle\int \frac{x-1}{x^2+1}\mathrm{d}x$;

2) $\displaystyle\int \frac{\mathrm{d}u}{4u^2+4u+5}$;

3) $\displaystyle\int \frac{\mathrm{d}y}{y^2-3y-4}$;

4) $\displaystyle\int \frac{\mathrm{d}x}{\sqrt{5-4x-x^2}}$;

5) $\displaystyle\int \frac{2x}{x^2-2x+5}\mathrm{d}x$;

6) $\displaystyle\int \frac{x\mathrm{d}x}{x^2-2x-3}$;

7) $\displaystyle\int \frac{x^4}{1+x^2}\mathrm{d}x$;

8) $\displaystyle\int \frac{1+2x^2}{x^2+x^4}\mathrm{d}x$;

9) $\displaystyle\int \frac{x+1}{(x-1)^3}\mathrm{d}x$;

10) $\displaystyle\int \frac{x+1}{x^2-x+1}\mathrm{d}x$.

16. 求下列不定积分:

1) $\displaystyle\int \sin^2(3x)\,\mathrm{d}x$;

2) $\displaystyle\int \sin^3 x\,\mathrm{d}x$;

3) $\displaystyle\int \cos^5 x\,\mathrm{d}x$;

4) $\displaystyle\int \sin^2 x\cos^5 x\,\mathrm{d}x$;

5) $\displaystyle\int \tan^4 x\,\mathrm{d}x$;

6) $\displaystyle\int \frac{\mathrm{d}x}{\sin^4 x}$;

7) $\displaystyle\int \tan^3 x\,\mathrm{d}x$;

8) $\displaystyle\int \frac{\tan^2 x}{1-\sin^2 x}\mathrm{d}x$;

9) $\displaystyle\int \sin^2 x\cos^2 x\,\mathrm{d}x$;

10) $\displaystyle\int \frac{\mathrm{d}x}{1+\sin x}$.

17. 求下列不定积分:

1) $\displaystyle\int \frac{\mathrm{d}x}{x(1+3\ln x)}$;

2) $\displaystyle\int \frac{\cos \ln x}{x}\mathrm{d}x$;

3) $\displaystyle\int \frac{\mathrm{e}^x\,\mathrm{d}x}{\sqrt{1-\mathrm{e}^{2x}}}$;

4) $\displaystyle\int \frac{\mathrm{d}x}{\sqrt{x-1}+\sqrt{x+1}}$;

5) $\displaystyle\int \frac{\mathrm{d}x}{x\ln x\,(\ln^2 x+1)}$;

6) $\displaystyle\int \frac{x\ln(1+x^2)}{1+x^2}\mathrm{d}x$;

7) $\displaystyle\int \frac{x+1}{x^2+x\ln x}\mathrm{d}x$;

8) $\displaystyle\int \frac{\arctan\dfrac{1}{x}}{1+x^2}\mathrm{d}x$.

18. 求下列不定积分：

1) $\displaystyle\int \frac{\sqrt{1+\cos x}}{\sin x}\mathrm{d}x$;

2) $\displaystyle\int \frac{\mathrm{d}x}{\sin x \cos x}$;

3) $\displaystyle\int \mathrm{e}^{\mathrm{e}^x+x}\mathrm{d}x$;

4) $\displaystyle\int \frac{1-\sin x}{x+\cos x}\mathrm{d}x$;

5) $\displaystyle\int \frac{\arctan\sqrt{x}}{\sqrt{x}(1+x)}\mathrm{d}x$;

6) $\displaystyle\int \frac{\ln\tan x}{\sin 2x}\mathrm{d}x$;

7) $\displaystyle\int f(\ln t)f'(\ln t)\frac{\mathrm{d}t}{t}$;

8) $\displaystyle\int \frac{\mathrm{d}x}{1+\tan x}$.

19. 用第二换元积分法计算下列不定积分：

1) $\displaystyle\int \frac{\mathrm{d}x}{\sqrt{2x-3}+1}$;

2) $\displaystyle\int \frac{\mathrm{d}x}{x^2\sqrt{1-x^2}}$;

3) $\displaystyle\int \frac{\mathrm{d}x}{\sqrt{(1-x^2)^3}}$;

4) $\displaystyle\int \frac{\mathrm{d}x}{(1+x^2)^2}$;

5) $\displaystyle\int \frac{\sqrt{x^2-a^2}}{x}\mathrm{d}x$;

6) $\displaystyle\int \frac{x^2\,\mathrm{d}x}{\sqrt{1-x^2}}$;

7) $\displaystyle\int \frac{\mathrm{d}x}{\sqrt{9x^2+6x+5}}$;

8) $\displaystyle\int \frac{x^3\,\mathrm{d}x}{\sqrt{(x^2+a^2)^3}}$;

9) $\displaystyle\int \frac{x^2\,\mathrm{d}x}{\sqrt{(x^2-a^2)^3}}$;

10) $\displaystyle\int \frac{\mathrm{d}x}{\sqrt{1+\mathrm{e}^x}}$.

20. 求下列不定积分：

1) $\displaystyle\int x^2\mathrm{e}^{-x}\mathrm{d}x$;

2) $\displaystyle\int x\sin x\,\mathrm{d}x$;

3) $\displaystyle\int \ln(x^2+1)\,\mathrm{d}x$;

4) $\displaystyle\int \frac{\ln x}{x^2}\mathrm{d}x$;

5) $\displaystyle\int \mathrm{e}^{\sqrt{x}}\mathrm{d}x$;

6) $\displaystyle\int \frac{\ln x}{\sqrt{x}}\mathrm{d}x$;

7) $\displaystyle\int x\arctan x\,\mathrm{d}x$;

8) $\displaystyle\int \frac{x\,\mathrm{d}x}{\cos^2 x}$;

9) $\displaystyle\int xf''(x)\mathrm{d}x$;

10) $\displaystyle\int \sin\sqrt{x}\,\mathrm{d}x$;

11) $\displaystyle\int \frac{\arcsin\sqrt{x}}{\sqrt{1-x}}\mathrm{d}x$;

12) $\displaystyle\int \frac{x^2}{1+x^2}\arctan x\,\mathrm{d}x$.

21. 设 $\csc^2 x$ 是 $f(x)$ 的一个原函数，求 $\displaystyle\int xf(x)\mathrm{d}x$.

22. 求下列不定积分：

1) $\displaystyle\int \frac{\ln(\sin x)}{\sin^2 x}\mathrm{d}x$;　　　　2) $\displaystyle\int \sin x\,\ln(\tan x)\,\mathrm{d}x$;

3) $\displaystyle\int 2x(x^2+1)\arctan x\,\mathrm{d}x$;　　4) $\displaystyle\int \frac{x+\ln(1-x)}{x^2}\mathrm{d}x$;

5) $\displaystyle\int \frac{x\sin x}{\cos^3 x}\mathrm{d}x$;　　　　6) $\displaystyle\int x\sin x\,\cos x\,\mathrm{d}x$;

7) $\displaystyle\int \frac{\ln(\ln x)}{x}\mathrm{d}x$;　　　　8) $\displaystyle\int \frac{\arctan x}{x^2}\mathrm{d}x$.

23. 求下列不定积分：

1) $\displaystyle\int \frac{x^3}{x+3}\mathrm{d}x$;　　　　　2) $\displaystyle\int \frac{2x+3}{x^2+3x-10}\mathrm{d}x$;

3) $\displaystyle\int \frac{\mathrm{d}x}{x(x^2+1)}$;　　　　4) $\displaystyle\int \frac{x^2+1}{(x^2-1)(x+1)}\mathrm{d}x$;

5) $\displaystyle\int \frac{\mathrm{d}x}{(x^2+1)(x^2+x+1)}$;　　6) $\displaystyle\int \frac{x^3+1}{x(x-1)^3}\mathrm{d}x$;

7) $\displaystyle\int \frac{4}{x^3+4x}\mathrm{d}x$;　　　　8) $\displaystyle\int \frac{x^3+4x^2+3x+2}{(x+1)^2(x^2+1)}\mathrm{d}x$.

24. 求下列不定积分：

1) $\displaystyle\int \frac{\cot x}{\sin x+\cos x-1}\mathrm{d}x$;　　2) $\displaystyle\int \frac{\mathrm{d}x}{2\sin x-\cos x+5}$.

25. 求出计算下列不定积分（其中 n,m 为正整数）的递推公式：

1) $\displaystyle I_n=\int (\ln x)^n\mathrm{d}x$;　　　　2) $\displaystyle I_n=\int (\arcsin x)^n\mathrm{d}x$;

3) $\displaystyle I_{m,n}=\int x^m(\ln x)^n\mathrm{d}x$;　　4) $\displaystyle I_n=\int \sin^n x\,\mathrm{d}x$;

5) $\displaystyle I_n=\int \tan^n x\,\mathrm{d}x$.

26. 指出下列计算中的错误：

$$\int \frac{\cos x}{\sin x}\mathrm{d}x=\int \frac{\mathrm{d}\sin x}{\sin x}=\frac{\sin x}{\sin x}-\int \sin x\,\mathrm{d}\frac{1}{\sin x}=1+\int \frac{\cos x}{\sin x}\mathrm{d}x,$$

从而 $0=1$.

27. 设

$$f(x)=\int \frac{\sin x\,\mathrm{d}x}{a\sin x+b\cos x},\ g(x)=\int \frac{\cos x\,\mathrm{d}x}{a\sin x+b\cos x}\quad (a^2+b^2>0),$$

求 $af(x)+bg(x)$, $ag(x)-bf(x)$, $f(x)$, $g(x)$.

28. 设 $F'(x)=f(x)$, 且 $f(x)F(x)=\dfrac{x\mathrm{e}^x}{2(1+x)^2}$ $(x\geqslant 0)$. 已知 $F(0)=$ 1, $F(x)>0$, 求 $f(x)$.

数学、如果正确地看它，不但拥有真理，而且也具有
至高的美. 正像雕刻的美，是一种冷而严肃的美，这种美
没有绘画或音乐那样华丽的装饰，她可以纯净到崇高的地
步，能够达到严格的只有最伟大的艺术才能显示的那种完
美的境地.

—— 罗素 *(B. A. W. Rusell, 1872～1970)

第六章　定　积　分

　　定积分是微积分中继微分概念之后的另一个重要概念. 引发定积分的两
个经典性问题是：求平面曲边图形的面积和已知直线运动的速度求在一定时
间段内所经历的路程. 这些问题实质上就是无穷多个微小量（或微元）的求和
问题，与函数的导数作为因变量对自变量的变化率有很多实际应用一样，定
积分作为无穷多个微元的求和，在几何、物理和许多实际问题中也有广泛的
应用.

　　函数的不定积分和定积分这两个看似不相关的问题，经过 17 世纪众多
数学家，特别是牛顿和莱布尼茨的工作，发现定积分在一定条件下可以通过
不定积分来计算，这就是牛顿 - 莱布尼茨公式. 这个结果把一元函数的微分
学和积分学联结成一个整体，使微积分成为一个完整的数学体系.

　　本章讲述定积分的概念、计算及其在几何中的应用，包括在经济学中的
简单应用. 此外，还简单介绍了作为定积分概念之推广的广义积分和有许多
重要应用的 Γ 函数.

---

　　* 罗素，英国数学家、逻辑学家、哲学家. 18 岁进入剑桥大学三一学院学习，开始研
究数学和哲学，1894 年毕业，1895 年以《论几何基础》一文在该学院获研究员职位. 1901
年他发现了一个悖论，对 20 世纪初数学基础的争论产生过重大影响. 1913 年与怀特海
（A. N. Whitehead, 1861～1947）合作出版了名著《数学原理》. 他是三一学院的终身研究
员，英国皇家学会的终身研究员和荣誉勋章获得者，1911 年任亚里士多德学会会长.
1920 年曾应邀来华讲学，盛赞中国的传统文明. 1950 年获诺贝尔文学奖，1964 年创立罗
素和平基金会.

6.1　定积分概念及其基本性质

　　函数的导数和微分反映的是函数的局部性质，而定积分则是反映函数的一种整体性质，这是一个全新的概念，它源自计算曲线所围区域的面积，以及已知物体做直线运动的速度求物体在一个时间段内所经历的路程等问题.

　　下面通过两个例子来引入定积分概念.

6.1.1　两个经典例子

　　例1　阿基米德[①]曾用公元前约五百多年的希腊人所创立的"穷竭法"计算由抛物线 $y = x^2$，x 轴和直线 $x = 1$ 所围成的曲边三角形的面积. 设这个面积为 A，"穷竭法"的基本思想是用多边形的面积来逼近 A. 用现在的数学语言来说，就是先把区间 $[0,1]$ 分成 n 等份，分点是

$$0, \frac{1}{n}, \frac{2}{n}, \cdots, \frac{k}{n}, \cdots, \frac{n}{n} = 1,$$

────────────

　　① 阿基米德(Archimedes，约公元前 287 ~ 公元前 212 年)，天文学家的儿子，生于西西里岛的叙拉古(希腊的殖民地). 古希腊伟大的科学家、数学家. 后人把他与牛顿、高斯并列为历史上三位最大的数学家. 但他的创造发明比他对数学的贡献更为著名. 他才智卓越，兴趣广泛，在机械方面有非凡的才能. 他的数学工作包括用"穷竭法"求面积和体积，计算圆周率 π(曾计算过圆的内接和外切正96边形的周长，得到 $3\frac{10}{71} < \pi < 3\frac{1}{7}$)，他的方法已具有现代积分的思想；在力学中，他算出了许多平面图形和立体的重心，发现了著名的杠杆原理和关于浮体的"阿基米德原理"，为流体静力学奠定了基础. 他曾有一句名言："给我一个立足点，我就可以移动地球." 他还是闻名的天文学者. 其主要著作有《论球和圆柱》、《圆的测量》、《抛物线的求积》、《论螺线》、《论浮体》、《论平板的平衡》，以及已失传的《论杠杆》、《论重心》等.

　　关于他有许多广为流传的故事，最有名的是：叙拉古的国王曾命人做了一顶纯金皇冠，他怀疑其中掺进了银子，便请阿基米德鉴定，要求不得损坏王冠. 一天，阿基米德在洗澡时看到他的身体被水浮起，刹那间灵机一动发现了解决这个难题的方法，为此兴奋得光着身子跑到街上高喊："尤里卡！尤里卡！"(意即"我找到了！")结果发现皇冠中真的掺了银子.

　　他死于迦太基和罗马的第二次布诺战争，那时叙拉古与迦太基结盟，公元前212年罗马人攻入叙拉古，当时阿基米德正在沙地上画图思考问题，由于精神太集中，竟然没有听见一个刚攻进城的罗马士兵向他的喝问，结果被杀. 之前罗马主将曾下令不许伤害阿基米德，为此罗马人给他修了一个很好的陵墓，墓碑上刻了他的一个著名的定理.

过这些点作平行于 y 轴的直线，它们把曲边三角形分成 n 个窄条曲边梯形，其面积依次记为 $\Delta A_1, \Delta A_2, \cdots, \Delta A_n$. 显然，

$$A = \sum_{k=1}^{n} \Delta A_k = \Delta A_1 + \Delta A_2 + \cdots + \Delta A_n,$$

对这些小曲边梯形，人们仍然无法算得 $\Delta A_k (k=1,2,\cdots,n)$ 的精确值. 但是，可以算出它们的近似值. 为此，在小区间 $\left[\dfrac{k-1}{n}, \dfrac{k}{n}\right] (k=1,2,\cdots,n)$ 上，以之为底，以函数 $y=x^2$ 在这区间左端点 $x=\dfrac{k-1}{n}$ 的值为高作窄条矩形（如图 6-1 (a)），其面积为 $\dfrac{1}{n}\left(\dfrac{k-1}{n}\right)^2$，它近似于 ΔA_k，即

$$\Delta A_k \approx \frac{1}{n}\left(\frac{k-1}{n}\right)^2,$$

相差为一个小曲边三角形. 这 n 个小条矩形拼成一个多边形，其面积为

$$\underline{S}_n = 0 \cdot \frac{1}{n} + \left(\frac{1}{n}\right)^2 \frac{1}{n} + \left(\frac{2}{n}\right)^2 \frac{1}{n} + \cdots + \left(\frac{n-1}{n}\right)^2 \frac{1}{n}$$

$$= \sum_{k=1}^{n} \left(\frac{k-1}{n}\right)^2 \frac{1}{n} = \frac{1}{n^3} \sum_{k=1}^{n} (k-1)^2.$$

由于

$$1^2 + 2^2 + \cdots + n^2 = \frac{1}{6}n(n+1)(2n+1),$$

故

$$\underline{S}_n = \frac{1}{6n^3}(n-1)n(2n-1) = \frac{1}{6}\left(1-\frac{1}{n}\right)\left(2-\frac{1}{n}\right).$$

显然，$\underline{S}_n < A$，且 $A \approx \underline{S}_n$，并当 $n \to \infty$ 时相差的那些小曲边三角形的面积之和将趋于零. 换言之，多边形将趋向于曲边三角形，这就是"穷竭"的意思，所以

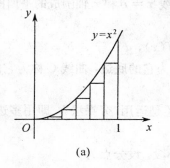
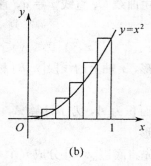

(a)　　　　　　　　(b)

图 6-1

$$A = \lim_{n \to \infty} \underline{S}_n = \frac{1}{3}.$$

这正是当年阿基米德算得的结果.

为了严格地证明这个结果的正确性, 还可以用另一种方法来计算 ΔA_k $(k = 1, 2, \cdots, n)$ 的近似值, 即在区间 $\left[\frac{k-1}{n}, \frac{k}{n}\right]$ 上, 以之为底, 以 $y = x^2$ 在区间的右端点 $x = \frac{k}{n}$ 的值为高作窄条矩形(如图 6-1 (b)), 其面积为 $\frac{1}{n}\left(\frac{k}{n}\right)^2$.

显然,

$$\Delta A_k \approx \frac{1}{n}\left(\frac{k}{n}\right)^2, \quad \text{且 } \Delta A_k < \frac{1}{n}\left(\frac{k}{n}\right)^2.$$

这 n 个小条矩形也拼成一个多边形, 其面积为

$$\begin{aligned}
\overline{S}_n &= \left(\frac{1}{n}\right)^2 \frac{1}{n} + \left(\frac{2}{n}\right)^2 \frac{1}{n} + \cdots + \left(\frac{n}{n}\right)^2 \frac{1}{n} \\
&= \sum_{k=1}^{n} \left(\frac{k}{n}\right)^2 \frac{1}{n} = \frac{1}{n^3} \sum_{k=1}^{n} k^2 \\
&= \frac{1}{6n^3} n(n+1)(2n+1) \\
&= \frac{1}{6}\left(1 + \frac{1}{n}\right)\left(2 + \frac{1}{n}\right).
\end{aligned}$$

由于 $\underline{S}_n < A < \overline{S}_n$, 且

$$\lim_{n \to \infty} \underline{S}_n = \frac{1}{3} = \lim_{n \to \infty} \overline{S}_n,$$

故由极限存在的夹逼准则, $A = \frac{1}{3}$.

将这个例子推广, 就是计算曲边梯形的面积.

给定曲线 $C: y = f(x)$ $(x \in [a, b])$, 在区间 $[a, b]$ 上函数 $f(x)$ 连续, 且 $f(x) \geqslant 0$. 由曲线 C、直线 $x = a$、直线 $x = b$ 和 x 轴围成的平面图形, 即点集

$$\{(x, y) \mid 0 \leqslant y \leqslant f(x), a \leqslant x \leqslant b\},$$

称为**曲边梯形**, x 轴上的线段 $[a, b]$ 称为它的**底边**, 曲线 C 称为它的**曲边**(如图 6-2).

设它的面积为 A, 为了计算 A, 还是运用"穷竭法", 即用多边形来逼近这个曲边梯形.

为此, 先将底边 $[a, b]$ 分成 n 个小段, 设分点为

$$a = x_0 < x_1 < x_2 < \cdots < x_{k-1} < x_k < \cdots < x_{n-1} < x_n = b,$$

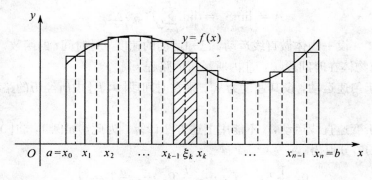

图 6-2

n 个小区间
$$[x_0,x_1],[x_1,x_2],\cdots,[x_{k-1},x_k],\cdots,[x_{n-1},x_n]$$
的长度依次记为
$$\Delta x_1 = x_1 - x_0,\ \Delta x_2 = x_2 - x_1,\ \cdots,$$
$$\Delta x_k = x_k - x_{k-1},\ \cdots,\ \Delta x_n = x_n - x_{n-1}.$$
用平行于 y 轴的直线 $x = x_1$, $x = x_2$, $\cdots$, $x = x_{n-1}$ 将曲边梯形分成 n 个窄曲边梯形, 其面积分别记为 $\Delta A_1,\Delta A_2,\cdots,\Delta A_n$, 所以

$$A = \sum_{k=1}^{n} \Delta A_k = \Delta A_1 + \Delta A_2 + \cdots + \Delta A_n.$$

随后作近似, 即将每个窄曲边梯形用一个窄条矩形去近似. 为此, 在每个小区间 $[x_{k-1},x_k]$ 中任取一点 $\xi_k (k = 1,2,\cdots,n)$, 以 Δx_k 为底、$f(\xi_k)$ 为高作矩形, 其面积为 $f(\xi_k)\Delta x_k$, 如图可见

$$\Delta A_k \approx f(\xi_k)\Delta x_k \quad (k = 1,2,\cdots,n).$$

此后再将这 n 个窄条矩形的面积求和, 得

$$S_n = f(\xi_1)\Delta x_1 + f(\xi_2)\Delta x_2 + \cdots + f(\xi_n)\Delta x_n = \sum_{k=1}^{n} f(\xi_k)\Delta x_k.$$

由此,

$$A = \sum_{k=1}^{n} \Delta A_k \approx \sum_{k=1}^{n} f(\xi_k)\Delta x_k = S_n.$$

最后作逼近, 在曲线 C 连续的情况下, 不难看到, 随着底边 $[a,b]$ 的分割不断加细 (即分点不断加密), 图中由代替曲边 C 的折线和直线 $x = a$, $x = b$ 及 x 轴围成的多边形不断地逼近这个曲边梯形. 若记

$$\lambda = \max\{\Delta x_1,\Delta x_2,\cdots,\Delta x_n\},$$

则这个逼近相当于在 $\lambda \to 0$ 时有 $S_n \to A$, 即

$$A = \lim_{\lambda \to 0} S_n = \lim_{\lambda \to 0} \sum_{k=1}^{n} f(\xi_k) \Delta x_k.$$

例 2 设一物体做直线运动,已知运动的速度 v 是时间 t 的函数,即 $v = v(t)$,求物体在时间段 $[0, T]$ 内所经历的路程 s.

对于匀速运动,设其速度为 v_0,则在时间段 $[0, T]$ 内所经历的路程为
$$s = v_0 T.$$

对于变速直线运动,s 不能用上述方法计算,为此,如例 1,将 $[0, T]$ 分成 n 等份,分点为
$$0, \frac{1}{n}T, \frac{2}{n}T, \cdots, \frac{k}{n}T, \cdots, \frac{n}{n}T = T,$$

当 n 很大时,在小时间段 $\left[\frac{k-1}{n}T, \frac{k}{n}T\right]$ 内速度变化很小,近似于匀速运动,若以在时刻 $\frac{k}{n}T$ 的速度 $v\left(\frac{k}{n}T\right)$ 作为在这小时间段内的速度,则在 $\left[\frac{k-1}{n}T, \frac{k}{n}T\right]$ 内物体经历的路程

$$\Delta s_k \approx v\left(\frac{k}{n}T\right) \cdot \frac{T}{n} \quad (k = 1, 2, \cdots, n).$$

所以
$$s = \sum_{k=1}^{n} \Delta s_k \approx \sum_{k=1}^{n} v\left(\frac{k}{n}T\right)\frac{T}{n} = S_n.$$

如果 $\lim_{n \to \infty} S_n$ 存在,可以认为

$$s = \lim_{n \to \infty} S_n = \lim_{n \to \infty} \sum_{k=1}^{n} v\left(\frac{k}{n}T\right)\frac{T}{n}.$$

综合这两个例子,可以看到计算 A 和 s 的步骤是:

1) 作分割,即 $A = \sum_{k=1}^{n} \Delta A_k$ 或 $s = \sum_{k=1}^{n} \Delta s_k$.

2) 求 ΔA_k 或 $\Delta s_k (k = 1, 2, \cdots, n)$ 的近似值,即 $\Delta A_k \approx \left(\frac{k}{n}\right)^2 \frac{1}{n}$(在曲边梯形中为 $f(\xi_k)\Delta x_k$)或 $\Delta s_k \approx v\left(\frac{k}{n}T\right)\frac{T}{n}$.

3) 求近似值的和 $S_n = \sum_{k=1}^{n} \left(\frac{k}{n}\right)^2 \frac{1}{n}$(在曲边梯形中为 $\sum_{k=1}^{n} f(\xi_k)\Delta x_k$)或 $S_n = \sum_{k=1}^{n} v\left(\frac{k}{n}T\right)\frac{T}{n}$.

4) 求极限 $\lim_{n \to \infty} S_n$(在曲边梯形中为 $\lim_{\lambda \to 0} S_n$).

其中关键的步骤是 2) 和 4).

6.1.2 定积分概念

例 1 和例 2 虽然分别是关于几何和物理的, 实际意义不同, 但从一般的意义上来说, 它们都是关于一个函数的整体量的计算问题, 这就引发了定积分的概念.

定义 设函数 $f(x)$ 在区间 $[a,b]$ 上有定义. 将 $[a,b]$ 任意分成 n 个小区间, 分点为

$$a = x_0 < x_1 < x_2 < \cdots < x_{k-1} < x_k < \cdots < x_{n-1} < x_n = b,$$

将小区间

$$[x_0, x_1], [x_1, x_2], \cdots, [x_{k-1}, x_k], \cdots, [x_{n-1}, x_n]$$

的长度依次记为

$$\Delta x_1 = x_1 - x_0, \ \Delta x_2 = x_2 - x_1, \ \cdots,$$
$$\Delta x_k = x_k - x_{k-1}, \ \cdots, \ \Delta x_n = x_n - x_{n-1}.$$

记 $\lambda = \max\{\Delta x_1, \Delta x_2, \cdots, \Delta x_n\}$, 在每个小区间 $[x_{k-1}, x_k]$ $(k = 1, 2, \cdots, n)$ 中任取一点 ξ_k $(x_{k-1} \leqslant \xi_k \leqslant x_k)$, 作乘积 $f(\xi_k) \Delta x_k$, 随后求和

$$S_n = \sum_{k=1}^{n} f(\xi_k) \Delta x_k.$$

如果不论分点 $x_1, x_2, \cdots, x_{n-1}$ 和各小区间中的点 $\xi_1, \xi_2, \cdots, \xi_n$ 如何选取, 只要 $\lambda \to 0$, S_n 总趋近于一个定值 A, 即 $\lim\limits_{\lambda \to 0} S_n$ 存在且等于 A, 则称函数 $f(x)$ **在区间 $[a,b]$ 上可积**, 极限值 A 称为 $f(x)$ 在 $[a,b]$ 上的**定积分**(或简称积分), 记为 $\int_a^b f(x) \mathrm{d}x$, 即

$$\int_a^b f(x) \mathrm{d}x = \lim_{\lambda \to 0} \sum_{k=1}^{n} f(\xi_k) \Delta x_k.$$

$f(x)$ 称为**被积函数**, x 称为**积分变量**, $f(x) \mathrm{d}x$ 称为**被积表达式**, $f(\xi_k) \Delta x_k$ 称为**积分单元**, S_n 称为**积分和**, $[a,b]$ 称为**积分区间**, a 称为**积分下限**, b 称为**积分上限**.

积分号 "$\int$" 是拉长的 S, 而 S 是 "和" 的英文单词 "sum" 的第一个字母.

注 在上述定义中, 极限过程之所以要用 $\lambda \to 0$ 而不用 $n \to \infty$, 是因为 $[a,b]$ 的分点 $\{x_k\}$ 不一定是均匀分布的, $n \to \infty$ 不能保证所有的 Δx_k 都趋于零, 从而即使 $f(x)$ 在 $[a,b]$ 上可积, 也不能保证 $\lim\limits_{n \to \infty} S_n$ 存在, 而 $\lambda \to 0$ 可保证对所有的 k, $1 \leqslant k \leqslant n$, $\Delta x_k \to 0$.

在定积分的定义中，规定了 $a < b$. 如果 $a \geqslant b$，补充规定：

1) $\int_a^a f(x)\mathrm{d}x = 0$；

2) $\int_a^b f(x)\mathrm{d}x = -\int_b^a f(x)\mathrm{d}x.$

定积分作为积分元素的和的极限，这个补充规定是合理的.

从 2) 可知，交换积分的上、下限，定积分的值改变符号，但其绝对值不变.

利用定积分概念，例 1 中所求的曲边三角形的面积可写成

$$A = \int_0^1 x^2 \mathrm{d}x;$$

曲边梯形的面积可写成

$$A = \int_a^b f(x)\mathrm{d}x,$$

其中被积表达式 $f(x)\mathrm{d}x$ 是小段底 $[x, x+\mathrm{d}x]$ 上窄曲边梯形面积 ΔA 当 $\mathrm{d}x \to 0$ 时的近似值，称为面积 A 的**面积元素**，记为 $\mathrm{d}A$，即

$$\mathrm{d}A = f(x)\mathrm{d}x.$$

而例 2 中的路程可写成

$$s = \int_0^T v(t)\mathrm{d}t,$$

其中被积表达式 $v(t)\mathrm{d}t$ 是小时间段 $[t, t+\mathrm{d}t]$ 中物体所经历的路程 Δs 当 $\mathrm{d}t \to 0$ 时的近似值，称为路程 s 的**路程元素**，记为 $\mathrm{d}s$，所以

$$\mathrm{d}s = v(t)\mathrm{d}t.$$

从定义可知，定积分是一个数，这个数只与被积函数 $f(x)$ 和积分区间 $[a,b]$ 有关，与积分变量所用的记号无关，即

$$\int_a^b f(x)\mathrm{d}x = \int_a^b f(t)\mathrm{d}t.$$

而不定积分则是一族函数，这是定积分与不定积分的一个本质区别.

从定积分的定义还可以知道，若 $f(x)$ 在 $[a,b]$ 上可积，则在 $[a,b]$ 上必有界，即有（证明从略）

定理 6. 1 函数 $f(x)$ 在区间 $[a,b]$ 上可积的必要条件是 $f(x)$ 在 $[a,b]$ 上有界.

由于

$$f(x) = \begin{cases} \dfrac{1}{x}, & 0 < x \leqslant 1; \\ 1, & x = 0 \end{cases}$$

在 $[0,1]$ 上无界，故不可积. 事实上，在这个例子中，对于任意大的 $M>0$，只要适当选取点 ξ, 对任意的 n, 总可以使得 $S_n>M$, 从而 $\lim\limits_{\lambda\to 0}S_n=+\infty$.

那么，什么样的函数才可积呢? 下面的定理回答了这个问题.

定理6.2 如果 $f(x)$ 是 $[a,b]$ 上的连续函数，则它在 $[a,b]$ 上可积.

可积函数的范围较连续函数更广一些.

定理6.3 如果 $f(x)$ 在 $[a,b]$ 上有界，且在 $[a,b]$ 上除有限个间断点外连续，则 $f(x)$ 在 $[a,b]$ 上可积.

可积函数具有下列性质:

定理6.4 设函数 $f(x),g(x)$ 在 $[a,b]$ 上可积，则
1) $\alpha f(x)$ (α 是常数) 和 $|f(x)|$ 在 $[a,b]$ 上可积;
2) 对于任意区间 $[c,d]\subset[a,b]$, $f(x)$ 在 $[c,d]$ 上可积;
3) $f(x)\pm g(x)$ 和 $f(x)g(x)$ 在 $[a,b]$ 上可积.

$\alpha f(x)$ 和 $f(x)\pm g(x)$ 的可积性在下面关于定积分的性质中证明，其余的结论要用判别函数可积的准则证明，在此从略.

上述定积分的定义及关于可积函数的研究是由黎曼[①]给出的，故这种定积分也称为**黎曼积分**，积分和 S_n 也称为**黎曼(积分)和**, $f(x)$ 在 $[a,b]$ 上可积也称为**黎曼可积**.

由定积分的定义和例1可以看到，当 $f(x)\geqslant 0$ 时，$\int_a^b f(x)\mathrm{d}x$ 表示图 6-2 中曲边梯形的面积 $A=\int_a^b f(x)\mathrm{d}x$.

特别，若 $f(x)=1$, 则 $\int_a^b 1\mathrm{d}x=b-a$.

6.1.3 定积分的基本性质

从定积分的定义和极限的运算法则，不难证明定积分具有下列性质:

————————————

① 黎曼 (G. F. B. Riemann, 1826~1866), 富有创造性的德国数学家、数学物理学家，1851 年获格丁根大学博士学位，在 1853 年的求职论文中定义了有界函数的黎曼积分，在此定义中去掉了被积函数连续的要求. 关于一般可积函数的研究是法国数学家达布 (G. Darboux, 1842~1917) 在 1875 年给出的.

假设 $f(x),g(x)$ 在 $[a,b]$ 上均可积, 则有

1° 设 α,β 为任意的常数, 函数 $\alpha f(x) \pm \beta g(x)$ 在 $[a,b]$ 上可积, 且

$$\int_a^b (\alpha f(x) \pm \beta g(x))\mathrm{d}x = \alpha \int_a^b f(x)\mathrm{d}x \pm \beta \int_a^b g(x)\mathrm{d}x.$$

这是因为函数 $\alpha f(x) \pm \beta g(x)$ 的积分和

$$\sum_{k=1}^n (\alpha f(\xi_k) \pm \beta g(\xi_k))\Delta x_k = \alpha \sum_{k=1}^n f(\xi_k)\Delta x_k \pm \beta \sum_{k=1}^n g(\xi_k)\Delta x_k.$$

由极限的运算法则, 有

$$\lim_{\lambda \to 0} \sum_{k=1}^n (\alpha f(\xi_k) \pm \beta g(\xi_k))\Delta x_k = \alpha \lim_{\lambda \to 0} \sum_{k=1}^n f(\xi_k)\Delta x_k \pm \beta \lim_{\lambda \to 0} \sum_{k=1}^n g(\xi_k)\Delta x_k.$$

由于右边的两个极限存在, 故 $\int_a^b (\alpha f(x) \pm \beta g(x))\mathrm{d}x$ 存在, 且有

$$\int_a^b (\alpha f(x) \pm \beta g(x))\mathrm{d}x = \alpha \int_a^b f(x)\mathrm{d}x \pm \beta \int_a^b g(x)\mathrm{d}x.$$

此性质称为**定积分的线性性质**.

2° 对于任意的 $c \in (a,b)$, 有

$$\int_a^b f(x)\mathrm{d}x = \int_a^c f(x)\mathrm{d}x + \int_c^b f(x)\mathrm{d}x \quad (c \in (a,b)).$$

事实上, 由定理 6.4 中 2), 只要取 c 作为 $\int_a^b f(x)\mathrm{d}x$ 的积分和的一个分点, 利用极限的运算法则即可得证.

对于 $c > b$ 的情形, 只要 $f(x)$ 在 $[a,c]$ 上可积, 上式仍然成立. 因为利用上述结果, 有

$$\int_a^c f(x)\mathrm{d}x = \int_a^b f(x)\mathrm{d}x + \int_b^c f(x)\mathrm{d}x.$$

从而

$$\int_a^b f(x)\mathrm{d}x = \int_a^c f(x)\mathrm{d}x - \int_b^c f(x)\mathrm{d}x = \int_a^c f(x)\mathrm{d}x + \int_c^b f(x)\mathrm{d}x.$$

这个性质称为**定积分对积分区间的可加性**.

3° 若 $f(x) \geqslant 0$ ($\forall x \in [a,b]$), 则 $\int_a^b f(x)\mathrm{d}x \geqslant 0$.

因为在 $f(x) \geqslant 0$ 的条件下, $\int_a^b f(x)\mathrm{d}x$ 的积分和为

$$\sum_{k=1}^n f(\xi_k)\Delta x_k \geqslant 0,$$

由有极限变量的保号性, 即知

$$\int_a^b f(x)\mathrm{d}x = \lim_{\lambda \to 0} \sum_{k=1}^n f(\xi_k)\Delta x_k \geqslant 0.$$

由此可得下列推论：

推论 1　如果 $g(x) \leqslant h(x)$（$\forall x \in [a,b]$），则

$$\int_a^b g(x)\mathrm{d}x \leqslant \int_a^b h(x)\mathrm{d}x.$$

因为只要设 $f(x) = h(x) - g(x)$，则 $f(x) \geqslant 0$（$\forall x \in [a,b]$），所以

$$\int_a^b h(x)\mathrm{d}x - \int_a^b g(x)\mathrm{d}x = \int_a^b (h(x) - g(x))\mathrm{d}x$$

$$= \int_a^b f(x)\mathrm{d}x \geqslant 0.$$

推论得证. 这个性质称为**定积分的单调性**.

还可以证明更精确的结果：

推论 2　若 $f(x) > 0$（$\forall x \in [a,b]$），则

$$\int_a^b f(x)\mathrm{d}x > 0.$$

若 $f(x)$ 是连续函数，可证明如下：设 $c \in (a,b)$，则 $f(c) > 0$，由 $f(x)$ 的连续性，可知必存在 $\delta > 0$，$[c-\delta, c+\delta] \subset [a,b]$，使

$$f(x) > \frac{1}{2}f(c) \quad (\forall x \in [c-\delta, c+\delta]).$$

由性质 $2°$，

$$\int_a^b f(x)\mathrm{d}x = \int_a^{c-\delta} f(x)\mathrm{d}x + \int_{c-\delta}^{c+\delta} f(x)\mathrm{d}x + \int_{c+\delta}^b f(x)\mathrm{d}x,$$

由于 $f(x) \geqslant 0$（$\forall x \in [a,b]$），由性质 $3°$，

$$\int_a^{c-\delta} f(x)\mathrm{d}x \geqslant 0, \quad \int_{c+\delta}^b f(x)\mathrm{d}x \geqslant 0,$$

再由推论 1 有

$$\int_{c-\delta}^{c+\delta} f(x)\mathrm{d}x \geqslant \int_{c-\delta}^{c+\delta} \frac{1}{2}f(c)\mathrm{d}x = \frac{1}{2}f(c) \int_{c-\delta}^{c+\delta} \mathrm{d}x$$

$$= \frac{1}{2}f(c)[(c+\delta) - (c-\delta)]$$

$$= f(c)\delta > 0.$$

所以 $\int_a^b f(x)\mathrm{d}x > 0$.

若 $f(x)$ 不在 $[a,b]$ 上连续，推论 2 的证明较复杂，在此从略.

这个性质称为**定积分的正性**.

推论 3　若有常数 m 和 M 使得 $m \leqslant f(x) \leqslant M$（$\forall x \in [a,b]$），则

$$m(b-a) \leqslant \int_a^b f(x)\mathrm{d}x \leqslant M(b-a).$$

这是因为

$$\int_a^b f(x)\mathrm{d}x \leqslant \int_a^b M\mathrm{d}x = M\int_a^b \mathrm{d}x = M(b-a).$$

同样可证左边不等式.

$4°$　$\left| \int_a^b f(x)\mathrm{d}x \right| \leqslant \int_a^b |f(x)|\mathrm{d}x.$

这是因为 $-|f(x)| \leqslant f(x) \leqslant |f(x)|$（$\forall x \in [a,b]$），所以

$$-\int_a^b |f(x)|\mathrm{d}x \leqslant \int_a^b f(x)\mathrm{d}x \leqslant \int_a^b |f(x)|\mathrm{d}x,$$

此即 $\left| \int_a^b f(x)\mathrm{d}x \right| \leqslant \int_a^b |f(x)|\mathrm{d}x.$

$5°$　如果 $f(x)$ 是 $[a,b]$ 上的连续函数，则 $\exists \xi \in [a,b]$ 使得

$$\int_a^b f(x)\mathrm{d}x = f(\xi)(b-a).$$

证　设 m,M 依次是 $f(x)$ 在 $[a,b]$ 上的最小值和最大值，则有 $m \leqslant f(x) \leqslant M$（$\forall x \in [a,b]$），由上述推论 3，有

$$m(b-a) \leqslant \int_a^b f(x)\mathrm{d}x \leqslant M(b-a),$$

即 $m \leqslant \dfrac{1}{b-a}\int_a^b f(x)\mathrm{d}x \leqslant M$. 再由闭区间上连续函数的介值定理知，$\exists \xi \in [a,b]$，使得 $f(\xi) = \dfrac{1}{b-a}\int_a^b f(x)\mathrm{d}x$，即

$$\int_a^b f(x)\mathrm{d}x = f(\xi)(b-a).$$

这个公式称为积分中值公式. 这一性质称为积分中值定理.

当 $f(x) \geqslant 0$（$\forall x \in [a,b]$）时，这个性质的几何意义是：由曲线 $y = f(x)$（$x \in [a,b]$）和 x 轴及直线 $x = a$，$x = b$ 所围成的曲边梯形的面积等于以 $[a,b]$ 为底，$f(\xi)$ 为高的矩形的面积（如图 6-3）. 因此，常称

$$\frac{1}{b-a}\int_a^b f(x)\mathrm{d}x$$

为函数 $f(x)$ 在区间 $[a,b]$ 上的平均值.

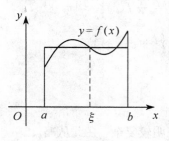

图 6-3

例 3　比较积分 $\int_0^1 \mathrm{e}^{x^2}\mathrm{d}x$ 和 $\int_0^1 \mathrm{e}^{\sqrt{x}}\mathrm{d}x$ 的大小.

解　在 $[0,1]$ 上, $x^2 \leqslant \sqrt{x}$, 故 $\mathrm{e}^{x^2} \leqslant \mathrm{e}^{\sqrt{x}}$ ($\forall x \in [0,1]$). 从而由定积分的性质 3° 中推论 1, 有

$$\int_0^1 \mathrm{e}^{x^2}\mathrm{d}x \leqslant \int_0^1 \mathrm{e}^{\sqrt{x}}\mathrm{d}x.$$

例 4　证明: $\dfrac{2}{\mathrm{e}^4} \leqslant \int_0^2 \mathrm{e}^{-x^2}\mathrm{d}x \leqslant 2$.

证　设 $f(x) = \mathrm{e}^{-x^2}$, 其导数

$$f'(x) = -2x\mathrm{e}^{-x^2} \leqslant 0 \quad (x \geqslant 0).$$

所以 $f(x)$ 在 $[0,2]$ 上单调减少, 从而其最大、最小值分别为

$$M = f(0) = \mathrm{e}^0 = 1, \quad m = f(2) = \mathrm{e}^{-2^2} = \mathrm{e}^{-4}.$$

由性质 3° 的推论 3, 即得

$$\int_0^2 \mathrm{e}^{-4}\mathrm{d}x \leqslant \int_0^2 \mathrm{e}^{-x^2}\mathrm{d}x \leqslant \int_0^2 1\,\mathrm{d}x.$$

而 $\int_0^2 \mathrm{e}^{-4}\mathrm{d}x = \mathrm{e}^{-4}\int_0^2 \mathrm{d}x = \dfrac{2}{\mathrm{e}^4}$, $\int_0^2 1\mathrm{d}x = 2$, 所以

$$\frac{2}{\mathrm{e}^4} \leqslant \int_0^2 \mathrm{e}^{-x^2}\mathrm{d}x \leqslant 2.$$

例 5　设函数 $f(x), g(x)$ 在 $[a,b]$ 上连续, 且 $g(x) > 0$. 证明: 存在点 $\xi \in [a,b]$ 使

$$\int_a^b f(x)g(x)\mathrm{d}x = f(\xi)\int_a^b g(x)\mathrm{d}x.$$

证　设 $f(x)$ 在 $[a,b]$ 上的最大值为 M, 最小值为 m, 由于 $g(x) > 0$, 故有 $mg(x) \leqslant f(x)g(x) \leqslant Mg(x)$, 所以

$$\int_a^b mg(x)\mathrm{d}x \leqslant \int_a^b f(x)g(x)\mathrm{d}x \leqslant \int_a^b Mg(x)\mathrm{d}x,$$

即

$$m \leqslant \frac{\int_a^b f(x)g(x)\mathrm{d}x}{\int_a^b g(x)\mathrm{d}x} \leqslant M.$$

由闭区间上连续函数的介值定理, 即知 $\exists \xi \in [a,b]$ 使

$$f(\xi) = \frac{\int_a^b f(x)g(x)\mathrm{d}x}{\int_a^b g(x)\mathrm{d}x}.$$

等式得证.

6.2 微积分基本公式(牛顿 - 莱布尼茨公式)

定积分和不定积分虽然看起来是两个完全不同的概念,但它们之间有密切的联系,这种联系为定积分的计算提供了一个有效的方法.

6.2.1 变上限积分及其导数公式

设函数 $f(x)$ 在 $[a,b]$ 上可积,则对于任意一点 $x \in [a,b]$,定积分 $\int_a^x f(t)\mathrm{d}t$ 在 $[a,b]$ 上定义了 x 的一个函数. 记为 $\Phi(x)$,即

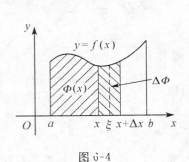

图 6-4

$$\Phi(x) = \int_a^x f(t)\mathrm{d}t \quad (a \leqslant x \leqslant b). \quad (6.1)$$

它称为 $f(t)$ 的**变上限积分**(或积分上限的函数).

如果 $f(t) \geqslant 0$ ($\forall t \in [a,b]$),则如图 6-4,$\Phi(x)$ 表示区间 $[a,x]$ 上以 $y = f(x)$ 为曲边的曲边梯形的面积.

关于 $\Phi(x)$,有下列重要定理.

定理6.5 假设 $f(t)$ 在 $[a,b]$ 上连续,则变上限积分 $\Phi(x) = \int_a^x f(t)\mathrm{d}t$ 在 $[a,b]$ 上可导,且其导数

$$\Phi'(x) = \frac{\mathrm{d}}{\mathrm{d}x}\int_a^x f(t)\mathrm{d}t = f(x) \quad (\forall x \in [a,b]). \quad (6.2)$$

证 设 $x \in [a,b]$,在 x 点有改变量 Δx,$x + \Delta x \in [a,b]$,则

$$\Phi(x + \Delta x) = \int_a^{x+\Delta x} f(t)\mathrm{d}t.$$

由定积分对积分区间的可加性,有

$$\Delta\Phi = \Phi(x + \Delta x) - \Phi(x) = \int_a^{x+\Delta x} f(t)\mathrm{d}t - \int_a^x f(t)\mathrm{d}t$$

$$= \int_a^x f(t)\mathrm{d}t + \int_x^{x+\Delta x} f(t)\mathrm{d}t - \int_a^x f(t)\mathrm{d}t$$

$$= \int_x^{x+\Delta x} f(t)\mathrm{d}t.$$

由于 $f(t)$ 在 $[a,b]$ 上连续,由积分中值定理,有 ξ,它介于 x 和 $x + \Delta x$ 之间,

使得

$$\int_x^{x+\Delta x} f(t)\,\mathrm{d}t = f(\xi)\Delta x.$$

所以

$$\Phi'(x) = \lim_{\Delta x \to 0} \frac{\Delta \Phi}{\Delta x} = \lim_{\Delta x \to 0} \frac{1}{\Delta x}\int_x^{x+\Delta x} f(t)\,\mathrm{d}t$$
$$= \lim_{\Delta x \to 0} f(\xi) = f(x).$$

若 $x = a$，取 $\Delta x > 0$，$a + \Delta x \in (a,b)$，同上可证

$$\Phi'_+(a) = f(a).$$

若 $x = b$，取 $\Delta x < 0$，$b + \Delta x \in (a,b)$，同样有

$$\Phi'_-(b) = f(b).$$

(6.2) 称为**积分上限的函数(变上限积分)的求导公式**，它说明，变上限积分的导数等于被积函数在上限处的值.

从几何上看，定理 6.5 也不难理解，因为当 $f(t) \geqslant 0$（$\forall t \in [a,b]$）时，$\Delta \Phi$ 表示 x 轴上以 $[x, x+\Delta x]$（$\Delta x > 0$）为底、以 $y = f(x)$ 为曲边的窄条曲边梯形的面积(如图 6-4)，它除以底的长度 Δx 显然近似于在 x 点的高度 $f(x)$，当 $\Delta x \to 0$ 时，这个近似值就成为精确值.

从定理 6.5 立即得到下述推论.

推论 1　设 $f(x)$ 是 $[a,b]$ 上的连续函数，则 $f(x)$ 必有原函数.

事实上，变上限积分(6.1) 就是 $f(x)$ 的一个原函数.

原函数与不定积分密切相关，所以变上限积分成为联系定积分和不定积分，或者说微分概念和积分概念的纽带. 因此，定理 6.5 也称为**微积分基本定理**.

例 1　求 $\mathrm{d}\displaystyle\int_0^x \arctan t^2 \,\mathrm{d}t$.

解　$\mathrm{d}\displaystyle\int_0^x \arctan t^2 \,\mathrm{d}t = \left(\int_0^x \arctan t^2 \,\mathrm{d}t\right)' \mathrm{d}x = \arctan x^2 \,\mathrm{d}x.$

从定理 6.5 还可以得到更一般的变限积分的求导公式.

推论 2　设 $f(t)$ 是 $[a,b]$ 上的连续函数，函数 $u(x), v(x)$ 在 $[a,b]$ 上可导，且其值域包含于 $[a,b]$，即 $a \leqslant u(x), v(x) \leqslant b$（$\forall x \in [a,b]$），则对一般的**变限积分** $\displaystyle\int_{u(x)}^{v(x)} f(t)\,\mathrm{d}t$ 作为 x 的函数，有

$$\left(\int_{u(x)}^{v(x)} f(t)\,\mathrm{d}t\right)' = f(v(x))v'(x) - f(u(x))u'(x). \tag{6.3}$$

证 这个变限积分定义了 x 的一个函数，记为 $\psi(x)$，即

$$\psi(x) = \int_{u(x)}^{v(x)} f(t)\mathrm{d}t \quad (x \in [a,b]).$$

由定积分的性质 2°，有

$$\psi(x) = \int_{a}^{v(x)} f(t)\mathrm{d}t - \int_{a}^{u(x)} f(t)\mathrm{d}t.$$

利用复合函数的求导法则和定理 6.5，有

$$\psi'(x) = \frac{\mathrm{d}}{\mathrm{d}x}\int_{a}^{v(x)} f(t)\mathrm{d}t - \frac{\mathrm{d}}{\mathrm{d}x}\int_{a}^{u(x)} f(t)\mathrm{d}t$$

$$= \left(\frac{\mathrm{d}}{\mathrm{d}v}\int_{a}^{v(x)} f(t)\mathrm{d}t\right)\frac{\mathrm{d}v}{\mathrm{d}x} - \left(\frac{\mathrm{d}}{\mathrm{d}u}\int_{a}^{u(x)} f(t)\mathrm{d}t\right)\frac{\mathrm{d}u}{\mathrm{d}x}$$

$$= f(v(x))v'(x) - f(u(x))u'(x). \qquad \blacksquare$$

例 2 求变限积分 $\int_{\sqrt{x}}^{x^2}\ln(1+t^2)\,\mathrm{d}t$ 的导数.

解 由公式 (6.3)，有

$$\left(\int_{\sqrt{x}}^{x^2}\ln(1+t^2)\,\mathrm{d}t\right)' = \ln(1+(x^2)^2)\,(x^2)' - \ln(1+(\sqrt{x})^2)\,(\sqrt{x})'$$

$$= 2x\ln(1+x^4) - \frac{1}{2\sqrt{x}}\ln(1+x).$$

例 3 求未定式 $\displaystyle\lim_{x\to 0}\frac{\int_{0}^{x^2}\cos t^2\,\mathrm{d}t}{x\sin x}$.

解 这是 $\dfrac{0}{0}$ 型未定式，由洛必达法则和 (6.3)，有

$$\lim_{x\to 0}\frac{\int_{0}^{x^2}\cos t^2\,\mathrm{d}t}{x\sin x} = \lim_{x\to 0}\frac{2x\cos x^4}{\sin x + x\cos x}$$

$$= \left(\lim_{x\to 0}\cos x^4\right)\left(\lim_{x\to 0}\frac{2}{\dfrac{\sin x}{x} + \cos x}\right)$$

$$= 1 \times \frac{2}{1+1} = 1.$$

例 4 设 $\Phi(x) = \int_{a}^{x}(x-t)^2 f(t)\mathrm{d}t$，证明：

$$\Phi'(x) = 2\int_{a}^{x}(x-t)f(x)\mathrm{d}t.$$

证 变量 x 不仅是积分上限，还出现在被积函数中，由于这个定积分是对 t 积分，x 与 t 无关，故

$$\Phi(x) = \int_a^x (x^2 - 2xt + t^2) f(t) \, \mathrm{d}t$$

$$= x^2 \int_a^x f(t) \, \mathrm{d}t - 2x \int_a^x t f(t) \, \mathrm{d}t + \int_a^x t^2 f(t) \, \mathrm{d}t.$$

所以，由公式(6.2) 有

$$\Phi'(x) = 2x \int_a^x f(x) \, \mathrm{d}t + x^2 f(x) - 2 \int_a^x t f(t) \, \mathrm{d}t$$

$$- 2x \cdot x f(x) + x^2 f(x)$$

$$= 2 \left(x \int_a^x f(t) \, \mathrm{d}t - \int_a^x t f(t) \, \mathrm{d}t \right)$$

$$= 2 \left(\int_a^x x f(t) \, \mathrm{d}t - \int_a^x t f(t) \, \mathrm{d}t \right)$$

$$= 2 \int_a^x (x f(t) - t f(t)) \, \mathrm{d}t$$

$$= 2 \int_a^x (x - t) f(t) \, \mathrm{d}t.$$

例5 设 $f(x)$ 在 $[0, +\infty)$ 上连续，且 $f(x) > 0 \ (x \geqslant 0)$，证明：函数

$$\varphi(x) = \frac{\int_0^x t f(t) \, \mathrm{d}t}{\int_0^x f(t) \, \mathrm{d}t}$$

在 $(0, +\infty)$ 上是单调增加的.

证 $\varphi'(x) = \dfrac{x f(x) \int_0^x f(t) \, \mathrm{d}t - f(x) \int_0^x t f(t) \, \mathrm{d}t}{\left(\int_0^x f(t) \, \mathrm{d}t \right)^2}$

$$= \frac{f(x) \int_0^x (x - t) f(t) \, \mathrm{d}t}{\left(\int_0^x f(t) \, \mathrm{d}t \right)^2} \quad (x > 0).$$

由于积分变量 t 在 $[0, x]$ 中变化，所以 $x - t \geqslant 0$，又 $f(t) > 0 \ (t \geqslant 0)$，故由定积分的性质 $3°$ 的推论 2，积分

$$\int_0^x (x - t) f(t) \, \mathrm{d}t > 0 \quad (\forall x > 0).$$

从而，$\varphi'(x) > 0 \ (x > 0)$. 因此 $\varphi(x)$ 在 $(0, +\infty)$ 上单调增加.

例6 求连续函数 $f(x)$，已知 $f(0) = 1$ 且满足

$$\int_0^1 f(tx) \, \mathrm{d}t = f(x) + x \sin x.$$

解 首先须将左边的积分化为变上限积分，为此，作代换 $tx = u$，则 $dt = \dfrac{du}{x}$，

$$\int_0^1 f(tx)dt = \int_0^x f(u)\,\frac{du}{x} = \frac{1}{x}\int_0^x f(u)du,$$

原方程变成

$$\int_0^x f(u)du = xf(x) + x^2\sin x.$$

两边求导，得

$$f(x) = f(x) + xf'(x) + 2x\sin x + x^2\cos x,$$

即 $f'(x) = -(2\sin x + x\cos x)$，从而

$$f(x) = -\int(2\sin x + x\cos x)dx = \cos x - x\sin x + C.$$

由于 $f(0) = 1$，故 $C = 0$. 代入得 $f(x) = \cos x - x\sin x$.

6.2.2 微积分基本公式(牛顿 - 莱布尼茨公式)

利用定理 6.5，可以得到通过原函数计算定积分的方法.

定理6.6 假设 $f(x)$ 是 $[a,b]$ 上的连续函数，$F(x)$ 是 $f(x)$ 的一个原函数，则

$$\int_a^b f(x)dx = F(b) - F(a) = F(x)\Big|_a^b, \tag{6.4}$$

其中 $F(x)\Big|_a^b$ (或 $(F(x))_a^b$) 表示 $F(b) - F(a)$.

证 由假设，$F(x)$ 和(6.1)中的变上限积分 $\Phi(x)$ 都是 $f(x)$ 的原函数，所以它们只相差一个常数 C，即

$$F(x) - \Phi(x) = C \quad (\forall x \in [a,b]).$$

令 $x = a$，则由 $\Phi(a) = \int_a^a f(x)dx = 0$，有

$$F(a) - \Phi(a) = F(a) = C.$$

所以

$$\Phi(x) = \int_a^x f(t)dt = F(x) - F(a).$$

以 $x = b$ 代入，即得(6.4).

(6.4) 在 $a > b$ 时仍然成立.

由定理 6.6 可以反过来证明定理 6.5. 事实上，由(6.4)有

$$\int_a^x f(t)\,\mathrm{d}t = F(x) - F(a).$$

两边对 x 求导，即得

$$\left(\int_a^x f(t)\,\mathrm{d}t\right)' = F'(x) = f(x).$$

这就得定理 6.5. 所以，定理 6.5 和定理 6.6 是相互等价的.

公式(6.4)称为**微积分基本公式**. 鉴于它是牛顿和莱布尼茨分别建立的，所以也称为**牛顿-莱布尼茨公式**①.

在已知被积函数的原函数时，公式(6.4)解决了定积分的计算问题.

例 7 计算 $\int_0^1 x^2\,\mathrm{d}x$.

解 由于 x^2 有一个原函数为 $\dfrac{x^3}{3}$，故

$$\int_0^1 x^2\,\mathrm{d}x = \frac{x^3}{3}\bigg|_0^1 = \frac{1}{3}\times 1^3 - \frac{1}{3}\times 0^3 = \frac{1}{3}.$$

这就是 6.1 节例 1 中所得的结果.

————————————

① 莱布尼茨 (G. W. Leibniz, 1646～1716)，德国数学家和哲学家，出生于莱比锡大学一位伦理学教授之家，6 岁丧父. 家中丰富的藏书引起他广泛的兴趣，1661 年进入莱比锡大学学习法律，又曾到耶拿大学学习几何，1666 年在纽伦堡阿尔特多夫大学通过论文《论组合的艺术》获法学博士并成为教授，该论文及后来的一系列工作使他成为数理逻辑的创始人. 1667 年他投身外交界，游历欧洲各国，接触数学界的名流并保持密切的联系，在巴黎受 C. 惠更斯的影响，决心钻研数学，他终生奋斗的主要目标是寻求可获得知识和创造发明的一般方法，这就导致他的许多发现，其中最突出的是微积分. 与牛顿不同，他主要是从代数的角度，把微积分作为一种运算的过程和方法；而牛顿则主要是从几何的角度来思考和推理，微积分实质上是他研究力学和动力学的工具. 莱布尼茨于 1684 年发表的第一篇微分学的论文《一种求极大极小和切线的新方法……》是世界上最早的关于微积分的文献，虽仅 6 页，推理也不清晰，却含有现代的微分记号和微分法则. 1686 年发表了他的第一篇积分学论文，由于印刷困难未用现在的积分的记号"$\int$"，但在他 1675 年 10 月的手稿上用了拉长的 S"$\int$"作为积分记号，同年 11 月的手稿上出现了微分记号 $\mathrm{d}x$，"d"意味着差. 他思考微积分的问题约始于 1673 年，其思想发展和研究成果，记录在从该年起的数百页笔记中. 其中他断言作为求和的过程的积分是微分的逆. 正是由于牛顿在 1665～1666 年和莱布尼茨在 1673～1676 年独立建立了计算微分和积分的一般方法及它们之间的关系，他们被公认为微积分学的两位创始人. 莱布尼茨创立的微积分记号对微积分的传播和发展起了重要作用，并一直沿用至今.

莱布尼茨的其他著作包括哲学、法学、历史、语言、生物、地质、机械、物理、外交、神学，在 1671 年他制造了第一架可做乘法计算的计算机，他的多才多艺在历史上少有人能与之相比.

例 8　求 $\displaystyle\int_0^\pi \sin x\, \mathrm{d}x$.

解　$\sin x$ 的一个原函数为 $-\cos x$，故

$$\int_0^\pi \sin x\, \mathrm{d}x = -\cos x \Big|_0^\pi = -\cos\pi + \cos 0 = 1 + 1 = 2.$$

这说明在 $[0,\pi]$ 上由正弦曲线 $y = \sin x$ 和 x 轴所围成的区域的面积为 2.

例 9　设一直线运动的运动方程为 $s = s(t)$，其速度函数为 $v(t)$，则在时间段 $[t_1, t_2]$ 内所经历的路程为

$$s = \int_{t_1}^{t_2} v(t)\,\mathrm{d}t.$$

另一方面，由运动方程，又有 $s = s(t_2) - s(t_1)$，故

$$\int_{t_1}^{t_2} v(t)\,\mathrm{d}t = s(t_2) - s(t_1) = s(t)\Big|_{t_1}^{t_2}.$$

而 $v(t) = s'(t)$，即 $s(t)$ 是 $v(t)$ 的一个原函数，故上述等式即牛顿 - 莱布尼茨公式 (6.4).

例 10　求极限：

$$\lim_{n\to\infty} \frac{1}{n}\left(\sqrt{1 + \frac{1}{n}} + \sqrt{1 + \frac{2}{n}} + \cdots + \sqrt{1 + \frac{n}{n}} \right).$$

解　由定积分的定义，

$$S_n = \frac{1}{n}\left(\sqrt{1 + \frac{1}{n}} + \sqrt{1 + \frac{2}{n}} + \cdots + \sqrt{1 + \frac{n}{n}} \right)$$

恰好是函数 $f(x) = \sqrt{1+x}$ 在 $[0,1]$ 上的积分和，而 $f(x)$ 的一个原函数是 $\dfrac{2}{3}(1+x)^{\frac{3}{2}}$，故

$$\lim_{n\to\infty} S_n = \int_0^1 \sqrt{1+x}\, \mathrm{d}x = \frac{2}{3}(1+x)^{\frac{3}{2}}\Big|_0^1$$

$$= \frac{2}{3}\left[(1+1)^{\frac{3}{2}} - (1+0)^{\frac{3}{2}} \right]$$

$$= \frac{2}{3}(2\sqrt{2} - 1).$$

例 11　设 $f(x) = \begin{cases} \sqrt{1+x}, & |x| \leqslant 1; \\ \dfrac{1}{1+x^2}, & |x| > 1. \end{cases}$ 求 $\displaystyle\int_{-\sqrt{3}}^{\sqrt{3}} f(x)\,\mathrm{d}x$.

解　$\displaystyle\int_{-\sqrt{3}}^{\sqrt{3}} f(x)\,\mathrm{d}x = \int_{-\sqrt{3}}^{-1} f(x)\,\mathrm{d}x + \int_{-1}^{1} f(x)\,\mathrm{d}x + \int_{1}^{\sqrt{3}} f(x)\,\mathrm{d}x$

$$= \int_{-\sqrt{3}}^{-1} \frac{\mathrm{d}x}{1+x^2} + \int_{-1}^{1} \sqrt{1+x}\, \mathrm{d}x + \int_{1}^{\sqrt{3}} \frac{\mathrm{d}x}{1+x^2}$$

$$= \arctan x \Big|_{-\sqrt{3}}^{-1} + \frac{2}{3}(1+x)^{\frac{3}{2}} \Big|_{-1}^{1} + \arctan x \Big|_{1}^{\sqrt{3}}$$

$$= \frac{\pi}{6} + \frac{4}{3}\sqrt{2}.$$

例 12　设 $f(x) = x^3 - \int_0^a f(x)\mathrm{d}x$，$a+1 \neq 0$，求 $\int_0^a f(x)\mathrm{d}x$.

解　设 $I = \int_0^a f(x)\mathrm{d}x$，这是一个常数，故 $f(x) = x^3 - I$. 因此

$$I = \int_0^a f(x)\mathrm{d}x = \int_0^a (x^3 - I)\mathrm{d}x$$

$$= \int_0^a x^3 \mathrm{d}x - \int_0^a I\mathrm{d}x = \frac{x^4}{4}\Big|_0^a - Ia$$

$$= \frac{a^4}{4} - Ia.$$

所以 $(1+a)I = \dfrac{a^4}{4}$，即 $I = \dfrac{a^4}{4(1+a)}$.

6.3　定积分的换元积分法和分部积分法

由微积分基本公式，在 $f(x)$ 的原函数 $F(x)$ 已知的情况下，定积分 $\int_a^b f(x)\mathrm{d}x$ 的计算可归结为 $F(x)$ 从 $x=a$ 变到 $x=b$ 的增量 $F(b)-F(a)$. 而用不定积分的换元积分法和分部积分法可以求出一些函数的原函数，故自然可以用这两种方法计算定积分.

6.3.1　定积分的换元积分法

定理6.7　设 $f(x)$ 在 $[a,b]$ 上连续，函数 $\varphi(t)$ 适合下列条件：

1) $\varphi(\alpha) = a$，$\varphi(\beta) = b$；

2) $\varphi(t)$ 在 $[\alpha,\beta]$（或 $[\beta,\alpha]$）上单调，且其导数 $\varphi'(t)$ 连续.

则

$$\int_a^b f(x)\mathrm{d}x = \int_\alpha^\beta f(\varphi(t))\varphi'(t)\mathrm{d}t. \tag{6.5}$$

证　设 $F(x)$ 是 $f(x)$ 的一个原函数，则有

$$\int_a^b f(x)\mathrm{d}x = F(b) - F(a).$$

又 $F(\varphi(t))$ 是 $f(\varphi(t))\varphi'(t)$ 的一个原函数，故

$$\int_\alpha^\beta f(\varphi(t))\varphi'(t)\mathrm{d}t = F(\varphi(t))\Big|_\alpha^\beta = F(\varphi(\beta)) - F(\varphi(\alpha))$$
$$= F(b) - F(a).$$

这就得到公式(6.5). ∎

在定理的证明中并未明显地用到 $\varphi(t)$ 在 $[\alpha,\beta]$(或 $[\beta,\alpha]$)上单调的假设，其实这个条件可以保证函数 $x = \varphi(t)$($t \in [\alpha,\beta]$ 或 $[\beta,\alpha]$)的值域包含在 $[a,b]$ 中，从而复合函数 $f(\varphi(t))$ 在 $[\alpha,\beta]$(或 $[\beta,\alpha]$)上连续. 在用换元法计算积分时，注意函数 $x = \varphi(t)$ 的单调性是有益的.

注意，在应用公式(6.5)作换元 $x = \varphi(t)$ 时，不仅如计算定积分那样被积表达式要变换，积分上、下限也要随之作变换，即把对 x 积分的积分限 a,b 相应地换成对 t 积分的积分限 α,β. 其次，在求出 $f(\varphi(t))\varphi'(t)$ 的一个原函数 $G(t)$ 后，不必如不定积分那样要用 $x = \varphi(t)$ 的反函数 $t = \varphi^{-1}(x)$ 代入 $G(x)$，而只要直接计算 $G(\beta) - G(\alpha)$ 即可. 这是定积分与不定积分的换元法的不同之处.

公式(6.5)称为**定积分的换元公式**，在应用(6.5)时，可以把等式左边化成等式右边，也可以把等式右边化成等式左边.

例1 计算下列定积分：

1) $\displaystyle\int_0^4 \frac{\sqrt{x}\,\mathrm{d}x}{1+\sqrt{x}}$;

2) $\displaystyle\int_0^2 \sqrt{4-x^2}\,\mathrm{d}x$;

3) $\displaystyle\int_0^{\ln 2} \sqrt{\mathrm{e}^x - 1}\,\mathrm{d}x$;

4) $\displaystyle\int_0^\pi \sqrt{\sin x - \sin^3 x}\,\mathrm{d}x$.

解 1) 设 $\sqrt{x} = t$，则 $x = t^2$，当 $x = 0$ 时 $t = 0$，当 $x = 4$ 时 $t = 2$，而 $x = t^2$ 在 $[0,2]$ 上单调，故由(6.5)式，有

$$\int_0^4 \frac{\sqrt{x}\,\mathrm{d}x}{1+\sqrt{x}} = \int_0^2 \frac{t \cdot 2t\mathrm{d}t}{1+t} = 2\int_0^2 \frac{t^2\mathrm{d}t}{1+t} = 2\int_0^2 \left(t - 1 + \frac{1}{1+t}\right)\mathrm{d}t$$
$$= 2\left(\frac{t^2}{2} - t + \ln(1+t)\right)\Big|_0^2$$
$$= 2\left(\frac{4}{2} - 2 + \ln(1+2) - \ln 1\right) = 2\ln 3.$$

2) 设 $x = 2\sin t$，当 $x = 0$ 时 $t = 0$，$x = 2$ 时 $t = \frac{\pi}{2}$，$x = 2\sin t$ 在 $\left[0, \frac{\pi}{2}\right]$ 上单调，故

$$\int_0^2 \sqrt{4-x^2}\,\mathrm{d}x = \int_0^{\frac{\pi}{2}} \sqrt{4 - 4\sin^2 t} \cdot 2\cos t\,\mathrm{d}t$$

$$= 4\int_0^{\frac{\pi}{2}} |\cos t| \cos t \, dt = 4\int_0^{\frac{\pi}{2}} \cos^2 t \, dt$$

$$= 2\int_0^{\frac{\pi}{2}} (1+\cos 2t)dt = (2t+\sin 2t)\Big|_0^{\frac{\pi}{2}} = \pi.$$

在计算

$$2\int_0^{\frac{\pi}{2}} \cos 2t \, dt = \int_0^{\frac{\pi}{2}} \cos 2t \, d(2t)$$

时，没有作明显的换元 $u=2t$，因此不必改变对 t 积分的上、下限.

3) 设 $\sqrt{e^x-1}=t$，则 $x=\ln(1+t^2)$，当 $x=0$ 时 $t=0$，当 $x=\ln 2$ 时 $t=1$，$\ln(1+t^2)$ 在 $[0,1]$ 上单调，故

$$\int_0^{\ln 2} \sqrt{e^x-1} \, dx = \int_0^1 t \, d\ln(1+t^2) = \int_0^1 \frac{2t^2}{1+t^2}dt$$

$$= 2\int_0^1 \Big(1-\frac{1}{1+t^2}\Big)dt = 2(t-\arctan t)\Big|_0^1$$

$$= 2\Big(1-\frac{\pi}{4}\Big) = 2-\frac{\pi}{2}.$$

4) 因为

$$\sqrt{\sin x - \sin^3 x} = \sqrt{\sin x \cos^2 x} = |\cos x|\sqrt{\sin x},$$

而 $\cos x$ 在积分区间 $[0,\pi]$ 上有不同符号，在 $\Big[0,\frac{\pi}{2}\Big]$ 上 $|\cos x|=\cos x$，在 $\Big[\frac{\pi}{2},\pi\Big]$ 上 $|\cos x|=-\cos x$，故

$$\int_0^\pi \sqrt{\sin x - \sin^3 x} \, dx = \int_0^\pi |\cos x|\sqrt{\sin x} \, dx$$

$$= \int_0^{\frac{\pi}{2}} \cos x \sqrt{\sin x} \, dx + \int_{\frac{\pi}{2}}^\pi (-\cos x)\sqrt{\sin x} \, dx$$

$$= \int_0^{\frac{\pi}{2}} \sqrt{\sin x} \, d\sin x - \int_{\frac{\pi}{2}}^\pi \sqrt{\sin x} \, d\sin x$$

$$= \frac{2}{3}\sin^{\frac{3}{2}} x \Big|_0^{\frac{\pi}{2}} - \frac{2}{3}\sin^{\frac{3}{2}} x \Big|_{\frac{\pi}{2}}^\pi$$

$$= \frac{2}{3}(1-0) - \frac{2}{3}(0-1) = \frac{4}{3}.$$

例2 设 $f(x)$ 是 $[-a,a]$ 上的连续函数，证明：

$$\int_{-a}^a f(x)dx = \begin{cases} 2\int_0^a f(x)dx, & f(x) \text{ 为偶函数}; \\ 0, & f(x) \text{ 为奇函数}. \end{cases}$$

证 $\int_{-a}^{a}f(x)\mathrm{d}x = \int_{-a}^{0}f(x)\mathrm{d}x + \int_{0}^{a}f(x)\mathrm{d}x.$

对右边第一个积分作换元 $x = -t$,则

$$\int_{-a}^{0}f(x)\mathrm{d}x = \int_{a}^{0}f(-t)\mathrm{d}(-t) = \int_{0}^{a}f(-t)\mathrm{d}t = \int_{0}^{a}f(-x)\mathrm{d}x.$$

后一等式是因定积分的值与积分变量所用的记号无关,所以

$$\int_{-a}^{a}f(x)\mathrm{d}x = \int_{0}^{a}f(-x)\mathrm{d}x + \int_{0}^{a}f(x)\mathrm{d}x$$
$$= \int_{0}^{a}(f(x)+f(-x))\mathrm{d}x.$$

当 $f(x)$ 为偶函数时,$f(-x)=f(x)$,所以

$$\int_{-a}^{a}f(x)\mathrm{d}x = 2\int_{0}^{a}f(x)\mathrm{d}x.$$

当 $f(x)$ 为奇函数时,$f(-x) = -f(x)$,所以

$$\int_{-a}^{a}f(x)\mathrm{d}x = \int_{0}^{a}0\mathrm{d}x = 0.$$

凡遇到在 $[-a,a]$ 上的积分时,注意被积函数的奇偶性是有益的.

例3 设

$$I_1 = \int_{-\frac{\pi}{2}}^{\frac{\pi}{2}}\frac{\sin x}{1+x^2}\cos^4 x\ \mathrm{d}x,$$

$$I_2 = \int_{-\frac{\pi}{2}}^{\frac{\pi}{2}}(\sin^3 x + \cos^4 x)\mathrm{d}x,$$

$$I_3 = \int_{-\frac{\pi}{2}}^{\frac{\pi}{2}}(x^3\sin^2 x - \sqrt{\cos x})\mathrm{d}x,$$

比较 I_1, I_2, I_3 的大小.

解 注意 $\dfrac{\sin x}{1+x^2}\cos^4 x, \sin^3 x, x^3\sin^2 x$ 是奇函数,$\cos^4 x, \sqrt{\cos x}$ 是偶函数,且在 $\left(0,\dfrac{\pi}{2}\right)$ 上 $\cos x > 0$,因此 $I_1 = 0$,

$$I_2 = \int_{-\frac{\pi}{2}}^{\frac{\pi}{2}}\sin^3 x\ \mathrm{d}x + \int_{-\frac{\pi}{2}}^{\frac{\pi}{2}}\cos^4 x\ \mathrm{d}x = 2\int_{0}^{\frac{\pi}{2}}\cos^4 x\ \mathrm{d}x > 0,$$

$$I_3 = \int_{-\frac{\pi}{2}}^{\frac{\pi}{2}}x^3\sin^2 x\ \mathrm{d}x - \int_{-\frac{\pi}{2}}^{\frac{\pi}{2}}\sqrt{\cos x}\ \mathrm{d}x = -2\int_{0}^{\frac{\pi}{2}}\sqrt{\cos x}\ \mathrm{d}x < 0.$$

所以 $I_3 < I_1 < I_2$.

例4 设 $f(x)$ 在 $(-\infty, +\infty)$ 上连续,且是周期为 T 的周期函数,证明:

1) $\int_{a+T}^{b+T}f(x)\mathrm{d}x = \int_{a}^{b}f(x)\mathrm{d}x;$

2) $\int_a^{a+T} f(x)\mathrm{d}x = \int_0^T f(x)\mathrm{d}x.$

证 1) 作换元 $x = u + T$, 则当 $x = a+T, b+T$ 时 u 依次为 a, b. 又 $f(x+T) = f(x)$, 故

$$\int_{a+T}^{b+T} f(x)\mathrm{d}x = \int_a^b f(u+T)\mathrm{d}(u+T) = \int_a^b f(u)\mathrm{d}u$$
$$= \int_a^b f(x)\mathrm{d}x.$$

2) $\int_a^{a+T} f(x)\mathrm{d}x = \int_a^0 f(x)\mathrm{d}x + \int_0^T f(x)\mathrm{d}x + \int_T^{a+T} f(x)\mathrm{d}x.$

由 1), $\int_T^{a+T} f(x)\mathrm{d}x = \int_0^a f(x)\mathrm{d}x$, 而 $\int_a^0 f(x)\mathrm{d}x = -\int_0^a f(x)\mathrm{d}x$, 故

$$\int_a^{a+T} f(x)\mathrm{d}x = -\int_0^a f(x)\mathrm{d}x + \int_0^T f(x)\mathrm{d}x + \int_0^a f(x)\mathrm{d}x$$
$$= \int_0^T f(x)\mathrm{d}x.$$

例 5 证明: $\int_0^{\frac{\pi}{2}} \sin^n x\ \mathrm{d}x = \int_0^{\frac{\pi}{2}} \cos^n x\ \mathrm{d}x.$

证 令 $x = \dfrac{\pi}{2} - t$, 利用 $\sin\left(\dfrac{\pi}{2} - t\right) = \cos t$, 有

$$\int_0^{\frac{\pi}{2}} \sin^n x\ \mathrm{d}x = \int_{\frac{\pi}{2}}^0 \sin^n\left(\frac{\pi}{2} - t\right)\ \mathrm{d}(-t) = \int_0^{\frac{\pi}{2}} \cos^n t\ \mathrm{d}t$$
$$= \int_0^{\frac{\pi}{2}} \cos^n x\ \mathrm{d}x.$$

例 6 设 $f(x)$ 是 $[0,1]$ 上的连续函数, 证明:

$$\int_0^{\pi} x f(\sin x)\mathrm{d}x = \frac{\pi}{2}\int_0^{\pi} f(\sin x)\mathrm{d}x,$$

并由此计算 $\int_0^{\pi} \dfrac{x\sin x}{1 + \cos^2 x}\mathrm{d}x.$

证 作换元 $x = \pi - t$, 则有

$$I = \int_0^{\pi} x f(\sin x)\mathrm{d}x = \int_{\pi}^0 (\pi - t) f(\sin(\pi - t))\mathrm{d}(-t)$$
$$= \int_0^{\pi} (\pi - t) f(\sin t)\mathrm{d}t = \pi\int_0^{\pi} f(\sin t)\mathrm{d}t - \int_0^{\pi} t f(\sin t)\mathrm{d}t$$
$$= \pi\int_0^{\pi} f(\sin t)\mathrm{d}t - I.$$

故 $2I = \pi\int_0^{\pi} f(\sin t)\mathrm{d}t$, 即 $I = \dfrac{\pi}{2}\int_0^{\pi} f(\sin x)\mathrm{d}x.$ 等式得证.

利用这个公式, 由于

$$\frac{x\sin x}{1+\cos^2 x} = x\frac{\sin x}{2-\sin^2 x}$$

具有 $xf(\sin x)$ 的形式, 故有

$$\int_0^\pi \frac{x\sin x}{1+\cos^2 x}dx = \frac{\pi}{2}\int_0^\pi \frac{\sin x}{1+\cos^2 x}dx = -\frac{\pi}{2}\int_0^\pi \frac{d\cos x}{1+\cos^2 x}$$

$$= -\frac{\pi}{2}\arctan\cos x\Big|_0^\pi$$

$$= -\frac{\pi}{2}(\arctan(-1) - \arctan 1)$$

$$= -\frac{\pi}{2}\left(-\frac{\pi}{4} - \frac{\pi}{4}\right) = \frac{\pi^2}{4}.$$

例 7 设 $f(x) = \begin{cases} e^{x+1}, & x \geqslant 0; \\ x^2, & x < 0. \end{cases}$ 求 $I = \int_{\frac{1}{2}}^2 f(x-1)dx$.

解 设 $u = x-1$, 则 $x = u+1$, $x = \frac{1}{2}$, 2 时 u 依次为 $-\frac{1}{2}$, 1, 故

$$I = \int_{-\frac{1}{2}}^1 f(u)du = \int_{-\frac{1}{2}}^0 f(u)du + \int_0^1 f(u)du$$

$$= \int_{-\frac{1}{2}}^0 u^2 du + \int_0^1 e^{u+1}du = \frac{u^3}{3}\Big|_{-\frac{1}{2}}^0 + e^{u+1}\Big|_0^1$$

$$= -\frac{1}{3}\left(-\frac{1}{2}\right)^3 + e^2 - e$$

$$= e^2 - e + \frac{1}{24}.$$

6.3.2 定积分的分部积分法

由微分公式 $d(uv) = udv + vdu$ 或 $udv = d(uv) - vdu$, 即得

$$\int_a^b udv = \int_a^b [d(uv) - vdu] = \int_a^b d(uv) - \int_a^b vdu,$$

所以

$$\int_a^b udv = (uv)\Big|_a^b - \int_a^b vdu. \tag{6.6}$$

这就是**定积分的分部积分公式**.

例 8 求下列积分:

1) $\int_0^1 xe^x dx$;

2) $\int_0^{\frac{\sqrt{2}}{2}} \frac{\arcsin x}{\sqrt{(1-x^2)^3}}dx$;

3) $\displaystyle\int_0^{\frac{\pi}{2}} x^2 \sin x \, dx$;　　　　4) $\displaystyle\int_1^{e^{\frac{\pi}{2}}} \sin \ln x \, dx$.

解　1) $\displaystyle\int_0^1 x e^x \, dx = \int_0^1 x \, \mathrm{d}\, e^x = (x e^x)\Big|_0^1 - \int_0^1 e^x \, dx$

$$= e - e^x \Big|_0^1 = 1.$$

2) 先作换元，设 $x = \sin t \left(|t| \leqslant \dfrac{\pi}{2} \right)$，则 $\arcsin x = t$，

$$\sqrt{(1-x^2)^3} = \sqrt{\cos^6 t} = \cos^3 t,$$

当 $x = 0$ 时 $t = 0$，$x = \dfrac{\sqrt{2}}{2}$ 时 $t = \dfrac{\pi}{4}$，故

$$\int_0^{\frac{\sqrt{2}}{2}} \frac{\arcsin x}{\sqrt{(1-x^2)^3}} \mathrm{d}x = \int_0^{\frac{\pi}{4}} \frac{t}{\cos^3 t} \cdot \cos t \, \mathrm{d}t = \int_0^{\frac{\pi}{4}} t \sec^2 t \, \mathrm{d}t$$

$$= \int_0^{\frac{\pi}{4}} t \, \mathrm{d}\tan t = (t \tan t)\Big|_0^{\frac{\pi}{4}} - \int_0^{\frac{\pi}{4}} \tan t \, \mathrm{d}t$$

$$= \frac{\pi}{4} + (\ln|\cos t|)\Big|_0^{\frac{\pi}{4}} = \frac{\pi}{4} - \frac{1}{2}\ln 2.$$

3) $\displaystyle\int_0^{\frac{\pi}{2}} x^2 \sin x \, dx = -\int_0^{\frac{\pi}{2}} x^2 \mathrm{d}\cos x$

$$= -(x^2 \cos x)\Big|_0^{\frac{\pi}{2}} + \int_0^{\frac{\pi}{2}} \cos x \, \mathrm{d}\, x^2$$

$$= 2\int_0^{\frac{\pi}{2}} x \cos x \, dx = 2\int_0^{\frac{\pi}{2}} x \, \mathrm{d}\sin x$$

$$= 2\left[(x \sin x)\Big|_0^{\frac{\pi}{2}} - \int_0^{\frac{\pi}{2}} \sin x \, dx \right]$$

$$= 2\left(\frac{\pi}{2} + \cos x \Big|_0^{\frac{\pi}{2}} \right) = 2\left(\frac{\pi}{2} - 1 \right) = \pi - 2.$$

4) $I = \displaystyle\int_1^{e^{\frac{\pi}{2}}} \sin \ln x \, dx = (x \sin \ln x)\Big|_1^{e^{\frac{\pi}{2}}} - \int_1^{e^{\frac{\pi}{2}}} x \, \mathrm{d}\sin \ln x$

$$= e^{\frac{\pi}{2}} - \int_1^{e^{\frac{\pi}{2}}} \cos \ln x \, dx$$

$$= e^{\frac{\pi}{2}} - \left[(x \cos \ln x)\Big|_1^{e^{\frac{\pi}{2}}} - \int_1^{e^{\frac{\pi}{2}}} x \, \mathrm{d}\cos \ln x \right]$$

$$= e^{\frac{\pi}{2}} + 1 - \int_1^{e^{\frac{\pi}{2}}} \sin \ln x \, dx = e^{\frac{\pi}{2}} + 1 - I,$$

所以 $2I = \mathrm{e}^{\frac{\pi}{2}} + 1$, 即 $I = \dfrac{1}{2}(\mathrm{e}^{\frac{\pi}{2}} + 1)$.

若用换元法, 令 $\ln x = t$, 则 $x = \mathrm{e}^t$, $x = \mathrm{e}^{\frac{\pi}{2}}$ 时 $t = \dfrac{\pi}{2}$, $x = 1$ 时 $t = 0$,

利用 5.4 节例 4 的结果, 即有

$$\int_1^{\mathrm{e}^{\frac{\pi}{2}}} \sin \ln x \, \mathrm{d}x = \int_0^{\frac{\pi}{2}} \sin t \cdot \mathrm{e}^t \, \mathrm{d}t = \frac{1}{2}\left[\mathrm{e}^t(\sin t - \cos t)\right]\Big|_0^{\frac{\pi}{2}}$$

$$= \frac{1}{2}(\mathrm{e}^{\frac{\pi}{2}} + 1).$$

例 9 设 $f'(\ln x) = \begin{cases} 1, & 0 < x \leqslant 1; \\ x, & x > 1, \end{cases}$ 且 $f(0) = 0$, 求 $f(x)$.

解 设 $\ln x = t$, 则 $x = \mathrm{e}^t$, $x \in (0, 1]$ 时 $t \in (-\infty, 0]$, $x \in (1, +\infty)$ 时 $t \in (0, +\infty)$, 所以

$$f'(t) = \begin{cases} 1, & t \leqslant 0; \\ \mathrm{e}^t, & t > 0. \end{cases}$$

由此, 当 $x \leqslant 0$ 时,

$$f(x) = f(x) - f(0) = \int_0^x f'(t)\, \mathrm{d}t = \int_0^x \mathrm{d}t = x;$$

当 $x > 0$ 时,

$$f(x) = \int_0^x f'(t)\, \mathrm{d}t = \int_0^x \mathrm{e}^t \, \mathrm{d}t = \mathrm{e}^x - 1.$$

从而

$$f(x) = \begin{cases} x, & x \leqslant 0; \\ \mathrm{e}^x - 1, & x > 0. \end{cases}$$

6.4 定积分的应用

本节介绍定积分的一些几何应用及其在经济学中的简单应用, 从 6.1 节例 1 和例 2 可以看到用定积分处理实际问题的思想和方法, 在下面计算旋转体的体积时将再一次领会这些思想和方法.

6.4.1 平面图形的面积

设 D 表示平面上由一些曲线围成的区域, 围成 D 的曲线称为区域 D 的**边界**, 通常以 ∂D 表示.

例如：由圆 $x^2 + y^2 = 4$ 及其内部所构成的区域（称为圆盘）可表示成

$$D = \{(x,y) \mid x^2 + y^2 \leqslant 4\},$$

D 可以简单地说成由圆 $x^2 + y^2 = 4$ 围成的区域（如图 6-5），其边界

$$\partial D = \{(x,y) \mid x^2 + y^2 = 4\},$$

或简单地写成

$$\partial D: x^2 + y^2 = 4.$$

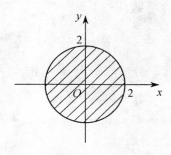

图 6-5

又如 D 表示由抛物线 $x = y^2$ 和直线 $x = 3$ 所围成的区域（如图 6-6），它可表示成

$$D = \{(x,y) \mid y^2 \leqslant x \leqslant 3\},$$

其边界 ∂D 为

$$x = y^2 \quad (|y| \leqslant 3)$$

和 $x = 3$ $(|y| \leqslant \sqrt{3})$.

通常确定一个平面区域的比较简单的方法是指明它是由哪些曲线（包括直线）围成的.

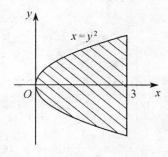

图 6-6

下面分三种情况说明用定积分计算平面图形（或区域）的面积的方法.

（1）区域 D 由连续曲线 $y = f(x)$ 和直线 $y = 0$，$x = a$，$x = b$ $(a < b)$ 围成.

由定积分的定义，若 $f(x) \geqslant 0$ $(a \leqslant x \leqslant b)$，则 D 的面积

$$A = \int_a^b f(x)\mathrm{d}x.$$

若 $f(x) \leqslant 0$ $(a \leqslant x \leqslant b)$，则

$$A = -\int_a^b f(x)\mathrm{d}x.$$

若曲线 $y = f(x)$ 如图 6-7 所示，即当 $x \in [a,c] \cup [d,b]$ 时 $f(x) \geqslant 0$；当 $x \in [c,d]$ 时 $f(x) \leqslant 0$，则图中三部分的面积为

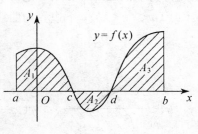

图 6-7

$$A_1 = \int_a^c f(x)\mathrm{d}x, \quad A_2 = -\int_c^d f(x)\mathrm{d}x, \quad A_3 = \int_d^b f(x)\mathrm{d}x,$$

所以 D 的面积

$$A = A_1 + A_2 + A_3 = \int_a^c f(x)\mathrm{d}x - \int_c^d f(x)\mathrm{d}x + \int_d^b f(x)\mathrm{d}x.$$

由此可见，这时

$$\int_a^b f(x)\mathrm{d}x = A_1 - A_2 + A_3.$$

即定积分 $\int_a^b f(x)\mathrm{d}x$ 是面积 A_1, A_2, A_3 的代数和而不是面积 A.

一般地说，由曲线 $y = f(x)$ 和直线 $y = 0$，$x = a$，$x = b$ $(a < b)$ 围成的区域 D 的面积

$$A = \int_a^b |f(x)|\mathrm{d}x. \tag{6.7}$$

(2) 区域 D 由连续曲线 $y = f(x)$，$y = g(x)$ 和直线 $x = a$，$x = b$ 围成，其中 $f(x) \leqslant g(x)$ $(a \leqslant x \leqslant b)$（如图 6-8）.

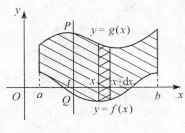

图 6-8

不论 $f(x)$ 和 $g(x)$ 在 $[a,b]$ 上的符号如何变化，在给定的条件下，由图易见 D 的面积元素

$$\mathrm{d}A = (g(x) - f(x))\mathrm{d}x,$$

所以，区域 $D = \{(x,y) \mid f(x) \leqslant y \leqslant g(x), a \leqslant x \leqslant b\}$ 的面积

$$A = \int_a^b (g(x) - f(x))\mathrm{d}x. \tag{6.8}$$

为了更好地掌握这个公式，对它再进一步作些几何的说明.

如图 6-8，在所设的条件 $f(x) \leqslant g(x)$ $(\forall x \in [a,b])$ 下，平行于 y 轴的直线 $x = t$ $(a < t < b)$ 与 D 的边界 ∂D 的交点只有上、下两个，即 P 和 Q，当 t 从 a 变到 b 时，上（下）面交点 P (Q) 的轨迹称为 D 的**上（下）边界**，记为 $\partial_上 D$ $(\partial_下 D)$. 易见 D 的上边界为曲线段 $y = g(x)$ $(a \leqslant x \leqslant b)$，下边界为曲线段 $y = f(x)$ $(a \leqslant x \leqslant b)$，可表示成

$\partial_上 D$: $y = g(x)$ $(a \leqslant x \leqslant b)$，

$\partial_下 D$: $y = f(x)$ $(a \leqslant x \leqslant b)$，

由此，公式 (6.8) 中被积函数可以几何地表述为确定 $\partial_上 D$ 的函数与确定 $\partial_下 D$ 的函数之差.

(3) 区域 D 由连续曲线 $x = \varphi(y)$，$x = \psi(y)$ 和直线 $y = c$，$y = d$ 围成，其中 $\varphi(y) \leqslant \psi(y)$ $(c \leqslant y \leqslant d)$（如图 6-9）.

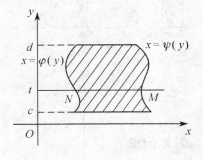

图 6-9

这时，D 的面积元素

$$\mathrm{d}A = (\psi(y) - \varphi(y))\mathrm{d}y,$$

所以，区域 $D = \{(x, y) \mid \varphi(y) \leqslant x \leqslant \psi(y), c \leqslant y \leqslant d\}$ 的面积

$$A = \int_c^d (\psi(y) - \varphi(y))\mathrm{d}y. \tag{6.9}$$

类似上面(2)的情况，可对公式(6.9)作些几何说明.

如图 6-9，在假设的条件 $\varphi(y) \leqslant \psi(y)$ $(c \leqslant y \leqslant d)$ 下，平行于 x 轴的直线 $y = t$ $(c < t < d)$ 与 D 的边界 ∂D 的交点只有左、右两个，即 N 和 M，当 t 从 c 变到 d 时，左(右)边交点 N (M) 的轨迹称为 D 的**左(右)边界**，并记为 $\partial_{左}D$ $(\partial_{右}D)$. 如图 6-9，D 的左、右边界为

$$\partial_{左}D：x = \varphi(y) \quad (c \leqslant y \leqslant d),$$
$$\partial_{右}D：x = \psi(y) \quad (c \leqslant y \leqslant d).$$

所以，公式(6.9)中的被积函数可以几何地表述为确定 $\partial_{右}D$ 的函数与确定 $\partial_{左}D$ 的函数之差.

在实际应用中，要根据区域 D 的具体情况适当地选择计算面积的公式，若 D 的上、下边界比较简单，可选用(6.7)或(6.8)；若 D 的左、右边界比较简单，可选用(6.9)；如果 D 比较复杂，可将 D 分成几个区域来处理.

例 1 求由椭圆 $\dfrac{x^2}{a^2} + \dfrac{y^2}{b^2} = 1$ 所围成的区域的面积.

解 由对称性，只要计算区域在第一象限部分的面积.

如图 6-10，从椭圆方程可以解出

$$y = \pm \frac{b}{a} \sqrt{a^2 - x^2} \quad (|x| \leqslant a),$$

其中

$$y = \frac{b}{a} \sqrt{a^2 - x^2} \quad (|x| \leqslant a)$$

表示上半个椭圆；

$$y = -\frac{b}{a} \sqrt{a^2 - x^2} \quad (|x| \leqslant a)$$

表示下半个椭圆.

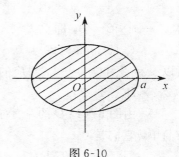

图 6-10

所以，由(6.7)，椭圆区域的面积

$$A = 4\int_0^a \frac{b}{a} \sqrt{a^2 - x^2} \, \mathrm{d}x = 4 \frac{b}{a} \cdot \frac{\pi a^2}{4} = \pi ab.$$

例 2 求由曲线 $C：y = x(x-1)(x-2)$ 和 x 轴所围成的区域的面积.

解 C 与 x 轴有三个交点 $(0, 0), (1, 0), (2, 0)$. 若设

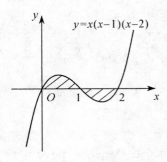

图 6-11

$$f(x) = x(x-1)(x-2)$$
$$= x^3 - 3x^2 + 2x,$$

则在 $(-\infty, 0)$ 和 $(1,2)$ 上 $f(x) < 0$, 在 $(0,1)$ 和 $(2, +\infty)$ 上 $f(x) > 0$. 注意到

$$\lim_{x \to -\infty} f(x) = -\infty,$$
$$\lim_{x \to +\infty} f(x) = +\infty,$$

可知 C 的图形大致如图 6-11 所示.

所以, 由公式 (6.7), 区域的面积

$$A = \int_0^1 f(x)\mathrm{d}x - \int_1^2 f(x)\mathrm{d}x$$

$$= \int_0^1 (x^3 - 3x^2 + 2x)\mathrm{d}x - \int_1^2 (x^3 - 3x^2 + 2x)\mathrm{d}x$$

$$= \left(\frac{x^4}{4} - x^3 + x^2\right)\Big|_0^1 - \left(\frac{x^4}{4} - x^3 + x^2\right)\Big|_1^2 = \frac{1}{2}.$$

例 3 求由抛物线 $y^2 = x + 2$ 和直线 $x - y = 0$ 所围成的区域 D 的面积.

解 一般的计算过程如下:

1) 先作出 $y^2 = x + 2$ 和 $x - y = 0$ 的图形. $y^2 = x + 2$ 表示一条抛物线, 对称轴是 x 轴, 顶点为 $(-2, 0)$, 其开口方向朝右 (如图 6-12).

2) 求出抛物线与直线的交点. 为此, 求解方程组

$$\begin{cases} y^2 = x + 2, \\ x - y = 0, \end{cases}$$

得 $x^2 - x - 2 = 0$, 即

$$(x+1)(x-2) = 0.$$

所以 $x = 2$ 和 $x = -1$, 对应的交点为 $A(2, 2), B(-1, -1)$.

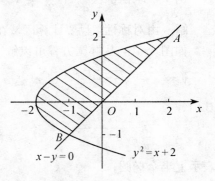

图 6-12

3) 由图 6-12, D 的左、右边界比较简单, 它们是

$$\partial_{左} D: x = y^2 - 2 \quad (-1 \leqslant y \leqslant 2),$$
$$\partial_{右} D: x = y \quad (-1 \leqslant y \leqslant 2).$$

4) 在上述准备工作的基础上, 利用公式 (6.9), 即知

$$D \text{ 的面积 } A = \int_{-1}^2 [y - (y^2 - 2)]\mathrm{d}y$$

$$= \left(\frac{y^2}{2} - \frac{y^3}{3} + 2y\right)\Big|_{-1}^2 = \frac{9}{2}.$$

若要用对 x 的积分，即公式(6.8)来计算面积，就要考虑 D 的上、下边界，从 $y^2 = x+2$ 可解得

$$y = \pm\sqrt{x+2} \quad (x \geqslant -2).$$

$y = \sqrt{x+2}\,(x \geqslant -2)$ 表示上半支抛物线，$y = -\sqrt{x+2}\,(x \geqslant -2)$ 表示下半支抛物线. 由图 6-12 易见，

$$\partial_{\text{上}}D\colon y = \sqrt{x+2} \quad (-2 \leqslant x \leqslant 2),$$

$$\partial_{\text{下}}D\colon y = \begin{cases} -\sqrt{x+2}, & -2 \leqslant x \leqslant -1; \\ x, & -1 \leqslant x \leqslant 2. \end{cases}$$

在用公式(6.8)时必须用直线 $x = -1$ 把 D 分成左、右两部分，对每一部分分别应用公式(6.8)，所以

$$A = \int_{-2}^{-1} [\sqrt{x+2} - (-\sqrt{x+2})]\mathrm{d}x + \int_{-1}^{2} (\sqrt{x+2} - x)\mathrm{d}x$$

$$= 2 \cdot \frac{2}{3}(x+2)^{\frac{3}{2}} \Big|_{-2}^{-1} + \left[\frac{2}{3}(x+2)^{\frac{3}{2}} - \frac{x^2}{2}\right] \Big|_{-1}^{2} = \frac{9}{2}.$$

由此可见，选用不同的公式计算区域的面积，计算的复杂程度可能会有较大的差异.

例 4 求由曲线 $y = \dfrac{1}{x}$，$y = \dfrac{1}{x^2}$ 和直线 $x = \dfrac{1}{2}$，$x = 2$ 所围成的区域的面积.

解 区域 D 的形状如图 6-13 所示，两条曲线的交点为 $(1,1)$. D 的上、下边界比较简单. 由于

当 $\dfrac{1}{2} \leqslant x < 1$ 时 $\dfrac{1}{x} < \dfrac{1}{x^2}$，

当 $1 < x \leqslant 2$ 时 $\dfrac{1}{x^2} < \dfrac{1}{x}$，

故

$$\partial_{\text{上}}D\colon y = \begin{cases} \dfrac{1}{x^2}, & \dfrac{1}{2} \leqslant x \leqslant 1; \\[2mm] \dfrac{1}{x}, & 1 \leqslant x \leqslant 2, \end{cases}$$

$$\partial_{\text{下}}D\colon y = \begin{cases} \dfrac{1}{x}, & \dfrac{1}{2} \leqslant x \leqslant 1; \\[2mm] \dfrac{1}{x^2}, & 1 \leqslant x \leqslant 2. \end{cases}$$

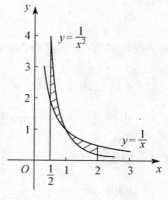

图 6-13

用公式(6.8)计算 D 的面积时，要用直线 $x = 1$ 把 D 分成左、右两部分分别进行计算，因此 D 的面积

$$A = \int_{\frac{1}{2}}^{1} \left(\frac{1}{x^2} - \frac{1}{x} \right) \mathrm{d}x + \int_{1}^{2} \left(\frac{1}{x} - \frac{1}{x^2} \right) \mathrm{d}x$$

$$= -\left(\frac{1}{x} + \ln x \right) \Big|_{\frac{1}{2}}^{1} + \left(\ln x + \frac{1}{x} \right) \Big|_{1}^{2} = \frac{1}{2}.$$

例 5 在抛物线 $y = x^2$ $(0 \leqslant x \leqslant 1)$ 上找一点 P,使经过 P 的水平直线与抛物线和直线 $x = 0$,$x = 1$ 围成的区域的面积最小.

解 如图 6-14,区域 D 分成两部分 D_1, D_2,$D = D_1 \bigcup D_2$.

设抛物线上点 P 的坐标为 (t, t^2) $(0 \leqslant t \leqslant 1)$,则

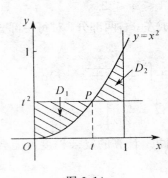

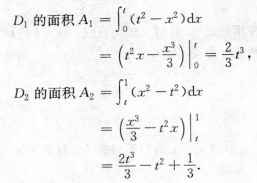

$$D_1 \text{ 的面积 } A_1 = \int_0^t (t^2 - x^2) \mathrm{d}x$$

$$= \left(t^2 x - \frac{x^3}{3} \right) \Big|_0^t = \frac{2}{3} t^3,$$

$$D_2 \text{ 的面积 } A_2 = \int_t^1 (x^2 - t^2) \mathrm{d}x$$

$$= \left(\frac{x^3}{3} - t^2 x \right) \Big|_t^1$$

$$= \frac{2t^3}{3} - t^2 + \frac{1}{3}.$$

图 6-14　　　　所以 D 的面积

$$A(t) = A_1 + A_2 = \frac{4}{3} t^3 - t^2 + \frac{1}{3} \quad (0 \leqslant t \leqslant 1).$$

问题是求函数 $A(t)$ 在区间 $[0, 1]$ 上的最小值. 为此,先求 $A(t)$ $(0 \leqslant t \leqslant 1)$ 的极值,

$$A'(t) = 4t^2 - 2t, \quad A''(t) = 8t - 2.$$

函数 $A(t)$ 连续,无不可导点,在 $(0, 1)$ 中有唯一的驻点 $t_0 = \frac{1}{2}$. 由于 $A''(t_0)$

$= 2 > 0$,故 t_0 是极小值点,从而 $A(t_0) = \frac{1}{4}$ 是 $A(t)$ 在 $(0, 1)$ 上唯一的极小

值,因此也是最小值,这时的点 P 为 $\left(\frac{1}{2}, \frac{1}{4} \right)$.

6.4.2 立体的体积

1. 旋转体的体积

设 D 为由连续曲线 $y = f(x)$,x 轴和直线 $x = a$,$x = b$ $(a < b)$ 所围成的平面区域,求由 D 绕 x 轴旋转所产生的旋转体的体积.

按照用定积分计算曲边梯形面积的方法,先用垂直于 x 轴的许多平面把旋转体切成多个小薄片,在坐标为 x 和 $x + \mathrm{d}x$ $(\mathrm{d}x > 0)$ 的点处垂直于 x 轴的

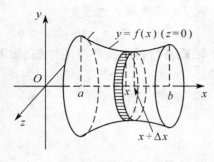

图 6-15

两个平面之间的薄片(如图 6-15),可以近似地看成一块薄圆柱体,其厚度(即圆柱体之高)为 dx,底圆半径为 $y = f(x)$,从而其体积为

$$\pi y^2 dx = \pi (f(x))^2 dx.$$

这就是计算旋转体体积的积分元素或**体积元素**,即

$$dV = \pi y^2 dx = \pi (f(x))^2 dx.$$

把它们加起来再取极限,即在区间 $[a, b]$ 上求积分,得到由连续曲线 $y = f(x)$ 和直线 $y = 0, x = a, x = b$ $(a < b)$ 围成的区域绕 x 轴旋转所得旋转体的体积

$$V_x = \int_a^b dV = \int_a^b \pi y^2 dx = \int_a^b \pi (f(x))^2 dx. \tag{6.10}$$

类似地,由连续曲线 $x = \varphi(y)$,y 轴和直线 $y = c, y = d$ $(c < d)$ 所围成的区域绕 y 轴旋转所产生的旋转体的体积

$$V_y = \int_c^d dV = \int_c^d \pi x^2 dy = \int_c^d \pi (\varphi(y))^2 dy, \tag{6.11}$$

其中

$$dV = \pi x^2 dy = \pi (\varphi(y))^2 dy$$

表示厚度为 dy、底圆半径为 $x = \varphi(y)$ 的圆柱形薄片(由图 6-16 中带阴影的小条绕 y 轴旋转所得)的体积,即体积 V_y 的体积元素.

例6 求高为 h、底半径为 r 的圆锥体的体积.

解 取圆锥体的轴为 x 轴,其顶点为原点 O,这圆锥体可以看成图 6-17 中的 $\triangle OAB$ 绕 x 轴旋转所产生的旋转体.

在 Oxy 平面上,直线 OB 的方程为

$$y = \frac{r}{h} x.$$

由此用公式(6.10)即得圆锥体的体积

$$V = \pi \int_0^h \left(\frac{r}{h} x \right)^2 dx = \pi \frac{r^2}{h^2} \frac{x^3}{3} \Big|_0^h$$

$$= \frac{1}{3} \pi r^2 h.$$

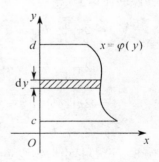

图 6-16

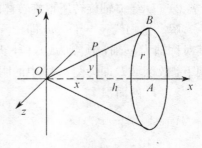

图 6-17

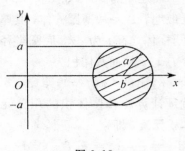

图 6-18

例7 求平面上的圆盘

$$(x-b)^2 + y^2 \leqslant a^2 \quad (0 < a < b)$$

绕 y 轴旋转所得之圆环体的体积(如图 6-18).

解 从圆方程 $(x-b)^2 + y^2 = a^2$ 解出 x,得

$$x = b \pm \sqrt{a^2 - y^2} \quad (|y| \leqslant a),$$

其中取"+"时表示右半圆,取"−"时表示左半圆.

设由右(左)半圆和 y 轴及直线 $y = a$,$y = -a$ 所围成的平面区域为 D_1 (D_2),由 D_1 (D_2) 绕 y 轴旋转所得的旋转体的体积记为 V_{y1} (V_{y2}),则由公式(6.11)有

$$V_{y1} = \int_{-a}^{a} \pi(b + \sqrt{a^2 - y^2})^2 \mathrm{d}y = 2\int_{0}^{a} \pi(b + \sqrt{a^2 - y^2})^2 \mathrm{d}y,$$

$$V_{y2} = \int_{-a}^{a} \pi(b - \sqrt{a^2 - y^2})^2 \mathrm{d}y = 2\int_{0}^{a} \pi(b - \sqrt{a^2 - y^2})^2 \mathrm{d}y.$$

此圆环体的体积 $V_y = V_{y1} - V_{y2}$,所以

$$V_y = 2\pi\left[\int_{0}^{a}(b + \sqrt{a^2 - y^2})^2 \mathrm{d}y - \int_{0}^{a}(b - \sqrt{a^2 - y^2})^2 \mathrm{d}y\right]$$

$$= 2\pi\int_{0}^{a}\left[(b + \sqrt{a^2 - y^2})^2 - (b - \sqrt{a^2 - y^2})^2\right]\mathrm{d}y$$

$$= 2\pi\int_{0}^{a} 4b\sqrt{a^2 - y^2}\,\mathrm{d}y = 8\pi b\,\frac{\pi a^2}{4}$$

$$= 2\pi^2 a^2 b.$$

例8 设 D 是由抛物线 $y = 1 - x^2$ 和 x 轴、y 轴及直线 $x = 2$ 所围成的区域,求

1) D 的面积;

2) D 绕 x 轴旋转所得旋转体的体积.

解 抛物线 $y = 1 - x^2$ 即 $x^2 = 1 - y$,其对称轴为 y 轴,顶点为 $(0,1)$,开口方向朝下,故区域 D 即为图 6-19 中的阴影部分.

1) D 的面积

$$A = \int_{0}^{2} |1 - x^2|\,\mathrm{d}x$$

$$= \int_{0}^{1}(1 - x^2)\mathrm{d}x + \int_{1}^{2}(x^2 - 1)\mathrm{d}x$$

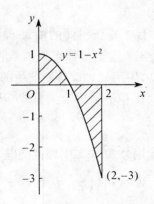

图 6-19

$$= \left(x - \frac{x^3}{3}\right)\Big|_0^1 + \left(\frac{x^3}{3} - x\right)\Big|_1^2 = 2.$$

2) 所求的体积

$$V_x = \int_0^2 \pi(1-x^2)^2 \,\mathrm{d}x = \pi\int_0^2 (1 - 2x^2 + x^4)\,\mathrm{d}x$$

$$= \pi\left(x - \frac{2}{3}x^3 + \frac{1}{5}x^5\right)\Big|_0^2 = \frac{46}{15}\pi.$$

例 9 设 D 表示由两条抛物线 $y^2 = -4(x-1)$ 和 $y^2 = -2(x-2)$ 所围成的区域，求：

1) D 的面积；

2) D 分别绕 x 轴和 y 轴旋转所得的旋转体的体积.

解 两条抛物线都以 x 轴为对称轴，且开口方向都向左，它们与 y 轴都交于点 $(0,2)$，$(0,-2)$. $y^2 = -4(x-1)$ 的顶点在 $(1,0)$，$y^2 = -2(x-2)$ 的顶点在 $(2,0)$. D 如图 6-20 所示.

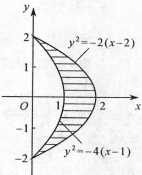

图 6-20

1) 由于 D 的左、右边界比较简单，故用公式 (6.9) 计算 D 的面积比较恰当.

从曲线方程分别解出 x，得

$$\partial_{左}D: \quad x = 1 - \frac{y^2}{4} \quad (|y| \leqslant 2),$$

$$\partial_{右}D: \quad x = 2 - \frac{y^2}{2} \quad (|y| \leqslant 2).$$

故 D 的面积

$$A = \int_{-2}^2 \left[\left(2 - \frac{y^2}{2}\right) - \left(1 - \frac{y^2}{4}\right)\right]\mathrm{d}y$$

$$= 2\int_0^2 \left(1 - \frac{y^2}{4}\right)\mathrm{d}y = 2\left(y - \frac{y^3}{12}\right)\Big|_0^2 = \frac{8}{3}.$$

2) 设抛物线 $y^2 = -2(x-2)$ 和 $y^2 = -4(x-1)$ 分别与 y 轴围成的区域为 D_1 和 D_2，则 D_1，D_2 各自绕 y 轴旋转所得的旋转体的体积依次为

$$V_{y1} = \int_{-2}^2 \pi x^2 \,\mathrm{d}y = \pi\int_{-2}^2 \left(2 - \frac{y^2}{2}\right)^2 \mathrm{d}y$$

$$= 2\pi\int_0^2 \left(4 - 2y^2 + \frac{y^4}{4}\right)\mathrm{d}y,$$

$$V_{y2} = \int_{-2}^{2} \pi x^2 \, \mathrm{d}y = \pi \int_{-2}^{2} \left(1 - \frac{y^2}{4}\right)^2 \mathrm{d}y$$

$$= 2\pi \int_{0}^{2} \left(1 - \frac{y^2}{2} + \frac{y^4}{16}\right) \mathrm{d}y.$$

所以 D 绕 y 轴旋转所得的旋转体的体积

$$V_y = V_{y1} - V_{y2} = 2\pi \int_{0}^{2} \left[\left(4 - 2y^2 + \frac{y^4}{4}\right) - \left(1 - \frac{y^2}{2} + \frac{y^4}{16}\right)\right] \mathrm{d}y$$

$$= 2\pi \int_{0}^{2} \left(3 - \frac{3}{2}y^2 + \frac{3}{16}y^4\right) \mathrm{d}y = 2\pi \left(3y - \frac{1}{2}y^3 + \frac{3}{80}y^5\right) \Big|_{0}^{2}$$

$$= 2\pi \left(6 - 4 + \frac{3 \times 32}{80}\right) = 2\pi \left(2 + \frac{6}{5}\right) = \frac{32}{5}\pi.$$

同理，D 绕 x 轴旋转所得的旋转体的体积

$$V_x = V_{x1} - V_{x2}$$

$$= \int_{0}^{2} \pi [-2(x-2)] \mathrm{d}x - \int_{0}^{1} \pi [-4(x-1)] \mathrm{d}x$$

$$= \pi \int_{0}^{2} (4 - 2x) \mathrm{d}x - \pi \int_{0}^{1} (4 - 4x) \mathrm{d}x$$

$$= \pi \left[(4x - x^2) \Big|_{0}^{2} - (4x - 2x^2) \Big|_{0}^{1}\right]$$

$$= \pi (4 - 2) = 2\pi.$$

2. 已知平行截面面积的立体的体积

从计算旋转体体积的方法中可以看出，若一立体不一定是旋转体，已知它的垂直于一轴线的各个截面的面积，也可以用积分求出它的体积.

取此轴线为 x 轴，立体介于过点 $x = a$ 和 $x = b$ 且垂直于 x 轴的两个平行平面之间（如图 6-21）. 设经过点 $x \in [a, b]$ 且垂直于 x 轴的平面截立体所得截面的面积为 $S(x)$. 函数 $S(x)$ 在 $[a, b]$ 上连续，则此立体相应于小区间 $[x, x + \mathrm{d}x] \subset [a, b]$ 的薄片的体积近似于以 $S(x)$ 为底面积、高为 $\mathrm{d}x$ 的小段柱体的体积，即其体积元素为

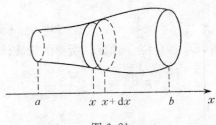

图 6-21

$$dV = S(x)dx.$$

从而通过定积分的步骤可知，已知垂直于 x 轴的平行截面面积 $S(x)$ $(a \leqslant x \leqslant b)$ 的立体的体积为

$$V = \int_a^b S(x)dx. \qquad (6.12)$$

例 10 半径为 R 的圆柱体，用经过底圆一直径且与底平面之夹角为 α 的平面，在其上截下一立体（如图 6-22），求此立体的体积.

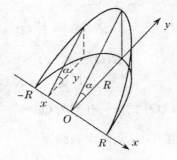

图 6-22

解 取此直径为 x 轴，底圆中心为原点 O，则底圆的方程为 $x^2 + y^2 = R^2$. 立体的经过点 $(x, 0)$ 垂直于 x 轴的截面是一直角三角形，其两直角边分别为 y 和 $y\tan\alpha$. 故其截面积为

$$S(x) = \frac{1}{2}y^2\tan\alpha = \frac{1}{2}(R^2 - x^2)\tan\alpha.$$

从而立体的体积为

$$V = \int_{-R}^R S(x)dx = \frac{1}{2}\int_{-R}^R (R^2 - x^2)\tan\alpha\, dx$$

$$= \frac{1}{2}\tan\alpha \left(R^2 x - \frac{x^3}{3}\right)\Big|_{-R}^R = \frac{2}{3}R^3\tan\alpha.$$

6.4.3 由边际函数求总函数

假设总成本函数为 $C = C(Q)$，总收益函数为 $R = R(Q)$，其中 Q 为产品数量，则如 3.6.1 小节所述，

$$边际成本函数\ \mathrm{MC} = \frac{\mathrm{d}C}{\mathrm{d}Q},$$

$$边际收益函数\ \mathrm{MR} = \frac{\mathrm{d}R}{\mathrm{d}Q}.$$

如果已知 $\mathrm{MC} = f(Q)$，$\mathrm{MR} = g(Q)$，则

$$C(Q) = \int_0^Q f(x)dx + C_0 \quad (C_0\ 是固定成本),$$

$$R(Q) = \int_0^Q g(x)dx.$$

所以总利润函数为

$$L(Q) = R(Q) - C(Q) = \int_0^Q (g(x) - f(x))dx - C_0.$$

例 11 已知某企业生产某种产品 Q 件时，MC $=5$ 千元 / 件，MR $=$ $10-0.02Q$ 千元 / 件，又知当 $Q=10$ 件时总成本为 250 千元，求最大利润.

解 $C(Q) = \int_0^Q 5\mathrm{d}x + C_0 = 5Q + C_0.$

已知 $C(10) = 250$，代入得 $250 = 5 \times 10 + C_0$，故 $C_0 = 200.$ 所以 $C(Q) = 5Q + 200.$ 又

$$R(Q) = \int_0^Q (10 - 0.02x)\mathrm{d}x = 10Q - 0.01Q^2,$$

故 $L(Q) = R(Q) - C(Q) = 5Q - 0.01Q^2 - 200.$ 而

$$L'(Q) = R'(Q) - C'(Q) = 5 - 0.02Q,$$

故 $L(Q)$ 的唯一驻点为 $Q_0 = \dfrac{5}{0.02} = 250.$ 因 $L''(Q_0) = -0.02 < 0$，Q_0 为极大值点，从而最大利润为

$$L(Q_0) = L(250) = 425 \text{ （千元）}.$$

6.5　反常积分初步

前面讲的定积分概念受到两个限制：一是积分区间必须是有限的；二是被积函数在积分区间上必须有界. 但在有些实际问题中需要考虑无穷区间上的积分或被积函数在积分区域上是无界的情况，这就促使人们推广定积分的概念，从而导致"反常积分"（或"广义积分"）. 反常积分分成两类：一类是"无穷限反常积分"，另一类是"瑕积分".

6.5.1　无穷限反常积分

定义 1 设 $f(x)$ 是无穷区间 $[a, +\infty)$ 上的连续函数，记号

$$\int_a^{+\infty} f(x)\mathrm{d}x$$

称为函数 $f(x)$ 在无穷区间 $[a, +\infty)$ 上的反常积分（或简称无穷限积分）. 如果对任意的 $b > a$，极限 $\lim\limits_{b \to +\infty} \int_a^b f(x)\mathrm{d}x$ 存在，则称 $\int_a^{+\infty} f(x)\mathrm{d}x$ **收敛**，并规定

$$\int_a^{+\infty} f(x)\mathrm{d}x = \lim_{b \to +\infty} \int_a^b f(x)\mathrm{d}x. \tag{6.13}$$

否则，称 $\int_a^{+\infty} f(x)\mathrm{d}x$ **发散**. 这时 $\int_a^{+\infty} f(x)\mathrm{d}x$ 仅是一个记号，没有数值意义.

类似地，假设 $f(x)$ 是 $(-\infty, b]$ 上的连续函数，如果对任意的 $a < b$，极

限 $\lim\limits_{a \to -\infty} \int_a^b f(x)\mathrm{d}x$ 存在，则称 $f(x)$ 在 $(-\infty, b]$ 上的反常积分 $\int_{-\infty}^b f(x)\mathrm{d}x$ **收敛**，并规定

$$\int_{-\infty}^b f(x)\mathrm{d}x = \lim\limits_{a \to -\infty} \int_a^b f(x)\mathrm{d}x. \tag{6.14}$$

否则称 $\int_{-\infty}^b f(x)\mathrm{d}x$ **发散**.

若 $f(x)$ 在 $(-\infty, +\infty)$ 上连续，且两个反常积分 $\int_{-\infty}^0 f(x)\mathrm{d}x$ 和 $\int_0^{+\infty} f(x)\mathrm{d}x$ 都收敛，则称 $f(x)$ 在 $(-\infty, +\infty)$ 上的反常积分 $\int_{-\infty}^{+\infty} f(x)\mathrm{d}x$ **收敛**，并规定

$$\begin{aligned}\int_{-\infty}^{+\infty} f(x)\mathrm{d}x &= \int_{-\infty}^0 f(x)\mathrm{d}x + \int_0^{+\infty} f(x)\mathrm{d}x \\ &= \lim\limits_{a \to -\infty} \int_a^0 f(x)\mathrm{d}x + \lim\limits_{b \to +\infty} \int_0^b f(x)\mathrm{d}x.\end{aligned} \tag{6.15}$$

若上述两个反常积分至少有一个发散，则称 $\int_{-\infty}^{+\infty} f(x)\mathrm{d}x$ **发散**.

利用牛顿 - 莱布尼茨公式，若 $F(x)$ 是 $f(x)$ 的一个原函数，则

$$\int_a^{+\infty} f(x)\mathrm{d}x = \lim\limits_{b \to +\infty} \int_a^b f(x)\mathrm{d}x = \lim\limits_{b \to +\infty} (F(b) - F(a)).$$

通常记

$$F(+\infty) = \lim\limits_{b \to +\infty} F(b), \quad F(x)\Big|_a^{+\infty} = F(+\infty) - F(a).$$

当 $F(+\infty)$ 存在时，反常积分 $\int_a^{+\infty} f(x)\mathrm{d}x$ 收敛，且

$$\int_a^{+\infty} f(x)\mathrm{d}x = F(x)\Big|_a^{+\infty}. \tag{6.16}$$

当 $F(+\infty)$ 不存在时，$\int_a^{+\infty} f(x)\mathrm{d}x$ 发散.

类似地，记

$$F(-\infty) = \lim\limits_{a \to -\infty} F(a), \quad F(x)\Big|_{-\infty}^b = F(b) - F(-\infty).$$

当 $F(-\infty)$ 存在时，$\int_{-\infty}^b f(x)\mathrm{d}x$ 收敛，且

$$\int_{-\infty}^b f(x)\mathrm{d}x = F(x)\Big|_{-\infty}^b. \tag{6.17}$$

当 $F(-\infty)$ 不存在时，$\int_{-\infty}^b f(x)\mathrm{d}x$ 发散.

同样，当 $F(+\infty)$ 和 $F(-\infty)$ 都存在时，$\int_{-\infty}^{+\infty} f(x)\mathrm{d}x$ 收敛，且

$$\int_{-\infty}^{+\infty} f(x)\mathrm{d}x = F(+\infty) - F(-\infty) = F(x)\Big|_{-\infty}^{+\infty}. \qquad (6.18)$$

当 $F(+\infty)$ 和 $F(-\infty)$ 至少有一个不存在时，$\int_{-\infty}^{+\infty} f(x)\mathrm{d}x$ 发散.

例 1　下列无穷限反常积分收敛的是(　　).

A. $\int_{e}^{+\infty} \dfrac{\ln x}{x}\mathrm{d}x$ 　　　　　　　　B. $\int_{e}^{+\infty} \dfrac{\mathrm{d}x}{x\sqrt{\ln x}}$

C. $\int_{e}^{+\infty} \dfrac{\mathrm{d}x}{x\ln x}$ 　　　　　　　　D. $\int_{e}^{+\infty} \dfrac{\mathrm{d}x}{x\sqrt{\ln^3 x}}$

解　$\int_{e}^{+\infty} \dfrac{\ln x}{x}\mathrm{d}x = \int_{e}^{+\infty} \ln x \,\mathrm{d}\ln x = \dfrac{1}{2}\ln^2 x \Big|_{e}^{+\infty}$，而 $\lim\limits_{x\to+\infty}\ln^2 x$ 不存在，故 A 中积分发散.

同样，由于 $\lim\limits_{x\to+\infty}\sqrt{\ln x}$，$\lim\limits_{x\to+\infty}\ln\ln x$ 均不存在，B 和 C 中的积分均发散. 而

$$\int_{e}^{+\infty} \frac{\mathrm{d}x}{x\sqrt{\ln^3 x}} = \int_{e}^{+\infty} \frac{\mathrm{d}\ln x}{\sqrt{\ln^3 x}} = -2(\ln x)^{-\frac{1}{2}} \Big|_{e}^{+\infty} = 2,$$

故 D 中积分收敛. 答案为 D.

例 2　对 p 的不同的值，讨论反常积分 $\int_{a}^{+\infty} \dfrac{\mathrm{d}x}{x^p}$ $(a>0)$ 的收敛性，并在收敛时求出其值.

解　当 $p=1$ 时，$\int_{a}^{+\infty} \dfrac{\mathrm{d}x}{x} = \ln x \Big|_{a}^{+\infty} = +\infty$，故发散.

当 $p\neq 1$ 时，

$$\int_{a}^{+\infty} \frac{\mathrm{d}x}{x^p} = \frac{x^{1-p}}{1-p}\Big|_{a}^{+\infty} = \begin{cases} +\infty, & p<1; \\ \dfrac{a^{1-p}}{p-1}, & p>1. \end{cases}$$

故当 $p\leqslant 1$ 时积分发散，当 $p>1$ 时收敛，其值为 $\dfrac{a^{1-p}}{p-1}$.

例 3　计算下列无穷限积分：

1) $\int_{-\infty}^{+\infty} \dfrac{\mathrm{d}x}{1+x^2}$；　　　　　　　　2) $\int_{0}^{+\infty} x\mathrm{e}^{-x}\mathrm{d}x$；

3) $\int_{0}^{+\infty} \dfrac{x\mathrm{e}^{-x}}{(1+\mathrm{e}^{-x})^2}\mathrm{d}x$；　　　　　　4) $\int_{1}^{+\infty} \dfrac{\mathrm{d}x}{x^2+x}$.

解　1) $\int_{-\infty}^{+\infty} \dfrac{\mathrm{d}x}{1+x^2} = \arctan x \Big|_{-\infty}^{+\infty} = \dfrac{\pi}{2} - \left(-\dfrac{\pi}{2}\right) = \pi$.

其几何意义是：图 6-23 中介于曲线 $y=\dfrac{1}{1+x^2}$ 及其水平渐近线 x 轴之间的面积(左、右两端无限延伸)为 π.

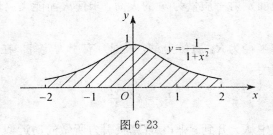

图 6-23

2) $\displaystyle\int_0^{+\infty} x\mathrm{e}^{-x}\mathrm{d}x = -\int_0^{+\infty} x\mathrm{d}\,\mathrm{e}^{-x} = -\left(x\mathrm{e}^{-x}\right)\Big|_0^{+\infty} + \int_0^{+\infty} \mathrm{e}^{-x}\mathrm{d}x$

$\qquad = -\mathrm{e}^{-x}\Big|_0^{+\infty} = \mathrm{e}^0 = 1.$

3) $\displaystyle\int_0^{+\infty} \frac{x\mathrm{e}^{-x}}{(1+\mathrm{e}^{-x})^2}\mathrm{d}x = \int_0^{+\infty} \frac{x\mathrm{e}^{x}}{(1+\mathrm{e}^{x})^2}\mathrm{d}x = -\int_0^{+\infty} x\mathrm{d}\,\frac{1}{1+\mathrm{e}^{x}}$

$\qquad = -\frac{x}{1+\mathrm{e}^{x}}\Big|_0^{+\infty} + \int_0^{+\infty} \frac{\mathrm{d}x}{1+\mathrm{e}^{x}}$

$\qquad = 0 + \int_0^{+\infty} \frac{\mathrm{e}^{-x}}{1+\mathrm{e}^{-x}}\mathrm{d}x$

$\qquad = -\ln(1+\mathrm{e}^{-x})\Big|_0^{+\infty} = \ln 2.$

4) $\displaystyle\int_1^{+\infty} \frac{\mathrm{d}x}{x^2+x} = \int_1^{+\infty} \frac{\mathrm{d}x}{x(1+x)} = \int_1^{+\infty} \left(\frac{1}{x} - \frac{1}{1+x}\right)\mathrm{d}x$

$\qquad = (\ln x - \ln(1+x))\Big|_1^{+\infty}$

$\qquad = \left(\ln\frac{x}{1+x}\right)\Big|_1^{+\infty} = \ln 2.$

注意，若因

$$\int_1^{+\infty} \left(\frac{1}{x} - \frac{1}{1+x}\right)\mathrm{d}x = \int_1^{+\infty} \frac{\mathrm{d}x}{x} - \int_1^{+\infty} \frac{\mathrm{d}x}{1+x},$$

及

$$\int_1^{+\infty} \frac{\mathrm{d}x}{x} = (\ln x)\Big|_1^{+\infty} = +\infty,$$

$$\int_1^{+\infty} \frac{\mathrm{d}x}{1+x} = (\ln(1+x))\Big|_1^{+\infty} = +\infty,$$

而断定 $\displaystyle\int_1^{+\infty} \frac{\mathrm{d}x}{x^2+x}$ 发散，是不正确的. 因为这是 $\infty-\infty$ 型未定式.

作为科普常识，下面介绍无穷限积分在航天工程中应用的一例.

一物体在力 F 的作用下，沿力的方向移动距离 S，此力所做的功为

$$W = FS.$$

例4 从地面发射一质量为 m 的火箭, 求使火箭能飞离地球引力范围所需的发射速度.

解 设地球半径为 R, 质量为 M, 根据万有引力定律, 在距地球为 r 处火箭所受的地球引力

$$F = k\frac{mM}{r^2},$$

火箭在飞行过程中从 r 升到 $r + dr$ 时克服引力所做的功近似于

$$dW = k\frac{mM}{r^2}dr \quad （即功元素或功微元）.$$

当火箭在地面时, 地球对火箭的引力为 mg（g 为重力加速度）, 故有 $mg = k\frac{mM}{R^2}$, 从而 $k = \frac{R^2 g}{M}$, 于是

$$dW = \frac{R^2 mg}{r^2}dr.$$

火箭脱离地球的引力范围, 可理解为火箭上升到无穷远处, 为此, 克服地球引力所做的功为

$$W = \int_R^{+\infty} dW = \int_R^{+\infty} \frac{R^2 mg}{r^2}dr = R^2 mg\left(-\frac{1}{r}\Big|_R^{+\infty}\right) = mgR.$$

动力系统使火箭达到速度 v, 此时火箭的动能为 $\frac{1}{2}mv^2$. 欲达设计要求, 必须

$$\frac{1}{2}mv^2 \geqslant mgR.$$

以 $g = 9.81 \text{ m/s}^2$, $R = 6\,371 \times 10^3$ m 代入, 得

$$v \geqslant \sqrt{2gR} \approx 11.2 \times 10^3 \text{ m/s} \approx 11.2 \text{ km/s}.$$

通常将该速度称为第二宇宙速度.

6.5.2 无界函数的反常积分

下面我们把定积分概念推广到被积函数在积分区间上无界的情况.

若函数 $f(x)$ 在区间 $[a,b]$ 上除某些点外连续, 在这些点的小邻域内无界, 则在形式上称"积分"

$$\int_a^b f(x)dx \tag{6.19}$$

为无界函数的反常积分（或简称**瑕积分**）, 而那些点则称为这个积分的**瑕点**.

定义2 设函数 $f(x)$ 在区间 $(a,b]$ 上连续, 在点 a 的右邻域内无界, 取 $\varepsilon > 0$, 如果极限

$$\lim_{\varepsilon \to 0^+} \int_{a+\varepsilon}^b f(x)\mathrm{d}x$$

存在，则称反常积分(6.19) **收敛**，并称此极限为**反常积分的值**，即有

$$\int_a^b f(x)\mathrm{d}x = \lim_{\varepsilon \to 0^+} \int_{a+\varepsilon}^b f(x)\mathrm{d}x. \tag{6.20}$$

否则称反常积分(6.19) **发散**. $x = a$ 是(6.19) 的**瑕点**.

类似地，设函数 $f(x)$ 在区间 $[a,b)$ 上连续，在点 b 的左邻域内无界，若极限

$$\lim_{\varepsilon \to 0^+} \int_a^{b-\varepsilon} f(x)\mathrm{d}x$$

存在，则称反常积分(6.19) **收敛**，否则称**发散**，此时点 $x = b$ 是(6.19) 的**瑕点**. 在收敛时的极限值称为(6.19) 的值，即有

$$\int_a^b f(x)\mathrm{d}x = \lim_{\varepsilon \to 0^+} \int_a^{b-\varepsilon} f(x)\mathrm{d}x. \tag{6.21}$$

若函数 $f(x)$ 在区间 $[a,b]$ 上除点 c $(a<c<b)$ 外连续，在 c 的小邻域内无界，则当两个反常积分 $\int_a^c f(x)\mathrm{d}x$ 和 $\int_c^b f(x)\mathrm{d}x$ 均收敛时，称反常积分(6.19) **收敛**. 并定义其值为

$$\int_a^b f(x)\mathrm{d}x = \int_a^c f(x)\mathrm{d}x + \int_c^b f(x)\mathrm{d}x$$

$$= \lim_{\varepsilon \to 0^+} \int_a^{c-\varepsilon} f(x)\mathrm{d}x + \lim_{\varepsilon \to 0^+} \int_{c+\varepsilon}^b f(x)\mathrm{d}x. \tag{6.22}$$

否则称反常积分(6.19) **发散**，$x = c$ 是(6.19) 的**瑕点**.

例5 判别反常积分 $\int_0^1 \dfrac{\mathrm{d}x}{x^q}$ $(q > 0)$ 的敛散性，并在收敛时求其值.

解 $x = 0$ 是该反常积分的瑕点.

当 $q = 1$ 时，

$$\int_0^1 \frac{\mathrm{d}x}{x^q} = \int_0^1 \frac{\mathrm{d}x}{x} = \lim_{\varepsilon \to 0^+} \int_\varepsilon^1 \frac{\mathrm{d}x}{x} = \lim_{\varepsilon \to 0^+} \ln x \Big|_\varepsilon^1 = - \lim_{\varepsilon \to 0^+} \ln \varepsilon = + \infty.$$

当 $q \neq 1$ 时，

$$\int_0^1 \frac{\mathrm{d}x}{x^q} = \lim_{\varepsilon \to 0^+} \frac{x^{1-q}}{1-q} \Big|_\varepsilon^1 = \begin{cases} \dfrac{1}{1-q}, & q < 1; \\ + \infty, & q > 1. \end{cases}$$

所以，反常积分 $\int_0^1 \dfrac{\mathrm{d}x}{x^q}$ $(q > 0)$ 当 $q < 1$ 时收敛，当 $q \geqslant 1$ 时发散，即

$$\int_0^1 \frac{\mathrm{d}x}{x^q} = \begin{cases} \dfrac{1}{1-q}, & q < 1; \\ + \infty, & q \geqslant 1. \end{cases}$$

例 6　计算反常积分 $\displaystyle\int_0^1 \frac{\mathrm{d}x}{\sqrt{1-x^2}}$.

解　由于 $\displaystyle\lim_{x\to 1^-}\frac{1}{\sqrt{1-x^2}}=+\infty$，故这是瑕积分，$x=1$ 为瑕点. 由(6.21)，

$$\int_0^1 \frac{\mathrm{d}x}{\sqrt{1-x^2}} = \lim_{\varepsilon\to 0^+}\int_0^{1-\varepsilon}\frac{\mathrm{d}x}{\sqrt{1-x^2}} = \lim_{\varepsilon\to 0^+}\arcsin x\Big|_0^{1-\varepsilon}$$

$$= \lim_{\varepsilon\to 0^+}\arcsin(1-\varepsilon) = \frac{\pi}{2}.$$

所以，$\displaystyle\int_0^1 \frac{\mathrm{d}x}{\sqrt{1-x^2}}$ 收敛，其值为 $\dfrac{\pi}{2}$.

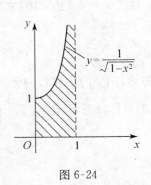

图 6-24

这个结果的几何意义是：位于曲线 $y=\dfrac{1}{\sqrt{1-x^2}}$ 之下，x 轴之上，介于直线 $x=0$ 和 $x=1$ 之间的无界区域(如图 6-24)的面积等于 $\dfrac{\pi}{2}$.

这一反常积分也可用换元积分法计算. 令 $x=\sin t$，则

$$\int_0^1 \frac{\mathrm{d}x}{\sqrt{1-x^2}} = \int_0^{\frac{\pi}{2}}\mathrm{d}t = \frac{\pi}{2}.$$

例 7　计算反常积分 $\displaystyle\int_0^1 \ln x\,\mathrm{d}x$.

解　$x=0$ 是该积分的瑕点，由(6.20)，

$$\int_0^1 \ln x\,\mathrm{d}x = \lim_{\varepsilon\to 0^+}\int_\varepsilon^1 \ln x\,\mathrm{d}x = \lim_{\varepsilon\to 0^+}(x\ln x - x)\Big|_\varepsilon^1 = -1.$$

例 8　判别 $\displaystyle\int_0^1 \frac{\mathrm{d}x}{x(x+1)}$ 的敛散性.

解　$\displaystyle\int_0^1 \frac{\mathrm{d}x}{x(x+1)} = \int_0^1 \left(\frac{1}{x}-\frac{1}{x+1}\right)\mathrm{d}x$，其中 $\displaystyle\int_0^1 \frac{\mathrm{d}x}{x}$ 发散，

$$\int_0^1 \frac{\mathrm{d}x}{x+1} = \ln(x+1)\Big|_0^1 = \ln 2.$$

故 $\displaystyle\int_0^1 \frac{\mathrm{d}x}{x(x+1)}$ 发散.

例 9　假设下列反常积分收敛，证明：

1) $\displaystyle I = \int_0^{\frac{\pi}{2}} \ln \sin x\,\mathrm{d}x = \int_0^{\frac{\pi}{2}} \ln \cos x\,\mathrm{d}x$；

2) $\displaystyle I_1 = \int_0^{\pi} \ln \sin x\,\mathrm{d}x = 2\int_0^{\frac{\pi}{2}} \ln \sin x\,\mathrm{d}x$；

3) $\displaystyle\int_0^{\frac{\pi}{2}} \ln \sin x \, \mathrm{d}x = -\frac{\pi}{2} \ln 2.$

证 1) 令 $x = \dfrac{\pi}{2} - t$，则

$$\int_0^{\frac{\pi}{2}} \ln \cos x \, \mathrm{d}x = \int_{\frac{\pi}{2}}^0 \ln \cos\left(\frac{\pi}{2} - t\right)(-\mathrm{d}t) = \int_0^{\frac{\pi}{2}} \ln \sin t \, \mathrm{d}t.$$

2) $I_1 = \displaystyle\int_0^{\frac{\pi}{2}} \ln \sin x \, \mathrm{d}x + \int_{\frac{\pi}{2}}^{\pi} \ln \sin x \, \mathrm{d}x$，对后一积分，令 $x = \dfrac{\pi}{2} + t$，则

$$\int_{\frac{\pi}{2}}^{\pi} \ln \sin x \, \mathrm{d}x = \int_0^{\frac{\pi}{2}} \ln \sin\left(\frac{\pi}{2} + t\right) \mathrm{d}t = \int_0^{\frac{\pi}{2}} \ln \cos t \, \mathrm{d}t.$$

代入 I_1，并由 1) 即可得证.

3) 令 $x = 2t$，则

$$I = 2\int_0^{\frac{\pi}{4}} \ln \sin 2t \, \mathrm{d}t = 2\int_0^{\frac{\pi}{4}} \ln(2\sin t \cos t)\mathrm{d}t$$

$$= 2\ln 2 \cdot \frac{\pi}{4} + 2\int_0^{\frac{\pi}{4}} \ln \sin t \, \mathrm{d}t + 2\int_0^{\frac{\pi}{4}} \ln \cos t \, \mathrm{d}t.$$

再计算后一积分，令 $t = \dfrac{\pi}{2} - u$，则

$$\int_0^{\frac{\pi}{4}} \ln \cos t \, \mathrm{d}t = \int_{\frac{\pi}{2}}^{\frac{\pi}{4}} \ln \cos\left(\frac{\pi}{2} - u\right)(-\mathrm{d}u) = \int_{\frac{\pi}{4}}^{\frac{\pi}{2}} \ln \sin u \, \mathrm{d}u.$$

代入上式，即得

$$I = \frac{\pi}{2}\ln 2 + 2\int_0^{\frac{\pi}{4}} \ln \sin t \, \mathrm{d}t + 2\int_{\frac{\pi}{4}}^{\frac{\pi}{2}} \ln \sin t \, \mathrm{d}t$$

$$= \frac{\pi}{2}\ln 2 + 2\int_0^{\frac{\pi}{2}} \ln \sin t \, \mathrm{d}t = \frac{\pi}{2}\ln 2 + 2I.$$

所以 $I = -\dfrac{\pi}{2}\ln 2.$

反常积分 I 称为**欧拉**（Euler）**积分**.

6.5.3 Γ 函数

下面讨论一个有许多重要应用的反常积分

$$\Gamma(x) = \int_0^{+\infty} t^{x-1}\mathrm{e}^{-t}\mathrm{d}t, \tag{6.23}$$

其中 x 是与积分变量 t 无关的一个量. 通常称为参数，显然这是一个无穷限反常积分，并当 $x < 1$ 时又是瑕积分，瑕点是 $t = 0$.

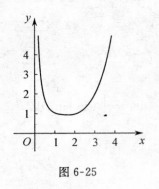

图 6-25

利用反常积分收敛的判别法可以证明，这一反常积分当 $x > 0$ 时是收敛的（即作为无穷反常积分收敛，同时作为无界函数的反常积分也收敛），对于每一个 $x \in (0, +\infty)$ 这个反常积分都确定了一个值，从而定义了一个函数 $\Gamma(x)$ $(x > 0)$，此函数称为 Γ（Gamma）函数. 它是一个连续函数，并且具有任意阶的导数，其图形如图 6-25 所示.

$\Gamma(x)$ 具有下列基本性质：

$1°$　$\Gamma(1) = 1$.

证　$\Gamma(1) = \int_0^{+\infty} \mathrm{e}^{-t} \mathrm{d}t = -\mathrm{e}^{-t} \Big|_0^{+\infty} = 1$.

$2°$　$\Gamma(x+1) = x\Gamma(x)$　$(x > 0)$. 　　　　　　　(6.24)

证　由分部积分法，注意 $x > 0$ 和 4.2.1 小节例 7 的结果，

$$\Gamma(x+1) = \int_0^{+\infty} t^x \mathrm{e}^{-t} \mathrm{d}t = -\int_0^{+\infty} t^x \mathrm{d}\,\mathrm{e}^{-t}$$

$$= -t^x \mathrm{e}^{-t} \Big|_0^{+\infty} + \int_0^{+\infty} \mathrm{e}^{-t} \mathrm{d}\,t^x$$

$$= 0 + \int_0^{+\infty} \mathrm{e}^{-t} \cdot x t^{x-1} \mathrm{d}t$$

$$= x \int_0^{+\infty} t^{x-1} \mathrm{e}^{-t} \mathrm{d}t$$

$$= x\Gamma(x).$$

$3°$　$\Gamma(x)\Gamma(1-x) = \dfrac{\pi}{\sin \pi x}$　$(x \in (0,1))$. 　　　(6.25)

$4°$　$\Gamma(2x) = \dfrac{2^{2x-1}}{\sqrt{\pi}} \Gamma(x) \Gamma\left(x + \dfrac{1}{2}\right)$　$(x > 0)$. 　　(6.26)

(6.25) 称为 Γ 函数的余元公式，(6.26) 称为**倍元公式**.

由于性质 $3°, 4°$ 的证明比较复杂，在此从略.

利用性质 $1°, 2°$，立即可以得到下列推论：

推论 1　$\Gamma(n+1) = n!$（$\forall n \in \mathbf{N}$）.

由此可见，$\Gamma(x)$ 可以看成"阶乘"的推广.

$\Gamma(x)$ $(x > 0)$ 的值利用性质 $2°$ 总可以化成 $\Gamma(t)$ $(t \in [1,2])$ 的计算，而后者的值可由《数学手册》中的 Γ 函数表得到.

推论 2 $\lim\limits_{x\to 0^+}\Gamma(x)=+\infty.$

证 因为 $\Gamma(x)$ 是连续函数，且 $\Gamma(1)=1$，所以

$$\lim_{x\to 0^+}\Gamma(x)=\lim_{x\to 0^+}\frac{\Gamma(x+1)}{x}=+\infty.$$

可以证明：定义在 $(0,+\infty)$ 上的函数 $f(x)$，如果 $f(x)>0$（$\forall x\in (0,+\infty)$），有连续的导函数，且具有性质 $2°\sim 4°$，则 $f(x)$ 必为 $\Gamma(x)$.

$\Gamma(x)$ 是继初等函数之后，在数学分析及其应用中最重要的函数之一. 在 (6.25) 中，令 $x=\dfrac{1}{2}$，可得

$$\left(\Gamma\left(\frac{1}{2}\right)\right)^2=\frac{\pi}{\sin\dfrac{\pi}{2}}=\pi,$$

所以

$$\Gamma\left(\frac{1}{2}\right)=\sqrt{\pi}. \tag{6.27}$$

利用公式 (6.27)，可以证明概率论中一个重要的积分，即欧拉－泊松 (Euler-Poisson) 积分

$$\int_0^{+\infty}\mathrm{e}^{-t^2}\,\mathrm{d}t=\frac{\sqrt{\pi}}{2}. \tag{6.28}$$

为此，在 (6.23) 中作换元，$t=y^2$，$y=\sqrt{t}$，则有

$$\Gamma(x)=\int_0^{+\infty}y^{2(x-1)}\mathrm{e}^{-y^2}\,\mathrm{d}\,y^2=2\int_0^{+\infty}y^{2x-1}\mathrm{e}^{-y^2}\,\mathrm{d}y.$$

令 $x=\dfrac{1}{2}$，利用 (6.27)，即得

$$\Gamma\left(\frac{1}{2}\right)=\sqrt{\pi}=2\int_0^{+\infty}\mathrm{e}^{-y^2}\,\mathrm{d}y.$$

此即 (6.28) 式.

例 10 计算反常积分 $R_0=\displaystyle\int_0^1\ln\Gamma(x)\,\mathrm{d}x.$

解 令 $x=1-t$，则

$$R_0=\int_1^0\ln\Gamma(1-t)\,(-\mathrm{d}t)=\int_0^1\ln\Gamma(1-t)\,\mathrm{d}t.$$

所以

$$2R_0=\int_0^1\ln\Gamma(x)\,\mathrm{d}x+\int_0^1\ln\Gamma(1-x)\,\mathrm{d}x$$

$$=\int_0^1\ln(\Gamma(x)\Gamma(1-x))\,\mathrm{d}x=\int_0^1\ln\frac{\pi}{\sin\pi x}\,\mathrm{d}x$$

$$= \ln \pi - \int_0^1 \ln \sin \pi x \; \mathrm{d}x \quad (\text{设 } \pi x = u)$$

$$= \ln \pi - \int_0^\pi \ln \sin u \; \frac{\mathrm{d}u}{\pi}$$

$$= \ln \pi - \frac{1}{\pi} \int_0^\pi \ln \sin u \; \mathrm{d}u.$$

由上述例 9 中 3) 有

$$2R_0 = \ln \pi - \frac{2}{\pi} \int_0^{\frac{\pi}{2}} \ln \sin x \; \mathrm{d}x = \ln \pi + \ln 2 = \ln 2\pi.$$

所以 $R_0 = \frac{1}{2} \ln 2\pi = \ln \sqrt{2\pi}$.

习 题 六

1. 一质量分布均匀的长为 L 的物质线段，其线密度为 ρ，则物质线段的质量等于 ρL. 现有一质量分布不均匀的物质线段 OA，其长为 L，设 P 是 OA 上的任意一点，在 P 点的线密度 ρ 是 $OP = x$ 的函数，即 $\rho = \rho(x)$，用定积分表示此物质线段的质量 m.

2. 按定积分的定义计算由曲线 $y = \mathrm{e}^x$，$y = 0$ 和 $x = 0$，$x = 1$ 所围成的曲边梯形的面积.

3. 利用定积分的性质比较下列各对定积分的值的大小：

1) $I_1 = \int_0^1 x^3 \mathrm{d}x$ 与 $I_2 = \int_0^1 x^2 \mathrm{d}x$；

2) $I_1 = \int_0^{\frac{\pi}{2}} x \mathrm{d}x$ 与 $I_2 = \int_0^{\frac{\pi}{2}} \sin x \; \mathrm{d}x$；

3) $I_1 = \int_4^3 \ln^2 x \; \mathrm{d}x$ 与 $I_2 = \int_4^3 \ln^3 x \; \mathrm{d}x$.

4. 用定积分的性质估计下列定积分的值：

1) $I = \int_{\frac{\sqrt{3}}{3}}^{\sqrt{3}} x \arctan x \; \mathrm{d}x$；　　　　2) $I = \int_{\frac{\pi}{6}}^{\frac{\pi}{2}} \frac{\sin x}{x} \mathrm{d}x$.

5. 设 $0 < b < \frac{\pi}{2}$，求 $\lim\limits_{n \to \infty} \int_0^b \sin^n x \; \mathrm{d}x$.

6. 设 $f(x) = \int_0^x \sin \sqrt{t} \; \mathrm{d}t$，求 $f'\left(\frac{\pi^2}{4}\right)$.

7. 设 $g(x) = x \int_0^x \cos t^3 \; \mathrm{d}t$，求 $g''(x)$.

8. 求下列函数的导数：

1) $f(x) = \int_0^{x^2} t^2 \mathrm{e}^{t^2} \,\mathrm{d}t$;   2) $g(x) = \int_x^{\mathrm{e}^x} \ln(1+u^2) \,\mathrm{d}u$;

3) $h(x) = \int_{\sqrt{x}}^{x^3} \mathrm{e}^{-t^2} \,\mathrm{d}t$;   4) $\varphi(x) = \int_0^x (t^3 - x^3) \sin t \,\mathrm{d}t$.

9. 求下列极限:

1) $\displaystyle\lim_{x \to 0} \frac{1}{x^3} \int_0^x \sin t^2 \,\mathrm{d}t$;   2) $\displaystyle\lim_{x \to 0} \frac{\int_0^x (\sqrt{1+t^2} - \sqrt{1-t^2})\,\mathrm{d}t}{x^3}$;

3) $\displaystyle\lim_{x \to 0} \frac{\sqrt{1+x^2} - 1}{\int_0^x \ln(1-t) \,\mathrm{d}t}$;   4) $\displaystyle\lim_{x \to +\infty} \left(\int_0^x \mathrm{e}^{t^2} \,\mathrm{d}t \right)^{\frac{1}{x^2}}$;

5) $\displaystyle\lim_{x \to +\infty} \frac{\int_0^x (\arctan t)^2 \,\mathrm{d}t}{\sqrt{1+x^2}}$.   (先证明分子的极限为 $+\infty$)

10. 设 $f(x)$ 是闭区间 $[0,1]$ 上的连续函数, 且

$$f(x) = \frac{1}{1+x^2} + x^3 \int_0^1 f(t)\,\mathrm{d}t,$$

求 $\int_0^1 f(x)\,\mathrm{d}x$.

11. 设 $f(x)$ 连续, $\int_0^x tf(2x-t)\,\mathrm{d}t = \frac{1}{2}\arctan x^2$, 且 $f(1) = 1$, 求 $\int_1^2 f(x)\,\mathrm{d}x$.

12. 设 $f(x)$ 在 $[a,b]$ 上连续, 且 $f(x) > 0$ ($\forall x \in [a,b]$),

$$F(x) = \int_a^x f(t)\,\mathrm{d}t + \int_b^x \frac{\mathrm{d}t}{f(t)},$$

证明: 1) $F'(x) \geqslant 2$ ($\forall x \in [a,b]$); 2) $F(x)$ 在 $[a,b]$ 上有且仅有一个实根.

13. 设 $f(x)$ 在 $(-\infty, +\infty)$ 上且有一阶连续导数, 且 $f(0) = 0$, $f'(0) \neq 0$, 求

$$\lim_{x \to 0} \frac{\int_0^{x^2} f(t)\,\mathrm{d}t}{x^2 \int_0^x f(t)\,\mathrm{d}t}.$$

14. 设 $f(x)$ 在 $[0,1]$ 上连续, 在 $(0,1)$ 内可导, 且 $f(1) = 2\int_0^{\frac{1}{2}} tf(t)\,\mathrm{d}t$.

证明: $\exists \xi \in (0,1)$, 使 $f(\xi) + \xi f'(\xi) = 0$.

(提示: 考虑函数 $g(x) = xf(x)$, 并用积分中值定理.)

15. 设 $f(x), g(x)$ 是 $[a,b]$ 上的连续函数, 且 $g(x) \neq 0$ ($\forall x \in [a,b]$).

证明: $\exists \xi \in (a,b)$, 使

$$\frac{\int_a^b f(t)\mathrm{d}t}{\int_a^b g(t)\mathrm{d}t} = \frac{f(\xi)}{g(\xi)}.$$

16. 设

$$\varphi(x) = \begin{cases} \dfrac{\sin 2(e^x - 1)}{e^x - 1}, & x < 0; \\ 2, & x = 0; \\ \dfrac{1}{x}\displaystyle\int_0^x \cos^2 t\ \mathrm{d}t, & x > 0. \end{cases}$$

问 $\varphi(x)$ 在 $x = 0$ 点是否连续?

17. 设 $\displaystyle\int_0^{x^2} \sin\sqrt{t}\ \mathrm{d}t$ 与 x^α 当 $x \to 0$ 时是同阶无穷小,求 α.

18. 求函数 $f(x) = \displaystyle\int_0^x (t^2 - 1)^4(t - 2)\mathrm{d}t$ 的单调区间.

19. 求函数 $f(x) = \displaystyle\int_0^x t(1 - t)e^{-2t}\mathrm{d}t$ 的极值点.

20. 设 $\displaystyle\int_0^x (x - t)f(t)\mathrm{d}t = 1 - \cos x$,证明:$\displaystyle\int_0^{\frac{\pi}{2}} f(x)\mathrm{d}x = 1$.

21. 设 $f(x)$ 是连续函数,证明:

$$\int_0^x \left(\int_0^t f(u)\mathrm{d}u\right)\mathrm{d}t = \int_0^x (x - t)f(t)\mathrm{d}t.$$

22. 设函数 $f(x)$ 在 $(0, +\infty)$ 内连续,$f(1) = \dfrac{5}{2}$,且对所有的 $x, t \in (0, +\infty)$,满足条件

$$\int_1^{xt} f(u)\mathrm{d}u = t\int_1^x f(u)\mathrm{d}u + x\int_1^t f(u)\mathrm{d}u,$$

求 $f(x)$.

23. 设 $f(x), g(x)$ 在 $[0,1]$ 上的导数连续,且 $f(0) = 1$,$f'(x) \geqslant 0$,$g(0) \leqslant 0$,$g'(x) \geqslant 0$. 证明:对任意的 $a \in [0,1]$,有

$$\int_0^a g(x)f'(x)\mathrm{d}x + \int_0^1 f(x)g'(x)\mathrm{d}x \geqslant f(a)g(1).$$

(提示:考虑函数 $F(a) = \displaystyle\int_0^a g(x)f'(x)\mathrm{d}x + \int_0^1 f(x)g'(x)\mathrm{d}x - f(a)g(1)$ $(0 \leqslant a \leqslant 1)$.)

24. 求下列积分:

1) $\displaystyle\int_{-1}^1 (x^5 - 3x^2)\mathrm{d}x$;　　　　　2) $\displaystyle\int_1^{27} \frac{\mathrm{d}x}{\sqrt[3]{x}}$;

3) $\int_0^1 \dfrac{x^2}{1+x^2}\mathrm{d}x$;   4) $\int_0^{2\pi} |\sin x|\,\mathrm{d}x$;

5) $\int_{-1}^2 |1-x|\,\mathrm{d}x$;

6) $\int_0^2 f(x)\mathrm{d}x$, 其中 $f(x) = \begin{cases} x, & 0 \leqslant x \leqslant 1; \\ x^2+1, & 1 < x \leqslant 2; \end{cases}$

7) $\int_0^{\frac{\pi}{2}} \left| \dfrac{1}{2} - \sin x \right|\,\mathrm{d}x$;   8) $\int_1^e \dfrac{x^2 + \ln x^2}{x}\mathrm{d}x$;

9) $\int_0^4 \dfrac{\mathrm{d}t}{1+\sqrt{t}}$;   10) $\int_0^2 \dfrac{\mathrm{d}x}{\sqrt{x+1} + \sqrt{(x+1)^3}}$;

11) $\int_{\frac{1}{2}}^{\frac{\sqrt{3}}{2}} \dfrac{\mathrm{d}z}{\sqrt{1-z^2}}$;   12) $\int_0^a x^2 \sqrt{a^2 - x^2}\,\mathrm{d}x \quad (a > 0)$;

13) $\int_0^1 \dfrac{x^2}{(1+x^2)^2}\mathrm{d}x$;   14) $\int_0^1 \dfrac{\mathrm{d}x}{\sqrt{(1+x^2)^3}}$;

15) $\int_1^2 \dfrac{\sqrt{x^2-1}}{x}\mathrm{d}x$;   16) $\int_0^{\ln 3} \dfrac{\mathrm{d}x}{\sqrt{1+\mathrm{e}^x}}$;

17) $\int_0^\pi \dfrac{\sin x}{1+\cos^2 x}\mathrm{d}x$;   18) $\int_{\ln 2}^{\ln 3} \dfrac{\mathrm{d}x}{\mathrm{e}^x - \mathrm{e}^{-x}}$.

25. 求下列积分：

1) $\int_0^{e-1} x\ln(x+1)\,\mathrm{d}x$;   2) $\int_0^{\frac{\sqrt{3}}{2}} \arccos x\,\mathrm{d}x$;

3) $\int_0^1 x\mathrm{e}^{-x}\mathrm{d}x$;   4) $\int_1^e (\ln x)^3\,\mathrm{d}x$;

5) $\int_0^{\frac{\pi}{2}} x\sin x\,\mathrm{d}x$;   6) $\int_0^{\frac{\pi}{2}} \mathrm{e}^{2x}\cos x\,\mathrm{d}x$;

7) $\int_{\frac{1}{e}}^e |\ln x|\,\mathrm{d}x$;   8) $\int_{-1}^1 \dfrac{x^2\sin^3 x + 1}{1+x^2}\mathrm{d}x$;

9) $\int_0^4 \dfrac{1}{\sqrt{x}}f(\sqrt{x})\mathrm{d}x$, 已知 $\int_0^x f(t)\mathrm{d}t = \dfrac{x^2}{2}$;

10) $\int_0^{\frac{\pi}{2}} \dfrac{x+\sin x}{1+\cos x}\mathrm{d}x$;   11) $\int_0^1 \dfrac{\ln(1+x)}{(2-x)^2}\mathrm{d}x$;

12) $\int_0^3 \arcsin\sqrt{\dfrac{x}{1+x}}\,\mathrm{d}x$.

26. 已知 $f(2x+1) = x\mathrm{e}^x$, 求 $\int_3^5 f(t)\mathrm{d}t$.

27. 已知 $f(0)=1$, $f(2)=4$, $f'(2)=2$, 求 $\int_0^1 xf''(2x)\mathrm{d}x$.

28. 设 $f(x)$ 是 $(-\infty,+\infty)$ 上的连续偶函数. 证明:

1) $F(x)=\int_0^x f(t)\mathrm{d}t$ 是奇函数;

2) $G(x)=\int_0^x (x-2t)f(t)\mathrm{d}t$ 是偶函数.

29. 证明:

1) $\int_{\frac{\pi}{3}}^{\frac{\pi}{2}} \frac{\sin x}{x}\mathrm{d}x = \int_0^{\frac{1}{2}} \frac{\mathrm{d}x}{\arccos x}$;

2) $\int_0^4 \mathrm{e}^{x(4-x)}\mathrm{d}x = 2\int_0^2 \mathrm{e}^{t(4-t)}\mathrm{d}t$;

3) $\int_0^\pi f(\sin x)\mathrm{d}x = 2\int_0^{\frac{\pi}{2}} f(\sin x)\mathrm{d}x$ ($f(x)$ 是连续函数).

30. 设 $f(\pi)=1$, $\int_0^\pi (f(x)+f''(x))\sin x\,\mathrm{d}x=3$, 求 $f(0)$.

31. 设 $f(x)$ 在 $(-\infty,+\infty)$ 上可导, 且导函数 $f'(x)>0$, $f(0)=0$, $f(a)=b$, $g(x)$ 是 $f(x)$ 的反函数. 证明:
$$\int_0^a f(x)\mathrm{d}x + \int_0^b g(x)\mathrm{d}x = ab.$$

32. 设 $x>0$ 时 $f(x)$ 可导, 且 $f(x)=1+\int_1^x \frac{1}{x}f(t)\mathrm{d}t$, 求 $f(x)$.

33. 求由下列曲线和直线所围成的平面图形的面积:

1) $y=4-x^2$ 与 $y=0$;

2) $y=x^2$ 与 $y=2-x^2$;

3) $y=\frac{1}{x}$ 与 $y=x$, $x=2$;

4) $y=x^2$, $4y=x^2$ 与 $y=1$;

5) $y=x^3$ 与 $y=2x$;

6) $y=\mathrm{e}^x$, $y=\mathrm{e}^{-x}$ 与 $x=1$;

7) $y=x^2$ 与 $y=x$, $y=2x$;

8) $8y=16+x^2$ 与 $y=2x-4$, $x=0$, $y=0$;

9) $y=-x^2+4x-3$ 与其在点 $(0,-3)$ 和 $(3,0)$ 的切线;

10) $y=\ln x$ 及其在点 $(\mathrm{e},1)$ 的切线和 x 轴.

34. 求下列图形绕指定坐标轴旋转所得旋转体的体积:

1) 曲线 $y=\sqrt{x}$ 与直线 $x=1$, $x=4$, $y=0$ 围成的图形, 绕 x 轴;

2) 曲线 $y = \sin x\ \left(0 \leqslant x \leqslant \dfrac{\pi}{2}\right)$ 与直线 $x = \dfrac{\pi}{2}$, $y = 0$ 围成的图形, 分别绕 x 轴和 y 轴;

3) 曲线 $x = \sqrt{1 - y^2}$ 与 $y^2 = \dfrac{3}{2}x$ 围成的图形, 分别绕 x 轴和 y 轴;

4) 曲线 $y = e^{-x}\ (x \geqslant 0)$ 与直线 $y = 0$, $x = 0$ 围成的右边无限伸展的图形, 绕 x 轴;

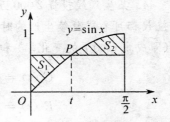

5) 上题 10) 中的图形, 绕 x 轴.

35. 在曲线 $y = \sin x\ \left(0 \leqslant x \leqslant \dfrac{\pi}{2}\right)$ 上求一点 P, 使得图中两个阴影部分的面积 S_1 与 S_2 之和 $S_1 + S_2$ 为最小.

（第 35 题图）

36. 求曲线 $y = x^2 - 2x$ 与直线 $y = 0$, $x = 1$, $x = 3$ 所围成的平面图形的面积 S, 并求该平面图形绕 y 轴旋转一周所得旋转体的体积 V.

37. 设 $F(x) = \begin{cases} e^{2x}, & x \leqslant 0; \\ e^{-2x}, & x > 0, \end{cases}$ S 表示夹在 x 轴与曲线 $y = F(x)$ 之间的面积, 对任何 $t > 0$, $S_1(t)$ 表示矩形 $-t \leqslant x \leqslant t$, $0 \leqslant y \leqslant F(t)$ 的面积, 求

1) $S(t) = S - S_1(t)$ 的表达式;   2) $S(t)$ 的最小值.

38. 求椭球体 $\dfrac{x^2}{a^2} + \dfrac{y^2}{b^2} + \dfrac{z^2}{c^2} \leqslant 1$ 的体积.

39. 一立体, 其底面是椭圆 $\dfrac{x^2}{a^2} + \dfrac{y^2}{b^2} \leqslant 1\ (a < b)$, 用垂直于长轴的平面截此立体的截面是等边三角形, 求立体的体积.

40. 设某企业生产 x 件产品的边际成本 $MC = 0.2x - 10$（元／件）, 其固定成本为 10 000 元, 产品单价为 190 元. 设产销平衡, 问产量为多少时利润最大, 最大利润为多少?

41. 设某企业生产某商品 x 个的边际收益为

$$MR = \dfrac{ab}{(x + b)^2} + c,$$

求总收益函数.

42. 设某产品的边际成本为 $MC = 2 - x$（万元／台）, 其中 x 表示产量, 固定成本 $C_0 = 22$（万元）, 边际收益 $MR = 20 - 4x$（万元／台）. 求:

1) 总成本函数和总收益函数;

2) 获得最大利润时的产量;

3) 从最大利润时的产量又生产了 4 台，总利润的变化.

43. 设某产品总产量对时间的变化率为

$$\frac{dQ}{dt} = 50 + 12t - \frac{3}{2}t^2 \quad （件／天），$$

求从第 5 天到第 10 天的产量.

44. 某生产线投资 2 000 万元建成，在正常生产的情况下，假定成本 C 和收益 R 都可看成延续生产的时间 t（年）的函数. 现知在时刻 t（年）的追加成本（即成本 C 对 t 的变化率）和增加收益（即收益 R 对 t 的变化率）分别为

$$C'(t) = 6 + 2t^{\frac{2}{3}} \quad （百万元／年），$$

$$R'(t) = 18 - t^{\frac{2}{3}} \quad （百万元／年），$$

问该生产线何时可获得最大利润？最大利润为多少？

45. 判别下列反常积分的收敛性，并在收敛时求出其值：

1) $\displaystyle\int_0^{+\infty} xe^{-x^2} dx$;

2) $\displaystyle\int_{-\infty}^{+\infty} \frac{dx}{4x^2 + 4x + 5}$;

3) $\displaystyle\int_0^{+\infty} e^{-\sqrt{x}} dx$;

4) $\displaystyle\int_0^{+\infty} \frac{dx}{1 + x^3}$;

5) $\displaystyle\int_0^{+\infty} \frac{x dx}{(1+x)^3}$;

6) $\displaystyle\int_1^{+\infty} \frac{\arctan x}{x^2} dx$;

7) $\displaystyle\int_1^{+\infty} \frac{\ln^2 x}{x^2} dx$;

8) $\displaystyle\int_1^{+\infty} \frac{dx}{x\sqrt{x-1}}$;

9) $\displaystyle\int_0^{+\infty} \frac{1}{x^2}(x\cos x - \sin x) dx$;

10) $\displaystyle\int_0^1 \frac{\arcsin x}{\sqrt{1-x^2}} dx$;

11) $\displaystyle\int_0^1 \frac{x}{\sqrt{1-x^2}} dx$;

12) $\displaystyle\int_1^e \frac{dx}{x\sqrt{1-(\ln x)^2}}$;

13) $\displaystyle\int_0^1 \frac{dx}{(2-x)\sqrt{1-x}}$;

14) $\displaystyle\int_0^3 \frac{dx}{(x-1)^{3/2}}$;

15) $\displaystyle\int_1^2 \frac{x}{\sqrt{x-1}} dx$;

16) $\displaystyle\int_{\frac{\pi}{4}}^{\frac{3\pi}{4}} \frac{dx}{\cos^2 x}$.

46. 已知 $\displaystyle\int_0^{+\infty} \frac{\sin x}{x} dx = \frac{\pi}{2}$，求

1) $\displaystyle\int_0^{+\infty} \frac{\sin x \cos x}{x} dx$;

2) $\displaystyle\int_0^{+\infty} \left(\frac{\sin x}{x}\right)^2 dx$.

47. 计算下列各值：

1) $\Gamma(7)$;

2) $\Gamma\left(\frac{9}{2}\right) / \Gamma\left(\frac{3}{2}\right)$;

3) $\Gamma\left(\dfrac{3}{2}\right)$ 和 $\Gamma\left(\dfrac{5}{2}\right)$ $(\sqrt{\pi}\approx 1.772\,4)$;

4) $\dfrac{\Gamma(1.5)\Gamma(3.5)}{\Gamma(5.5)}$; 5) $\Gamma\left(\dfrac{1}{2}+n\right)$.

48. 求下列反常积分的值:

1) $\displaystyle\int_0^{+\infty} x^5 e^{-x}\,dx$; 2) $\displaystyle\int_0^{+\infty} x^{\frac{3}{2}} e^{-4x}\,dx$;

3) $\displaystyle\int_0^{+\infty} e^{-a^2 x^2}\,dx$ $(a>0)$; 4) $\displaystyle\int_{-\infty}^{+\infty} \dfrac{1}{\sqrt{2\pi}} e^{-\frac{x^2}{2}}\,dx$.

49. 将下列积分用 $\Gamma(x)$ 表示:

1) $\displaystyle\int_0^{+\infty} x^{\lambda-1} e^{-kx}\,dx$ $(k>0)$; 2) $\displaystyle\int_0^{+\infty} x^n e^{-x^m}\,dx$ $(m,n>0)$;

3) $\displaystyle\int_0^1 \left(\ln\dfrac{1}{x}\right)^{\lambda}\,dx$ $(\lambda>-1)$; 4) $\displaystyle\int_0^{+\infty} e^{-x^a}\,dx$ $(a>0)$.

50. 证明:当 $x\to 0^+$ 时无穷小量 x 与 $\dfrac{1}{\Gamma(x)}$ 等价.

数学是关于模式和秩序的科学.

本能的好奇心是非常好的老师,对数学尤其如此.

只有当学生通过自己的思考建立起自己的数学理解力时才能真正学好数学.

—— 美国国家研究委员会

第七章　　多元函数微积分

在许多实际问题中常常会遇到有多个自变量的函数 —— 多元函数,并要知道它的一些局部性质和整体性质,这就需要了解多元函数的微积分.

多元函数微积分以一元函数微积分为基础,前者是后者的自然延伸和发展,虽在处理问题的思路和方法上两者基本相同,但由于变量的增多,多元的情形必然会复杂一些,内容也更加丰富多彩.

本章主要介绍二元函数微积分的一些基本概念,如二元函数及其几何表示,极限和连续性,偏导数和全微分,以及二重积分等,并介绍有关的计算方法及多元微分学在最大、最小值问题中的应用. 二元函数微积分的这些概念和计算不难推广到一般的多元函数.

7.1　　空间解析几何基础知识

7.1.1　空间直角坐标系

用代数方法处理平面上的几何问题时,必须先在平面上引进直角坐标系 Oxy. 同样,在处理空间中的几何问题时,也必须引进空间直角坐标.

在空间中任取一点 O,过 O 作三个互相垂直的数轴 Ox,Oy,Oz,它们有相同的长度单位,由这样三个数轴构成的图形称为**空间直角坐标系**(如图 7-1),以 $Oxyz$ 表示. O 点称为**坐标原点**;Ox,Oy,Oz 依次称为 x 轴、y 轴、z **轴**,它们统称为**坐标轴**;由 Ox 和 Oy 确定的平面称为 xy **平面**,同样有 yz 平面、xz 平面，它们统称为**坐标平面**. 三个坐标平面将空间分成 8 个部分，称为 8 个**卦限**. 在 xy 平面第一、二、三、四象限之上的 4 个空间区域为第 Ⅰ，Ⅱ，Ⅲ，Ⅳ 卦限，相应地其下之 4 个区域为第 Ⅴ，Ⅵ，Ⅶ，Ⅷ 卦限（如图 7-2）.

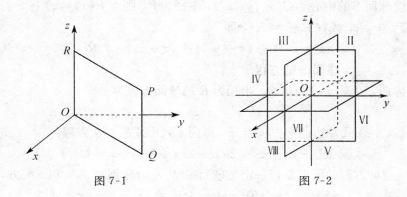

图 7-1 　　　　　　　　　　　图 7-2

本书中用的空间直角坐标系 $Oxyz$ 都是右手系，这种坐标系可以用右手的食指、中指和大拇指同时依次指向其 x 轴、y 轴和 z 轴的正向.

与平面上的点在坐标系 Oxy 中有直角坐标一样，空间中的点在坐标系 $Oxyz$ 中也有坐标. 设 P 是空间中任意一点，从 P 到 xy 平面和 z 轴分别作垂线，垂足为 Q 和 R（如图 7-1）. 设 Q 在平面直角坐标系 Oxy 中的坐标为 (x,y)，R 在 Oz 轴上的坐标为 z，称有序三数组 (x,y,z) 为点 P 在坐标系 $Oxyz$ 中的**直角坐标**（或简称坐标）. 显然，在取定了坐标系 $Oxyz$ 后，点 P 与它的坐标 (x,y,z) 相互唯一确定，即

$$P \xleftrightarrow[\text{一一对应}]{Oxyz} (x,y,z).$$

在用坐标表示一个点时，常写成 $P(x,y,z)$. 原点 O 的坐标为 $(0,0,0)$.

点 $P(x,y,z)$ 在 xy 平面上时 $z=0$，反之，$z=0$ 的点必在 xy 平面上，所以称 $z=0$ 是 xy **平面的方程**. 同样，yz 平面的方程是 $x=0$，xz 平面的方程是 $y=0$. 由此，点 $P(x,y,z)$ 在 x 轴上时 $y=0$，$z=0$，反之亦真. 所以称 $\begin{cases} y=0, \\ z=0 \end{cases}$ 是 x **轴的方程**，同样 y 轴和 z 轴的方程依次是 $\begin{cases} x=0, \\ z=0 \end{cases}$ 和 $\begin{cases} x=0, \\ y=0. \end{cases}$

利用坐标可以计算空间中两点的距离. 设 $P_1(x_1,y_1,z_1)$ 和 $P_2(x_2,y_2,z_2)$ 为空间中的任意两点，由勾股定理不难证明 P_1P_2 之间的距离是

$$|P_1P_2| = \sqrt{(x_2-x_1)^2 + (y_2-y_1)^2 + (z_2-z_1)^2}. \tag{7.1}$$

特别，从原点 O 到 $P(x,y,z)$ 的距离为

$$|OP| = \sqrt{x^2+y^2+z^2}.$$

7.1.2 空间中常见图形的方程

1. 球面

设球面 S 的中心为 $C(x_0, y_0, z_0)$，半径为 R，则点 $P(x, y, z)$ 在 S 上等价于 $|CP| = R$，或 $|CP|^2 = R^2$，即

$$(x - x_0)^2 + (y - y_0)^2 + (z - z_0)^2 = R^2, \qquad (7.2)$$

所以 (7.2) 称为**球面 S 的方程**.

特别，以原点 O 为球心、半径为 R 的球面方程为

$$x^2 + y^2 + z^2 = R^2.$$

将 (7.2) 式左边的平方项展开，得到下列形式的二次方程：

$$x^2 + y^2 + z^2 + 2ax + 2by + 2cz + d = 0.$$

反之，这种方程的图形是否一定是球面呢？将左边分别对 x, y 和 z 配方，得

$$(x + a)^2 + (y + b)^2 + (z + c)^2 = a^2 + b^2 + c^2 - d.$$

所以，只有当 $a^2 + b^2 + c^2 - d > 0$ 时，方程才表示球面，其球心为点 $(-a, -b, -c)$，半径 $R = \sqrt{a^2 + b^2 + c^2 - d}$.

例 1 给定点 $P_1(1, 0, -2)$，$P_2(3, -4, 0)$，求：

1) $|P_1 P_2|$；

2) 以 P_1 为中心、$|P_1 P_2|$ 为半径的球面的方程.

解 1) 由公式 (7.1)，

$$|P_1 P_2| = \sqrt{(3-1)^2 + (-4-0)^2 + [0-(-2)]^2}$$
$$= \sqrt{24} = 2\sqrt{6}.$$

2) 由公式 (7.2)，以 P_1 为球心、$|P_1 P_2|$ 为半径的球面的方程为

$$(x - 1)^2 + (y - 0)^2 + [z - (-2)]^2 = 24,$$

即

$$x^2 + y^2 + z^2 - 2x + 4z - 19 = 0.$$

2. 平面

从几何知识知道，到两点 $P_1(x_1, y_1, z_1)$，$P_2(x_2, y_2, z_2)$ 等距离的点 $P(x, y, z)$ 的轨迹 π 是线段 $P_1 P_2$ 的垂直平分面，即点 $P \in \pi$ 等价于 $|PP_1| = |PP_2|$ 或 $|PP_1|^2 = |PP_2|^2$. 用坐标表示是

$$(x - x_1)^2 + (y - y_1)^2 + (z - z_1)^2$$
$$= (x - x_2)^2 + (y - y_2)^2 + (z - z_2)^2,$$

即

$$2(x_2 - x_1)x + 2(y_2 - y_1)y + 2(z_2 - z_1)z$$

$$+ x_1^2 + y_1^2 + z_1^2 - x_2^2 - y_2^2 - z_2^2 = 0.$$

若记 $A = 2(x_2 - x_1)$，$B = 2(y_2 - y_1)$，$C = 2(z_2 - z_1)$，$D = x_1^2 + y_1^2 + z_1^2 - x_2^2 - y_2^2 - z_2^2$，则上式可写成

$$Ax + By + Cz + D = 0. \tag{7.3}$$

由于 P_1 与 P_2 不是同一个点，故 A, B, C 不全为 0. (7.3) 称为**平面 π 的方程**，这是 x, y, z 的一次方程；反之，不难证明 x, y, z 的一次方程所表示的图形是一个平面.

例 2 作下列方程的图形：

1) $x + 3y - 2z - 6 = 0$;　　　　2) $3x + 2y - 6 = 0$.

解 这两个方程都是形如 (7.3) 的一次方程，所以它们的图形均是平面，分别以 π_1, π_2 表示.

1) 在方程中令 $y = z = 0$，得 $x = 6$，所以点 $A(6, 0, 0) \in \pi_1$，它是 π_1 与 x 轴的交点. 同样，π 与 y 轴、z 轴的交点依次为 $B(0, 2, 0), C(0, 0, -3)$，故 π_1 就是由点 A, B, C 所决定的平面（如图 7-3 (a)）.

2) 在 xy 平面上，方程 $3x + 2y - 6 = 0$ 表示一条经过点 $A(2, 0), B(0, 3)$ 的直线，如图 7-3 (b). 从空间来看，由于直线 AB 上的点的坐标满足 π_2 的方程，所以 AB 在 π_2 上. 其次，设 $P_0(x_0, y_0, 0)$ 是 AB 上的任意一点，即有

$$3x_0 + 2y_0 - 6 = 0,$$

则经过点 P_0 且平行于 z 轴的直线上的任意一点 Q 应有坐标 (x_0, y_0, z)，它也适合 π_2 的方程（方程中不含 z，表示 z 可以任意，不受限制），所以 $Q \in \pi_2$，即这种直线都在平面 π_2 上. 从而 π_2 是经过直线 AB 且平行于 z 轴的平面.

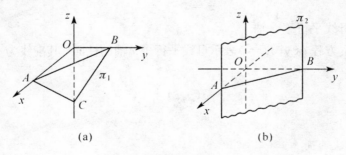

(a)　　　　　　　　　　　　　(b)

图 7-3

3. 柱面

设 Γ 是空间中一条曲线，由与 Γ 相交且相互平行的所有直线组成的曲面称为**柱面**（如图 7-4），Γ 称为柱面的**准线**，这些直线称为柱面的**直母线**（或简称**母线**）.

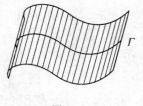

图 7-4

柱面的准线不是唯一的,柱面上与所有母线都相交的曲线都可作为准线.

这里只讨论母线平行于坐标轴的柱面.

设 Γ 是 xy 平面上方程为

$$f(x,y) = 0 \tag{7.4}$$

的曲线,要求以 Γ 为准线、母线平行于 z 轴的柱面 S 的方程.

从空间看来,Γ 在直角坐标系 $Oxyz$ 中的方程为

$$\begin{cases} f(x,y) = 0, \\ z = 0. \end{cases} \tag{7.5}$$

设 $P(x_0, y_0, z_0)$ 是 S 上任意一点,则 P 必在 S 的某一直母线上. 设此直母线与 Γ 的交点为 Q (如图 7-5),则 Q 有坐标 $(x_0, y_0, 0)$. 由于 $Q \in \Gamma$,当有 $f(x_0, y_0) = 0$,所以 P 的坐标适合方程(7.4). 反之,坐标满足方程(7.4)的点必在 S 上. 因此 S 在 $Oxyz$ 中的方程就是(7.4).

例如:在空间直角坐标系 $Oxyz$ 中,方程 $x^2 + y^2 = R^2$ 表示一个圆柱面,它以 xy 平面上的圆

$$\begin{cases} x^2 + y^2 = R^2, \\ z = 0 \end{cases}$$

为准线,母线平行于 z 轴.

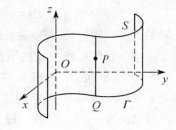

图 7-5

同理,方程 $g(y,z) = 0$ 表示母线平行于 x 轴的柱面,其准线为 yz 平面上的曲线

$$\begin{cases} g(y,z) = 0, \\ x = 0. \end{cases}$$

4. 二次曲面

在空间直角坐标系 $Oxyz$ 中,由 x,y,z 的二次方程

$$a_{11}x^2 + a_{22}y^2 + a_{33}z^2 + 2a_{12}xy + 2a_{13}xz + 2a_{23}yz$$
$$+ 2a_1 x + 2a_2 y + 2a_3 z + a_0 = 0 \tag{7.6}$$

(其中二次项系数 $a_{ij}(i,j = 1,2,3)$ 不全为 0) 所表示的图形称为**二次曲面**.

方程

$$\frac{x^2}{a^2} + \frac{y^2}{b^2} + \frac{z^2}{c^2} = 1 \qquad (7.7)$$

的图形是一个**椭球面**，原点 O 是它的中心，三个坐标平面是它的对称平面，三个坐标轴是它的对称轴，它们与椭球面的交点分别为 $(\pm a, 0, 0)$，$(0, \pm b, 0)$，$(0, 0, \pm c)$（如图 7-6）.

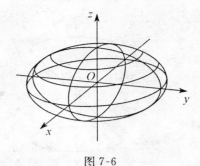

图 7-6

方程

$$x^2 + y^2 = 2pz \qquad (7.8)$$

的图形是一个**旋转抛物面**（当 $p > 0$ 时，如图 7-7（a））.

探照灯和汽车前灯的反光镜镜面就是这种曲面（图 7-7（b）），在其焦点处的光源所发出的光线经反射后成为一束平行光线.

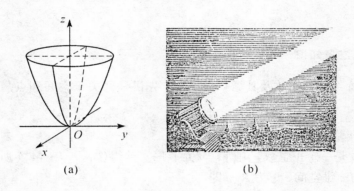

(a)　　　　　　　　　　　(b)

图 7-7

方程

$$x^2 + y^2 = k^2 z^2 \quad (k > 0) \qquad (7.9)$$

表示一个**圆锥面**，其顶点为原点 O，对称轴为 z 轴. 如图 7-8，其中点 M 是锥面上的点，$\tan\varphi = k$，2φ 为锥面的顶角.

方程

$$y^2 - x^2 = 2pz \quad (p > 0) \qquad (7.10)$$

的图形称为**双曲抛物面**（或**马鞍面**），其图形如图 7-9，原点 O 称为**鞍点**.

其他几种二次曲面除退化为一对平面、一条直线和一个点外，还有一般的二次锥面、二次柱面、椭圆抛物面、单叶和双叶双曲面，在此不一一介绍.

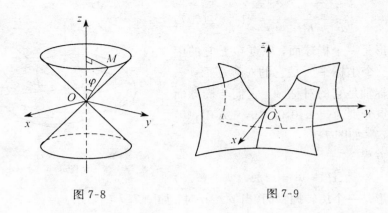

图 7-8   图 7-9

7.2   多元函数的基本概念

7.2.1   准备知识

在介绍多元函数及其微积分之前，先讲一些关于空间和点集的准备知识.

1. n 维空间 $\mathbf{R}^n$

设 n 是一个正整数，由所有 n 元有序实数组 $(x_1, x_2, \cdots, x_n)$ 所构成的集合，称为 n **维空间**，记为 $\mathbf{R}^n$，即
$$\mathbf{R}^n = \{(x_1, x_2, \cdots, x_n) \mid x_1, x_2, \cdots, x_n \in \mathbf{R}\}.$$
$\mathbf{R}^n$ 中的元素 $(x_1, x_2, \cdots, x_n)$ 称为 $\mathbf{R}^n$ 中的**点**，通常以 P 表示，可以写成 $P(x_1, x_2, \cdots, x_n) \in \mathbf{R}^n$，$x_i (i = 1, 2, \cdots, n)$ 称为点 P 的**第 i 个坐标**，点 $O(0, 0, \cdots, 0)$ 称为 $\mathbf{R}^n$ 的**坐标原点**.

$\mathbf{R}^n$ 中任意两点 $P(x_1, x_2, \cdots, x_n)$ 和 $Q(y_1, y_2, \cdots, y_n)$ 之间的距离 $|PQ|$ 规定为
$$|PQ| = \sqrt{(y_1 - x_1)^2 + (y_2 - x_2)^2 + \cdots + (y_n - x_n)^2}.$$
$|PQ|$ 也可记为 $\rho(P, Q)$.

例如：在平面上引进直角坐标系 Oxy 后，平面上的每个点 P 可以用它的直角坐标 (x, y) 表示；反之，任意有序实数对 (x, y) 总可以作为平面上一个点的坐标. 所以平面可以看成 2 维空间 $\mathbf{R}^2$. 同样，在空间中引进直角坐标系 $Oxyz$ 后，空间中的点 P 可以与 3 元有序实数组 (x, y, z) 建立一一对应关系，(x, y, z) 就是 P 的坐标，从而通常的空间可以看成 3 维空间 $\mathbf{R}^3$. $\mathbf{R}^n$ 中两点的

距离公式可以看成平面上或空间中用坐标计算两点之间距离的公式的推广.

2. 平面上的邻域和区域

设点 $P_0(x_0, y_0) \in \mathbf{R}^2$，以 P_0 为中心、$\delta > 0$ 为半径的圆的内部(不包括圆周)称为点 P_0 的 δ 邻域，记为 $U(P_0, \delta)$ 或 $U_\delta(P_0)$，即

$$U(P_0, \delta) = \{P \mid |P_0P| < \delta\}$$
$$= \{(x, y) \mid (x - x_0)^2 + (y - y_0)^2 < \delta^2\}.$$

$U(P_0, \delta)$ 去掉点 P_0 称为点 P_0 的去心 δ 邻域，记为 $\mathring{U}(P_0, \delta)$ 或 $\mathring{U}_\delta(P_0)$，所以

$$\mathring{U}(P_0, \delta) = U(P_0, \delta) - \{P_0\} = \{P \mid 0 < |P_0P| < \delta\}$$
$$= \{(x, y) \mid 0 < (x - x_0)^2 + (y - y_0)^2 < \delta^2\}.$$

若不需要指出邻域的半径 δ，也可以将点 P_0 的邻域和去心邻域简单地记为 $U(P_0)$ 和 $\mathring{U}(P_0)$.

平面上的点集 E 称为**开集**，如果对任意一点 $P \in E$，都有 P 的一个邻域 $U(P) \subset E$.

平面上的点集 E 称为**连通集**，如果对于 E 中任意两点 P, Q 都可以用包含在 E 中的折线连接 P 和 Q.

平面上的连通开集称为平面的**开区域**(或简称区域).

例 1 设有集合

$$E_1 = \{(x, y) \mid x^2 + y^2 \leqslant 1\},$$
$$E_2 = \{(x, y) \mid |x| < |y|\},$$
$$E_3 = \{(x, y) \mid 1 < x^2 + y^2 < 4\}.$$

E_1 是一个圆盘，有边，边是圆周 $x^2 + y^2 = 1$，它不是开集，因为对于边上的任意点，没有一个邻域完全包含在 E_1 中，E_1 是连通的.

E_2 如图 7-10 (a) 所示，它是夹于两条直线 $x = y$ 和 $x = -y$ 之间的上、下部分，不包含这两条直线，E_2 是开的，但不连通，因为 E_2 中点 $(0, 1)$，

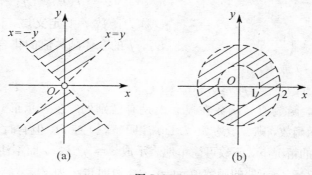

(a)   (b)

图 7-10

$(0,-1)$ 不能用含于 E_2 的折线连接, 所以不是一个开区域.

E_3 如图 7-10 (b) 所示, 是一个圆环, 两个圆周 $x^2+y^2=1$ 和 $x^2+y^2=4$ 都不属于 E_3. E_3 是开的, 又是连通的, 所以是一个区域.

7.2.2 多元函数的概念

在许多实际问题中常常会遇到多个变量之间的依赖关系.

如长为 x、宽为 y 的矩形, 其面积

$$A = xy.$$

又如一圆柱体的底半径 r、高 h 和它的体积 V 之间有关系

$$V = \pi r^2 h.$$

在经济学中, 若 Y 表示国民收入, Z 表示居民人均消费收入, P 表示总人口数, 则有

$$Z = S_1 S_2 \frac{Y}{P},$$

其中 S_1 表示消费率, 即国民收入中用于消费的比例, S_2 表示居民消费率, 即消费总额中用于居民消费所占的比例, S_1 和 S_2 都是常数, Y, P 和 Z 是变量.

定义 1 设集合 $D \subset \mathbf{R}^2$, $D \neq \emptyset$. 若有一个映射(对应规则) f, 它使得 D 中的每一点 $P(x, y)$ 都有唯一的一个实数 z 与之对应(如图 7-11), 则称 f 为定义在 D 上的一个二元函数, 记为

$$z = f(x, y) \quad ((x, y) \in D), \tag{7.11}$$

或 $z = f(P)$ $(P \in D)$. x, y 称为函数 f 的**自变量**, z 称为**因变量**. 在对应规则 f 下, 与点 $P(x, y)$ 对应的 z 的值称为**函数 f 在点 P 处的函数值**, 记为 $f(P)$ 或 $f(x, y)$, 即

$$z = f(P) = f(x, y).$$

D 称为函数 f 的**定义域**, 记为 $D(f)$ 或 D_f, f 的全体函数值的集合称为 f 的**值**

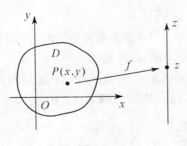

图 7-11

域, 记为 $R(f)$ 或 R_f, 所以

$$R(f) = \{ f(x, y) \mid (x, y) \in D \} = \{ f(P) \mid P \in D \}.$$

要注意, 函数值与函数在概念上是有区别的. 在表示形式上, 若 $z = f(x, y)$ 表示函数, 则一般应如 (7.11) 注明 $(x, y) \in D$, 但有时为了方便, 在不引起混淆的情况下, 函数可简单地表示成 $z = f(x, y)$ 而不注明其定义域. 函数 f 在点 (x_0, y_0) 处的函数值 $f(x_0, y_0)$ 有时也记为 $z|_{(x_0, y_0)}$, 即

$$z|_{(x_0,y_0)} = f(x_0,y_0).$$

类似地可定义三元函数,这时集合 $D \subset \mathbf{R}^3$, $D \neq \varnothing$, 三元函数可表示为

$$u = f(P) = f(x,y,z) \quad (P(x,y,z) \in D).$$

n 元函数可表示为

$$u = f(P) = f(x_1,x_2,\cdots,x_n) \quad (P(x_1,x_2,\cdots,x_n) \in D),$$

其中集合 $D \subset \mathbf{R}^n$, $D \neq \varnothing$.

例 2 在西方经济学中,设 K,L 依次表示资本数量和劳动力数量,Y 表示生产量,则著名的科布 - 道格拉斯(Cobb-Douglas)生产函数为

$$Y = AK^\alpha L^\beta \quad (K > 0, L > 0),$$

其中 A,α,β 均为常数,这是一个二元函数,其定义域为

$$D = \{(K,L) \mid K > 0, L > 0\}.$$

例 3 求下列函数的自然定义域:

1) $f(x,y) = \ln(x-y)$; 　　　　2) $g(x,y) = \arccos\dfrac{y}{x}$;

3) $h(x,y) = \arcsin\dfrac{x^2+y^2}{4} + \dfrac{1}{\sqrt{y-x}}$.

解 1) $D(f) = \{(x,y) \mid x-y > 0\}$, 如图 7-12 (a), 是直线 $x-y=0$ 的右下方, 因点 $(1,0) \in D(f)$.

2) $D(g) = \left\{(x,y) \,\middle|\, \left|\dfrac{y}{x}\right| \leqslant 1\right\} = \{(x,y) \mid |y| \leqslant |x|, \ x \neq 0\}$, 如图 7-12 (b), 表示夹于两直线 $x-y=0$ 和 $x+y=0$ 之间包含点 $(1,0)$ 的部分, D 含有边界线 $x-y=0$ 和 $x+y=0$, 但不含原点 O.

3) $D(h) = \{(x,y) \mid x^2+y^2 \leqslant 4, \ y > x\}$, 如图 7-12 (c), 表示圆周 $x^2+y^2=4$ 的内部与直线 $x-y=0$ 之左上方的部分, 包含半个圆周, 但不包含 $x-y=0$ 上的直径.

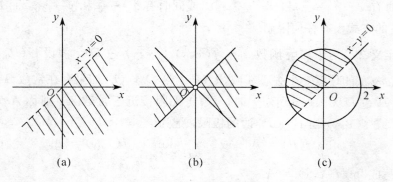

(a)　　　　　　　(b)　　　　　　　(c)

图 7-12

$D(f)$ 是一个区域；$D(g)$ 和 $D(h)$ 都不是区域，因为它们都不是开集.

函数 $z = f(x,y)$ $((x,y) \in D)$ 的图像

$$S = \{(x,y,f(x,y)) \mid (x,y) \in D\}$$

一般表示空间中的一块曲面：在空间直角坐标系 $Oxyz$ 中，(x,y) 可看成 xy

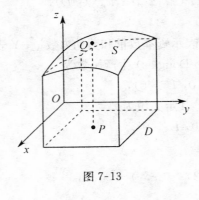

平面上点 P 的坐标，由函数 $z = f(x,y)$ 唯一确定空间中的一点

$$Q(x,y,f(x,y)).$$

当点 P 遍历函数的定义域 D 时，Q 变动的轨迹 S 一般形成空间中的一张曲面（如图 7-13）.

例如：函数 $z = x^2 + y^2$ 的图形是一个旋转抛物面；函数 $z = \sqrt{R^2 - x^2 - y^2}$ 表示中心为原点 O、半径为 R 的上半个球面，$z = -\sqrt{R^2 - x^2 - y^2}$ 表示下半个球

图 7-13

面；函数 $z = \sqrt{x^2 + y^2}$ 表示以原点 O 为顶点、z 轴为对称轴的圆锥面的上半部分，$z = -\sqrt{x^2 + y^2}$ 表示下半个圆锥面，整个圆锥面的方程是

$$x^2 + y^2 - z^2 = 0.$$

7.2.3 二元函数的极限

在第二章中，一元函数的极限过程用 $x \to x_0$ 或 $x \to \infty$ 描述. 对于二元函数，只考虑有限的情形（即 x, y 分别趋向一个确定值）. 在平面上，说点 $P(x,y)$ **无限趋近于点** $P_0(x_0, y_0)$，即 $P \to P_0$ 或 $(x,y) \to (x_0, y_0)$，其含义是

$$|P_0 P| = \sqrt{(x - x_0)^2 + (y - y_0)^2} \to 0,$$

即同时有 $x - x_0 \to 0$ 和 $y - y_0 \to 0$，或同时有 $x \to x_0$ 和 $y \to y_0$，而 P 趋向于 P_0 的方式没有任何限制.

定义 2 对于二元函数 $z = f(x,y)$ $((x,y) \in D)$，假设 $\mathring{U}(P_0)$ 为点 $P_0(x_0, y_0)$ 的任意一个去心邻域，$\mathring{U}(P_0) \bigcap D \neq \varnothing$. 如果存在常数 A，当点 $P(x,y) \in D$ 无限趋近于 P_0 时，$f(P)$ 无限接近于常数 A，则称 A 为函数 $f(P)$ 或 $f(x,y)$ 当 $P \to P_0$ 时的**极限**，记为

$$\lim_{P \to P_0} f(P) = A \quad \text{或} \quad \lim_{(x,y) \to (x_0, y_0)} f(x,y) = A, \tag{7.12}$$

也可写成 $\lim\limits_{\substack{x \to x_0 \\ y \to y_0}} f(x,y) = A.$

注 1) 定义中的点 $P_0(x_0, y_0)$ 可以属于 D，也可以不属于 D.

2) 定义中假定 $\mathring{U}(P_0) \bigcap D \neq \varnothing$，是为了保证在 $P \to P_0$ 的过程中，$f(P)$ 或 $f(x, y)$ 有意义.

二元函数的极限称为**二重极限**.

例 4 判断下列函数当 $P(x, y) \to O(0, 0)$ 时极限是否存在：

1) $f(x, y) = \dfrac{x^2 y^2}{x^2 + y^2}$ $((x, y) \in \mathbf{R}^2 - \{O\})$;

2) $g(x, y) = \dfrac{xy}{x^2 + y^2}$ $((x, y) \in \mathbf{R}^2 - \{O\})$.

解 1) 因为

$$0 \leqslant f(x, y) = \frac{x^2 y^2}{x^2 + y^2} \leqslant \frac{x^2 y^2 + x^4}{x^2 + y^2} = x^2,$$

而 $\lim\limits_{(x,y) \to (0,0)} x^2 = 0$，故 $\lim\limits_{(x,y) \to (0,0)} f(x, y) = 0$.

2) 如果点 $P(x, y)$ 沿 x 轴趋近于原点 O，即 $y = 0$，$x \to 0$，则

$$\lim_{(x,0) \to (0,0)} g(x, y) = \lim_{x \to 0} \frac{x \cdot 0}{x^2 + 0^2} = 0.$$

同样，当点 $P(x, y)$ 沿 y 轴趋近点 O，即 $x = 0$，$y \to 0$ 时

$$\lim_{(0,y) \to (0,0)} g(x, y) = \lim_{y \to 0} \frac{0 \cdot y}{0^2 + y^2} = 0.$$

但当 $P(x, y)$ 沿着斜率为 k 的直线 $y = kx$ 趋近于点 O 时

$$\lim_{(x,y) \to (0,0)} \frac{xy}{x^2 + y^2} = \lim_{x \to 0} \frac{x \cdot kx}{x^2 + k^2 x^2} = \frac{k}{1 + k^2}.$$

由此可见，当 $P(x, y)$ 以不同的方式趋近 O 点时，$g(x, y)$ 会无限趋近于不同的值，故按定义，$\lim\limits_{P \to O} g(P)$ 不存在.

这个例子表明，二元函数的极限比一元函数复杂.

二元函数的极限概念可以推广到 $n (n > 2)$ 元函数.

7.2.4 二元函数的连续性

定义 3 设二元函数 $f(P) = f(x, y)$ 的定义域为 D，点 $P_0(x_0, y_0) \in D$，$\mathring{U}(P_0)$ 是 P_0 的任一去心邻域，$\mathring{U}(P_0) \bigcap D \neq \varnothing$，如果当点 $P(x, y)$ 无限趋近于 P_0 时，$f(P)$ 无限趋近于 $f(P_0)$，即

$$\lim_{P \to P_0} f(P) = f(P_0) \quad 或 \quad \lim_{(x,y) \to (x_0,y_0)} f(x, y) = f(x_0, y_0), \quad (7.13)$$

则称函数 $f(P)$ 在点 P_0 **连续**.

(7.13) 等价于 $\lim\limits_{P \to P_0} (f(P) - f(P_0)) = 0$ 或

$$\lim_{(x,y)\to(x_0,y_0)} (f(x,y) - f(x_0,y_0)) = 0.$$

如果二元函数 $f(P)$ 在 D 的每一点都连续，则称 $f(P)$ **在 D 上连续**，或 $f(P)$ 是 D 上的**连续函数**.

例 5 如例 4，对于二元函数

$$f(x,y) = \begin{cases} \dfrac{x^2 y^2}{x^2 + y^2}, & x^2 + y^2 \neq 0; \\ 0, & x^2 + y^2 = 0 \end{cases}$$

和

$$g(x,y) = \begin{cases} \dfrac{xy}{x^2 + y^2}, & x^2 + y^2 \neq 0; \\ 0, & x^2 + y^2 = 0, \end{cases}$$

因为 $\lim\limits_{(x,y)\to(0,0)} f(x,y) = 0 = f(0,0)$，故 $f(x,y)$ 在点 O 连续. 而 $\lim\limits_{(x,y)\to(0,0)} g(x,y)$ 不存在，故 $g(x,y)$ 在点 O 不连续.

如果函数 $f(x,y)$ 在点 $P_0(x_0,y_0)$ 不连续，则称 P_0 是 $f(x,y)$ 的**间断点**.

例 5 中的点 O 是 $g(x,y)$ 的间断点，又如函数

$$h(x,y) = \ln|y - x^2|,$$

其定义域为 $D = \{(x,y)\,|\,y - x^2 \neq 0\}$，抛物线 $y = x^2$ 上的任意一点都是 $h(x,y)$ 的间断点.

二元函数的连续性概念不难推广到 $n\,(n > 2)$ 元函数.

由 x 的初等函数和 y 的初等函数经过有限次四则运算和复合运算得到的可用一个解析式表示的二元函数，统称为**二元初等函数**，类似地可定义多元初等函数.

所有多元初等函数在其定义域内都是连续函数.

7.3　偏　导　数

在一元函数微分学中，导数定义为因变量对自变量的变化率. 对于多元函数，由于自变量多于一个，因变量与自变量的关系比一元函数要复杂得多. 在考虑多元函数的因变量对自变量的变化率时，最简单而基本的是因变量对一个自变量的变化率，这时其余的自变量都看成常数，这就导致多元函数的偏导数概念.

7.3.1 二元函数的偏导数

定义 给定二元函数 $z = f(x,y)$ $((x,y) \in D)$，假设点 $P_0(x_0, y_0)$ 有邻域 $U(P_0) \subset D$，将 y 取定为 y_0，x 在点 x_0 有增量 Δx $((x_0 + \Delta x, y_0) \in U(P_0))$，相应地函数有增量

$$\Delta_x z = f(x_0 + \Delta x, y_0) - f(x_0, y_0).$$

如果

$$\lim_{\Delta x \to 0} \frac{\Delta_x z}{\Delta x} = \lim_{\Delta x \to 0} \frac{f(x_0 + \Delta x, y_0) - f(x_0, y_0)}{\Delta x}$$

存在，则称此极限为函数 $f(x,y)$ **在点** $P_0(x_0, y_0)$ **处对** x **的偏导数**，记为

$$\left. \frac{\partial z}{\partial x} \right|_{(x_0, y_0)}, \ \text{或} \left. \frac{\partial f}{\partial x} \right|_{(x_0, y_0)}, \ \text{或} \ z'_x(x_0, y_0), \ \text{或} \ f'_x(x_0, y_0).$$

$\Delta_x z$ 称为函数 $f(x,y)$ 在点 $P_0(x_0, y_0)$ 对 x 的**偏增量**.

所以，若记 $x = x_0 + \Delta x$，则有

$$f'_x(x_0, y_0) = \lim_{\Delta x \to 0} \frac{\Delta_x z}{\Delta x} = \lim_{\Delta x \to 0} \frac{f(x_0 + \Delta x, y_0) - f(x_0, y_0)}{\Delta x}$$

$$= \lim_{x \to x_0} \frac{f(x, y_0) - f(x_0, y_0)}{x - x_0}. \tag{7.14}$$

同样，$f(x,y)$ 在点 $P_0(x_0, y_0)$ 对 y 的偏增量为

$$\Delta_y z = f(x_0, y_0 + \Delta y) - f(x_0, y_0),$$

$f(x,y)$ 在点 P_0 对 y 的偏导数为

$$f'_y(x_0, y_0) = \lim_{\Delta y \to 0} \frac{\Delta_y z}{\Delta y} = \lim_{\Delta y \to 0} \frac{f(x_0, y_0 + \Delta y) - f(x_0, y_0)}{\Delta y}$$

$$= \lim_{y \to y_0} \frac{f(x_0, y) - f(x_0, y_0)}{y - y_0}. \tag{7.15}$$

它也可记为 $\left. \dfrac{\partial z}{\partial y} \right|_{(x_0, y_0)}, \ \text{或} \left. \dfrac{\partial f}{\partial y} \right|_{(x_0, y_0)}, \ \text{或} \ z'_y(x_0, y_0), \ \text{或} \ f'_y(x_0, y_0)$.

由定义可以看到，$f'_x(x_0, y_0)$ 实际上就是 x 的一元函数 $f(x, y_0)$ 在 x_0 点的导数，$f'_y(x_0, y_0)$ 就是 y 的一元函数 $f(x_0, y)$ 在 y_0 点的导数.

如果函数 $z = f(x,y)$ 在区域 D 中的每一点 (x,y) 对 x 的偏导数 $f'_x(x,y)$ 都存在，则 $f'_x(x,y)$ 就是 x, y 的函数，它称为函数 $f(x,y)$ **对** x **的偏导函数**. 同样可以定义 $f(x,y)$ **对** y **的偏导函数** $f'_y(x,y)$，它们也可分别记为

$$z'_x, \ f'_x, \ \frac{\partial z}{\partial x} \ \text{或} \ \frac{\partial f}{\partial x} \quad \text{和} \quad z'_y, \ f'_y, \ \frac{\partial z}{\partial y} \ \text{或} \ \frac{\partial f}{\partial y}.$$

在不引起混淆时，常将偏导函数简称为**偏导数**.

所以，$f(x,y)$ 对 x（或 y）的偏导函数 $f_x'(x,y)$（$f_y'(x,y)$）就是把 $f(x,y)$ 中的 y（或 x）看成常数对 x（或 y）求导数，从而偏导数计算实际上就是一元函数的导数计算.

由此可见，$f(x,y)$ 在点 (x_0,y_0) 对 x 的偏导数 $f_x'(x_0,y_0)$ 就是偏导函数 $f_x'(x,y)$ 在点 (x_0,y_0) 的值，对 y 的偏导数 $f_y'(x_0,y_0)$ 就是偏导函数 $f_y'(x,y)$ 在点 (x_0,y_0) 的值，即

$$f_x'(x_0,y_0) = f_x'(x,y)\big|_{(x_0,y_0)},$$

$$f_y'(x_0,y_0) = f_y'(x,y)\big|_{(x_0,y_0)}.$$

二元函数的偏导数概念可以推广到一般的多元函数.

例 1 设 $z = x^2 y e^y$，求 z_x', z_y' 和 $z_x'\big|_{(1,0)}, z_y'\big|_{(1,0)}$.

解 把 $x^2 y e^y$ 中的 y 看成常数，对 x 求导，即得

$$z_x' = 2xy e^y.$$

同样，$z_y' = x^2 e^y + x^2 y e^y = x^2(1+y)e^y$. 所以

$$z_x'\big|_{(1,0)} = z_x'(1,0) = 2 \cdot 1 \cdot 0 \cdot e^0 = 0,$$

$$z_y'\big|_{(1,0)} = z_y'(1,0) = 1^2 \cdot (1+0) \cdot e^0 = 1.$$

$z_x'(1,0)$ 和 $z_y'(1,0)$ 也可以按定义直接计算如下：

由于当 $y=0$ 时 $z=0$，当 $x=1$ 时 $z=y e^y$，故

$$z_x'(1,0) = \frac{\mathrm{d}z(x,0)}{\mathrm{d}x}\bigg|_{x=1} = 0,$$

$$z_y'(1,0) = \frac{\mathrm{d}z(1,y)}{\mathrm{d}y}\bigg|_{y=0} = (y e^y)'\big|_{y=0}$$

$$= (e^y + y e^y)\big|_{y=0} = e^0 + 0 = 1.$$

例 2 设 $\varphi(x,y) = xy + \dfrac{x}{x^2+y^2}$（$(x,y) \neq (0,0)$），求 $\varphi_x'(0,1)$ 和 $\varphi_y'(0,1)$.

解 $\varphi_x'(x,y) = y + \dfrac{(x^2+y^2) \cdot 1 - x \cdot 2x}{(x^2+y^2)^2} = y + \dfrac{y^2-x^2}{(x^2+y^2)^2}$,

$$\varphi_y'(x,y) = x + \frac{-x \cdot 2y}{(x^2+y^2)^2} = x - \frac{2xy}{(x^2+y^2)^2}.$$

所以

$$\varphi_x'(0,1) = \varphi_x'(x,y)\big|_{(0,1)} = 2,$$

$$\varphi_y'(0,1) = \varphi_y'(x,y)\big|_{(0,1)} = 0.$$

$\varphi_x'(0,1), \varphi_y'(0,1)$ 也可直接计算如下：

$$\varphi_x'(0,1) = (\varphi(x,1))'\big|_{x=0} = \left(x + \frac{x}{x^2+1}\right)'\bigg|_{x=0}$$

$$= \left[1 + \frac{x^2 + 1 - x \cdot 2x}{(x^2+1)^2}\right]\Big|_{x=0}$$

$$= \left[1 + \frac{1 - x^2}{(x^2+1)^2}\right]\Big|_{x=0} = 2,$$

$$\varphi'_y(0,1) = (\varphi(0,y))'\big|_{y=1} = 0'\big|_{y=1} = 0.$$

这两种方法计算的结果相同.

例 3 求下列函数对 x 和 y 的偏导数:

1) $z = (1+3y)^{4x}$;   2) $z = (\ln y)^{xy}$;

3) $z = x^{2y} + y^{2x}$;   4) $z = \tan\left(\frac{y}{x} + \frac{x}{y}\right)$.

解 1) 若将 y 看成常数,则 z 是 x 的指数函数;若将 x 看成常数,则 z 是 $1+3y$ 的幂函数,所以

$$z'_x = (1+3y)^{4x} \cdot \ln(1+3y) \cdot 4 = 4(1+3y)^{4x}\ln(1+3y),$$

$$z'_y = 4x(1+3y)^{4x-1} \cdot 3 = 12x(1+3y)^{4x-1}.$$

2) $z'_x = (\ln y)^{xy}(\ln\ln y) \cdot y = y(\ln y)^{xy}\ln\ln y,$

$$z'_y = (e^{\ln(\ln y)^{xy}})'_y = (e^{xy\ln\ln y})'_y$$

$$= e^{xy\ln\ln y}\left(x\ln\ln y + xy \cdot \frac{1}{\ln y} \cdot \frac{1}{y}\right)$$

$$= (\ln y)^{xy}\left(x\ln\ln y + \frac{x}{\ln y}\right).$$

3) $z'_x = 2yx^{2y-1} + y^{2x}(\ln y) \cdot 2 = 2\left(\frac{y}{x}x^{2y} + y^{2x}\ln y\right).$

利用函数对 x, y 的对称性,可得

$$z'_y = 2\left(\frac{x}{y}y^{2x} + x^{2y}\ln x\right).$$

4) 设 $u = \frac{y}{x} + \frac{x}{y}$,则 $z = \tan u$. 将 z 对 x 求偏导数时,y 要看成常数,这时 u 成为 x 的函数,用复合函数求导法则,

$$z'_x = \sec^2 u \cdot u'_x = \sec^2\left(\frac{y}{x} + \frac{x}{y}\right)\left(-\frac{y}{x^2} + \frac{1}{y}\right).$$

同样,

$$z'_y = \sec^2\left(\frac{y}{x} + \frac{x}{y}\right)\left(\frac{1}{x} - \frac{x}{y^2}\right).$$

例 4* 设

$$z = g(x,y) = \begin{cases} \dfrac{xy}{x^2+y^2}, & x^2+y^2 > 0; \\ 0, & x^2+y^2 = 0, \end{cases}$$

求 $g'_x(x,y), g'_y(x,y)$.

解 $g(x,y)$ 不是二元初等函数.

当点 $P(x,y)$ 不是原点 O 时

$$g'_x(x,y) = \frac{y(x^2+y^2)-xy\cdot 2x}{(x^2+y^2)^2} = \frac{y(y^2-x^2)}{(x^2+y^2)^2},$$

$$g'_y(x,y) = \frac{x(x^2+y^2)-xy\cdot 2y}{(x^2+y^2)^2} = \frac{x(x^2-y^2)}{(x^2+y^2)^2}.$$

由于 $g(x,y)$ 对 x,y 是对称的, 即当 x,y 互换时函数不变, 故 $g'_y(x,y)$ 也可通过将

$$g'_x(x,y) = \frac{y(y^2-x^2)}{(x^2+y^2)^2}$$

中的 x,y 互换得到.

在原点 O 的两个偏导数 $g'_x(0,0), g'_y(0,0)$ 如何?

在上面得到的 $g'_x(x,y)$ 和 $g'_y(x,y)$ 中把 $x=0, y=0$ 代入, 结果无意义. 这是因为在计算 $g'_x(x,y), g'_y(x,y)$ 时先假定了 $P(x,y)$ 不是原点.

但是, 按定义计算, 有

$$g'_x(0,0) = \lim_{\Delta x \to 0} \frac{\frac{(0+\Delta x)\cdot 0}{(0+\Delta x)^2+0^2}-0}{\Delta x} = 0.$$

同样

$$g'_y(0,0) = \lim_{y \to 0} \frac{\frac{0\cdot y}{0^2+y^2}-0}{y-0} = 0.$$

总之,

$$g'_x(x,y) = \begin{cases} \dfrac{y(y^2-x^2)}{(x^2+y^2)^2}, & x^2+y^2 > 0; \\ 0, & x^2+y^2 = 0. \end{cases}$$

$$g'_y(x,y) = \begin{cases} \dfrac{x(x^2-y^2)}{(x^2+y^2)^2}, & x^2+y^2 > 0; \\ 0, & x^2+y^2 = 0. \end{cases}$$

由此可见, 即使 $g'_x(0,0)$ 和 $g'_y(0,0)$ 都存在, 函数 $g(x,y)$ 在点 $O(0,0)$ 可以不连续(见 7.2 节例 5).

7.3.2 偏导数在经济学中的简单应用

与一元经济函数的弹性分析相类似, 可建立多元函数的弹性分析, 这种弹性称为**偏弹性**. 它们在经济学中有广泛的应用.

设甲、乙是两种有某种关系的商品,其价格和需求量依次为 p_1, p_2 和 $q_1,$ $q_2.$ Y 表示消费者收入,需求函数为

$$q_1 = q_1(p_1, p_2, Y), \quad q_2 = q_2(p_1, p_2, Y).$$

则 $\dfrac{\partial q_1}{\partial p_1}, \dfrac{\partial q_2}{\partial p_2}$ 依次是 q_1, q_2 关于其自身价格 p_1, p_2 的边际需求,而 $\dfrac{\partial q_1}{\partial p_2}$ 则表示 q_1 关于相关商品价格 p_2 的边际需求,即当乙的价格 p_2 变动时商品甲的需求量的变化率. 对 $\dfrac{\partial q_2}{\partial p_1}$ 有类似的意义. 此外,$\dfrac{\partial q_i}{\partial Y}$ $(i=1,2)$ 表示 q_i 对 Y 的边际需求.

若乙的价格 p_2 和消费者收入 Y 不变,则当甲的价格 p_1 变动时甲和乙的需求量 q_1, q_2 关于 p_1 的偏弹性为

$$E_{11} = \lim_{\Delta p_1 \to 0} \frac{\Delta_1 q_1 / q_1}{\Delta p_1 / p_1} = \frac{p_1}{q_1} \frac{\partial q_1}{\partial p_1} = \frac{\partial \ln q_1}{\partial \ln p_1},$$

$$E_{21} = \lim_{\Delta p_1 \to 0} \frac{\Delta_1 q_2 / q_2}{\Delta p_1 / p_1} = \frac{p_1}{q_2} \frac{\partial q_2}{\partial p_1} = \frac{\partial \ln q_2}{\partial \ln p_1},$$

其中 $\Delta_1 q_i = q_i(p_1 + \Delta p_1, p_2, Y) - q_i(p_1, p_2, Y)$ $(i=1,2)$.

类似地,当 p_1 和 Y 不变而 p_2 变动时,有偏弹性

$$E_{12} = \frac{p_2}{q_1} \frac{\partial q_1}{\partial p_2} = \frac{\partial \ln q_1}{\partial \ln p_2}, \quad E_{22} = \frac{p_2}{q_2} \frac{\partial q_2}{\partial p_2} = \frac{\partial \ln q_2}{\partial \ln p_2}.$$

E_{11}, E_{22} 依次是商品甲、乙的需求量对自身价格的偏弹性,称为**直接价格偏弹性**(或**自价格弹性**),而 $E_{12}(E_{21})$ 则是甲(乙)的需求量对乙(甲)的价格的偏弹性,它们称为**交叉价格偏弹性**(或**互价格弹性**).

这里需要注意的是,与在一元函数中所述的价格弹性不同,偏弹性 E_{ij} $(i, j = 1, 2)$ 可能有正有负,一般 $E_{ii} < 0$ $(i = 1, 2)$,即一种商品提价时其需求量会下降. 若 $|E_{ii}| > 1$,则表明该商品提价的百分数小于其需求量下降的百分数,通常可认为它是"奢侈品";若 $|E_{ii}| < 1$,则这种商品为"必需品". 又若 $E_{12} > 0$,则表明乙提价时甲的需求量也随之增加,所以甲可作为乙的代用品;而若 $E_{12} < 0$,则甲为乙的相关品(或互补品). E_{21} 的符号也有类似的经济意义.

除了上述 4 种偏弹性外,还有**需求收入偏弹性**

$$E_{iY} = \frac{Y}{q_i} \frac{\partial q_i}{\partial Y} = \frac{\partial \ln q_i}{\partial \ln Y} \quad (i = 1, 2).$$

若 $E_{1Y} > 0$,它表明随着消费者收入的增加对甲的需求量也增加,所以甲为正常品,而 $E_{1Y} < 0$ 则表明甲为低档品或劣质品. E_{2Y} 的符号也有类似的意义.

例5 设一商品的需求量 q_1 与其价格 p_1 和另一相关商品的价格 p_2 及消费者收入 y 有以下关系：

$$q_1 = Cp_1^{-\alpha}p_2^{-\beta}y^{\gamma}.$$

其中 C,α,β,γ 是常数，均大于0，求直接价格偏弹性 E_{11}，交叉价格偏弹性 E_{12} 及需求收入偏弹性 E_{1y}.

解 由计算偏弹性的公式，对上式两边取对数，有

$$\ln q_1 = \ln C - \alpha \ln p_1 - \beta \ln p_2 + \gamma \ln y,$$

所以

$$E_{11} = \frac{\partial \ln q_1}{\partial \ln p_1} = -\alpha, \quad E_{12} = \frac{\partial \ln q_1}{\partial \ln p_2} = -\beta, \quad E_{1y} = \frac{\partial \ln q_1}{\partial \ln y} = \gamma.$$

7.3.3 二阶偏导数

设函数 $z = f(x,y)$ 在区域 D 内有偏导数

$$z'_x = f'_x(x,y), \quad z'_y = f'_y(x,y),$$

它们都是 x,y 的函数，如果这些函数的偏导数存在，则称之为 $z = f(x,y)$ 的**二阶偏导数**.

按照对自变量求导的先后顺序的差异，有4个二阶偏导数：

$$\frac{\partial}{\partial x}\left(\frac{\partial z}{\partial x}\right) = \frac{\partial^2 z}{\partial x^2} = z''_{xx} = f''_{xx}(x,y),$$

$$\frac{\partial}{\partial y}\left(\frac{\partial z}{\partial x}\right) = \frac{\partial^2 z}{\partial x \partial y} = z''_{xy} = f''_{xy}(x,y),$$

$$\frac{\partial}{\partial x}\left(\frac{\partial z}{\partial y}\right) = \frac{\partial^2 z}{\partial y \partial x} = z''_{yx} = f''_{yx}(x,y),$$

$$\frac{\partial}{\partial y}\left(\frac{\partial z}{\partial y}\right) = \frac{\partial^2 z}{\partial y^2} = z''_{yy} = f''_{yy}(x,y).$$

z''_{xx}, z''_{yy} 有时也依次记为 z''_{x^2}, z''_{y^2}.

z''_{xy} 和 z''_{yx} 称为 $z = f(x,y)$ 的**混合偏导数**.

可以证明，如果 $z''_{xy}(x,y)$ 和 $z''_{yx}(x,y)$ 都是 x,y 的连续函数，则 $z''_{xy} = z''_{yx}$，即混合偏导数在连续条件下与对变量 x,y 求导的先后次序无关.

类似地可定义三阶和更高阶的偏导数，并且在高阶混合偏导数连续的条件下，也与对自变量求导的先后次序无关.

例6 求 $z = \mathrm{e}^{x^2 y}$ 的所有二阶偏导数.

解 $z'_x = \mathrm{e}^{x^2 y} \cdot 2xy = 2xy\mathrm{e}^{x^2 y}$, $z'_y = \mathrm{e}^{x^2 y} \cdot x^2 = x^2 \mathrm{e}^{x^2 y}$,

$$z''_{x^2} = (z'_x)'_x = 2y\mathrm{e}^{x^2 y} + 2xy\mathrm{e}^{x^2 y} \cdot 2xy = 2y(1 + 2x^2 y)\mathrm{e}^{x^2 y},$$

$$z''_{xy} = (z'_x)'_y = 2x\mathrm{e}^{x^2 y} + 2xy\mathrm{e}^{x^2 y} \cdot x^2 = 2x(1 + x^2 y)\mathrm{e}^{x^2 y},$$

$$z''_{yx} = (z'_y)'_x = 2xe^{x^2y} + x^2e^{x^2y} \cdot 2xy = 2x(1+x^2y)e^{x^2y},$$

$$z''_{y^2} = (z'_y)'_y = x^2e^{x^2y} \cdot x^2 = x^4e^{x^2y},$$

可见 $z''_{xy} = z''_{yx}$.

例 7　设 $z = x^2ye^y$，求 $z''_{xx}(1,0)$ 和 $z''_{xy}(1,0)$.

解　$z'_x = 2xye^y$，$z''_{x^2} = 2ye^y$，$z''_{xy} = 2x(1+y)e^y$，所以

$$z''_{x^2}(1,0) = 2ye^y|_{(1,0)} = 0,$$

$$z''_{xy}(1,0) = 2x(1+y)e^y|_{(1,0)} = 2.$$

例 8　证明：函数 $z = \ln\sqrt{x^2+y^2}$ 满足方程

$$\frac{\partial^2 z}{\partial x^2} + \frac{\partial^2 z}{\partial y^2} = 0.$$

证　$z = \ln\sqrt{x^2+y^2} = \dfrac{1}{2}\ln(x^2+y^2)$，故

$$z'_x = \frac{1}{2} \cdot \frac{1}{x^2+y^2} \cdot 2x = \frac{x}{x^2+y^2},$$

$$z''_{x^2} = \frac{x^2+y^2 - x \cdot 2x}{(x^2+y^2)^2} = \frac{y^2-x^2}{(x^2+y^2)^2}.$$

利用函数关于 x,y 的对称性，易知 $z''_{y^2} = \dfrac{x^2-y^2}{(x^2+y^2)^2}$. 从而

$$\frac{\partial^2 z}{\partial x^2} + \frac{\partial^2 z}{\partial y^2} = \frac{y^2-x^2}{(x^2+y^2)^2} + \frac{x^2-y^2}{(x^2+y^2)^2} = 0.$$

例 9*　设

$$g(x,y) = \begin{cases} \dfrac{x^3y}{x^2+y^2}, & (x,y) \neq (0,0); \\ 0, & (x,y) = (0,0). \end{cases}$$

求 $g''_{xy}(0,0)$ 和 $g''_{yx}(0,0)$.

解　当 $(x,y) \neq (0,0)$，即点 $P(x,y)$ 不是原点 O 时，

$$g'_x(x,y) = \frac{(x^2+y^2) \cdot 3x^2y - x^3y \cdot (2x)}{(x^2+y^2)^2}$$

$$= \frac{3x^2y}{x^2+y^2} - \frac{2x^4y}{(x^2+y^2)^2},$$

$$g'_y(x,y) = \frac{(x^2+y^2) \cdot x^3 - x^3y \cdot (2y)}{(x^2+y^2)^2}$$

$$= \frac{x^3}{x^2+y^2} - \frac{2x^3y^2}{(x^2+y^2)^2}.$$

当 $(x,y) = (0,0)$ 时，按定义，有

$$g'_x(0,0) = \lim_{\Delta x \to 0} \frac{g(0+\Delta x,0) - g(0,0)}{\Delta x} = 0,$$

$$g'_y(0,0) = \lim_{\Delta y \to 0} \frac{g(0,0+\Delta y) - g(0,0)}{\Delta y} = 0.$$

所以,由定义,有

$$g''_{xy}(0,0) = \lim_{\Delta y \to 0} \frac{g'_x(0,0+\Delta y) - g'_x(0,0)}{\Delta y} = \lim_{\Delta y \to 0} \frac{0}{\Delta y} = 0,$$

$$g''_{yx}(0,0) = \lim_{\Delta x \to 0} \frac{g'_y(0+\Delta x,0) - g'_y(0,0)}{\Delta x}$$

$$= \lim_{\Delta x \to 0} \frac{1}{\Delta x}\left[\frac{(\Delta x)^3}{(\Delta x)^2} - 0\right] = \lim_{\Delta x \to 0} \frac{(\Delta x)^3}{(\Delta x)^3} = 1.$$

可见 $g''_{xy}(0,0) \neq g''_{yx}(0,0)$,由此可知 $g''_{xy}(x,y)$ 和 $g''_{yx}(x,y)$ 在点$(0,0)$不连续.

7.4 全 微 分

7.4.1 全微分

在讲二元函数 $z = f(x,y)$ 在点 $P_0(x_0,y_0)$ 的偏导数时,曾用到 $f(x,y)$ 在点 P_0 对 x 和 y 的偏增量

$$\Delta_x z = f(x_0+\Delta x,y_0) - f(x_0,y_0),$$
$$\Delta_y z = f(x_0,y_0+\Delta y) - f(x_0,y_0).$$

由一元函数微分的概念,一元函数 $z = f(x,y_0)$ 在点 $x = x_0$ 的微分为 $f'_x(x_0, y_0)\Delta x$,一元函数 $z = f(x_0,y)$ 在点 $y = y_0$ 的微分为 $f'_y(x_0,y_0)\Delta y$,它们依次称为二元函数 $f(x,y)$ 在点 P_0 对 x 和 y 的**偏微分**,并有

$$\Delta_x z = f'_x(x_0,y_0)\Delta x + o(\Delta x),$$
$$\Delta_y z = f'_y(x_0,y_0)\Delta y + o(\Delta y).$$

但对于二元函数 $z = f(x,y)$,常常需要考虑它在点 $P_0(x_0,y_0)$ 的**全增量**

$$\Delta z = f(x_0+\Delta x,y_0+\Delta y) - f(x_0,y_0).$$

一般地说,Δz 的计算是比较复杂的. 我们先看一个简单的例子.

例1 对于长为 x、宽为 y 的矩形,其面积 $A = xy$. 当 x 和 y 各有增量 $\Delta x, \Delta y$ 时

$$\Delta A = (x+\Delta x)(y+\Delta y) - xy$$
$$= y\Delta x + x\Delta y + (\Delta x)(\Delta y).$$

若令 $\rho = \sqrt{(\Delta x)^2 + (\Delta y)^2}$,则 $(\Delta x, \Delta y) \to (0,0)$ 等价于 $\rho \to 0$,而当

$(\Delta x)(\Delta y) \neq 0$ 且 $(\Delta x, \Delta y) \to (0,0)$ 时

$$\frac{|\Delta x| |\Delta y|}{\rho} = \frac{|\Delta x| |\Delta y|}{\sqrt{(\Delta x)^2 + (\Delta y)^2}} = \frac{1}{\sqrt{\left(\frac{1}{\Delta x}\right)^2 + \left(\frac{1}{\Delta y}\right)^2}} \to 0.$$

故 $(\Delta x)(\Delta y) = o(\rho)$，从而

$$\Delta A = y \Delta x + x \Delta y + o(\rho) \approx y \Delta x + x \Delta y.$$

即用 $y \Delta x + x \Delta y$ 作为计算 ΔA 的近似值，所差的是 ρ 的高阶无穷小.

这种近似计算 ΔA 的方法具有普遍意义.

定义 设二元函数 $z = f(x,y)$ 在点 $P_0(x_0, y_0)$ 的一个邻域 $U(P_0)$ 中有定义，$P(x_0 + \Delta x, y_0 + \Delta y) \in U(P_0)$. 如果 $f(x,y)$ 在点 P_0 对于 $\Delta x, \Delta y$ 的全增量 $\Delta z = f(P) - f(P_0)$ 有

$$\Delta z = A(x_0, y_0) \Delta x + B(x_0, y_0) \Delta y + o(\rho), \tag{7.16}$$

其中 $o(\rho)$ 是 $\rho = \sqrt{(\Delta x)^2 + (\Delta y)^2} = |P_0 P|$ 的高阶无穷小，则称函数 $f(x,y)$ **在点 P_0 可微**（或**可微分**），并称 $A\Delta x + B\Delta y$ 为 $f(x,y)$ 在点 P_0 的**全微分**，记为 $\mathrm{d}z|_{P_0}$ 或 $\mathrm{d}f|_{P_0}$，即

$$\mathrm{d}z|_{P_0} = \mathrm{d}f|_{P_0} = A(x_0, y_0) \Delta x + B(x_0, y_0) \Delta y. \tag{7.17}$$

由于 $\mathrm{d}z|_{P_0}$ 对 $\Delta x, \Delta y$ 是一次的，而 Δz 与它仅差 ρ 的一个高阶无穷小，故 $\mathrm{d}z|_{P_0}$ 是 Δz 的线性主部.

至此自然会问：函数 $f(x,y)$ 在什么条件下在点 P_0 可微？(7.16) 中的 Δx 和 Δy 的系数 $A(x_0, y_0), B(x_0, y_0)$ 是什么？进一步，在点 P_0 可微与 $f(x,y)$ 在点 P_0 有偏导数和在点 P_0 连续有何关系？

下面两个定理回答了这些问题.

定理7.1 假设函数 $z = f(x,y)$ 在点 $P_0(x_0, y_0)$ 可微，则

1) $f(x,y)$ 在点 P_0 连续；

2) $f(x,y)$ 在点 P_0 必有偏导数 $f_x'(x_0, y_0)$ 和 $f_y'(x_0, y_0)$，且

$$A(x_0, y_0) = f_x'(x_0, y_0), \quad B(x_0, y_0) = f_y'(x_0, y_0).$$

证 1) 由于点 $P(x_0 + \Delta x, y_0 + \Delta y) \to P_0(x_0, y_0)$ 等价于 $(\Delta x, \Delta y) \to (0,0)$ 或 $\rho = \sqrt{(\Delta x)^2 + (\Delta y)^2} \to 0$，由 (7.16) 易知

$$\lim_{P \to P_0} (f(P) - f(P_0)) = \lim_{P \to P_0} \Delta z = \lim_{(\Delta x, \Delta y) \to (0,0)} \Delta z = 0.$$

故 $f(x,y)$ 在点 P_0 连续.

2) 当 $\Delta y = 0$ 时 $\Delta z = f(x_0 + \Delta x, y_0) - f(x_0, y_0) = \Delta_x z, \rho = |\Delta x|$，故由 (7.16) 有

$$\lim_{\Delta x \to 0} \frac{\Delta_x z}{\Delta x} = \lim_{\Delta x \to 0} \frac{A\Delta x + o(\rho)}{\Delta x} = A + \lim_{\Delta x \to 0} \frac{o(|\Delta x|)}{\Delta x} = A.$$

即 $f'_x(x_0, y_0)$ 存在且等于 $A(x_0, y_0)$.

同理可证 $f'_y(x_0, y_0) = B(x_0, y_0)$.

所以, 当函数 $f(x, y)$ 在点 $P_0(x_0, y_0)$ 可微时, (7.17) 可写成

$$dz|_{P_0} = df|_{P_0} = f'_x(x_0, y_0)\Delta x + f'_y(x_0, y_0)\Delta y.$$

因为自变量作为函数, 它的微分就是它的增量, 即 $dx = \Delta x$, $dy = \Delta y$, 故上式又可写成

$$dz|_{P_0} = df|_{P_0} = f'_x(x_0, y_0)dx + f'_y(x_0, y_0)dy. \tag{7.17}'$$

定理7.2 如果函数 $z = f(x, y)$ 在点 $P_0(x_0, y_0)$ 的一个邻域 $U(P_0)$ 上有定义, 两个偏导数 $\dfrac{\partial z}{\partial x}, \dfrac{\partial z}{\partial y}$ 存在且在点 P_0 连续, 则函数 $f(x, y)$ 在点 P_0 可微.

证 设 $f(x, y)$ 在点 x, y 分别有增量 $\Delta x, \Delta y$, 则函数的全增量

$$\Delta z = f(x + \Delta x, y + \Delta y) - f(x, y)$$
$$= (f(x + \Delta x, y + \Delta y) - f(x, y + \Delta y))$$
$$+ (f(x, y + \Delta y) - f(x, y)).$$

由一元函数的微分中值定理,

$$f(x + \Delta x, y + \Delta y) - f(x, y + \Delta y) = f'_x(\xi, y + \Delta y)\Delta x,$$
$$f(x, y + \Delta y) - f(x, y) = f'_y(x, \eta)\Delta y,$$

其中 ξ 介于 x 和 $x + \Delta x$, η 介于 y 和 $y + \Delta y$ 之间. 再由 $f'_x(x, y)$ 和 $f'_y(x, y)$ 的连续性,

$$f'_x(\xi, y + \Delta y) = f'_x(x, y) + o_1(\rho),$$
$$f'_y(x, \eta) = f'_y(x, y) + o_2(\rho),$$

其中 $o_1(\rho)$ 和 $o_2(\rho)$ 是 $\rho = \sqrt{(\Delta x)^2 + (\Delta y)^2}$ 的高阶无穷小. 所以

$$\Delta z = f'_x(x, y)\Delta x + f'_y(x, y)\Delta y + o_1(\rho)\Delta x + o_2(\rho)\Delta y,$$

当 $\rho \to 0$ 时

$$\left| o_1(\rho)\frac{\Delta x}{\rho} \right| \leqslant |o_1(\rho)| \to 0, \quad \left| o_2(\rho)\frac{\Delta x}{\rho} \right| \leqslant |o_2(\rho)| \to 0.$$

从而

$$o_1(\rho)\Delta x + o_2(\rho)\Delta y = o(\rho).$$

于是 $f(x, y)$ 在点 (x, y) 可微.

如果函数 $z = f(x, y)$ 在区域 D 中的每一点可微, 则称 $f(x, y)$ 在 D 内可

微，或 $f(x,y)$ 是 D 上的**可微函数**. 在 D 中任意一点(x,y) 的全微分为

$$\mathrm{d}z = f_x'(x,y)\mathrm{d}x + f_y'(x,y)\mathrm{d}y. \tag{7.18}$$

综上所述，可以得到二元函数的可微性、偏导数存在和连续性之间的下述关系：

$$\left. \begin{matrix} f_x'(x,y) \\[2mm] f_y'(x,y) \end{matrix} \right\} \text{存在且连续} \Rightarrow f(x,y) \text{ 可微} \nearrow \quad f(x,y) \text{ 连续}$$
$$\searrow \quad \begin{matrix} f_x'(x,y) \\[1mm] f_y'(x,y) \end{matrix} \text{ 存在}$$

一般地说，这个关系不是可逆的，即 $f_x'(x,y), f_y'(x,y)$ 存在且连续只是 $f(x,y)$ 可微的充分条件而不是必要条件，而 $f(x,y)$ 可微也只是 $f(x,y)$ 连续或 $f_x'(x,y), f_y'(x,y)$ 存在的充分条件而不是必要条件.

二元函数的全微分公式(7.18)可推广到一般的多元情形.

二元函数的全微分与一元函数的微分有相同的微分法则，即

如果 $u(x,y), v(x,y)$ 可微，则

$$\mathrm{d}(u \pm v) = \mathrm{d}u \pm \mathrm{d}v, \quad \mathrm{d}(uv) = u\mathrm{d}v + v\mathrm{d}u,$$

$$\mathrm{d}\left(\frac{u}{v}\right) = \frac{v\mathrm{d}u - u\mathrm{d}v}{v^2} \quad (v(x,y) \neq 0).$$

例 2 求下列函数的全微分：

1) $z = xy$; 　　　　　 2) $z = \dfrac{x}{y}$;

3) $z = x^2 y + \mathrm{e}^x \sin y$.

解 由(7.18)和上述微分法则，有

1) $\mathrm{d}z = y\mathrm{d}x + x\mathrm{d}y$.

2) $\mathrm{d}z = \mathrm{d}\left(\dfrac{x}{y}\right) = \dfrac{y\mathrm{d}x - x\mathrm{d}y}{y^2}$.

3) $\mathrm{d}z = \mathrm{d}(x^2 y) + \mathrm{d}(\mathrm{e}^x \sin y)$

$\quad\quad = y\mathrm{d}(x^2) + x^2 \mathrm{d}y + (\sin y)\mathrm{d}\,\mathrm{e}^x + \mathrm{e}^x \mathrm{d}\sin y$

$\quad\quad = y(2x)\mathrm{d}x + x^2 \mathrm{d}y + (\sin y)(\mathrm{e}^x \mathrm{d}x) + \mathrm{e}^x(\cos y\,\mathrm{d}y)$

$\quad\quad = (2xy + \mathrm{e}^x \sin y)\mathrm{d}x + (x^2 + \mathrm{e}^x \cos y)\mathrm{d}y$.

例 3 判断函数

$$z = g(x,y) = \begin{cases} \dfrac{xy}{x^2 + y^2}, & (x,y) \neq (0,0); \\[3mm] 0, & (x,y) = (0,0) \end{cases}$$

在原点 O 的可微性.

解 由 7.2 节例 5，$g(x,y)$ 在点 O 不连续，故在点 O 不可微.

又由 7.3 节例 4，$g'_x(0,0)=0$，$g'_y(0,0)=0$，但不能由此用公式(7.18)断定

$$\mathrm{d}z|_O = \mathrm{d}g|_{(0,0)} = 0.$$

因为公式(7.18)只有当函数可微时才能成立.

7.4.2*　二元函数的泰勒公式

设 $P(x_0+\Delta x, y_0+\Delta y)$ 和 $P_0(x_0,y_0)$ 是相邻的两点，若函数 $f(x,y)$ 在点 $P_0(x_0,y_0)$ 可微，则有

$$f(x_0+\Delta x, y_0+\Delta y) = f(x_0,y_0) + f'_x(x_0,y_0)\Delta x \\ + f'_y(x_0,y_0)\Delta y + o(\rho),$$

其中 $o(\rho)$ 是 $\rho = \sqrt{(\Delta x)^2+(\Delta y)^2}$ 的高阶无穷小.

假如 $f(x,y)$ 在点 $P_0(x_0,y_0)$ 的某一邻域内有连续的二阶偏导数，则可以证明

$$f(x_0+\Delta x, y_0+\Delta y) = f(x_0,y_0) + f'_x(x_0,y_0)\Delta x + f'_y(x_0,y_0)\Delta y \\ + \frac{1}{2!}\big[f''_{x^2}(x_0,y_0)(\Delta x)^2 + 2f''_{xy}(x_0,y_0)\Delta x\Delta y \\ + f''_{y^2}(x_0,y_0)(\Delta y)^2 \big] + o(\rho^2), \tag{7.19}$$

其中 $o(\rho^2)$ 当 $\rho \to 0$ 时是比 ρ^2 高阶的无穷小. (7.19) 称为二元函数的二阶泰勒公式(证明从略).

7.5　多元复合函数的求导法则和微分法则

7.5.1　多元复合函数的求导法则

在一元函数微分学中，复合函数求导法则对导数计算起着至关重要的作用，对于多元函数也是如此. 下面的定理给出了多元复合函数的求导法则.

定理 7.3　假设函数 $z=f(u,v)$ 可微，函数 $u=u(x,y)$ 和 $v=v(x,y)$ 有偏导数，则它们的复合函数 $z=f(u(x,y),v(x,y))$ 作为 x,y 的函数有偏导数，且

$$\frac{\partial z}{\partial x} = \frac{\partial z}{\partial u}\frac{\partial u}{\partial x} + \frac{\partial z}{\partial v}\frac{\partial v}{\partial x}, \quad \frac{\partial z}{\partial y} = \frac{\partial z}{\partial u}\frac{\partial u}{\partial y} + \frac{\partial z}{\partial v}\frac{\partial v}{\partial y}. \tag{7.20}$$

公式(7.20)称为**多元复合函数求导的链式法则**，它可简单地写成

$$z'_x = z'_u u'_x + z'_v v'_x, \quad z'_y = z'_u u'_y + z'_v v'_y. \tag{7.20}'$$

证 只证明(7.20)中的第一个公式,第二个公式的证明完全类似.

设 y 固定, x 有一增量 Δx, 则 u, v 相应地有增量

$$\Delta u = u(x + \Delta x, y) - u(x, y),$$
$$\Delta v = v(x + \Delta x, y) - v(x, y).$$

从而 z 有增量

$$\Delta z = f(u + \Delta u, v + \Delta v) - f(u, v).$$

由于函数 $f(u, v)$ 可微, 有

$$\Delta z = \frac{\partial z}{\partial u} \Delta u + \frac{\partial z}{\partial v} \Delta v + o(\rho),$$

其中 $\rho = \sqrt{(\Delta u)^2 + (\Delta v)^2}$, 当 $\rho \to 0$, 即 $(\Delta u, \Delta v) \to (0,0)$ 时 $\dfrac{o(\rho)}{\rho} \to 0$, 所以

$$\frac{\Delta z}{\Delta x} = \frac{\partial z}{\partial u} \frac{\Delta u}{\Delta x} + \frac{\partial z}{\partial v} \frac{\Delta v}{\Delta x} + \frac{o(\rho)}{\Delta x}.$$

由设, $u(x, y), v(x, y)$ 都有偏导数, 故

$$\lim_{\Delta x \to 0} \frac{\Delta u}{\Delta x} = \frac{\partial u}{\partial x}, \quad \lim_{\Delta x \to 0} \frac{\Delta v}{\Delta x} = \frac{\partial v}{\partial x}.$$

又 $\dfrac{o(\rho)}{\Delta x} = \dfrac{o(\rho)}{\rho} \dfrac{\rho}{\Delta x}$, 而

$$\lim_{\Delta x \to 0} \frac{\rho}{|\Delta x|} = \lim_{\Delta x \to 0} \sqrt{\left(\frac{\Delta u}{\Delta x}\right)^2 + \left(\frac{\Delta v}{\Delta x}\right)^2} = \sqrt{\left(\frac{\partial u}{\partial x}\right)^2 + \left(\frac{\partial v}{\partial x}\right)^2},$$

故当 $\Delta x \to 0$ 时 $\dfrac{\rho}{|\Delta x|}$ 是一个有界变量; 另一方面, $\Delta x \to 0$ 时 $\Delta u \to 0$, $\Delta v \to 0$, 故 $\rho \to 0$, 从而 $\dfrac{o(\rho)}{\rho} \to 0$, 即 $\dfrac{o(\rho)}{\rho}$ 是一个无穷小量. 由无穷小量的性质, 有

$$\lim_{\Delta x \to 0} \frac{o(\rho)}{\Delta x} = \lim_{\Delta x \to 0} \frac{o(\rho)}{\rho} \frac{\rho}{\Delta x} = 0,$$

所以

$$\lim_{\Delta x \to 0} \frac{\Delta z}{\Delta x} = \frac{\partial z}{\partial u} \frac{\partial u}{\partial x} + \frac{\partial z}{\partial v} \frac{\partial v}{\partial x}.$$

从而偏导数 $\dfrac{\partial z}{\partial x}$ 存在, 且

$$\frac{\partial z}{\partial x} = \frac{\partial z}{\partial u} \frac{\partial u}{\partial x} + \frac{\partial z}{\partial v} \frac{\partial v}{\partial x}.$$

这个链式法则可推广到多于两个变量的情形.

从这个定理可以得到下列两种情形的求导法则:

1° $z = f(x, y)$, $x = x(t)$, $y = y(t)$

对于复合函数 $z = f(x(t), y(t))$，其导数为

$$\frac{\mathrm{d}z}{\mathrm{d}t} = \frac{\partial z}{\partial x}\frac{\mathrm{d}x}{\mathrm{d}t} + \frac{\partial z}{\partial y}\frac{\mathrm{d}y}{\mathrm{d}t}, \tag{7.21}$$

或

$$(f(x(t), y(t)))' = f'_x x' + f'_y y'. \tag{7.21}'$$

公式中的 $\dfrac{\mathrm{d}z}{\mathrm{d}t}$ 常称为**全导数**.

2° $z = f(u)$，$u = u(x, y)$

对于复合函数 $z = f(u(x, y))$，其偏导数为

$$\frac{\partial z}{\partial x} = \frac{\mathrm{d}z}{\mathrm{d}u}\frac{\partial u}{\partial x}, \quad \frac{\partial z}{\partial y} = \frac{\mathrm{d}z}{\mathrm{d}u}\frac{\partial u}{\partial y}, \tag{7.22}$$

或

$$z'_x = f'(u)u'_x, \quad z'_y = f'(u)u'_y. \tag{7.22}'$$

例 1　求下列函数的偏导数：

1) $z = \ln\arctan\sqrt{x^2 + y^2}$;　　　　　2) $z = (3x^2 + y^2)^{4x-5y}$.

解　1) 设 $u = \sqrt{x^2 + y^2}$，则 $z = \ln\arctan u$，所以

$$\frac{\partial z}{\partial x} = \frac{\mathrm{d}z}{\mathrm{d}u}\frac{\partial u}{\partial x} = \frac{1}{\arctan u}\cdot\frac{1}{1+u^2}\cdot\frac{1}{2\sqrt{x^2+y^2}}\cdot 2x$$

$$= \frac{x}{(1 + x^2 + y^2)\sqrt{x^2 + y^2}\arctan\sqrt{x^2 + y^2}}.$$

利用函数对于 x, y 的对称性，立即可得 $\dfrac{\partial z}{\partial y}$.

2) 这个函数可以看成下列函数的复合

$$z = u^v, \quad u = 3x^2 + y^2, \quad v = 4x - 5y,$$

由公式 (7.20)，可得

$$\frac{\partial z}{\partial x} = \frac{\partial z}{\partial u}\frac{\partial u}{\partial x} + \frac{\partial z}{\partial v}\frac{\partial v}{\partial x} = vu^{v-1}\cdot 6x + u^v\ln u\cdot 4$$

$$= u^v\left(6x\frac{v}{u} + 4\ln u\right)$$

$$= \left(6\frac{x(4x-5y)}{3x^2+y^2} + 4\ln(3x^2+y^2)\right)(3x^2+y^2)^{4x-5y},$$

$$\frac{\partial z}{\partial y} = \frac{\partial z}{\partial u}\frac{\partial u}{\partial y} + \frac{\partial z}{\partial v}\frac{\partial v}{\partial y} = vu^{v-1}\cdot 2y + u^v\ln u\cdot(-5)$$

$$= u^v\left(2y\frac{v}{u} - 5\ln u\right)$$

$$= \left(2\frac{y(4x-5y)}{3x^2+y^2} - 5\ln(3x^2+y^2)\right)(3x^2+y^2)^{4x-5y}.$$

例 2 求下列复合函数的导数:

1) $z = \sin xy$, $x = \mathrm{e}^t$, $y = t^2$;

2) $z = \ln(x^2 - y^2)$, $y = 3^x$.

解 1) 由 (7.21),

$$\frac{\mathrm{d}z}{\mathrm{d}t} = \frac{\partial z}{\partial x}\frac{\mathrm{d}x}{\mathrm{d}t} + \frac{\partial z}{\partial y}\frac{\mathrm{d}y}{\mathrm{d}t} = (y\cos xy)\cdot \mathrm{e}^t + (x\cos xy)\cdot 2t$$

$$= t^2 \mathrm{e}^t \cos t^2 \mathrm{e}^t + 2t\mathrm{e}^t \cos t^2 \mathrm{e}^t = (t^2 + 2t)\mathrm{e}^t \cos t^2 \mathrm{e}^t.$$

这个结果也可以从 $z = \sin t^2 \mathrm{e}^t$ 直接求导得到.

2) 设 $u = x^2 - y^2$, 则 $z = \ln u$, 所以

$$\frac{\mathrm{d}z}{\mathrm{d}x} = \frac{\mathrm{d}z}{\mathrm{d}u}\frac{\mathrm{d}u}{\mathrm{d}x} = \frac{1}{u}\left(2x - 2y\frac{\mathrm{d}y}{\mathrm{d}x}\right)$$

$$= \frac{1}{x^2 - y^2}(2x - 2y\cdot 3^x \ln 3)$$

$$= 2\cdot \frac{x - 3^{2x}\ln 3}{x^2 - 3^{2x}}.$$

这个结果也可从 $z = \ln(x^2 - 3^{2x})$ 直接求导得到.

例 3 设 $z = xF(y^x)$, 求 $\dfrac{\partial z}{\partial x}, \dfrac{\partial z}{\partial y}$.

解 设 $u = y^x$, 则 $z = xF(u)$, 所以

$$\frac{\partial z}{\partial x} = F(u) + xF'(u)\frac{\partial u}{\partial x} = F(u) + xF'(u)y^x \ln y$$

$$= F(y^x) + xy^x F'(y^x)\ln y,$$

$$\frac{\partial z}{\partial y} = xF'(u)\frac{\partial u}{\partial y} = xF'(u)\cdot xy^{x-1} = \frac{x^2}{y}y^x F'(y^x).$$

例 4 设 $z = F(x+y, x^2 - y^2)$. 求 z'_x, z'_y.

解 记 $u = x+y$, $v = x^2 - y^2$, 则 $z = F(u,v)$, 所以

$$z'_x = F'_u u'_x + F'_v v'_x = F'_u + F'_v \cdot 2x = F'_u + 2xF'_v,$$

$$z'_y = F'_u u'_y + F'_v v'_y = F'_u + F'_v(-2y) = F'_u - 2yF'_v.$$

为了简单起见, 有时也用 F'_1 和 F'_2 依次表示 F 对其第一、第二个变量偏导数. 从而不必引进 u, v 而直接得到

$$z'_x = F'_1 + 2xF'_2, \quad z'_y = F'_1 - 2yF'_2.$$

例 5 设 $f(t)$ 具有连续的二阶偏导数, $g(x,y) = f\left(\dfrac{y}{x}\right) + yf\left(\dfrac{x}{y}\right)$. 求

$x^2 \dfrac{\partial^2 g}{\partial x^2} - y^2 \dfrac{\partial^2 g}{\partial y^2}$.

解 设 $u = \dfrac{y}{x}$，$v = \dfrac{x}{y}$，则有

$$g'_x = -\frac{y}{x^2}f'(u) + f'(v), \quad g'_y = \frac{1}{x}f'(u) + f(v) - \frac{x}{y}f'(v).$$

由此，得

$$g''_{x^2} = \frac{2y}{x^3}f'(u) + \frac{y^2}{x^4}f''(u) + \frac{1}{y}f''(v),$$

$$g''_{y^2} = \frac{1}{x^2}f''(u) - \frac{x}{y^2}f'(v) + \frac{x}{y^2}f'(v) + \frac{x^2}{y^3}f''(v)$$

$$= \frac{1}{x^2}f''(u) + \frac{x^2}{y^3}f''(v).$$

所以 $x^2\dfrac{\partial^2 g}{\partial x^2} - y^2\dfrac{\partial^2 g}{\partial y^2} = \dfrac{2y}{x}f'(u) = \dfrac{2y}{x}f'\left(\dfrac{y}{x}\right)$.

例 6 设 $z = g(t, x, y)$，而 $x = x(t)$，$y = y(t)$，求 $\dfrac{\mathrm{d}z}{\mathrm{d}t}$.

解 由 $z = g(t, x(t), y(t))$，两边对 t 求导，有

$$\frac{\mathrm{d}z}{\mathrm{d}t} = \frac{\partial g}{\partial t} + \frac{\partial g}{\partial x}\frac{\mathrm{d}x}{\mathrm{d}t} + \frac{\partial g}{\partial y}\frac{\mathrm{d}y}{\mathrm{d}t}$$

或 $z'(t) = g'_t + g'_x x' + g'_y y'$.

设 $f(x, y)$ 是一个二元函数，如对任意实数 t 有

$$f(tx, ty) = t^m f(x, y), \tag{7.23}$$

则 $f(x, y)$ 称为 **m 次齐次函数**.

(7.23) 可看成 t 的一个恒等式，两边对 t 求导，令 $u = tx$，$v = ty$，可得

$$xf'_u(u, v) + yf'_v(u, v) = mt^{m-1}f(x, y).$$

这仍是 t 的一个恒等式，令 $t = 1$，即得

$$xf'_x(x, y) + yf'_y(x, y) = mf(x, y). \tag{7.24}$$

关于齐次函数的这个结果称为**欧拉(Euler)定理**.

在几何中，圆锥体的体积 V 与其底半径 r 和高 h 的关系 $V = \dfrac{1}{3}\pi r^2 h$ 是一

个 3 次齐次函数.

又如 7.2.2 小节例 2 中的科布-道格拉斯生产函数

$$Y = AK^\alpha L^\beta$$

是资本数量 K 和劳动力数量 L 的 $\alpha + \beta$ 次齐次函数.

一般地说，常常假定产量 Y 作为投入要素 $x_1, x_2, \cdots, x_n$ 的函数

$$Y = f(x_1, x_2, \cdots, x_n)$$

是次数为 m 的齐次函数，此时

当 $m=1$ 时，产出与生产规模成正比，称为规模报酬不变(或固定规模报酬)；

当 $m>1$ 时称规模报酬递增；

当 $m<1$ 时称规模报酬递减.

7.5.2 多元复合函数的微分法则

设 $z=f(u,v)$，$u=u(x,y)$，$v=v(x,y)$，则 z 作为 u,v 的函数的全微分有

$$dz=f'_u du+f'_v dv. \qquad (*)_1$$

但 z 又是 x,y 的函数，即 $z=f(u(x,y),v(x,y))$，利用多元复合函数的求导公式(7.20)，它的全微分为

$$dz=z'_x dx+z'_y dy=(z'_u u'_x+z'_v v'_x)dx+(z'_u u'_y+z'_v v'_y)dy$$
$$=z'_u(u'_x dx+u'_y dy)+z'_v(v'_x dx+v'_y dy). \qquad (*)_2$$

另一方面，u,v 作为 x,y 的函数，它们的全微分是

$$du=u'_x dx+u'_y dy,\quad dv=v'_x dx+v'_y dy.$$

以之代入 $(*)_2$，得

$$dz=z'_u du+z'_v dv.$$

这说明，z 作为中间变量 u,v 的函数的全微分 $(*)_1$ 与作为自变量 x,y 的复合函数的全微分 $(*)_2$，两者是相同的，这一性质称为**全微分形式的不变性**.

利用微分法则和全微分形式的不变性，可以比较简单地求出多元复合函数的全微分.

例 7 求下列函数的全微分：

1) $z=\arctan\dfrac{x}{y}$； 2) $z=e^{\frac{y}{x}+\frac{x}{y}}$；

3) $z=(x+y)e^{xy}$； 4) $z=f(2x+3y,e^{xy})$.

解 1) 设 $u=\dfrac{x}{y}$，则 $z=\arctan u$，所以

$$dz=(\arctan u)'du=\frac{1}{1+u^2}du$$

$$=\frac{1}{1+\left(\dfrac{x}{y}\right)^2}\cdot\frac{ydx-xdy}{y^2}=\frac{ydx-xdy}{x^2+y^2}.$$

2) 设 $u=\dfrac{y}{x}+\dfrac{x}{y}$，则 $z=e^u$，所以

$$dz = e^u du = e^{\frac{y}{x}+\frac{x}{y}}\left(\frac{xdy - ydx}{x^2} + \frac{ydx - xdy}{y^2}\right)$$

$$= e^{\frac{y}{x}+\frac{x}{y}}\left[\left(\frac{1}{y} - \frac{y}{x^2}\right)dx + \left(\frac{1}{x} - \frac{x}{y^2}\right)dy\right].$$

3) 设 $u = x + y$, $v = xy$, 则 $z = u e^v$, 所以

$$dz = z'_u du + z'_v dv = e^v du + u e^v dv$$

$$= e^{xy}(dx + dy) + (x + y)e^{xy}(ydx + xdy)$$

$$= e^{xy}[(1 + xy + y^2)dx + (1 + xy + x^2)dy].$$

4) 设 $u = 2x + 3y$, $v = e^{xy}$, 则 $z = f(u,v)$, 而

$$du = 2dx + 3dy,$$

$$dv = e^{xy}d(xy) = e^{xy}(ydx + xdy),$$

所以

$$dz = f'_u du + f'_v dv$$

$$= f'_u(2dx + 3dy) + f'_v \cdot e^{xy}(ydx + xdy)$$

$$= (2f'_u + ye^{xy}f'_v)dx + (3f'_u + xe^{xy}f'_v)dy.$$

例 8 设函数 $f(u)$ 可导, $z = xyf\left(\dfrac{y}{x}\right)$. 求 $xz'_x + yz'_y$.

解 可以先求全微分 dz, 然后通过全微分与偏导数的关系(7.18)求出偏导数 z'_x, z'_y.

设 $u = \dfrac{y}{x}$, 则 $z = xyf(u)$, 所以由全微分形式的不变性和微分法则有

$$dz = f(u)d(xy) + (xy)df(u)$$

$$= f(u)(ydx + xdy) + (xy)f'(u)du$$

$$= f(u)(ydx + xdy) + (xy)f'(u)\frac{xdy - ydx}{x^2}$$

$$= \left(yf(u) - \frac{y^2}{x}f'(u)\right)dx + (xf(u) + yf'(u))dy.$$

从而

$$z'_x = yf(u) - \frac{y^2}{x}f'(u), \quad z'_y = xf(u) + yf'(u),$$

因此

$$xz'_x + yz'_y = x\left(yf(u) - \frac{y^2}{x}f'(u)\right) + y(xf(u) + yf'(u))$$

$$= 2xyf(u) = 2z.$$

7.6 隐函数及其求导法则

7.6.1 由方程 $F(x,y)=0$ 确定的隐函数及其求导法则

前面讲到的函数都是以因变量用自变量的一个解析式（或分段用不同的解析式）表示的，如

$$y = x^3 + e^x, \quad z = \sin xy^2, \quad y = \begin{cases} x, & x < 1; \\ 2^x, & x \geqslant 1. \end{cases}$$

这种形式的函数称为**显函数**.

但在许多实际问题中，变量之间的函数关系往往不是用显式表示而是通过一个（也可以是多个）方程

$$F(x,y) = 0 \tag{7.25}$$

来确定的.

例如：由平面上的圆的方程 $x^2 + y^2 = r^2$ 可以确定两个函数

$$y = \sqrt{r^2 - x^2}, \ y = -\sqrt{r^2 - x^2} \quad (|x| \leqslant r),$$

它们分别表示上半圆和下半圆.

这个例子可进一步确切地陈述为：方程 $x^2 + y^2 - r^2 = 0$ 在条件 $y \geqslant 0$ 下确定一个函数 $y = \sqrt{r^2 - x^2}$ $(|x| \leqslant r)$，在条件 $y \leqslant 0$ 下确定另一个函数 $y = -\sqrt{r^2 - x^2}$ $(|x| \leqslant r)$.

一般地说，隐函数不一定有显式表示，例如德国的天文学家、数学家开普勒 (J. Kepler，1571 ～ 1630) 在研究天体力学时得到了一个方程

$$y - x - \varepsilon \sin y = 0$$

$(0 < \varepsilon < 1$，是一常数)，称为**开普勒方程**. 其图形如图7-14，由图可以看出它确定了一个隐函数 $y = f(x)$，但 $f(x)$ 不能用显式表示.

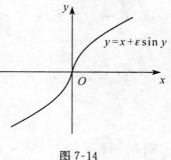

图 7-14

关于在什么条件下由方程(7.25)可以确定一个隐函数，有下面定理：

隐函数存在定理 1 设二元函数 $F(x,y)$ 在点 $P_0(x_0, y_0)$ 的一个邻域内有连续的偏导数 $F'_x(x,y)$ 和 $F'_y(x,y)$，且 $F(x_0, y_0) = 0$，$F'_y(x_0, y_0) \neq 0$，则

方程(7.25)在点 P_0 的某个邻域内确定了一个一元函数 $y = y(x)$，它满足 $y_0 = y(x_0)$，有连续的导数，且有

$$\frac{\mathrm{d}y}{\mathrm{d}x} = -\frac{F'_x(x,y)}{F'_y(x,y)} \quad (F'_y(x,y) \neq 0). \tag{7.26}$$

这个定理的证明较难，我们仅证明公式(7.26)如下：

隐函数 $y = y(x)$ 在其定义域内应满足恒等式

$$F(x, y(x)) \equiv 0.$$

两边对 x 求导，由多元复合函数求导法则，可得

$$F'_x(x,y) + F'_y(x,y)\frac{\mathrm{d}y}{\mathrm{d}x} = 0.$$

在定理条件下，$F'_y \neq 0$，由此即得(7.26).

从而

$$\mathrm{d}y = -\frac{F'_x(x,y)}{F'_y(x,y)}\mathrm{d}x \quad (F'_y(x,y) \neq 0). \tag{7.27}$$

(7.26) 和(7.27) 称为由方程 $F(x,y) = 0$ 确定的隐函数的求导法则和微分法则.

这个法则说明，即使从方程(7.25) 不能求出它所确定的隐函数 $y = y(x)$ 的显式，在一定条件下仍可以求出 $y(x)$ 的导数或微分.

例1 求下列方程确定的隐函数的导数：

1) $y - x - \varepsilon\sin y = 0$;   2) $\sin y + \mathrm{e}^x - xy^2 = 0$.

解 设方程左边的函数为 $F(x,y)$，方程确定的隐函数为 $y = y(x)$.

1) $F'_x = -1$, $F'_y = 1 - \varepsilon\cos y$，所以

$$y' = -\frac{F'_x}{F'_y} = \frac{1}{1 - \varepsilon\cos y}.$$

2) $F'_x = \mathrm{e}^x - y^2$, $F'_y = \cos y - 2xy$，所以

$$y' = -\frac{F'_x}{F'_y} = \frac{y^2 - \mathrm{e}^x}{\cos y - 2xy}.$$

例2 设 $\ln\sqrt{x^2 + y^2} = \arctan\dfrac{y}{x}$. 求 $\mathrm{d}y$.

解 方程可改写为

$$\frac{1}{2}\ln(x^2 + y^2) = \arctan\frac{y}{x}.$$

我们不用先求导数 y' 再计算微分 $\mathrm{d}y$，而用微分形式的不变性，对上式两边求全微分：

$$\frac{1}{2}\,\frac{1}{x^2+y^2}\mathrm{d}(x^2+y^2) = \frac{1}{1+\left(\frac{y}{x}\right)^2}\mathrm{d}\left(\frac{y}{x}\right),$$

即

$$\frac{x\mathrm{d}x+y\mathrm{d}y}{x^2+y^2} = \frac{x^2}{x^2+y^2}\cdot\frac{x\mathrm{d}y-y\mathrm{d}x}{x^2} = \frac{x\mathrm{d}y-y\mathrm{d}x}{x^2+y^2}.$$

所以 $x\mathrm{d}x+y\mathrm{d}y = x\mathrm{d}y-y\mathrm{d}x$，即

$$(x-y)\mathrm{d}y = (x+y)\mathrm{d}x.$$

从而 $\mathrm{d}y = \dfrac{x+y}{x-y}\mathrm{d}x$. 由此可知 $\dfrac{\mathrm{d}y}{\mathrm{d}x} = \dfrac{x+y}{x-y}$.

例 3 设 $u = f(x,y,z)$ 有连续的一阶偏导数，又 $y = y(x)$ 和 $z = z(x)$ 依次由方程 $\mathrm{e}^{xy}-xy = 2$，$\mathrm{e}^{x} = \displaystyle\int_0^{x-z}\frac{\sin t}{t}\mathrm{d}t$ 确定，求 $\dfrac{\mathrm{d}u}{\mathrm{d}x}$.

解 将上述两个方程分别对 x 求导，得

$$\mathrm{e}^{xy}(y+xy') - (y+xy') = 0 \quad \text{和} \quad \mathrm{e}^{x} = \frac{\sin(x-z)}{x-z}(1-z'),$$

从而 $y' = -\dfrac{y}{x}$，$z' = 1 - \dfrac{\mathrm{e}^{x}(x-z)}{\sin(x-z)}$. 所以

$$\frac{\mathrm{d}u}{\mathrm{d}x} = f'_x + f'_y y' + f'_z z'$$

$$= f'_x - \frac{y}{x}f'_y + \left[1 - \frac{\mathrm{e}^{x}(x-z)}{\sin(x-z)}\right]f'_z.$$

7.6.2 由方程 $F(x,y,z) = 0$ 确定的隐函数及其求导法则

圆锥面的方程 $x^2+y^2-z^2 = 0$ 在条件 $z \geqslant 0$ 下确定隐函数

$$z = +\sqrt{x^2+y^2} \quad ((x,y)\in \mathbf{R}^2),$$

在条件 $z \leqslant 0$ 下确定隐函数

$$z = -\sqrt{x^2+y^2} \quad ((x,y)\in \mathbf{R}^2).$$

它们分别表示圆锥面的上半部分和下半部分. 一般地说，对于方程

$$F(x,y,z) = 0 \tag{7.28}$$

有与上述定理类似的结果.

隐函数存在定理 2 设三元函数 $F(x,y,z)$ 在点 $P_0(x_0,y_0,z_0)$ 的一个邻域 Ω 内有连续的偏导数 $f'_x(x,y,z)$，$f'_y(x,y,z)$，$f'_z(x,y,z)$，且 $F(x_0,y_0,z_0) = 0$，$f'_z(x_0,y_0,z_0) \neq 0$，则方程(7.28)在点 P_0 的某个邻域内唯一确定一个二元函数 $z = z(x,y)$，满足 $z_0 = z(x_0,y_0)$，有连续的偏导数

$z'_x(x,y), z'_y(x,y)$，且

$$\frac{\partial z}{\partial x} = -\frac{F'_x}{F'_z}, \quad \frac{\partial z}{\partial y} = -\frac{F'_y}{F'_z} \quad (F'_z \neq 0). \tag{7.29}$$

下面，我们仅在隐函数 $z(x,y)$ 唯一存在且有连续偏导数的前提下证明 (7.29).

对于 x, y 的恒等式

$$F(x, y, z(x,y)) \equiv 0,$$

运用多元复合函数求导法则，两边分别对 x, y 求偏导数，得

$$F'_x + F'_z z'_x = 0 \quad \text{和} \quad F'_y + F'_z z'_y = 0.$$

由于 $F'_z \neq 0$，即可得到 (7.29).

也可利用微分形式的不变性，对方程 $F(x,y,z) = 0$ 两边求全微分，得

$$F'_x \mathrm{d}x + F'_y \mathrm{d}y + F'_z \mathrm{d}z = 0,$$

所以当 $F'_z \neq 0$ 时

$$\mathrm{d}z = -\frac{F'_x}{F'_z}\mathrm{d}x - \frac{F'_y}{F'_z}\mathrm{d}y, \tag{7.30}$$

由此可得 (7.29).

(7.29) 和 (7.30) 称为**隐函数** $z = z(x,y)$ **的求导法则和微分法则**.

例 4　求由下列方程确定的隐函数 $z = z(x,y)$ 的偏导数和全微分：

1) $\mathrm{e}^{-xy} - 2z + \mathrm{e}^z = 0$;　　　2) $f\left(\dfrac{y}{x}, \dfrac{z}{x}\right) = 0$.

解　设方程左边的函数为 $F(x,y,z)$.

1) $F'_x = -y\mathrm{e}^{-xy}$, $F'_y = -x\mathrm{e}^{-xy}$, $F'_z = -2 + \mathrm{e}^z$，所以

$$z'_x = -\frac{-y\mathrm{e}^{-xy}}{-2 + \mathrm{e}^z} = \frac{y\mathrm{e}^{-xy}}{\mathrm{e}^z - 2},$$

$$z'_y = -\frac{-x\mathrm{e}^{-xy}}{-2 + \mathrm{e}^z} = \frac{x\mathrm{e}^{-xy}}{\mathrm{e}^z - 2}.$$

从而 $\mathrm{d}z = z'_x \mathrm{d}x + z'_y \mathrm{d}y = \dfrac{\mathrm{e}^{-xy}}{\mathrm{e}^z - 2}(y\mathrm{d}x + x\mathrm{d}y)$.

2) 设 $u = \dfrac{y}{x}$, $v = \dfrac{z}{x}$，则 $F(x,y,z) = f(u,v)$. 所以

$$F'_x = f'_u u'_x + f'_v v'_x = -\frac{y}{x^2}f'_u - \frac{z}{x^2}f'_v,$$

$$F'_y = f'_u u'_y + f'_v v'_y = \frac{1}{x}f'_u + f'_v \cdot 0 = \frac{1}{x}f'_u,$$

$$F'_z = f'_u u'_z + f'_v v'_z = f'_u \cdot 0 + f'_v \frac{1}{x} = \frac{1}{x} f'_v.$$

从而

$$z'_x = -\frac{F'_x}{F'_z} = -\frac{-\dfrac{y}{x^2} f'_u - \dfrac{z}{x^2} f'_v}{\dfrac{1}{x} f'_v} = \frac{y}{x} \frac{f'_u}{f'_v} + \frac{z}{x},$$

$$z'_y = -\frac{F'_y}{F'_z} = -\frac{\dfrac{1}{x} f'_u}{\dfrac{1}{x} f'_v} = -\frac{f'_u}{f'_v}.$$

因此 $\mathrm{d}z = z'_x \mathrm{d}x + z'_y \mathrm{d}y = \dfrac{1}{x}\left(y \dfrac{f'_u}{f'_v} + z \right)\mathrm{d}x - \dfrac{f'_u}{f'_v}\mathrm{d}y.$

例 5　求由方程 $\dfrac{x}{z} = \ln \dfrac{z}{y}$ 确定的隐函数 $z = z(x,y)$ 的全微分.

解　方程可改写为

$$\frac{x}{z} = \ln z - \ln y.$$

用微分形式的不变性和微分法则,对上式两边求全微分,得

$$\frac{z\mathrm{d}x - x\mathrm{d}z}{z^2} = \frac{1}{z}\mathrm{d}z - \frac{1}{y}\mathrm{d}y,$$

即 $z\mathrm{d}x - x\mathrm{d}z = z\mathrm{d}z - \dfrac{z^2}{y}\mathrm{d}y.$ 所以 $\mathrm{d}z = \dfrac{z}{z+x}\left(\mathrm{d}x + \dfrac{z}{y}\mathrm{d}y \right).$

7.7　二元函数的极值和最值

在许多实际问题中常常会遇到求多元函数的最大、最小值问题. 与一元函数的情形一样,多元函数最值与极值有密切的关系. 下面先讨论二元函数的极值,多于二元的函数的极值计算比较复杂,需要用到线性代数的知识,在此从略.

7.7.1　二元函数的极值

定义　设二元函数 $z = f(x,y)$ 的定义域为 D. 若点 $P_0(x_0, y_0)$ 有一邻域 $U(P_0) \subset D$,使得

$$f(x,y) < f(x_0, y_0) \quad (\forall P(x,y) \in \mathring{U}(P_0)),$$

则称 $f(x_0, y_0)$ 为 $f(x,y)$ 的**极大值**,P_0 称为 $f(x,y)$ 的**极大值点**. 同样,若有

$$f(x,y) > f(x_0,y_0) \quad (\forall P(x,y) \in \overset{\circ}{U}(P_0)),$$

则称 $f(x_0,y_0)$ 为 $f(x,y)$ 的**极小值**, P_0 称为 $f(x,y)$ 的**极小值点**.

函数的极大值和极小值统称为**极值**, 极大值点和极小值点统称为**极值点**.

极值是函数的一种局部性质, 它仅与函数在一个邻域中的性态有关.

下面运用二元函数的偏导数来解决极值的计算问题.

定理7.4（极值的必要条件） 假设二元函数 $z = f(x,y)$ 在点 $P_0(x_0,y_0)$ 有偏导数, 且 P_0 是 $f(x,y)$ 的极值点, 则必有

$$f'_x(x_0,y_0) = 0, \quad f'_y(x_0,y_0) = 0.$$

证 因为 $f(x_0,y_0)$ 既是 $f(x,y)$ 的极值, 则必然也是一元函数 $f(x,y_0)$ 和 $f(x_0,y)$ 的极值, 而这两个函数分别在点 $x = x_0$ 和 $y = y_0$ 可导, 即 $f(x,y)$ 在点 (x_0,y_0) 的两个偏导数 $f'_x(x_0,y_0)$ 和 $f'_y(x_0,y_0)$ 存在, 所以由一元函数极值的必要条件, 应有

$$f'_x(x_0,y_0) = 0 \quad \text{和} \quad f'_y(x_0,y_0) = 0.$$

凡是满足方程组

$$\begin{cases} f'_x(x,y) = 0, \\ f'_y(x,y) = 0 \end{cases}$$

的点 $P_0(x_0,y_0)$ 称为函数 $f(x,y)$ 的**驻点**（或**稳定点**）.

由此可见, 如果函数 $f(x,y)$ 在点 P_0 有偏导数, 且取到极值, 则 P_0 必是 $f(x,y)$ 的驻点. 但是, 与一元函数的情形一样, 驻点不一定是极值点, 且偏导数不存在的点也可能是极值点. 例如: $z = x^2 + y^2$ 的驻点 $O(0,0)$ 是极小值点（如图 7-7 (a)）; $z = \sqrt{x^2 + y^2}$ 在点 O 取到极小值 $z = 0$, 但它在点 O 的偏导数不存在（函数的图形是图 7-8 中的圆锥面的上半部分）; 而函数 $z = y^2 - x^2$ 的驻点 O 不是它的极值点（如图 7-9）, 因为 $(y^2 - x^2)|_{(0,0)} = 0$, 而对 $\delta \neq 0$,

$$(y^2 - x^2)|_{(\delta,0)} < 0, \quad (y^2 - x^2)|_{(0,\delta)} > 0.$$

下面的定理给出了判别一个驻点是否极值点的方法.

定理7.5（极值的充分条件） 假设函数 $z = f(x,y)$ 在其驻点 $P_0(x_0,y_0)$ 的某个邻域内有二阶连续的偏导数, 记

$$A = f''_{x^2}(x_0,y_0), \quad B = f''_{xy}(x_0,y_0), \quad C = f''_{y^2}(x_0,y_0).$$

则

1) 当 $B^2 - AC < 0$ 时 $f(x_0, y_0)$ 是函数 $f(x, y)$ 的极值；并当 $A < 0$ 时是极大值，当 $A > 0$ 时是极小值；

2) 当 $B^2 - AC > 0$ 时，$f(x_0, y_0)$ 不是 $f(x, y)$ 的极值；

3) 当 $B^2 - AC = 0$ 时，需进一步判定 $f(x_0, y_0)$ 是否 $f(x, y)$ 的极值.

证 在定理假设的条件下，如果点 $P(x, y)$ 是 P_0 的邻域中的任意一点，记

$$\Delta x = x - x_0, \quad \Delta y = y - y_0, \quad \rho^2 = (\Delta x)^2 + (\Delta y)^2 = |P_0 P|^2,$$

则由 7.4.2 小节中的泰勒公式(7.19)，有

$$\Delta z = f(x, y) - f(x_0, y_0)$$

$$= \frac{1}{2} [A(\Delta x)^2 + 2B\Delta x \Delta y + C(\Delta y)^2] + o(\rho^2),$$

其中 $o(\rho^2)$ 当 $\rho \to 0$ 时是 ρ^2 的高阶无穷小. 从而当 ρ 很小时，Δz 与 $\Delta x, \Delta y$ 的二次多项式

$$\varphi(\Delta x, \Delta y) = A(\Delta x)^2 + 2B\Delta x \Delta y + C(\Delta y)^2$$

同号，若 $A \neq 0$，对 Δx 配方可得

$$A\varphi(\Delta x, \Delta y) = (A\Delta x + B\Delta y)^2 - (B^2 - AC)(\Delta y)^2, \qquad (*)$$

所以，如果 $(\Delta x, \Delta y) \neq (0, 0)$，即点 P 不是 P_0，则有

1) 当 $B^2 - AC < 0$ 时 $(*)$ 中等式右边恒大于零，从而 A 与 $\varphi(\Delta x, \Delta y)$ 同号，即 A 与 Δz 同号，因此当 $A > 0$ 时 $\Delta z > 0$，即 $f(x, y) > f(x_0, y_0)$，$f(x_0, y_0)$ 是 $f(x, y)$ 的极小值；当 $A < 0$ 时 $\Delta z < 0$ 即 $f(x, y) < f(x_0, y_0)$，$f(x_0, y_0)$ 是 $f(x, y)$ 的极大值.

2) 当 $B^2 - AC > 0$ 时，$(*)$ 中等式右边对不同的 $(\Delta x, \Delta y)$ 有不同的符号，如当 $\Delta x \neq 0$，$\Delta y = 0$ 时为正，当 $A\Delta x + B\Delta y = 0$ 而 $\Delta y \neq 0$ 时为负，从而对 P_0 邻近的不同的点 P，Δz 有不同的符号，所以 $f(x_0, y_0)$ 不是 $f(x, y)$ 的极值.

3) 当 $B^2 - AC = 0$ 时 Δz 的符号不仅与 $\varphi(\Delta x, \Delta y)$ 有关，还与 $o(\rho^2)$ 有关，$f(x_0, y_0)$ 可能是 $f(x, y)$ 的极值，也可能不是 $f(x, y)$ 的极值，需进一步考察.

若 $A = 0, C \neq 0$，可同样证明；若 $A = C = 0$ 而 $B \neq 0$，则结论是显然的. ∎

例 1 求函数 $f(x, y) = x^2 - 2xy^2 + 2xy + y^3$ 的极值.

解 $f(x, y)$ 没有偏导数不存在的点，其一阶和二阶偏导数为

$$f'_x(x, y) = 2x - 2y^2 + 2y, \quad f'_y(x, y) = -4xy + 2x + 3y^2,$$

$$f''_{x^2}(x,y) = 2, \quad f''_{xy}(x,y) = -4y + 2, \quad f''_{y^2}(x,y) = -4x + 6y.$$

为求 $f(x,y)$ 的驻点，解方程组

$$\begin{cases} f'_x(x,y) = 0, \\ f'_y(x,y) = 0, \end{cases}$$

即

$$\begin{cases} 2x - 2y^2 + 2y = 0, \\ 2x - 4xy + 3y^2 = 0. \end{cases}$$

由其中第一个方程得 $x = y^2 - y$，代入第二个方程，经整理后得

$$y(-4y^2 + 9y - 2) = -y(y-2)(4y-1) = 0,$$

其解为 $y = 0, \dfrac{1}{4}, 2$，相应地，$x = 0, -\dfrac{3}{16}, 2$. 从而得三个驻点 $P_1(0,0)$，
$P_2\left(-\dfrac{3}{16}, \dfrac{1}{4}\right), P_3(2,2)$.

在点 P_1 和 P_3：$B^2 - AC > 0$，所以 P_1 和 P_3 不是 $f(x,y)$ 的极值点；

在点 P_2：$A = 2$，$B = 1$，$C = \dfrac{9}{4}$，$B^2 - AC = -\dfrac{7}{2} < 0$，且 $A > 0$，所以 P_2 是 $f(x,y)$ 的极小值点，极小值为

$$f\left(-\frac{3}{16}, \frac{1}{4}\right) = -\frac{5}{256}.$$

例 2   求函数 $g(x,y) = -x^4 - y^4 + 4xy - 1$ 的极值.

解 $g'_x(x,y) = -4x^3 + 4y$，$g'_y(x,y) = -4y^3 + 4x$.

解方程组

$$\begin{cases} g'_x(x,y) = -4x^3 + 4y = 0, \\ g'_y(x,y) = -4y^3 + 4x = 0, \end{cases}$$

易得三个驻点 $(0,0),(1,1),(-1,-1)$. 又

$$g''_{x^2}(x,y) = -12x^2, \quad g''_{xy}(x,y) = 4, \quad g''_{y^2}(x,y) = -12y^2.$$

在点 $(0,0)$：$A = 0$，$B = 4$，$C = 0$，$B^2 - AC = 16 > 0$，所以 $(0,0)$ 不是 $g(x,y)$ 的极值点.

在点 $(1,1)$：$A = -12$，$B = 4$，$C = -12$，$B^2 - AC = -128 < 0$，且因 $A < 0$，故 $g(1,1) = 1$ 是 $g(x,y)$ 的极大值.

同样，$(-1,-1)$ 也是 $g(x,y)$ 的极大值点，$g(-1,-1) = 1$ 是极大值.

可见，函数 $g(x,y)$ 有两个极大值，但没有极小值，曲面 $z = g(x,y)$ 有一部分的形状如双峰骆驼的驼背部分.

7.7.2   二元函数的最值

在一元函数的情形，闭区间上的连续函数必有最大、最小值. 对二元函

数有类似的结果.

平面点集 D 称为**有界的**,如果 D 能包含在某一个圆中.

对于任意集合 $D \subset \mathbf{R}^2$,点 P 称为 D 的**边界点**,如果 P 的任意一个邻域中既有 D 中的点,又有不属于 D 的点. 由 D 的所有边界点组成的集合称为 D 的**边界**,记为 ∂D.

平面上的区域连同它的边界所构成的点集称为平面上的**闭区域**.

例如:点集 $D_1 = \{(x,y) \mid a \leqslant x \leqslant b,\ c \leqslant y \leqslant d\}$,$D_2 = \{(x,y) \mid x^2 + y^2 \leqslant 25\}$ 是有界闭区域,而 $D_3 = \{(x,y) \mid a < x < b,\ c \leqslant y \leqslant d\}$,$D_4 = \{(x,y) \mid 0 < x^2 + y^2 \leqslant 25\} = D_2 - \{O\}$ 则是有界的,但不是闭区域.

可以证明:有界闭区域上的连续函数必有最大值和最小值. 即如果 $f(x,y)$ 是有界闭区域 D 上的连续函数,则必有点 $P_1(x_1,y_1),P_2(x_2,y_2) \in D$,使得

$$f(x_1,y_1) \leqslant f(x,y) \leqslant f(x_2,y_2) \quad (\forall P(x,y) \in D),$$

$f(x_1,y_1)$ 就是 $f(x,y)$ 在 D 上的最小值,$f(x_2,y_2)$ 是 $f(x,y)$ 在 D 上的最大值.

函数的最大值和最小值统称**最值**.

有界闭区域 D 上连续函数 $f(x,y)$ 取得最值的点,既可能在 D 的内部,也可能在 D 的边界 ∂D 上,若在 D 的内部,则既可能是 $f(x,y)$ 的驻点,也可能是不可微点. 若在 ∂D 上,则必是 $f(x,y)$ 在 ∂D 上取得最值的点. 计算 $f(x,y)$ 在这些点上的值,从中找出最大值和最小值,它们就是 $f(x,y)$ 在 D 上的最大值和最小值. 然而在许多实际问题中,往往区域 D 不一定闭,也未必有界,但可以根据问题的性质知道 $f(x,y)$ 在 D 上一定有最大值或最小值,其最值一定在 D 的内部取得,而且在 D 的内部 $f(x,y)$ 只有一个驻点,没有不可微点,这时 $f(x,y)$ 在这个驻点处的值必是它的最值.

例 3 做一个容积为 32 米^3 的长方体无盖水箱,问它的长、宽、高各取何值时用料最省?

解 设长方体的长、宽、高各为 x,y,z(米),其体积为 V,则

$$V = xyz = 32.$$

水箱的底和侧面积之和为

$$S = xy + 2(xz + yz).$$

由设,$xz = \dfrac{32}{y}$,$yz = \dfrac{32}{x}$,故

$$S = xy + 64\left(\frac{1}{x} + \frac{1}{y}\right) \quad (x > 0,\ y > 0).$$

问题是要求 $S = S(x, y)$ 的最小值.

$$S'_x = y - \frac{64}{x^2}, \quad S'_y = x - \frac{64}{y^2}.$$

解方程组

$$\begin{cases} y - \dfrac{64}{x^2} = 0, \\ x - \dfrac{64}{y^2} = 0, \end{cases}$$

即 $x^2 y = xy^2 = 64$, 其解为 $x = y = \sqrt[3]{64} = 4$, 故唯一的驻点为 $P_0(4,4)$.

显然, $S(x, y)$ 在其定义域上可微, 且没有最大值, 因此 S 在 P_0 的值必是最小值. 此时 $z = \dfrac{32}{xy} = \dfrac{32}{4 \times 4} = 2$.

所以当 $x = 4$ 米, $y = 4$ 米, $z = 2$ 米时用料最省.

例 4*　求函数 $f(x, y) = x^3 - 4x^2 + 2xy - y^2$ 在闭区域 $D = \{(x, y) | -1 \leqslant x \leqslant 4, -1 \leqslant y \leqslant 1\}$ 上的最值.

解　可知 $f(x, y)$ 可微.

1) 先看 $f(x, y)$ 在 D 内部的情况.

求 $f(x, y)$ 的驻点, 令

$$f'_x(x, y) = 3x^2 - 8x + 2y = 0,$$
$$f'_y(x, y) = 2x - 2y = 0,$$

得 $x = y$ 和 $3x^2 - 6x = 0$. 故驻点为 $P(0, 0), Q(2, 2)$. 又

$$f''_{x^2} = 6x - 8, \quad f''_{xy} = 2, \quad f''_{y^2} = -2.$$

在点 P: $A = f''_{x^2}(0, 0) = -8, B = 2, C = -2$. $B^2 - AC < 0, A < 0$, 故 $f(0, 0) = 0$ 是 $f(x, y)$ 的极大值.

在点 Q: $A = f''_{x^2}(2, 2) = 4, B = 2, C = -2$. $B^2 - AC > 0$, 故 Q 不是 $f(x, y)$ 的极值点.

2) 再看 $f(x, y)$ 在 D 的边界上的情况.

在边界 $y = -1$ 上, $f(x, -1) = x^3 - 4x^2 - 2x - 1$.
$$f'_x(x, -1) = 3x^2 - 8x - 2,$$

其驻点为

$$x_1 = \frac{1}{3}(4 + \sqrt{22}), \quad x_2 = \frac{1}{3}(4 - \sqrt{22}).$$

$\sqrt{22} \approx 4.690, x_1 \approx 2.897, x_2 \approx -0.230$, 故 $(x_1, -1), (x_2, -1) \in D$. 易验证, $f(x_1, -1) \approx -16.053$ 是 $f(x, -1)$ 的极小值, $f(x_2, -1) \approx -0.725$ 是 $f(x, -1)$ 的极大值.

在边界 $y = 1$ 上，$f(x, 1) = x^3 - 4x^2 + 2x - 1$.

$$f'_x(x, 1) = 3x^2 - 8x + 2 = 3\left(x - \frac{4}{3}\right)^2 - \frac{10}{3},$$

故有两个驻点：

$$x_3 = \frac{4 + \sqrt{10}}{3} \approx 2.387, \quad x_4 = \frac{4 - \sqrt{10}}{3} \approx 0.279.$$

$(x_3, 1), (x_4, 1) \in D$. 易验证，$f(x_3, 1) \approx -3.467$ 是 $f(x, 1)$ 的极小值，$f(x_4, 1) \approx -1.268$ 是 $f(x, 1)$ 的极大值.

在边界 $x = -1$ 上，$f(-1, y) = -2y - y^2 - 5$.

$$f'_y(-1, y) = -2 - 2y,$$

其驻点为 $y_1 = -1$，且 $f(-1, y_1) = -4$ 是 $f(-1, y)$ 的极大值.

在 $x = 4$ 上，$f(4, y) = 8y - y^2$，其驻点 $y = 4 \notin [-1, 1]$.

3) 在 D 的 4 个角点处，$f(-1, 1) = -8$，$f(4, 1) = 7$，$f(-1, -1) = -4$，$f(4, -1) = -9$.

综上所述，$f(x, y)$ 在 D 上的最大值为 $f(4, 1) = 7$，最小值为 $f(x_1, -1) \approx -16.053$.

这个例子说明，$f(x, y)$ 虽然在 D 的内部只有一个极大值，但它并不是在 D 上的最大值，其最大值和最小值在 D 的边界上达到，一元函数求最值的"单峰"或"单谷"性质对多元函数不再成立.

例 5 假设某厂生产一种产品时要使用甲、乙两种原料，已知当用甲种原料 x 单位、乙种原料 y 单位时可生产 Q 单位的产品，

$$Q = Q(x, y) = 10xy + 20.25x + 30.37y - 10x^2 - 5y^2,$$

而甲、乙的价格依次为 25 元／单位、37 元／单位，产品的售价为 100 元／单位. 生产的固定成本为 2000 元. 问：当 x, y 为何值时工厂能获得最大利润？

解 总成本函数为

$$C(x, y) = 25x + 37y + 2000,$$

总收益函数为

$$R(x, y) = 100Q(x, y),$$

所以利润函数为

$$
\begin{aligned}
L = L(x, y) &= R(x, y) - C(x, y) \\
&= 100(10xy + 20.25x + 30.37y - 10x^2 - 5y^2) \\
&\quad - (25x + 37y + 2000) \\
&= 1000xy + 2000x + 3000y - 1000x^2 - 500y^2 - 2000 \\
&\qquad\qquad\qquad\qquad (x > 0, \; y > 0).
\end{aligned}
$$

问题是要求 $L(x,y)$ 的最大值.

$$L'_x = 1000y + 2000 - 2000x,$$
$$L'_y = 1000x + 3000 - 1000y,$$

解方程组

$$\begin{cases} L'_x = 0, \\ L'_y = 0, \end{cases} \quad 即 \begin{cases} 2x - y = 2, \\ x - y = -3, \end{cases}$$

其解为 $x = 5$,$y = 8$. 所以 $(5,8)$ 是 (x,y) 的唯一的驻点. 显然,$L(x,y)$ 在其定义域上没有最小值,从而 $L(5,8) = 15\,000$ 元必是 $L(x,y)$ 的最大值.

所以当用甲种原料 5 单位,乙种原料 8 单位时,工厂能获得最大利润 $15\,000$ 元.

7.7.3 条件极值

上面讨论了函数 $f(x,y)$ 在其定义域 D 内的极值和最值,其中 x,y 除了要求点 $(x,y) \in D$ 外,不再受其他条件的限制. 故这类极值常称为**无条件极值**. 但在许多实际问题中 x,y 常常还会受到另一些条件的限制,例如求长方体的体积为定值时其表面积的最小值,这一类附有约束条件的极值称为**条件极值**.

下面考虑函数

$$z = f(x,y) \quad （\textbf{目标函数}）$$

在约束条件

$$\varphi(x,y) = 0 \quad （\textbf{约束方程}）$$

下的极值.

以下总假定 $f(x,y)$ 和 $\varphi(x,y)$ 都有连续的偏导数.

求解条件极值问题一般有两种方法:

1° 若能由约束方程 $\varphi(x,y) = 0$ 解出显函数 $y = y(x)$ 或 $x = x(y)$,则将它代入目标函数 $z = f(x,y)$,就可化成求一元函数 $z = f(x, y(x))$ 或 $z = f(x(y), y)$ 的极值.

这种方法的优点是可以用前面讲述的方法去判别求出的可能的极值点是否真是极值点. 缺点是在很多情况下难以甚至不能从约束方程求出显式的隐函数. 下一种方法就可以避免这个缺点,并便于推广到多个约束方程的情形.

2° **拉格朗日乘子法**. 作拉格朗日函数

$$L(x,y,\lambda) = f(x,y) + \lambda \varphi(x,y), \tag{7.31}$$

其中参数 λ 称为**拉格朗日乘子**. 求 $L(x,y,\lambda)$ 的无条件极值,为此解方程组

$$\begin{cases} L'_x(x,y,\lambda) = f'_x(x,y) + \lambda\varphi'_x(x,y) = 0, \\ L'_y(x,y,\lambda) = f'_y(x,y) + \lambda\varphi'_y(x,y) = 0, & (7.32) \\ L'_\lambda(x,y,\lambda) = \varphi(x,y) = 0. \end{cases}$$

若方程组有解(x_0,y_0,λ_0)，则(x_0,y_0)就是$z = f(x,y)$在条件$\varphi(x,y) = 0$下的可能的极值点.

若(x_0,y_0,λ_0)是$L(x,y,\lambda)$的极大(小)值点，则(x_0,y_0)必是$z = f(x,y)$在条件$\varphi(x,y) = 0$下的极大(小)值点.

因为若有$L(x,y,\lambda) \leqslant L(x_0,y_0,\lambda_0)$，即

$$f(x,y) + \lambda\varphi(x,y) \leqslant f(x_0,y_0) + \lambda_0\varphi(x_0,y_0),$$

则在条件$\varphi(x,y) = 0$下由于$\varphi(x_0,y_0) = 0$，必有

$$f(x,y) \leqslant f(x_0,y_0).$$

同样，若$L(x,y,\lambda) \geqslant L(x_0,y_0,\lambda_0)$，则可推得

$$f(x,y) \geqslant f(x_0,y_0).$$

至于如何判定(x_0,y_0,λ_0)是$L(x,y,\lambda)$的极值点，要用到一些线性代数的知识，在此从略.

反之，若(x_0,y_0)是条件极值点，在$\varphi'_x(x_0,y_0)$和$\varphi'_y(x_0,y_0)$不同时为0的前提下，可以证明：必存在λ_0，使得(x_0,y_0,λ_0)是$L(x,y,\lambda)$的极值点. 从而必是方程组(7.32)的解.

在实际问题中，求出了拉格朗日函数$L(x,y,\lambda)$的可能的极值点(x_0,y_0,λ_0)，(x_0,y_0)是否条件极值点，常常依据具体的情况进行判定.

拉格朗日乘子法可以推广到一般的多元函数的情形.

例6 求函数$f(x,y) = 2x^2 + y^2$在约束条件$\varphi(x,y) = x^2 + y^2 - 1 = 0$下的极值.

解 作拉格朗日函数

$$L(x,y,\lambda) = 2x^2 + y^2 + \lambda(x^2 + y^2 - 1).$$

解方程组

$$\begin{cases} L'_x = 4x + 2\lambda x = 0, \\ L'_y = 2y + 2\lambda y = 0, \\ L'_\lambda = x^2 + y^2 - 1 = 0. \end{cases}$$

从$L'_x = 0$可得$x = 0$或$\lambda = -2$，从$L'_y = 0$可得$y = 0$或$\lambda = -1$. 当$x = 0$时从$L'_\lambda = 0$可得$y = \pm1$；当$\lambda = -2$时从$L'_y = 0$可得$y = 0$，再从$L'_\lambda = 0$可得$x = \pm1$；从$\lambda = -1$可得$x = 0$，$y = \pm1$，总之，得到下列可能的条件极值点：$(0,1),(0,-1),(1,0),(-1,0)$. 相应地，

$$f(0, \pm 1) = 1, \quad f(\pm 1, 0) = 2.$$

由于函数 $2x^2 + y^2$ 在有界闭集 $\{(x,y) \mid x^2 + y^2 = 1\}$（这是一圆周）上必有最大、最小值，故所求的最大值为 2，最小值为 1.（可试用另一种方法解）

例 7　求函数

$$f(x, y, z) = \sqrt[3]{xyz} \quad (x, y, z > 0)$$

在条件 $x + y + z = 1$ 下的最大值.

解　作拉格朗日函数

$$L(x, y, z, \lambda) = \sqrt[3]{xyz} + \lambda(x + y + z - 1).$$

求解方程组

$$\begin{cases} L_x' = \dfrac{1}{3} x^{\frac{1}{3}-1} y^{\frac{1}{3}} z^{\frac{1}{3}} + \lambda = 0, \\[2mm] L_y' = \dfrac{1}{3} x^{\frac{1}{3}} y^{\frac{1}{3}-1} z^{\frac{1}{3}} + \lambda = 0, \\[2mm] L_z' = \dfrac{1}{3} x^{\frac{1}{3}} y^{\frac{1}{3}} z^{\frac{1}{3}-1} + \lambda = 0, \\[2mm] L_\lambda' = x + y + z - 1 = 0. \end{cases}$$

由此可得

$$x_0 = y_0 = z_0 = \frac{1}{3}, \quad \lambda_0 = -\frac{1}{3}.$$

$\left(\dfrac{1}{3}, \dfrac{1}{3}, \dfrac{1}{3} \right)$ 是唯一可能的条件极值点. 显然，当 x, y, z 中有一个趋于 0 时 $f(x, y, z) \to 0$，在给定的条件下 $f(x, y, z)$ 的最小值不存在. 所以 $f\left(\dfrac{1}{3}, \dfrac{1}{3}, \dfrac{1}{3} \right) = \dfrac{1}{3}$ 必是给定条件下的极大值，也是最大值.

例 8　求从坐标原点到半立方抛物线（图 7-15）

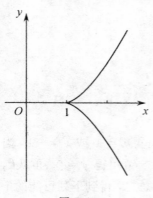

$$\varphi(x, y) = (x - 1)^3 - y^2 = 0$$

的最短距离.

解　从坐标原点 $O(0, 0)$ 到点 $P(x, y)$ 的距离 $d = \sqrt{x^2 + y^2}$，d 最小等同于 $d^2 = x^2 + y^2$ 最小. 故问题是求目标函数

$$f(x, y) = x^2 + y^2$$

在约束条件

$$\varphi(x, y) = (x - 1)^3 - y^2 = 0$$

下的最小值.

用拉格朗日乘子法，作函数

图 7-15

$$L(x,y,\lambda) = x^2 + y^2 + \lambda[(x-1)^3 - y^2],$$

求解方程组

$$\begin{cases} L'_x = 2x + 3\lambda(x-1)^2 = 0, \\ L'_y = 2y - 2\lambda y = 0, \\ L'_\lambda = (x-1)^3 - y^2 = 0. \end{cases}$$

从 $L'_y = 0$，得 $y = 0$ 或 $\lambda = 1$. 若 $y = 0$，由约束方程可得 $x = 1$，但 $x = 1$ 不满足方程 $L'_x = 0$；若 $\lambda = 1$，则由 $L'_x = 0$ 可得

$$\left(x - \frac{2}{3}\right)^2 + \frac{5}{9} = 0,$$

方程无实解. 由此可见该方程组无解. 但不能由此推出本题的条件极值问题无解. 因为，从图 7-15 显而易见由 O 点到曲线上点 $A(1,0)$ 的距离最小. 究其原因，问题在于在 A 点 $\varphi'_x = 0$, $\varphi'_y = 0$. 而 φ'_x 和 φ'_y 不能同时为 0 是拉格朗日乘子法有效（即拉格朗日乘子存在）的基本条件.

例 9　设某厂商的生产函数为

$$q = AK^\alpha L^\beta \quad (A, \alpha, \beta \text{ 为正的常数}),$$

其中 A 表示厂商的技术水平，K 表示资本数量，L 表示劳动力数量，已知资本价格为 p_K，劳动力价格为 p_L，求在产量一定的条件下的最小成本.

解　成本 $C(K,L) = p_K K + p_L L$. 问题是求该目标函数在约束条件 $q_0 = AK^\alpha L^\beta$ 下的最小值.

为此作拉格朗日函数

$$L(K,L,\lambda) = p_K K + p_L L + \lambda(AK^\alpha L^\beta - q_0).$$

求解方程组

$$\begin{cases} L'_K = p_K + \lambda \alpha AK^{\alpha-1} L^\beta = 0, \\ L'_L = p_L + \lambda \beta AK^\alpha L^{\beta-1} = 0, \\ L'_\lambda = AK^\alpha L^\beta - q_0 = 0. \end{cases}$$

由此得出

$$\frac{p_K K}{\alpha} = \frac{p_L L}{\beta},$$

所以最优要素组合需要满足的必要条件为

$$\begin{cases} q_0 = AK^\alpha L^\beta, \\ \beta p_K K = \alpha p_L L. \end{cases}$$

其解为

$$\begin{cases} K_0 = A^{-\frac{1}{\alpha+\beta}} \Big(\dfrac{p_K}{\alpha}\Big)^{-\frac{\beta}{\alpha+\beta}} \Big(\dfrac{p_L}{\beta}\Big)^{\frac{\beta}{\alpha+\beta}} q_0^{\frac{1}{\alpha+\beta}}, \\[3mm] L_0 = A^{-\frac{1}{\alpha+\beta}} \Big(\dfrac{p_K}{\alpha}\Big)^{\frac{\alpha}{\alpha+\beta}} \Big(\dfrac{p_L}{\beta}\Big)^{-\frac{\alpha}{\alpha+\beta}} q_0^{\frac{1}{\alpha+\beta}}. \end{cases}$$

由问题的实际意义,(K_0, L_0) 当是所求的极小值点,也是最小值点. 这时的最小成本为

$$C_0 = C(K_0, L_0) = A^* \, p_K^{\alpha^*} \, p_L^{\beta^*} \, q_0^{\frac{1}{\alpha+\beta}},$$

其中

$$\alpha^* = \frac{\alpha}{\alpha+\beta}, \quad \beta^* = \frac{\beta}{\alpha+\beta}, \quad A^* = A^{-\frac{1}{\alpha+\beta}} \Big[\Big(\frac{\alpha}{\beta}\Big)^{\frac{\beta}{\alpha+\beta}} + \Big(\frac{\beta}{\alpha}\Big)^{\frac{\alpha}{\alpha+\beta}} \Big].$$

下面作一些弹性分析. 对上式两边取对数,有

$$\ln C_0 = \ln A^* + \alpha^* \ln p_K + \beta^* \ln p_L + \frac{1}{\alpha+\beta} \ln q_0.$$

所以 C_0 对 p_K, p_L, q_0 的偏弹性

$$\frac{EC_0}{Ep_K} = \alpha^*, \quad \frac{EC_0}{Ep_L} = \beta^*, \quad \frac{EC_0}{Eq_0} = \frac{1}{\alpha+\beta}.$$

这说明:随着 p_K, p_L, q_0 的提高,成本 C_0 也越高.

再对 K_0 的表达式两边取对数,有

$$\ln K_0 = -\frac{1}{\alpha+\beta} \ln A - \frac{\beta}{\alpha+\beta} \ln \frac{p_K}{\alpha} + \frac{\beta}{\alpha+\beta} \ln \frac{p_L}{\beta} + \frac{1}{\alpha+\beta} \ln q_0,$$

所以 K_0 对诸因素的偏弹性

$$\frac{EK_0}{Eq_0} = \frac{\partial \ln K_0}{\partial \ln q_0} = \frac{1}{\alpha+\beta}, \quad \frac{EK_0}{EA} = \frac{\partial \ln K_0}{\partial \ln A} = -\frac{1}{\alpha+\beta},$$

$$\frac{EK_0}{Ep_K} = \frac{\partial \ln K_0}{\partial \ln p_K} = -\frac{\beta}{\alpha+\beta}, \quad \frac{EK_0}{Ep_L} = \frac{\partial \ln K_0}{\partial \ln p_L} = \frac{\beta}{\alpha+\beta}.$$

这说明:产量 q_0 越大,对资本 K_0 的需求越大;技术水平 A 越高,对 K_0 的需求越小;此外,资本的价格 p_K 越高,对 K_0 的需求越小,反之,劳动力价格 p_L 越高,则对 K_0 的需求越高.

7.8   二重积分

多元积分学的内容十分丰富,这里只介绍二重积分的概念及其计算.

7.8.1 二重积分概念及其性质

一元函数定积分的概念,在几何上源自平面曲边形面积的计算,推广到二元函数,最基本的是二重积分的概念,其几何背景是曲顶柱体体积的计算.

设二元函数 $z = f(x,y)$ 的定义域 D 是一个有界闭区域,假定

$$f(x,y) \geqslant 0 \quad (\forall (x,y) \in D).$$

其图形为空间中的一张曲面 S. 以 D 的边界为准线,母线平行于 z 轴的柱面记为 S_1,由 S, S_1 和 xy 平面围成的立体称为以 D 为底、以 S 为顶的**曲顶柱体**(如图 7-16).

现在要计算这个曲顶柱体的体积.

用定积分计算面积的方法,先将 D 分成多个小闭区域

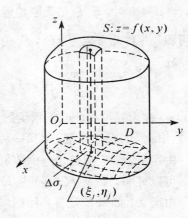

图 7-16

$$\Delta\sigma_1, \Delta\sigma_2, \cdots, \Delta\sigma_n.$$

$\Delta\sigma_j$ 的面积仍以 $\Delta\sigma_j$ 表示,$\Delta\sigma_j$ 中相距最远的两点之间的距离(称为 $\Delta\sigma_j$ 的**直径**)记为 $d_j (j = 1, 2, \cdots, n)$.

在闭区域 $\Delta\sigma_j$ 中任取一点 $P_j(\xi_j, \eta_j)$,由于 $\Delta\sigma_j$ 很小,以 $\Delta\sigma_j$ 为底的小条曲顶柱体的体积 ΔV_j 近似于以 $\Delta\sigma_j$ 为底,$f(\xi_j, \eta_j)$ 为高的柱体的体积 $f(\xi_j, \eta_j)\Delta\sigma_j$,即

$$\Delta V_j \approx f(\xi_j, \eta_j)\Delta\sigma_j \quad (j = 1, 2, \cdots, n),$$

所以

$$V = \sum_{j=1}^{n} \Delta V_j \approx \sum_{j=1}^{n} f(\xi_j, \eta_j)\Delta\sigma_j.$$

设 $d = \max\{d_1, d_2, \cdots, d_n\}$. 如果 $f(x,y)$ 是 D 上的连续函数,可以预期

$$V = \lim_{d \to 0} \sum_{j=1}^{n} f(\xi_j, \eta_j)\Delta\sigma_j.$$

在计算质量分布不均匀的板状物质的质量时,也会遇到这类和的极限的计算,这就导致下列二重积分的概念.

定义 设 $f(x,y)$ 是有界闭区域 D 上的有界函数,将 D 分成 n 个小闭区域

$$\Delta\sigma_1, \Delta\sigma_2, \cdots, \Delta\sigma_n,$$

对于每个 j $(j = 1, 2, \cdots, n)$，$\Delta\sigma_j$ 的面积仍记为 $\Delta\sigma_j$，它的直径记为 d_j，$d = \max\{d_1, d_2, \cdots, d_n\}$，在 $\Delta\sigma_j$ 中任取一点 (ξ_j, η_j)，作乘积 $f(\xi_j, \eta_j)\Delta\sigma_j$，并求和

$$S_n = \sum_{j=1}^{n} f(\xi_j, \eta_j)\Delta\sigma_j.$$

如果不论 D 如何分成小区域，也不论在每个小区域 $\Delta\sigma_j$ 中点 (ξ_j, η_j) 如何选取，当 $d \to 0$ 时，S_n 总是无限趋近于一个确定的常数，则称函数 $f(x, y)$ 在 D 上**可积**，并称此常数为 $f(x, y)$ 在 D 上的**二重积分**，记为 $\iint\limits_D f(x, y)\mathrm{d}\sigma$，即

$$\iint\limits_D f(x, y)\mathrm{d}\sigma = \lim_{d \to 0} \sum_{j=1}^{n} f(\xi_j, \eta_j)\Delta\sigma_j.$$

$f(x, y)$ 称为二重积分的**被积函数**，$f(x, y)\mathrm{d}\sigma$ 称为**被积表达式**，D 称为**积分区域**，$\mathrm{d}\sigma$ 称为**面积元素**，x 和 y 称为**积分变量**，S_n 称为**积分和**.

由定义，二重积分是一个数值，这个值仅与被积函数和积分区域有关.

可以证明，如果 $f(x, y)$ 是 D 上的连续函数，则必在 D 上可积.

由定义，如果 D 是有界闭区域，$f(x, y) \geqslant 0$ $(\forall (x, y) \in D)$，且在 D 上连续，则前述曲顶柱体的体积

$$V = \iint\limits_D f(x, y)\mathrm{d}\sigma,$$

其中被积表达式 $f(x, y)\mathrm{d}\sigma$ 就是以 $\mathrm{d}\sigma$ 为底的小条曲顶柱体的体积 ΔV 当 $\mathrm{d}\sigma \to 0$ 时的近似值，称为体积 V 的**体积元素**.

二重积分具有与一元函数定积分相似的下列性质：假设函数 $f(x, y)$，$g(x, y)$ 在有界闭区域 D 上可积.

1° 如果 $f(x, y) \equiv 1$ $(\forall (x, y) \in D)$，D 的面积为 σ，则

$$\iint\limits_D \mathrm{d}\sigma = \sigma.$$

2° 如果 a, b 为常数，则 $af(x, y) \pm bg(x, y)$ 在 D 上可积，且

$$\iint\limits_D (af(x, y) \pm bg(x, y))\mathrm{d}\sigma = a\iint\limits_D f(x, y)\mathrm{d}\sigma \pm b\iint\limits_D g(x, y)\mathrm{d}\sigma.$$

这个性质称为二重积分的**线性性质**.

3° 如果将 D 用曲线分成两个闭区域 D_1, D_2，则 $f(x, y)$ 在 D_1 和 D_2 上均可积，且

$$\iint\limits_D f(x, y)\mathrm{d}\sigma = \iint\limits_{D_1} f(x, y)\mathrm{d}\sigma + \iint\limits_{D_2} f(x, y)\mathrm{d}\sigma.$$

这个性质称为二重积分的**积分区域可加性**.

4° 如果 $f(x,y) \geqslant 0$ $(\forall (x,y) \in D)$，则

$$\iint\limits_{D} f(x,y)\mathrm{d}\sigma \geqslant 0.$$

进一步，若在 D 上 $f(x,y)$ 连续，非负，且在 D 内部的一点 (x_0,y_0) 处 $f(x_0,y_0)$ > 0，则

$$\iint\limits_{D} f(x,y)\mathrm{d}\sigma > 0.$$

这一性质称为二重积分的**正性**.

由此，如果 $f(x,y) \leqslant g(x,y)$ $(\forall (x,y) \in D)$，则

$$\iint\limits_{D} f(x,y)\mathrm{d}\sigma \leqslant \iint\limits_{D} g(x,y)\mathrm{d}\sigma.$$

这一性质也称为二重积分的**单调性**.

特别，若 M,m 依次是 $f(x,y)$ 在 D 上的最大、最小值，σ 为 D 的面积，则

$$m\sigma \leqslant \iint\limits_{D} f(x,y)\mathrm{d}\sigma \leqslant M\sigma.$$

5° $\left| \iint\limits_{D} f(x,y)\mathrm{d}\sigma \right| \leqslant \iint\limits_{D} |f(x,y)|\mathrm{d}\sigma.$

6° 如果 $f(x,y)$ 在 D 上连续，σ 为 D 的面积，则存在点 $(\xi,\eta) \in D$，使得

$$\iint\limits_{D} f(x,y)\mathrm{d}\sigma = f(\xi,\eta)\sigma.$$

这个结果称为二重积分的**中值定理**. $\dfrac{1}{\sigma}\iint\limits_{D} f(x,y)\mathrm{d}\sigma$ 称为函数 $f(x,y)$ 在

区域 D 上的**平均值**.

例1 设 $D = \{(x,y) \mid 1 \leqslant x^2 + y^2 \leqslant 9\}$. 求 $\iint\limits_{D} 2\mathrm{d}\sigma$.

解 D 是由半径分别为 3 和 1 的两个同心圆围成的圆环，其面积

$$\sigma = \pi \cdot 3^2 - \pi \cdot 1^2 = 8\pi,$$

故

$$\iint\limits_{D} 2\mathrm{d}\sigma = 2\iint\limits_{D} \mathrm{d}\sigma = 2\sigma = 16\pi.$$

7.8.2 二重积分的计算

1. 在直角坐标系中计算二重积分

在平面直角坐标系 Oxy 中，可以用平行于坐标轴的直线将 D 分成小闭区域，这时

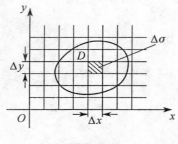

图 7-17

$$\Delta\sigma = \Delta x \Delta y,$$

所以面积元素 $\mathrm{d}\sigma$ 可写成 $\mathrm{d}x\mathrm{d}y$（如图 7-17），从而

$$\iint\limits_{D} f(x,y)\mathrm{d}\sigma = \iint\limits_{D} f(x,y)\mathrm{d}x\mathrm{d}y.$$

右边的二重积分可以化成两次单积分（即定积分）的计算.

下面分成三种情况：

1) $D = \{(x,y)\,|\,a \leqslant x \leqslant b,\ c \leqslant y \leqslant d\}$（可记为 $[a,b;c,d]$）.

D 是由直线 $x = a$, $x = b$ 和 $y = c$, $y = d$ 围成的矩形.

为计算二重积分 $\iint\limits_{D} f(x,y)\mathrm{d}\sigma$, 将它

理解为曲顶柱体的体积 V（如图 7-18），用类似于 6.4.2 小节中计算体积的方法，将曲顶柱体用垂直于 x 轴的平面切成多个小薄片，代表性的小薄片的厚度为 $\mathrm{d}x$，底面积为

$$\int_c^d f(x,y)\mathrm{d}y$$

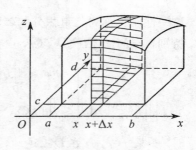

图 7-18

（用 6.4.1 小节中计算面积的公式），故积分元素（即体积元素）为

$$\mathrm{d}V = \left(\int_c^d f(x,y)\mathrm{d}y\right)\mathrm{d}x.$$

从而

$$V = \iint\limits_{D} f(x,y)\mathrm{d}\sigma = \int_a^b \mathrm{d}V = \int_a^b \left(\int_c^d f(x,y)\mathrm{d}y\right)\mathrm{d}x.$$

等式右边的积分 $\int_c^d f(x,y)\mathrm{d}y$ 是先将 x 看成常数, $f(x,y)$ 作为 y 的函数在区间 $[c,d]$ 上求定积分, 积分的结果已不含 y 而是 x 的函数, 然后以之作为被积函数再在 $[a,b]$ 上求定积分.

这样就将二重积分的计算化成先对 y, 后对 x 的两次定积分的计算, 或简单地说化成**二次积分**, 上式右边的二次积分通常写成

$$\int_a^b \mathrm{d}x \int_c^d f(x,y)\mathrm{d}y.$$

同样, 这个二重积分也可化成先对 x, 后对 y 的二次积分

$$\int_c^d \left(\int_a^b f(x,y)\mathrm{d}x\right)\mathrm{d}y \quad \text{或} \quad \int_c^d \mathrm{d}y \int_a^b f(x,y)\mathrm{d}x.$$

所以，若积分区域 $D = [a,b;c,d]$，则

$$\iint\limits_{D} f(x,y)\mathrm{d}\sigma = \int_a^b \mathrm{d}x \int_c^d f(x,y)\mathrm{d}y \tag{7.33}$$

或

$$\iint\limits_{D} f(x,y)\mathrm{d}\sigma = \int_c^d \mathrm{d}y \int_a^b f(x,y)\mathrm{d}x. \tag{7.34}$$

2）$D = \{(x,y) \mid \varphi_1(x) \leqslant y \leqslant \varphi_2(x), a \leqslant x \leqslant b\}$.

D 是由曲线 $y = \varphi_1(x)$，$y = \varphi_2(x)$ 及直线 $x = a$，$x = b$ 所围成的闭区域（如图 7-19），其中

$$\varphi_1(x) \leqslant \varphi_2(x) \quad (\forall x \in [a,b]).$$

用类似于 1）的方法，不难证明二重积

分 $\iint\limits_{D} f(x,y)\mathrm{d}x\mathrm{d}y$ 可化成

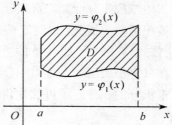

图 7-19

$$\int_a^b \mathrm{d}x \int_{\varphi_1(x)}^{\varphi_2(x)} f(x,y)\mathrm{d}y.$$

这个二次积分表示：先将 $f(x,y)$ 中的 x 看成常数对 y 积分，积分的上、下限依次是确定 D 的上、下边界 $\partial_上 D, \partial_下 D$ 的函数 $\varphi_2(x), \varphi_1(x)$（参见 6.4.1 小节），即

$$\partial_上 D: y = \varphi_2(x) \quad (a \leqslant x \leqslant b),$$

$$\partial_下 D: y = \varphi_1(x) \quad (a \leqslant x \leqslant b),$$

然后将积分结果（是 x 的函数）作为被积函数对 x 在区间 $[a,b]$ 上求定积分.

所以，若积分区域 $D = \{(x,y) \mid \varphi_1(x) \leqslant y \leqslant \varphi_2(x), a \leqslant x \leqslant b\}$，则

$$\iint\limits_{D} f(x,y)\mathrm{d}\sigma = \int_a^b \mathrm{d}x \int_{\varphi_1(x)}^{\varphi_2(x)} f(x,y)\mathrm{d}y. \tag{7.35}$$

3）$D = \{(x,y) \mid \psi_1(y) \leqslant x \leqslant \psi_2(y), c \leqslant y \leqslant d\}$.

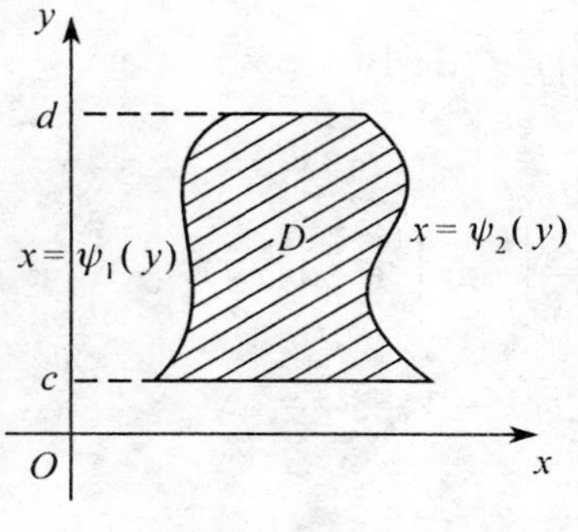

D 是由曲线 $x = \psi_1(y)$，$x = \psi_2(y)$ 及直线 $y = c$，$y = d$ 所围成的闭区域（图 7-20），其中

$$\psi_1(y) \leqslant \psi_2(y) \quad (c \leqslant y \leqslant d).$$

同上，易知二重积分

$$\iint\limits_{D} f(x,y)\mathrm{d}x\mathrm{d}y$$

可化成

$$\int_c^d \mathrm{d}y \int_{\psi_1(y)}^{\psi_2(y)} f(x,y)\mathrm{d}x.$$

图 7-20

这个二次积分表示：先将 $f(x,y)$ 中的 y 看成常数对 x 积分，积分的上限为确定 D 的右边界 $\partial_{右}D$ 的函数，下限为确定 D 的左边界 $\partial_{左}D$ 的函数，即

$$\partial_{右}D: x = \psi_2(y) \quad (c \leqslant y \leqslant d),$$

$$\partial_{左}D: x = \psi_1(y) \quad (c \leqslant y \leqslant d),$$

然后将积分结果（已是 y 的函数）作为被积函数对 y 在区间 $[c,d]$ 上求定积分.

所以，若积分区域 $D = \{(x,y) \mid \psi_1(y) \leqslant x \leqslant \psi_2(y), c \leqslant y \leqslant d\}$，则

$$\iint\limits_{D} f(x,y)\,\mathrm{d}\sigma = \int_c^d \mathrm{d}y \int_{\psi_1(y)}^{\psi_2(y)} f(x,y)\,\mathrm{d}x. \tag{7.36}$$

用二次积分计算二重积分，常常既要考虑有界闭区域 D 的边界，又要兼顾被积函数的情况，以确定是先对 y 积分（用公式(7.35)）还是先对 x 积分（用公式(7.36)）. 如果 D 的边界比较复杂，可把 D 分成若干个小闭区域，使得在每个小闭区域上可以用公式(7.35) 或(7.36) 计算二重积分，然后运用二重积分的积分区域可加性将所得结果求和，从而得到 D 上的二重积分的值.

例 2　设 $D = [0,2; -1,1]$，求二重积分 $\iint\limits_{D} x^2 y^2\,\mathrm{d}x\mathrm{d}y$.

解　用公式(7.33)，得

$$\iint\limits_{D} x^2 y^2\,\mathrm{d}x\mathrm{d}y = \int_0^2 \mathrm{d}x \int_{-1}^1 x^2 y^2\,\mathrm{d}y = \int_0^2 x^2 \left(\frac{y^3}{3}\right)\Big|_{-1}^1 \mathrm{d}x$$

$$= \int_0^2 \frac{2}{3} x^2\,\mathrm{d}x = \frac{2}{9} x^3 \Big|_0^2 = \frac{16}{9}.$$

若用公式(7.34)，即

$$\iint\limits_{D} x^2 y^2\,\mathrm{d}x\mathrm{d}y = \int_{-1}^1 \mathrm{d}y \int_0^2 x^2 y^2\,\mathrm{d}x.$$

可得同样结果.

例 3　设 $D = [0,1; 0,1]$. 求二重积分 $\iint\limits_{D} x\mathrm{e}^{xy}\,\mathrm{d}x\mathrm{d}y$.

解　用公式(7.33)，得

$$\iint\limits_{D} x\mathrm{e}^{xy}\,\mathrm{d}x\mathrm{d}y = \int_0^1 \mathrm{d}x \int_0^1 x\mathrm{e}^{xy}\,\mathrm{d}y = \int_0^1 \mathrm{d}x \int_0^1 \mathrm{e}^{xy}\,\mathrm{d}(xy)$$

$$= \int_0^1 \mathrm{e}^{xy} \Big|_0^1 \mathrm{d}x = \int_0^1 (\mathrm{e}^x - 1)\,\mathrm{d}x$$

$$= (\mathrm{e}^x - x)\Big|_0^1 = \mathrm{e} - 2.$$

若用公式(7.34)，有

$$\iint\limits_{D} x\mathrm{e}^{xy}\mathrm{d}x\mathrm{d}y = \int_0^1 \mathrm{d}y\int_0^1 x\mathrm{e}^{xy}\mathrm{d}x.$$

为了计算 $\int_0^1 x\mathrm{e}^{xy}\mathrm{d}x$，要用分部积分法，计算较上面稍繁.

例4 设 D 是由抛物线 $y^2 = x$ 及直线 $y = x - 2$ 所围成的闭区域. 求：

1) D 的面积 σ；

2) $\displaystyle\iint\limits_{D} xy\mathrm{d}\sigma.$

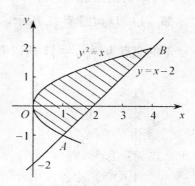

图 7-21

解 D 如图 7-21 所示. 先求 D 的两条边界的交点，为此解方程组

$$\begin{cases} y^2 = x, \\ y = x - 2, \end{cases}$$

得解 $x = 1$，$y = -1$ 和 $x = 4$，$y = 2$. 所以交点为 $A(1, -1)$，$B(4, 2)$.

显然，确定 D 的左、右边界的函数比较简单，即

$$\partial_{\text{左}}D: x = y^2 \quad (-1 \leqslant y \leqslant 2),$$
$$\partial_{\text{右}}D: x = y + 2 \quad (-1 \leqslant y \leqslant 2).$$

1) 由二重积分的性质 1°，D 的面积 σ 可用二重积分计算

$$\sigma = \iint\limits_{D} \mathrm{d}x\mathrm{d}y = \int_{-1}^2 \mathrm{d}y\int_{y^2}^{y+2} \mathrm{d}x = \int_{-1}^2 [(y+2) - y^2]\mathrm{d}y$$

$$= \left(\frac{y^2}{2} + 2y - \frac{y^3}{3}\right)\Big|_{-1}^2 = \frac{9}{2}.$$

不难发现，用二重积分计算平面区域的面积在化成单积分后，即得用定积分计算的积分式.

2) 利用公式 (7.36)，

$$\iint\limits_{D} xy\mathrm{d}x\mathrm{d}y = \int_{-1}^2 \mathrm{d}y\int_{y^2}^{y+2} xy\mathrm{d}x = \int_{-1}^2 y\left(\frac{x^2}{2}\right)\Big|_{y^2}^{y+2}\mathrm{d}y$$

$$= \frac{1}{2}\int_{-1}^2 y[(y+2)^2 - y^4]\mathrm{d}y$$

$$= \frac{1}{2}\int_{-1}^2 (y^3 + 4y^2 + 4y - y^5)\mathrm{d}y$$

$$= \frac{1}{2}\left(\frac{y^4}{4} + \frac{4}{3}y^3 + 2y^2 - \frac{y^6}{6}\right)\Big|_{-1}^2$$

$$= \frac{45}{8}.$$

例 5 把二重积分 $\iint\limits_{D} f(x,y)\mathrm{d}x\mathrm{d}y$ 化成二次积分，其中 D 如下：

1) D 为由圆 $x^2+y^2=1$、直线 $y=x$ 和 x 轴所围的在第一象限的部分；

2) D 为由抛物线 $y=x^2$ 和直线 $x+y=2$ 所围成的区域.

解 1) D 如图 7-22 所示，上半圆的方程为 $y=\sqrt{1-x^2}$，它与直线 $y=x$ 的交点为 $\left(\dfrac{\sqrt{2}}{2},\dfrac{\sqrt{2}}{2}\right)$，所以 D 的上、下边界为

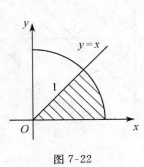

图 7-22

$$\partial_{\text{上}}D:\ y=\begin{cases} x, & 0\leqslant x\leqslant \dfrac{\sqrt{2}}{2}; \\ \sqrt{1-x^2}, & \dfrac{\sqrt{2}}{2}\leqslant x\leqslant 1, \end{cases}$$

$$\partial_{\text{下}}D:\ y=0 \quad (0\leqslant x\leqslant 1).$$

用直线 $x=\dfrac{\sqrt{2}}{2}$ 将 D 分成两个小闭区域，对每个小区域上的二重积分用公式(7.35)，即得

$$\iint\limits_{D} f(x,y)\mathrm{d}x\mathrm{d}y=\int_0^{\frac{\sqrt{2}}{2}}\mathrm{d}x\int_0^x f(x,y)\mathrm{d}y+\int_{\frac{\sqrt{2}}{2}}^1\mathrm{d}x\int_0^{\sqrt{1-x^2}} f(x,y)\mathrm{d}y.$$

其实 D 的左、右边界较简单，用公式(7.36)可得

$$\iint\limits_{D} f(x,y)\mathrm{d}x\mathrm{d}y=\int_0^{\frac{\sqrt{2}}{2}}\mathrm{d}y\int_y^{\sqrt{1-y^2}} f(x,y)\mathrm{d}x.$$

2) D 如图 7-23 所示. 解方程组

$$\begin{cases} y=x^2, \\ x+y=2, \end{cases}$$

得抛物线 $y=x^2$ 与直线 $x+y=2$ 的交点 $A(-2,4),B(1,1)$，所以 D 的上、下边界为

$$\partial_{\text{上}}D:\ y=2-x \quad (-2\leqslant x\leqslant 1),$$
$$\partial_{\text{下}}D:\ y=x^2 \quad (-2\leqslant x\leqslant 1).$$

由此，用公式(7.35)，

$$\iint\limits_{D} f(x,y)\mathrm{d}x\mathrm{d}y=\int_{-2}^1\mathrm{d}x\int_{x^2}^{2-x} f(x,y)\mathrm{d}y.$$

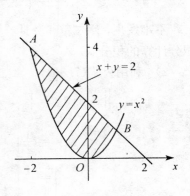

图 7-23

若要化成先对 x 后对 y 的二次积分，则由于抛物线的左半支方程为 $x=-\sqrt{y}$，右半支方程为 $x=\sqrt{y}$，故 D 的左、右边界为

$$\partial_{左} D: x = -\sqrt{y} \quad (0 \leqslant y \leqslant 4),$$

$$\partial_{右} D: x = \begin{cases} \sqrt{y}, & 0 \leqslant y \leqslant 1; \\ 2-y, & 1 \leqslant y \leqslant 4, \end{cases}$$

所以,需将 D 用直线 $y = 1$ 分成两部分,由公式(7.36),得

$$\iint\limits_{D} f(x,y)\mathrm{d}x\mathrm{d}y = \int_0^1 \mathrm{d}y \int_{-\sqrt{y}}^{\sqrt{y}} f(x,y)\mathrm{d}x + \int_1^4 \mathrm{d}y \int_{-\sqrt{y}}^{2-y} f(x,y)\mathrm{d}x.$$

例 6 求 $\iint\limits_{D} x\sqrt{x^2+y^2}\,\mathrm{d}x\mathrm{d}y$,其中 D 由抛物线 $x = y^2$,$x = -y^2$ 和直线 $y = 1$ 所围成.

解 D 如图 7-24 所示. 由于积分区域对 y 轴对称,而被积函数

$$f(x,y) = x\sqrt{x^2+y^2}$$

是 x 的奇函数,由奇函数的定积分性质,可知此二重积分的值为零. 实际上,将二重积分化成先对 x 的二次积分,有

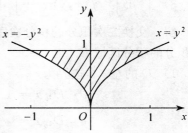

图 7-24

$$\iint\limits_{D} f(x,y)\mathrm{d}x\mathrm{d}y = \int_0^1 \mathrm{d}y \int_{-y^2}^{y^2} x\sqrt{x^2+y^2}\,\mathrm{d}x,$$

而 $\int_{-y^2}^{y^2} x\sqrt{x^2+y^2}\,\mathrm{d}x = 0$, 故

$$\iint\limits_{D} x\sqrt{x^2+y^2}\,\mathrm{d}x\mathrm{d}y = 0.$$

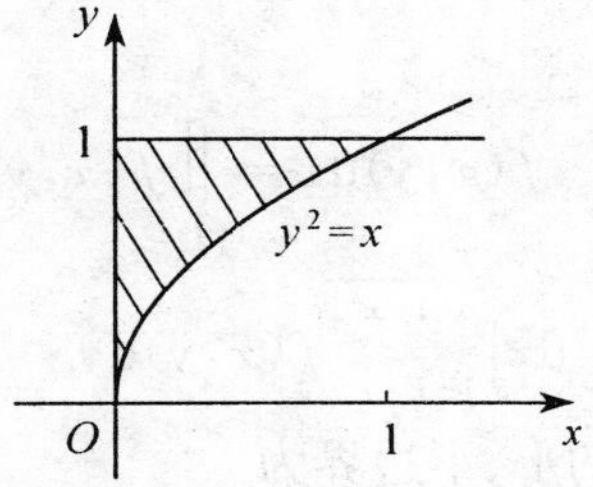

图 7-25

例 7 求 $\iint\limits_{D} \mathrm{e}^{\frac{x}{y}}\,\mathrm{d}x\mathrm{d}y$,其中 D 是由 $y^2 = x$,$x = 0$,$y = 1$ 所围成的区域.

解 D 如图 7-25 所示,考虑到被积函数,将二重积分化成先对 x 的二次积分:

$$\iint\limits_{D} \mathrm{e}^{\frac{x}{y}}\,\mathrm{d}x\mathrm{d}y = \int_0^1 \mathrm{d}y \int_0^{y^2} \mathrm{e}^{\frac{x}{y}}\,\mathrm{d}x = \int_0^1 \mathrm{d}y \int_0^{y^2} y\mathrm{e}^{\frac{x}{y}}\,\mathrm{d}\left(\frac{x}{y}\right)$$

$$= \int_0^1 y(\mathrm{e}^{\frac{x}{y}})\Big|_0^{y^2}\,\mathrm{d}y = \int_0^1 y(\mathrm{e}^y - 1)\,\mathrm{d}y$$

$$= \int_0^1 y\mathrm{e}^y\,\mathrm{d}y - \frac{y^2}{2}\Big|_0^1 = y\mathrm{e}^y\Big|_0^1 - \int_0^1 \mathrm{e}^y\,\mathrm{d}y - \frac{1}{2}$$

$$= \mathrm{e} - \mathrm{e}^y\Big|_0^1 - \frac{1}{2} = \mathrm{e} - (\mathrm{e}-1) - \frac{1}{2} = \frac{1}{2}.$$

若将二重积分化成先对 y 积分的二次积分，则有

$$\iint\limits_{D} e^{\frac{x}{y}} dx dy = \int_0^1 dx \int_{\sqrt{x}}^1 e^{\frac{x}{y}} dy,$$

其中 $\int_{\sqrt{x}}^1 e^{\frac{x}{y}} dy$ 无法用牛顿 - 莱布尼茨公式计算.

例8 交换下列二次积分的积分次序：

1) $\int_0^1 dy \int_{1-y}^{\sqrt{1-y^2}} f(x,y) dx$;　　2) $\int_{-1}^1 dx \int_{x^2+x}^{x+1} f(x,y) dy$;

3) $\int_0^1 dx \int_0^{x^2} f(x,y) dy + \int_1^2 dx \int_0^{2-x} f(x,y) dy$.

解 交换二次积分的积分次序，关键是要从二次积分找出它所表示的二重积分的积分区域 D.

1) D 的左、右边界为

$$\partial_{左} D: x = 1 - y \quad (0 \leqslant y \leqslant 1),$$

$$\partial_{右} D: x = \sqrt{1-y^2} \quad (0 \leqslant y \leqslant 1),$$

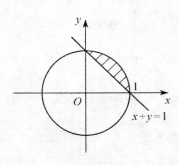

图 7-26

所以 D 为图 7-26 中的阴影部分. 其上、下边界为

$$\partial_{上} D: y = \sqrt{1-x^2} \quad (0 \leqslant x \leqslant 1),$$

$$\partial_{下} D: y = 1 - x \quad (0 \leqslant x \leqslant 1),$$

从而

$$\int_0^1 dy \int_{1-y}^{\sqrt{1-y^2}} f(x,y) dx = \iint\limits_{D} f(x,y) d\sigma$$

$$= \int_0^1 dx \int_{1-x}^{\sqrt{1-x^2}} f(x,y) dy.$$

2) D 的上、下边界为

$$\partial_{上} D: y = x + 1 \quad (-1 \leqslant x \leqslant 1),$$

$$\partial_{下} D: y = x^2 + x \quad (-1 \leqslant x \leqslant 1).$$

$y = x^2 + x = \left(x + \dfrac{1}{2}\right)^2 - \dfrac{1}{4}$ 是一抛物线，

其顶点为 $\left(-\dfrac{1}{2}, -\dfrac{1}{4}\right)$，对称轴为 $x = -\dfrac{1}{2}$，开口朝上，D 如图 7-27 所示.

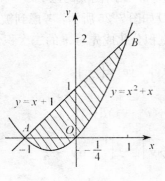

图 7-27

抛物线 $y = x^2 + x$ 与直线 $y = x+1$ 的交点为 $A(-1,0)$，$B(1,2)$，抛物线的右半

支方程为 $x=-\dfrac{1}{2}+\sqrt{y+\dfrac{1}{4}}$，左半支方程为 $x=-\dfrac{1}{2}-\sqrt{y+\dfrac{1}{4}}$．所以 D 的左、右边界为

$$\partial_{\text{左}} D: x=\begin{cases} -\dfrac{1}{2}-\sqrt{y+\dfrac{1}{4}} & \left(-\dfrac{1}{4}\leqslant y\leqslant 0\right), \\ y-1 & (0\leqslant y\leqslant 2), \end{cases}$$

$$\partial_{\text{右}} D: x=-\dfrac{1}{2}+\sqrt{y+\dfrac{1}{4}} \quad \left(-\dfrac{1}{4}\leqslant y\leqslant 2\right).$$

从而

$$\int_{-1}^{1}\mathrm{d}x\int_{x^2+x}^{x+1}f(x,y)\mathrm{d}y=\iint\limits_{D}f(x,y)\mathrm{d}\sigma$$

$$=\int_{-\frac{1}{4}}^{0}\mathrm{d}y\int_{-\frac{1}{2}-\sqrt{y+\frac{1}{4}}}^{-\frac{1}{2}+\sqrt{y+\frac{1}{4}}}f(x,y)\mathrm{d}x+\int_{0}^{2}\mathrm{d}y\int_{y-1}^{-\frac{1}{2}+\sqrt{y+\frac{1}{4}}}f(x,y)\mathrm{d}x.$$

3）设第一、第二个积分的积分区域依次为 D_1 和 D_2，则

$\partial_{\text{上}} D_1: y=x^2 \quad (0\leqslant x\leqslant 1)$，

$\partial_{\text{下}} D_1: y=0 \quad (0\leqslant x\leqslant 1)$，

$\partial_{\text{上}} D_2: y=2-x \quad (1\leqslant x\leqslant 2)$，

$\partial_{\text{下}} D_2: y=0 \quad (1\leqslant x\leqslant 2)$．

$D=D_1\bigcup D_2$，直线 $x=1$ 将 D 分成左、右两部分 D_1,D_2（如图 7-28）．抛物线 $y=x^2$ 的右半支方程为 $x=\sqrt{y}$，它与直线 $y=2-x$ 相交于点 $A(1,1)$．

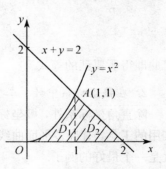

图 7-28

容易看到 D 的左、右边界为

$$\partial_{\text{左}} D: x=\sqrt{y} \quad (0\leqslant y\leqslant 1),$$
$$\partial_{\text{右}} D: x=2-y \quad (0\leqslant y\leqslant 1).$$

所以

$$\int_{0}^{1}\mathrm{d}x\int_{0}^{x^2}f(x,y)\mathrm{d}y+\int_{1}^{2}\mathrm{d}x\int_{0}^{2-x}f(x,y)\mathrm{d}y$$

$$=\iint\limits_{D_1}f(x,y)\mathrm{d}\sigma+\iint\limits_{D_2}f(x,y)\mathrm{d}\sigma=\iint\limits_{D}f(x,y)\mathrm{d}\sigma$$

$$=\int_{0}^{1}\mathrm{d}y\int_{\sqrt{y}}^{2-y}f(x,y)\mathrm{d}x.$$

例 9 设 $f(x)$ 在 $[0,1]$ 上连续，证明：

$$\int_0^1 dy \int_0^{\sqrt{y}} e^y f(x) dx = \int_0^1 (e - e^{x^2}) f(x) dx.$$

证 由于 $f(x)$ 未具体给出，$\int_0^{\sqrt{y}} e^y f(x) dx$ 无法计算. 设等式左边的二次积分所表示的二重积分的积分区域为 D，则 D 的左、右边界为

$$\partial_{\text{左}} D : x = 0 \quad (0 \leqslant y \leqslant 1),$$

$$\partial_{\text{右}} D : x = \sqrt{y} \quad (0 \leqslant y \leqslant 1),$$

$x = \sqrt{y}$ 是抛物线 $x^2 = y$ 的右半支. 故 D 如图 7-29 所示，所以

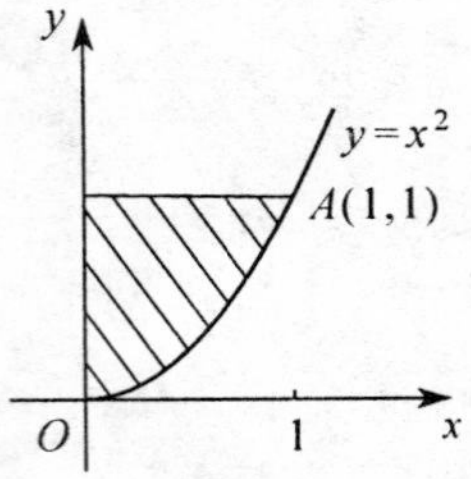

$$\int_0^1 dy \int_0^{\sqrt{y}} e^y f(x) dx = \iint_D e^y f(x) dx dy.$$

图 7-29

将这二重积分化成先对 y 积分的二次积分，即得

$$\iint_D e^y f(x) dx dy = \int_0^1 dx \int_{x^2}^1 e^y f(x) dy = \int_0^1 f(x) (e^y) \Big|_{x^2}^1 dx$$

$$= \int_0^1 (e - e^{x^2}) f(x) dx.$$

由此即得所要证的等式.

2. 在极坐标系中计算二重积分

除直角坐标系外，极坐标系是平面上用数来确定点的位置的另一种简便实用的工具，有许多平面曲线的极坐标方程比直角坐标方程要简单得多，圆就是一个最好的例子.

下面介绍在极坐标系中计算二重积分的方法.

取点 O 为极点，Ox 轴为极轴，平面上的点 P 在极坐标系中的坐标为 (r, θ)，其中 $r = |OP|$，θ 是从 Ox 依逆时针方向转到 OP 的转角（顺时针方向规定 θ 为负）. 设 D 是一平面区域，我们先假设从 O 点出发的射线与 D 的边界 ∂D 的交点不多于两个. 用一族以 O 为圆心的同心圆和从 O 点出发的射线将 D 分成许多小区域（曲边四边形）. 介于半径为 r 和 $r + \Delta r$ 的圆、极角为 θ 和 $\theta + \Delta\theta$ 的射线之间的小区域的面积记作 $\Delta\sigma$（图 7-30），则

$$\Delta\sigma = \frac{1}{2}(r + \Delta r)^2 \Delta\theta - \frac{1}{2} r^2 \Delta\theta = r \Delta r \Delta\theta + \frac{1}{2}(\Delta r)^2 \Delta\theta.$$

当 $\Delta r \to 0$，$\Delta\theta \to 0$ 时，$\frac{1}{2}(\Delta r)^2 \Delta\theta$ 是比 $r \Delta r \Delta\theta$ 高阶的无穷小. 所以

$$\Delta\sigma \approx r \Delta r \Delta\theta.$$

由此，在极坐标下的面积元素为

$$d\sigma = r\,dr\,d\theta.$$

此外，对于直角坐标系 Oxy 和这个极
坐标系，点 P 的直角坐标 (x,y) 与极坐
标 (r,θ) 之间有关系

$$x = r\cos\theta, \quad y = r\sin\theta.$$

所以，被积表达式

$$f(x,y)d\sigma = f(r\cos\theta, r\sin\theta)r\,dr\,d\theta,$$

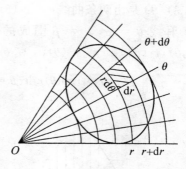

图 7-30

随之得到：二重积分的变量从直角坐标
变为极坐标的变换公式

$$\iint\limits_{D} f(x,y)\,dx\,dy = \iint\limits_{D} f(r\cos\theta, r\sin\theta)r\,dr\,d\theta. \tag{7.37}$$

极坐标系中的二重积分也可以化成二次积分来计算.

下面分成三种情况：

1) 极点 O 在 D 内，D 的边界曲线为 $r = r(\theta)$ $(0 \leqslant \theta \leqslant 2\pi)$. 如图 7-31.

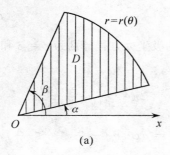

图 7-31

这时，有 $D = \{(r,\theta)\,|\,0 \leqslant r \leqslant r(\theta), 0 \leqslant \theta \leqslant 2\pi\}$,

$$\iint\limits_{D} f(r\cos\theta, r\sin\theta)r\,dr\,d\theta$$

$$= \int_0^{2\pi} d\theta \int_0^{r(\theta)} f(r\cos\theta, r\sin\theta)r\,dr. \tag{7.38}$$

2) D 是由曲线 $r = r(\theta)$ $(\alpha \leqslant \theta \leqslant \beta)$ 和两条射线 $\theta = \alpha$，$\theta = \beta$ 围成的区域（如图 7-32 (a)，(b)）. 这时，有 $D = \{(r,\theta)\,|\,0 \leqslant r \leqslant r(\theta), \alpha \leqslant \theta \leqslant \beta\}$,

$$\iint\limits_{D} f(r\cos\theta, r\sin\theta)r\,dr\,d\theta = \int_\alpha^\beta d\theta \int_0^{r(\theta)} f(r\cos\theta, r\sin\theta)r\,dr. \tag{7.39}$$

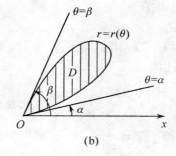

(a)   (b)

图 7-32

3) D 是由两条曲线 $r = r_1(\theta)$，$r = r_2(\theta)$，$r_1(\theta) \leqslant r_2(\theta)$（$\alpha \leqslant \theta \leqslant \beta$）和两条射线 $\theta = \alpha$，$\theta = \beta$ 围成的区域（如图 7-33（a），(b)）．这时 $D = \{(r,\theta) \mid r_1(\theta) \leqslant r \leqslant r_2(\theta)，\alpha \leqslant \theta \leqslant \beta\}$，

$$\iint\limits_{D} f(r\cos\theta, r\sin\theta) r\,\mathrm{d}r\,\mathrm{d}\theta = \int_{\alpha}^{\beta} \mathrm{d}\theta \int_{r_1(\theta)}^{r_2(\theta)} f(r\cos\theta, r\sin\theta) r\,\mathrm{d}r. \quad (7.40)$$

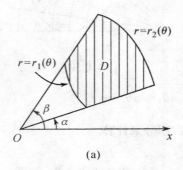
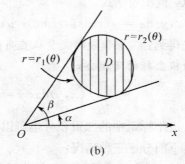

图 7-33

对于一般的区域 D，可以用分割的方法使得在每个小区域上可以用上述公式计算，然后再依据二重积分对积分区域的可加性将各个计算的结果求和．

例 10　求下列二重积分：

1) $\displaystyle\iint\limits_{D} (x^2 + y^2)^{\frac{3}{2}}\,\mathrm{d}x\,\mathrm{d}y$，其中 D 是由圆 $x^2 + y^2 = 9$ 和 $x^2 + y^2 = 25$ 所围成的圆环形区域；

2) $\displaystyle\iint\limits_{D} \sqrt{a^2 - x^2 - y^2}\,\mathrm{d}x\,\mathrm{d}y$，其中 D 是由圆 $x^2 + y^2 = ax$（$a > 0$）围成的区域（图 7-34）；

3) $\displaystyle\iint\limits_{D} y\,\mathrm{d}x\,\mathrm{d}y$，其中 D 由直线 $x = -2$，$y = 0$，$y = 2$ 及圆 $x = -\sqrt{2y - y^2}$ 围成．

解　1) 由于 $x^2 + y^2 = r^2$，这两个圆的极坐标方程分别为 $r = 3$ 和 $r = 5$，所以

$$\iint\limits_{D} (x^2 + y^2)^{\frac{3}{2}}\,\mathrm{d}x\,\mathrm{d}y = \int_{0}^{2\pi} \mathrm{d}\theta \int_{3}^{5} r^3 \cdot r\,\mathrm{d}r = 2\pi \cdot \frac{r^5}{5}\Big|_{3}^{5} = \frac{5\,764}{5}\pi.$$

2) 圆 $x^2 + y^2 = ax$ 的极坐标方程是 $r = a\cos\theta$（$-\dfrac{\pi}{2} \leqslant \theta \leqslant \dfrac{\pi}{2}$），故

$$\iint\limits_{D} \sqrt{a^2-x^2-y^2}\,\mathrm{d}x\mathrm{d}y = \int_{-\frac{\pi}{2}}^{\frac{\pi}{2}} \mathrm{d}\theta \int_{0}^{a\cos\theta} \sqrt{a^2-r^2}\,r\,\mathrm{d}r$$

$$=-\frac{1}{2}\int_{-\frac{\pi}{2}}^{\frac{\pi}{2}} \mathrm{d}\theta \int_{0}^{a\cos\theta} \sqrt{a^2-r^2}\,\mathrm{d}(a^2-r^2)$$

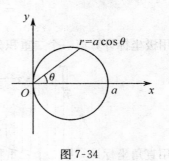

图 7-34

$$=-\frac{2}{3}\int_{0}^{\frac{\pi}{2}} (a^2-r^2)^{\frac{3}{2}}\Big|_{0}^{a\cos\theta}\,\mathrm{d}\theta$$

$$=\frac{2}{3}\int_{0}^{\frac{\pi}{2}} a^3(1-\sin^3\theta)\,\mathrm{d}\theta$$

$$=\frac{2}{3}a^3\left(\theta+\cos\theta-\frac{1}{3}\cos^3\theta\right)\Big|_{0}^{\frac{\pi}{2}}$$

$$=\left(\frac{\pi}{3}-\frac{4}{9}\right)a^3.$$

3) D 和 D_1 如图 7-35 所示,

$$\iint\limits_{D} y\mathrm{d}\sigma = \iint\limits_{D+D_1} y\mathrm{d}\sigma - \iint\limits_{D_1} y\mathrm{d}\sigma,$$

而

$$\iint\limits_{D+D_1} y\mathrm{d}\sigma = \int_{-2}^{0} \mathrm{d}x \int_{0}^{2} y\mathrm{d}y = 4.$$

在极坐标系中,

$$D_1 = \left\{(r,\theta)\,\Big|\, 0\leqslant r\leqslant 2\sin\theta,\ \frac{\pi}{2}\leqslant\theta\leqslant\pi\right\},$$

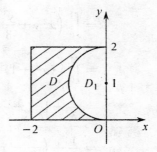

图 7-35

由此

$$\iint\limits_{D_1} y\mathrm{d}\sigma = \int_{\frac{\pi}{2}}^{\pi} \mathrm{d}\theta \int_{0}^{2\sin\theta} r\sin\theta\,r\,\mathrm{d}r = \frac{8}{3}\int_{\frac{\pi}{2}}^{\pi} \sin^4\theta\,\mathrm{d}\theta$$

$$=\frac{8}{12}\int_{\frac{\pi}{2}}^{\pi} \left(1-2\cos2\theta+\frac{1+\cos4\theta}{2}\right)\mathrm{d}\theta = \frac{\pi}{2}.$$

所以 $\iint\limits_{D} y\mathrm{d}\sigma = 4-\dfrac{\pi}{2}.$

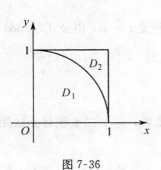

图 7-36

例 11 计算二重积分 $\iint\limits_{D} |x^2+y^2-1|\,\mathrm{d}\sigma,$

其中 $D = [0,1;0,1].$

解 如图 7-36, 设

$$D_1 = \{(x,y)\,|\,x^2+y^2\leqslant 1\} \cap D,$$

$$D_2 = \{(x,y)\,|\,x^2+y^2\geqslant 1\} \cap D.$$

则 $D = D_1 \cup D_2,$ 且

$$\iint\limits_{D} |x^2 + y^2 - 1| d\sigma = \iint\limits_{D_1} |x^2 + y^2 - 1| d\sigma + \iint\limits_{D_2} |x^2 + y^2 - 1| d\sigma$$

$$= \iint\limits_{D_1} (1 - x^2 - y^2) d\sigma + \iint\limits_{D_2} (x^2 + y^2 - 1) d\sigma.$$

用极坐标计算第一个二重积分：

$$\iint\limits_{D_1} (1 - x^2 - y^2) d\sigma = \int_0^{\frac{\pi}{2}} d\theta \int_0^1 (1 - r^2) r \, dr$$

$$= \frac{\pi}{2} \left(\frac{r^2}{2} - \frac{r^4}{4} \right) \Big|_0^1 = \frac{\pi}{8}.$$

用直角坐标计算第二个二重积分：

$$\iint\limits_{D_2} (x^2 + y^2 - 1) d\sigma = \int_0^1 dx \int_{\sqrt{1-x^2}}^1 (x^2 + y^2 - 1) dy$$

$$= \int_0^1 \left(x^2 y + \frac{y^3}{3} - y \right) \Big|_{\sqrt{1-x^2}}^1 dx$$

$$= \int_0^1 \left\{ (x^2 - 1) + (1 - x^2) \sqrt{1 - x^2} + \frac{1 - (1 - x^2)^{\frac{3}{2}}}{3} \right\} dx$$

$$= \frac{1}{3} + \int_0^1 (x^2 - 1) dx + \frac{2}{3} \int_0^1 (1 - x^2)^{\frac{3}{2}} dx$$

$$= \frac{1}{3} + \left(\frac{x^3}{3} - x \right) \Big|_0^1 + \frac{2}{3} \int_0^{\frac{\pi}{2}} \cos^4 t \, dt$$

$$= \frac{\pi}{8} - \frac{1}{3}.$$

最后得到

$$\iint\limits_{D} |x^2 + y^2 - 1| d\sigma = \frac{\pi}{8} + \left(\frac{\pi}{8} - \frac{1}{3} \right) = \frac{\pi}{4} - \frac{1}{3}.$$

例 12　求 $\iint\limits_{D} e^{-x^2-y^2} dxdy$，其中 D 为圆域 $x^2 + y^2 \leqslant a^2 (a > 0)$.

解　在极坐标系中，圆 $x^2 + y^2 = a^2$ 的方程是 $r = a$，由公式(7.38)，

$$\iint\limits_{D} e^{-x^2-y^2} dxdy = \int_0^{2\pi} d\theta \int_0^a e^{-r^2} r \, dr = (2\pi) \cdot \left(-\frac{1}{2} e^{-r^2} \right) \Big|_0^a$$

$$= (1 - e^{-a^2})\pi.$$

在直角坐标系中，由于 $\int e^{-x^2} dx$ 不是初等函数，这个二重积分无法用牛顿 - 莱布尼茨公式计算.

利用上述结果，可以证明 6.5.3 小节中得到的重要积分 —— 欧拉 - 泊松

积分

$$\int_0^{+\infty} e^{-x^2} dx = \frac{\sqrt{\pi}}{2}.$$

为此，如图 7-37，设

$$D_1 = \{(x, y) \mid x^2 + y^2 \leqslant a^2\},$$

$$D_2 = \{(x, y) \mid x^2 + y^2 \leqslant 2a^2\},$$

$$D = \{(x, y) \mid |x| \leqslant a, |y| \leqslant a\}.$$

显然 $D_1 \subset D \subset D_2$. 由于被积函数 $e^{-x^2-y^2}$
$> 0 \, (\forall (x, y) \in \mathbf{R}^2)$，所以

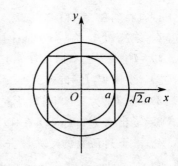

图 7-37

$$\iint\limits_{D_1} e^{-x^2-y^2} dxdy \leqslant \iint\limits_{D} e^{-x^2-y^2} dxdy \leqslant \iint\limits_{D_2} e^{-x^2-y^2} dxdy.$$

而

$$\iint\limits_{D_1} e^{-x^2-y^2} dxdy = (1 - e^{-a^2})\pi, \quad \iint\limits_{D_2} e^{-x^2-y^2} dxdy = (1 - e^{-2a^2})\pi,$$

又

$$\iint\limits_{D} e^{-x^2-y^2} dxdy = \int_{-a}^{a} dx \int_{-a}^{a} e^{-x^2-y^2} dy = \left(\int_{-a}^{a} e^{-x^2} dx\right)\left(\int_{-a}^{a} e^{-y^2} dy\right)$$

$$= \left(2\int_0^a e^{-x^2} dx\right)^2,$$

因此

$$(1 - e^{-a^2})\pi \leqslant \left(2\int_0^a e^{-x^2} dx\right)^2 \leqslant (1 - e^{-2a^2})\pi.$$

令 $a \to +\infty$，则 $e^{-a^2} \to 0$，$e^{-2a^2} \to 0$，由极限存在的夹逼准则，得

$$\lim_{a \to +\infty} \left(2\int_0^a e^{-x^2} dx\right)^2 = \left(2\int_0^{+\infty} e^{-x^2} dx\right)^2 = \pi,$$

从而 $\int_0^{+\infty} e^{-x^2} dx = \frac{\sqrt{\pi}}{2}$.

习 题 七

1. 在空间直角坐标系中下列方程表示什么形状的图形？

1) $2x + y - 3z + 5 = 0$；

2) $(x-1)^2 + (y+2)^2 + z^2 = 3$；

3) $y - \sin x = 0$；

4) $\frac{x^2}{4} + \frac{y^2}{8} + z^2 = 1$；

5) $x^2 + z^2 = 2y$；

6) $2(x^2 + y^2) = z^2$；

7) $y^2 - z^2 = x$;   8) $x^2 + y^2 + (z-1)^2 = 0$.

2. 给定两点 $P_1(2, -1, 3)$，$P_2(-3, 0, 5)$，求

1) P_1 与 P_2 之间的距离 $|P_1P_2|$；

2) 线段 P_1P_2 的垂直平分面的方程；

3) 以 P_1 为中心、$|P_1P_2|$ 为半径的球面的方程.

3. 写出点 $P(x, y, z)$ 在 1) y 轴上；2) 在 xz 平面上的充分必要条件.

4. 求下列函数的定义域并画出其示意图：

1) $z = \ln(x^2 + y^2)$;   2) $z = \sqrt{1 - x^2} - \sqrt{y^2 - 4}$;

3) $z = \arcsin\left(\dfrac{y}{x} - 1\right)$;   4) $z = \dfrac{\sqrt{4x - y^2}}{\ln(1 - x^2 - y^2)}$.

5. 求下列极限：

1) $\displaystyle\lim_{(x,y)\to(0,0)} xy\sin\dfrac{1}{x^2+y^2}$;   2) $\displaystyle\lim_{(x,y)\to(0,2)}\left(\dfrac{\sin xy}{x} + (x+y)^3\right)$;

3) $\displaystyle\lim_{(x,y)\to(0,0)} \dfrac{y^3 - x^3}{x^2 + y^2}$;   4) $\displaystyle\lim_{(x,y)\to(0,0)} \dfrac{3 - \sqrt{xy + 9}}{xy}$;

5) $\displaystyle\lim_{(x,y)\to(1,0)} \dfrac{\sin xy}{y}$;   6) $\displaystyle\lim_{(x,y)\to(2,-\frac{1}{2})} (2 + xy)^{\frac{1}{y + xy^2}}$.

6. 下列函数在原点 O 是否连续？

1) $f(x, y) = \begin{cases} xy\sin\dfrac{1}{x^2+y^2}, & x^2 + y^2 > 0, \\ 0, & x^2 + y^2 = 0; \end{cases}$

2) $g(x, y) = \begin{cases} \dfrac{y^3 - x^3}{x^2 + y^2}, & x^2 + y^2 > 0, \\ 1, & x^2 + y^2 = 0. \end{cases}$

7. 求下列函数的一阶偏导数：

1) $z = a^{xy^2} + \sin x^2 y$;   2) $z = y^x$;

3) $z = \dfrac{\ln x}{\ln y}$;   4) $z = \arctan\dfrac{x+y}{x-y}$;

5) $z = \arccos\sqrt{x^2 + y^2}$;   6) $z = (x + \sin y)^{xy}$.

8. 求下列函数在给定点处的一阶偏导数：

1) $z = \arctan\dfrac{y}{x}$，在点 $(1, -1)$；

2) $u = (1 + xy)^z$，在点 $(1, 2, 3)$.

9. 求下列函数的二阶偏导数：

1) $z = x\ln(x+y)$; 2) $z = \dfrac{y^2 - x^2}{x^2 + y^2}$;

3) $z = y^{\ln x}$; 4) $z = x^2 \arctan \dfrac{y}{x} - y^2 \arctan \dfrac{x}{y}$.

10. 设 $f(u,v)$ 具有连续二阶偏导数,且 $\dfrac{\partial^2 f}{\partial u^2} + \dfrac{\partial^2 f}{\partial v^2} = 1$,又 $g(x,y) = f\left(xy, \dfrac{1}{2}(x^2 - y^2)\right)$,求 $\dfrac{\partial^2 g}{\partial x^2} + \dfrac{\partial^2 g}{\partial y^2}$.

11. 求下列函数的全微分:

1) $z = \sqrt{\dfrac{y}{x}}$; 2) $z = \arcsin \dfrac{y}{x}$;

3) $z = x^y - 2\sqrt{xy}$; 4) $z = \arctan \dfrac{x+y}{x-y}$;

5) $z = e^{\frac{x}{y} + e^{xy}}$; 6) $z = e^{\sin(x+y)} y^x$;

7) $z = (x^2 + y^2) e^{-\arctan \frac{y}{x}}$;

8) $z = f(\ln(x^2 + y^2), e^{-xy})$,其中 $f(u,v)$ 可微;

9) $z = u^v$, $u = \ln \sqrt{x^2 + y^2}$, $v = \arctan \dfrac{y}{x}$.

12. 求函数 $z = x^2 y + y^2$ 在点 $(2,1)$ 当 $\Delta x = 0.1$,$\Delta y = -0.2$ 时的全增量和全微分.

13. 用全微分计算 $\sqrt{(1.02)^3 + (1.97)^3}$ 的近似值.

14. 已知一长为 6 米、宽为 8 米的矩形. 当长增加 5 厘米,宽减少 10 厘米时,求矩形对角线长度变化的近似值.

15. 用水泥做一个长方形无盖水池,其外形长 5 米,宽 4 米,深 3 米,侧面和底均厚 20 厘米. 求所需水泥量的近似值和精确值.

16. 求下列复合函数的一阶偏导数或导数:

1) $z = u^2 \ln v$, $u = \dfrac{y}{x}$, $v = x^2 + y^2$, 求 $\dfrac{\partial z}{\partial x}, \dfrac{\partial z}{\partial y}$;

2) $z = \dfrac{x^2}{y}$, $x = u - 2v$, $y = v + 2u$, 求 $\dfrac{\partial z}{\partial u}, \dfrac{\partial z}{\partial v}$;

3) $z = e^{uv}$, $u = \ln \sqrt{x^2 + y^2}$, $v = \arctan \dfrac{y}{x}$, 求 $\dfrac{\partial z}{\partial x}, \dfrac{\partial z}{\partial y}$;

4) $z = e^{u - 2v}$, $u = \sin x$, $v = x^3$, 求 $\dfrac{\mathrm{d}z}{\mathrm{d}x}$;

5) $z = \mathrm{e}^{-u}$, $u = (\sin xy^2)^2$, 求 $\dfrac{\partial z}{\partial y}$;

6) $z = x^y$, $x = \sin t$, $y = \cos t$, 求 $\dfrac{\mathrm{d}z}{\mathrm{d}t}$;

7) $z = \ln(x^2 - y^2)$, $y = \mathrm{e}^x$, 求 $\dfrac{\mathrm{d}z}{\mathrm{d}x}$;

8) 设 $f(s,t)$ 可微, $u = f\left(x, \dfrac{x}{y}\right)$, 求 $\dfrac{\partial u}{\partial x}, \dfrac{\partial u}{\partial y}$;

9) 设 $z = f(x^2 - y^2, \mathrm{e}^{xy})$, 求 $\dfrac{\partial z}{\partial x}, \dfrac{\partial z}{\partial y}$.

17. 证明:

1) 设 $z = x^y y^x$, 则 $x\dfrac{\partial z}{\partial x} + y\dfrac{\partial z}{\partial y} = z(x + y + \ln z)$;

2) 设 $z = \ln(\sqrt[n]{x} + \sqrt[n]{y})$ $(n \geqslant 2)$, 则 $x\dfrac{\partial z}{\partial x} + y\dfrac{\partial z}{\partial y} = \dfrac{1}{n}$;

3) 设 $f(u)$ 可导, $z = x^n f\left(\dfrac{y}{x^2}\right)$, 则 $x\dfrac{\partial z}{\partial x} + 2y\dfrac{\partial z}{\partial y} = nz$;

4) $f(x,y) = \displaystyle\int_0^{xy} \mathrm{e}^{-t^2}\,\mathrm{d}t$, 则 $\dfrac{x}{y}f''_{x^2} - 2f''_{xy} + \dfrac{y}{x}f''_{y^2} = -2\mathrm{e}^{-x^2 y^2}$.

18. 设 $y = y(x)$ 为由下列方程确定的隐函数, 求 $\dfrac{\mathrm{d}y}{\mathrm{d}x}$:

1) $xy + \ln y - \ln x = 0$; 2) $x^y - y^x = 0$.

19. 设 $y = y(x)$ 是由方程 $\sin xy - \dfrac{1}{y - x} = 1$ 所确定的隐函数, 求 $\dfrac{\mathrm{d}y}{\mathrm{d}x}\bigg|_{x=0}$.

20. 设 $z = z(x,y)$ 是由下列方程确定的隐函数, 求 $\dfrac{\partial z}{\partial x}, \dfrac{\partial z}{\partial y}$:

1) $\mathrm{e}^z - xyz = 0$; 2) $x + 2y + 2z - 2\sqrt{xyz} = 0$.

21. 求由下列方程确定的隐函数的微分或全微分:

1) $\mathrm{e}^{xy} - \arctan \dfrac{y}{x} = 0$, 求 $\mathrm{d}y$;

2) $x^2 + z^2 - \ln \dfrac{z}{y} = 0$, 求 $\mathrm{d}z$;

3) $2xz - 2xyz + \ln xyz = 0$, 求 $\mathrm{d}z\big|_{x=1,\,y=1}$;

4) $z = \sqrt{x^2 - y^2}\tan\dfrac{z}{\sqrt{x^2 - y^2}}$, 求 $\mathrm{d}z$;

5) $F\left(x + \dfrac{z}{y}, y + \dfrac{z}{x}\right) = 0$, $F(u,v)$ 可微, 求 $\mathrm{d}z$;

6) $u = f(x, y, z)$，其中 $z = z(x, y)$ 由方程 $xe^x - ye^y = ze^z$ 确定，求 du.

22. 设 $z = z(x, y)$ 是由方程 $2\sin(x + 2y - 3z) = x + 2y - 3z$ 确定的隐函数，证明 $\dfrac{\partial z}{\partial x} + \dfrac{\partial z}{\partial y} = 1$.

23. 求下列函数的极值：

1) $f(x, y) = x^3 - y^3 + 3x^2 + 3y^2 - 9x$；

2) $f(x, y) = x^3 + y^3 - 3xy$；

3) $f(x, y) = (a - x - y)xy \ (a \neq 0)$.

24. 在底半径为 r、高为 h 的正圆锥内，内接一长方体，问长方体的长、宽、高各为多少时其体积最大？

25. 求下列函数在指定区域上的最小值和最大值：

1) $f(x, y) = \dfrac{1}{2}x^2 - xy + y^2 + 3x, \ D = \mathbf{R}^2$；

2) $f(x, y) = x^2 y(4 - x - y), \ D = \{(x, y) \mid x, y \geqslant 0, \ x + y \leqslant 6\}$.

26. 设某产品的产量 Q 是劳动力 x 和原料 y 的函数，已知 $Q = 60\sqrt[4]{x^3 y}$. 设每单位劳动力花费 100 元，每单位原料花费 200 元. 现有 3 万元资金用于生产，问如何安排劳动力和原料可使 Q 最大？

27. 设某企业生产 A, B 两种产品的联合成本函数为 $C = 4.5q_A^2 + 3q_B^2$，需求函数分别为 $q_A^2 = 30 - p_A$，$q_B^2 = 45 - p_B$，其中 p_A, p_B, q_A, q_B 分别表示 A，B 的价格和需求量. 问 q_A, q_B 各为多少时企业的利润最大？

28. 用一宽为 24 厘米的长方形板材将它的两边向上折成一断面为等腰梯形的水槽（如图）. 问怎样折法可使断面的面积最大？

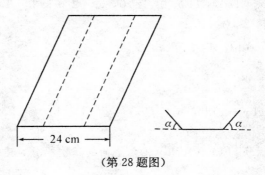

（第 28 题图）

29. 某地区生产出口服装和家用电器，由以往的经验得知，欲使这两类产品的产量分别增加 x 单位和 y 单位，需分别增加 $\sqrt{x}$ 和 $\sqrt{y}$ 的投资，相应出口的销售总收入将增加 $R = 3x + 4y$ 单位. 现该地区用 A 单位的资金投资给这两类产品,问如何分配这 A 单位资金,才能使出口总收入增量最大? 最大增量为多少?

30. 在周长为 $2p$ 的三角形中,什么情况下它的面积最大?

31. 总和等于常数 $C(>0)$ 的 n 个非负实数,其乘积 P 最大为多少?

32. 求下列二重积分:

1) $\iint\limits_{D}(2x-y)\mathrm{d}\sigma$, D 是由 $y=1$, $2x-y+3=0$, $x+y-3=0$ 围成的区域;

2) $\iint\limits_{D}x^2y\mathrm{d}\sigma$, $D=\{(x,y)\,|\,0\leqslant y\leqslant\sqrt{1-x^2}, 0\leqslant x\leqslant 1\}$;

3) $\iint\limits_{D}\dfrac{x}{1+y}\mathrm{d}\sigma$, D 是由 $y=\dfrac{1}{x}$, $y=x$, $x=2$ 围成的区域;

4) $\iint\limits_{D}y\mathrm{e}^{xy}\mathrm{d}\sigma$, D 是由 $xy=1$, $x=1$, $x=2$, $y=2$ 围成的区域;

5) $\iint\limits_{D}xy\mathrm{d}\sigma$, $D=\{(x,y)\,|\,ax\leqslant x^2+y^2\leqslant a^2, x\geqslant 0, y\geqslant 0\}$;

6) $\iint\limits_{D}(\mathrm{e}^{x^2+y}\sin^3 x+x^2y)\mathrm{d}\sigma$, $D=[-1,1;0,2]$;

7) $\iint\limits_{D}\dfrac{\mathrm{e}^{x^2}}{x}\mathrm{d}\sigma$, D 是由 $y=x^2$, $y=0$, $x=2$ 围成的区域;

8) $\iint\limits_{D}4y^2\sin xy\,\mathrm{d}x\mathrm{d}y$, D 是由 $x=0$, $y=\sqrt{\dfrac{\pi}{2}}$, $y=x$ 围成的区域;

9) $\iint\limits_{D}|y-x^2|\,\mathrm{d}x\mathrm{d}y$, D 是由 $y=0$, $y=2$ 和 $|x|=1$ 围成的区域;

10) $\iint\limits_{D}f(x,y)\mathrm{d}\sigma$, 其中 $f(x,y)=\begin{cases}x^2y^2, & 1\leqslant x\leqslant 2, 0\leqslant y\leqslant x,\\0, & \text{其他},\end{cases}$

$D=\{(x,y)\,|\,x^2+y^2\geqslant 2x\}$;

11) $\iint\limits_{D}f(x)g(y-x)\mathrm{d}\sigma$, 其中 $f(x)=g(x)=\begin{cases}a, & 0\leqslant x\leqslant 1,\\0, & \text{其他},\end{cases}$ $D=\mathbf{R}^2$.

33. 将二重积分 $\iint\limits_{D}f(x,y)\mathrm{d}x\mathrm{d}y$ 化为不同的二次积分,其中 D 是由下列曲线及(或)直线围成的区域:

1) $y=x$, $y=-x$, $x=2$; 2) $y=x$, $y=x^2$;

3) $y=x^2$, $y=4-x^2$; 4) $y=\ln x$, $y=0$, $x=\mathrm{e}$.

34. 交换下列二次积分的积分次序:

1) $\int_0^4 dx \int_{-1}^{\pi} f(x,y) dy$;

2) $\int_0^1 dx \int_0^{1-x} f(x,y) dy$;

3) $\int_0^{\frac{\sqrt{2}}{2}} dy \int_y^{\sqrt{1-y^2}} f(x,y) dx$;

4) $\int_0^{2a} dx \int_{\sqrt{2ax-x^2}}^{\sqrt{2ax}} f(x,y) dy$;

5) $\int_0^1 dy \int_0^{\sqrt[3]{y}} f(x,y) dx + \int_1^2 dy \int_0^{2-y} f(x,y) dx$;

6) $\int_0^1 dx \int_{1-x^2}^1 f(x,y) dy + \int_1^e dx \int_{\ln x}^1 f(x,y) dy$.

35. 证明：$\int_0^1 dx \int_0^x f(t) dt = \int_0^1 (1-x) f(x) dx$.

（提示：先将左边的二次积分化成二重积分或用分部积分）.

36. 证明：若平面区域 D 关于 x 轴对称，则二重积分

$$\iint_D f(x,y) d\sigma = \begin{cases} 0, & \text{当 } f(x,y) \text{ 是 } y \text{ 的奇函数，} \\ 2\iint_{D_1} f(x,y) d\sigma, & \text{当 } f(x,y) \text{ 是 } y \text{ 的偶函数，} \end{cases}$$

其中 $D_1 = \{(x,y) \mid (x,y) \in D, y \geqslant 0\}$，即 D 在 xy 平面上半平面中的部分区域.

37. 设 $I_1 = \iint_D \cos\sqrt{x^2+y^2} \, d\sigma$，$I_2 = \iint_D \cos(x^2+y^2) \, d\sigma$，$I_3 = \iint_D \cos(x^2+y^2)^2 \, d\sigma$，其中 $D = \{(x,y) \mid x^2+y^2 \leqslant 1\}$. 试比较 I_1, I_2, I_3 的大小.

38. 画出积分区域，把积分 $\iint_D f(x,y) dx dy$ 表示为极坐标形式下的二次积分，其中积分区域 D 为

1) $x+y \leqslant 1$，$x \geqslant 0$，$y \geqslant 0$；

2) $x^2+y^2 \leqslant 2y$；

3) $2x \leqslant x^2+y^2 \leqslant 4$.

39. 化下列二次积分或二重积分为极坐标形式的二重积分，并计算积分值：

1) $\int_0^2 dx \int_0^{\sqrt{2x-x^2}} (x^2+y^2) dy$；

2) $\int_0^1 dx \int_{x^2}^x (x^2+y^2)^{-\frac{1}{2}} dy$；

3) $\int_0^1 dx \int_{1-x}^{\sqrt{1-x^2}} (x^2+y^2)^{-\frac{3}{2}} dy$；

4) $\iint_D \arctan\frac{y}{x} d\sigma$，其中 $D = \{(x,y) \mid 1 \leqslant x^2+y^2 \leqslant 4, x, y \geqslant 0\}$；

5) $\iint_D (\sqrt{x^2+y^2}+y) d\sigma$，其中 D 由 $x^2+y^2=4$ 和 $(x+1)^2+y^2=1$ 所围成.

第八章　无穷级数

无穷级数是微积分理论的一个重要组成部分，它的发展始终是与微积分的发展紧密联系在一起的.

无穷级数分为数项级数与函数项级数. 数项级数是把有限个数相加推广到无穷多个数相加. 在本章中，函数项级数部分只讨论一种特殊的函数项级数 —— 幂级数，它是把多项式的次数推广到无穷多次的结果. 为了完成这样的推广，必须借助极限概念.

在本章中，首先讨论数项级数，然后讨论幂级数. 前者是后者的基础，而幂级数又为人们研究函数及其数值计算开辟了重要的新途径.

8.1　数项级数的基本概念

定义 1　数列 $\{u_n\}$ 的各项依次相加所得的表达式

$$u_1 + u_2 + \cdots + u_n + \cdots = \sum_{n=1}^{\infty} u_n \tag{8.1}$$

称为**数项级数**或**无穷级数**（简称**级数**）. $u_1, u_2, \cdots$ 依次称为级数 (8.1) 的第一项、第二项 …… 并把数列 $\{u_n\}$ 的通项 u_n 称为级数 (8.1) 的**通项**（或**一般项**）.

由此可见，级数就是无穷多个数之和，它是有限个数之和的推广. 为了完成从有限个数之和到无穷多个数之和的推广，需要利用极限的概念.

定义 2

$$S_n = u_1 + u_2 + \cdots + u_n \quad (n = 1, 2, \cdots) \tag{8.2}$$

称为级数 $\sum\limits_{n=1}^{\infty} u_n$ 的前 n 项部分和.

定义 3　若级数 (8.1) 的部分和数列 $\{S_n\}$ 收敛，即当 $n \to \infty$ 时存在极限 $\lim\limits_{n \to \infty} S_n = S$，则称级数 $\sum\limits_{n=1}^{\infty} u_n$ **收敛**，并称极限值 S 为该级数的**和**，记为

$$\sum_{n=1}^{\infty} u_n = S.$$

若级数(8.1)的部分和数列$\{S_n\}$发散,即$\lim_{n\to\infty} S_n$不存在,则称级数$\sum_{n=1}^{\infty} u_n$发散.

例1 讨论级数

$$\sum_{n=1}^{\infty} aq^{n-1} = a + aq + aq^2 + \cdots + aq^{n-1} + \cdots \quad (a \neq 0) \quad (8.3)$$

的敛散性.

解 题目中的级数称为**等比级数**(或**几何级数**),q称为**公比**.

当级数公比的绝对值$|q| \neq 1$时,部分和

$$
\begin{aligned}
S_n &= a(1 + q + q^2 + \cdots + q^{n-1}) \\
&= \frac{a}{1-q}(1 - q^n) \quad (n = 1, 2, \cdots).
\end{aligned}
$$

注意当$|q| < 1$时$\lim_{n\to\infty} q^n = 0$,当$|q| > 1$时$\lim_{n\to\infty} q^n = \infty$,从而,当$|q| < 1$时$\lim_{n\to\infty} S_n = \frac{a}{1-q}$,当$|q| > 1$时$\lim_{n\to\infty} S_n = \infty$.

此外,当级数公比$q = 1$时,部分和S_n是n个a之和,即$S_n = na$;而当级数公比$q = -1$时,部分和$S_{2n-1} = a$,$S_{2n} = 0$. 从而,当$q = 1$时$\lim_{n\to\infty} S_n = \infty$;当$q = -1$时$\lim_{n\to\infty} S_n$不存在,但非$\infty$.

综合以上计算结果可知,当$|q| < 1$时几何级数(8.3)收敛,且其和$S = \frac{a}{1-q}$,即

$$
\begin{aligned}
\sum_{n=1}^{\infty} aq^{n-1} &= a + aq + aq^2 + \cdots + aq^{n-1} + \cdots \\
&= \frac{a}{1-q} \quad (|q| < 1);
\end{aligned}
$$

当$|q| \geqslant 1$时几何级数(8.3)发散.

例2 讨论级数$\sum_{n=1}^{\infty} \frac{1}{n(n+1)}$的敛散性.

解 因为

$$\frac{1}{n(n+1)} = \frac{(n+1) - n}{n(n+1)} = \frac{1}{n} - \frac{1}{n+1} \quad (n = 1, 2, \cdots),$$

所以,级数的前n项部分和

$$S_n = \frac{1}{1 \cdot 2} + \frac{1}{2 \cdot 3} + \cdots + \frac{1}{n(n+1)}$$

$$= \left(\frac{1}{1} - \frac{1}{2}\right) + \left(\frac{1}{2} - \frac{1}{3}\right) + \cdots + \left(\frac{1}{n} - \frac{1}{n+1}\right)$$

$$= 1 - \frac{1}{n+1} \quad (n = 1, 2, \cdots).$$

故 $\lim\limits_{n \to \infty} S_n = \lim\limits_{n \to \infty}\left(1 - \frac{1}{n+1}\right) = 1.$ 这表明题设的级数收敛, 且其和为 1, 即

$$\sum_{n=1}^{\infty} \frac{1}{n(n+1)} = 1.$$

例 3 讨论级数 $\sum\limits_{n=1}^{\infty} \ln\left(1 + \frac{1}{n}\right)$ 的敛散性.

解 因为

$$\ln\left(1 + \frac{1}{n}\right) = \ln\frac{n+1}{n} = \ln(n+1) - \ln n \quad (n = 1, 2, \cdots),$$

所以, 级数的前 n 项部分和

$$S_n = \ln\left(1 + \frac{1}{1}\right) + \ln\left(1 + \frac{1}{2}\right) + \cdots + \ln\left(1 + \frac{1}{n}\right)$$

$$= (\ln 2 - \ln 1) + (\ln 3 - \ln 2) + \cdots + (\ln(n+1) - \ln n)$$

$$= \ln(n+1) - \ln 1$$

$$= \ln(n+1) \quad (n = 1, 2, \cdots).$$

故 $\lim\limits_{n \to \infty} S_n = \lim\limits_{n \to \infty} \ln(n+1) = +\infty.$ 这表明题设的级数发散.

8.2   级数的基本性质

性质 1（级数收敛的必要条件）   若级数 $\sum\limits_{n=1}^{\infty} u_n$ 收敛, 则 $\lim\limits_{n \to \infty} u_n = 0$.

证   由级数收敛的定义可知, 若级数 $\sum\limits_{n=1}^{\infty} u_n$ 收敛, 则存在常数 S, 使其部分和数列 $\{S_n\}$ 的极限为 S, 即 $\lim\limits_{n \to \infty} S_n = S$. 于是又有 $\lim\limits_{n \to \infty} S_{n-1} = S$. 从而, 由 $u_n = S_n - S_{n-1} (n = 2, 3, \cdots)$ 可得

$$\lim_{n \to \infty} u_n = \lim_{n \to \infty}(S_n - S_{n-1}) = S - S = 0.$$

作为性质 1 的逆否命题, 又有: 若 $\lim\limits_{n \to \infty} u_n \neq 0$ 或极限不存在, 则级数

$\sum\limits_{n=1}^{\infty} u_n$ 必发散. 这个性质常常被用来判定级数发散. 但即使 $\lim\limits_{n\to\infty} u_n = 0$, 级数 $\sum\limits_{n=1}^{\infty} u_n$ 未必收敛. 例如: 例 3 中的级数 $\sum\limits_{n=1}^{\infty} \ln\left(1+\dfrac{1}{n}\right)$ 虽满足 $\lim\limits_{n\to\infty} \ln\left(1+\dfrac{1}{n}\right) = 0$, 但是, 级数 $\sum\limits_{n=1}^{\infty} \ln\left(1+\dfrac{1}{n}\right)$ 却是发散的.

性质2（收敛级数的线性运算性质）　若级数 $\sum\limits_{n=1}^{\infty} u_n$ 与 $\sum\limits_{n=1}^{\infty} v_n$ 都收敛, A 与 B 是两个常数, 则级数 $\sum\limits_{n=1}^{\infty} (Au_n + Bv_n)$ 必收敛, 且

$$\sum_{n=1}^{\infty} (Au_n + Bv_n) = A\sum_{n=1}^{\infty} u_n + B\sum_{n=1}^{\infty} v_n.$$

证　由级数收敛的定义可知, 只需证明这些级数的部分和是否具有相应的性质即可. 将级数 $\sum\limits_{n=1}^{\infty} u_n$ 与 $\sum\limits_{n=1}^{\infty} v_n$ 的部分和分别记为 S_n 与 T_n, 于是级数 $\sum\limits_{n=1}^{\infty} (Au_n + Bv_n)$ 的部分和

$$R_n = \sum_{k=1}^{n} (Au_k + Bv_k) = A\sum_{k=1}^{n} u_k + B\sum_{k=1}^{n} v_k = AS_n + BT_n.$$

在上式两端令 $n \to \infty$, 取极限就可证明性质 2. ∎

利用性质 2 与反证法容易得出如下结果: 若级数 $\sum\limits_{n=1}^{\infty} u_n$ 与 $\sum\limits_{n=1}^{\infty} v_n$ 中一个收敛而另一个发散, 则级数 $\sum\limits_{n=1}^{\infty} (u_n \pm v_n)$ 必发散.

性质3（收敛级数的顺项可括性质）　若级数 $\sum\limits_{n=1}^{\infty} u_n$ 收敛, 则不改变级数各项的顺序而加括号所得的任何新级数仍收敛, 且级数的和不变.

在此略去这个性质的证明. 通过以下特例, 读者不难理解这个性质的含义.

若级数 $\sum\limits_{n=1}^{\infty} u_n$ 收敛, 则将其相继两项或相继三项加括号后所得的级数 $\sum\limits_{n=1}^{\infty} (u_{2n-1} + u_{2n})$ 与 $\sum\limits_{n=1}^{\infty} (u_{3n-2} + u_{3n-1} + u_{3n})$ 都收敛, 且

$$\sum_{n=1}^{\infty}(u_{3n-2}+u_{3n-1}+u_{3n})=\sum_{n=1}^{\infty}(u_{2n-1}+u_{2n})=\sum_{n=1}^{\infty}u_{n}.$$

性质 3 有如下两个重要的推论：

推论1 若某级数顺项加括号后所得的级数中有一个发散，则该级数必发散.

例1 讨论级数

$$\sum_{n=1}^{\infty}\frac{1}{n}=1+\frac{1}{2}+\frac{1}{3}+\cdots+\frac{1}{n}+\cdots \tag{8.4}$$

的敛散性.

解 级数(8.4) 称为调和级数. 将调和级数按如下方法加括号：

$$1+\frac{1}{2}+\left(\frac{1}{3}+\frac{1}{4}\right)+\left(\frac{1}{5}+\frac{1}{6}+\frac{1}{7}+\frac{1}{8}\right)+\cdots+$$

$$\left(\frac{1}{2^{k}+1}+\frac{1}{2^{k}+2}+\cdots+\frac{1}{2^{k+1}}\right)+\cdots,$$

就得到了一个新级数 $\sum\limits_{n=1}^{\infty}v_{n}$，它的第一项与第二项分别是

$$v_{1}=1,\quad v_{2}=\frac{1}{2},$$

从第三项起的各项是

$$v_{n}=\frac{1}{2^{n-2}+1}+\frac{1}{2^{n-2}+2}+\cdots+\frac{1}{2^{n-1}}\quad(n=3,4,\cdots).$$

注意到从第三项起的每一项 v_{n} 是 2^{n-2} 个不小于 $\frac{1}{2^{n-1}}$ 的数之和，从而

$$v_{n}=\frac{1}{2^{n-2}+1}+\frac{1}{2^{n-2}+2}+\cdots+\frac{1}{2^{n-1}}$$

$$\geqslant 2^{n-2}\cdot\frac{1}{2^{n-1}}=\frac{1}{2}\quad(n=3,4,\cdots).$$

故级数 $\sum\limits_{n=1}^{\infty}v_{n}$ 的部分和

$$T_{n}=v_{1}+v_{2}+\cdots+v_{n}\geqslant 1+\frac{n-1}{2}=\frac{n+1}{2}.$$

可见，$\lim\limits_{n\to\infty}T_{n}=+\infty$，这表明级数 $\sum\limits_{n=1}^{\infty}v_{n}$ 发散. 利用推论 1 即得调和级数 (8.4) 发散.

但是必须注意，仅由级数顺项加括号后所得的某一个级数收敛，未必能得出原级数收敛. 例如：级数

$$1-1+1-1+1-1+\cdots$$

发散,但其相邻两项加括号后所得的级数

$$(1-1)+(1-1)+\cdots+(1-1)+\cdots=0+0+0+\cdots+0+\cdots$$

却是收敛的.

推论2 若级数 $\displaystyle\sum_{n=1}^{\infty}u_n$ 满足 $\displaystyle\lim_{n\to\infty}u_n=0$,且其相继两项加括号后所得的级数

$\displaystyle\sum_{n=1}^{\infty}(u_{2n-1}+u_{2n})$ 收敛,则级数 $\displaystyle\sum_{n=1}^{\infty}u_n$ 必收敛,且

$$\sum_{n=1}^{\infty}u_n=\sum_{n=1}^{\infty}(u_{2n-1}+u_{2n}).$$

证 显然,级数 $\displaystyle\sum_{n=1}^{\infty}u_n$ 前 $2n$ 项的部分和 S_{2n} 与级数 $\displaystyle\sum_{n=1}^{\infty}(u_{2n-1}+u_{2n})$ 前 n

项的部分和 T_n 相等. 由级数 $\displaystyle\sum_{n=1}^{\infty}(u_{2n-1}+u_{2n})$ 收敛可知,存在常数 T 使 $\displaystyle\lim_{n\to\infty}T_n$

$=T$. 于是 $\displaystyle\lim_{n\to\infty}S_{2n}=\lim_{n\to\infty}T_n=T$. 此外,由于级数 $\displaystyle\sum_{n=1}^{\infty}u_n$ 前 $2n-1$ 项的部分和

$S_{2n-1}=S_{2n}-u_{2n}$,故

$$\lim_{n\to\infty}S_{2n-1}=\lim_{n\to\infty}(S_{2n}-u_{2n})=T-0=T.$$

综合 $\displaystyle\lim_{n\to\infty}S_{2n}=T$ 与 $\displaystyle\lim_{n\to\infty}S_{2n-1}=T$ 即得级数 $\displaystyle\sum_{n=1}^{\infty}u_n$ 前 n 项的部分和 S_n 满足

$$\lim_{n\to\infty}S_n=T.$$

也就是说级数 $\displaystyle\sum_{n=1}^{\infty}u_n$ 收敛,且 $\displaystyle\sum_{n=1}^{\infty}u_n=\sum_{n=1}^{\infty}(u_{2n-1}+u_{2n})$ 成立.

性质4 从级数中任意去掉有限项,或添加有限项,或改变有限项,都不影响级数的敛散性.

证 在此只证明从级数中去掉前有限项的特殊情形. 从级数 $\displaystyle\sum_{n=1}^{\infty}u_n$ 中去

掉前 m 项可得新级数

$$u_{m+1}+u_{m+2}+\cdots+u_{m+n}+\cdots.$$

把它记为级数 $\displaystyle\sum_{n=1}^{\infty}\overline{u}_n$,则 $\overline{u}_n=u_{m+n}(n=1,2,\cdots)$,从而新级数的部分和 $\overline{S}_n=$

$S_{m+n} - S_m (n = 1, 2, \cdots)$. 若级数 $\sum\limits_{n=1}^{\infty} u_n$ 收敛，设 $\lim\limits_{n \to \infty} S_n = S$，则

$$\lim_{n \to \infty} \overline{S}_n = \lim_{n \to \infty} (S_{m+n} - S_m) = \lim_{n \to \infty} S_{m+n} - S_m = S - S_m.$$

这表明新级数的和 $\overline{S}$ 等于原级数的和 S 减去从原级数中去掉的那有限项的总

和 S_m. 若级数 $\sum\limits_{n=1}^{\infty} u_n$ 发散，即 $\lim\limits_{n \to \infty} S_n$ 不存在，则

$$\lim_{n \to \infty} \overline{S}_n = \lim_{n \to \infty} (S_{m+n} - S_m) = \lim_{n \to \infty} S_{m+n} - S_m$$

也不存在. 综合即得，从级数 $\sum\limits_{n=1}^{\infty} u_n$ 中去掉前 m 项时不会影响级数的敛散性.

类似可得，如果从级数 $\sum\limits_{n=1}^{\infty} u_n$ 中任意去掉 m 项得到新级数 $\sum\limits_{n=1}^{\infty} \overline{u}_n$，当项数 n 充分大时新级数的部分和与原级数的部分和也满足 $\overline{S}_n = S_{m+n} - T$，其中 T 是从级数 $\sum\limits_{n=1}^{\infty} u_n$ 中去掉的那有限项的总和. 这表明从级数 $\sum\limits_{n=1}^{\infty} u_n$ 中任意去掉有限项时不会影响级数的敛散性，但在级数收敛时有可能改变级数的和.

在级数中任意添加有限项或任意改变有限项不影响级数的敛散性的道理也是类似的，证明过程从略. ∎

根据性质 4，在需讨论级数的敛散性而不关心级数的和等于多少时，可以只考虑该级数中从某项以后的项组成的新级数的敛散性.

例 2 已知 $\sum\limits_{n=1}^{\infty} (-1)^{n-1} u_n = 2$，$\sum\limits_{n=1}^{\infty} u_{2n-1} = 5$，求 $\sum\limits_{n=1}^{\infty} u_n$.

解 根据性质 3，从 $\sum\limits_{n=1}^{\infty} (-1)^{n-1} u_n = 2$ 可得 $\sum\limits_{n=1}^{\infty} (u_{2n-1} - u_{2n}) = 2$. 结合性质 2，又有

$$\sum_{n=1}^{\infty} u_{2n} = \sum_{n=1}^{\infty} [u_{2n-1} - (u_{2n-1} - u_{2n})]$$

$$= \sum_{n=1}^{\infty} u_{2n-1} - \sum_{n=1}^{\infty} (u_{2n-1} - u_{2n})$$

$$= 5 - 2 = 3.$$

于是

$$\sum_{n=1}^{\infty} (u_{2n-1} + u_{2n}) = \sum_{n=1}^{\infty} u_{2n-1} + \sum_{n=1}^{\infty} u_{2n} = 5 + 3 = 8.$$

由级数 $\sum\limits_{n=1}^{\infty} (-1)^{n-1} u_n$ 收敛及性质 1 知 $\lim\limits_{n \to \infty} u_n = 0$，从而利用性质 3 的推论 2 可

得级数 $\sum\limits_{n=1}^{\infty} u_n$ 收敛，且

$$\sum_{n=1}^{\infty} u_n = \sum_{n=1}^{\infty} (u_{2n-1} + u_{2n}) = 8.$$

8.3   正 项 级 数

定义 1   若 $u_n \geqslant 0 \ (n = 1, 2, \cdots)$，则称级数 $\sum\limits_{n=1}^{\infty} u_n$ 为**正项级数**.

因 $u_n \geqslant 0 \ (n = 1, 2, \cdots)$，所以正项级数 $\sum\limits_{n=1}^{\infty} u_n$ 的部分和数列 $\{S_n\}$ 单调非减，即

$$S_1 \leqslant S_2 \leqslant S_3 \leqslant \cdots \leqslant S_n \leqslant \cdots.$$

定理 8.1（正项级数收敛的充分必要条件）   正项级数 $\sum\limits_{n=1}^{\infty} u_n$ 收敛的充分必要条件是：存在常数 M，使得级数的部分和 $\{S_n\}$ 以 M 为上界，即 $S_n \leqslant M$ $(n = 1, 2, \cdots)$.

证   先证明充分性：若 $S_n \leqslant M \ (n = 1, 2, \cdots)$，则正项级数 $\sum\limits_{n=1}^{\infty} u_n$ 收敛.

若 $S_n \leqslant M \ (n = 1, 2, \cdots)$，因数列 $\{S_n\}$ 单调非减，所以数列 $\{S_n\}$ 是单调非减且有上界的数列. 由单调有界数列极限存在准则可得 $\lim\limits_{n \to \infty} S_n$ 存在，故级数 $\sum\limits_{n=1}^{\infty} u_n$ 收敛.

再证明必要性：若正项级数 $\sum\limits_{n=1}^{\infty} u_n$ 收敛，则数列 $\{S_n\}$ 必有上界.

利用反证法. 设数列 $\{S_n\}$ 没有上界，由于数列 $\{S_n\}$ 单调非减，于是 $\lim\limits_{n \to \infty} S_n = +\infty$，故级数 $\sum\limits_{n=1}^{\infty} u_n$ 发散，与前提正项级数 $\sum\limits_{n=1}^{\infty} u_n$ 收敛矛盾. 这表明，当正项级数 $\sum\limits_{n=1}^{\infty} u_n$ 收敛时其部分和数列 $\{S_n\}$ 必有上界.

例 1   讨论级数 $\sum\limits_{n=1}^{\infty} \dfrac{1}{n(n+1)(n+2)}$ 的敛散性.

解 级数 $\sum\limits_{n=1}^{\infty} \dfrac{1}{n(n+1)(n+2)}$ 是正项级数，且

$$\frac{1}{n(n+1)(n+2)} < \frac{1}{n(n+1)} = \frac{(n+1)-n}{n(n+1)}$$

$$= \frac{1}{n} - \frac{1}{n+1} \quad (n=1,2,\cdots),$$

因此，级数的前 n 项部分和

$$S_n = \frac{1}{1 \cdot 2 \cdot 3} + \frac{1}{2 \cdot 3 \cdot 4} + \cdots + \frac{1}{n(n+1)(n+2)}$$

$$< \left(\frac{1}{1} - \frac{1}{2}\right) + \left(\frac{1}{2} - \frac{1}{3}\right) + \cdots + \left(\frac{1}{n} - \frac{1}{n+1}\right)$$

$$= 1 - \frac{1}{n+1} < 1 \quad (n=1,2,\cdots).$$

故题设的级数收敛.

以正项级数收敛的充分必要条件(定理 8.1)为基础，可以建立判别正项级数收敛的一些方法，这些方法常称为正项级数的收敛判别法.

定理8.2（比较判别法） 设 $\sum\limits_{n=1}^{\infty} u_n$ 和 $\sum\limits_{n=1}^{\infty} v_n$ 都是正项级数，且 $u_n \leqslant v_n (n=1,$ $2,\cdots)$，则当 $\sum\limits_{n=1}^{\infty} v_n$ 收敛时 $\sum\limits_{n=1}^{\infty} u_n$ 必收敛；当 $\sum\limits_{n=1}^{\infty} u_n$ 发散时 $\sum\limits_{n=1}^{\infty} v_n$ 必发散.

证 由 $u_n \leqslant v_n (n=1,2,\cdots)$ 可知，$\sum\limits_{n=1}^{\infty} u_n$ 的部分和 S_n 与 $\sum\limits_{n=1}^{\infty} v_n$ 的部分和 T_n 必满足

$$S_n \leqslant T_n \quad (n=1,2,\cdots).$$

由定理 8.1，若 $\sum\limits_{n=1}^{\infty} v_n$ 收敛，则存在常数 M 使得 $T_n \leqslant M (n=1,2,\cdots)$，于是

$$S_n \leqslant T_n \leqslant M \quad (n=1,2,\cdots),$$

因此，$\sum\limits_{n=1}^{\infty} u_n$ 收敛.

不难用反证法证明定理 8.2 的后一个结论：当 $\sum\limits_{n=1}^{\infty} u_n$ 发散时 $\sum\limits_{n=1}^{\infty} v_n$ 必发散. 证明留作练习. ▮

比较判别法表明，可以通过比较两个正项级数通项的大小，从其中一个级数已知的敛散性来判断另一个级数的敛散性.

比较判别法还可以写成极限形式，有如下定理：

定理8.3（比较判别法的极限形式） 设 $\sum\limits_{n=1}^{\infty} u_n$ 和 $\sum\limits_{n=1}^{\infty} v_n$ 都是正项级数，且

$\lim\limits_{n\to\infty} \dfrac{u_n}{v_n} = k$，则当 $0 \leqslant k < +\infty$ 时，从 $\sum\limits_{n=1}^{\infty} v_n$ 收敛可得 $\sum\limits_{n=1}^{\infty} u_n$ 收敛；当

$0 < k \leqslant +\infty$ 时，从 $\sum\limits_{n=1}^{\infty} v_n$ 发散可得 $\sum\limits_{n=1}^{\infty} u_n$ 发散.

证 下面分三种情形来证明. 首先考虑 $k = 0$ 的情形. 由数列极限 $\lim\limits_{n\to\infty} \dfrac{u_n}{v_n}$ $= 0$ 的定义可知，对正数 $\varepsilon = 1$ 存在正整数 N，使得当 $n > N$ 时有

$$\left| \frac{u_n}{v_n} - 0 \right| = \frac{u_n}{v_n} < 1, \quad \text{即 } u_n < v_n.$$

利用 8.2 节性质 4 与比较判别法即得，从 $\sum\limits_{n=1}^{\infty} v_n$ 收敛可得 $\sum\limits_{n=1}^{\infty} u_n$ 收敛.

其次考虑 $0 < k < +\infty$ 的情形. 由数列极限 $\lim\limits_{n\to\infty} \dfrac{u_n}{v_n} = k$ 的定义可知，对正数 $\varepsilon = \dfrac{k}{2}$ 存在正整数 N，使得当 $n > N$ 时有

$$\left| \frac{u_n}{v_n} - k \right| < \frac{k}{2}, \quad \text{即 } \frac{k}{2} v_n < u_n < \frac{3k}{2} v_n.$$

利用 8.2 节性质 4 与比较判别法即得，从 $\sum\limits_{n=1}^{\infty} v_n$ 收敛可得 $\sum\limits_{n=1}^{\infty} u_n$ 收敛，从 $\sum\limits_{n=1}^{\infty} v_n$ 发散可得 $\sum\limits_{n=1}^{\infty} u_n$ 发散.

最后考虑 $k = +\infty$ 的情形. 由数列极限 $\lim\limits_{n\to\infty} \dfrac{u_n}{v_n} = +\infty$ 的定义可知，对正数 $M = 1$ 存在正整数 N，使得当 $n > N$ 时有

$$\frac{u_n}{v_n} > 1, \quad \text{即 } u_n > v_n.$$

利用 8.2 节性质 4 与比较判别法即得，从 $\sum\limits_{n=1}^{\infty} v_n$ 发散可得 $\sum\limits_{n=1}^{\infty} u_n$ 发散. ■

级数

$$\sum_{n=1}^{\infty} \frac{1}{n^p} = \frac{1}{1^p} + \frac{1}{2^p} + \cdots + \frac{1}{n^p} + \cdots \tag{8.5}$$

称为 p- 级数.

例 2 讨论 p- 级数 $\sum\limits_{n=1}^{\infty} \dfrac{1}{n^p}$ 的敛散性.

解 当 $p=1$ 时，p-级数就是调和级数，在前面我们已经得出了它是发散的. 由于当 $p \leqslant 1$ 时有

$$\frac{1}{n^p} \geqslant \frac{1}{n} \quad (n=1,2,\cdots),$$

利用比较判别法与调和级数发散不难得出当 $p \leqslant 1$ 时 p-级数发散.

当 $p > 1$ 时，对函数 $f(x) = \frac{1}{x^{p-1}}$ 在区间 $[n, n+1]$ 上利用拉格朗日中值定理，可知存在 $\xi \in (n, n+1)$ 使得

$$f(n+1) - f(n) = f'(\xi)(n+1-n) = f'(\xi).$$

因此 $\frac{1}{(n+1)^{p-1}} - \frac{1}{n^{p-1}} = -\frac{p-1}{\xi^p}$. 从而

$$\frac{1}{(n+1)^p} < \frac{1}{\xi^p} = \frac{1}{p-1}\left(\frac{1}{n^{p-1}} - \frac{1}{(n+1)^{p-1}} \right) \quad (n=1,2,\cdots).$$

令 $v_n = \frac{1}{p-1}\left(\frac{1}{n^{p-1}} - \frac{1}{(n+1)^{p-1}} \right) (n=1,2,\cdots)$，则正项级数 $\sum\limits_{n=1}^{\infty} v_n$ 的前 n 项部分和

$$T_n = \frac{1}{p-1}\left(\frac{1}{1} - \frac{1}{2^{p-1}} \right) + \frac{1}{p-1}\left(\frac{1}{2^{p-1}} - \frac{1}{3^{p-1}} \right) + \cdots$$

$$+ \frac{1}{p-1}\left(\frac{1}{n^{p-1}} - \frac{1}{(n+1)^{p-1}} \right)$$

$$= \frac{1}{p-1}\left(1 - \frac{1}{(n+1)^{p-1}} \right).$$

由此可见级数 $\sum\limits_{n=1}^{\infty} v_n$ 收敛. 利用比较判别法与级数 $\sum\limits_{n=1}^{\infty} v_n$ 收敛不难得出当 $p > 1$ 时 p-级数收敛.

在比较判别法中常用 p-级数来判定给定级数的敛散性. 这时比较判别法的极限形式是:

若 $\lim\limits_{n\to\infty} n^p u_n = k$，则当 $0 \leqslant k < +\infty$ 且 $p > 1$ 时，级数 $\sum\limits_{n=1}^{\infty} u_n$ 收敛; 当 $0 < k \leqslant +\infty$ 且 $p \leqslant 1$ 时，级数 $\sum\limits_{n=1}^{\infty} u_n$ 发散.

例 3 判别级数 $\sum\limits_{n=1}^{\infty} \frac{\sqrt{n}}{n^2+n-1}$ 与 $\sum\limits_{n=1}^{\infty} \ln\frac{n+1}{n}$ 的敛散性.

解 利用 p-级数与比较判别法的极限形式来判别题目中两个级数的敛散性. 因

$$\lim_{n\to\infty} n^{\frac{3}{2}} \frac{\sqrt{n}}{n^2+n-1} = \lim_{n\to\infty} \frac{n^2}{n^2+n-1} = 1,$$

即 $k=1$ 且 $p=\dfrac{3}{2}>1$，故级数 $\displaystyle\sum_{n=1}^{\infty} \dfrac{\sqrt{n}}{n^2+n-1}$ 收敛.

又因

$$\lim_{n\to\infty} n\ln\frac{n+1}{n} = \lim_{n\to\infty} \ln\left(1+\frac{1}{n}\right)^n = 1,$$

即 $k=1$ 且 $p=1$，故级数 $\displaystyle\sum_{n=1}^{\infty} \ln\dfrac{n+1}{n}$ 发散.

例 4　判别级数 $\displaystyle\sum_{n=1}^{\infty} \left(1-\cos\dfrac{\pi}{n}\right)$ 的敛散性.

解　利用 p-级数与比较判别法的极限形式来判别题目中级数的敛散性. 因

$$\lim_{n\to\infty} n^2\left(1-\cos\frac{\pi}{n}\right) = \lim_{n\to\infty} 2n^2\sin^2\frac{\pi}{2n} = \frac{\pi^2}{2},$$

即 $k=\dfrac{\pi^2}{2}$ 且 $p=2$，故级数 $\displaystyle\sum_{n=1}^{\infty} \left(1-\cos\dfrac{\pi}{n}\right)$ 收敛.

定理8.4（比值判别法）　若正项级数 $\displaystyle\sum_{n=1}^{\infty} u_n$ 满足 $\displaystyle\lim_{n\to\infty} \dfrac{u_{n+1}}{u_n}=k$，则当 $0\leqslant k<1$ 时，级数 $\displaystyle\sum_{n=1}^{\infty} u_n$ 收敛；当 $k>1$ 时，级数 $\displaystyle\sum_{n=1}^{\infty} u_n$ 发散；当 $k=1$ 时，需作进一步的讨论才能判定级数 $\displaystyle\sum_{n=1}^{\infty} u_n$ 的敛散性.

证　若正项级数 $\displaystyle\sum_{n=1}^{\infty} u_n$ 满足 $\displaystyle\lim_{n\to\infty} \dfrac{u_{n+1}}{u_n}=k$ 且 $0\leqslant k<1$，由极限定义可知，对正数 $\varepsilon=\dfrac{1-k}{2}$ 存在正整数 N，使得当 $n>N$ 时有

$$\left|\frac{u_{n+1}}{u_n}-k\right| < \frac{1-k}{2}, \quad 即\ u_{n+1} < \frac{1+k}{2}u_n.$$

令 $q=\dfrac{1+k}{2}$，则当 $n>N$ 时就有 $u_{n+1}<qu_n$，且常数 q 满足 $0<q<1$. 由此可得

$$u_{N+2} < qu_{N+1},$$
$$u_{N+3} < qu_{N+2} < q^2 u_{N+1},$$
$$\cdots,$$
$$u_{N+k} < qu_{N+k-1} < q^2 u_{N+k-2} < \cdots < q^{k-1} u_{N+1}.$$

利用几何级数 $\sum\limits_{n=1}^{\infty} u_{N+1} q^{n-1}$ 的收敛性与比较判别法即知当 $0 \leqslant k < 1$ 时级数 $\sum\limits_{n=1}^{\infty} u_n$ 收敛.

类似可得, 当 $k > 1$ 时, 对正数 $\varepsilon = k - 1$ 存在正整数 N, 使得当 $n > N$ 时有

$$\left| \frac{u_{n+1}}{u_n} - k \right| < k - 1, \quad \text{即 } u_{n+1} > u_n.$$

由此可得

$$u_{N+2} > u_{N+1},$$
$$u_{N+3} > u_{N+2} > u_{N+1},$$
$$\cdots,$$
$$u_{N+n} > u_{N+n-1} > u_{N+n-2} > \cdots > u_{N+1}.$$

这表明级数 $\sum\limits_{n=1}^{\infty} u_n$ 的一般项 $\lim\limits_{n\to\infty} u_n \neq 0$, 故当 $k > 1$ 时级数 $\sum\limits_{n=1}^{\infty} u_n$ 发散.

最后, 考虑 $k = 1$ 的情形. 我们知道 p- 级数 $\sum\limits_{n=1}^{\infty} \frac{1}{n^p}$ 当 $p > 1$ 时收敛, 当 $p \leqslant 1$ 时发散, 然而无论 p 为何值, p- 级数都满足

$$\lim_{n\to\infty} \frac{(n+1)^p}{n^p} = 1,$$

由此可见, 当 $k = 1$ 时比值判别法失效, 这时必须作进一步的讨论才能判定相应级数的敛散性.

定理 8.5（**根值判别法**）　若正项级数 $\sum\limits_{n=1}^{\infty} u_n$ 满足 $\lim\limits_{n\to\infty} \sqrt[n]{u_n} = k$, 则当 $0 \leqslant k < 1$ 时, 级数 $\sum\limits_{n=1}^{\infty} u_n$ 收敛; 当 $k > 1$ 时, 级数 $\sum\limits_{n=1}^{\infty} u_n$ 发散; 当 $k = 1$ 时, 需作进一步的讨论才能判定级数 $\sum\limits_{n=1}^{\infty} u_n$ 的敛散性.

用证明定理 8.4 的方法就能够证明定理 8.5, 留作练习.

比值判别法又称**达朗贝尔判别法**, 根值判别法又称**哥西判别法**. 由于用比值判别法或根值判别法判别级数的敛散性时不需要与其他级数作比较, 使用起来比较简便. 其缺点是当 $k = 1$ 时判别法失效.

例 5　设 $a > 0$, 判别级数 $\sum\limits_{n=1}^{\infty} \frac{a^n}{n^p}$ 的敛散性.

解　用比值判别法. 因

$$\lim_{n\to\infty}\frac{u_{n+1}}{u_n}=\lim_{n\to\infty}\frac{a^{n+1}}{(n+1)^p}\cdot\frac{n^p}{a^n}=a\lim_{n\to\infty}\frac{1}{\left(1+\dfrac{1}{n}\right)^p}=a,$$

于是，当 $0<a<1$ 时级数收敛，当 $a>1$ 时级数发散. 而当 $a=1$ 时级数是

p- 级数 $\displaystyle\sum_{n=1}^{\infty}\frac{1}{n^p}$，因此，级数当 $p>1$ 时收敛，当 $p\leqslant1$ 时发散. 综合得，当

$0<a<1$ 时或 $a=1$ 且 $p>1$ 时级数收敛，当 $a>1$ 时或 $a=1$ 且 $p\leqslant1$ 时

级数发散.

例 6　设 $a>0$，判别级数 $\displaystyle\sum_{n=1}^{\infty}\frac{a^n n!}{n^n}$ 的敛散性.

解　用比值判别法. 因

$$\lim_{n\to\infty}\frac{u_{n+1}}{u_n}=\lim_{n\to\infty}\frac{a^{n+1}(n+1)!}{(n+1)^{n+1}}\cdot\frac{n^n}{a^n n!}=a\lim_{n\to\infty}\frac{1}{\left(1+\dfrac{1}{n}\right)^n}=\frac{a}{\mathrm{e}},$$

于是，当 $0<a<\mathrm{e}$ 时级数收敛，当 $a>\mathrm{e}$ 时级数发散. 而当 $a=\mathrm{e}$ 时级数的
一般项满足

$$\frac{u_{n+1}}{u_n}=\frac{\mathrm{e}}{\left(1+\dfrac{1}{n}\right)^n}>1,$$

因此级数是发散的. 综合得，当 $0<a<\mathrm{e}$ 时级数收敛，当 $a\geqslant\mathrm{e}$ 时级数发散.

例 7　判别级数 $\displaystyle\sum_{n=1}^{\infty}\frac{n}{3^n}$ 的敛散性.

解　用根值判别法. 因

$$\lim_{n\to\infty}\sqrt[n]{\frac{n}{3^n}}=\lim_{n\to\infty}\frac{\sqrt[n]{n}}{3}=\frac{1}{3}<1,$$

故正项级数 $\displaystyle\sum_{n=1}^{\infty}\frac{n}{3^n}$ 收敛.

8.4　任意项级数，绝对收敛与条件收敛

定义 1　既有无穷多个正项又有无穷多个负项的级数称为**任意项级数**.

定义 2　若 $u_n>0\,(n=1,2,\cdots)$，则称级数 $\displaystyle\sum_{n=1}^{\infty}(-1)^{n-1}u_n$ 为**交错级数**.

交错级数是最简单的任意项级数. 对于交错级数有如下收敛判别法:

定理8.6（莱布尼茨判别法）　若 $u_1 \geqslant u_2 \geqslant \cdots \geqslant u_n \geqslant \cdots$，且 $\lim\limits_{n \to \infty} u_n = 0$，则

级数 $\sum\limits_{n=1}^{\infty} (-1)^{n-1} u_n$ 收敛，且其和 $S \leqslant u_1$.

证　级数 $\sum\limits_{n=1}^{\infty} (-1)^{n-1} u_n$ 前 $2n$ 项的部分和 S_{2n} 可写成 n 个非负数之和的形式：

$$S_{2n} = (u_1 - u_2) + (u_3 - u_4) + \cdots + (u_{2n-1} - u_{2n}).$$

这表明数列 $\{S_{2n}\}$ 单调非减. S_{2n} 还可写成

$$S_{2n} = u_1 - (u_2 - u_3) - (u_4 - u_5) - \cdots - (u_{2n-2} - u_{2n-1}) - u_{2n},$$

利用 $u_1 \geqslant u_2 \geqslant \cdots \geqslant u_n \geqslant \cdots$，即得 $S_{2n} < u_1$. 因此数列 $\{S_{2n}\}$ 单调非减且有上界 u_1. 从而存在 $S \leqslant u_1$ 使 $\lim\limits_{n \to \infty} S_{2n} = S$. 又由于

$$\lim_{n \to \infty} S_{2n-1} = \lim_{n \to \infty} (S_{2n} - u_{2n}) = S - 0 = S,$$

故交错级数 $\sum\limits_{n=1}^{\infty} (-1)^{n-1} u_n$ 收敛，且其和 $S \leqslant u_1$. ∎

例1　判别交错级数 $\sum\limits_{n=1}^{\infty} (-1)^{n-1} \dfrac{1}{n^p}$ 的敛散性.

解　级数 $\sum\limits_{n=1}^{\infty} (-1)^{n-1} \dfrac{1}{n^p}$ 称为交错 p- 级数.

当 $p \leqslant 0$ 时，因 $\left| (-1)^{n-1} \dfrac{1}{n^p} \right| \geqslant 1 \ (n = 1, 2, \cdots)$，即级数的一般项不趋于零，故级数发散.

当 $p > 0$ 时，用莱布尼茨判别法，因 $\dfrac{1}{n^p}$ 单调减少且 $\lim\limits_{n \to \infty} \dfrac{1}{n^p} = 0$，故级数收敛.

综合可得，交错 p- 级数 $\sum\limits_{n=1}^{\infty} (-1)^{n-1} \dfrac{1}{n^p}$ 当 $p > 0$ 时收敛，当 $p \leqslant 0$ 时发散.

交错级数的一种常见形式是它的通项 $u_n = f(n) \ (n = 1, 2, \cdots)$，其中函数 $f(x)$ 当 $x \geqslant 1$ 时有定义. 按莱布尼茨判别法知，若函数 $f(x)$ 当 x 大于某一正数时单调减少或 $f'(x) < 0$，且 $\lim\limits_{x \to +\infty} f(x) = 0$，则级数 $\sum\limits_{n=1}^{\infty} (-1)^{n-1} f(n)$ 收敛.

莱布尼茨判别法所给的条件只是交错级数收敛的充分条件，而非必要条件.

定义 3 对给定的任意项级数 $\sum\limits_{n=1}^{\infty} u_n$，若 $\sum\limits_{n=1}^{\infty} |u_n|$ 收敛，则称级数 $\sum\limits_{n=1}^{\infty} u_n$ **绝对收敛**；若 $\sum\limits_{n=1}^{\infty} |u_n|$ 发散但 $\sum\limits_{n=1}^{\infty} u_n$ 收敛，则称级数 $\sum\limits_{n=1}^{\infty} u_n$ **条件收敛**.

按照任意项级数绝对收敛与条件收敛的定义不难得出，交错 p- 级数 $\sum\limits_{n=1}^{\infty} \dfrac{(-1)^{n-1}}{n^p}$ 当 $p > 1$ 时绝对收敛，当 $0 < p \leqslant 1$ 时条件收敛，而当 $p \leqslant 0$ 时发散.

定理 8.7 若级数 $\sum\limits_{n=1}^{\infty} u_n$ 绝对收敛，则级数 $\sum\limits_{n=1}^{\infty} u_n$ 必收敛.

证 令 $p_n = \dfrac{|u_n| + u_n}{2}$，$q_n = \dfrac{|u_n| - u_n}{2}$ $(n = 1, 2, \cdots)$. 则

$$0 \leqslant p_n \leqslant |u_n|, \quad 0 \leqslant q_n < |u_n| \quad (n = 1, 2, \cdots).$$

根据绝对收敛的定义和正项级数的比较判别法，从级数 $\sum\limits_{n=1}^{\infty} |u_n|$ 收敛可得出级数 $\sum\limits_{n=1}^{\infty} p_n$ 与级数 $\sum\limits_{n=1}^{\infty} q_n$ 都收敛. 再由收敛级数的线性运算性质（8.2 节性质 2）即知级数 $\sum\limits_{n=1}^{\infty} (p_n - q_n) = \sum\limits_{n=1}^{\infty} u_n$ 收敛. ∎

注意

$$p_n = \frac{|u_n| + u_n}{2} = \begin{cases} u_n, & u_n > 0; \\ 0, & u_n \leqslant 0, \end{cases}$$

$$q_n = \frac{|u_n| - u_n}{2} = \begin{cases} -u_n, & u_n < 0; \\ 0, & u_n \geqslant 0, \end{cases}$$

因而，可以认为级数 $\sum\limits_{n=1}^{\infty} p_n$ 与级数 $\sum\limits_{n=1}^{\infty} q_n$ 分别是级数 $\sum\limits_{n=1}^{\infty} u_n$ 中正项与负项组成的级数.

可以用正项级数收敛判别法来判断任意项级数的绝对收敛性.

例 2 判定 $\sum\limits_{n=1}^{\infty} (-1)^n \dfrac{1}{n - \ln n}$ 是绝对收敛，还是条件收敛，或是发散的.

解 利用 p- 级数与比较判别法的极限形式来判定级数是否绝对收敛. 由于

$$\lim_{n \to \infty} n \left| (-1)^n \frac{1}{n - \ln n} \right| = 1,$$

即 $p = 1$ 且 $k = 1$, 故级数非绝对收敛.

再利用莱布尼茨判别法来判定级数是否条件收敛. 令函数 $f(x) = \dfrac{1}{x - \ln x}$, 则有 $\dfrac{1}{n - \ln n} = f(n)$ $(n = 1, 2, \cdots)$, 且

$$\lim_{x \to +\infty} f(x) = \lim_{x \to +\infty} \frac{1}{x - \ln x} = 0,$$

$$f'(x) = -\frac{x - 1}{x(x - \ln x)^2} < 0 \quad (x > 1).$$

从而级数 $\displaystyle\sum_{n=1}^{\infty} (-1)^n \frac{1}{n - \ln n}$ 条件收敛.

例 3 判定 $\displaystyle\sum_{n=1}^{\infty} \sin\left(n + \frac{1}{n}\right)\pi$ 是绝对收敛, 还是条件收敛或发散的.

解 类似上例, 首先利用 p- 级数与比较判别法的极限形式来判定级数是否绝对收敛. 由于

$$\lim_{n \to \infty} n \left| \sin\left(n + \frac{1}{n}\right)\pi \right| = \lim_{n \to \infty} n \left| (-1)^n \sin\frac{\pi}{n} \right| = \lim_{n \to \infty} n \sin\frac{\pi}{n} = \pi,$$

即 $p = 1$ 且 $k = \pi$, 故级数非绝对收敛.

再利用莱布尼茨判别法来判定级数是否条件收敛. 令函数 $f(x) = \sin\dfrac{\pi}{x}$, 则有

$$\sum_{n=1}^{\infty} \sin\left(n + \frac{1}{n}\right)\pi = \sum_{n=1}^{\infty} (-1)^n \sin\frac{\pi}{n} = \sum_{n=1}^{\infty} (-1)^n f(n),$$

且

$$\lim_{x \to +\infty} f(x) = \lim_{x \to +\infty} \sin\frac{\pi}{x} = 0, \quad f'(x) = -\frac{\pi}{x^2}\cos\frac{\pi}{x} < 0 \quad (x \geqslant 2).$$

从而级数 $\displaystyle\sum_{n=1}^{\infty} \sin\left(n + \frac{1}{n}\right)\pi$ 条件收敛.

8.5 幂级数及其收敛特性

定义 1 级数

$$a_0 + a_1(x - x_0) + a_2(x - x_0)^2 + \cdots + a_n(x - x_0)^n + \cdots$$

$$= \sum_{n=0}^{\infty} a_n(x - x_0)^n \tag{8.6}$$

称为关于 $x - x_0$ 的**幂级数**.

定义 2 级数

$$a_0 + a_1 x + a_2 x^2 + \cdots + a_n x^n + \cdots = \sum_{n=0}^{\infty} a_n x^n \qquad (8.7)$$

称为**关于 x 的幂级数**.

用自变量的变换 $x - x_0 = t$ 可把关于 $x - x_0$ 的幂级数(8.6)转化为关于 t 的幂级数如(8.7)来研究. 因此,以下主要讨论幂级数(8.7).

当自变量 $x = x_0$ 时幂级数 $\sum_{n=0}^{\infty} a_n x^n$ 变成数项级数 $\sum_{n=0}^{\infty} a_n x_0^n$. 若数项级数 $\sum_{n=0}^{\infty} a_n x_0^n$ 收敛,则称幂级数 $\sum_{n=0}^{\infty} a_n x^n$ **在点 $x = x_0$ 处收敛**,并称点 $x = x_0$ 为幂级数 $\sum_{n=0}^{\infty} a_n x^n$ 的**收敛点**.

定义 3 幂级数 $\sum_{n=0}^{\infty} a_n x^n$ 的全体收敛点组成的集合 D 称为该幂级数的**收敛域**.

不难发现,任何幂级数 $\sum_{n=0}^{\infty} a_n x^n$ 在点 $x = 0$ 处总是收敛的,从而幂级数的收敛域 D 不是空集.

设幂级数 $\sum_{n=0}^{\infty} a_n x^n$ 的收敛域为 D,把幂级数 $\sum_{n=0}^{\infty} a_n x^n$ 在点 $x \in D$ 处的和记为 $S(x)$,即

$$\sum_{n=0}^{\infty} a_n x^n = S(x) \quad (x \in D), \qquad (8.8)$$

则 $S(x)$ 是以 D 为定义域的函数,称为幂级数 $\sum_{n=0}^{\infty} a_n x^n$ 的**和函数**.

例 1 求幂级数 $\sum_{n=0}^{\infty} x^n$ 的收敛域与和函数.

解 幂级数

$$\sum_{n=0}^{\infty} x^n = 1 + x + x^2 + \cdots + x^n + \cdots$$

是首项 $a = 1$、公比 $q = x$ 的几何级数,从而幂级数 $\sum_{n=0}^{\infty} x^n$ 当 $|x| < 1$ 时收敛,且其和为

$$\sum_{n=0}^{\infty} x^n = \frac{1}{1-x} \quad (|x| < 1).$$

此外，当 $|x| \geqslant 1$ 时幂级数发散. 故幂级数 $\sum\limits_{n=0}^{\infty} x^n$ 的收敛域 $D = (-1, 1)$，和

函数 $S(x) = \dfrac{1}{1-x}$ $(|x| < 1)$.

关于幂级数 $\sum\limits_{n=0}^{\infty} a_n x^n$ 的敛散性有下面重要结论：

定理8.8（阿贝尔定理） 若幂级数 $\sum\limits_{n=0}^{\infty} a_n x^n$ 在点 $x = x_1 (x_1 \neq 0)$ 处收敛，则

当 $|x| < |x_1|$ 时幂级数 $\sum\limits_{n=0}^{\infty} a_n x^n$ 绝对收敛；若幂级数 $\sum\limits_{n=0}^{\infty} a_n x^n$ 在点 $x =$

x_2 处发散，则当 $|x| > |x_2|$ 时幂级数 $\sum\limits_{n=0}^{\infty} a_n x^n$ 发散.

证 若幂级数 $\sum\limits_{n=0}^{\infty} a_n x^n$ 在点 $x = x_1$ 处收敛，即数项级数 $\sum\limits_{n=0}^{\infty} a_n x_1^n$ 收敛，则
由级数收敛的必要条件（8.2 节性质1）可知 $\lim\limits_{n\to\infty} a_n x_1^n = 0$. 于是数列 $\{a_n x_1^n\}$ 有
界，即存在常数 $M > 0$ 使得

$$|a_n x_1^n| < M \quad (n = 1, 2, \cdots).$$

当 $|x| < |x_1|$ 时，令 $q = \left| \dfrac{x}{x_1} \right|$，则 $0 \leqslant q < 1$ 且

$$|a_n x^n| = |a_n x_1^n| \cdot \left| \dfrac{x}{x_1} \right|^n \leqslant M q^n \quad (n = 1, 2, \cdots).$$

由几何级数 $\sum\limits_{n=0}^{\infty} M q^n$ 的收敛性及比较判别法可知，幂级数 $\sum\limits_{n=0}^{\infty} |a_n x^n|$ 收敛，即

当 $|x| < |x_1|$ 时幂级数 $\sum\limits_{n=0}^{\infty} a_n x^n$ 绝对收敛.

利用定理的第一个结论与反证法不难证明定理的后一个结论. 若幂级数
$\sum\limits_{n=0}^{\infty} a_n x^n$ 在点 $x = x_2$ 处发散，显然 $x_2 \neq 0$，要证明当 $|x| > |x_2|$ 时幂级数
$\sum\limits_{n=0}^{\infty} a_n x^n$ 也发散. 如果结论不成立，则存在一个 x_0 虽满足 $|x_0| > |x_2|$ 但却
使得幂级数 $\sum\limits_{n=0}^{\infty} a_n x^n$ 在点 $x = x_0$ 处收敛. 由于 $|x_0| > |x_2| > 0$，按已经证明
的结论就可得出当 $|x| < |x_0|$ 时幂级数 $\sum\limits_{n=0}^{\infty} a_n x^n$ 收敛. 由于 $|x_2| < |x_0|$，

幂级数 $\sum\limits_{n=0}^{\infty} a_n x^n$ 在点 $x = x_2$ 处应当收敛，这与幂级数 $\sum\limits_{n=0}^{\infty} a_n x^n$ 在点 $x = x_2$ 处发散的假设矛盾. 所得的矛盾表明定理的后一结论成立. ■

基于定理 8.8，可以得出幂级数 $\sum\limits_{n=0}^{\infty} a_n x^n$ 的收敛域只有如下三种情形：

1) 若对任何 x 幂级数 $\sum\limits_{n=0}^{\infty} a_n x^n$ 都绝对收敛，则幂级数 $\sum\limits_{n=0}^{\infty} a_n x^n$ 的收敛域 $D = (-\infty, +\infty)$.

2) 若对任何 $x \neq 0$ 幂级数 $\sum\limits_{n=0}^{\infty} a_n x^n$ 都发散，则幂级数 $\sum\limits_{n=0}^{\infty} a_n x^n$ 的收敛域 $D = \{x \mid x = 0\}$.

3) 若存在常数 $R > 0$ 使得当 $|x| < R$ 时幂级数 $\sum\limits_{n=0}^{\infty} a_n x^n$ 绝对收敛，而当 $|x| > R$ 时幂级数 $\sum\limits_{n=0}^{\infty} a_n x^n$ 发散，则称幂级数 $\sum\limits_{n=0}^{\infty} a_n x^n$ 的**收敛半径**为 R，并把开区间 $(-R, R)$ 称为幂级数 $\sum\limits_{n=0}^{\infty} a_n x^n$ 的**收敛区间**，幂级数 $\sum\limits_{n=0}^{\infty} a_n x^n$ 的**收敛域** D 就是它的收敛区间 $(-R, R)$ 加上使幂级数收敛的端点 $x = R$ 或 $x = -R$ 所组成的集合.

为了统一起见，当幂级数 $\sum\limits_{n=0}^{\infty} a_n x^n$ 对任何 x 都绝对收敛时，规定它的收敛半径 $R = +\infty$，当幂级数 $\sum\limits_{n=0}^{\infty} a_n x^n$ 对任何 $x \neq 0$ 都发散时，规定它的收敛半径 $R = 0$.

定理 8.9（幂级数收敛半径的求法） 若幂级数 $\sum\limits_{n=0}^{\infty} a_n x^n$ 的系数 $a_n \neq 0$（$n = 1, 2, \cdots$），且

$$\lim_{n \to \infty} \left| \frac{a_{n+1}}{a_n} \right| = k,$$

则当 $k = 0$ 时幂级数 $\sum\limits_{n=0}^{\infty} a_n x^n$ 的收敛半径 $R = +\infty$，当 $0 < k < +\infty$ 时幂级数 $\sum\limits_{n=0}^{\infty} a_n x^n$ 的收敛半径 $R = \dfrac{1}{k}$，当 $k = +\infty$ 时幂级数 $\sum\limits_{n=0}^{\infty} a_n x^n$ 的收敛半径 $R = 0$.

证 利用比值判别法来判定幂级数 $\sum\limits_{n=0}^{\infty} a_n x^n$ 当 $x \neq 0$ 时的绝对收敛性.
由于

$$\lim_{n \to \infty} \left| \frac{a_{n+1} x^{n+1}}{a_n x^n} \right| = |x| \lim_{n \to \infty} \left| \frac{a_{n+1}}{a_n} \right| = k|x|$$

$$= \begin{cases} 0, & k = 0; \\ k|x|, & 0 < k < +\infty; \\ +\infty, & k = +\infty, \end{cases}$$

可知,当 $k = 0$ 时,幂级数 $\sum\limits_{n=0}^{\infty} a_n x^n$ 对任何 x 都绝对收敛,即它的收敛半径 $R = +\infty$;当 $k = +\infty$ 时,幂级数 $\sum\limits_{n=0}^{\infty} a_n x^n$ 对任何 $x \neq 0$ 都发散,即它的收敛半径 $R = 0$;当 $0 < k < +\infty$ 时,幂级数 $\sum\limits_{n=0}^{\infty} a_n x^n$ 对满足 $k|x| < 1$ 即 $|x| < \frac{1}{k}$ 的 x 绝对收敛,而对满足 $k|x| > 1$ 即 $|x| > \frac{1}{k}$ 的 x 发散,因此它的收敛半径 $R = \frac{1}{k}$. ∎

例 2 求幂级数 $\sum\limits_{n=1}^{\infty} \dfrac{x^n}{n^p}$ 的收敛半径与收敛域.

解 因

$$\lim_{n \to \infty} \left| \frac{a_{n+1}}{a_n} \right| = \lim_{n \to \infty} \left| \frac{n^p}{(n+1)^p} \right| = 1,$$

故幂级数 $\sum\limits_{n=1}^{\infty} \dfrac{x^n}{n^p}$ 的收敛半径 $R = 1$.

又因在点 $x = 1$ 处幂级数成为 p- 级数 $\sum\limits_{n=1}^{\infty} \dfrac{1}{n^p}$,从而当 $p > 1$ 时幂级数收敛,当 $p \leqslant 1$ 时幂级数发散. 在点 $x = -1$ 处幂级数成为交错 p- 级数 $\sum\limits_{n=1}^{\infty} \dfrac{(-1)^n}{n^p}$,从而当 $p > 1$ 时幂级数绝对收敛,当 $0 < p \leqslant 1$ 时幂级数条件收敛,当 $p \leqslant 0$ 时幂级数发散. 故当 $p > 1$ 时幂级数的收敛域 $D = [-1, 1]$,当 $0 < p \leqslant 1$ 时幂级数的收敛域 $D = [-1, 1)$,当 $p \leqslant 0$ 时幂级数的收敛域 $D = (-1, 1)$.

若幂级数有无穷多个系数 a_n 等于零,则可直接求级数中后项与前项绝对值之比的极限,并利用比值判别法得出幂级数的收敛半径.

例3 求幂级数 $\sum\limits_{n=1}^{\infty}\dfrac{(-1)^{n-1}x^{2n}}{2^n(4n^2-3)}$ 的收敛半径与收敛域.

解 令 $u_n=\dfrac{(-1)^{n-1}x^{2n}}{2^n(4n^2-3)}$. 当 $x\neq 0$ 时，因

$$\lim_{n\to\infty}\left|\frac{u_{n+1}}{u_n}\right|=\lim_{n\to\infty}\left|\frac{(-1)^nx^{2n+2}}{2^{n+1}[4(n+1)^2-3]}\cdot\frac{2^n(4n^2-3)}{(-1)^{n-1}x^{2n}}\right|$$

$$=\frac{x^2}{2}\lim_{n\to\infty}\frac{4n^2-3}{4(n+1)^2-3}=\frac{x^2}{2},$$

由比值判别法知，幂级数 $\sum\limits_{n=1}^{\infty}u_n$ 当 $\dfrac{x^2}{2}<1$ 即 $|x|<\sqrt{2}$ 时绝对收敛，而当 $\dfrac{x^2}{2}>1$ 即 $|x|>\sqrt{2}$ 时发散，即幂级数 $\sum\limits_{n=1}^{\infty}u_n$ 的收敛半径 $R=\sqrt{2}$.

又因在点 $x=\pm\sqrt{2}$ 处幂级数成为交错级数 $\sum\limits_{n=1}^{\infty}\dfrac{(-1)^{n-1}}{4n^2-3}$，且

$$\left|\frac{(-1)^{n-1}}{4n^2-3}\right|\leqslant\frac{1}{n^2}\quad(n=2,3,\cdots),$$

故幂级数 $\sum\limits_{n=1}^{\infty}\dfrac{(-1)^{n-1}x^{2n}}{2^n(4n^2-3)}$ 在点 $x=\pm\sqrt{2}$ 处绝对收敛，即幂级数的收敛域 $D=[-\sqrt{2},\sqrt{2}]$.

例4 设幂级数 $\sum\limits_{n=0}^{\infty}a_n(x-1)^n$ 在 $x=-1$ 处收敛，试讨论它在 $x=2$ 处的敛散性.

解 令 $x-1=t$，则幂级数 $\sum\limits_{n=0}^{\infty}a_n(x-1)^n$ 可改写成幂级数 $\sum\limits_{n=0}^{\infty}a_nt^n$，且幂级数 $\sum\limits_{n=0}^{\infty}a_nt^n$ 在 $t=-2$ 处收敛，从而其收敛半径 $R\geqslant 2$. 由于 $x=2$ 时 $t=1$，且 $1\in(-2,2)$，故幂级数 $\sum\limits_{n=0}^{\infty}a_nt^n$ 在 $t=1$ 处绝对收敛，即幂级数 $\sum\limits_{n=0}^{\infty}a_n(x-1)^n$ 在 $x=2$ 处绝对收敛.

例5 若幂级数 $\sum\limits_{n=0}^{\infty}a_n(x-2)^n$ 在 $x=0$ 处收敛，在 $x=4$ 处发散，求幂级数 $\sum\limits_{n=0}^{\infty}a_n(x-2)^n$ 的收敛域.

解 令 $x-2=t$，则幂级数 $\sum\limits_{n=0}^{\infty} a_n(x-2)^n$ 可改写成 $\sum\limits_{n=0}^{\infty} a_n t^n$，且幂级数

$\sum\limits_{n=0}^{\infty} a_n t^n$ 在 $t=-2$ 处收敛，在 $t=2$ 处发散，从而其收敛半径同时满足 $R \geqslant 2$

与 $R \leqslant 2$，因此 $R=2$. 故幂级数 $\sum\limits_{n=0}^{\infty} a_n t^n$ 的收敛域是 $t \in [-2,2)$，即幂级数

$\sum\limits_{n=0}^{\infty} a_n(x-2)^n$ 的收敛域是 $x \in [0,4)$.

8.6   幂级数的和函数

定理8.10（幂级数和函数的重要性质）   设幂级数 $\sum\limits_{n=0}^{\infty} a_n x^n$ 的收敛域是 D，和

函数是 $S(x)$，则

1) $S(x)$ 在收敛域 D 上连续；

2) 幂级数 $\sum\limits_{n=0}^{\infty} a_n x^n$ 在收敛域 D 上可逐项积分，即

$$\sum_{n=0}^{\infty} \frac{a_n}{n+1} x^{n+1} = \int_0^x S(t)\mathrm{d}t \quad (x \in D) ; \tag{8.9}$$

3) 幂级数 $\sum\limits_{n=0}^{\infty} a_n x^n$ 在收敛区间 $(-R,R)$ 内可逐项求导，即

$$\sum_{n=1}^{\infty} n a_n x^{n-1} = S'(x) \quad (-R < x < R). \tag{8.10}$$

尽管在本书中不证明本定理，但本定理的结论非常重要，必须理解.

和函数 $S(x)$ 的性质2) 与性质3) 表明逐项积分与逐项求导都不会改变幂级数的收敛半径，因而，幂级数可以在其收敛区间内无限次地进行逐项积分与逐项求导. 但是，逐项求导所得的幂级数有可能在原幂级数收敛的端点处发散；而逐项积分所得的幂级数却有可能在原幂级数发散的端点处收敛.

由定理 8.10 可知，收敛半径 $R>0$ 的幂级数的和函数不仅在幂级数的收敛域上连续，而且在幂级数的收敛区间内具有任意阶的连续导函数. 从而定理 8.10 有如下一个推论：

推论   若要使函数 $f(x)$ 在区间 $(-R,R)$ 或 $(-\infty,+\infty)$ 内是某个幂级数的和

函数,则函数 $f(x)$ 必须具有在区间 $(-R,R)$ 或 $(-\infty,+\infty)$ 内连续的所有阶导函数 $f'(x),f''(x),f'''(x),\cdots,f^{(n)}(x),\cdots$.

除按定义直接求幂级数的和函数之外,常可从已知和函数的幂级数出发,利用换元、逐项积分与逐项求导等方法来得出其他一些幂级数的和函数公式. 例如:已知几何级数的和函数公式

$$1+x+x^2+\cdots=\sum_{n=0}^{\infty}x^n=\frac{1}{1-x} \quad (-1<x<1), \qquad (8.11)$$

逐项求导,可得

$$1+2x+3x^2+\cdots=\sum_{n=1}^{\infty}nx^{n-1}=\frac{1}{(1-x)^2} \quad (-1<x<1). \quad (8.12)$$

二次逐项求导,可得

$$2+6x+12x^2+\cdots=\sum_{n=2}^{\infty}n(n-1)x^{n-2}=\frac{2}{(1-x)^3} \quad (-1<x<1). \tag{8.13}$$

逐项积分,可得

$$x+\frac{x^2}{2}+\frac{x^3}{3}+\cdots=\sum_{n=0}^{\infty}\frac{x^{n+1}}{n+1}=-\ln(1-x) \quad (-1\leqslant x<1). \tag{8.14}$$

在上面幂级数中作换元 $x=-t$,把所得的幂级数各项系数反号后仍写成 x 的幂级数,又可得

$$x-\frac{x^2}{2}+\frac{x^3}{3}-\cdots=\sum_{n=0}^{\infty}(-1)^n\frac{x^{n+1}}{n+1}=\ln(1+x) \quad (-1<x\leqslant 1). \tag{8.15}$$

在几何级数中作换元 $x=-t^2$,把所得的幂级数仍写成 x 的幂级数,可得

$$1-x^2+x^4-\cdots=\sum_{n=0}^{\infty}(-1)^nx^{2n}=\frac{1}{1+x^2} \quad (-1<x<1). \quad (8.16)$$

再逐项积分,可得

$$x-\frac{x^3}{3}+\frac{x^5}{5}-\cdots=\sum_{n=0}^{\infty}(-1)^n\frac{x^{2n+1}}{2n+1}=\arctan x \quad (-1\leqslant x\leqslant 1). \tag{8.17}$$

注意,其中通过逐项积分得到的和函数公式(8.14),(8.15),(8.17) 在原幂级数某些发散的收敛区间端点处收敛.

一般说来,只要能利用加减、换元、逐项积分或逐项求导等方法,把要求和函数的幂级数分解或转化为已知和函数的幂级数,就可以求出其和函数

表达式. 这种方法称为幂级数的间接求和法. 通过令幂级数中的变量取适当的值, 还可以从幂级数的和函数中求出某些数项级数的和.

例 1 求 $\displaystyle\sum_{n=0}^{\infty} \frac{(-1)^n}{4^n} x^n$ 的和函数.

解 用换元法化为几何级数. 令 $t = -\dfrac{x}{4}$, 于是

$$\sum_{n=0}^{\infty} \frac{(-1)^n}{4^n} x^n = \sum_{n=0}^{\infty} t^n.$$

因为 $\displaystyle\sum_{n=0}^{\infty} t^n = \frac{1}{1-t}$ $(|t| < 1)$, 又 $|t| < 1 \Leftrightarrow |x| < 4$, 故

$$\sum_{n=0}^{\infty} \frac{(-1)^n}{4^n} x^n = \frac{1}{1 - \left(-\dfrac{x}{4}\right)} = \frac{4}{4+x} \quad (|x| < 4).$$

例 2 求 $\displaystyle\sum_{n=1}^{\infty} \frac{x^n}{n}$ 与 $\displaystyle\sum_{n=1}^{\infty} \frac{x^{n+1}}{n(n+1)}$ 的和函数.

解 不难得到两个幂级数的收敛半径都是 $R = 1$, 但收敛域分别为 $[-1,1)$ 与 $[-1,1]$. 令幂级数 $\displaystyle\sum_{n=1}^{\infty} \frac{x^n}{n}$ 与 $\displaystyle\sum_{n=1}^{\infty} \frac{x^{n+1}}{n(n+1)}$ 的和函数分别为 $S_1(x)$, $x \in [-1,1)$ 与 $S_2(x)$, $x \in [-1,1]$. 用逐项求导法去掉幂级数各项的分母, 就可以把要求的和函数的幂级数化为几何级数.

当 $x \in (-1,1)$ 时,

$$S_1'(x) = \sum_{n=1}^{\infty} x^{n-1} = \frac{1}{1-x}.$$

又因 $S_1(0) = 0$, 故

$$S_1(x) = S_1(0) + \int_0^x \frac{\mathrm{d}t}{1-t} = -\ln(1-x).$$

注意到上式左、右两端的函数都在点 $x = -1$ 处连续, 从而这个和函数公式在收敛域 $[-1,1)$ 上成立.

类似可得, 当 $x \in (-1,1)$ 时

$$S_2'(x) = \sum_{n=1}^{\infty} \frac{x^n}{n} = S_1(x) = -\ln(1-x).$$

又因 $S_2(0) = 0$, 故

$$S_2(x) = S_2(0) - \int_0^x \ln(1-t)\,\mathrm{d}t \xrightarrow{u = 1-t} \int_1^{1-x} \ln u\,\mathrm{d}u$$

$$= (u\ln u - u)\Big|_1^{1-x} = x + (1-x)\ln(1-x).$$

注意到上式左、右两端的函数都在点 $x=-1$ 处连续,又在点 $x=1$ 处极限存在,从而在收敛域 $[-1,1]$ 上这个和函数公式可以写成分段函数的形式:

$$S_2(x) = \begin{cases} x+(1-x)\ln(1-x), & -1 \leqslant x < 1; \\ 1, & x=1. \end{cases}$$

例3 求幂级数 $\displaystyle\sum_{n=1}^{\infty} n^2 x^n$ 的和函数.

解 不难得到幂级数的收敛半径与收敛域分别是 $R=1$ 与 $D=(-1,1)$. 设幂级数的和函数为 $S(x)$,$x \in (-1,1)$. 利用分解法与和函数公式(8.12),(8.13),得

$$\begin{aligned} S(x) &= \sum_{n=1}^{\infty} n^2 x^n = \sum_{n=1}^{\infty} n[(n+1)-1]x^n \\ &= \sum_{n=1}^{\infty} n(n+1)x^n - \sum_{n=1}^{\infty} nx^n \\ &= x\sum_{n=1}^{\infty} n(n+1)x^{n-1} - x\sum_{n=1}^{\infty} nx^{n-1} \\ &= x\sum_{n=2}^{\infty} n(n-1)x^{n-2} - x\sum_{n=1}^{\infty} nx^{n-1} \\ &= \frac{2x}{(1-x)^3} - \frac{x}{(1-x)^2} \\ &= \frac{x(1+x)}{(1-x)^3}, \quad x \in (-1,1). \end{aligned}$$

例4 求 $\displaystyle\sum_{n=1}^{\infty} \frac{2n-3}{n(n+1)}x^n$ 与 $\displaystyle\sum_{n=1}^{\infty} \frac{2n-3}{n(n+1)}x^{2n}$ 的和函数.

解 不难得到两个幂级数的收敛半径都是 $R=1$,但收敛域分别是 $[-1,1)$ 与 $(-1,1)$. 令幂级数 $\displaystyle\sum_{n=1}^{\infty} \frac{2n-3}{n(n+1)}x^n$ 与 $\displaystyle\sum_{n=1}^{\infty} \frac{2n-3}{n(n+1)}x^{2n}$ 的和函数分别为 $S_1(x)$,$x \in [-1,1)$ 与 $S_2(x)$,$x \in (-1,1)$,则当 $x \in (-1,1)$ 时 $S_2(x) = S_1(x^2)$. 故只需求出 $S_1(x)$ 即可.

用分解法与和函数公式(8.14)就可求出 $S_1(x)$. 注意 $S_1(0)=0$,此外,因

$$\frac{2n-3}{n(n+1)} = \frac{5}{n+1} - \frac{3}{n},$$

于是当 $x \in [-1,1)$ 且 $x \neq 0$ 时,

$$\begin{aligned} S_1(x) &= 5\sum_{n=1}^{\infty} \frac{x^n}{n+1} - 3\sum_{n=1}^{\infty} \frac{x^n}{n} \\ &= \frac{5}{x}\left(\sum_{n=1}^{\infty} \frac{x^n}{n} - x\right) + 3\ln(1-x) \end{aligned}$$

$$= 3\ln(1-x) - \frac{5}{x}\ln(1-x) - 5$$

$$= \left(3 - \frac{5}{x}\right)\ln(1-x) - 5.$$

综合即得

$$S_1(x) = \begin{cases} 0, & x = 0; \\ \left(3 - \dfrac{5}{x}\right)\ln(1-x) - 5, & -1 \leqslant x < 0,\ 0 < x < 1, \end{cases}$$

$$S_2(x) = \begin{cases} 0, & x = 0; \\ \left(3 - \dfrac{5}{x^2}\right)\ln(1-x^2) - 5, & 0 < |x| < 1. \end{cases}$$

8.7   函数的幂级数展开式

给定函数 $f(x)$，求幂级数 $\sum\limits_{n=0}^{\infty} a_n x^n$ 或 $\sum\limits_{n=0}^{\infty} a_n(x - x_0)^n$，使得在相应幂级数的收敛域 D 内成立

$$f(x) = \sum_{n=0}^{\infty} a_n x^n \quad (x \in D) \tag{8.18}$$

或

$$f(x) = \sum_{n=0}^{\infty} a_n(x - x_0)^n \quad (x \in D) \tag{8.19}$$

的问题，称为求函数的幂级数展开式问题. 其中幂级数 $\sum\limits_{n=0}^{\infty} a_n x^n$ 称为函数 $f(x)$ 的**麦克劳林展开式**，当 $x_0 \neq 0$ 时，$\sum\limits_{n=0}^{\infty} a_n(x - x_0)^n$ 称为 $f(x)$ 的**泰勒展开式**. 很明显，求函数的幂级数展开式与求幂级数的和函数是互逆的问题.

定理8.11   函数 $f(x)$ 能展开成幂级数 $\sum\limits_{n=0}^{\infty} a_n x^n$ 的必要条件是 $f(x)$ 在点 $x = 0$ 处有任意阶导数，且系数

$$a_0 = f(0),\ a_1 = \frac{f'(0)}{1!},\ a_2 = \frac{f''(0)}{2!},\ \cdots,\ a_n = \frac{f^{(n)}(0)}{n!},\ \cdots.$$

证   设函数 $f(x)$ 能展开成幂级数 $\sum\limits_{n=0}^{\infty} a_n x^n$，于是存在 $r > 0$ 使得

$$f(x) = \sum_{n=0}^{\infty} a_n x^n \quad (|x| < r).$$

这表明函数 $f(x)$ 是幂级数 $\sum_{n=0}^{\infty} a_n x^n$ 在区间 $(-r, r)$ 内的和函数，从而，在上式两端令 $x = 0$ 即得 $f(0) = a_0$. 利用幂级数和函数可任意次逐项求导的性质，可得出 $f(x)$ 在区间 $(-r, r)$ 内具有任意阶导数，且依次有

$$f'(x) = \sum_{n=1}^{\infty} n a_n x^{n-1} \quad (|x| < r),$$

$$f''(x) = \sum_{n=2}^{\infty} n(n-1) a_n x^{n-2} \quad (|x| < r),$$

$$\cdots,$$

$$f^{(k)}(x) = \sum_{n=k}^{\infty} n(n-1)(n-2)\cdots(n-k+1) a_n x^{n-k} \quad (|x| < r),$$

$$\cdots.$$

从而

$$f'(0) = 1 \cdot a_1 = 1! a_1,$$

$$f''(0) = 2 \cdot 1 \cdot a_2 = 2! a_2,$$

$$\cdots,$$

$$f^{(k)}(0) = k \cdot (k-1) \cdot \cdots \cdot 1 \cdot a_k = k! a_k,$$

$$\cdots.$$

由此可得

$$a_0 = f(0), \, a_1 = \frac{f'(0)}{1!}, \, a_2 = \frac{f''(0)}{2!}, \, \cdots, \, a_n = \frac{f^{(n)}(0)}{n!}, \, \cdots.$$

利用级数收敛的定义与定理 8.9，可得

定理8.12 函数 $f(x)$ 能展开成幂级数 $\sum_{n=0}^{\infty} \frac{f^{(n)}(0)}{n!} x^n$ 的充分条件是

$$\lim_{n \to \infty} R_n(x) = 0 \tag{8.20}$$

在幂级数 $\sum_{n=0}^{\infty} \frac{f^{(n)}(0)}{n!} x^n$ 的收敛域 D 上成立，其中

$$R_n(x) = f(x) - f(0) - \frac{f'(0)}{1!} x - \frac{f''(0)}{2!} x^2 - \cdots - \frac{f^{(n)}(0)}{n!} x^n$$

$$\tag{8.21}$$

称为 n **阶余项**.

按照上面的讨论, 把函数 $f(x)$ 展开成幂级数 $\sum\limits_{n=0}^{\infty} \dfrac{f^{(n)}(0)}{n!} x^n$ 的具体方法如下:

1) 求 $f(x)$ 在点 $x = 0$ 的函数值 $f(0)$ 与各阶导数值 $f^{(n)}(0)$ ($n = 1$, $2, \cdots$).

2) 写出幂级数 $\sum\limits_{n=0}^{\infty} \dfrac{f^{(n)}(0)}{n!} x^n$, 并求其收敛域 D.

3) 检验 $\lim\limits_{n \to \infty} R_n(x) = 0$ 在收敛域 D 上是否成立. 如果 $\lim\limits_{n \to \infty} R_n(x) = 0$ 在 D 上成立, 则 $f(x)$ 在 D 上有幂级数展开式

$$f(x) = \sum_{n=0}^{\infty} \frac{f^{(n)}(0)}{n!} x^n \quad (x \in D).$$

与此类似, 把函数 $f(x)$ 展开成幂级数 $\sum\limits_{n=0}^{\infty} \dfrac{f^{(n)}(x_0)}{n!}(x - x_0)^n$ 的具体方法如下:

1) 求 $f(x)$ 在点 $x = x_0$ 的函数值 $f(x_0)$ 与各阶导数值 $f^{(n)}(x_0)$ ($n = 1$, $2, \cdots$).

2) 写出幂级数 $\sum\limits_{n=0}^{\infty} \dfrac{f^{(n)}(x_0)}{n!}(x - x_0)^n$, 并求其收敛域 D.

3) 检验 $\lim\limits_{n \to \infty} R_n(x) = 0$ 在收敛域 D 上是否成立. 如果 $\lim\limits_{n \to \infty} R_n(x) = 0$ 在 D 上成立, 则 $f(x)$ 在 D 上有幂级数展开式

$$f(x) = \sum_{n=0}^{\infty} \frac{f^{(n)}(x_0)}{n!}(x - x_0)^n \quad (x \in D), \tag{8.22}$$

其中余项

$$R_n(x) = f(x) - f(x_0) - \frac{f'(x_0)}{1!}(x - x_0) - \frac{f''(x_0)}{2!}(x - x_0)^2$$

$$- \cdots - \frac{f^{(n)}(x_0)}{n!}(x - x_0)^n. \tag{8.23}$$

按照以上程序可求得以下 5 个初等函数的麦克劳林展开式:

$$\mathrm{e}^x = 1 + \frac{x}{1!} + \frac{x^2}{2!} + \cdots + \frac{x^n}{n!} + \cdots, \quad x \in (-\infty, +\infty), \tag{8.24}$$

$$\sin x = x - \frac{x^3}{3!} + \frac{x^5}{5!} - \cdots + (-1)^n \frac{x^{2n+1}}{(2n+1)!} + \cdots,$$

$$x \in (-\infty, +\infty), \tag{8.25}$$

$$\cos x = 1 - \frac{x^2}{2!} + \frac{x^4}{4!} - \cdots + (-1)^n \frac{x^{2n}}{(2n)!} + \cdots,$$

$$x \in (-\infty, +\infty), \tag{8.26}$$

$$\ln(1+x) = x - \frac{x^2}{2} + \frac{x^3}{3} - \cdots + (-1)^{n-1}\frac{x^n}{n} + \cdots,$$
$$x \in (-1, 1], \quad (8.27)$$

$$(1+x)^\alpha = 1 + \alpha x + \frac{\alpha(\alpha-1)}{2!}x^2 + \cdots$$
$$+ \frac{\alpha(\alpha-1)\cdots(\alpha-n+1)}{n!}x^n + \cdots, \quad x \in (-1, 1).$$
$$(8.28)$$

此外,当 $\alpha > 0$ 时,展开式 (8.28) 对 $x = -1$ 也成立;当 $\alpha > -1$ 时,展开式 (8.28) 对 $x = 1$ 也成立.

除了这里给出的 5 个公式外,把我们在上一小节中得到的几个幂级数的和函数公式两端对调,又可以得到几个新的展开式. 例如:

$$\frac{1}{1+x^2} = 1 - x^2 + x^4 + \cdots = \sum_{n=0}^{\infty}(-1)^n x^{2n}, \quad x \in (-1, 1), \quad (8.29)$$

$$\arctan x = x - \frac{x^3}{3} + \frac{x^5}{5} - \cdots = \sum_{n=0}^{\infty}(-1)^n \frac{x^{2n+1}}{2n+1}, \quad x \in (-1, 1).$$
$$(8.30)$$

常用间接法来求其他函数的幂级数展开式,如利用分解、换元、积分、求导等方法,把要求展开式的函数用上面几个函数表示出来,然后再把以上已知的公式代入来求出函数的幂级数展开式.

例 1 把 e^{-x^2} 展开成 x 的幂级数.

解 用换元法,把函数 e^x 的麦克劳林展开式中的 x 换成 $-x^2$ 即可.

$$e^{-x^2} = 1 + \frac{-x^2}{1!} + \frac{(-x^2)^2}{2!} + \cdots + \frac{(-x^2)^n}{n!} + \cdots$$
$$= 1 - \frac{x^2}{1!} + \frac{x^4}{2!} - \cdots + (-1)^n\frac{x^{2n}}{n!} + \cdots,$$

展开式成立的范围是 $-x^2 \in (-\infty, +\infty)$ 即 $x \in (-\infty, +\infty)$.

例 2 求下列函数的麦克劳林展开式:

1) $f(x) = \dfrac{3x+8}{(2x-3)(x^2+4)}$;

2) $f(x) = \ln(4+3x-x^2)$;

3) $f(x) = \sin^4 x$.

解 1) $f(x) = \dfrac{3x+8}{(2x-3)(x^2+4)} = \dfrac{2}{2x-3} - \dfrac{x}{x^2+4}$

$$= -\frac{2}{3}\frac{1}{1-\frac{2x}{3}} - \frac{x}{4}\frac{1}{1-\left(-\frac{x^2}{4}\right)}$$

$$= -\frac{2}{3}\sum_{n=0}^{\infty}\left(\frac{2x}{3}\right)^n - \frac{x}{4}\sum_{n=0}^{\infty}\left(-\frac{x^2}{4}\right)^n$$

$$= -\sum_{n=0}^{\infty}\left(\frac{2}{3}\right)^{n+1}x^n - \sum_{n=0}^{\infty}\frac{(-1)^n}{4^{n+1}}x^{2n+1},$$

此展开式成立的范围是 $\left|\dfrac{2x}{3}\right| < 1$ 与 $\left|\dfrac{x^2}{4}\right| < 1$ 的交集，即 $|x| < \dfrac{3}{2}$.

2) $f(x) = \ln(4 + 3x - x^2) = \ln((4-x)(1+x))$

$$= \ln\left(4\left(1-\frac{x}{4}\right)(1+x)\right) = \ln 4 + \ln\left(1-\frac{x}{4}\right) + \ln(1+x)$$

$$= \ln 4 - \sum_{n=1}^{\infty}\frac{1}{n}\left(\frac{x}{4}\right)^n + \sum_{n=1}^{\infty}\frac{(-1)^{n-1}}{n}x^n$$

$$= \ln 4 - \sum_{n=1}^{\infty}\frac{1+(-4)^n}{n\cdot 4^n}x^n,$$

此展开式成立的范围是 $-1 \leqslant \dfrac{x}{4} < 1$ 与 $-1 < x \leqslant 1$ 的交集，即 $-1 < x \leqslant 1$.

3) $f(x) = \sin^4 x = \left(\dfrac{1-\cos 2x}{2}\right)^2 = \dfrac{1}{4} - \dfrac{1}{2}\cos 2x + \dfrac{1}{4}\cos^2 2x$

$$= \frac{1}{4} - \frac{1}{2}\cos 2x + \frac{1+\cos 4x}{8} = \frac{3}{8} - \frac{1}{2}\cos 2x + \frac{1}{8}\cos 4x$$

$$= \frac{3}{8} - \frac{1}{2}\sum_{n=0}^{\infty}(-1)^n\frac{(2x)^{2n}}{(2n)!} + \frac{1}{8}\sum_{n=0}^{\infty}(-1)^n\frac{(4x)^{2n}}{(2n)!}$$

$$= \sum_{n=2}^{\infty}\frac{(-1)^n(2^{4n-3}-2^{2n-1})}{(2n)!}x^{2n},$$

此展开式成立的范围是 $-\infty < x < +\infty$.

注意一定要写出展开式成立的范围. 还要注意应当如同在 2) 与 3) 中那样，尽可能地把所得的展开式写成一个幂级数 $\sum\limits_{n=0}^{\infty}a_n x^n$ 的形式.

例 3　将函数 $\ln(4 - 3x - x^2)$ 展开成 $x+3$ 的幂级数.

解　用换元法. 令 $x+3 = t$ 即 $x = t-3$，代入即得

$$\ln(4 - 3x - x^2) = \ln(4 - 3(t-3) - (t-3)^2)$$

$$= \ln(4 + 3t - t^2).$$

利用例 2 中 2) 的结果，有

$$\ln(4 + 3t - t^2) = \ln 4 - \sum_{n=1}^{\infty}\frac{1+(-4)^n}{n\cdot 4^n}t^n, \quad -1 < t \leqslant 1.$$

再将 $t = x+3$ 代入上式就得到要求的展开式

$$\ln(4-3x-x^2)=\ln 4-\sum_{n=1}^{\infty}\frac{1+(-4)^n}{n\cdot 4^n}(x+3)^n,$$

其成立范围是 $-1<x+3\leqslant 1$，即 $-4<x\leqslant -2$.

习 题 八

1. 用级数收敛的定义或级数的性质判断下列级数的敛散性：

1) $\sum_{n=1}^{\infty}(\sqrt{n+1}-\sqrt{n})$；

2) $\sum_{n=1}^{\infty}\frac{1}{(3n-1)(3n+2)}$；

3) $\sum_{n=1}^{\infty}\cos\frac{\pi}{2n}$；

4) $\sum_{n=1}^{\infty}\frac{\ln^n 3}{3^n}$；

5) $\sum_{n=1}^{\infty}\frac{n}{100n-7}$；

6) $\sum_{n=1}^{\infty}\frac{1}{\sqrt[n]{0.001}}$.

2. 证明：若正项级数 $\sum_{n=1}^{\infty}u_n$ 收敛，则级数 $\sum_{n=1}^{\infty}u_n^2$ 必收敛. 并举例说明其逆命题不成立.

3. 证明：若级数 $\sum_{n=1}^{\infty}u_n^2$ 与 $\sum_{n=1}^{\infty}v_n^2$ 都收敛，则正项级数 $\sum_{n=1}^{\infty}|u_n v_n|$，$\sum_{n=1}^{\infty}(u_n+v_n)^2$，$\sum_{n=1}^{\infty}\frac{|u_n|}{n}$ 也收敛.

4. 证明：若级数 $\sum_{n=1}^{\infty}u_n$ 与 $\sum_{n=1}^{\infty}v_n$ 都收敛，且存在正整数 N 使得当 $n>N$ 时不等式 $v_n\leqslant w_n\leqslant u_n$ 成立，则级数 $\sum_{n=1}^{\infty}w_n$ 必收敛.

若级数 $\sum_{n=1}^{\infty}u_n$ 与 $\sum_{n=1}^{\infty}v_n$ 都发散，且存在正整数 N 使得当 $n>N$ 时不等式 $v_n\leqslant w_n\leqslant u_n$ 成立，试问级数 $\sum_{n=1}^{\infty}w_n$ 是否必发散？

5. 已知正项级数 $\sum_{n=1}^{\infty}u_n$ 与 $\sum_{n=1}^{\infty}v_n$ 都发散，试问正项级数 $\sum_{n=1}^{\infty}\max\{u_n,v_n\}$，$\sum_{n=1}^{\infty}\min\{u_n,v_n\}$ 是否也发散？说明理由.

6. 利用比较判别法及其极限形式判别下列正项级数的敛散性：

1) $\sum_{n=1}^{\infty}\frac{1}{\sqrt{n^4+1}}$；

2) $\sum_{n=1}^{\infty}3^n\sin\frac{\pi}{4^n}$；

3) $\displaystyle\sum_{n=1}^{\infty} \frac{9n}{(2n-1)(n+2)}$;

4) $\displaystyle\sum_{n=1}^{\infty} n \tan \frac{3}{2^n}$;

5) $\displaystyle\sum_{n=1}^{\infty} \frac{1}{\sqrt[n]{n}}$;

6) $\displaystyle\sum_{n=1}^{\infty} \frac{n^{n-1}}{(3n^2-n-1)^{\frac{n+1}{2}}}$;

7) $2 \cdot \dfrac{3}{4} + \dfrac{1}{2} \cdot \left(\dfrac{3}{4}\right)^2 + 2 \cdot \left(\dfrac{3}{4}\right)^3 + \dfrac{1}{2} \cdot \left(\dfrac{3}{4}\right)^4 + \cdots$;

8) $\displaystyle\sum_{n=1}^{\infty} \frac{\sqrt[3]{n}}{(n+2)\sqrt{n}}$;

9) $\displaystyle\sum_{n=1}^{\infty} \frac{1}{(\ln n)^n}$;

10) $\displaystyle\sum_{n=1}^{\infty} \frac{1}{1+a^n}$ （其中常数 $a > 0$）.

7. 利用比值判别法及根值判别法判别下列正项级数的敛散性：

1) $\displaystyle\sum_{n=1}^{\infty} \frac{(n+1)^3}{n!}$;

2) $\displaystyle\sum_{n=1}^{\infty} \frac{3^n n!}{n^n}$;

3) $\displaystyle\sum_{n=1}^{\infty} \frac{(n!)^2}{4n^3}$;

4) $\displaystyle\sum_{n=1}^{\infty} \frac{n^3}{\left(2+\frac{1}{n}\right)^n}$;

5) $\displaystyle\sum_{n=1}^{\infty} \frac{a^n}{n^n}$ （其中常数 $a > 0$）;

6) $\displaystyle\sum_{n=1}^{\infty} \left(\frac{n+1}{3n-4}\right)^n$;

7) $\displaystyle\sum_{n=1}^{\infty} \frac{n}{(\ln(n+1))^n}$;

8) $\displaystyle\sum_{n=1}^{\infty} \frac{1}{n^{1+\frac{4}{n}}}$;

9) $\displaystyle\sum_{n=1}^{\infty} \frac{2 \cdot 12 \cdot 22 \cdots (10n-8)}{(2n+1)^n}$;

10) $\displaystyle\sum_{n=1}^{\infty} \frac{2\,000^n}{n!}$;

11) $\displaystyle\sum_{n=1}^{\infty} \frac{4n-3}{(\sqrt{3})^n}$;

12) $\displaystyle\sum_{n=1}^{\infty} \frac{(n!)^3}{(3n)!}$;

13) $\displaystyle\sum_{n=1}^{\infty} \frac{n!}{3^n+n}$;

14) $\displaystyle\sum_{n=1}^{\infty} \frac{1}{3^n}\left(1+\frac{1}{n}\right)^{n^2}$.

8. 判别下列交错级数的敛散性，当级数收敛时要确定级数是绝对收敛还是条件收敛：

1) $\displaystyle\sum_{n=1}^{\infty} \frac{(-1)^{n-1}}{n^2+1}$;

2) $\displaystyle\sum_{n=1}^{\infty} \frac{(-1)^{n-1}}{3n-2}$;

3) $\displaystyle\sum_{n=1}^{\infty} \frac{(-1)^{n-1}}{\ln\sqrt{n+2}}$;

4) $\displaystyle\sum_{n=1}^{\infty} (-1)^{n-1} \frac{2n+1}{n(n+1)}$;

5) $\displaystyle\sum_{n=1}^{\infty} (-1)^{n-1} \frac{\sqrt{n}}{n-1}$;

6) $\displaystyle\sum_{n=1}^{\infty} (-1)^{n-1} \frac{\ln(n+1)}{n}$;

7) $\sum_{n=1}^{\infty} (-1)^{n-1} \frac{1}{\pi^{n+1}} \sin \frac{\pi}{n}$;   8) $\sum_{n=1}^{\infty} \sin(\pi \sqrt{n^2+1})$;

9) $\dfrac{1}{\sqrt{3}-\sqrt{2}} - \dfrac{1}{\sqrt{3}+\sqrt{2}} + \dfrac{1}{\sqrt{4}-\sqrt{2}} - \dfrac{1}{\sqrt{4}+\sqrt{2}} + \dfrac{1}{\sqrt{5}-\sqrt{2}} - \dfrac{1}{\sqrt{5}+\sqrt{2}} + \cdots$;

10) $1 - \dfrac{1}{3} + \dfrac{1}{2} - \dfrac{1}{3^3} + \dfrac{1}{2^2} - \dfrac{1}{3^5} + \cdots + \dfrac{1}{2^{n-1}} - \dfrac{1}{3^{2n-1}} + \cdots$;

11) $1 - \dfrac{1}{4} + \dfrac{1}{3} - \dfrac{1}{4^2} + \dfrac{1}{5} - \dfrac{1}{4^3} + \cdots + \dfrac{1}{2n-1} - \dfrac{1}{4^n} + \cdots$.

9. 设 a 是一个常数，判别级数 $\sum_{n=1}^{\infty} \dfrac{a^n}{1+a^{2n}}$ 的敛散性，当级数收敛时要确定级数是绝对收敛还是条件收敛.

10. 设 a 是一个常数，判别级数 $\sum_{n=1}^{\infty} (-1)^{n-1} \left(1 - \cos \dfrac{a}{n}\right)^2$ 的敛散性，当级数收敛时要确定级数是绝对收敛还是条件收敛，而且其敛散性是否与常数 a 的取值有关.

11. 设 a 是一个常数，判别级数 $\sum_{n=1}^{\infty} (-1)^{n-1} \left(\dfrac{\sin na}{n^2} - \dfrac{1}{\sqrt{n}}\right)$ 的敛散性，当级数收敛时要确定级数是绝对收敛还是条件收敛，而且其敛散性是否与常数 a 的取值有关.

12. 求下列幂级数的收敛半径、收敛区间及收敛域：

1) $\sum_{n=1}^{\infty} \dfrac{x^n}{n \cdot 2^n}$;   2) $\sum_{n=1}^{\infty} \dfrac{n!}{n^n} x^n$;

3) $\sum_{n=1}^{\infty} \dfrac{4^n + (-5)^n}{n} x^n$;   4) $\sum_{n=1}^{\infty} \dfrac{n^k}{n!} x^n$ （其中 k 是一正整数）;

5) $\sum_{n=0}^{\infty} \dfrac{(n!)^2}{(2n)!} x^n$ （注意 $0! = 1$）; 6) $\sum_{n=1}^{\infty} \dfrac{(-1)^{n-1}}{(2n-1)(2n-1)!} x^{2n-1}$;

7) $\sum_{n=1}^{\infty} (-1)^{n-1} x^{n^2}$;   8) $\sum_{n=0}^{\infty} \dfrac{a^n}{n^2+1} x^n$ （其中常数 $a > 0$）;

9) $\sum_{n=1}^{\infty} \dfrac{n}{3^n + (-2)^n} x^n$;   10) $\sum_{n=1}^{\infty} \left(\dfrac{n+1}{2n-1}\right)^{2n-1} x^n$;

11) $\sum_{n=0}^{\infty} \dfrac{1 \cdot 3 \cdots \cdots (2n-1)}{2 \cdot 4 \cdots \cdots (2n)} \dfrac{x^n}{2n+1}$; 12) $\sum_{n=1}^{\infty} \dfrac{(-1)^{n-1}}{4^n \sqrt{n}} (x-5)^n$;

13) $\sum_{n=0}^{\infty} \dfrac{1}{6^n(2n+1)} (x+2)^n$; 14) $\sum_{n=1}^{\infty} \dfrac{(-1)^{n-1}}{3n-2} (x+4)^{2n-1}$.

13. 求下列幂级数的和函数：

1) $\displaystyle\sum_{n=1}^{\infty} n x^n$;

2) $\displaystyle\sum_{n=1}^{\infty} \frac{x^{4n}}{4n-2}$;

3) $\displaystyle\sum_{n=1}^{\infty} \frac{(-1)^{n-1}}{2n-1} x^{2n-1}$;

4) $\displaystyle\sum_{n=1}^{\infty} \frac{2n-1}{2^n} x^{2n-2}$;

5) $1+\displaystyle\sum_{n=1}^{\infty} \frac{x^{2n}}{(2n)!}$;

6) $\displaystyle\sum_{n=1}^{\infty} \frac{3n+2}{n!} x^{2n}$.

14. 利用幂级数的和函数求下列级数的和:

1) $\displaystyle\sum_{n=1}^{\infty} \frac{(-1)^{n-1}}{2n-1}$;

2) $\displaystyle\sum_{n=1}^{\infty} (-1)^n \frac{n^2-n+1}{2^n}$;

3) $\displaystyle\sum_{n=2}^{\infty} \frac{1}{(n^2-1) \cdot 2^n}$;

4) $\displaystyle\sum_{n=1}^{\infty} \frac{(-1)^{n-1}}{n(2n-1) \cdot 3^n}$.

15. 把下列函数展开成 x 的幂级数:

1) e^{-x^2};

2) $\dfrac{x}{9+x^2}$;

3) $\ln\sqrt{\dfrac{1+x}{1-x}}$;

4) $\cos^2 x$;

5) $\sin^3 x$;

6) $\cos\left(x+\dfrac{\pi}{4}\right)$;

7) $\ln(3-2x-x^2)$;

8) $\dfrac{x}{3-2x-x^2}$;

9) $\arctan x$;

10) $\ln(x+\sqrt{1+x^2})$.

16. 把下列函数展开成 $x-x_0$ 的幂级数:

1) $f(x)=e^x, \ x_0=-1$;

2) $f(x)=\sin x, \ x_0=\dfrac{\pi}{6}$;

3) $f(x)=\dfrac{1}{x}, \ x_0=2$;

4) $f(x)=\dfrac{1}{x^2+3x+2}, \ x_0=-4$.

第九章 微 分 方 程

在工程技术、力学与物理学等自然科学以及经济学与管理学等各个领域中，经常需要确定变量间的函数关系. 在很多情况下，必须建立不仅包含这些函数本身而且还包含着这些函数的导数或微分的方程或方程组才有可能确定这些函数关系，这样的方程就是微分方程. 微分方程学科的诞生和发展与微积分的广泛应用是密不可分的.

在本章中将要介绍微分方程的一些基本概念，还要学习最重要的几类一阶微分方程与二阶常系数线性微分方程的解法以及它们的简单应用.

9.1 微分方程的基本概念

定义 1 含有自变量、自变量的未知函数以及未知函数的若干阶导数或微分的函数方程称为**微分方程**.

定义 2 出现在微分方程中的未知函数的最高阶导数或微分的阶数，称为微分方程的**阶**.

未知函数是一元函数的微分方程称为**常微分方程**，未知函数是多元函数的微分方程称为**偏微分方程**. 在本书中只讨论常微分方程. 例如：

$$y' = 2x + 1, \tag{9.1}$$

$$y' + 2xy = e^{-x^2}\sin x, \tag{9.2}$$

$$yy'' + (y')^2 = \ln x + x^4 \tag{9.3}$$

都是自变量为 x、未知函数为 $y = y(x)$ 的常微分方程. 其中(9.1)与(9.2)是一阶微分方程，(9.3)是二阶微分方程.

定义 3 若把已知函数 $\varphi(x)$ 代入微分方程，当自变量 x 在某区间 I 上变动时能够使微分方程成为恒等式，则称 $\varphi(x)$ 是该微分方程的一个**解**.

例如：容易验证，

$$y = x^2 + x, \quad y = x^2 + x + 5, \quad y = x^2 + x + C \,(C\text{是任意常数})$$

都是方程(9.1)的解；

$$y = -\mathrm{e}^{-x^2}\cos x, \quad y = C\mathrm{e}^{-x^2} - \mathrm{e}^{-x^2}\cos x \ (C \text{ 是任意常数})$$

都是方程(9.2)的解.

定义 4　含有与微分方程的阶数同样个数的任意独立常数的解，称为微分方程的**通解**；不含任意常数的解称为微分方程的**特解**.

按照定义 4，$y = x^2 + x$ 与 $y = x^2 + x + 5$ 是方程(9.1)的两个特解，$y = -\mathrm{e}^{-x^2}\cos x$ 是方程(9.2)的一个特解. 而当 C 是任意常数时 $y = x^2 + x + C$ 与 $y = C\mathrm{e}^{-x^2} - \mathrm{e}^{-x^2}\cos x$ 分别是方程(9.1)与(9.2)的通解.

为了得到微分方程的特解，需要给定一些条件，以便确定通解中的任意常数，这些条件统称为微分方程的**定解条件**. 微分方程与定解条件一起称为微分方程的**定解问题**.

一类重要的定解条件是规定微分方程中的未知函数及其若干阶导数在某一点处的取值，这类定解条件称为微分方程的**初始条件**，微分方程与初始条件一起称为微分方程的**初值问题**.

例如：容易验证，$y = x^2 + x + 5$ 是方程(9.1)如下初值问题的特解：

$$\begin{cases} y' = 2x + 1, \\ y(1) = 7; \end{cases}$$

$y = -\mathrm{e}^{-x^2}\cos x$ 是方程(9.2)如下初值问题的特解：

$$\begin{cases} y' + 2xy = \mathrm{e}^{-x^2}\sin x, \\ y(0) = -1. \end{cases}$$

9.2　一阶微分方程

9.2.1　可分离变量的微分方程

可分离变量的微分方程的标准形式为

$$f(x)\mathrm{d}x = g(y)\mathrm{d}y. \tag{9.4}$$

方程 $f(x)\mathrm{d}x = g(y)\mathrm{d}y$ 的求解过程如下：

1)　分别求两端函数的原函数，即得方程的通解

$$\int f(x)\mathrm{d}x = \int g(y)\mathrm{d}y + C, \tag{9.5}$$

其中 C 是一个任意常数. 注意，在求解微分方程时，$\int f(x)\mathrm{d}x, \int g(y)\mathrm{d}y$ 等表

示的是一个原函数,而不是不定积分.

2) 如果题目中明确指出 y 是未知函数,则尽可能把 y 解成 x 的函数,至少不要把 y 保留在对数函数中.

方程

$$y' = \varphi(x)\psi(y) \tag{9.6}$$

也是可分离变量的. 把 y' 写成 $\dfrac{\mathrm{d}y}{\mathrm{d}x}$,当 $\psi(y) \neq 0$ 时,方程 $y' = \varphi(x)\psi(y)$ 可化

为 $\varphi(x)\mathrm{d}x = \dfrac{\mathrm{d}y}{\psi(y)}$. 于是,积分可得通解

$$\int \frac{\mathrm{d}y}{\psi(y)} = \int \varphi(x)\mathrm{d}x + C, \tag{9.7}$$

其中 C 是一个任意常数. 此外,若 $y = y_0$ 是函数方程 $\psi(y) = 0$ 的根,则常数函数 $y = y_0$ 也是微分方程 $y' = \varphi(x)\psi(y)$ 的一个特解.

更一般的可分离变量的微分方程是

$$P(x)M(y)\mathrm{d}x = Q(x)N(y)\mathrm{d}y. \tag{9.8}$$

当 $Q(x)M(y) \neq 0$ 时,经分离变量,方程可变成标准形式

$$\frac{P(x)}{Q(x)}\mathrm{d}x = \frac{N(y)}{M(y)}\mathrm{d}y,$$

其通解为

$$\int \frac{P(x)}{Q(x)}\mathrm{d}x = \int \frac{N(y)}{M(y)}\mathrm{d}y + C, \tag{9.9}$$

其中 C 是一个任意常数. 此外,若 $y = y_0$ 是函数方程 $M(y) = 0$ 的根,则常数函数 $y = y_0$ 也是微分方程的一个特解. 如果不限定 y 是未知函数,且 $x = x_0$ 是函数方程 $Q(x) = 0$ 的根,则常数函数 $x = x_0$ 也是微分方程的一个特解.

例 1 求方程 $8x\mathrm{d}x - 5y\mathrm{d}y = 5x^2 y\mathrm{d}y - 2xy^2\mathrm{d}x$ 的通解.

解 合并同类项,得

$$2x(4 + y^2)\mathrm{d}x = 5y(1 + x^2)\mathrm{d}y.$$

再分离变量,得

$$\frac{2x}{1 + x^2}\mathrm{d}x = \frac{5y}{4 + y^2}\mathrm{d}y.$$

积分,得

$$\ln(1 + x^2) = \frac{5}{2}\ln(4 + y^2) + C_1,$$

其中 C_1 是任意常数. 去对数得方程的通解

$$1 + x^2 = \mathrm{e}^{C_1}(4 + y^2)^{\frac{5}{2}}.$$

令 $e^{C_1} = C$,则方程的通解为

$$1 + x^2 = C(4 + y^2)^{\frac{5}{2}},$$

其中 C 是一个正的任意常数.

例 2 求方程 $2(3 + e^x)dy + ye^x dx = 0$ 的通解.

解 当 $y \neq 0$ 时,分离变量得

$$\frac{e^x}{3 + e^x}dx + \frac{2}{y}dy = 0.$$

积分,得

$$\ln(3 + e^x) + 2\ln|y| = 2\ln|C|,$$

其中 C 是不等于零的任意常数,从而 $2\ln|C|$ 其实是一个任意常数. 去对数得方程的通解

$$|y|\sqrt{3 + e^x} = |C|, \quad 即 \quad y = \frac{C}{\sqrt{3 + e^x}}.$$

又因 $y = 0$ 是方程的一个常数解,它可通过取通解公式中的常数 $C = 0$ 来得到,故方程的全部解可统一用公式 $y = \dfrac{C}{\sqrt{3 + e^x}}$ 表示出,其中 C 是一个任意常数.

例 3 求方程 $y' = \dfrac{1 + y^2}{xy(1 + x^2)}$ 的通解,以及满足 $y(1) = 2$ 的特解.

解 分离变量,并求积分可得

$$\frac{1}{2}\ln(1 + y^2) = \ln|x| - \frac{1}{2}\ln(1 + x^2) + \frac{1}{2}\ln|C|.$$

去对数,得方程的通解

$$1 + y^2 = \frac{Cx^2}{1 + x^2}.$$

将 $y(1) = 2$ 代入通解,可得 $C = 10$. 于是,所求特解满足 $1 + y^2 = \dfrac{10x^2}{1 + x^2}$,由此可解出符合给定初始条件的特解为

$$y = \sqrt{\frac{9x^2 - 1}{x^2 + 1}}.$$

例 4(人口增长模型) 设 $N(t)$ 表示某国在时间 t 的人口总数,且函数 $N(t)$ 可导. 记 $r = r(t, N)$ 为人口增长率(即出生率与死亡率之差),则

$$r(t, N) = \lim_{\Delta t \to 0} \frac{N(t + \Delta t) - N(t)}{\Delta t\, N(t)} = \frac{1}{N(t)}\frac{dN(t)}{dt}.$$

由此可得人口总数 $N(t)$ 满足的微分方程

$$\frac{dN}{dt} = rN.$$

对人口增长率 $r(t, N)$ 作不同的假设，就导致不同的人口增长模型.

考虑最简单的人口增长模型，假设人口增长率 r 等于常数 $k > 0$. 若已知当 $t = t_0$ 时人口总数为 $N(t_0) = N_0$，解初值问题

$$\begin{cases} \dfrac{dN}{dt} = kN, \\ N(t_0) = N_0, \end{cases}$$

可得人口总数

$$N(t) = N_0 e^{k(t - t_0)}.$$

由此得出人口将按照指数函数增长，这就是马尔萨斯人口论的数学依据. 实践已经证明马尔萨斯人口论是错误的.

后来有人提出了一种改进的模型，其根据是随着人口基数的增大人口增长率会下降，从而可设人口增长率

$$r = a - bN,$$

其中正的常数 a 与 b 称为生命系数，且测得 a 的自然值为 0.029，而 b 的值由各国的社会经济条件所确定. 若已知当 $t = t_0$ 时人口总数为 $N(t_0) = N_0$，解初值问题

$$\begin{cases} \dfrac{dN}{dt} = N(a - bN), \\ N(t_0) = N_0, \end{cases}$$

可得人口总数

$$N(t) = \frac{aN_0 e^{a(t - t_0)}}{a - bN_0 + bN_0 e^{a(t - t_0)}}.$$

据文献记载，一些西方国家曾用这个模型预报过人口总数的变化，结果与实际情况误差较小.

例 5（索罗经济增长模型） 设国民收入 $Y = Y(t)$、资本存量 $K = K(t)$、劳动力 $L = L(t)$ 满足关系

$$\begin{cases} Y = F(K, L), \\ \dfrac{dK}{dt} = sY(t), \\ L = L_0 e^{\lambda t}, \end{cases}$$

其中生产函数取为柯布 - 道格拉斯生产函数 $F(K, L) = AK^\alpha L^{1-\alpha}$，常数 $A > 0, 0 < \alpha < 1$，求资本存量 $K = K(t)$.

解 将生产函数 $Y = F(K, L) = AK^\alpha L^{1-\alpha}$ 代入方程，可得

$$\frac{\mathrm{d}K}{\mathrm{d}t} = sY(t) = sF(K,L) = sAK^{\alpha}L^{1-\alpha} = sAL_0^{1-\alpha}\mathrm{e}^{(1-\alpha)\lambda t}K^{\alpha}.$$

引入常数 $\mu = sAL_0^{1-\alpha}$，则得可分离变量的方程

$$\frac{\mathrm{d}K}{\mathrm{d}t} = \mu\mathrm{e}^{(1-\alpha)\lambda t}K^{\alpha}.$$

积分得通解

$$\frac{K^{1-\alpha}}{1-\alpha} = \frac{\mu}{\lambda(1-\alpha)}\mathrm{e}^{\lambda(1-\alpha)t} + \frac{a}{1-\alpha},$$

其中 a 是一个任意常数. 化简，方程的通解为

$$K = \left(a + b\mathrm{e}^{\lambda(1-\alpha)t}\right)^{\frac{1}{1-\alpha}},$$

其中常数 $b = \frac{\mu}{\lambda} = \frac{sAL_0^{1-\alpha}}{\lambda}$.

9.2.2 齐次微分方程

齐次微分方程的标准形式是

$$y' = f\left(\frac{y}{x}\right), \tag{9.10}$$

其中 f 是已知连续函数.

求解齐次微分方程的关键是作变换

$$u = \frac{y}{x}, \quad 即 \ y = xu, \tag{9.11}$$

它可以把方程化为关于 u 与 x 的可分离变量的方程.

注意这时 $y' = u + xu'$，代入原方程即得可分离变量的方程

$$u + xu' = f(u), \quad 即 \ xu' = f(u) - u.$$

当 $f(u) - u \neq 0$ 时，分离变量并积分，可得

$$\int \frac{\mathrm{d}u}{f(u) - u} = \ln|x| + C,$$

其中 C 是一个任意常数. 用 $u = \frac{y}{x}$ 代入上式，并作必要的变形（例如：去对数等），即得原方程的通解. 此外，若常数 k 是函数方程 $f(u) - u = 0$ 的根，则 $u = k$ 即 $y = kx$ 还是原方程的特解.

例6 求方程 $\dfrac{\mathrm{d}y}{\mathrm{d}x} = \dfrac{y}{x} + \tan\dfrac{y}{x}$ 的通解.

解 令 $u = \dfrac{y}{x}$，即 $y = xu$，可得

$$x\frac{\mathrm{d}u}{\mathrm{d}x}+u=u+\tan u, \quad \text{即} \; x\frac{\mathrm{d}u}{\mathrm{d}x}=\tan u.$$

当 $\tan u\neq 0$ 时，分离变量得

$$\frac{\mathrm{d}u}{\tan u}=\frac{\mathrm{d}x}{x}.$$

求积分可得通解 $\ln|\sin u|=\ln|x|+\ln|C|$，即

$$\sin\frac{y}{x}=Cx,$$

其中 C 是一个任意的非零常数. 在上式中若允许 $C=0$，则已将使得 $\tan u=0$ 即 $\sin u=0$ 的那些特解 $u=k\pi$ 即 $y=k\pi x\,(k=0,\pm1,\pm2,\cdots)$ 包含在通解之内. 故方程的全部解可表示为

$$\sin\frac{y}{x}=Cx,$$

其中 C 是一个任意常数.

一些微分方程可通过变形或变换化为可分离变量的方程或齐次微分方程.

例 7 求方程 $x\dfrac{\mathrm{d}y}{\mathrm{d}x}=\dfrac{3y(2x^2+y^2)}{3x^2+2y^2}$ 的通解.

解 方程可变形为齐次微分方程

$$\frac{\mathrm{d}y}{\mathrm{d}x}=3\,\frac{y}{x}\,\frac{2+\left(\frac{y}{x}\right)^2}{3+2\left(\frac{y}{x}\right)^2}.$$

令 $u=\dfrac{y}{x}$，即 $y=xu$，可得

$$x\frac{\mathrm{d}u}{\mathrm{d}x}+u=\frac{3u(2+u^2)}{3+2u^2}, \quad \text{即} \; x\frac{\mathrm{d}u}{\mathrm{d}x}=\frac{u(3+u^2)}{3+2u^2}.$$

当 $u\neq 0$ 时，分离变量得

$$\left(\frac{1}{u}+\frac{u}{3+u^2}\right)\mathrm{d}u=\frac{\mathrm{d}x}{x}.$$

求积分可得通解 $\ln|u|+\dfrac{1}{2}\ln(3+u^2)=\ln|x|+\ln|C|$，即

$$u\sqrt{3+u^2}=Cx,$$

其中 C 是一个任意的非零常数. 在上式中若允许 $C=0$，则包含特解 $u=0$. 故方程的全部解可表示为

$$u\sqrt{3+u^2}=Cx, \quad \text{即} \; y\sqrt{3x^2+y^2}=Cx^3,$$

其中 C 是一个任意常数.

例8 求方程 $\dfrac{\mathrm{d}y}{\mathrm{d}x} = \dfrac{5x-3y}{5y-3x}$ 的通解.

解 令 $u = \dfrac{y}{x}$，即 $y = xu$，可得

$$x\frac{\mathrm{d}u}{\mathrm{d}x} + u = \frac{5-3u}{5u-3}, \quad 即 \ x\frac{\mathrm{d}u}{\mathrm{d}x} = \frac{5(1-u^2)}{5u-3}.$$

当 $1-u^2 \neq 0$ 时，分离变量得

$$\frac{5u-3}{1-u^2}\mathrm{d}u = 5\,\frac{\mathrm{d}x}{x}.$$

利用 $\dfrac{5u-3}{1-u^2} = \dfrac{1}{1-u} - \dfrac{4}{1+u}$，再求积分，可得通解

$$-\ln|1-u| - 4\ln|1+u| = 5\ln|x| - \ln|C|,$$

其中 C 是一个任意的非零常数. 化简，得方程的通解为

$$x^5(1-u)(1+u)^4 = C, \quad 即 (x-y)(x+y)^4 = C.$$

在上式中若允许 $C = 0$，则包含特解 $u = \pm 1$. 故方程的全部解可表示为

$$(x-y)(x+y)^4 = C,$$

其中 C 是一个任意常数.

把本题的求解方法一般化可得：若常数 a_1, a_2, b_1, b_2 满足条件 $\dfrac{a_1}{a_2} \neq \dfrac{b_1}{b_2}$，
则方程

$$\frac{\mathrm{d}y}{\mathrm{d}x} = f\left(\frac{a_1 x + b_1 y}{a_2 x + b_2 y}\right) \tag{9.12}$$

必可化为齐次微分方程.

例9 求方程 $\dfrac{\mathrm{d}y}{\mathrm{d}x} = \dfrac{x+2y+1}{2x+4y-1}$ 的通解.

解 因 $2x+4y-1 = 2(x+2y+1)-3$，令 $u = x+2y+1$，可得

$$\frac{\mathrm{d}u}{\mathrm{d}x} = 1 + 2\frac{\mathrm{d}y}{\mathrm{d}x} = 1 + 2\frac{u}{2u-3} = \frac{4u-3}{2u-3}.$$

注意，所得的新方程是关于 u 与 x 的可分离变量的方程

$$\frac{\mathrm{d}u}{\mathrm{d}x} = \frac{4u-3}{2u-3}.$$

类似上例求解，可得通解

$$4u-3 = C\mathrm{e}^{\frac{4}{3}(u-2x)}, \quad 即 \ 4x+8y+1 = C\mathrm{e}^{\frac{4}{3}(2y-x+1)},$$

其中 C 是一个任意常数.

把本题的求解方法一般化可得：设 f 是已知连续函数，若方程

$$\frac{\mathrm{d}y}{\mathrm{d}x} = f(ax + by + c) \tag{9.13}$$

中 a,b,c 是常数,且 $b \neq 0$,则令 $u = ax + by + c$,必可将它化为关于 u 与 x 的可分离变量的方程

$$\frac{\mathrm{d}u}{\mathrm{d}x} = a + bf(u).$$

9.2.3 一阶线性微分方程

一阶线性微分方程的标准形式为

$$y' + P(x)y = Q(x), \tag{9.14}$$

其中 $P(x)$ 与 $Q(x)$ 是两个已知的连续函数,$Q(x)$ 称为方程的**非齐次项**或**右端项**. 当 $Q(x) \equiv 0$ 时,方程

$$\frac{\mathrm{d}y}{\mathrm{d}x} + P(x)y = 0 \tag{9.15}$$

称为**一阶线性齐次微分方程**,否则称为**一阶线性非齐次微分方程**.

对于一阶线性非齐次微分方程(9.14),方程(9.15)称为与它**对应的一阶线性齐次微分方程**.

1. **一阶线性齐次微分方程的解法**

一阶线性齐次微分方程是可分离变量的方程,不难得到其通解公式

$$y = C\mathrm{e}^{-\int P(x)\mathrm{d}x}, \tag{9.16}$$

其中 C 是一个任意常数.

2. **一阶线性非齐次微分方程的解法**

通常用常数变易法推导其通解公式. 为此把它对应的齐次微分方程(9.15)的通解(9.16)中的任意常数 C 改为待定函数 $C(x)$,即设非齐次微分方程(9.14)有解

$$y = C(x)\mathrm{e}^{-\int P(x)\mathrm{d}x}. \tag{9.17}$$

求导数,得

$$y' = C'(x)\mathrm{e}^{-\int P(x)\mathrm{d}x} - C(x)P(x)\mathrm{e}^{-\int P(x)\mathrm{d}x}.$$

把它们代入非齐次微分方程,即得

$$C'(x)\mathrm{e}^{-\int P(x)\mathrm{d}x} = Q(x).$$

从而,积分得待定函数

$$C(x) = C + \int Q(x)\mathrm{e}^{\int P(x)\mathrm{d}x}\mathrm{d}x.$$

故一阶线性非齐次微分方程的通解公式为

$$y = Ce^{-\int P(x)dx} + e^{-\int P(x)dx}\int Q(x)e^{\int P(x)dx}dx, \tag{9.18}$$

其中 C 是一个任意常数.

一阶线性非齐次微分方程的另外一种重要而且简便的解法是积分因子法.

函数 $e^{\int P(x)dx}$ 称为一阶线性非齐次微分方程 $y' + P(x)y = Q(x)$ 的积分因子,用它同乘方程的两端,利用两个函数乘积的导数公式可把方程的左端写成

$$(y' + P(x)y)e^{\int P(x)dx} = (ye^{\int P(x)dx})'.$$

于是原方程可写成同解方程

$$(ye^{\int P(x)dx})' = Q(x)e^{\int P(x)dx}.$$

两端分别积分,即得

$$ye^{\int P(x)dx} = C + \int Q(x)e^{\int P(x)dx}dx.$$

因此,一阶线性非齐次微分方程的通解为

$$y = Ce^{-\int P(x)dx} + e^{-\int P(x)dx}\int Q(x)e^{\int P(x)dx}dx,$$

其中 C 是一个任意常数.

例 10 求方程 $y' + y = x$ 的通解.

解 因 $P(x) = 1$,故方程的积分因子可取为函数

$$e^{\int P(x)dx} = e^{\int dx} = e^x.$$

用它同乘方程的两端,可得

$$(ye^x)' = xe^x.$$

两端分别积分,即得

$$ye^x = C + \int xe^x dx = C + (x-1)e^x.$$

由此不难得到方程的通解

$$y = Ce^{-x} + x - 1,$$

其中 C 是一个任意常数.

例 11 求方程 $(x+2)y' - 2y = (x+2)^3 e^x$ 的通解.

解 由于题设方程不是标准形式,故首先需将它化为标准形式,得

$$y' - \frac{2y}{x+2} = (x+2)^2 e^x. \tag{*}$$

可见，$P(x) = -\dfrac{2}{x+2}$，而

$$\int P(x)\mathrm{d}x = -\int \frac{2}{x+2}\mathrm{d}x = -2\ln|x+2|.$$

因此方程的积分因子可取为函数

$$\mathrm{e}^{\int P(x)\mathrm{d}x} = \mathrm{e}^{-2\ln|x+2|} = \frac{1}{(x+2)^2}.$$

用它同乘方程（＊）的两端，可得

$$\left[\frac{y}{(x+2)^2}\right]' = \mathrm{e}^x.$$

两端分别积分，即得

$$\frac{y}{(x+2)^2} = C + \int \mathrm{e}^x \mathrm{d}x = C + \mathrm{e}^x.$$

由此不难得到方程的通解

$$y = C(x+2)^2 + \mathrm{e}^x(x+2)^2,$$

其中 C 是一个任意常数.

例 12 设连续函数 $f(x)$ 满足 $f(x) + 3\displaystyle\int_0^x f(t)\mathrm{d}t = (x-1)\mathrm{e}^x$，求 $f(x)$.

解 在题设的积分等式中令 $x = 0$，可得 $f(0) = -1$. 利用函数 $f(x)$ 的连续性与变上限定积分求导公式，又可得 $f(x)$ 可导. 将积分等式两边求导，得

$$f'(x) + 3f(x) = x\mathrm{e}^x.$$

由此可见，函数 $f(x)$ 是一阶线性微分方程

$$y' + 3y = x\mathrm{e}^x$$

的满足定解条件 $y(0) = -1$ 的特解. 由于方程有积分因子 e^{3x}，用它同乘方程两端，得

$$(y\mathrm{e}^{3x})' = x\mathrm{e}^{4x}.$$

两端分别积分，不难得到方程的通解

$$y\mathrm{e}^{3x} = C + \frac{1}{16}(4x-1)\mathrm{e}^{4x}, \quad \text{即 } y = C\mathrm{e}^{-3x} + \frac{1}{16}(4x-1)\mathrm{e}^x.$$

将定解条件 $y|_{x=0} = f(0) = -1$ 代入，可得常数 $C = -\dfrac{15}{16}$. 故所求函数

$$f(x) = \frac{1}{16}(4x-1)\mathrm{e}^x - \frac{15}{16}\mathrm{e}^{-3x}.$$

把本例一般化可得：已知函数 $p(x)$ 连续，函数 $q(x)$ 有连续的导函数，若连续函数 $f(x)$ 满足积分方程

$$f(x) + \int_{x_0}^{x} p(t)f(t)\mathrm{d}t = q(x), \tag{9.19}$$

则所求函数 $f(x)$ 是一阶线性微分方程初值问题

$$\begin{cases} y' + p(x)y = q'(x), & \tag{9.20} \\ y(x_0) = q(x_0) & \tag{9.21} \end{cases}$$

的特解.

在结束本节前，我们来介绍一阶线性非齐次微分方程解的一个重要性质及其通解的结构.

一阶线性微分方程解的最重要的性质是所谓**叠加性质**，即

定理9.1　若 $y_1(x)$ 与 $y_2(x)$ 是一阶线性齐次微分方程

$$y' + p(x)y = 0$$

的两个解，C_1 与 C_2 是两个常数，则 $y(x) = C_1 y_1(x) + C_2 y_2(x)$ 必然也是一阶线性齐次微分方程的一个解.

定理9.2　若 $y_1(x)$ 与 $y_2(x)$ 分别是一阶线性非齐次微分方程

$$y' + p(x)y = f_1(x) \quad 与 \quad y' + p(x)y = f_2(x)$$

的解，C_1 与 C_2 是两个常数，则 $y(x) = C_1 y_1(x) + C_2 y_2(x)$ 必然是一阶线性非齐次微分方程

$$y' + p(x)y = C_1 f_1(x) + C_2 f_2(x)$$

的一个解.

直接计算 $y(x) = C_1 y_1(x) + C_2 y_2(x)$ 的导函数，并代入方程验算即可证明这两个定理. 此处从略.

从一阶线性非齐次微分方程的通解公式知，它的通解由两部分相加而成，其中

$$y_c = Ce^{-\int P(x)\mathrm{d}x} \tag{9.22}$$

是对应的齐次方程的通解，而

$$y^* = e^{-\int P(x)\mathrm{d}x} \int Q(x)e^{\int P(x)\mathrm{d}x}\mathrm{d}x \tag{9.23}$$

是非齐次方程的一个特解，从而一阶线性非齐次微分方程的通解公式又可写成

$$y = y_c + y^*. \tag{9.24}$$

一阶线性非齐次微分方程通解的这种结构是所有线性非齐次微分方程的共性，在二阶线性非齐次微分方程的求解中还要进一步学习它.

9.3 二阶常系数线性微分方程的解法

9.3.1 二阶常系数线性微分方程解的性质与通解的结构

二阶常系数线性微分方程的标准形式是

$$y'' + ay' + by = f(x), \tag{9.25}$$

其中 $y = y(x)$ 是未知函数，x 是自变量，常数 a, b 称为二阶常系数线性微分方程的**系数**，已知连续函数 $f(x)$ 称为二阶常系数线性微分方程的**非齐次项**（或**自由项，右端项**）.

当 $f(x) \equiv 0$ 时，方程

$$y'' + ay' + by = 0 \tag{9.26}$$

称为**二阶常系数齐次线性微分方程**，否则称为**二阶常系数非齐次线性微分方程**.

对于二阶线性非齐次微分方程(9.25)，方程(9.26)称为与它对应的**二阶线性齐次微分方程**.

二阶常系数线性微分方程解的最重要的性质是所谓叠加性质.

定理9.3 若 $y_1(x)$ 与 $y_2(x)$ 是二阶常系数齐次线性微分方程

$$y'' + ay' + by = 0$$

的两个解，C_1 与 C_2 是两个常数，则 $y(x) = C_1 y_1(x) + C_2 y_2(x)$ 必然也是二阶常系数齐次线性微分方程 $y'' + ay' + by = 0$ 的一个解.

定理9.4 若 $y_1(x)$ 与 $y_2(x)$ 分别是二阶常系数非齐次线性微分方程

$$y'' + ay' + by = f_1(x) \quad \text{与} \quad y'' + ay' + by = f_2(x)$$

的解，C_1 与 C_2 是两个常数，则 $y(x) = C_1 y_1(x) + C_2 y_2(x)$ 必然是二阶常系数非齐次线性微分方程

$$y'' + ay' + by = C_1 f_1(x) + C_2 f_2(x)$$

的一个解.

直接计算 $y(x) = C_1 y_1(x) + C_2 y_2(x)$ 的一阶与二阶导函数，并代入方程验算即可证明这两个定理. 此处从略.

定义1 若存在不全为零的两个常数 C_1 与 C_2，使得函数 $y_1(x)$ 与 $y_2(x)$ 在区间 I 上满足恒等式

$$C_1 y_1(x) + C_2 y_2(x) \equiv 0, \quad x \in I, \tag{9.27}$$

则称这两个函数在区间 I 上**线性相关**,否则,称这两个函数在区间 I 上**线性无关**.

注意,两个函数 $y_1(x)$ 与 $y_2(x)$ 在区间 I 上线性无关的含义是恒等式
$$C_1 y_1(x) + C_2 y_2(x) \equiv 0, \quad x \in I$$

成立的充分必要条件为 $C_1 = C_2 = 0$.

从定义 1 可知,如果在 $y_1(x)$ 与 $y_2(x)$ 中有一个函数在 I 上恒等于零,则这两个函数在 I 上必然线性相关. 从而又可得到两个函数必然线性相关的等价定义:

定义 2 两个不恒等于零的函数 $y_1(x)$ 与 $y_2(x)$ 在区间 I 上**线性相关**的充分必要条件是存在非零常数 k,使得
$$y_1(x) \equiv k y_2(x), \quad x \in I.$$

不难验证,对任何非零常数 k, λ 及正整数 m,函数 x^m 与 $k x^m$, $e^{\lambda x}$ 与 $k e^{\lambda x}$ 分别在区间 $(-\infty, +\infty)$ 上线性相关;而当正整数 $m \neq n$ 以及常数 $\lambda \neq \mu$ 时,函数 1 与 x^m, x^m 与 x^n, $e^{\lambda x}$ 与 $e^{\mu x}$, $e^{\lambda x}$ 与 $x e^{\lambda x}$ 分别在区间 $(-\infty, +\infty)$ 上线性无关.

可以证明如下有关二阶常系数齐次线性微分方程与二阶常系数非齐次线性微分方程通解公式的两个定理. 虽然定理的证明超出了本课程的范围,但必须掌握这两个定理的结论,并能够应用它们来写出二阶常系数线性微分方程的通解.

定理 9.5 若 $y_1(x)$ 与 $y_2(x)$ 是二阶常系数齐次线性微分方程
$$y'' + ay' + by = 0$$
线性无关的两个解,C_1 与 C_2 是两个任意常数,则 $y(x) = C_1 y_1(x) + C_2 y_2(x)$ 是二阶常系数齐次线性微分方程 $y'' + ay' + by = 0$ 的通解.

定理 9.6 若 $y_1(x)$ 与 $y_2(x)$ 是二阶常系数齐次线性微分方程
$$y'' + ay' + by = 0$$
线性无关的两个解,C_1 与 C_2 是两个任意常数,又 $y^*(x)$ 是二阶常系数非齐次线性微分方程
$$y'' + ay' + by = f(x)$$
的一个特解,则 $y(x) = C_1 y_1(x) + C_2 y_2(x) + y^*(x)$ 必然是二阶常系数非齐次线性微分方程 $y'' + ay' + by = f(x)$ 的通解.

定理 9.6 的结论表明二阶常系数非齐次线性微分方程 $y'' + ay' + by =$

$f(x)$ 的通解与一阶线性微分方程 $y' + P(x)y = Q(x)$ 的通解具有相同的结构：它们的通解都是对应齐次微分方程的通解 y_c 与非齐次微分方程本身的一个特解 y^* 之和.

按照定理 9.5 与定理 9.6 的结论，为了求得二阶常系数齐次线性微分方程 $y'' + ay' + by = 0$ 的通解，只需求出它的线性无关的两个解；为了求得二阶常系数非齐次线性微分方程 $y'' + ay' + by = f(x)$ 的通解，只需求出它对应的二阶常系数齐次线性微分方程 $y'' + ay' + by = 0$ 的线性无关的两个解与二阶常系数非齐次线性微分方程 $y'' + ay' + by = f(x)$ 的一个特解.

9.3.2 二阶常系数齐次线性微分方程的解法

常用**特征方程法**求解二阶常系数齐次线性微分方程

$$y'' + ay' + by = 0. \tag{9.28}$$

注意指数函数 $e^{\lambda x}$ 的一阶与二阶导函数分别是 $\lambda e^{\lambda x}$ 与 $\lambda^2 e^{\lambda x}$，把它们代入方程 (9.28) 可得

$$e^{\lambda x}(\lambda^2 + a\lambda + b) = 0.$$

因 $e^{\lambda x} > 0$，从而函数 $e^{\lambda x}$ 是方程 $y'' + ay' + by = 0$ 的解的充分必要条件为

$$\lambda^2 + a\lambda + b = 0. \tag{9.29}$$

定义 3 称二次方程 $\lambda^2 + a\lambda + b = 0$ 为方程 $y'' + ay' + by = 0$ 或 $y'' + ay' + by = f(x)$ 的**特征方程**，称特征方程的两个根 λ_1 与 λ_2 为方程 $y'' + ay' + by = 0$ 或 $y'' + ay' + by = f(x)$ 的**特征根**（或**特征值**）.

按照特征根的三种不同情况，分别求二阶常系数齐次线性微分方程两个线性无关的特解与通解.

1) 相异两实特征根 $\lambda_1 \neq \lambda_2$

此时，方程 $y'' + ay' + by = 0$ 有两个线性无关的特解 $e^{\lambda_1 x}$ 与 $e^{\lambda_2 x}$，从而方程 $y'' + ay' + by = 0$ 的通解是

$$y = C_1 e^{\lambda_1 x} + C_2 e^{\lambda_2 x}, \tag{9.30}$$

其中 C_1 与 C_2 是两个任意常数.

2) 相等两实特征根 $\lambda_1 = \lambda_2$

由二次方程的知识可得，特征根除满足特征方程外，还满足 $\lambda_1 = \lambda_2 = -\dfrac{a}{2}$. 于是，把函数 $y = x e^{\lambda_1 x}$ 代入二阶常系数线性微分方程的左端，可得

$$
\begin{aligned}
y'' + ay' + by &= (2\lambda_1 + \lambda_1^2 x) e^{\lambda_1 x} + a(1 + \lambda_1 x) e^{\lambda_1 x} + bx e^{\lambda_1 x} \\
&= [(2\lambda_1 + a) + (\lambda_1^2 + a\lambda_1 + b)x] e^{\lambda_1 x} \\
&= 0.
\end{aligned}
$$

这表明方程 $y'' + ay' + by = 0$ 有两个线性无关的特解 $e^{\lambda_1 x}$ 与 $x\,e^{\lambda_1 x}$，从而方程 $y'' + ay' + by = 0$ 的通解是

$$y = (C_1 + xC_2)e^{\lambda_1 x}, \tag{9.31}$$

其中 C_1 与 C_2 是两个任意常数.

3）共轭复特征根 $\lambda_1 = \alpha + i\beta$, $\lambda_2 = \alpha - i\beta$, $\beta > 0$

由二次方程与复数的知识可得，特征根 λ_1, λ_2 的实部 α 与虚部 β 同时满足

$$\alpha = -\frac{a}{2} \quad \text{与} \quad \alpha^2 - \beta^2 + a\alpha + b = 0.$$

于是，把函数 $y_1 = e^{\alpha x}\cos\beta x$ 与 $y_2 = e^{\alpha x}\sin\beta x$ 分别代入二阶常系数线性微分方程的左端，可得

$$\begin{aligned}
y_1'' + ay_1' + by_1 &= e^{\alpha x}[(\alpha^2 - \beta^2)\cos\beta x - 2\alpha\beta\sin\beta x] \\
&\quad + ae^{\alpha x}(\alpha\cos\beta x - \beta\sin\beta x) + be^{\alpha x}\cos\beta x \\
&= e^{\alpha x}[(\alpha^2 - \beta^2 + a\alpha + b)\cos\beta x - (2\alpha + a)\beta\sin\beta x] \\
&= 0, \\
y_2'' + ay_2' + by_2 &= e^{\alpha x}[(\alpha^2 - \beta^2)\sin\beta x + 2\alpha\beta\cos\beta x] \\
&\quad + ae^{\alpha x}(\alpha\sin\beta x + \beta\cos\beta x) + be^{\alpha x}\sin\beta x \\
&= e^{\alpha x}[(\alpha^2 - \beta^2 + a\alpha + b)\sin\beta x + (2\alpha + a)\beta\cos\beta x] \\
&= 0.
\end{aligned}$$

这表明方程 $y'' + ay' + by = 0$ 有两个线性无关的特解 $e^{\alpha x}\cos\beta x$ 与 $e^{\alpha x}\sin\beta x$，从而方程 $y'' + ay' + by = 0$ 的通解是

$$y = e^{\alpha x}(C_1\cos\beta x + C_2\sin\beta x), \tag{9.32}$$

其中 C_1 与 C_2 是两个任意常数.

例1 求下列二阶常系数齐次线性微分方程的通解：

1）$y'' + y' - 2y = 0$;   2）$y'' - 6y' + 9y = 0$;

3）$y'' - 4y' + 5y = 0$.

解 1）由特征方程 $\lambda^2 + \lambda - 2 = (\lambda - 1)(\lambda + 2) = 0$ 得两特征根是

$$\lambda_1 = 1, \quad \lambda_2 = -2.$$

因此，方程 $y'' + y' - 2y = 0$ 有两个线性无关的特解 e^x 与 e^{-2x}. 从而方程 $y'' + y' - 2y = 0$ 的通解是

$$y = C_1 e^x + C_2 e^{-2x},$$

其中 C_1 与 C_2 是两个任意常数.

2）由特征方程 $\lambda^2 - 6\lambda + 9 = (\lambda - 3)^2 = 0$ 得相等两特征根是

$$\lambda_1 = \lambda_2 = 3.$$

因此，方程 $y'' - 6y' + 9y = 0$ 有两个线性无关的特解 e^{3x} 与 $x e^{3x}$. 从而方程 $y'' - 6y' + 9y = 0$ 的通解是

$$y = (C_1 + C_2 x)e^{3x},$$

其中 C_1 与 C_2 是两个任意常数.

3) 由特征方程 $\lambda^2 - 4\lambda + 5 = (\lambda - 2)^2 + 1 = 0$ 得共轭两复特征根是

$$\lambda_1 = 2 - i, \quad \lambda_2 = 2 + i.$$

因此，方程 $y'' - 4y' + 5y = 0$ 有两个线性无关的特解 $e^{2x}\cos x$ 与 $e^{2x}\sin x$. 从而方程 $y'' - 4y' + 5y = 0$ 的通解是

$$y = e^{2x}(C_1\cos x + C_2\sin x),$$

其中 C_1 与 C_2 是两个任意常数.

9.3.3 二阶常系数非齐次线性微分方程的解法

当二阶常系数非齐次线性微分方程

$$y'' + ay' + by = f(x) \tag{9.33}$$

的非齐次项 $f(x)$ 为多项式、指数函数、正弦函数、余弦函数以及它们的和差或乘积时，二阶常系数非齐次线性微分方程的一个特解的常用求法是**待定系数法**.

现在按照 $f(x)$ 是否包含正弦函数或余弦函数来分别讨论求二阶常系数非齐次线性微分方程的一个特解的方法.

1. $f(x) = P_m(x)e^{rx}$，其中 $P_m(x)$ 是一个 x 的 m 次多项式，r 是一个实数

因为多项式与指数函数乘积的各阶导函数仍然是多项式与指数函数的乘积，从而可以考虑非齐次微分方程的特解具有形式

$$y^*(x) = Q_n(x)e^{rx}, \tag{9.34}$$

其中 $Q_n(x) = A_0 + A_1 x + \cdots + A_n x^n$ 是系数 $A_k (k = 0,1,2,\cdots,n)$ 与次数 n 都待定的 n 次多项式. 把 $y^*(x)$ 代入方程的左端可得

$$y^{*''} + ay^{*'} + by^*$$
$$= (r^2 Q_n + 2r Q_n' + Q_n'')e^{rx} + a(r Q_n + Q_n')e^{rx} + b Q_n e^{rx}$$
$$= [(r^2 + ar + b)Q_n + (2r + a)Q_n' + Q_n'']e^{rx}.$$

这表明 $y^{*''} + ay^{*'} + by^*$ 的计算结果是多项式

$$(r^2 + ar + b)Q_n + (2r + a)Q_n' + Q_n''$$

与指数函数 e^{rx} 的乘积. 从而，$y^*(x) = Q_n(x)e^{rx}$ 是非齐次方程的一个特解的充分必要条件就是

$$(r^2 + ar + b)Q_n(x) + (2r+a)Q_n'(x) + Q_n''(x) \equiv P_m(x). \quad (9.35)$$

由恒等式(9.35)确定了多项式 $Q_n(x)$ 的所有待定系数 $A_k(k = 0, 1, 2, \cdots, n)$ 后，就可得到所需的一个特解.

1）当 r 不是特征根时，(9.35) 中多项式 $Q_n(x)$ 的系数 $r^2 + ar + b \neq 0$，于是(9.35) 左端的多项式也是一个 n 次多项式. 由此可见，为使(9.35) 成为恒等式，这时应设 $Q_n(x)$ 为 m 次待定系数多项式，即当 r 不是特征根时，应设特解具有形式

$$y^*(x) = Q_m(x)e^{rx} = (A_0 + A_1 x + \cdots + A_m x^m)e^{rx}. \quad (9.36)$$

2）当 $r = \lambda_1 \neq \lambda_2$ 时，(9.35) 中多项式 $Q_n(x)$ 的系数 $r^2 + ar + b = 0$，但是 $Q_n'(x)$ 的系数 $2r + a \neq 0$，即(9.35) 式变成

$$(2r+a)Q_n'(x) + Q_n''(x) \equiv P_m(x).$$

由于上式中左端是一个 $n-1$ 次多项式，而且其中仅仅包含 $Q_n'(x)$ 与 $Q_n''(x)$，故这时应设多项式 $Q_n(x)$ 为 $m+1$ 次多项式，并且不包含常数项，即当 $r = \lambda_1 \neq \lambda_2$ 时，应设特解具有形式

$$y^*(x) = xQ_m(x)e^{rx} = x(A_0 + A_1 x + \cdots + A_m x^m)e^{rx}. \quad (9.37)$$

3）当 $r = \lambda_1 = \lambda_2$ 时，$Q_n(x)$ 应当满足恒等式

$$Q_n''(x) \equiv P_m(x).$$

由于上式中左端的多项式是一个 $n-2$ 次多项式，而且等于 $Q_n''(x)$，故这时应设多项式 $Q_n(x)$ 为 $m+2$ 次多项式，并且不包含常数项与一次项，即当 $r = \lambda_1 = \lambda_2$ 时，应设特解具有形式

$$y^*(x) = x^2 Q_m(x)e^{rx} = x^2(A_0 + A_1 x + \cdots + A_m x^m)e^{rx}. \quad (9.38)$$

综合以上讨论，可得到三种情形下特解的取法如下表：

$f(x)$	r 与特征值 λ_1, λ_2 的关系	特解 y^* 的形式
$P_m(x)e^{rx}$	$r \neq \lambda_1, r \neq \lambda_2$	$Q_m(x)e^{rx}$
$P_m(x)e^{rx}$	$r = \lambda_1, r \neq \lambda_2$	$xQ_m(x)e^{rx}$
$P_m(x)e^{rx}$	$r = \lambda_1, r = \lambda_2$	$x^2 Q_m(x)e^{rx}$

其中 $Q_m(x)$ 是系数待定的 m 次多项式.

若非齐次项 $f(x) = P_m(x)$，只需把它看成 $f(x) = P_m(x)e^{rx}$，且 $r = 0$ 的特殊情形即可.

例 2 求下列二阶常系数非齐次线性微分方程的通解：

1）$y'' - 2y' + 2y = 12xe^x$;   2）$y'' + y' - 2y = 12xe^x$;

3) $y'' - 2y' + y = 12x\mathrm{e}^x$；   4) $y'' - 4y' + 3y = 72(2x - 3)$；

5) $y'' - 4y' = 72(2x - 3)$.

解 1) 由特征方程 $\lambda^2 - 2\lambda + 2 = (\lambda - 1)^2 + 1 = 0$ 得两特征根是

$$\lambda_1 = 1 + \mathrm{i}, \quad \lambda_2 = 1 - \mathrm{i}.$$

非齐次项为一次多项式 $12x$ 与指数函数 e^x 之积，由于 $1 \neq \lambda_1, 1 \neq \lambda_2$，故可设非齐次方程有特解 $y^* = (Ax + B)\mathrm{e}^x$. 代入方程，得

$$\begin{aligned}
y^{*''} &- 2y^{*'} + 2y^* \\
&= (Ax + B + 2A)\mathrm{e}^x - 2(Ax + B + A)\mathrm{e}^x + 2(Ax + B)\mathrm{e}^x \\
&= (Ax + B)\mathrm{e}^x \equiv 12x\mathrm{e}^x.
\end{aligned}$$

于是可确定 $A = 12, B = 0$. 从而方程的通解是

$$y = (C_1 \cos x + C_2 \sin x + 12x)\mathrm{e}^x.$$

2) 由特征方程 $\lambda^2 + \lambda - 2 = (\lambda - 1)(\lambda + 2) = 0$ 得两特征根是

$$\lambda_1 = 1, \quad \lambda_2 = -2.$$

非齐次项为一次多项式 $12x$ 与指数函数 e^x 之积，由于 $1 = \lambda_1 \neq \lambda_2$，故可设非齐次方程有特解

$$y^* = x(Ax + B)\mathrm{e}^x = (Ax^2 + Bx)\mathrm{e}^x.$$

代入方程，得

$$\begin{aligned}
y^{*''} &+ y^{*'} - 2y^* \\
&= [Ax^2 + (4A + B)x + 2(A + B)]\mathrm{e}^x \\
&\quad + [Ax^2 + (2A + B)x + B]\mathrm{e}^x - 2(Ax^2 + Bx)\mathrm{e}^x \\
&= (6Ax + 2A + 3B)\mathrm{e}^x \equiv 12x\mathrm{e}^x.
\end{aligned}$$

于是可确定 $A = 2, B = -\dfrac{4}{3}$. 从而方程的通解是

$$y = \left(C_1 - \frac{4}{3}x + 2x^2\right)\mathrm{e}^x + C_2 \mathrm{e}^{-2x}.$$

3) 由特征方程 $\lambda^2 - 2\lambda + 1 = (\lambda - 1)^2 = 0$ 得两特征根是

$$\lambda_1 = \lambda_2 = 1.$$

非齐次项为一次多项式 $12x$ 与指数函数 e^x 之积，由于 $1 = \lambda_1 = \lambda_2$，故可设非齐次方程有特解

$$y^* = x^2(Ax + B)\mathrm{e}^x = (Ax^3 + Bx^2)\mathrm{e}^x.$$

代入方程，得

$$y^{*''} - 2y^{*'} + y^* = (Ax^3 + Bx^2)''\mathrm{e}^x = (6Ax + 2B)\mathrm{e}^x$$

$$\equiv 12x\mathrm{e}^x.$$

于是可确定 $A = 2, B = 0$. 从而方程的通解是

$$y = (C_1 + C_2 x + 2x^3)e^x.$$

4) 由特征方程 $\lambda^2 - 4\lambda + 3 = (\lambda - 1)(\lambda - 3) = 0$ 得两特征根是

$$\lambda_1 = 1, \quad \lambda_2 = 3.$$

非齐次项为一次多项式 $72(2x-3)$ 与指数函数 e^{0x} 之积,由于 $0 \neq \lambda_1$,$0 \neq \lambda_2$,故可设非齐次方程有特解

$$y^* = (Ax + B)e^{0x} = Ax + B.$$

代入方程,得

$$y^{*\prime\prime} - 4y^{*\prime} + 3y^* = -4A + 3(Ax + B) = 3Ax + 3B - 4A$$
$$\equiv 72(2x - 3).$$

于是可确定 $A = 48$,$B = -8$. 从而方程的通解是

$$y = C_1 e^x + C_2 e^{3x} + 8(6x - 1).$$

5) 由特征方程 $\lambda^2 - 4\lambda = \lambda(\lambda - 4) = 0$ 得两特征根是

$$\lambda_1 = 0, \quad \lambda_2 = 4.$$

非齐次项为一次多项式 $72(2x-3)$ 与指数函数 e^{0x} 之积,由于 $0 = \lambda_1 \neq \lambda_2$,故可设非齐次方程有特解

$$y^* = x(Ax + B)e^{0x} = Ax^2 + Bx.$$

代入方程,得

$$y^{*\prime\prime} - 4y^{*\prime} = 2A - 4(2Ax + B) = -8Ax + 2A - 4B$$
$$\equiv 72(2x - 3).$$

于是可确定 $A = -18$,$B = 45$. 从而方程的通解是

$$y = C_1 + 45x - 18x^2 + C_2 e^{4x}.$$

2. $f(x) = e^{rx}(M\cos \omega x + N\sin \omega x)$,其中 M, N, r, ω 都是实数,且 $\omega > 0$

与第 1 种情形类似,非齐次方程特解 y^* 的形式取决于复数 $r \pm i\omega$ 是否等于特征根 $\alpha \pm i\beta$.

若复数 $r \pm i\omega$ 不是特征方程的特征根 $\alpha \pm i\beta$,则可取特解为

$$y^*(x) = e^{rx}(A\cos \omega x + B\sin \omega x),$$

其中常数 A, B 待定.

若复数 $r \pm i\omega$ 是特征方程的特征根 $\alpha \pm i\beta$,则可取特解为

$$y^*(x) = xe^{rx}(A\cos \omega x + B\sin \omega x),$$

其中常数 A, B 待定.

综合可得特解的取法如下表:

$f(x)$	$r \pm \mathrm{i}\omega$ 与特征值的关系	特解 y^* 的形式
$\mathrm{e}^{rx}(M\cos\omega x + N\sin\omega x)$	$r \pm \mathrm{i}\omega$ 不是特征根	$\mathrm{e}^{rx}(A\cos\omega x + B\sin\omega x)$
$\mathrm{e}^{rx}(M\cos\omega x + N\sin\omega x)$	$r \pm \mathrm{i}\omega$ 是特征根	$x\mathrm{e}^{rx}(A\cos\omega x + B\sin\omega x)$

其中 A, B 是两个待定的常数.

若非齐次项 $f(x) = M\cos\omega x + N\sin\omega x$, 只需把它看成是

$$f(x) = \mathrm{e}^{rx}(M\cos\omega x + N\sin\omega x) \quad 且 \quad r = 0$$

的特殊情形即可. 另外, 无论系数 M 与 N 中是否有等于零的, 在特解 y^* 中仍应当假设包含两个待定系数 A 与 B.

对更复杂的非齐次项

$$f(x) = \mathrm{e}^{rx}(M_l(x)\cos\omega x + N_m(x)\sin\omega x),$$

其中 $M_l(x), N_m(x)$ 是次数分别为 l, m 的两个多项式, 特解 y^* 的形式如下表:

$f(x)$	$r \pm \mathrm{i}\omega$ 与特征值的关系	特解 y^* 的形式
$\mathrm{e}^{rx}(M_l(x)\cos\omega x + N_m(x)\sin\omega x)$	$r \pm \mathrm{i}\omega$ 不是特征根	$\mathrm{e}^{rx}(A_n(x)\cos\omega x + B_n(x)\sin\omega x)$
$\mathrm{e}^{rx}(M_l(x)\cos\omega x + N_m(x)\sin\omega x)$	$r \pm \mathrm{i}\omega$ 是特征根	$x\mathrm{e}^{rx}(A_n(x)\cos\omega x + B_n(x)\sin\omega x)$

其中 $A_n(x), B_n(x)$ 是两个次数为 $n = \max\{l, m\}$ 的待定系数多项式.

例3 求下列二阶常系数非齐次线性微分方程的通解:

1) $y'' + 2y' + 2y = 10\sin 2x$; 2) $y'' + 4y = 10\sin 2x$;

3) $y'' - 3y' + 2y = 2\mathrm{e}^x\cos x$.

解 1) 由特征方程 $\lambda^2 + 2\lambda + 2 = (\lambda+1)^2 + 1 = 0$ 知两特征根是

$$\lambda_1 = -1 + \mathrm{i}, \quad \lambda_2 = -1 - \mathrm{i}.$$

非齐次项为 $10\sin 2x$ 与指数函数 e^{rx} 之积, 且 $r = 0$. 由于 $0 \pm 2\mathrm{i}$ 不是特征根, 故可设非齐次方程有特解

$$y^* = (A\cos 2x + B\sin 2x)\mathrm{e}^{rx}\Big|_{r=0} = A\cos 2x + B\sin 2x.$$

代入方程, 可得

$$\begin{aligned}
y^{*\prime\prime} &+ 2y^{*\prime} + 2y^* \\
&= (-4A\cos 2x - 4B\sin 2x) + 2(-2A\sin 2x + 2B\cos 2x) \\
&\quad + 2(A\cos 2x + B\sin 2x) \\
&= (4B - 2A)\cos 2x - (4A + 2B)\sin 2x \equiv 10\sin 2x.
\end{aligned}$$

于是可确定 $A=-2$, $B=-1$. 从而方程的通解是
$$y=(C_1\cos x+C_2\sin x)e^{-x}-2\cos 2x-\sin 2x.$$

2) 由特征方程 $\lambda^2+4=0$ 知两特征根是
$$\lambda_1=2i,\quad \lambda_2=-2i.$$

非齐次项为 $10\sin 2x$ 与指数函数 e^{rx} 之积，且 $r=0$. 由于 $0\pm2i$ 是特征根，故可设非齐次方程有特解
$$y^*=x(A\cos 2x+B\sin 2x)e^{rx}\big|_{r=0}=x(A\cos 2x+B\sin 2x).$$

代入方程，可得
$$y^{*''}+4y^*=x(-4A\cos 2x-4B\sin 2x)+2(-2A\sin 2x+2B\cos 2x)$$
$$+4x(A\cos 2x+B\sin 2x)$$
$$=4B\cos 2x-4A\sin 2x\equiv 10\sin 2x.$$

于是可确定 $A=-\dfrac{5}{2}$, $B=0$. 从而方程的通解是
$$y=\left(C_1-\frac{5}{2}x\right)\cos 2x+C_2\sin 2x.$$

3) 由特征方程 $\lambda^2-3\lambda+2=(\lambda-1)(\lambda-2)=0$ 知两特征根是
$$\lambda_1=1,\quad \lambda_2=2.$$

非齐次项为余弦函数 $2\cos x$ 与指数函数 e^x 之积，由于 $1\pm i$ 不是特征根，故可设非齐次方程有特解
$$y^*(x)=(A\cos x+B\sin x)e^x,$$

计算可得
$$y^{*'}(x)=e^x[(A+B)\cos x+(B-A)\sin x],$$
$$y^{*''}(x)=e^x(2B\cos x-2A\sin x).$$

代入方程，可得
$$y^{*''}-3y^{*'}+2y^*=e^x[-(A+B)\cos x+(A-B)\sin x]$$
$$\equiv 2e^x\cos x.$$

于是可确定 $A=B=-1$. 从而方程的通解是
$$y=(C_1-\cos x-\sin x)e^x+C_2e^{2x}.$$

习 题 九

1. 确定下列微分方程的阶数：

1) $\dfrac{\mathrm{d}y}{\mathrm{d}x}=xy^3+y^5$;

2) $(y'')^2 + 2(y')^4 - x^7 = 0$;

3) $y''' + 2(y')^2 - y^2 + x^5 = \sin x$.

2. 验证下列函数是相应微分方程的解，并指出是特解还是通解，其中 C, C_1, C_2 是任意常数，$\lambda, \lambda_1, \lambda_2$ 是常数：

1) $y = \sin 3x$, $y'' + 9y = 0$；

2) $y = C_1 \cos \lambda x + C_2 \sin \lambda x$, $y'' + \lambda^2 y = 0$；

3) $y = C_1 e^{\lambda_1 x} + C_2 e^{\lambda_2 x}$, $y'' - (\lambda_1 + \lambda_2) y' + \lambda_1 \lambda_2 y = 0$ $(\lambda_1 \neq \lambda_2)$；

4) $y = C_1 e^{\lambda x} + C_2 x e^{\lambda x}$, $y'' - 2\lambda y' + \lambda^2 y = 0$；

5) $y = C e^{2x}$, $y'' - 4y = 0$.

6) $y = 3 e^{2x} + (2 + x) e^x$, $y'' - 3y' + 2y = -e^x$.

3. 求下列微分方程的通解：

1) $\dfrac{\mathrm{d}y}{\mathrm{d}x} = \dfrac{1 + y^2}{xy(1 + x^2)}$；

2) $xy' + 2y = 3xyy'$；

3) $\sqrt{1 + x^2}\,\mathrm{d}y - \sqrt{1 - y^2}\,\mathrm{d}x = 0$；

4) $(x + 2y)\mathrm{d}x + (2x - 3y)\mathrm{d}y = 0$；

5) $(3x + 5y)\mathrm{d}x + (4x + 6y)\mathrm{d}y = 0$；

6) $2x\mathrm{d}y - 2y\mathrm{d}x = \sqrt{x^2 + 4y^2}\,\mathrm{d}x$ $(x > 0)$；

7) $(2x^2 + y^2)\mathrm{d}x + (2xy + 3y^2)\mathrm{d}y = 0$；

8) $y' = (x + y + 2)^2$；

9) $(2x + 3y - 1)\mathrm{d}x + (4x + 6y - 5)\mathrm{d}y = 0$.

4. 求下列微分方程初值问题的特解：

1) $\dfrac{\mathrm{d}x}{y} + \dfrac{4\mathrm{d}y}{x} = 0$, $y(4) = 2$；

2) $x\mathrm{d}x + y e^{-x}\mathrm{d}y = 0$, $y(0) = 1$；

3) $\sqrt{1 + x^2}\,\mathrm{d}y = xy^3\mathrm{d}x$, $y(0) = 1$.

5. 求下列微分方程的通解或满足给定初始条件的特解：

1) $x\dfrac{\mathrm{d}y}{\mathrm{d}x} - y = (x - 1)e^x$；

2) $y' - \dfrac{2y}{x + 1} = (x + 1)^{\frac{5}{2}}$；

3) $(3 + x)y' - 8y = e^x(3 + x)^9$；

4) $y' + 2y = x e^{-x}$；

5) $xy' + 2y = \sin x$, $y(\pi) = \dfrac{1}{\pi}$.

6. 设函数 $f(x)$ 连续，且满足

$$f(x) + 2\int_0^x t f(t) \mathrm{d}t = (x-2)\mathrm{e}^{-x^2}.$$

求 $f(x)$.

7. 曲线 L：$y = y(x)$ 在点 (x,y) 处切线的斜率 $k = 1 + \dfrac{2y+1}{x}$，且曲线 L 过点 $(1,0)$. 试求曲线 L 的方程.

8. 物体在冷却的过程中温度 $T(t)$ 的变化率 $T'(t)$ 与物体本身的温度和环境温度之差成正比，比例系数为常数 $k > 0$. 现在 $(t=0)$ 把一个温度为 $50\,^\circ\!\mathrm{C}$ 的物体放在温度始终保持恒温 $20\,^\circ\!\mathrm{C}$ 的房间内，求此物体温度随时间的变化规律.

9. 设 λ, α, β 是实常数，且 $\beta > 0$，证明下列函数组在 $(-\infty, +\infty)$ 上线性无关：

1) $\mathrm{e}^{\lambda x}, x\mathrm{e}^{\lambda x}$;   2) $\cos \beta x, \sin \beta x$;

3) $\mathrm{e}^{\alpha x}\cos \beta x, \mathrm{e}^{\alpha x}\sin \beta x$.

10. 求下列二阶常系数齐次线性微分方程的通解：

1) $y'' - 3y' + 2y = 0$;   2) $2y'' + 5y' + 2y = 0$;

3) $y'' + 6y' + 9y = 0$;   4) $y'' + 4y' + 5y = 0$;

5) $y'' + y' + y = 0$.

11. 求下列二阶常系数齐次线性微分方程初值问题的特解：

1) $y'' + 4y' + 4y = 0$, $y(0) = 1$, $y'(0) = 1$;

2) $4y'' + 9y = 0$, $y(0) = 2$, $y'(0) = -1$.

12. 求下列二阶常系数非齐次线性微分方程的通解：

1) $y'' - 4y' + 5y = 5x + 11$;   2) $y'' + 2y' = 30\mathrm{e}^{3x}$;

3) $y'' - 7y' + 12y = 144x$;   4) $y'' + y = 4\sin x$;

5) $y'' - 3y' + 2y = x\cos x$;   6) $y'' - 9y = 37\mathrm{e}^{3x}\cos x$;

7) $y'' - y = 2\mathrm{e}^x - x^2$;   8) $y'' + 2y = x^2 + x$;

9) $y'' - 2y' + 2y = \mathrm{e}^x + 25x\cos x$;   10) $y'' + 4y = 136\cos x \cos 3x$.

13. 设函数 $f(x)$ 连续，且满足

$$f(x) + \int_0^x (2 - 3x + 3t) f(t) \mathrm{d}t = 16\mathrm{e}^x.$$

求 $f(x)$.

第十章 差分方程初步

在生产与生活中人们常常需要按日、按月、按年或者按照某种规定来收集和处理各种数据，而这些数据中相邻的若干项又往往满足一个方程. 例如：某人现在（设时间为 $t=0$）在银行中存入 y_0 元，年利率为 $r>0$，把存满 t 年所得到的存款的本金与利息的总和记为 y_t，按存款年数 $t=0,1,2,\cdots$ 把 y_t 排起来就得到了一组数据 $y_0,y_1,y_2,\cdots,y_t,\cdots$，这组数据满足方程

$$y_{t+1}=(1+r)y_t \quad (t=0,1,2,\cdots).$$

这类方程称为差分方程. 差分方程有广泛的应用.

本章介绍有关差分与差分方程的基本概念，以及一阶与二阶常系数线性差分方程的解法.

10.1 差分方程的基本概念

在讨论差分方程时，把数列写成如下形式：

$$y_0,y_1,y_2,\cdots,y_n,\cdots,$$

并记为 y_t，$t=0,1,2,\cdots$.

定义 1

$$\Delta y_t = y_{t+1} - y_t$$

称为 y_t 在 t 的**一阶差分**；

$$\begin{aligned}\Delta^2 y_t &= \Delta y_{t+1} - \Delta y_t = (y_{t+2}-y_{t+1})-(y_{t+1}-y_t)\\&= y_{t+2}-2y_{t+1}+y_t\end{aligned}$$

称为 y_t 在 t 的**二阶差分**.

类似可定义三阶、四阶 $\cdots\cdots$ n 阶差分.

例 1 求下列函数的一阶差分与二阶差分：

1) $y_t = d^t$，其中常数 $d \neq 0$；

2) $y_t = Q_3(t) = A_0 + A_1 t + A_2 t^2 + A_3 t^3$，其中 $A_k (k=0,1,2,3)$ 都是常数，且 $A_3 \neq 0$.

解 1) $\Delta y_t = y_{t+1} - y_t = d^{t+1} - d^t = (d-1)d^t$,

$$\Delta^2 y_t = \Delta y_{t+1} - \Delta y_t = (d-1)d^{t+1} - (d-1)d^t$$
$$= (d-1)^2 d^t.$$

2) $\Delta y_t = y_{t+1} - y_t = Q_3(t+1) - Q_3(t)$

$$= A_0 - A_0 + A_1[(t+1)-t] + A_2[(t+1)^2 - t^2]$$
$$+ A_3[(t+1)^3 - t^3]$$
$$= A_1 + A_2 + A_3 + (2A_2 + 3A_3)t + 3A_3 t^2,$$

$$\Delta^2 y_t = \Delta y_{t+1} - \Delta y_t$$
$$= Q_3(t+2) - 2Q_3(t+1) + Q_3(t)$$
$$= (2A_2 + 3A_3)[(t+1)-t] + 3A_3[(t+1)^2 - t^2]$$
$$= 2A_2 + 6A_3 + 6A_3 t.$$

对 $n \neq 3$ 次多项式也有类似的结果,即 $n\,(n \geqslant 1)$ 次多项式的一阶差分是一个 $n-1$ 次的多项式,其系数与原多项式的常数项无关, $n\,(n \geqslant 2)$ 次多项式的二阶差分是一个 $n-2$ 次的多项式,其系数与原多项式的常数项及一次项系数无关.

直接验证可知差分具有如下的线性运算性质:

性质1 设 C_1 与 C_2 是两个常数,则

$$\Delta(C_1 y_{1,t} + C_2 y_{2,t}) = C_1 \Delta y_{1,t} + C_2 \Delta y_{2,t}. \tag{10.1}$$

定义 2 含有自变量 t、未知函数(即数列) y_t 及其若干阶差分 Δy_t, $\Delta^2 y_t, \cdots$ 的函数方程称为**差分方程**;出现在差分方程中的未知函数的最高阶差分的阶数,称为差分方程的**阶**.

正如前面所见,差分可直接表示成数列中相继若干项的线性组合,因而差分方程又有如下定义:

定义 3 含有自变量 t、未知函数(即数列) y_t 中至少两项的函数方程称为**差分方程**;出现在差分方程中的这些项的下标的最大差数,称为差分方程的**阶**.

在本书中讨论后一种定义的差分方程,而且仅限于讨论一阶与二阶常系数线性差分方程.

定义 4 若已知函数(即数列) φ_t 代入差分方程,能使它对任何 $t = 0, 1,$ $2, \cdots$ 成为等式,则称 φ_t 是该差分方程的一个**解**;含有与差分方程的阶数同样个数的任意常数的解,称为该差分方程的**通解**;不含任意常数的解称为该差分方程的**特解**.

10.2 一阶常系数线性差分方程

10.2.1 一阶常系数线性差分方程的标准形式与通解的结构

一阶常系数线性差分方程的标准形式为

$$y_{t+1} + ay_t = f(t), \tag{10.2}$$

其中 $t = 0,1,2,\cdots$，常数 $a \neq 0$，已知函数 $f(t)$ 当 $t = 0,1,2,\cdots$ 时有定义. 如果当 $t = 0,1,2,\cdots$ 时有 $f(t) \equiv 0$，则称方程

$$y_{t+1} + ay_t = 0 \tag{10.3}$$

为一阶常系数齐次线性差分方程，否则，称为一阶常系数非齐次线性差分方程.

方程 (10.3) 称为非齐次线性差分方程 (10.2) 对应的齐次线性差分方程.

可以证明一阶常系数线性差分方程的通解与一阶线性微分方程有相同的结构，即有

定理 10.1（一阶常系数线性差分方程通解的结构） 一阶常系数线性差分方程 $y_{t+1} + ay_t = f(t)$ 的通解可表示为

$$y_t = C(-a)^t + y_t^*, \tag{10.4}$$

其中 $t = 0,1,2,\cdots$，C 是一个任意常数，y_t^* 是非齐次差分方程 $y_{t+1} + ay_t = f(t)$ 的一个特解.

注意，在上述非齐次方程通解的表达式中

$$\tilde{y}_t = C(-a)^t \tag{10.5}$$

是对应齐次差分方程 $y_{t+1} + ay_t = 0$ 的通解. 代入方程不难验证这一结论.

10.2.2 一阶常系数非齐次线性差分方程特解的求法

对于一般形式的非齐次项 $f(t)$，可用迭代法求出非齐次差分方程

$$y_{t+1} + ay_t = f(t)$$

的一个特解. 作法如下：

设 $y_0 = 0$. 在方程中令 $t = 0$，可解出

$$y_1 = -ay_0 + f(0) = f(0).$$

在方程中令 $t = 1$，可解出

$$y_2 = -ay_1 + f(1) = -af(0) + f(1).$$

在方程中令 $t = 2$，可解出

$$y_3 = -ay_2 + f(2) = (-a)^2 f(0) - af(1) + f(2).$$

如此继续进行下去，可得

$$y_t^* = \begin{cases} 0, & t = 0; \\ (-a)^{t-1} f(0) + (-a)^{t-2} f(1) + \cdots + f(t-1), & t = 1, 2, \cdots \end{cases}$$

就是 $y_{t+1} + ay_t = f(t)$ 的一个特解.

当 $f(t)$ 是多项式、指数函数、正弦函数、余弦函数以及它们的和差或乘积时，更加简便的是用待定系数法求非齐次差分方程 $y_{t+1} + ay_t = f(t)$ 的一个特解. 与二阶常系数非齐次线性微分方程类似，仍分为两大类来讨论：

1. $f(t) = P_m(t)d^t$，其中 $P_m(t)$ 是 t 的 m 次多项式，常数 $d \neq 0$

考察把函数 $y_t^* = Q_n(t)d^t$ 代入非齐次差分方程的左端所得的结果，其中

$$Q_n(t) = A_0 + A_1 t + \cdots + A_n t^n,$$

其系数 A_k 与次数 n 待定. 计算可得

$$y_{t+1}^* + ay_t^* = Q_n(t+1)d^{t+1} + aQ_n(t)d^t$$
$$= [d(Q_n(t+1) - Q_n(t)) + (a+d)Q_n(t)]d^t.$$

由此可见，函数 $y_t^* = Q_n(t)d^t$ 是非齐次方程 $y_{t+1} + ay_t = P_m(t)d^t$ 的一个特解的充分必要条件是对于 $t = 0, 1, 2, \cdots$ 有

$$d(Q_n(t+1) - Q_n(t)) + (a+d)Q_n(t) \equiv P_m(t). \tag{10.6}$$

当 $a + d \neq 0$ 时，上式左端是一个 n 次多项式，因此，这时应当取 $Q_n(t)$ 是次数为 $n = m$ 的系数待定的多项式，即特解具有形式

$$y_t^* = Q_m(t)d^t = (A_0 + A_1 t + \cdots + A_m t^m)d^t. \tag{10.7}$$

当 $a + d = 0$ 时，(10.6) 式变成

$$d(Q_n(t+1) - Q_n(t)) \equiv P_m(t), \quad 即 \ d\Delta Q_n(t) \equiv P_m(t).$$

其左端是一个 $n-1$ 次多项式，且不包含 $Q_n(t)$ 的常数项 A_0，因此，这时应当取 $Q_n(t)$ 是次数为 $n = m+1$ 且不包含常数项的系数待定的多项式，即特解具有形式

$$y_t^* = tQ_m(t)d^t = t(A_0 + A_1 t + \cdots + A_m t^m)d^t. \tag{10.8}$$

综合可得下表：

$f(t)$	d 与系数 a 的关系	特解 y_t^* 的形式
$P_m(t)d^t$	$a + d \neq 0$	$Q_m(t)d^t$
$P_m(t)d^t$	$a + d = 0$	$tQ_m(t)d^t$

表中 $Q_m(t)$ 是待定系数的 m 次多项式. 此外, 非齐次项 $f(t) = P_m(t)$ 可看成 $f(t) = P_m(t)d^t$ 且 $d = 1$ 的特例.

2. $f(t) = M\cos \omega t + N\sin \omega t$, 其中 M, N, ω 是常数, 且 $0 < \omega < 2\pi$, $\omega \neq \pi$

设 A, B 是待定常数, 这时总可以取函数

$$y_t^* = A\cos \omega t + B\sin \omega t \tag{10.9}$$

为非齐次方程的一个特解, 计算可得

$$y_{t+1}^* = A\cos(\omega t + \omega) + B\sin(\omega t + \omega)$$

$$= (A\cos \omega + B\sin \omega)\cos \omega t + (B\cos \omega - A\sin \omega)\sin \omega t.$$

代入方程, 对 $t = 0, 1, 2, \cdots$ 需成立

$$y_{t+1}^* + a y_t^* = (A\cos \omega + B\sin \omega + Aa)\cos \omega t$$

$$+ (B\cos \omega - A\sin \omega + Ba)\sin \omega t$$

$$\equiv M\cos \omega t + N\sin \omega t,$$

即系数 A, B 需满足方程组

$$\begin{cases} A(\cos\omega + a) + B\sin\omega = M, & (10.10) \\ -A\sin\omega + B(\cos\omega + a) = N. & (10.11) \end{cases}$$

因 A, B 的系数不全为零, 从这个方程组必可唯一地解出待定系数 A, B.

现在来说明仅讨论 ω 满足条件 $0 < \omega < 2\pi$, $\omega \neq \pi$ 的理由. 设 k 是整数, 若 $\omega = k\pi$, 则

$$f(t) = M\cos \omega t + N\sin \omega t = M(-1)^{kt} = Md^t,$$

这里 $d = (-1)^k$, 即可归结为第一类非齐次项的情形; 若 $\omega < 0$ 或 $\omega > 2\pi$, 且 $\omega \neq k\pi$, 则可利用正余弦函数的周期性把 $f(t) = M\cos \omega t + N\sin \omega t$ 改写成

$$f(t) = \overline{M}\cos \overline{\omega} t + \overline{N}\sin \overline{\omega} t$$

的形式, 其中 $\overline{\omega}$ 满足条件 $0 < \overline{\omega} < 2\pi$, $\overline{\omega} \neq \pi$, 且 $\overline{M}, \overline{N}$ 仍是两个常数.

例1 求下列一阶常系数线性差分方程的通解:

1) $y_{t+1} - 2y_t = 3t - 2$;　　　　　　2) $y_{t+1} - y_t = 3t - 2$;

3) $y_{t+1} - y_t = t \cdot 2^t$;　　　　　　4) $y_{t+1} - 2y_t = 5\cos \dfrac{\pi}{2} t$.

解 1) 因 $a = -2$, $d = 1$, 知 $a + d \neq 0$, 故可设非齐次方程有特解 $y_t^* = At + B$. 计算得

$$y_{t+1}^* - 2y_t^* = A(t+1) + B - 2(At + B) = -At + A - B.$$

代入方程, 有

$$-At + A - B \equiv 3t - 2.$$

于是可确定 $A = -3$, $B = -1$. 从而方程的通解是

$$y_t = C \cdot 2^t - 3t - 1,$$

其中 C 是任意常数.

2) 因 $a = -1$, $d = 1$, 知 $a + d = 0$, 故可设非齐次方程有特解

$$y_t^* = t(At + B) = At^2 + Bt.$$

计算得

$$y_{t+1}^* - y_t^* = A(t+1)^2 + B(t+1) - At^2 - Bt = 2At + A + B.$$

代入方程, 有

$$2At + A + B \equiv 3t - 2.$$

于是可确定 $A = \dfrac{3}{2}$, $B = -\dfrac{7}{2}$. 从而方程的通解是

$$y_t = C - \frac{7}{2}t + \frac{3}{2}t^2,$$

其中 C 是任意常数.

3) 因 $a = -1$, $d = 2$, 知 $a + d \neq 0$, 故可设非齐次方程有特解 $y_t^* = (At + B) \cdot 2^t$. 计算得

$$y_{t+1}^* - y_t^* = 2^t[2A(t+1) + 2B - At - B]$$
$$= (At + 2A + B) \cdot 2^t.$$

代入方程, 有

$$(At + 2A + B) \cdot 2^t \equiv t \cdot 2^t.$$

于是可确定 $A = 1$, $B = -2$. 从而方程的通解是

$$y_t = C + (t - 2) \cdot 2^t,$$

其中 C 是任意常数.

4) 因非齐次项是三角函数, 故可设非齐次方程有特解

$$y_t^* = A\cos\frac{\pi}{2}t + B\sin\frac{\pi}{2}t.$$

计算得

$$y_{t+1}^* = A\cos\frac{\pi}{2}(t+1) + B\sin\frac{\pi}{2}(t+1) = -A\sin\frac{\pi}{2}t + B\cos\frac{\pi}{2}t.$$

代入方程, 有

$$y_{t+1}^* - 2y_t^* = (B - 2A)\cos\frac{\pi}{2}t - (A + 2B)\sin\frac{\pi}{2}t \equiv 5\cos\frac{\pi}{2}t.$$

于是可确定 $A = -2$, $B = 1$. 从而方程的通解是

$$y_t = C \cdot 2^t - 2\cos\frac{\pi}{2}t + \sin\frac{\pi}{2}t,$$

其中 C 是任意常数.

例 2（供需平衡的市场模型） 基本假设：

1） 现期某种产品的供应量 $Q_{s,t}$ 由前一期的价格 P_{t-1} 确定，即 $Q_{s,t} = S(P_{t-1})$；

2） 现期该产品的销售量 $Q_{d,t}$ 由现行价格 P_t 确定，即 $Q_{d,t} = D(P_t)$；

3） 现期该产品要求达到供需平衡，即 $Q_{d,t} = Q_{s,t}$.

常见的供给函数 S 与需求函数 D 均为线性函数，于是得到方程组

$$\begin{cases} Q_{s,t} = -\gamma + \delta P_{t-1}, & (10.12) \\ Q_{d,t} = \alpha - \beta P_t, & (10.13) \\ Q_{d,t} = Q_{s,t}, & (10.14) \end{cases}$$

其中 $\alpha, \beta, \gamma, \delta$ 都是正的常数. 若已知初始价格 P_0，试求现行价格 P_t，并研究其变化规律.

解 把(10.12)，(10.13)代入(10.14)，即得一阶常系数非齐次线性差分方程

$$\beta P_t + \delta P_{t-1} = \alpha + \gamma, \quad 即 \quad P_{t+1} + \frac{\delta}{\beta} P_t = \frac{\alpha + \gamma}{\beta},$$

$t = 0, 1, 2, \cdots$. 不难求出方程的通解是

$$P_t = C\left(-\frac{\delta}{\beta}\right)^t + \frac{\alpha + \gamma}{\beta + \delta}.$$

令 $\bar{P} = \dfrac{\alpha + \gamma}{\beta + \delta}$，$\bar{P}$ 称为**平衡价格**（或均衡价格）. 利用初始价格 P_0 确定常数 $C = P_0 - \bar{P}$，可得现行价格 P_t 的公式

$$P_t = (P_0 - \bar{P})\left(-\frac{\delta}{\beta}\right)^t + \bar{P}.$$

由此可得以下简单结论：

1） 若初始价格 P_0 等于平衡价格 $\bar{P}$，则现行价格 P_t 将始终等于平衡价格；否则，若初始价格不等于平衡价格，则由于 P_t 中包含因子 $(P_0 - \bar{P})$ $\left(-\dfrac{\delta}{\beta}\right)^t$，现行价格 P_t 将始终围绕平衡价格上下波动.

2） 若初始价格不等于平衡价格，且 $\dfrac{\delta}{\beta} < 1$，这时现行价格 P_t 围绕平衡价格上下波动的振幅将随着 t 增大而逐渐减小，并且 $\lim\limits_{t \to \infty} P_t = \bar{P}$.

3） 若初始价格不等于平衡价格，且 $\dfrac{\delta}{\beta} = 1$，这时现行价格 P_t 交替取两个值 P_0 和 $2\bar{P} - P_0$，称之为临界情形.

4） 若初始价格不等于平衡价格，且 $\dfrac{\delta}{\beta} > 1$，这时现行价格 P_t 围绕平衡

价格上下波动的振幅将随着 t 增大而无限增大，从而产生价格的大波动.

例 3（有存货的市场模型） 基本假设：

1) 现期某种产品的供应量 $Q_{s,t}$ 与现期该产品的销售量 $Q_{d,t}$ 都是现行价格 P_t 的线性函数；

2) 价格服从某种调节机制：销售商在每一周期之初，根据前一周期的存货按如下方式决定一个价格，若前一周期的价格 P_{t-1} 导致存货增加，则现阶段定一个较前一阶段低的价格，反之，则定一个较前一阶段高的价格；

3) 价格调节每周期进行一次，价格调节的幅度与观测到的存货的改变量成正比.

设 $\alpha,\beta,\gamma,\delta$ 都是正的常数，常数 $\sigma>0$ 是存货增加时的价格调节系数. 于是得到方程组

$$
\begin{cases}
Q_{d,t} = \alpha - \beta P_t, & (10.15) \\
Q_{s,t} = -\gamma + \delta P_t, & (10.16) \\
P_{t+1} = P_t - \sigma(Q_{s,t} - Q_{d,t}). & (10.17)
\end{cases}
$$

若已知初始价格 P_0，试求现行价格 P_t，并研究其变化规律.

解 把 (10.15),(10.16) 代入 (10.17)，即得一阶常系数非齐次线性差分方程

$$P_{t+1} = [1 - \sigma(\beta+\delta)]P_t + \sigma(\alpha+\gamma),$$

即

$$P_{t+1} - \lambda P_t = \sigma(\alpha+\gamma) \quad (t = 0,1,2,\cdots),$$

其中常数 $\lambda = 1 - \sigma(\beta+\delta)$. 不难求出方程的通解是

$$P_t = C\lambda^t + \frac{\sigma(\alpha+\gamma)}{1-\lambda} = C\lambda^t + \overline{P},$$

其中 $\overline{P} = \dfrac{\sigma(\alpha+\gamma)}{1-\lambda}$ 是平衡价格（或均衡价格）. 利用初始价格 P_0 确定常数 $C = P_0 - \overline{P}$，可得现行价格 P_t 的公式

$$P_t = (P_0 - \overline{P})\lambda^t + \overline{P}.$$

由此可见，若初始价格等于平衡价格，则现行价格 P_t 将始终等于平衡价格，否则，常数 $\lambda = 1 - \sigma(\beta+\delta)$ 决定了价格的变化情况，并可得出以下简单结论：

1) 若初始价格不等于平衡价格，且 $0<\sigma<\dfrac{1}{\beta+\delta}$，即 $0<\lambda<1$，这时现行价格 P_t 将单调变动，且 $\lim\limits_{t\to\infty} P_t = \overline{P}$，这表明价格调节机制起到了有效的调节作用.

2) 若初始价格不等于平衡价格，且 $\sigma = \dfrac{1}{\beta + \delta}$，即 $\lambda = 0$，这时现行价格 P_t 当 $t \geqslant 1$ 时将始终等于平衡价格 $\overline{P}$，这表明价格调节一步到位.

3) 若初始价格不等于平衡价格，且 $\dfrac{1}{\beta + \delta} < \sigma < \dfrac{2}{\beta + \delta}$，即 $-1 < \lambda < 0$，这时现行价格 P_t 围绕平衡价格上下波动的振幅将随着 t 增大而逐渐减小，并且 $\lim\limits_{t \to \infty} P_t = \overline{P}$，这表明价格调节机制也起到了有效的调节作用.

4) 若初始价格不等于平衡价格，且 $\sigma = \dfrac{2}{\beta + \delta}$，即 $\lambda = -1$，这时现行价格 P_t 交替取两个值 P_0 和 $2\overline{P} - P_0$，称之为临界情形.

5) 若初始价格不等于平衡价格，且 $\sigma > \dfrac{2}{\beta + \delta}$，即 $\lambda < -1$，这时现行价格 P_t 围绕平衡价格上下波动的振幅将随着 t 增大而无限增大，从而产生价格的大波动.

10.3　二阶常系数线性差分方程

10.3.1　二阶常系数线性差分方程的标准形式与通解的结构

二阶常系数线性差分方程的标准形式为

$$y_{t+2} + ay_{t+1} + by_t = f(t), \tag{10.18}$$

其中 $t = 0, 1, 2, \cdots$, a, b 是常数且 $b \neq 0$，已知函数 $f(t)$ 当 $t = 0, 1, 2, \cdots$ 时有定义. 如果当 $t = 0, 1, 2, \cdots$ 时有 $f(t) \equiv 0$，则称方程

$$y_{t+2} + ay_{t+1} + by_t = 0 \tag{10.19}$$

为二阶常系数齐次线性差分方程，否则称为二阶常系数非齐次线性差分方程.

方程 (10.19) 称为非齐次线性差分方程 (10.18) 对应的齐次线性差分方程.

可以证明二阶常系数线性差分方程的通解与二阶常系数线性微分方程有相同的结构，即有

定理 10.2（二阶常系数线性差分方程通解的结构）　二阶常系数线性差分方程 $y_{t+2} + ay_{t+1} + by_t = f(t)$ 的通解可表示为

$$y_t = C_1 y_{1,t} + C_2 y_{2,t} + y_t^*, \tag{10.20}$$

其中 $t = 0, 1, 2, \cdots$，而 C_1, C_2 是两个任意常数，$y_{1,t}, y_{2,t}$ 是齐次差分方程 $y_{t+2} + ay_{t+1} + by_t = 0$ 的两个线性无关的特解，y_t^* 是非齐次差分方程 $y_{t+2} + ay_{t+1} + by_t = f(t)$ 的一个特解.

注意，在上述非齐次方程通解的表达式中，

$$\tilde{y}_t = C_1 y_{1,t} + C_2 y_{2,t} \qquad (10.21)$$

是对应齐次差分方程 $y_{t+2} + ay_{t+1} + by_t = 0$ 的通解. 根据定理 10.2 的结论，为了求二阶常系数非齐次线性差分方程的通解，只需分别求出其对应的二阶常系数齐次线性差分方程的两个线性无关的特解与非齐次差分方程的一个特解即可.

10.3.2 二阶常系数齐次线性差分方程两个线性无关特解的求法

仍用特征方程法. 由一阶常系数线性差分方程的解所具有的形式的启发，可猜想 $y_t = \lambda^t (\lambda \neq 0)$ 是二阶常系数齐次线性差分方程

$$y_{t+2} + ay_{t+1} + by_t = 0$$

的非零解. 由于 $y_{t+1} = \lambda^{t+1} = \lambda \lambda^t$，$y_{t+2} = \lambda^{t+2} = \lambda^2 \lambda^t$，代入即得

$$y_{t+2} + ay_{t+1} + by_t = \lambda^t (\lambda^2 + a\lambda + b) \equiv 0 \quad (t = 0, 1, 2, \cdots).$$

由此可见 $y_t = \lambda^t (\lambda \neq 0)$ 是二阶常系数齐次线性差分方程 $y_{t+2} + ay_{t+1} + by_t = 0$ 的非零解的充分必要条件为 λ 是二次方程 $\lambda^2 + a\lambda + b = 0$ 的根.

定义 1 称二次方程 $\lambda^2 + a\lambda + b = 0$ 为二阶常系数齐次线性差分方程 $y_{t+2} + ay_{t+1} + by_t = 0$ 或二阶常系数非齐次线性差分方程 $y_{t+2} + ay_{t+1} + by_t = f(t)$ 的**特征方程**，称特征方程 $\lambda^2 + a\lambda + b = 0$ 的根为**特征根**.

因为 $b \neq 0$，故二阶常系数线性差分方程的任何特征根 $\lambda \neq 0$.

按照特征根的不同情况，分别求二阶常系数齐次线性差分方程的两个线性无关的特解与通解.

1) 相异两实特征根 $\lambda_1 \neq \lambda_2$

这时，$y_{1,t} = \lambda_1^t$，$y_{2,t} = \lambda_2^t$ 是二阶常系数齐次线性差分方程 $y_{t+2} + ay_{t+1} + by_t = 0$ 的两个线性无关解，从而，该方程的通解是

$$y_t = C_1 \lambda_1^t + C_2 \lambda_2^t, \qquad (10.22)$$

其中 C_1 与 C_2 是两个任意常数.

2) 相等两实特征根 $\lambda_1 = \lambda_2$

直接代入方程验算可知 $y_{1,t} = \lambda_1^t$，$y_{2,t} = t\lambda_1^t$ 是二阶常系数齐次线性差分方程 $y_{t+2} + ay_{t+1} + by_t = 0$ 的两个线性无关解，从而，该方程的通解是

$$y_t = (C_1 + C_2 t)\lambda_1^t, \tag{10.23}$$

其中 C_1 与 C_2 是两个任意常数.

3) 共轭复特征根 $\lambda_1 = \alpha + \mathrm{i}\beta, \lambda_2 = \alpha - \mathrm{i}\beta \ (\beta > 0)$

为了适应差分方程的需要, 引进共轭复特征根的三角形式:

$$\lambda_1 = \alpha + \mathrm{i}\beta = r(\cos\omega + \mathrm{i}\sin\omega),$$

$$\lambda_2 = \alpha - \mathrm{i}\beta = r(\cos\omega - \mathrm{i}\sin\omega),$$

其中 $r = \sqrt{\alpha^2 + \beta^2} = \sqrt{b}$ 是复数的模, ω 是复数的辐角, 且 $0 < \omega < \pi$, 而

$$\cos\omega = \frac{\alpha}{r}, \quad \sin\omega = \frac{\beta}{r}.$$

从 $\alpha \pm \mathrm{i}\beta$ 是特征根的充分必要条件

$$\begin{cases} \alpha^2 - \beta^2 + a\alpha + b = 0, \\ 2\alpha + a = 0, \end{cases}$$

可得 $r(\cos\omega \pm \mathrm{i}\sin\omega)$ 是特征根的充分必要条件是 r, ω 满足

$$\begin{cases} r^2\cos 2\omega + ar\cos\omega + b = 0, \\ 2r\cos\omega + a = 0. \end{cases}$$

由此不难验证, 当 $r(\cos\omega \pm \mathrm{i}\sin\omega)$ 是特征根时, 函数

$$y_{1,t} = r^t\cos\omega t, \quad y_{2,t} = r^t\sin\omega t \tag{10.24}$$

是二阶常系数齐次线性差分方程 $y_{t+2} + ay_{t+1} + by_t = 0$ 线性无关的两个解.

事实上, 计算可得

$$y_{1,t+1} = r^{t+1}\cos\omega(t+1) = r^t r(\cos\omega\cos\omega t - \sin\omega\sin\omega t),$$

$$y_{1,t+2} = r^{t+2}\cos\omega(t+2) = r^t r^2(\cos 2\omega\cos\omega t - \sin 2\omega\sin\omega t),$$

代入方程, 有

$$y_{1,t+2} + ay_{1,t+1} + by_{1,t}$$

$$= r^t[r^2(\cos 2\omega\cos\omega t - \sin 2\omega\sin\omega t)$$

$$\quad + ar(\cos\omega\cos\omega t - \sin\omega\sin\omega t) + b\cos\omega t]$$

$$= r^t[(r^2\cos 2\omega + ar\cos\omega + b)\cos\omega t - (r^2\sin 2\omega + ar\sin\omega)\sin\omega t]$$

$$= r^t[(r^2\cos 2\omega + ar\cos\omega + b)\cos\omega t - (2r\cos\omega + a)r\sin\omega\sin\omega t]$$

$$\equiv 0.$$

类似可证 $y_{2,t} = r^t\sin\omega t$ 也是二阶常系数齐次线性差分方程 $y_{t+2} + ay_{t+1} + by_t = 0$ 的一个解. 从而, 该方程的通解是

$$y_t = r^t(C_1\cos\omega t + C_2\sin\omega t), \tag{10.25}$$

其中 C_1 与 C_2 是两个任意常数.

例 1 求下列二阶常系数齐次线性差分方程的通解:

1) $y_{t+2} - 4y_{t+1} + 3y_t = 0$;   2) $y_{t+2} - 4y_{t+1} + 4y_t = 0$;

3) $y_{t+2} + y_t = 0$;   4) $y_{t+2} + 2y_{t+1} + 2y_t = 0$.

解 1) 因特征方程 $\lambda^2 - 4\lambda + 3 = (\lambda - 1)(\lambda - 3) = 0$ 有特征根 $\lambda_1 = 1$, $\lambda_2 = 3$, 故方程的通解是

$$y_t = C_1 + C_2 \cdot 3^t,$$

其中 C_1 与 C_2 是两个任意常数.

2) 因特征方程 $\lambda^2 - 4\lambda + 4 = (\lambda - 2)^2 = 0$ 有特征根 $\lambda_1 = \lambda_2 = 2$, 故方程的通解是

$$y_t = (C_1 + C_2 t) \cdot 2^t,$$

其中 C_1 与 C_2 是两个任意常数.

3) 因特征方程 $\lambda^2 + 1 = 0$ 有特征根 $\lambda = \pm i = \cos\frac{\pi}{2} \pm i\sin\frac{\pi}{2}$, 故方程的通解是

$$y_t = C_1\cos\frac{\pi}{2}t + C_2\sin\frac{\pi}{2}t,$$

其中 C_1 与 C_2 是两个任意常数.

4) 因特征方程 $\lambda^2 + 2\lambda + 2 = (\lambda + 1)^2 + 1 = 0$ 有特征根 $\lambda = -1 \pm i = \sqrt{2}\left(\cos\frac{3\pi}{4} \pm i\sin\frac{3\pi}{4}\right)$, 故方程的通解是

$$y_t = (\sqrt{2})^t\left(C_1\cos\frac{3\pi}{4}t + C_2\sin\frac{3\pi}{4}t\right),$$

其中 C_1 与 C_2 是两个任意常数.

10.3.3 二阶常系数非齐次线性差分方程特解的求法

下面需要两个有关多项式 $Q_n(t)$ 及其一阶与二阶差分 $\Delta Q_n(t), \Delta^2 Q_n(t)$ 间的关系的公式:

$$Q_n(t+1) = Q_n(t) + \Delta Q_n(t), \tag{10.26}$$

$$\begin{aligned}Q_n(t+2) &= Q_n(t+1) + \Delta Q_n(t+1)\\ &= Q_n(t) + \Delta Q_n(t) + \Delta[Q_n(t) + \Delta Q_n(t)]\\ &= Q_n(t) + 2\Delta Q_n(t) + \Delta^2 Q_n(t).\end{aligned} \tag{10.27}$$

设方程的非齐次项 $f(t)$ 是多项式、指数函数、正弦函数、余弦函数以及它们的和差或乘积, 与二阶常系数非齐次线性微分方程一样, 仍用待定系数法求二阶常系数非齐次线性差分方程的一个特解.

1. $f(t) = P_m(t)d^t$，其中 $P_m(t)$ 是 t 的 m 次多项式，常数 $d \neq 0$

考察把函数 $y_t^* = Q_n(t)d^t$ 代入非齐次方程的左端所得的结果，其中

$$Q_n(t) = A_0 + A_1 t + \cdots + A_n t^n$$

是系数 $A_k(k = 0, 1, 2, \cdots, n)$ 与次数 n 待定的多项式. 计算可得

$$y_{t+2}^* + a y_{t+1}^* + b y_t^*$$

$$= Q_n(t+2)d^{t+2} + a Q_n(t+1)d^{t+1} + b Q_n(t)d^t$$

$$= [d^2(Q_n(t) + 2\Delta Q_n(t) + \Delta^2 Q_n(t)) + ad(Q_n(t) + \Delta Q_n(t))$$

$$+ b Q_n(t)]d^t$$

$$= [d^2 \Delta^2 Q_n(t) + d(2d + a)\Delta Q_n(t) + (d^2 + ad + b)Q_n(t)]d^t.$$

由此可见，使函数 $y_t^* = Q_n(t)d^t$ 是非齐次方程的一个解的充分必要条件是对 $t = 0, 1, 2, \cdots$ 成立

$$d^2 \Delta^2 Q_n(t) + d(2d + a)\Delta Q_n(t) + (d^2 + ad + b)Q_n(t) \equiv P_m(t).$$

$$(10.28)$$

当 $d^2 + ad + b \neq 0$ 即 $d \neq \lambda_1$，$d \neq \lambda_2$ 时，(10.28) 左端是一个 n 次多项式，故这时应取 $n = m$，并可设特解具有形式

$$y_t^* = Q_m(t)d^t = (A_0 + A_1 t + \cdots + A_m t^m)d^t. \qquad (10.29)$$

当 $d^2 + ad + b = 0$，$2d + a \neq 0$ 即 $d = \lambda_1$，$d \neq \lambda_2$ 时，(10.28) 变成

$$d^2 \Delta^2 Q_n(t) + d(2d + a)\Delta Q_n(t) \equiv P_m(t),$$

它的左端是一个 $n-1$ 次多项式，且不包含多项式 $Q_n(t)$ 的常数项，故这时应取 $n = m + 1$，并可设特解具有形式

$$y_t^* = t Q_m(t)d^t = t(A_0 + A_1 t + \cdots + A_m t^m)d^t. \qquad (10.30)$$

当 $d^2 + ad + b = 2d + a = 0$ 即 $d = \lambda_1 = \lambda_2$ 时，(10.28) 进一步变成

$$d^2 \Delta^2 Q_n(t) \equiv P_m(t),$$

它的左端是一个 $n-2$ 次多项式，且不包含多项式 $Q_n(t)$ 的常数项与一次项，故这时应取 $n = m + 2$，并可设特解具有形式

$$y_t^* = t^2 Q_m(t)d^t = t^2(A_0 + A_1 t + \cdots + A_m t^m)d^t. \qquad (10.31)$$

综合可得如下表：

$f(t)$	d 与特征值 λ_1, λ_2 的关系	特解 y_t^* 的形式
$P_m(t)d^t$	$d \neq \lambda_1$，$d \neq \lambda_2$	$Q_m(t)d^t$
$P_m(t)d^t$	$d = \lambda_1$，$d \neq \lambda_2$	$t Q_m(t)d^t$
$P_m(t)d^t$	$d = \lambda_1$，$d = \lambda_2$	$t^2 Q_m(t)d^t$

其中 $Q_m(t)$ 是系数待定的 m 次多项式. 此外, 若 $f(t) = P_m(t)$, 可把它看成 $f(t) = P_m(t)d^t$ 且 $d = 1$ 的特例.

例 2 求下列二阶常系数非齐次线性差分方程的通解:

1) $y_{t+2} - 4y_{t+1} + 4y_t = 12t + 10$;

2) $y_{t+2} - 4y_{t+1} + 3y_t = 12t + 10$;

3) $y_{t+2} - 2y_{t+1} + y_t = 12t + 10$;

4) $y_{t+2} - 4y_{t+1} + 4y_t = 18 \cdot 3^t$;

5) $y_{t+2} - 4y_{t+1} + 3y_t = 18 \cdot 3^t$;

6) $y_{t+2} - 6y_{t+1} + 9y_t = 18 \cdot 3^t$.

解 1) 由特征方程 $\lambda^2 - 4\lambda + 4 = (\lambda - 2)^2 = 0$ 得两特征根是 $\lambda_1 = \lambda_2 = 2$. 非齐次项为一次多项式 $12t + 10$ 与指数函数 1^t 之积, 由于 $1 \neq \lambda_1$, $1 \neq \lambda_2$, 故可设非齐次方程有特解 $y_t^* = At + B$. 代入方程, 得

$$y_{t+2}^* - 4y_{t+1}^* + 4y_t^* = A(t+2) + B - 4[A(t+1) + B] + 4(At + B)$$
$$= At - 2A + B \equiv 12t + 10.$$

于是可确定 $A = 12$, $B = 34$. 从而方程的通解是

$$y_t = (C_1 + C_2 t) \cdot 2^t + 12t + 34,$$

其中 C_1 与 C_2 是两个任意常数.

2) 由特征方程 $\lambda^2 - 4\lambda + 3 = (\lambda - 1)(\lambda - 3) = 0$ 得两特征根是 $\lambda_1 = 1$, $\lambda_2 = 3$. 非齐次项为一次多项式 $12t + 10$ 与指数函数 1^t 之积, 由于 $1 = \lambda_1$, $1 \neq \lambda_2$, 故可设非齐次方程有特解 $y_t^* = t(At + B) = At^2 + Bt$. 代入方程, 得

$$y_{t+2}^* - 4y_{t+1}^* + 3y_t^* = A(t+2)^2 + B(t+2) - 4[A(t+1)^2$$
$$+ B(t+1)] + 3(At^2 + Bt)$$
$$= -4At - 2B \equiv 12t + 10.$$

于是可确定 $A = -3$, $B = -5$. 从而方程的通解是

$$y_t = C_1 - 5t - 3t^2 + C_2 \cdot 3^t,$$

其中 C_1 与 C_2 是两个任意常数.

3) 由特征方程 $\lambda^2 - 2\lambda + 1 = (\lambda - 1)^2 = 0$ 得两特征根是 $\lambda_1 = \lambda_2 = 1$. 非齐次项为一次多项式 $12t + 10$ 与指数函数 1^t 之积, 由于 $1 = \lambda_1 = \lambda_2$, 故可设非齐次方程有特解 $y_t^* = t^2(At + B) = At^3 + Bt^2$. 代入方程, 得

$$y_{t+2}^* - 2y_{t+1}^* + y_t^* = A(t+2)^3 + B(t+2)^2 - 2[A(t+1)^3$$
$$+ B(t+1)^2] + At^3 + Bt^2$$
$$= 6At + 6A + 2B \equiv 12t + 10.$$

于是可确定 $A = 2$，$B = -1$. 从而方程的通解是

$$y_t = C_1 + C_2 t - t^2 + 2t^3,$$

其中 C_1 与 C_2 是两个任意常数.

4) 由特征方程 $\lambda^2 - 4\lambda + 4 = (\lambda - 2)^2 = 0$ 得两特征根是 $\lambda_1 = \lambda_2 = 2$. 非齐次项为零次多项式 18 与指数函数 3^t 之积，由于 $3 \neq \lambda_1$，$3 \neq \lambda_2$，故可设非齐次方程有特解 $y_t^* = A \cdot 3^t$. 代入方程，得

$$\begin{aligned}
y_{t+2}^* - 4y_{t-1}^* + 4y_t^* &= A \cdot 3^{t+2} - 4A \cdot 3^{t+1} + 4A \cdot 3^t \\
&= A(9 - 12 + 4) \cdot 3^t \\
&= A \cdot 3^t \equiv 18 \cdot 3^t.
\end{aligned}$$

于是可确定 $A = 18$. 从而方程的通解是

$$y_t = (C_1 + C_2 t) \cdot 2^t + 18 \cdot 3^t,$$

其中 C_1 与 C_2 是两个任意常数.

5) 由特征方程 $\lambda^2 - 4\lambda + 3 = (\lambda - 1)(\lambda - 3) = 0$ 得两特征根是 $\lambda_1 = 3$，$\lambda_2 = 1$. 非齐次项为零次多项式 18 与指数函数 3^t 之积，由于 $3 = \lambda_1$，$3 \neq \lambda_2$，故可设非齐次方程有特解 $y_t^* = At \cdot 3^t$. 代入方程，得

$$\begin{aligned}
y_{t+2}^* - 4y_{t+1}^* + 3y_t^* &= A \cdot 3^t [3^2(t+2) - 4 \cdot 3(t+1) + 3t] \\
&= 6A \cdot 3^t \equiv 18 \cdot 3^t.
\end{aligned}$$

于是可确定 $A = 3$. 从而方程的通解是

$$y_t = (C_1 + 3t) \cdot 3^t + C_2,$$

其中 C_1 与 C_2 是两个任意常数.

6) 由特征方程 $\lambda^2 - 6\lambda + 9 = (\lambda - 3)^2 = 0$ 得两特征根是 $\lambda_1 = \lambda_2 = 3$. 非齐次项为零次多项式 18 与指数函数 3^t 之积，由于 $3 = \lambda_1 = \lambda_2$，故可设非齐次方程有特解 $y_t^* = At^2 \cdot 3^t$. 代入方程，得

$$\begin{aligned}
y_{t+2}^* - 6y_{t+1}^* + 9y_t^* &= A \cdot 3^t [3^2(t+2)^2 - 6 \cdot 3(t+1)^2 + 9t^2] \\
&= 18A \cdot 3^t \equiv 18 \cdot 3^t.
\end{aligned}$$

于是可确定 $A = 1$. 从而方程的通解是

$$y_t = (C_1 + C_2 t + t^2) \cdot 3^t,$$

其中 C_1 与 C_2 是两个任意常数.

2. $f(t) = M\cos \omega t + N\sin \omega t$，其中 M, N, ω 是常数，且 $0 < \omega < 2\pi$，$\omega \neq \pi$

设 A, B 是待定常数，可以按照下表选取非齐次方程的一个特解：

$f(t)$	$\cos\omega\pm\mathrm{i}\sin\omega$ 是否特征值	特解 y_t^* 的形式
$M\cos\omega t + N\sin\omega t$	$\cos\omega\pm\mathrm{i}\sin\omega$ 非特征根	$A\cos\omega t + B\sin\omega t$
$M\cos\omega t + N\sin\omega t$	$\cos\omega\pm\mathrm{i}\sin\omega$ 是特征根	$t(A\cos\omega t + B\sin\omega t)$

本课程的要求是会利用表中给出的条件来选取并求出非齐次方程的适当的特解. 而可以选取函数 $y_t^* = A\cos\omega t + B\sin\omega t$ 或 $y_t^* = t(A\cos\omega t + B\sin\omega t)$ 来作非齐次方程特解的理由，在本书中不作介绍.

例 3　求下列二阶常系数非齐次线性差分方程的通解：

1)　$y_{t+2} - 4y_{t+1} + 4y_t = 50\sin\dfrac{\pi}{2}t$；

2)　$y_{t+2} + y_t = 50\sin\dfrac{\pi}{2}t$.

解　1)　由特征方程 $\lambda^2 - 4\lambda + 4 = (\lambda-2)^2 = 0$ 得两特征根是 $\lambda_1 = \lambda_2 = 2$. 非齐次项为 $0\cdot\cos\dfrac{\pi}{2}t + 50\sin\dfrac{\pi}{2}t$，这表明 $\omega = \dfrac{\pi}{2}$. 由于 $\cos\omega\pm\mathrm{i}\sin\omega = \pm\mathrm{i}$ 是非特征根，故可设非齐次方程有特解

$$y_t^* = A\cos\frac{\pi}{2}t + B\sin\frac{\pi}{2}t.$$

计算可得

$$y_{t+1}^* = A\cos\frac{\pi}{2}(t+1) + B\sin\frac{\pi}{2}(t+1) = B\cos\frac{\pi}{2}t - A\sin\frac{\pi}{2}t,$$

$$y_{t+2}^* = A\cos\frac{\pi}{2}(t+2) + B\sin\frac{\pi}{2}(t+2) = -A\cos\frac{\pi}{2}t - B\sin\frac{\pi}{2}t.$$

代入方程，有

$$y_{t+2}^* - 4y_{t+1}^* + 4y_t^* = (-A - 4B + 4A)\cos\frac{\pi}{2}t$$

$$+ (-B + 4A + 4B)\sin\frac{\pi}{2}t$$

$$= (3A - 4B)\cos\frac{\pi}{2}t + (4A + 3B)\sin\frac{\pi}{2}t$$

$$\equiv 50\sin\frac{\pi}{2}t.$$

于是可确定 $A = 8$，$B = 6$. 从而方程的通解是

$$y_t = (C_1 + C_2 t)\cdot 2^t + 8\cos\frac{\pi}{2}t + 6\sin\frac{\pi}{2}t,$$

其中 C_1 与 C_2 是两个任意常数.

2) 由特征方程 $\lambda^2 + 1 = 0$ 得两共轭复特征根是 $\lambda = \pm i$. 非齐次项为 $0 \cdot \cos\frac{\pi}{2}t + 50\sin\frac{\pi}{2}t$, 这表明 $\omega = \frac{\pi}{2}$. 由于 $\cos\omega \pm i\sin\omega = \pm i$ 是特征根, 故可设非齐次方程有特解

$$y_t^* = t\left(A\cos\frac{\pi}{2}t + B\sin\frac{\pi}{2}t\right).$$

计算可得

$$y_{t+2}^* = (t+2)\left(A\cos\frac{\pi}{2}(t+2) + B\sin\frac{\pi}{2}(t+2)\right)$$

$$= -(t+2)\left(A\cos\frac{\pi}{2}t + B\sin\frac{\pi}{2}t\right).$$

代入方程, 有

$$y_{t+2}^* + y_t^* = -2\left(A\cos\frac{\pi}{2}t + B\sin\frac{\pi}{2}t\right) \equiv 50\sin\frac{\pi}{2}t.$$

于是可确定 $A = 0, B = -25$. 从而方程的通解是

$$y_t = C_1\cos\frac{\pi}{2}t + (C_2 - 25t)\sin\frac{\pi}{2}t,$$

其中 C_1 与 C_2 是两个任意常数.

习 题 十

1. 求下列一阶常系数线性差分方程的通解:

1) $y_{t+1} - 5y_t = 8t - 6$;   2) $y_{t+1} - y_t = 2t + 3$;

3) $y_{t+1} + 2y_t = 25(2t+1) \cdot 3^t$;   4) $y_{t+1} + 4y_t = 2t^2 + t - 1$;

5) $y_{t+1} - 3y_t = 10\sin\frac{\pi}{2}t$;   6) $y_{t+1} + 2y_t = 2^t\cos\frac{\pi}{2}t$;

7) $y_{t+1} - 3y_t = 3(2t-1) \cdot 3^t$.

2. 求下列一阶常系数线性差分方程初值问题的特解:

1) $y_{t+1} - y_t = t, \ y_0 = 10$;

2) $y_{t+1} + y_t = 2^t, \ y_0 = 2$;

3) $y_{t+1} - 5y_t = t \cdot 5^t, \ y_0 = \frac{7}{3}$;

4) $y_{t+1} + y_t = 2^t\sin\frac{\pi}{2}t, \ y_0 = -1$.

3. 设某产品在 t 时期的价格 P_t、总供给 S_t 与总需求 D_t 满足如下关系:

$$\begin{cases} S_t = 3P_t + 2, \\ D_t = -5P_{t-1} + 6, \\ S_t = D_t, \end{cases}$$

其中 $t = 1, 2, \cdots$.

1) 推导价格 P_t 满足的差分方程.

2) 若基期价格 $P_0 = \dfrac{15}{2}$，求价格 P_t 的变化规律.

4. 求下列二阶常系数线性差分方程的通解：

1) $y_{t+2} + \dfrac{1}{2} y_{t+1} - \dfrac{1}{2} y_t = 0$；

2) $y_{t+2} + 4 y_{t+1} + 4 y_t = 0$；

3) $y_{t+2} - 2\sqrt{3} y_{t+1} + 4 y_t = 0$；

4) $y_{t+2} - y_{t+1} - 6 y_t = 9(2t + 1)$；

5) $y_{t+2} + \dfrac{1}{2} y_{t+1} - \dfrac{1}{2} y_t = 2t + 7$；

6) $y_{t+2} - 4 y_{t+1} + 4 y_t = 2^t$.

5. 求下列二阶常系数线性差分方程初值问题的特解：

1) $y_{t+2} - 4 y_{t+1} + 16 y_t = 0$，$y_0 = 0$，$y_1 = 1$；

2) $y_{t+2} - 2 y_{t+1} + 2 y_t = 0$，$y_0 = 2$，$y_1 = 2$；

3) $y_{t+2} + 3 y_{t+1} - \dfrac{7}{4} y_t = 9$，$y_0 = 6$，$y_1 = 3$；

4) $y_{t+2} - 2 y_{t+1} + 4 y_t = 2t + 1$，$y_0 = 0$，$y_1 = 1$；

5) $y_{t+2} - 3 y_{t+1} + 2 y_t = 2(t - 1)$，$y_0 = 0$，$y_1 = 3$.

6. 经济学家 Hicks 建立了如下的宏观经济模型：

$$\begin{cases} Y_t = C_t + I_t + G_t, \\ I_t = a(Y_{t-1} - Y_{t-2}), \\ C_t = b Y_{t-1}, \\ G_t = G_0 (1 + p)^t, \end{cases}$$

其中 Y_t 为 t 期国民收入，C_t 为 t 期消费，I_t 为 t 期投资，G_t 为 t 期自发投资（或政府支出），a 为加速数，b 为边际消费倾向，p 为增长率，且 $a > 0$，$0 < b < 1$，$0 < p < 1$，$G_0 > 0$ 为常数.

1) 推导国民收入 Y_t 满足的差分方程.

2) 设 $a = \dfrac{1}{4}$，$b = \dfrac{1}{4}$，$p = \dfrac{1}{2}$，$G_0 = 2$，求 Y_t.

习 题 答 案

习题一

1. 1) $(-3,11)$; 2) $(-1,1] \cup [3,5)$; 3) $(a-\varepsilon, a+\varepsilon)$;

4) $\left(\dfrac{x_0-\delta}{a}, \dfrac{x_0+\delta}{a}\right)$; 5) $(-\infty,-2) \cup (3,+\infty)$; 6) $[-2,1]$.

2. 1) 不同; 2) 不同; 3) 不同, 仅在 $\left[-\dfrac{\pi}{2}, \dfrac{\pi}{2}\right]$ 上相同;

4) 相同; 5) 不同; 6) 相同.

3. 1) $(-\infty,-1) \cup (1,4)$; 2) $[1,4]$;

3) $(-1,1]$; 4) $[2,3) \cup (3,5)$;

5) $(-\infty,1] \cup [3,+\infty)$; 6) $(0,10) \cup (10,+\infty)$;

7) $[1-10^2,0) \cup (0,1-10^{-2}]$; 8) $[-3,-2) \cup (3,4]$.

4. 1) $(-4,4)$, 3, 8, 图略; 2) $(-\infty,+\infty)$, $-\dfrac{1}{3}$, -3, -9, 图略.

6. A. **7.** C.

8. 1) 在 $[0,2]$ 上 $\uparrow$, 在 $[2,4]$ 上 $\downarrow$; 2) 在 $(-\infty,+\infty)$ 上 $\uparrow$;

3) 在 $(0,+\infty)$ 上 $\uparrow$; 4) 在 $(-\infty,0]$ 上 $\uparrow$, 在 $(0,+\infty)$ 上 $\downarrow$.

9. A.

10. 1) 偶; 2) 奇; 3) 奇; 4) 奇; 5) 非奇非偶; 6) 偶.

11. 1) 是, π; 2) 是, $\dfrac{\pi}{4}$; 3) 不是; 4) 是, 12π.

13. $1, \pm 1, 0$, 当 $f(-1)$ 为 1 时是偶, 为 -1 时是奇.

14. 均是, 周期都是 6.

15. 1) $y = \dfrac{x+3}{x-1}$, $x \neq 1$; 2) $y = \sqrt[3]{x-7}$, $x \in (-\infty,+\infty)$;

3) $y = \dfrac{1}{2}(1-10^x)$, $x \in (0,+\infty)$; 4) $y = \sqrt{25-x^2}$, $x \in (0,5)$;

5) $y = \begin{cases} x+1, & x < -1; \\ \sqrt{x}, & x \geqslant 0; \end{cases}$ 6) $y = \begin{cases} \dfrac{1}{2}(x+1), & x \in (-1,1]; \\ 2-\sqrt{2-x}, & x \in (1,2]. \end{cases}$

16. $g(x) = \dfrac{2x+1}{x+3}$ $(x \neq -3)$.

17. 由图形或按定义均可证明 $y = f^{-1}(x)$ 是单调的奇函数.

18. 1) $y = \lg(\sec^2 x + 1)$;　　2) $y = \cos\sqrt{2x+1}$.

19. 1) $f(g(x)) = 4^x$, $g(f(x)) = 2^{x^2}$;

　　2) $f(g(x)) = \lg(\sqrt{x}+1)+1$, $g(f(x)) = \sqrt{\lg x + 1} + 1$.

20. 1) $y = \lg u$, $u = v^2$, $v = \tan x$;

　　2) $y = \arcsin u$, $u = a^v$, $v = \sqrt{x}$;

　　3) $y = 2^u$, $u = \sqrt{v}$, $v = \cos w$, $w = x^2$;

　　4) $y = u^2$, $u = \lg v$, $v = \arctan w$, $w = x^3$.

21. 1) $f(g(x))$ 无意义;

　　2) $f(g(x)) = \lg(1-\sin x)$, $x \neq \left(2k+\dfrac{1}{2}\right)\pi$, $k \in \mathbf{Z}$;

　　3) 在 $[10^{-1}, 10]$ 上有意义;

　　4) 在 $(-\infty, +\infty)$ 上有意义.

22. $\dfrac{x}{1-2x}, \dfrac{x}{1-3x}$.　　**23.** $\begin{cases}(x-1)^2, & 1 \leqslant x \leqslant 2; \\ 2(x-1), & 2 < x \leqslant 3.\end{cases}$

24. $\begin{cases}0, & x \neq 0; \\ -2, & x = 0.\end{cases}$　　**25.** $\begin{cases}-1, & -1 \leqslant x < 0; \\ 0, & 0 \leqslant x \leqslant 1; \\ 1, & 1 < x \leqslant 2.\end{cases}$

26. $x + \dfrac{1}{x} + \dfrac{1}{1-x} - 1$.　　**27.** $\dfrac{x+1}{x-1}$, $x > 0$, $x \neq 1$.

28. $\begin{cases}\pi - \alpha, & \pi < \alpha \leqslant \dfrac{3\pi}{2}; \\ \alpha - 2\pi, & \dfrac{3\pi}{2} < \alpha < 2\pi,\end{cases}$　　$2\pi - \beta$

29. 1) $S = 2\pi x(x + 2\sqrt{R^2 - x^2})$, $V = 2\pi x^2\sqrt{R^2 - x^2}$, $0 < x < R$;

　　2) $S = 2\pi\left(R^2 + y\sqrt{R^2 - \dfrac{y^2}{4}} - \dfrac{y^2}{4}\right)$, $V = \pi y\left(R^2 - \dfrac{y^2}{4}\right)$, $0 < y < 2R$.

30. 设侧面单位面积的造价为 a(元)，底边长为 x，则总造价

$$y = 2a\left(x^2 + \frac{2V}{x}\right) \quad (x > 0).$$

31. 设销量为 x(吨)，则销售收入为

$$y = \begin{cases}130x \text{ (元)}, & 0 \leqslant x \leqslant 800; \\ 117x + 10\,400 \text{ (元)}, & 800 < x \leqslant 2\,000.\end{cases}$$

32. $a = 10$, $b = 5$, $c = 2$.

33. 设每台售价为 p，则销量 $Q = 4\,000 - 5p$. 利润函数

$$L(p) = 6\,000p - 5p^2 - 1\,600\,000.$$

34. 设一批进货 x 件，则每月投资总额

$$y = 360\,000 + \frac{3}{8}x + \frac{1\,200\,000}{x} \quad (0 < x \leqslant 2\,400).$$

35. 总运费 $y = m \sqrt{a^2 + x^2} + n(b-x)$ $(0 \leqslant x \leqslant b)$.

习题二

1. 1) 收敛，0;   2) 发散;   3) 发散$(-\infty)$;   4) 发散;

     5) 收敛，3;   6) 收敛，1;   7) 收敛，1;   8) 收敛，$\dfrac{3}{2}$.

2. 1) $x_n = (-1)^n \dfrac{2n-1}{2n+1}$，发散;   2) $x_n = \dfrac{1+(-1)^n}{2n}$，收敛，0;

     3) $x_n = \dfrac{[1+(-1)^n]n+2}{2n}$，发散.

3. $1, \dfrac{1}{2}, \dfrac{1}{2^2}, \cdots, \dfrac{1}{2^{n-1}}, \cdots$，其极限为 0.

4. 1) 0;   2) 0;   3) 1;   4) 不存在;

     5) 0;   6) π;   7) $\dfrac{\pi}{4}$;   8) 不存在.

5. 1) $f(0^-) = -1$, $f(0^+) = 1$，不存在;

     2) $f(0^-) = 0$, $f(0^+) = +\infty$，不存在;

     3) $f(0^-) = -\dfrac{\pi}{2}$, $f(0^+) = \dfrac{\pi}{2}$，不存在;

     4) $f(1^-) = \dfrac{1}{\lg 2}$, $f(1^+) = 0$，不存在.

6. 1) 当 $0 < x - a < \delta$ 时 $|f(x) - A| < \varepsilon$;

     2) 当 $0 < a - x < \delta$ 时 $|f(x) - A| < \varepsilon$;

     3) 当 $x > M$ 时 $|f(x) - A| < \varepsilon$;

     4) 当 $x < -M$ 时 $|f(x) - A| < \varepsilon$.

8. 1) $3x^2$;   2) n;   3) $1 + \dfrac{\pi}{2}$;   4) 2;

     5) -2;   6) -2;   7) $\dfrac{2}{3}\sqrt{2}$;   8) 1.

9. $\dfrac{1}{5}$.   **10.** 1) 是;   2) 是;   3) 不是.

11. 1) 是无穷小量;   2) 是无穷大量;   3) 是无穷小量;

     4) 是无穷大量;   5) 是无穷大量;   6) 既非无穷小量又非无穷大量.

14. $a = 1$, $b = -2$.   **15.** $a = 1$, $b = -1$.

16. 1) $a \neq 0$;   2) $a = 0$, $b = 1$.

17. B.   **18.** 3.   **19.** D.   **20.** 1) $\dfrac{243}{32}$,   2) 0.

21. 1) $\dfrac{2}{3}$;   2) 0;   3) $\dfrac{2}{5}$;   4) π;   5) 1;

     6) $\sqrt{2}$;   7) $\sqrt{2}$;   8) 0;   9) 1;   10) $\dfrac{1}{7}$.

22. $a = 4$, $b = -5$.　　　**23.** 1.

24. 1) e^9;　2) $e^{-\frac{2}{3}}$;　3) $e^{\frac{2}{3}}$;　4) e^{-2};　5) e;　6) e.

25. e^{-3}.　　**26.** $\frac{1}{2}\ln 2$.　　**27.** 1) 连续;　2) 在 $x = 0$ 点不连续.

28. 1) $\frac{3}{4}$;　2) $-\frac{1}{2}$;　3) e^{-1};　4) $e^{\frac{a^2}{2}}$;　5) e;

　　6) $\frac{\pi}{8}$;　7) $\frac{1}{2}$;　8) $a - b$;　9) 2;　10) -1.

29. 3.　　　**30.** 0.　　　**32.** $a = \frac{\sqrt{2}}{2}$, $b = -1$.　　　**33.** C.

36. 提示：设 $M = \max\limits_{[x_1, x_3]} f(x)$, $m = \min\limits_{[x_1, x_3]} f(x)$, 则

$$m \leqslant \frac{1}{3}(f(x_1) + f(x_2) + f(x_3)) \leqslant M.$$

38. 1) $x = 1$ 是可去间断点, $x = 2$ 是无穷间断点;

　　2) $x = 0$ 是可去间断点;

　　3) $x = -2$, $x = 0$ 是无穷间断点, $x = -1$ 是可去间断点;

　　4) $x = 0$, $x = \pm\pi$ 是可去间断点, $x = \pm\frac{\pi}{4}$ 是无穷间断点.

39. $x = -1$ 是可去间断点, $x = 0$ 是跳跃间断点, $x = 1$ 是无穷间断点.

习题三

1. 1) $\frac{1}{2\sqrt{x}}$;　　2) $-\frac{2}{x^3}$;　　3) $\frac{2}{3}\frac{1}{\sqrt[3]{x}}$;　　4) $\frac{1}{x\ln a}$.

2. 1) $y = 5x - 3$ 和 $y = 5x + \frac{175}{27}$;　2) $x + y - \frac{\pi}{2} = 0$;　3) $x + y - 2 = 0$.

3. 8.　　　**4.** $2ax + b$, b, $a + b$, 0.

5. 1) $f'(a)$;　2) $4f'(a)$;　3) -2.

6. $2f(x)f'(x)$.　　　**7.** 可导, 2.　　　**8.** $x = 1$.

9. 1) $a > 0$;　2) $a > 1$, $f'(0) = 0$;　3) $a > 2$.

10. B.　　　**11.** 1.　　　**12.** 按定义, $F'(0) = f'(0)$.

13. 不一定, 如 $f(x) = |x|$, 此极限在 $x = 0$ 处为 0, 但 $f'(0)$ 不存在.

14. 1) $g(a)$;　2) 若 $\lim\limits_{x \to a} g(x) = A$, 则 $f'(a) = A$. 若 $\lim\limits_{x \to a} g(a)$ 不存在, 则 $f'(a)$ 不存在.

15. D.　　　**16.** $y = 2x - 6$.

19. 1) $20x^3 - 6x - \frac{1}{x^2}$;　　　　　2) $\frac{3x + 1}{2\sqrt{x}}$;

　　3) $5\frac{1 - x^2}{(1 + x^2)^2}$;　　　　　4) $-\frac{2}{x(1 + \ln x)^2}$;

　　5) $\left(n\log_a x + \frac{1}{\ln a}\right)x^{n-1}$;　　6) $-\frac{8x^3 + 1}{3\sqrt[3]{x^4}}$;

7) $2^x(\sin x\ln 2+\cos x)$; 8) $\dfrac{x}{3^x}(2-x\ln 3)$;

9) $\dfrac{1-\cos x-x\sin x}{(1-\cos x)^2}$; 10) $\sec^2 x-\cot x+x\csc^2 x$;

11) $\arctan x+\dfrac{x}{1+x^2}$; 12) $e^x\arccos x-\dfrac{e^x}{\sqrt{1-x^2}}$;

13) $-\sin x-\cos x$; 14) $x(2\tan x\ln x+x\sec^2 x\ln x+\tan x)$;

15) $-2x^{-3}-2^{-x}\ln 2$; 16) $\dfrac{1}{x\sqrt{1-x^2}}$.

21. $a=1,\ b=2$.

22. 1) $f'(x)=\begin{cases}\cos x, & x<0;\\ e^x, & x\geqslant 0,\end{cases}$ $f'(0)=1,\ f'(1)=e$;

2) $f'(x)=\begin{cases}\dfrac{1}{1+x^2}, & 1<x<\dfrac{\pi}{2};\\[2mm] \sec^2 x, & -\dfrac{\pi}{2}<x\leqslant 0,\end{cases}$ $f'(0)=1,\ f'(1)=\dfrac{1}{2}$.

23. 1) $(120x+134)(3x+5)^2(5x+1)^4$; 2) $\dfrac{2x(6+3x+16x^3)}{\sqrt{1+4x^2}}$;

3) $\dfrac{1}{3x}\left(1+\dfrac{1}{\sqrt[3]{\ln^2 x}}\right)$; 4) $\dfrac{1}{\sqrt{(1+x^2)^3}}$;

5) $n\cos^{n-1}x\cos(n+1)x$; 6) $\dfrac{1}{\sqrt{x}(1-x)}$;

7) $\csc x$; 8) $-\dfrac{5}{4}\cos^3\dfrac{x}{2}\cdot\sin x$;

9) $\dfrac{2}{a}\left(\sec^2\dfrac{x}{a}\tan\dfrac{x}{a}-\csc^2\dfrac{x}{a}\cot\dfrac{x}{a}\right)$; 10) $2x\cot\dfrac{1}{x}+\csc^2\dfrac{1}{x}$

11) $2\sqrt{1-x^2}$; 12) $2\sqrt{x^2+a^2}$;

13) $\dfrac{2}{1+x^2}$; 14) $\dfrac{x\arccos x}{\sqrt{(1-x^2)^3}}-\dfrac{1}{1-x^2}$;

15) $-2xa^{-x^2}e^{a^{-x^2}}\ln a$; 16) $\dfrac{4}{(e^x+e^{-x})^2}$;

17) $-\dfrac{1}{2\sqrt{1-x^2}}$; 18) $\dfrac{2}{\ln a}x\,e^{x^2}\cot e^{x^2}$;

19) $\dfrac{x\ln x}{\sqrt{(x^2-1)^3}}$; 20) $b(u(x))^{b-1}u'(x)+a^{v(x)}v'(x)\ln a$;

21) $\dfrac{4\sqrt{x^2+x\sqrt{x}}+2\sqrt{x}+1}{8\sqrt{x^2+x\sqrt{x}}\sqrt{x+\sqrt{x+\sqrt{x}}}}$; 22) $\dfrac{1}{2\sqrt{x-x^2}\arcsin\sqrt{x}}$;

23) $\left(\dfrac{1}{x}\right)^{\cot x}\left(\csc^2 x\ln x-\dfrac{\cot x}{x}\right)$; 24) $(\sin x)^{\cos x}(\cot x\cos x-\sin x\ln\sin x)$;

25) $\dfrac{x^{\sqrt{x}}}{\sqrt{x}}\left(1+\dfrac{\ln x}{2}\right)$;

26) $\dfrac{\sqrt{x^2+4x}}{\sqrt[3]{x^3+2}}\left(\dfrac{x+2}{x^2+4x}-\dfrac{x^2}{x^3+2}\right)$;

27) $\dfrac{x^2}{1-x}\sqrt[3]{\dfrac{3-x}{(3+x)^2}}\left(\dfrac{2}{x}+\dfrac{1}{1-x}+\dfrac{x-9}{3(9-x^2)}\right)$;

28) $\left(1-\dfrac{1}{2x}\right)^x\left(\ln\left(1-\dfrac{1}{2x}\right)+\dfrac{1}{2x-1}\right)$.

24. 1) $e^{f(x)}\left(e^x f'(e^x)+f'(x)f(e^x)\right)$;

2) $f'(\sin^2 x)\sin 2x+2f(x)f'(x)\cos f^2(x)$;

3) $-\dfrac{f'\left(\arcsin\dfrac{1}{x}\right)}{|x|\ \sqrt{x^2-1}}$;

4) $\dfrac{f'(x)}{1+f^2(x)}$.

25. 1) $\dfrac{1}{\sqrt{x^2+4}}$;

2) $(2x+1)e^{2x}$.

26. $\dfrac{9}{4}$.

27. $-2\operatorname{sgn}x$.

28. $a=0,\ b=2$.

29. $a=b=-1,\ c=1$.

30. 在 $x=\sqrt{e}$ 处相切，$a=\dfrac{1}{2e}$.

33. 1) $\dfrac{2-x^2}{\sqrt{(1-x^2)^3}}$;

2) $2x(3+2x^2)e^{x^2}$;

3) $\dfrac{1+3\sqrt{x}}{4x\sqrt{x}\ (1+\sqrt{x})^3}$;

4) $\dfrac{1}{2x}+\dfrac{2x}{(1+x^2)^2}$;

5) $x^x\left[(1+\ln x)^2+\dfrac{1}{x}\right]$;

6) $\dfrac{f(x)f''(x)-(f'(x))^2}{f^2(x)}$.

34. 1) $(-1)^{n-1}\dfrac{(n-1)!}{(1+x)^n}$;

2) $2^{n-1}\sin\left(2x+\dfrac{n-1}{2}\pi\right)$;

3) $(n+x)e^x$;

4) $\dfrac{(-1)^n}{2^n}\dfrac{(2n-1)!!}{(1+x)^{n+\frac{1}{2}}}$.

35. $\dfrac{2-\ln x}{x\ln^3 x}$.

36. $\dfrac{1}{3}(2e^{x-1}-e^{1-x})$.

37. $y^{(n)}(0)=\begin{cases}1, & n\text{ 为奇数};\\ 0, & n\text{ 为偶数}.\end{cases}$

38. $(\Delta f-\mathrm{d}f)\big|_{x=2}=(\Delta x)^2$，当 Δx 依次等于 $10^{-1},10^{-2},10^{-3}$ 时，$(\Delta f-\mathrm{d}f)\big|_{x=2}$ 依次等于 $10^{-2},10^{-4},10^{-6}$，所以 Δx 越小则 $(\Delta f-\mathrm{d}f)\big|_{x=2}$ 越小，后者为前者的 2 阶无穷小.

39. 1) $\dfrac{x\mathrm{d}x}{\sqrt{1+x^2}}$;

2) $\dfrac{(1+x^2)\mathrm{d}x}{(1-x^2)^2}$;

3) $e^x(\cos x-\sin x)\mathrm{d}x$;

4) $\dfrac{3x^2\mathrm{d}x}{2(1+x^3)}$;

5) $\dfrac{e^{\arcsin\sqrt{x}}}{2\ \sqrt{x-x^2}}\mathrm{d}x$;

6) $e^{-x}(2\sin 4x-\sin^2(2x))\mathrm{d}x$;

7) $\dfrac{(x^2-1)\sin x+2x\cos x}{(1-x^2)^2}\mathrm{d}x$;

8) $\dfrac{2\ln 5}{\sin 2x}5^{\ln\tan x}\mathrm{d}x$.

41. 1) 0.99;　　2) 0.7954.　　**42.** $-8\ln 2$.　　**43.** 105.

44. $(12 \cdot 10^{-3} - 6 \cdot 10^{-6} + 10^{-9}) \dfrac{4\pi\rho}{3}, \dfrac{16\pi\rho}{10^3}$.

45. 1) 157 cm³, 0.5%;　　2) 7.85 cm², 0.25%.

46. 2 800, 30.

47. $150Q - 0.01Q^2$, 14 900 元, 148 元/件.

48. 1) $40 - \dfrac{Q}{500}$.　　2) 收益从 50 万元增加 0.8%.

49. $\dfrac{ED}{EP}\Big|_{P=4} = -\dfrac{32}{59} \approx -0.54$, $\dfrac{ER}{EP}\Big|_{P=4} = \dfrac{27}{59} \approx 0.46$, 所以当价格从 4 元上升 1%

时, 需求量从 59 下降 0.54%, 而收益则从 236 元增加 0.46%.

50. $\dfrac{ES}{EP} = \dfrac{3P}{2+3P}$, $\dfrac{ES}{EP}\Big|_{P=3} = \dfrac{9}{11} \approx 0.82$, 所以当价格从 3 提升 1% 时供给从 11 增

加 0.82%.

51. 1) $0 < P < \dfrac{16}{9}$ 时是低弹性, $\dfrac{16}{9} < P < 4$ 时是高弹性.

　　2) $0 < P < \sqrt{\dfrac{a}{3}}$ 时是低弹性, $\sqrt{\dfrac{a}{3}} < P < \sqrt{a}$ 时是高弹性.

52. $10 < P < 20$.

习题四

1. 1) 满足, $\xi = 4$;　　2) 不满足.

2. 1) 满足, $\xi = \dfrac{\sqrt{3}}{3}a$;　　2) 满足, $\xi = \arccos\dfrac{2}{\pi} \approx 0.8807 \approx 50°27'35''$.

4. $\xi = \dfrac{\pi}{4}$.

14. $a_0 = f(x_0)$, $a_1 = f'(x_0)$, $a_2 = \dfrac{1}{2!}f''(x_0)$, $\cdots$, $a_n = \dfrac{1}{n!}f^{(n)}(x_0)$.

15. 不能, 0.

16. 1) 32;　　2) π;　　3) -1;　　4) 2;　　5) 0;

　　6) 2;　　7) $f''(a)$.

17. 1) $\dfrac{1}{2}$;　　2) $\dfrac{1}{2}$;　　3) $\dfrac{2}{\pi}$;　　4) e^{-1};　　5) 1;

　　6) e^{-1};　　7) $\dfrac{1}{6}$;　　8) e^{-1};　　9) e^2;　　10) 1.

18. $a = 0$, $b = 1$.　　**19.** $\dfrac{1}{2}$, 1.

20. 1) 在 $(-\infty, -1), (0,1)$ 上 ↘, 在 $(-1,0), (1,+\infty)$ 上 ↗;

　　2) 在 $(-\infty, 0)$ 上 ↗, 在 $(0, +\infty)$ 上 ↘;

　　3) 在 $(-\infty, -2), (0, +\infty)$ 上 ↗, 在 $(-2,-1), (-1,0)$ 上 ↘;

　　4) 在 $\left(0, \dfrac{1}{2}\right)$ 上 ↘, 在 $\left(\dfrac{1}{2}, +\infty\right)$ 上 ↗.

22. 若 $p < q$，则 $p^q > q^p$.　　**23.** B.　　**24.** A.

25. 1) 在 $\left(-\infty, \dfrac{1}{3}\right)$ 上下凸，在 $\left(\dfrac{1}{3}, +\infty\right)$ 上上凸，拐点 $\left(\dfrac{1}{3}, \dfrac{2}{27}\right)$；

    2) 在 $(-\infty, 0)$，$(2. +\infty)$ 上下凸，在 $(0,2)$ 上上凸，拐点 $\left(0, \dfrac{1}{4}\right)$，$\left(2, \dfrac{1}{4}\right)$；

    3) 在 $(-\infty, -2)$ 上上凸，在 $(-2, +\infty)$ 上下凸，拐点 $\left(-2, -\dfrac{2}{e^2}\right)$；

    4) 在 $(-\infty, 1)$ 上上凸，在 $(1, +\infty)$ 上下凸，无拐点.

26. 是.　　**27.** ↘，∩.

28. 1) 凸；　　2) 在 $\left(-\infty, -\dfrac{1}{2}\right)$ 上下凸，在 $\left(-\dfrac{1}{2}, 0\right)$ 和 $(0, +\infty)$ 上上凸.

31. 1) 极大值 $y\big|_{x=0} = 7$，极小值 $y\big|_{x=2} = 3$；

    2) 极大值 $y\big|_{x=1} = 1$，极小值 $y\big|_{x=-1} = -1$；

    3) 极大值 $y\big|_{x=2} = 4e^{-2}$，极小值 $y\big|_{x=0} = 0$；

    4) 极大值 $y\big|_{x=\frac{1}{2}} = \dfrac{9}{8}\sqrt[3]{2}$，极小值 $y\big|_{x=0} = y\big|_{x=2} = 0$；

    5) $x = -1$ 非极值点，极小值 $y\big|_{x=\frac{1}{2}} = -\dfrac{27}{16}$.

    6) 极小值 $y\big|_{x=-\frac{1}{2}\ln 2} = 2\sqrt{2}$.

32. 1) $|c| > 2$；　　2) $|c| = 2$；　　3) $|c| < 2$.

33. C.　　　　**34.** $a = 1$, $b = -3$, $c = 1$.

35. 1) 最大值 $y\big|_{x=0} = 0$，最小值 $y\big|_{x=-2} = y\big|_{x=4} = -4$；

    2) 最大值 $y\big|_{x=-\frac{1}{2}} = y\big|_{x=1} = \dfrac{1}{2}$，最小值 $y\big|_{x=0} = 0$；

    3) 最大值 $y\big|_{x=0} = 0$，最小值 $y\big|_{x=-1} = -2$；

    4) 最大值 $y\big|_{x=\frac{\pi}{4}} = 1$，最小值 $y\big|_{x=0} = 0$.

36. $b = \dfrac{\sqrt{3}}{3}d$, $h = \dfrac{\sqrt{6}}{3}d$.　　**37.** $\dfrac{L}{2}$.　　**38.** $r = h = \sqrt[3]{\dfrac{3V}{5\pi}}$.

39. $x = \dfrac{1}{n}(x_1 + x_2 + \cdots + x_n)$.

40. 20 km/h.

41. $Q = 20\,000$，最大利润 $L(20\,000) = 340\,000$ 元.

42. 3百件，2.5万元.

43. 9.5元，购进140件，最大利润490元.

44. $p_0 = \dfrac{ab}{1+b}$, $Q_0 = \dfrac{c}{1+b}$.

45. 1) $y = 0$, $y = 2$；　　2) $x = 0$, $y = 1$；　　3) $x = -1$, $y = 0$；

4) $x=0$, $y=\dfrac{e}{e-1}$;   5) $x=1$, $y=0$;   6) $x=0$, $y=\dfrac{\pi}{4}$.

46. $x\to-\infty$ 或 $+\infty$ 时之极限 $k=\lim\dfrac{f(x)}{x}$, $b=\lim(f(x)-kx)$.

47. 1) $y=x$, $y=-x$;

2) $y=\dfrac{\pi}{2}x-1$, $y=-\dfrac{\pi}{2}x-1$.

48. 1) 极大值 $y\big|_{x=-\frac{1}{3}}=\dfrac{32}{27}$, 极小值

$y\big|_{x=1}=0$, 拐点 $\left(\dfrac{1}{3},\dfrac{16}{27}\right)$;

2) 极小值 $y\big|_{x=0}=0$, 渐近线 $x=-1$;

3) 渐近线 $x=-\dfrac{1}{3}$, $y=\dfrac{1}{3}x-\dfrac{1}{9}$,

在 $x=-\dfrac{2}{3}$ 时有极大值 $-\dfrac{4}{9}$,

$x=0$ 时有极小值 0.

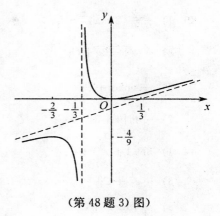

(第 48 题 3) 图)

习题五

1. $3\cos 3x+C$.   **2.** $-\dfrac{1}{x^2}$.

3. $\sin^2 x$, $-\dfrac{1}{2}\cos 2x$ 都是 $\sin 2x$ 的原函数, 而 $-\dfrac{1}{2}\cos^2 x$ 则是 $\dfrac{1}{2}\sin 2x$ 的原函数.

4. 1) $\sin x^2$;   2) $\sqrt{\sin x}+C$.   **5.** $Ce^{\tan x}$.

6. D.   **7.** $\dfrac{3}{2}t^2-2t+5$.   **8.** $y=x^3-3$.

9. 1) $2x-x^5+C$;

2) $x-2\sqrt{x^3}+\dfrac{3}{2}x^2-\dfrac{2}{5}\sqrt{x^5}+C$;

3) $\dfrac{3}{4}\sqrt[3]{x^4}-2\sqrt{x}+C$;

4) $-2\cos x-5\sin x+C$;

5) $\dfrac{2}{5}x^{\frac{5}{2}}+\dfrac{1}{2}x^2+2x^{\frac{3}{2}}+C$;

6) $\dfrac{1}{2}(x-\sin x)+C$;

7) $\sin x+\cos x+C$;

8) $\dfrac{x^3}{3}+\dfrac{3}{2}x^2+9x+C$.

10. 1) $\dfrac{1}{\ln 2-1}2^x e^{-x}+C$;

2) $-\cot x-x+C$;

3) $-\tan x-\cot x+C$;

4) $\dfrac{8}{15}x^{\frac{15}{8}}+C$;

5) e^x-x+C;

6) $\ln|x|+\arctan x+C$;

7) $\tan x-\cot x+C$;

8) $\tan x-\cot x+C$;

9) $\dfrac{x^2}{2}-\ln|x|-3\arcsin x+C$;

10) $\sec x+5\tan x+C$.

11. $\displaystyle\int\frac{\mathrm{d}x}{a+b\cos x}=\frac{2}{\sqrt{a^2-b^2}}\arctan\left(\sqrt{\frac{a-b}{a+b}}\tan\frac{x}{2}\right)+C\quad(a^2>b^2).$

12. $\displaystyle\int\frac{\mathrm{d}x}{a^2\cos^2 x+b^2\sin^2 x}=\frac{1}{ab}\arctan\left(\frac{b}{a}\tan x\right)+C.$

13. 1) $-\dfrac{2}{9}(2-x)^{\frac{9}{2}}+C;$ 2) $-\dfrac{1}{3(3y-4)}+C;$

    3) $-\sqrt{1-2u}+C;$ 4) $\dfrac{1}{2}\dfrac{a^{2x}}{\ln a}+C;$

    5) $\dfrac{1}{5}\sin 5x+C;$ 6) $\dfrac{\sqrt{3}}{6}\arctan\dfrac{2\sqrt{3}}{3}t+C;$

    7) $\dfrac{1}{3}\ln|1+3s|+C;$ 8) $\ln(\mathrm{e}^x+3)+C.$

14. 1) $3\ln(1+x^2)+C;$ 2) $\dfrac{1}{3}\sqrt{(v^2-2)^3}+C;$

    3) $-\mathrm{e}^{\frac{1}{x}}+C;$ 4) $3\sqrt[3]{x^3-2}+C;$

    5) $\dfrac{1}{4}(\ln x)^4+C;$ 6) $-\dfrac{2}{3}\mathrm{e}^{-3\sqrt{x}}+C.$

15. 1) $\ln\sqrt{x^2+1}-\arctan x+C;$ 2) $\dfrac{1}{4}\arctan\dfrac{2u+1}{2}+C;$

    3) $\dfrac{1}{5}\ln\left|\dfrac{y-4}{y+1}\right|+C;$ 4) $\arcsin\dfrac{x+2}{3}+C;$

    5) $\ln(x^2-2x+5)+\arctan\dfrac{x-1}{2}+C;$ 6) $\dfrac{3}{4}\ln|x-3|+\dfrac{1}{4}\ln|x+1|+C;$

    7) $\dfrac{x^3}{3}-x+\arctan x+C;$ 8) $\arctan x-\dfrac{1}{x}+C;$

    9) $-\dfrac{x}{(x-1)^2}+C;$ 10) $\dfrac{1}{2}\ln(x^2-x+1)+\sqrt{3}\arctan\dfrac{2x-1}{\sqrt{3}}+C.$

16. 1) $\dfrac{x}{2}-\dfrac{\sin 6x}{12}+C;$ 2) $\dfrac{\cos^3 x}{3}-\cos x+C;$

    3) $\sin x-\dfrac{2}{3}\sin^3 x+\dfrac{1}{5}\sin^5 x+C;$ 4) $\dfrac{1}{3}\sin^3 x-\dfrac{2}{5}\sin^5 x+\dfrac{1}{7}\sin^7 x+C;$

    5) $\dfrac{\tan^3 x}{3}-\tan x+x+C;$ 6) $\dfrac{\cot^3 x}{3}-\cot x+C;$

    7) $\dfrac{\tan^2 x}{2}+\ln|\cos x|+C;$ 8) $\dfrac{\tan^3 x}{3}+C;$

    9) $\dfrac{x}{8}-\dfrac{\sin 4x}{32}+C;$ 10) $\tan x-\sec x+C.$

17. 1) $\dfrac{1}{3}\ln|1+3\ln x|+C;$ 2) $\sin(\ln x)+C;$

    3) $\arcsin \mathrm{e}^x+C;$ 4) $\dfrac{1}{3}\left(\sqrt{(x+1)^3}-\sqrt{(x-1)^3}\right)+C;$

    5) $\ln|\ln x|-\dfrac{1}{2}\ln(\ln^2 x+1)+C;$ 6) $\dfrac{1}{4}\ln^2(1+x^2)+C;$

7) $\ln|x+\ln x|+C$;

8) $-\dfrac{1}{2}\left(\arctan\dfrac{1}{x}\right)^2+C.$

18. 1) $\sqrt{2}\ln\left|\csc\dfrac{x}{2}-\cot\dfrac{x}{2}\right|+C$;

2) $\ln|\tan x|+C$;

3) $e^{e^x}+C$;

4) $\ln|x+\cos x|+C$;

5) $(\arctan\sqrt{x})^2+C$;

6) $\dfrac{1}{4}(\ln\tan x)^2+C$;

7) $\dfrac{1}{2}(f(\ln t))^2+C$;

8) $\dfrac{1}{2}(x+\ln|\sin x+\cos x|)+C.$

19. 1) $\sqrt{2x-3}-\ln(1+\sqrt{2x-3})+C$;

2) $-\dfrac{\sqrt{1-x^2}}{x}+C$;

3) $\dfrac{x}{\sqrt{1-x^2}}+C$;

4) $\dfrac{1}{2}\left(\arctan x+\dfrac{x}{x^2+1}\right)+C$;

5) $\sqrt{x^2-a^2}-a\arccos\dfrac{a}{x}+C$;

6) $\dfrac{1}{2}(\arcsin x-x\sqrt{1-x^2})+C$;

7) $\dfrac{1}{3}\ln|3x+1+\sqrt{9x^2+6x+5}|+C$; 8) $\sqrt{x^2+a^2}+\dfrac{a^2}{\sqrt{x^2+a^2}}+C$;

9) $\ln(x+\sqrt{x^2+a^2})-\dfrac{x}{\sqrt{x^2-a^2}}+C$; 10) $\ln\dfrac{\sqrt{1+e^x}-1}{\sqrt{1+e^x}+1}+C.$

20. 1) $-(x^2+2x+2)e^{-x}+C$;

2) $\sin x-x\cos x+C$;

3) $x\ln(x^2+1)-2x+2\arctan x+C$;

4) $-\dfrac{\ln|x|+1}{x}+C$;

5) $2(\sqrt{x}-1)e^{\sqrt{x}}+C$;

6) $2\sqrt{x}(\ln x-2)+C$;

7) $\dfrac{1}{2}(x^2+1)\arctan x-\dfrac{x}{2}+C$;

8) $x\tan x+\ln|\cos x|+C$;

9) $xf'(x)-f(x)+C$;

10) $2(\sin\sqrt{x}-\sqrt{x}\cos\sqrt{x})+C$;

11) $2(\sqrt{x}-\sqrt{1-x}\arcsin\sqrt{x})+C$;

12) $x\arctan x-\dfrac{1}{2}(1+x^2)-\dfrac{1}{2}(\arctan x)^2+C.$

21. $x\csc^2 x+\cot x+C.$

22. 1) $-x-(1+\ln\sin x)\cot x+C$;

2) $\ln\left|\tan\dfrac{x}{2}\right|-\cos x\ln\tan x+C$;

3) $\dfrac{1}{2}(x^2+1)^2\arctan x-\dfrac{x^3}{6}-\dfrac{x}{2}+C$; 4) $\dfrac{x-1}{x}\ln(1-x)+C$;

5) $\dfrac{1}{2}(x\sec^2 x-\tan x)+C$;

6) $\dfrac{x}{2}\sin^2 x-\dfrac{x}{4}+\dfrac{1}{8}\sin 2x+C$;

7) $(\ln\ln x-1)\ln x+C$;

8) $\dfrac{1}{2}\ln\dfrac{x^2}{1+x^2}-\dfrac{1}{x}\arctan x+C.$

23. 1) $\dfrac{x^3}{3}-\dfrac{3}{2}x^2+9x-27\ln|x+3|+C$; 2) $\ln|x^2+3x-10|+C$;

3) $\ln|x| - \dfrac{1}{2}\ln(x^2+1) + C$; 4) $\dfrac{1}{x+1} + \dfrac{1}{2}\ln|x^2-1| + C$;

5) $\dfrac{\sqrt{3}}{3}\arctan\dfrac{2x+1}{\sqrt{3}} - \dfrac{1}{2}\ln\dfrac{x^2+1}{x^2+x+1} + C$;

6) $\ln\dfrac{(x-1)^2}{|x|} - \dfrac{x}{(x-1)^2} + C$; 7) $\ln\dfrac{|x|}{\sqrt{x^2+4}} + C$;

8) $-\dfrac{1}{x+1} + \dfrac{1}{2}\ln(x^2+1) + \arctan x + C$.

24. 1) $-\dfrac{1}{2}\cot\dfrac{x}{2} + \dfrac{1}{2}\ln\left|\tan\dfrac{x}{2}\right| + C$;

2) $\dfrac{1}{\sqrt{5}}\arctan\dfrac{3\tan\dfrac{x}{2}+1}{\sqrt{5}} + C$.

25. 1) $I_n = n(\ln x)^n - nI_{n-1}$ $(n=1,2,\cdots)$;

2) $I_n = n(\arcsin x)^n + n\sqrt{1-x^2}(\arcsin x)^{n-1} - n(n-1)I_{n-2}$ $(n=2,3,\cdots)$;

3) $I_{m,n} = \dfrac{x^{m+1}}{m+1}(\ln x)^n - \dfrac{n}{m+1}I_{m,n-1}$ $(m=0,1,2,\cdots,\ n=1,2,\cdots)$;

4) $I_n = \dfrac{-\sin^{n-1}x\cos x}{n} + \dfrac{n-1}{n}I_{n-2}$ $(n=2,3,\cdots)$;

5) $I_n = \dfrac{\tan^{n-1}x}{n-1} - I_{n-2}$ $(n=2,3,\cdots)$.

27. $x + C$, $\ln|a\sin x + b\cos x| + C$, $\dfrac{ax - b\ln|a\sin x + b\cos x|}{a^2+b^2} + C$,

$\dfrac{bx + a\ln|a\sin x + b\cos x|}{a^2+b^2} + C$.

28. $f(x) = F'(x) = \dfrac{x\mathrm{e}^{\frac{x}{2}}}{2(1+x)^{\frac{3}{2}}}$.

习题六

1. $m = \lim\limits_{\lambda\to 0}\sum\limits_{i=1}^{n}\rho(\xi_i)\Delta x_i = \displaystyle\int_0^L \rho(x)\mathrm{d}x$. **2.** $\mathrm{e}-1$.

3. 1) $I_1 < I_2$; 2) $I_2 < I_1$; 3) $I_2 < I_1$.

4. 1) $\dfrac{\pi}{9} \leqslant I \leqslant \dfrac{2}{3}\pi$; 2) $\dfrac{1}{2} \leqslant I \leqslant \dfrac{\pi}{3}$.

5. 0. **6.** 1. **7.** $2\cos x^3 - 3x^3\sin x^3$.

8. 1) $2x^5\mathrm{e}^{x^4}$; 2) $\mathrm{e}^x\ln(1+\mathrm{e}^{2x}) - \ln(1+x^2)$;

3) $3x^2\mathrm{e}^{-x^6} - \dfrac{1}{2\sqrt{x}}\mathrm{e}^{-x}$; 4) $3x^2(\cos x - 1)$.

9. 1) $\dfrac{1}{3}$; 2) $\dfrac{1}{3}$; 3) -1; 4) e; 5) $\dfrac{\pi^2}{4}$.

10. $\dfrac{\pi}{3}$. **11.** $\dfrac{3}{4}$. **13.** 1. **16.** 不连续. **17.** 3.

18. 在$(-\infty, 2)$ 上 $\searrow$, 在$(2, +\infty)$ 上 $\nearrow$.

19. 极小值点 $x = 0$, 极大值点 $x = 1$.   **22.** $\dfrac{5}{2}(\ln x + 1)$.

24. 1) -2;   2) 12;   3) $1 - \dfrac{\pi}{4}$;   4) 4;

     5) $\dfrac{5}{2}$;   6) $\dfrac{23}{6}$;   7) $\sqrt{3} - 1 - \dfrac{\pi}{12}$;   8) $\dfrac{1}{2}(e^2 + 1)$;

     9) $4 - 2\ln 3$;   10) $\dfrac{\pi}{6}$;   11) $\dfrac{\pi}{6}$;   12) $\dfrac{\pi}{16} a^4$;

    13) $\dfrac{1}{4}\left(\dfrac{\pi}{2} - 1\right)$;   14) $\dfrac{\sqrt{2}}{2}$;   15) $\sqrt{3} - \dfrac{\pi}{3}$;   16) $2\ln(1 + \sqrt{2}) - \ln 3$;

    17) $\dfrac{\pi}{2}$;   18) $\dfrac{1}{2}\ln\dfrac{3}{2}$.

25. 1) $\dfrac{1}{4}(e^2 - 3)$;   2) $\dfrac{1}{2} + \dfrac{\sqrt{3}}{12}\pi$;   3) $1 - \dfrac{2}{e}$;   4) $6 - 2e$;

     5) 1;   6) $\dfrac{1}{5}(e^\pi - 2)$;   7) $2\left(1 - \dfrac{1}{e}\right)$;   8) $\dfrac{\pi}{2}$;

     9) 4;   10) $\dfrac{\pi}{2}$;   11) $\dfrac{4}{3}\pi - \sqrt{3}$;   12) $\dfrac{1}{3}\ln 2$.

26. $2e^2$.   **27.** $\dfrac{1}{4}$.   **30.** 2.   **32.** $\ln|x| + 1$.

33. 1) $\dfrac{32}{3}$;   2) $\dfrac{8}{3}$;   3) $\dfrac{3}{2} - \ln 2$;   4) $\dfrac{4}{3}$;   5) 2;

     6) $e + \dfrac{1}{e} - 2$;   7) $\dfrac{7}{6}$;   8) $\dfrac{20}{3}$;   9) $\dfrac{9}{4}$;   10) $\dfrac{e}{2} - 1$.

34. 1) $\dfrac{15}{2}\pi$;   2) $V_x = \dfrac{\pi^2}{4}, V_y = 2\pi$;   3) $V_x = \dfrac{19}{48}\pi, V_y = \dfrac{7\sqrt{3}}{10}\pi$;

     4) $\dfrac{\pi}{2}$;   5) $2\left(1 - \dfrac{e}{3}\right)\pi$.

35. $P\left(\dfrac{\pi}{4}, \dfrac{\sqrt{2}}{2}\right)$.   **36.** $2, 9\pi$.

37. 1) $1 - 2te^{-2t}$ $(t \in (0, +\infty))$;   2) $1 - \dfrac{1}{e}$.

38. $\dfrac{4}{3}\pi abc$.   **39.** $\dfrac{4}{3}\sqrt{3}ab^2$.   **40.** 1000件, 9万元.   **41.** $\dfrac{ax}{x+b} + cx$.

42. 1) $C(x) = 2x - \dfrac{x^2}{2} + 22, R(x) = 20x - 2x^2$;   2) 6台;

    3) 从最大利润32万元下降了24万元.

43. 336件.   **44.** 生产8年获最大利润18.4百万元.

45. 1) $\dfrac{1}{2}$;   2) $\dfrac{\pi}{4}$;   3) 2;   4) $\dfrac{2}{3\sqrt{3}}\pi$;   5) $\dfrac{1}{2}$;   6) $\dfrac{\pi}{4} + \dfrac{\ln 2}{2}$;

     7) 2;   8) π;   9) -1;   10) $\dfrac{\pi^2}{8}$;   11) $\dfrac{1}{3}$;   12) $\dfrac{\pi}{2}$;

13) $\dfrac{\pi}{2}$;　14) $3(1+\sqrt[3]{2})$;　15) $\dfrac{8}{3}$;　16) 发散.

46. 1) $\dfrac{\pi}{4}$;　2) $\dfrac{\pi}{2}$.

47. 1) $6!$;　2) $\dfrac{105}{8}$;　3) $0.8862, 1.3293$;　4) $\dfrac{2}{63}\sqrt{\pi}$;

5) $(2n-1)!!\dfrac{\sqrt{\pi}}{2^n}$.

48. 1) 120;　2) $\dfrac{3}{128}\sqrt{\pi}$;　3) $\dfrac{\sqrt{\pi}}{2a}$;　4) 1.

49. 1) $\dfrac{\Gamma(\lambda)}{k^\lambda}$;　2) $\dfrac{1}{m}\Gamma\left(\dfrac{n+1}{m}\right)$;　3) $\Gamma(\lambda+1)$;　4) $\dfrac{1}{\alpha}\Gamma\left(\dfrac{1}{\alpha}\right)$.

习题七

1. 1) 平面;　　2) 球面;　　3) 柱面;　　4) 椭球面;

5) 旋转抛物面;　6) 圆锥面;　7) 双曲抛物面;　8) 一个点.

2. 1) $\sqrt{30}$;　　　　2) $5x-y-2z+10=0$;

3) $x^2+y^2+z^2-4x+2y-6z-16=0$, 或$(x-2)^2+(y+1)^2+(z-3)^2=30$.

3. 1) $\begin{cases} x=0; \\ z=0; \end{cases}$　2) $y=0$.

4. 1) $\mathbf{R}^2-\{(0,0)\}$;　　　　2) $\{(x,y)\mid |x|\leqslant 1,\ |y|\geqslant 2\}$;

3) $\left\{(x,y)\mid 0\leqslant \dfrac{y}{x}\leqslant 2\right\}$;　4) $\{(x,y)\mid y^2\leqslant 4x,\ 0<x^2+y^2<1\}$.

5. 1) 0;　2) 10;　3) 0;　4) $-\dfrac{1}{6}$;　5) 1;　6) e^{-2}.

6. 1) 连续;　2) 不连续.

7. 1) $z'_x=y^2a^{xy^2}\ln a+2xy\cos x^2y$, $z'_y=2xya^{xy^2}\ln a+x^2\cos x^2y$;

2) $z'_x=y^x\ln y$, $z'_y=xy^{x-1}$;

3) $z'_x=\dfrac{1}{x\ln y}$, $z'_y=\dfrac{-\ln x}{y(\ln y)^2}$;

4) $z'_x=\dfrac{-y}{x^2+y^2}$, $z'_y=\dfrac{x}{x^2+y^2}$;

5) $z'_x=\dfrac{-x}{\sqrt{x^2+y^2}\,\sqrt{1-x^2-y^2}}$, $z'_y=\dfrac{-y}{\sqrt{x^2+y^2}\,\sqrt{1-x^2-y^2}}$;

6) $z'_x=(x+\sin y)^{xy}\left(y\ln(x+\sin y)+\dfrac{xy}{x+\sin y}\right)$,

$z'_y=(x+\sin y)^{xy}\left(x\ln(x+\sin y)+\dfrac{xy\cos y}{x+\sin y}\right)$.

8. 1) $z'_x(1,-1)=\dfrac{1}{2}$, $z'_y(1,-1)=\dfrac{1}{2}$;

2) $u'_x(1,2,3) = 54$, $u'_y(1,2,3) = 27$, $u'_z(1,2,3) = 27\ln 3$.

9. 1) $z''_{x^2} = \dfrac{x+2y}{(x+y)^2}$; $z''_{xy} = z''_{yx} = \dfrac{y}{(x+y)^2}$, $z''_{y^2} = -\dfrac{x}{(x+y)^2}$;

2) $z''_{x^2} = \dfrac{4y^2(3x^2-y^2)}{(x^2+y^2)^3}$; $z''_{xy} = z''_{yx} = \dfrac{8xy(y^2-x^2)}{(x^2+y^2)^3}$, $z''_{y^2} = \dfrac{4x^2(x^2-3y^2)}{(x^2+y^2)^3}$;

3) $z''_{x^2} = \dfrac{1}{x^2}y^{\ln x}\ln y\,(\ln y - 1)$, $z''_{xy} = \dfrac{1}{xy}y^{\ln x}(1+\ln x\,\ln y)$,

$z''_{y^2} = \dfrac{1}{y^2}\ln x\,(\ln x - 1)y^{\ln x}$;

4) $z''_{x^2} = 2\arctan\dfrac{y}{x} - \dfrac{2xy}{x^2+y^2}$, $z''_{xy} = \dfrac{x^2-y^2}{x^2+y^2}$, $z''_{y^2} = -2\arctan\dfrac{x}{y} + \dfrac{2xy}{x^2+y^2}$.

10. $x^2 + y^2$.

11. 1) $\dfrac{\sqrt{xy}}{2x^2 y}(x\mathrm{d}y - y\mathrm{d}x)$; 2) $\dfrac{1}{|x|\sqrt{x^2-y^2}}(x\mathrm{d}y - y\mathrm{d}x)$;

3) $x^y\left[\left(\dfrac{y}{x} - \sqrt{\dfrac{y}{x}}\right)\mathrm{d}x + \left(\ln x - \sqrt{\dfrac{x}{y}}\right)\mathrm{d}y\right]$; 4) $\dfrac{-y\mathrm{d}x + x\mathrm{d}y}{x^2+y^2}$;

5) $\mathrm{e}^{\left(\frac{x}{y}+\mathrm{e}^{xy}\right)}\left[\left(\dfrac{1}{y} + y\mathrm{e}^{xy}\right)\mathrm{d}x + \left(x\mathrm{e}^{xy} - \dfrac{x}{y^2}\right)\mathrm{d}y\right]$;

6) $y^x\mathrm{e}^{\sin(x+y)}\left[(\cos(x+y) + \ln y)\mathrm{d}x + \left(\cos(x+y) + \dfrac{x}{y}\right)\mathrm{d}y\right]$;

7) $\mathrm{e}^{-\arctan\frac{y}{x}}[(2x+y)\mathrm{d}x + (2y-x)\mathrm{d}y]$;

8) 设 $u = \ln(x^2+y^2)$, $v = \mathrm{e}^{-xy}$, 则 $z = f(u,v)$,

$$\mathrm{d}z = \left(\dfrac{2x}{x^2+y^2}f'_u - y\mathrm{e}^{-xy}f'_v\right)\mathrm{d}x + \left(\dfrac{2y}{x^2+y^2}f'_u - x\mathrm{e}^{-xy}f'_v\right)\mathrm{d}y;$$

9) $\dfrac{u^v}{x^2+y^2}\left[\left(\dfrac{xv}{u} - y\ln u\right)\mathrm{d}x + \left(\dfrac{yv}{u} + x\ln u\right)\mathrm{d}y\right]$.

12. $\Delta z = -0.832$, $\mathrm{d}z = -0.8$. **13.** 2.95. **14.** -0.05 米.

15. 精确值 13.632 米^3, 近似值 14.8 米^3.

16. 1) $z'_x = \dfrac{2y^2}{x^3}\left(\dfrac{x^2}{x^2+y^2} - \ln(x^2+y^2)\right)$, $z'_y = \dfrac{2y}{x^2}\left(\dfrac{y^2}{x^2+y^2} + \ln(x^2+y^2)\right)$;

2) $z'_u = 2\dfrac{(u-2v)(u+3v)}{(2u+v)^2}$, $z'_v = -\dfrac{(u-2v)(9u+2v)}{(2u+v)^2}$;

3) $z'_x = \dfrac{xv - yu}{x^2+y^2}\mathrm{e}^{uv}$, $z'_y = \dfrac{xu + yv}{x^2+y^2}\mathrm{e}^{uv}$;

4) $\mathrm{e}^{\sin x - 2x^3}(\cos x - 6x^2)$; 5) $-2xy\mathrm{e}^{-\sin^2(xy^2)}\sin 2xy^2$;

6) $(\sin t)^{\cos t}(\cos t\cot t - \sin t\ln\sin t)$; 7) $2\dfrac{x - \mathrm{e}^{2x}}{x^2 - \mathrm{e}^{2x}}$;

8) 设 $v=x,\ w=\dfrac{x}{y}$，则 $u=f(v,w),\ u'_x=f'_v+\dfrac{1}{y}f'_w,\ u'_y=-\dfrac{x}{y^2}f'_w$；

9) 设 $u=x^2-y^2,\ v=e^{xy}$，则 $z=f(u,v)$，
$$z'_x=2xf'_u+ye^{xy}f'_v,\quad z'_y=-2yf'_u+xe^{xy}f'_v.$$

18. 1) $\dfrac{y-xy^2}{x+x^2y}$；　2) $\dfrac{y^2-xy\ln y}{x^2-xy\ln x}$.

19. 2.

20. 1) $z'_x=\dfrac{yz}{e^z-xy},\ z'_y=\dfrac{xz}{e^z-xy}$；

2) $z'_x=\dfrac{yz-\sqrt{xyz}}{2\sqrt{xyz}-xy},\ z'_y=\dfrac{xz-2\sqrt{xyz}}{2\sqrt{xyz}-xy}$.

21. 1) $\dfrac{y+ye^{xy}(x^2+y^2)}{x-xe^{xy}(x^2+y^2)}dx$；　2) $\dfrac{z}{1-2z^2}\left(2xdx+\dfrac{1}{y}dy\right)$；

3) $-dx+dy$；　　　　　4) $\dfrac{z(xdx-ydy)}{x^2-y^2}$；

5) 设 $u=x+\dfrac{z}{y},\ v=y+\dfrac{z}{x}$，则
$$dz=\dfrac{xy}{xF'_u+yF'_v}\left[\left(\dfrac{z}{x^2}F'_v-F'_u\right)dx+\left(\dfrac{z}{y^2}F'_u-F'_v\right)dy\right]；$$

6) $\left(f'_x+\dfrac{x+1}{z+1}e^{z-x}f'_z\right)dx+\left(f'_y-\dfrac{y+1}{z+1}e^{y-z}f'_z\right)dy.$

23. 1) 极小值 $f(1,0)=-5$，极大值 $f(-3,2)=31$；

2) 极小值 $f(1,1)=-1$；

3) 当 $a>0$ 时 $f\left(\dfrac{a}{3},\dfrac{a}{3}\right)=\dfrac{a^3}{27}$ 是极大值，当 $a<0$ 时 $f\left(\dfrac{a}{3},\dfrac{a}{3}\right)=\dfrac{a^3}{27}$ 是极小值.

24. 长、宽均为 $\dfrac{2\sqrt{2}}{3}r$，高为 $\dfrac{h}{3}$.

25. 1) 最小值 $f(-6,-3)=-9$；

2) 最大值 $f(2,1)=4$，最小值 $f(4,2)=-64$.

26. $Q\left(\dfrac{450}{2},\dfrac{75}{2}\right)$ 为最大值.

27. $q_A=2,\ q_B=3.$

28. 两边各折起 8 cm 并与底边成 60° 角.

29. 服装业投资 $\dfrac{4}{7}A$，家电业投资 $\dfrac{3}{7}A$，最大增量 $\dfrac{12}{7}A$.

30. 等边三角形.　　**31.** $\left(\dfrac{C}{n}\right)^n$.

32. 1) -3；　2) $\dfrac{1}{15}$；　3) $2\ln 2-\dfrac{3}{4}$；　4) $\dfrac{e^4}{2}-e^2$；　5) $\dfrac{a^4}{12}$；

6）先对 x 积分，$\dfrac{4}{3}$； 7）先对 y 积分，$\dfrac{1}{2}(e^4-1)$； 8）$\pi-2$；

9）$\dfrac{46}{15}$； 10）$\dfrac{49}{20}$； 11）a^2.

33. 1）$\displaystyle\int_0^2 dx \int_{-x}^x f(x,y)dy$ 或 $\displaystyle\int_{-2}^0 dy \int_{-y}^2 f(x,y)dx + \int_0^2 dy \int_y^2 f(x,y)dx$；

2）$\displaystyle\int_0^1 dy \int_y^{\sqrt{y}} f(x,y)dx$ 或 $\displaystyle\int_0^1 dx \int_{x^2}^x f(x,y)dy$；

3）$\displaystyle\int_{-\sqrt{2}}^{\sqrt{2}} dx \int_{x^2}^{4-x^2} f(x,y)dy$ 或 $\displaystyle\int_0^2 dy \int_{-\sqrt{y}}^{\sqrt{y}} f(x,y)dx + \int_2^4 dy \int_{-\sqrt{4-y}}^{\sqrt{4-y}} f(x,y)dy$；

4）$\displaystyle\int_0^1 dy \int_{e^y}^e f(x,y)dx$ 或 $\displaystyle\int_1^e dx \int_0^{\ln x} f(x,y)dy$.

34. 1）$\displaystyle\int_{-1}^\pi dy \int_0^4 f(x,y)dx$； 2）$\displaystyle\int_0^1 dy \int_0^{1-y} f(x,y)dx$；

3）$\displaystyle\int_0^{\frac{\sqrt{2}}{2}} dx \int_0^x f(x,y)dy + \int_{\frac{\sqrt{2}}{2}}^1 dx \int_0^{\sqrt{1-x^2}} f(x,y)dy$；

4）$\displaystyle\int_0^{2a} dy \int_{\frac{y^2}{2a}}^{2a} f(x,y)dx - \int_0^a dy \int_{a-\sqrt{a^2-y^2}}^{a+\sqrt{a^2+y^2}} f(x,y)dx$；

5）$\displaystyle\int_0^1 dx \int_{x^3}^{2-x} f(x,y)dy$； 6）$\displaystyle\int_0^1 dy \int_{\sqrt{1-y}}^{e^y} f(x,y)dx$.

37. $I_1 < I_2 < I_3$.

38. 1）$\displaystyle\int_0^{\frac{\pi}{2}} d\theta \int_0^{\frac{1}{\sin\theta+\cos\theta}} f(r\sin\theta, r\cos\theta)r\,dr$；

2）$\displaystyle\int_0^\pi d\theta \int_0^{2\sin\theta} f(r\sin\theta, r\cos\theta)r\,dr$；

3）$\displaystyle\int_{-\frac{\pi}{2}}^{\frac{\pi}{2}} d\theta \int_{2\cos\theta}^2 f(r\sin\theta, r\cos\theta)r\,dr + \int_{\frac{\pi}{2}}^{\frac{3\pi}{2}} d\theta \int_0^2 f(r\sin\theta, r\cos\theta)r\,dr$.

39. 1）$\dfrac{3\pi}{4}$； 2）$\sqrt{2}-1$； 3）$2-\dfrac{\pi}{2}$； 4）$\dfrac{3}{16}\pi^2$； 5）$\dfrac{36}{9}(3\pi-2)$.

习题八

1. 1）发散； 2）收敛； 3）发散；

4）收敛； 5）发散； 6）发散.

2. 提示：利用级数收敛的必要条件及正项级数收敛的比较判别法. 为说明其逆命题不成立，可令级数 $\displaystyle\sum_{n=1}^\infty u_n$ 是调和级数.

3. 提示：利用不等式 $2|ab| \leqslant a^2 + b^2$ 及正项级数收敛的比较判别法.

4. 提示：注意当 $n > N$ 时不等式 $0 \leqslant w_n - v_n \leqslant u_n - v_n$ 成立，再利用正项级数收敛的比较判别法以及级数的线性运算性质.

$\displaystyle\sum_{n=1}^\infty w_n$ 未必发散. 如令 $v_n = -1$，$u_n = 1$，$w_n = 0$（$\forall n$），可知 $\displaystyle\sum_{n=1}^\infty u_n$ 与 $\displaystyle\sum_{n=1}^\infty v_n$ 都发散，

而 $\sum\limits_{n=1}^{\infty} w_n$ 收敛.

5. 由比较判别法知, 正项级数 $\sum\limits_{n=1}^{\infty} \max\{u_n, v_n\}$ 必发散, 但 $\sum\limits_{n=1}^{\infty} \min\{u_n, v_n\}$ 未必发散,

例如: 令 $u_n = \begin{cases} 1, & n \text{ 是奇数}; \\ 0, & n \text{ 是偶数}, \end{cases}$ $v_n = 1 - u_n$, 则 $\min\{u_n, v_n\} = 0$ ($\forall n$).

6. 1) 收敛;　　2) 收敛;　　3) 发散;　　4) 收敛;

　　5) 发散;　　6) 收敛;　　7) 收敛;　　8) 收敛;

　　9) 收敛;　　10) 当 $a > 1$ 时收敛, 当 $a \leqslant 1$ 时发散.

7. 1) 收敛;　　2) 收敛;　　3) 发散;　　4) 收敛;　　5) 收敛;

　　6) 收敛;　　7) 收敛;　　8) 发散;　　9) 发散;　　10) 收敛;

　　11) 收敛;　　12) 收敛;　　13) 发散;　　14) 收敛.

8. 1) 绝对收敛;　　2) 条件收敛;　　3) 条件收敛;　　4) 条件收敛;

　　5) 条件收敛;　　6) 条件收敛;　　7) 绝对收敛;　　8) 条件收敛;

　　9) 发散;　　10) 绝对收敛;　　11) 发散.

9. 当 $|a| \neq 1$ 时绝对收敛; 否则发散.

10. 对任何常数 a, 级数绝对收敛.

11. 对任何常数 a, 级数条件收敛.

12. 1) 收敛半径、收敛区间及收敛域分别是 $R = 2$, $(-2, 2)$ 及 $[-2, 2]$;

　　2) 收敛半径、收敛区间及收敛域分别是 $R = e$, $(-e, e)$ 及 $(-e, e)$;

　　3) 收敛半径、收敛区间及收敛域分别是 $R = \dfrac{1}{5}$, $\left(-\dfrac{1}{5}, \dfrac{1}{5}\right)$ 及 $\left(-\dfrac{1}{5}, \dfrac{1}{5}\right]$;

　　4) 收敛半径、收敛区间及收敛域分别是 $R = +\infty$, $(-\infty, +\infty)$ 及 $(-\infty, +\infty)$;

　　5) 收敛半径、收敛区间及收敛域分别是 $R = 4$, $(-4, 4)$ 及 $(-4, 4)$;

　　6) 收敛半径、收敛区间及收敛域分别是 $R = +\infty$, $(-\infty, +\infty)$ 及 $(-\infty, +\infty)$;

　　7) 收敛半径、收敛区间及收敛域分别是 $R = 1$, $(-1, 1)$ 及 $(-1, 1)$;

　　8) 收敛半径、收敛区间及收敛域分别是 $R = \dfrac{1}{a}$, $\left(-\dfrac{1}{a}, \dfrac{1}{a}\right)$ 及 $\left[-\dfrac{1}{a}, \dfrac{1}{a}\right]$;

　　9) 收敛半径、收敛区间及收敛域分别是 $R = 3$, $(-3, 3)$ 及 $(-3, 3)$;

　　10) 收敛半径、收敛区间及收敛域分别是 $R = 4$, $(-4, 4)$ 及 $(-4, 4)$;

　　11) 收敛半径、收敛区间及收敛域分别是 $R = 1$, $(-1, 1)$ 及 $[-1, 1]$.

　　　　讨论幂级数在 $x = -1$ 与 $x = 1$ 的收敛性时要用到不等式

$$0 < v_n = \frac{1 \cdot 3 \cdot 5 \cdot \cdots \cdot (2n-1)}{2 \cdot 4 \cdot 6 \cdot \cdots \cdot (2n)} < \frac{1}{\sqrt{2n+1}}.$$

这是因为

$$v_n^2 < \frac{1 \cdot 3 \cdot 5 \cdot \cdots \cdot (2n-1)}{2 \cdot 4 \cdot 6 \cdot \cdots \cdot (2n)} \cdot \frac{2 \cdot 4 \cdot 6 \cdot \cdots \cdot (2n)}{3 \cdot 5 \cdot 7 \cdot \cdots \cdot (2n+1)} < \frac{1}{2n+1}.$$

　　12) 收敛半径、收敛区间及收敛域分别是 $R = 4$, $(1, 9)$ 及 $(1, 9)$;

13) 收敛半径、收敛区间及收敛域分别是 $R = 6$, $(-8,4)$ 及 $[-8,4)$；

14) 收敛半径、收敛区间及收敛域分别是 $R = 1$, $(-5,-3)$ 及 $[-5,-3]$.

13. 1) $\dfrac{x}{(1-x)^2}$, $-1 < x < 1$; 2) $\dfrac{x^2}{4}\ln\dfrac{1+x^2}{1-x^2}$, $-1 < x < 1$;

3) $\arctan x$, $-1 \leqslant x \leqslant 1$; 4) $\dfrac{2+x^2}{(2-x^2)^2}$, $-\sqrt{2} < x < \sqrt{2}$;

5) $\dfrac{1}{2}(e^x + e^{-x})$, $-\infty < x < +\infty$; 6) $3x^2 e^{x^2} + 2(e^{x^2} - 1)$, $-\infty < x < +\infty$.

14. 1) 令 $S(x) = \displaystyle\sum_{n=1}^{\infty} \dfrac{(-1)^{n-1}}{2n-1} x^{2n-1}$, $|x| \leqslant 1$, 则 $S(x) = \arctan x$, 从而

$$\sum_{n=1}^{\infty} \dfrac{(-1)^{n-1}}{2n-1} = S(1) = \arctan 1 = \dfrac{\pi}{4}.$$

2) 令 $S(x) = \displaystyle\sum_{n=1}^{\infty} (n^2 - n + 1)x^n$, $|x| < 1$, 则 $S(x) = \dfrac{2x^2}{(1-x)^3} + \dfrac{x}{1-x}$, 从而

$$\sum_{n=1}^{\infty} (-1)^n \dfrac{n^2 - n + 1}{2^n} = S\left(-\dfrac{1}{2}\right) = -\dfrac{5}{27}.$$

3) 令 $S(x) = \displaystyle\sum_{n=2}^{\infty} \dfrac{1}{n^2-1} x^n$, $|x| \leqslant 1$, 则

$$S(x) = \dfrac{1}{2} + \dfrac{x}{4} + \dfrac{\ln(1-x)}{2x} - \dfrac{x}{2}\ln(1-x),$$

从而 $\displaystyle\sum_{n=2}^{\infty} \dfrac{1}{(n^2-1)\cdot 2^n} = S\left(\dfrac{1}{2}\right) = \dfrac{5}{8} - \dfrac{3}{4}\ln 2.$

4) 令 $S(x) = \displaystyle\sum_{n=1}^{\infty} \dfrac{(-1)^{n-1}}{2n(2n-1)} x^{2n}$, $|x| \leqslant 1$, 则

$$S(x) = x\arctan x - \dfrac{1}{2}\ln(1+x^2),$$

从而 $\displaystyle\sum_{n=1}^{\infty} \dfrac{(-1)^{n-1}}{n(2n-1)\cdot 3^n} = 2S\left(\dfrac{1}{\sqrt{3}}\right) = \dfrac{\pi}{3\sqrt{3}} - 2\ln 2 + \ln 3.$

15. 1) $e^{-x^2} = \displaystyle\sum_{n=0}^{\infty} \dfrac{(-1)^n}{n!} x^{2n}$, $x \in (-\infty, +\infty)$;

2) $\dfrac{x}{9+x^2} = \displaystyle\sum_{n=1}^{\infty} \dfrac{(-1)^{n-1}}{9^n} x^{2n-1}$, $x \in (-3,3)$;

3) $\ln\sqrt{\dfrac{1+x}{1-x}} = \displaystyle\sum_{n=1}^{\infty} \dfrac{1}{2n-1} x^{2n-1}$, $x \in (-1,1)$;

4) $\cos^2 x = 1 + \displaystyle\sum_{n=1}^{\infty} \dfrac{(-1)^n 2^{2n-1}}{(2n)!} x^{2n}$, $x \in (-\infty, +\infty)$;

5) $\sin^3 x = \dfrac{3}{4} \displaystyle\sum_{n=1}^{\infty} (-1)^n \dfrac{1-3^{2n}}{(2n+1)!} x^{2n+1}$, $x \in (-\infty, +\infty)$;

6) $\cos\left(x + \dfrac{\pi}{4}\right) = \dfrac{\sqrt{2}}{2}\left(1 - x - \dfrac{x^2}{2!} + \dfrac{x^3}{3!} + \dfrac{x^4}{4!} - \dfrac{x^5}{5!} - \cdots\right)$, $x \in (-\infty, +\infty)$;

7) $\ln(3-2x-x^2) = \ln 3 + \sum\limits_{n=1}^{\infty} \dfrac{1}{n}\left(\dfrac{(-1)^{n-1}}{3^n}-1\right)x^n$, $x \in [-1,1)$;

8) $\dfrac{x}{3-2x-x^2} = \dfrac{1}{4}\sum\limits_{n=0}^{\infty}\left(1+\dfrac{(-1)^{n-1}}{3^n}\right)x^n$, $x \in (-1,1)$;

9) $\arctan x = \sum\limits_{n=1}^{\infty} \dfrac{(-1)^{n-1}}{2n-1}x^{2n-1}$, $x \in [-1,1]$;

10) $\ln(x+\sqrt{1+x^2}) = x + \sum\limits_{n=1}^{\infty}(-1)^n\dfrac{(2n-1)!!}{(2n)!!}\dfrac{x^{2n+1}}{2n+1}$, $x \in [-1,1]$.

16. 1) $e^x = \dfrac{1}{e}\sum\limits_{n=0}^{\infty}\dfrac{(x+1)^n}{n!}$, $x \in (-\infty, +\infty)$;

2) $\sin x = \dfrac{1}{2}\left[1+\sqrt{3}\left(x-\dfrac{\pi}{6}\right)-\dfrac{\left(x-\dfrac{\pi}{6}\right)^2}{2!}-\sqrt{3}\dfrac{\left(x-\dfrac{\pi}{6}\right)^3}{3!}+\dfrac{\left(x-\dfrac{\pi}{6}\right)^4}{4!}+\right.$

$\left.\sqrt{3}\dfrac{\left(x-\dfrac{\pi}{6}\right)^5}{5!}-\cdots\right]$, $x \in (-\infty, +\infty)$;

3) $\dfrac{1}{x} = \sum\limits_{n=0}^{\infty}\dfrac{(-1)^n}{2^{n+1}}(x-2)^n$, $x \in (0,4)$;

4) $\dfrac{1}{x^2+3x+2} = \sum\limits_{n=0}^{\infty}\left(\dfrac{1}{2^{n+1}}-\dfrac{1}{3^{n+1}}\right)(x+4)^n$, $x \in (-6,-2)$.

习题九

1. 1) 一阶；　　2) 二阶；　　3) 三阶.

2. 1) 特解；　　2) 通解；　　3) 通解；　　4) 通解；

　　5) 解，但既非通解又非特解；　　6) 特解.

3. 1) $(1+x^2)(1+y^2) = Cx^2$;　　　　2) $x^2 y = Ce^{3y}$;

　　3) $\arcsin y = \ln(x+\sqrt{1+x^2})+C$;　　4) $x^2+4xy-3y^2 = C$;

　　5) $(x+y)^2(x+2y) = C$;　　　　6) $2y+\sqrt{x^2+4y^2} = Cx^2$;

　　7) $2x^3+3xy^2+3y^3 = C$;　　　　8) $\arctan(x+y+2) = x+C$;

　　9) $x+2y+3\ln|2x+3y-7| = C$.

4. 1) $y = \sqrt{8-\dfrac{x^2}{4}}$;　　　　　　2) $y = \sqrt{2(1-x)e^x-1}$;

　　3) $y = \dfrac{1}{\sqrt{3-2\sqrt{1+x^2}}}$.

5. 1) $y = e^x+Cx$;　　　　　　2) $y = \dfrac{2}{3}(x+1)^{\frac{7}{2}}+C(x+1)^2$;

　　3) $y = (e^x+C)(3+x)^8$;　　　　4) $y = Ce^{-2x}+(x-1)e^{-x}$;

　　5) $y = (\sin x - x\cos x)x^{-2}$.

6. $f(x) = \left(x + 2x^2 - \dfrac{2}{3}x^3 - 2\right)\mathrm{e}^{-x^2}$.   **7.** $y(x) = \dfrac{1}{2}(3x^2 - 2x - 1)$.

8. $T(t) = 20 + 30\mathrm{e}^{-kt}$.

10. 1) $y = C_1\mathrm{e}^x + C_2\mathrm{e}^{2x}$;   2) $y = C_1\mathrm{e}^{-2x} + C_2\mathrm{e}^{-\frac{1}{2}x}$;

     3) $y = (C_1 + C_2 x)\mathrm{e}^{-3x}$;   4) $y = \mathrm{e}^{-2x}(C_1\cos x + C_2\sin x)$;

     5) $y = \mathrm{e}^{-\frac{1}{2}x}\left(C_1\cos\dfrac{\sqrt{3}}{2}x + C_2\sin\dfrac{\sqrt{3}}{2}x\right)$.

11. 1) $y = (1 + 3x)\mathrm{e}^{-2x}$;

     2) $y = 2\cos\dfrac{3}{2}x - \dfrac{2}{3}\sin\dfrac{3}{2}x$.

12. 1) $y = \mathrm{e}^{2x}(C_1\cos x + C_2\sin x) + x + 3$;

     2) $y = C_1 + C_2\mathrm{e}^{-2x} + 2\mathrm{e}^{3x}$;

     3) $y = C_1\mathrm{e}^{3x} + C_2\mathrm{e}^{4x} + 12x + 7$;

     4) $y = C_1\cos x + C_2\sin x - 2x\cos x$;

     5) $y = C_1\mathrm{e}^x + C_2\mathrm{e}^{2x} + \dfrac{5x-6}{50}\cos x - \dfrac{15x+17}{50}\sin x$;

     6) $y = \mathrm{e}^{3x}(C_1 + C_2 x + 6\sin x - \cos x)$;

     7) $y = C_1\mathrm{e}^{-x} + (C_2 + x)\mathrm{e}^x + x^2 + 2$;

     8) $y = C_1\cos\sqrt{2}x + C_2\sin\sqrt{2}x + \dfrac{1}{2}(x^2 + x - 1)$;

     9) $y = \mathrm{e}^x(C_1\cos x + C_2\sin x + 1) + (5x+2)\cos x - (10x+14)\sin x$;

     10) $y = C_1\cos 2x + (C_2 + 17x)\sin 2x - \dfrac{17}{3}\cos 4x$.

13. 提示：设 $y = f(x)$，经过两次求导可把积分方程转化为同解的二阶常系数线性微分方程的初值问题

$$\begin{cases} y'' + 2y' - 3y = 16\mathrm{e}^x, \\ y(0) = 16, \quad y'(0) = -16. \end{cases}$$

从而可得函数 $f(x) = 9\mathrm{e}^{-3x} + (4x + 7)\mathrm{e}^x$.

习题十

1. 1) $y_t = C \cdot 5^t - 2t + 1$;

     2) $y_t = C + 2t + t^2$;

     3) $y_t = C(-2)^t + (10t - 1) \cdot 3^t$;

     4) $y_t = C(-4)^t + \dfrac{2t^2}{5} + \dfrac{t}{25} - \dfrac{36}{125}$;

     5) $y_t = C \cdot 3^t - \cos\dfrac{\pi}{2}t - 3\sin\dfrac{\pi}{2}t$;

     6) $y_t = C(-2)^t + \dfrac{2^t}{4}\left(\cos\dfrac{\pi}{2}t + \sin\dfrac{\pi}{2}t\right)$;

7) $y_t = (C - 2t + t^2) \cdot 3^t$.

2. 1) $y_t = 10 - \dfrac{t}{2} + \dfrac{t^2}{2}$;

2) $y_t = \dfrac{1}{3}[5(-1)^t + 2^t]$;

3) $y_t = 5^t\left(\dfrac{7}{3} - \dfrac{t}{10} + \dfrac{t^2}{10}\right)$;

4) $y_t = 2^t\left(\dfrac{1}{5}\sin\dfrac{\pi}{2}t - \dfrac{2}{5}\cos\dfrac{\pi}{2}t\right) - \dfrac{3}{5}(-1)^t$;

3. 1) $P_{t+1} + \dfrac{5}{3}P_t = \dfrac{4}{3}$;

2) $P_t = 7\left(-\dfrac{5}{3}\right)^t + \dfrac{1}{2}$.

4. 1) $y_t = C_1(-1)^t + C_2\left(\dfrac{1}{2}\right)^t$;

2) $y_t = (C_1 + C_2 t)(-2)^t$;

3) $y_t = 2^t\left(C_1\cos\dfrac{\pi}{6}t + C_2\sin\dfrac{\pi}{6}t\right)$;

4) $y_t = C_1(-2)^t + C_2 \cdot 3^t - 3t - 2$;

5) $y_t = C_1(-1)^t + C_2\left(\dfrac{1}{2}\right)^t + 2(t+1)$;

6) $y_t = \left(C_1 + C_2 t + \dfrac{1}{8}t^2\right)2^t$.

5. 1) $y_t = \dfrac{4^t}{2\sqrt{3}}\sin\dfrac{\pi}{3}t$;

2) $y_t = 2(\sqrt{2})^t\cos\dfrac{\pi}{4}t$;

3) $y_t = 4 + \dfrac{3}{2}\left(\dfrac{1}{2}\right)^t + \dfrac{1}{2}\left(-\dfrac{7}{2}\right)^t$;

4) $y_t = 2^t\left(-\dfrac{1}{3}\cos\dfrac{\pi}{3}t + \dfrac{1}{3\sqrt{3}}\sin\dfrac{\pi}{3}t\right) + \dfrac{1}{3}(1+2t)$;

5) $y_t = 3(2^t - 1) + t - t^2$.

6. 1) $Y_{t+2} - (a+b)Y_{t+1} + aY_t = G_0(1+p)^{t+2}$;

2) $Y_t = \left(\dfrac{1}{2}\right)^t\left(C_1\cos\dfrac{\pi}{3}t + C_2\sin\dfrac{\pi}{3}t\right) + \dfrac{18}{7}\left(\dfrac{3}{2}\right)^t$.